深土木40年圳

深圳市住房和建设局　深圳市土木建筑学会　主编

（上 册）

中国建筑工业出版社

1980—2020

深圳土木40年历史变迁

1979 年的深圳

1979 年的深圳

1982 年的深圳

1992 年的深圳

2002 年的深圳

今天的深圳

领导题词

推进科技创新
发展土木技术

郭允冲

二〇一九年五月

中国土木工程学会理事长、建设部原副部长——郭允冲

四十載滄桑巨變，“深圳速度”見證土木建築科技奇迹

新時代旗幟高揚，“創新之都”再領行業未來創新發展

修龙　　　　己亥年夏

中国建筑学会理事长、中国建设科技集团董事长——修龙

从“深圳速度”

到“中国速度”

何镜堂

2019.5.5.

中国工程院院士、华南理工大学建筑设计院董事长——何镜堂土建行业改革创新的先锋！

周福霖 2019.6.15、

中国工程院院士、广州大学教授——周福霖

題深圳特區土木四十年

深圳土木建築

體現深圳速度

吴碩賢 乙亥年

中国科学院院士、华南理工大学教授——吴硕贤

总结四十载发展经验，
再创大湾区的新未来！

孟建民
二〇一九年五月

中国工程院院士、深圳市建筑设计研究总院总建筑师——孟建民

贺特区三十载城市

建设成果丰硕

祝深圳市土木建筑

学会再创辉煌

二〇〇九年六月

仲继寿

中国建筑学会理事长助理、中国建筑设计研究院有限公司副总建筑师——仲继寿

题深圳特区土木四十年

引领深圳土木技术

再创湾区建设未来

朱冬青

二〇一九年夏

中国建筑防水协会秘书长——朱冬青

憶當年改革開放勇為先鋒
看今朝湾区建設再展宏图

祝賀深圳土木建築學會四十周年

上海市建築學會敬賀 曹嘉明

二〇一九年六月

中国建筑学会副理事长、上海建筑学会理事长——曹嘉明

推动科技创新
引领土木工程发展

徐天平
2019.6.8

广东省土木建筑学会理事长、广东省建工集团总工程师——徐天平

领导作序

序　言

深圳土木40年，砥砺奋进40年。

莲花山顶的邓小平铜像巍然矗立。俯瞰鹏城那一幢幢高耸入云的大楼，惊叹这短短的40年，从偏远荒凉渔村小镇，飞速发展成为一座有2000万人口的、综合实力居全国前列的全球创新之都。实现了西方发达城市需要近百年才完成的历史跨越，这就是深圳——中国南海之滨的一颗璀璨明珠，创造了一个又一个“第一”，演绎出一个又一个传奇！深圳经济特区的发展崛起，印证改革开放是坚持和发展中国特色社会主义的必由之路。

深圳波澜壮阔的发展历程，创造了世界工业化、城市化和现代化史上的奇迹。40年前从蛇口工业区第一声开山炮喊出“时间就是金钱，效率就是生命”，从“三天一层楼”创造“深圳速度”起步，中国改革开放的信心与决心在这里宣示。从打造当时亚洲第一高楼的地王大厦，到今天的平安国际金融中心。南海之滨，改革创新大潮在这里不断形成。深圳建设不仅是特区最早的拓荒牛，而且为全国改革开放发挥了“试验田”的作用。无论是早期的引进消化，还是日益强盛的自主创新与品牌发展；无论是大规模的市政工程建设，还是匠心独具的建筑设计；无论是传统的民居，还是现代化的办公大楼；无论是优质工程、精品工程的建设，还是节能建筑、绿色建筑和智能建筑的发展，深圳的城市建设都具有明显的试验性、示范性和多样性特质，体现了创新精神、开放形象和国际化视野，形成了行业百花齐放、百家争鸣的格局，从直观角度诠释了这座年轻城市的青春活力与独特魅力。新时代，党和国家赋予深圳“中国特色社会主义先行示范区”的新定位，高质量发展的冲锋号角在这里吹响，从港口、机场、轨道交通，到特区一体化，站在全新的时代方位，深圳高擎全面深化改革开放的伟大旗帜，以更加昂扬的姿态续写改革史诗。

从曾经的改革开放“试验田”到今天的“中国特色社会主义先行示范区”，深圳始终引领着“中国奇迹”的创造，直观诠释着“中国特色”的伟大之处。深圳经济社会发展和城市建设取得的辉煌成就，是党中央国务院和广东省委省政府英明决策、坚强领导的结果，是历届市委市政府带领深圳人民艰苦奋斗、开拓创新的结果，同时也离不开广大建设工作者的辛勤劳动和卓越贡献。深圳的每一幢建筑、每一项建设，都凝聚着他们的心血和汗水。

为全面记录深圳由边陲小渔村发展为国际化大都市的

历史变迁，真实反映鹏城建设事业从无到有、从小到大、从弱到强的发展历程，40 年改革开放，从城市到农村，从区县到企业，鹏城大地处处书写着城乡面貌深刻变化、建筑市场活力充分迸发、设计水平显著提高的生动画卷。这些敢为人先的勇气、创业创新的锐气、拼搏进取的朝气，向全世界发出中国改革开放的时代强音，成为 40 年伟大实践生动而深刻的注脚。深圳市住房和建设局、深圳市土木建筑学会组织编辑了《深圳土木 40 年》一书。本书以深圳经济特区成立为发端，力求客观真实地还原过去，总结经验，剖析现状，阐述对未来的思考，描绘了行业的发展远景，是一部值得阅读、研究和收藏的重要文献。回顾深圳建设事业 40 年发展成就，可以更加深刻地体会到广大建设者筚路蓝缕，在草棚烛光中绘制蓝图、在炎炎烈日下添砖加瓦的艰苦创业历程，同时也让我们更加清醒地认识自身的历史使命与责任。

深圳，因改革开放而生、因改革开放而兴，40 年后，开展建设“中国特色社会主义先行示范区”，再度成为中国改革创新的新旗帜。深圳市土木建筑学会将扎实推进以科技创新为核心的全面创新，加快基础研究、技术开发、成果转化，把深圳这座城市的创新基因再强化、再巩固、再提升，努力打造具有全球竞争力的“创新之都”。深圳高擎全面深化改革开放的伟大旗帜，将以更加昂扬的姿态续写改革史诗。借此书的出版，进一步号召广大建设者全力以赴，再次扬起新征程的船帆，站在全新的时代方位，积极投身于改革开放新时代赋予我们的伟大事业中，牢记习近平总书记的嘱托，不忘初心，砥砺前行，树立四个意识，坚定四个自信。为深圳的创新建设、粤港澳大湾区的未来、中华民族伟大复兴的明天，全力奋进，再铸新辉煌！

中国建筑学会理事长
中国建设科技集团董事长

参编人员及单位

编写委员会

主编单位：深圳市住房和建设局
深圳市土木建筑学会
深圳市建筑设计研究总院有限公司
深圳华森建筑与工程设计顾问有限公司
香港华艺设计顾问（深圳）有限公司
深圳市华阳国际工程设计股份有限公司
深圳市市政设计研究院有限公司
筑博设计股份有限公司
中国建筑科学研究院有限公司深圳分公司
深圳市勘察测绘院有限公司
深圳市鹏城建筑集团有限公司
中建三局集团有限公司
中建三局第二建设工程有限公司华南公司
北京中外建建筑设计有限公司深圳分公司
深圳市安托山混凝土有限公司

副主编单位：铁科院（深圳）研究设计院有限公司

深圳市勘察研究院有限公司

深圳市市政工程总公司

悉地国际设计顾问（深圳）有限公司

深圳市新城市规划建筑设计股份有限公司

中国建筑第八工程局有限公司

深圳市欧博工程设计顾问有限公司

深圳机械院建筑设计有限公司

参编单位：中建钢构有限公司

深圳市建筑工程质量安全监督总站

深圳市工勘岩土集团有限公司

江苏省华建建设股份有限公司深圳分公司

深圳市建工集团股份有限公司

中国建筑第二工程局有限公司华南公司

深圳市新黑豹建材有限公司

深圳市现代营造科技有限公司

奥意建筑工程设计有限公司

深圳大学建筑设计研究院有限公司

深圳市建筑科学研究院股份有限公司

深圳市鲁班建筑工程有限公司

深圳市天其佳建筑科技有限公司

深圳市金鑫绿建股份有限公司

中国建筑东北设计研究院有限公司深圳分公司

中冶南方工程技术有限公司深圳分公司

中国华西企业有限公司

中铁建工集团有限公司深圳分公司

深圳东方雨虹防水工程有限公司

深圳市方佳建筑设计有限公司

郑州中原思蓝德高科股份有限公司

深圳媚道风景园林与城市规划设计院有限公司

北京圣洁防水材料有限公司

目　录

（下册）

ZS
HEN
HEN
TUMU40NIAN
SHEN ZHEN SHI ZHU FANG HE JIAN SHE JU
SHEN ZHEN SHI TU MU JIAN ZHU XUE HUI

第 1 章

综合篇

深圳土木建筑 40 年发展综述

中国第一个经济特区在深圳设立以后，深圳成为中国改革开放政策和现代化建设先行先试的地区之一。经过短短 40 年的发展，深圳从一个只有两三条小街、城区人口不过 3 万的偏远荒凉小镇，飞速成长为一座拥有 2500 万人口，经济繁荣、功能完善、环境优美、综合实力居全国前列的具有重要意义的特大城市，创造了一个又一个“第一”，演绎出一个又一个传奇！深圳市以其整洁优美的城市环境、丰富多彩的城市建筑、壮观发达的立体交通、错落有致的人文景观、迅猛腾飞的发展速度征服了世人，获得了国家园林城市、全国优秀旅游城市、国际花园城市和最具可持续发展潜力的城市等一系列美誉。深圳市土木建筑学会由成立伊始的十几个人、一两个专业，发展到现在已有 5000 多名个人会员、100 多家企业团体会员，并设置了 20 个专业委员会，基本上概括了城市建设的所有专业，亲身经历与见证了深圳土木建筑行业的崛起，也分享了改革开放带来的丰硕成果。

一、建筑设计引领时代潮流

住宅设计以人为本，与时俱进，不断创新。20 世纪 80 年代，深圳市首创功能分区明确、个人隐私更有保障、生活更方便舒适、更符合现代家庭生活特点的以客厅为核心的住宅户型。90 年代，深圳市率先引进香港高层住宅平面形式，设计并建成了国内第一批塔（点）式高层住宅，成为国内高层住宅常用标准。2000 年以后，深圳市提出了“高层住宅别墅化”的居住模式，首创首推了花园式舒适型住宅设计，采用了入户花园、玄关、凸窗、家庭厅、书房、工人房、中西式并列厨房、大阳台、大露台、屋顶花园、空中花园等诸多元素，组成了适应面广、空间丰富、环境优美、舒适度高的新一代住宅，彻底改变了以往围绕客厅进行空间组织的居住模式，将中国住宅设计水平提升到一个新高度，创新了国内住宅设计的新理念。

公共建筑构思新颖、空间独特，阅尽人间春色。华润万象城、益田假日广场、购物公园、京基 100、深圳平安大厦、华润中的大厦等大型购物中心，采用以中庭为交通枢纽的空间构图，商铺围绕中庭周边布置，中庭宽大通透明亮，自动扶梯星罗棋布，顾客上下左右穿梭其中。体育建筑奉行有机形态设计哲学，实现对文化的隐喻，引领体育建筑的美学趋势。CCDI 设计的“水立方”、济南奥体中心、杭州体育中心充分体现了这种设计新理念。深圳龙岗大运体育中心、南山“春茧”等建筑与环境融合得天衣无缝，其仿生态的造型新颖独特、空间丰富多彩，成为我国体育建筑的杰出作品，获得国际友人的一致好评。

工业建筑创造了许多“第一”“最大”和“高端”。奥意设计公司设计的一系列工业建筑，充分体现了“技术领先”的优势。2009 年设计建成了杜邦太阳能（深圳）有限公司薄膜太阳能电池板，其屋面光伏系统共采用 13000 块 1410mm × 1110mm100WP 的非晶薄膜太阳能组件，是当时国内最大的太阳能屋面。2011 年设计建成了深圳市规模最大的工业厂房项目——深圳市华星光电技术有限公司第 8.5 代薄膜晶体管液晶显示器件项目，标志着我国完全自主创新建设的最高世代 TFT-LCD 生产线正式转向全面生产经营阶段。

践行建筑设计新理论和新手法不断取得突破。CCDI 设计的香港停车塔将汽车通过螺旋式电梯和水平轨道从底层运输到相应的位置，提供了与众不同的场所氛围，形成一个连续丰富的公共空间系统，2011 年获国际竞赛一等奖。第一座具有自主知识产权的超高层建筑综合体空中华西村（奥意建筑工程设计有限公司设计），对“垂直城市”理论作了有益的探索，并取得了良好的效果。

中外建筑合作设计开创新局面。深圳建筑设计研究总院与美籍华人建筑师合作设计的深圳市民中心，其“大鹏展翅”的独特外形已成为深圳市城市地标；与境外事务所合作设计的深圳证券大厦、深圳能源大厦、南方博时基金大厦成为深圳中心区的地标。CCDI 与斯蒂文 · 霍尔建筑师事务所联合设计的深圳万科中心，是国内极少数获得 LEED 铂金认证的绿色建筑之一；与 KPF 联合设计的深圳平安大厦、与 OMA 合作设计的卡塔尔中央图书馆、与让 · 努维尔合作设计的多哈外交部大楼等一系列作品，都已成为中外合作设计的典范之作。还有地王大厦、大运场馆、南科大校园、京基 100 等均为中外合作设计的经典作品。

节能环保绿色设计走在全国的前列。深圳累计建成节能建筑面积已超过 1.5 亿 m^2，绿色建筑总面积超过 8000 万 m^2，建有 10 个绿色生态城区和园区，成为国内绿色建筑规模最大的城市之一。目前，全市已有多个区（含新区）获国家绿色建筑示范区、低碳生态示范区称号。主编、参编了国家和深圳市节能及绿色设计标准《夏热冬暖地区居住建筑节能设计标准》JGJ 75-2003、《深圳市居住建筑节能设计规范》SJG 10-2003、《深圳市居住建筑节能设计标准实施细则》SJG 15-2005、《公共建筑节能设计标准深圳市实施细则》SZJG 29-2009、《深圳市绿色建筑评价规范》SZJG 30-2009、《深圳市绿色建筑设计导则》(深规〔2007〕92 号)。

二、建筑结构技术成就辉煌

超高层建筑发展迅速。1982~1992 年（第一个十年），深圳市建成的以国贸大厦、发展中心大厦和香格里拉大酒店为代表的 100m 及以上的建筑物达 9 幢。国贸大厦 160m 高，创造了“三天一层楼”的深圳速度，是当时国内最高的高层建筑；发展中心大厦 154m 高，是国内最早采用钢框架 - 混凝土剪力墙结构体系的超高层建筑。

1993~2002 年（第二个十年），深圳市建成的以地王商业大厦、赛格广场和招商银行大厦为代表的 150m 及以上建筑物达 17 幢。地王商业大厦主体结构高 325m、81 层，采用矩形钢管混凝土柱和钢梁组成的框架加混凝土核心筒混合结构体系；赛格广场 292m 高，结构 72 层，内筒采用钢管混凝土密柱框筒及纵横各四道组合剪力墙，外围设置 16 根钢管混凝土细柱，另设四道加强层和腰桁架，该工程是由中国结构工程师自行设计并率先采用钢管混凝土柱组合结构的超高层建筑；招商银行大厦地面以上总高度 236.4m，采用自下而上渐变渐收的造型，主楼外圈柱向内倾斜，几何形体稳定坚固，有利于结构抵抗侧向水平力。

2003~2012 年（第三个十年），已建成或将建成的 200m 及以上的建筑物已达 12 幢，另有已开工建设的 200m 及以上的建筑物有 9 幢，以证券交易所广场、京基金融中心和平安金融中心为代表。证券交易所广场的特点是裙楼抬升至空中，其抬升裙楼采用巨型悬挑钢桁架结构；京基金融中心楼高 439m、98 层，是深圳目前已建成的最高建筑，采用巨型斜支撑外框架 - 混凝土核心筒结构体系，设置了三道加强层和五道腰桁架，框架由矩形钢管混凝土柱和型钢组合梁构成，底部核心筒 1.9m 厚墙内设置型钢，采用了 C80 高性能混凝土和主动控制减振系统；平安金融中心为在建的最高建筑，塔顶高度 597m，结构体系为巨型斜撑框架 - 伸臂桁架—型钢混凝土筒体结构。

大跨度结构技术广泛应用。第一个十年以深圳市体育馆为代表，该工程屋盖采用 90m 见方的焊接球节点钢网架，由柱距为 63m 的 4 根大柱支承，整个屋盖在地面整体拼装后沿 4 根大柱顶升至设计标高。

第二个十年以市民中心、欢乐谷中心剧场膜结构、深圳机场 T2 航站楼为代表。市民中心屋盖象征大鹏展翅，结构设计采用 486m 长、120~154m 宽的双曲网壳，屋盖中部支座置于方塔、园塔的钢牛腿上，其最大压力为 2300 吨，东西两翼各自支承在 17 组树状钢管柱上；深圳欢乐谷中心剧场膜结构穹顶是我国技术人员自行设计、制作和安装的大型张拉膜结构，膜结构穹顶水平投影面积为 5800m^2，从设计到竣工仅用了 8 个月。结构平面呈圆形，整个体系由脊谷式膜单元组成，脊索和谷索相间布置形成膜体的支撑和起伏；深圳机场 T2 航站楼采用了立体三角形管桁架，其相贯焊接节点的应用，推动了国内钢结构制作厂家多维切割技术的发展，还采用了四叉支撑来完成竖向力和水平力的传递，减小了屋面檩条的支撑跨度，该结构形式是当年的首创。

第三个十年以宝安体育馆、会展中心、大运会体育场馆群等为代表。宝安体育馆为 140m 见方的钢屋盖，整个屋盖支承在沿圆周布置的 12 根 Y 形柱上，其支座圆周直径为 101m，角部最大悬挑达 49m，采用多钢管交汇的空间桁架结构，选用了金属弹簧可滑动抗震球支座；深圳会展中心采用混凝土框架及钢结构刚架，展厅 126m 跨弧形钢梁采用钢棒下弦形成张弦结构，与弧形梁刚接的钢柱下端采用铰轴式支座；大运会中心主体育场采用大型单层折面空间网格结构体系，屋盖由 20 个结构单元组成，悬挑长度为 52~68m，采用了大型多杆交汇的铸钢节点及热成型工艺加工超厚壁钢管；同为大运场馆的篮球馆屋盖采用了华南地区首个张拉整体结构——弦支穹顶。屋盖平面呈圆形，其水平投影为直径 72m，屋盖结构由上部单层网壳和下部索杆张拉体系共同组成。

预制装配结构给行业和社会带来巨大变革。万科第五园的某住宅楼属于装配整体式混凝土结构，采用了建筑产品预制化、装配化、产业化的方式生产与建造。为节约资源（能源、水源和材料），减少施工对环境的污染，提高了住宅质量和性能，提升了建造效率，深圳的设计单位和地产开发商对预制混凝土体系的住宅，进行了结构构件分拆、节点连接和体系抗震及抗风设计研究，研究成果成功应用于工程实践。

建筑结构新技术研发与应用成果喜人。编写或参与编写了《深圳地区钢筋混凝土高层建筑结构设计试行规程》SJGI-84、《深圳地区建筑地基基础设计试行规程》《冷轧变形钢筋混凝土结构设计与施工规程》《预制装配整体式钢筋混凝土结构技术规程》《建筑抗震设计规范》《高层建筑混凝土结构技术规程》《钢管混凝土叠合柱结构技术规程》《预应力钢结构技术规程》等国家和地方标准，其中《深圳地区钢筋混凝土高层建筑结构设计试行规程》SJGI-84，是国内最早且内容最全面的高层建筑设计规程。深圳奥意建筑工程设计有限公司、深圳市建筑设计研究总院有限公司、深圳大学建筑设计研究院、哈尔滨工业大学深圳研究院等单位 ABAQUS 大型通用程序在超限高层建筑的大震弹塑性时程分析方面得到广泛应用，其开发和应用水平处于全国领先水平。

结构分析方法出现根本性变革。从第一个十年基本采用手算方式，到开始采用计算机设计，再到基于不同力学模型的计算程序应用，结构设计分析手段不断丰富，使不同结构方案的选择和对比成为可能，极大地提升了设计效率。1992 年，深圳市建筑设计二院张宇仑高工研发的 SWD 软件是在引进国外绘图软件 AutoCAD 基础上，进行二次开发的微机辅助结构设计软件，弥补了国内其他结构 CAD 软件成图率低的不足，大大提高了结构设计效率。1996~2011 年，深圳市广厦软件有限公司与广东省建筑设计研究院一起进行了广厦建筑结构 CAD 系统的研发。1996 年推出国内第一个在 Windows 上运行的集成化结构 CAD；1997 年完善了异形柱设计功能；2001 年推出多高层三维（墙元）结构分析程序 SSW；2006 年完成“建筑结构通用分析与设计软件 GSSAP”的开发；2007 年完成建筑结构主流计算从“墙元杆系计算”到“通用计算”的换代工作；2011 年推出智能化的建筑结构弹塑性静力和动力分析软件 GSNAP。广厦建筑结构 CAD 系统已是目前国内结构设计常用设计软件之一。

建筑设计队伍不断发展壮大。1998 年，深圳市首批注册结构师 232 人；截至 2011 年底，全国共有一级注册结构师 39160 人，深圳市达到 639 名，占全国总人数的 1.63%；有 4 名注册结构师取得英国结构工程师学会资深会员资格（FIstructE），11 名注册结构师取得了英国结构工程师学会会员资格（MIstructE），深圳国际互认会员占全国会员总数的 11.8%。先后有 40 人取得香港工程师学会（HKIE）的法定会员资格，占全国总数的 12.7%。1999 年“全国超限高层建筑工程抗震设防审查专家委员会”成立以后，深圳市有 3 位专家魏琏、傅学怡、王彦深入选全国委员会，15 名结构专家入选广东第一届委员会，19 名和 25 名结构专家入选第二和第三届委员会。

三、门窗幕墙走向自主创新

20 世纪 80 年代，深圳建筑门窗幕墙行业在全国领先起步发展。这个阶段以引进消化、借鉴模仿国外门窗幕墙行业的先进技术为主。建于 1981 年的深圳电子大厦，是国内首次采用铝合金门窗建筑装饰新材料的高层建筑。数年后，铝合金门窗作为一种时尚的主流产品渐渐走入“寻常百姓家”；1985 年被冠以“中华第一高楼”的深圳国贸大厦首次出现了玻璃幕墙这一装饰形式；1984 年，深圳企业首次在国内使用明框玻璃幕墙，1985 年建成的深圳早期标志性建筑之一——上海宾馆就采用了这种幕墙，它成为国内最早应用的具有自主知识产权的幕墙项目之一；建成于 1990 年的深圳特区发展大厦，是我国第一个引进消化国外隐框玻璃幕墙技术并加以应用的高层建筑，直接导致了几年后隐框玻璃幕墙在全国大中城市遍地开花的结果，还间接地导致了以硅酮胶和镀膜玻璃为主的一系列建材行业在中国诞生并迅速发展壮大。

20 世纪 90 年代，引进吸收技术领域在扩宽，自主创新的意识渐次萌发。这一时期，隐框、半隐框玻璃幕墙技术得到长足发展，金属板、石材幕墙也逐步进入市场，随着建筑造型的多样化，点式玻璃幕墙也从深圳发展起来。1990 年代初，外表全部用半隐框玻璃幕墙装饰的地王大厦和赛格广场成了深圳特区形象的标志，也成为中国隐框幕墙技术成功地推广应用的标志。1993 年，深圳电子科技大厦外墙第一次采用了深圳企业自主开发的半单元式幕墙，其中两项技术——“滑移沟块式玻璃幕墙”“上挂内扣式玻璃幕墙上悬窗”获得了国家实用新型专利。1999 年建成的深圳高交会馆，是深圳最早大面积采用点式玻璃幕墙的建筑。

2000 年后，深圳的门窗幕墙行业仍然保持着敏锐的嗅觉和不懈的创新精神，从探索创新逐步走向自主创新，保持着国内同行业中的领先地位。这一时期的建筑外装饰形式体现了多重要求，如：建筑与环境的融合，产品以全玻璃、点支承玻璃幕墙为代表；低碳节能环保的理念，产品以节能型门窗幕墙产品及光伏建筑应用产品为代表；追求高工厂化生产及高效率，产品以单元式幕墙为代表；满足人类高层次需求，产品以双层幕墙、智能型幕墙为代表。随着建筑师对新颖奇特建筑造型的追求，幕墙外形也由规则平面向复杂曲面变化，大大促进了计算机三维绘图技术、电脑辅助设计程序的二次开发以及先进的测量、定位等施工技术的应用。

四、建筑电气向智能化迈进

20 世纪 80 年代，深圳建筑以“特”展现在世人面前，最具代表性的应首推国贸大厦。深圳国贸大厦的“特”，不仅仅在于它那“三天一层”的深圳建设速度、保持十年之久的“中国第一高楼”的美誉以及在这里留下的一代伟人邓小平的足迹，还在于这栋带有“特”字内涵的建筑设计了相当可靠的高低压配电系统，采用了当时较为先进的电气产品。运行至今，20 余载未发生过电气故障，让国贸大厦每天栩栩如生地展现在深圳及全国人民面前。可靠的供电也保证了位于国贸大厦第四十九层、直径 34m、75 分钟旋转一周、可供 400 人同时进餐的观光旋转餐厅正常运行，形成了从开业起到旋转餐厅就餐的人天天爆满的盛况，当年就有“不到旋转餐厅枉到深圳”的说法。

1994 年开始兴建的深圳特区报业大厦，不仅外形雄伟俊美，体现了人与自然的和谐统一，而且该建筑智能化设计极具特点，以建筑为平台，兼备通信、办公、建筑设备自动化，集系统、结构、服务、管理及它们之间的最优化组合，是建筑技术与信息技术相结合的产物，提供了一个高效、舒适、便利、节能的建筑环境，在全国报业界率先实现了新采编、广告经营等全方位的电脑化；在国内首家采用千兆网络技术，支持多媒体信息流的高速传播，成为国内最新最全通信保障的新闻中心；采用卫星通信系统连接集团各报社，向深圳人民乃至全国人民提供国内外各大通讯社的最新新闻。2000 年被住房与城乡建设部推荐为全国智能化建筑推广的典范。

随着社会经济发展，建设规模扩大，世界及我国相继建设了不少超高层建筑。但超高层建筑不等于高能耗，各类先进的节能环保技术百花齐放、大放异彩。为提升商务效率，京基金融中心内设计了与智能化群控系统匹配且时速最高可达 8m/s 的电梯，数量高达 66 部；提供可靠供配电系统及智能化系统，为全球商务 24 小时运营提供保障及优质服务；根据夜间电能利用处于低谷特点，采用冰蓄冷技术，通过制冰将能量保存起来，白天将其释放用于建筑内冷却，营造绿色环保商务空间。

位于深圳市福田中心区的深圳平安金融中心更是后浪推前浪，建筑物高达 660m、地上 118 层、地下 5 层，是深圳市中心重要的商业地标。建筑电气设计师除了采用各类先进的节能环保技术外，还特别研究在非常情况下，为保证超高层建筑内人员顺利疏散应急疏散照明的供电时间及最佳供电方式，以确保受灾人员最大限度地安全疏散。

随着社会经济发展，人民生活水平提高，深圳的住宅已由“住”为主转为以“质”为主，电气设计师们采用各种现代技术，赋予住宅“智能”功能。深圳智能住宅及智能住宅小区如雨后春笋般兴起，电气设备在房屋造价所占比例明显提升。

五、建筑防水在壮大中蓬勃发展

深圳特区成立初期，建筑防水还处在油毡、沥青和“两布三涂”的阶段。但在建筑业急速兴起形势下，现代防水事业在深圳应运而生，悄然起步。1986 年湖北永佳防水公司与深圳建筑科学技术中心新技术推广部合作，在深圳推广和应用“PVC 改性沥青柔性防水卷材及其粘结剂”。1989 年，赵岩和周文新等共同创立了三松防水材料厂，率先将具有国内外先进的单组分聚氨酯防水涂料技术引入深圳。同年，上海汇丽公司看准了深圳市场，大力推广“双组分聚氨酯防水涂料”，对深圳的建筑防水起到了积极的推动作用。

20 世纪 90 年代，深圳涌现出一大批优秀的建筑防水企业。王晓敏创办了深圳市东方建材公司，将当时具有国内外先进水平的刚性防水材料“确保时”引入深圳；台湾宝力必思路公司将当时世界先进的纯聚氨酯防水涂料带到了深圳。1993 年，中澳合资企业深圳弘深精细化工有限公司在深圳率先生产新一代高分子防水材料“非焦油双组分聚氨酯防水涂料”。1994 年“深圳市新黑豹建材有限公司”成为我国最早生产“聚合物水泥防水涂料”的企业。1998 年，深圳市蓝盾防水工程有限公司成立，在建筑防水施工技术等方面率先垂范。20 世纪 90 年代末深圳大学张道真教授主编了《深圳建筑防水构造图集 A/B》，至今仍被视为中国建筑防水设计的主要参考模板。这十年，不论是从企业的创新还是从行业规范，深圳防水界都在积极探索，并为行业的未来发展打下良好的基础。

进入 21 世纪以来，深圳建筑防水发展跨入产品品种和应用领域多元化的时期。在产品方面，新型防水材料发展迅速，形成多类别、多品种、多样化、系列化的格局。与此同时，防水工程领域不断扩大，防水已从建筑工程扩大到市政工程；从单一的分项工程扩大到分部工程。地铁、桥隧工程、垃圾填埋、污水处理场和桥梁面等防水工程，要求防水技术向专业化和系统化发展。这些工程的建设都为建筑防水行业注入了生机和活力，深圳防水事业迅速发展壮大。深圳建筑防水领域呈现出百花齐放，百家争鸣的繁荣景象，防水材料品种之多、材料之新、发展之快，前所未有。21 世纪初，深圳市卓宝科技股份有限公司自主研发生产的自粘卷材系列和屋面虹吸雨水排放系统填补了国内技术空白。深圳市科荣兴防水实业有限公司与美国 HT 研究所建立了长期的技术合作关系，成为该研究所防水材料技术在中国的唯一推广机构。深圳市耐克防水实业有限公司开发出多项化学注浆防水的技术，解决了地铁、军用洞库等特殊场所渗水的顽疾；深圳市鸿三松实业公司研发的“单组分聚氨酯建筑密封胶”，填补了深圳密封胶生产的空白，被广泛应用于各类建构筑物的防水密封中；深圳成松实业发展有限公司在深圳率先生产聚乙烯涤纶复合防水材料；深圳市科顺防水工程有限公司大力推广应用聚氨酯防水涂料、自粘防水卷材和 SBS/APP 高聚物改性沥青防水卷材；深圳盛誉（中美合资）推出变形缝系列防水构造技术，对沿用了半个世纪以上的内置式止水带进行了彻底革新，有望颠覆“十缝九漏”之说。2008 年，上市公司东方雨虹挺进深圳，并采用环保型高弹厚质丙烯酸酯，成功治理了桃源村三期厨卫间的渗漏。发展壮大起来的“深圳防水”，除了服务深圳市政及建筑外，还积极“走出去”服务全国。奥运场馆、首都机场、武广高铁、世博场馆及全国大多数地铁等项目都有深圳防水企业的身影。

六、暖通空调走向绿色环保

20 世纪 80 年代以前，由于建筑面积小，建筑空调基本上采用窗式空调器、分体空调建筑及小型风冷、水冷冷水机组的空调冷源及形式。1985 年，总建筑面积约 10 万 m^2 的深圳国际贸易大厦（简称深圳国贸大厦）开始采用中央集中空调系统，其制冷装机总容量达 3000 冷吨，空调面积 8.5 万 m^2。该大厦的空调系统形式为办公及各小空间均采用风机盘管 + 新风的空调系统，大空间均采用低风速全空气定风量空调系统，顶层旋转餐厅采用低风速全空气变风量空调；水系统采用二次泵系统；随后的深圳蛇口南海酒店，其客房采用了诱导式空调器；深圳海燕大厦，其公用部分采用了变风量空调系统，酒店部分采用水环热泵系统；其他的如深圳金融中心大厦、东湖宾馆、新园宾馆、国宾大酒店、深圳大剧院、深圳体育馆、上海宾馆等一大批早期设计建设的公共建筑，基本上都参照了深圳国贸大厦的空调模式——小空间采用风机盘管加新风、大空间采用全空气低速送风系统。1989 年设计、1994 年建成的最具特色的深圳电子科技大厦，是全国第一栋采用冰蓄冷中央空调的高层办公楼，总蓄冷量 8000RTH，其采用蓄冰球蓄冷，储罐的体积约为 500m^2，开创了对电网削峰填谷的立意应用在国内实际项目上，推动社会对区域性节约资源的认识，促进供电管理部门与空调学术界的交流。

20 世纪 90 年代，深圳暖通空调业步入快速发展阶段，空调系统在设计、设备选配上不再是单一的“国贸”模式，已经有自己的独立见解、理念以及追求创新的强烈意识。自主设计项目大量涌现，业界、行业的新式空调产品、空调新系统越来越多，深圳暖通界的技术也越来越成熟，特别是国际上对环保、臭氧层的关注，使得业界及本行业开始对节能、环保及生态开始关注。这一时期，最具代表的项目为深圳地王商业大厦，其机电设备是香港和深圳两地于 1993 年共同设计，于 1996 年建成。地王大厦中央空调系统设计是国内首次将制冷机房分设于建筑物地下室和第 42 层（标高 172m），采用了高层上部机组隔振、降噪技术，解决高层区制冷机房的隔振、减振难题；实现了在超高层建筑空调系统中直接采用空调主机为低区、中区、高区制冷运行，避免了采用板式换热器隔绝产生的冷源效率下降较多的弊病，同时也取消了主机到板式换热器之间的输送能耗，较大提升了整个空调系统制冷效率；在防排烟设计领域，首次采用防烟楼梯间加压、前室不加压的防烟技术；在超高层上部公寓采用水环热泵系统，在消耗较少的冷却循环水的能耗下，实现了住户 24 小时供冷 / 热，在无人时只负担较少的冷却水能耗，避免了较高的集中空调分摊费用，缓解了住户与物业管理的矛盾，形成了多用能多消费，达到了鼓励居民节能的目的。

在此以后，完全由深圳自己独立设计，并具有独特创新及环保、节能理念的项目越来越多，其中深圳特区报社工程采用了冰蓄冷空调系统和变风量空调系统，变风量空调系统的采用降低了低负荷时空调风柜的送风能耗；建艺大厦工程在主机的冷媒的选择中，优先选择了环保冷媒 R134a；赛格广场采用了很多地王商业大厦的设计思路，并把节能与环保的理念融入设计中，主机的选择首次引入高能效比主机，采用双级及三级压缩的高效离心式冷水主机；深圳市市民中心工程，空调水系统采用变频调速二次泵技术，有效降低了空调的输送能耗；深圳鸿昌广场项目首次采用无机复合风管，有效降低空调风管的二次噪声，同时外层的硬保护，避免了长期以来空调风管的保温在施工中被破坏的弊端。以上的节能与环保技术为深圳的空调行业节能与环保的发展打下了坚实的基础。

进入 2000 年，暖通行业也已发展成熟，开始向深度和更加广的范围进军。初期，深圳暖通设计行业开始摈弃以前唯"大型化"、唯"冻"设计思路，向精细化、节能化、多样化、个性化和环保化深入发展。2000 年宝安体育馆工程首次利用在座席下台阶侧壁上内部诱导型旋流送风技术，在提高送风温度的条件下，仍然能满足人体的舒适性，实现了典型的大空间分层空调形式，使空调产生的"冷量"得到充分利用，有效降低了空调能耗；同一时期的江苏大厦项目，其塔楼部分采用变制冷剂流量多联机空调系统（VRV），改变了以往大型集中空调的模式，实现了以人为本，满足用户的多样化、个性化、多层次的需求；随着电子空气消毒净化机等技术在南山法院办公大楼等项目中的应用，室内空气品质、室内环境的质量控制也纳入暖通行业的范围，给人们提供了一个安全、舒适、放心的办公环境，营造了一个温馨、和谐的工作氛围。

2004 年，深圳市土木建筑学会暖通空调专业委员会协助深圳市相关局、委编制的《深圳市中央空调系统节能运行维护管理暂行规定》于 2005 年 8 月在全国率先实施，2009 年的《深圳市绿色建筑评价规范》标志着暖通设计行业进入节能、创新、绿色的高速发展期。新产品、新技术、新材料及新设备层出不穷，空调系统的设计、设备的选配上已经出现了"百花齐放"的局面：由多种国内、国外先进技术完善的变制冷剂流量多联机空调新系统变风量空调系统（VAV）、多级泵系统，还有诸如直流变速技术、数码涡旋、水源热泵、地源热泵、多种蓄能系统、温湿度独立控制系统、高温冷水机组、干式风机盘管、各类热回收设备与系统等，都在新的设计项目中被广泛采用。高能效比的空调主机、冷凝废热的回收利用、逐时负荷的精细计算、室外低焓值冷空气在过渡季利用、排风余冷的回收、变频控制水泵、风机、热泵供暖等新产品、新技术、新材料及新设备已成为暖通空调设计的必须，节能、低碳、绿色及生态理念，已深深融入暖通界各行业。

七、建筑施工迈上新台阶

初创期（1983~1992 年）。深圳经济特区初创时期，施工技术薄弱，技术人员、施工机械设备非常缺乏。为了建设好特区，按照国务院、中央军委的命令，两万基建工程兵集体转业来到深圳，组建成为深圳市属施工企业——深圳建设集团，和来自中央、各省市的施工企业一起投入深圳经济特区建设的大潮中。深圳建设集团克服了种种困难承建了深圳市委办公大楼和深圳第一座高楼——20 层高的电子大厦，并逐步进行施工技术积累。20 世纪 80 年代，以中建三局、中建二局和中国华西为代表的全国各省市建筑施工企业建造了一批以深圳国贸中心大厦、深圳体育馆、广东大亚湾核电站为代表的杰出工程，也奠定了深圳建筑施工技术的基础。由中建三局一公司承建的深圳国贸中心大厦，建筑面积约 10 万 m^2，53 层，高 160.5m，是当时国内最高建筑，对我国建筑行业来说是一个前所未有的挑战。该工程主体结构施工采用滑模工艺，创造了三天一层的"深圳速度"。1987 年该工程荣获首届鲁班奖、国家科技进步三等奖，次年又荣获国家银质奖。深圳国贸中心大厦的落成，标志着中国建筑业完成了从高层到超高层的历史性跨越。

发展期（1993~2002 年）。20 世纪 90 年代，得益于良好的市场经济体制和 80 年代的雄厚积累，深圳市施工企业飞速发展。施工企业积极引进高校毕业生和各类技术人才，不断增强技术实力，深圳市市政工程总公司等企业多年名列全国百强施工企业的前茅。同时，深圳施工企业积极应用“建设部 10 项新技术”促进了建筑施工技术的发展。深圳市施工企业施工实力不断加强，华明楼工程、邮政高层住宅等工程获得鲁班奖。这一时期涌现出一批以深圳地王商业大厦、赛格广场等为代表的工程。深圳地王商业大厦总高度 383.95m，结构形式为钢框架－钢骨核心筒，建成时为亚洲第一高楼，也是全国第一个钢结构超高层建筑，位居目前世界十大建筑之列。深圳地王商业大厦的建造，把中国建筑业的水平推向了建造摩天大楼的时代。同时结构施工创造了两天半一层的“新深圳速度”，成为改革开放的代名词。

成熟期（2003~2012 年）。进入 21 世纪以来，深圳市建筑施工能力得到了迅速发展，超高层房屋建筑施工技术、大跨度预应力技术、高性能混凝土技术等都已达到或接近国际先进水平，成功建造了如深圳市民中心、深圳湾大桥、京基 100 等技术含量高的代表性工程。

由中铁建工集团有限公司深圳分公司、深圳市第一建筑工程有限公司、深圳市建工集团股份有限公司承建的深圳市民中心工程位于深圳市中心区，是深圳市行政文化中心、市民休憩场所、深圳新世纪的标志性建筑。该工程主要采用狭小空间 260t 钢桁架整体自动同步提升技术，21m 高抛免振捣自密实混凝土施工技术，长 486m、宽 154m 的钢结构大屋顶超大牛腿焊接技术，超大屋面虹吸式排水施工技术，钢结构薄型防火涂料施工技术等，施工中的难点是长 486m、宽 154m 的钢结构大屋盖。先后获 2001 年、2005 年度建设部新技术示范工程；2004 年度深圳市“建筑业新技术应用示范工程”；“整体提升爬升技术”获北京市、中建总公司科技进步奖；“综合施工技术研究”获中国铁路工程总公司科技进步奖。

由中铁四局等施工单位承建的深圳湾大桥是一座连接深圳蛇口东角头和香港元朗鳌堪石的公路大桥，也称“深港西部通道”，是香港回归十周年的献礼工程。该桥全长 5545m，其中深圳侧桥长 2040m，香港段 3505m，桥面宽 38.6m，全桥的桩柱共 457 支，共 12 对斜拉索，呈不对称布置，独塔单索面钢箱梁斜拉桥，为目前国内最宽、标准最高的公路大桥。

由中建四局承建的京基 100 高 441.8m，地下 4 层，地上 100 层，项目总用地面积 42353.96m^2，总建筑面积 602401.75m^2，集办公区、酒店、餐饮为一体的超豪华标志性建筑，为框架－核心筒结构，是目前深圳第一高楼、中国内地第三高楼、全球第八高楼。京基 100 使用的主要施工技术，包括超大超深基坑支护技术，基坑最深 23.3m，基坑面积 32000m^2，支护过程中采取可靠措施取消内支撑，实现桩墙合一，具有极好的社会效益和经济效益；超厚大体积底板高强混凝土施工技术，底板尺寸 57.3m × 67.5m × 4.5m，混凝土强度等级为 C50，属于高强度大体积混凝土；超大截面箱形钢管混凝土柱施工技术，最大截面 2.7m × 3.9m；超高层复杂钢结构施工技术，超厚钢板最大厚度达到了 130mm，钢结构总量约 6 万吨，这在深圳甚至全国来说都是首例，将所有的焊缝连接起来，累积长度可以绕地球赤道 4 周；C120 超高性能混凝土及其应用技术研究，可以采用常规材料配置，且可进行 417m 的超高泵送；以及核心筒施工应用的超高层顶模系统应用技术等施工技术。

八、园林规划营造时代理想家园

伴随着深圳特区建设 40 年的历程，园林规划在兼收并蓄，博采众长的基础上，继承和发扬近三千年传统的风景园林艺术，引进、消化、吸收和推广国内外先进技术，逐步已形成了自己的特色和风格，营造出时代感强烈的理想家园。

城市规划、建筑设计、风景园林三者并举。在深圳最初总体规划中，根据狭长的带状特点，确立了城市多核心、组团式结构。在各功能组团之间，规划有预留的绿化隔离带、水源保护区、郊野森林公园、自然保护区、自然生态与农业保护用地，把城市和建筑“溶解”在园林绿地中。产业规划也充分考虑生态及景观的特点，以西部深圳湾滨海景观长廊建设为龙头，结合深港一体化及西部通道的建设，促成景观资源深港一体化与香港形成旅游产业的互动，东部以华侨城生态旅游区，以及黄金海岸的建设为龙头，发展海洋生态旅游业。

城市格局被绿色溶解。在深圳市绿化地系统规划中，贯彻生态平衡的原理，努力保证系统完善，全面推行“绿地”管理制度，通过划定全市基本生态控制线，赋予区域绿地和大型生态走廊土明晰的产权和管理属性。深圳绿地系统规划实践中，明确保护当地特色物种，保护现在生物栖息地，保护风景林地和现有野生动植物的原则，尽量促使生物群落和生态过程具备科学的多样。

率先开展城市生态修复实践。深圳是全国最早进行城市生态和水土保持规划建设的城市。从 1995 年起开展了全市范围的水土流失综合治理，从提高城市综合竞争力、建设高品位生态城市的战略高度，开展了治理开发区大面积水土流失工作，在全市范围积极开展水土保持生态建设。

注重生态廊道和道路、河流建设相结合。深圳的城市道路绿地网络是绿地系统的重要构成，与外围的环城绿带和郊野公园一道，共同构筑绿地的生态安全格局，不但可以为居民提供清新的空气、健康的生活方式，使步行及慢跑等运动自然延伸到郊区并与周边城市连接，并且在发生战争等重大城市灾害时形成可逆性的通畅系统，使城郊绿地为人们提供安全庇护。此外，生态廊道的建设有利于通道优先，保证空气形成正常的送风廊道，对缓解城市热岛效应、防止疾病等有促进作用。

人文自然与原生自然的融合。深圳市仙湖植物园是全国第一个风景式植物园。选址充分体现了“相地合宜，构图得体”的造园理论，将原本定在莲花山的选址在实地勘察、精心考证后改在梧桐山脉，考虑其纵向气候带丰富，背海负山，受气候干扰少，三面环山，方便涵养水源，蓄水为湖，命名“仙湖”。这是风景园林对城市规划用地又一良性互动的范例。公园以“遵照场地启发规划的方式，建立活的博物馆”为莲花山的设计理念，全面恢复本地植被群落和构建生物廊道，致力使其成为深圳新中心区的绿心。

绿地空间的艺术体验。北林苑规划设计的海山公园大胆采用色彩鲜艳的图案和硬质材料，浪漫多变的景观构筑沿袭海洋生物和亚热带植物特征；大海沙月光花园建筑处观以红色砂岩和白色构架，使人联想“热情、纯洁”等爱情相关的字眼，成为婚纱摄影指定场所；深圳园岭公园内，深圳雕塑院的艺术家们尝试把影视艺术的理念与公园设计结合，由记者、设计师和雕塑家所组成的几个寻访小组，寻找 18 个生活在这个城市的不同层面的普通人，等比例翻模做成逼真的铜像雕塑，配有个人简介等资讯，命名为“深圳人的一天”，成为中国第一个用新艺术形式塑造城市生活的优秀作品；华侨城旅游区内，更高雕塑长廊和喷泉长廊，生态广场以大片起伏的草坪和婀娜多姿的丛林为一年一度的雕塑和活泼多变的水景提升了环境品质。

历史文脉的延续在“有界无界之间”。以“一街两制”闻名全国，有“天下第一镇”之称的沙头角中英街，是广东省文物保护单位，其中的 8 块界碑是清政府签订《香港新租界合同》的历史见证，其景观规划设计和理念体现了“有界无界之间”的极高境界。

九、市政工程硕果累累

40 年来，深圳市政工程建设经历了创业（1980~1992 年）、中间高速发展（1992~1999 年）和深化发展并趋于成熟理性阶段（1999 年至今），涌现了一批代表深圳市政建设特征的市政工程，为城市的功能完善和市容市貌的改变带来惊喜。道路工程。经过 40 年的建设发展，目前已形成了初具规模的路网体系，全市道路总里程达 6000 多 km，其中高速公路约 400 多 km、快速路约 800 多 km，路网密度达到 $7km/km^2$，居全国大中城市前列。深南大道是深圳市一张独特、耀眼的名片，从建设以来一直代表深圳的形象和城市建设水平，成为深圳的“都市客厅”和“景观大道”，也为国内外其他城市道路建设起到良好的示范作用。

桥梁工程。2000 年 3 月建成的深圳市彩虹（北站）大桥是世界首座由钢管混凝土拱、预应力钢 - 混凝土空心叠合板组合梁、钢管混凝土组合桥墩构成的全钢 - 混凝土组合结构桥梁，单跨 150m，跨越深圳火车北站 29 股道。其中“钢 - 混凝土组合桥梁设计与研究”科研成果，获 2002 年广东省科技进步二等奖，与其相关的组合结构关键技术研究与应用，荣获 2004 年度国家科技进步二等奖。2011 年动工建设的深圳南坪快速路二期中的平铁和南山两座大桥，主跨达 130m，是国内在建最大跨径的波形钢腹板预应力混凝土桥。

轨道交通工程。1998 年，包括罗宝线首通段和龙华线南段的深圳地铁一期工程开工建设，2004 年建成通车，成为大陆继北京、天津、上海、广州后第五个拥有地铁的城市。2007 年启动地铁二期工程，包括一期工程两条线路的延长和三条新建线路，并于 2011 年 6 月全部建成通车。2019 年，深圳迎来了地铁建设“井喷”期，14 条线 273km 同时在建。目前，深圳地铁在建线路共有 13 段，到 2020 年深圳地铁将形成 16 条运营线路，总长 596.9km 的轨道交通网络。

给排水工程。雨水、污水排放工程成绩显著，各主要河流及部分人工湖等初步实现了“不黑不臭，恢复清澈面貌”的目标，保护了深圳的生活水源，为深圳环保工程做出了重要贡献。滨河泵站是深圳市区内重大的污水提升泵站，工程全部采用潜水泵，泵坑内径 18m，采用了深基坑土钉支护开挖施工方案，占地面积小，建筑设计表现独特，与周边环境融合成了一体，充分体现出美学与景观的结合。

隧道及地下空间工程。1988 年建成通车的梧桐山隧道是全国最早、最长的公路隧道；1993 年建成的广深高速公路虎背山隧道是当时全国高速公路隧道的典范；1999 年建成全国跨度最大、埋藏最浅的城市地下过街通道——宝安南路地下过街通道。2005 年建成全国首座双向八车道公路隧道——南坪一期雅宝隧道；2007 年建成福龙路横龙山隧道，全长 2330m，采用在隧道内分岔设匝道方式，形成左右线各一个“Y”形喇叭口，最大开挖断面达 $304m^2$，最大跨度为 29.17m，是亚洲公路隧道之最，这种连接方式的隧道在亚洲也是首例。盐田区大梅沙—盐田坳共同沟是国内第一条穿山的共同沟（综合管沟），隧道全长 2666m，总投资 7000 万，内设污水管、给水管、通信管、高压天然气等多种市政管线，该工程是隧道工程在市政工程领域更广泛应用的实例。罗湖口岸 / 深圳火车站综合改造工程，以“交通管道化”和“环境生态化”的理念为核心，通过新建道路、隧道、公交场、雨水提升泵站，改造桥梁，分类渠化各种交通方式，简化交通复杂度，增强城市路网可识别性。将平行交通改为立体交通，将人车混行交通改为人车分行的管道化交通，设计出全新科学的交通秩序，将罗湖口岸 / 火车站地区打造成多功能、高品质的国际现代化的综合交通枢纽。

废弃物处置工程。经过 40 年的发展，深圳市已形成科学合理的垃圾清运处理体系，实现了垃圾收集分类化、垃圾运输密闭化、垃圾处理无害化、粪便排放管道化、环卫作业机械化、环卫管理科学化、环卫科技现代化。同时，配备了先进的工程设施和技术装备，使环境卫生公共设施达到了国际先进水平。深总院刘琼祥总工程师团队参与完成的“废旧混凝土再生利用关键技术及工程应用”项目荣获国家科学技术进步奖二等奖。

回顾深圳土木建筑 40 年取得的巨大成就，基本经验一是敢于改革、敢于创新的精神。在坚定不移地执行改革开放原则方针下，勇于探索和实践发展中的一切问题。改革开放培养了深圳人这种精神，同时深圳人正是靠这种精神，使深圳从一个普通的小镇一跃变成一个充满生机和活力的大都市，变成中国改革开放的排头兵。二是率先建立起社会主义市场经济体制，市场化程度较高，与外资企业合作时，从互利双赢的思想理念出发，让投资者有钱可赚。三是初步建立了较完善的、与国际惯例衔接的法规体系，社会经济生活的各方面都基本有法可依。四是深圳政府运作规范、办事效率和服务水平高，形成了较好的、有利于创业和发展的市场经济氛围。五是十分重视对人才的引进，制定了一系列人才引进政策措施，为企业发展提供了人才保障。在新的历史起点上，深圳正致力于加快建设现代化国际先进城市。如何在过去 40 年建设取得辉煌成就的基础上，继续推进深圳市城市建设迈上新的台阶，是深圳建设工作者所面临的新的重大课题。只有继续发扬深圳市敢闯敢试的特区精神，进一步加大自主创新力度，积极在低碳经济、绿色建筑、建筑节能、废物利用、新能源和信息技术应用等领域深入探索，不断推出新技术新成果，才能再立新功、再创辉煌。

第 2 章

城市设计篇

金广君　宋聚生　单　樑
王泽坚　戴冬晖

深圳土木 40 年 · 城市设计篇

深圳作为改革开放的“试验田”、“排头兵”，四十载的快速发展浓缩了世界上其他城市几百年的发展经历，这使其有机会快速实践，快速检验，因而快速成长、迭代。深圳在国内率先建立了完整的城市设计管理制度，营造了技术创新土壤，四十年来始终坚持以城市设计引领高质量城市建设，进而培育出了具有广泛影响力的设计生态，演化出了一套制度完整、内涵丰富、特色鲜明、综合性强的体系。深圳城市设计有效地支撑了社会经济的发展，促进了城市环境品质提升和美好城市环境的建设。因此，总结改革开放以来深圳的城市设计历程及有关探索，有助于进一步提升深圳城市设计的学术与实践水平，充分发挥深圳城市设计经验对全国的先行示范作用。

一、深圳城市设计发展历程

（一）深圳城市设计发展历程回顾

改革开放 40 年来，深圳的城市设计在借鉴香港经验基础上逐渐自成一体，从服务经济发展到提升空间品质，从专注实体空间到统筹城市营造，走过了持续创新、不断进化的四十年。回顾多年的城市设计发展历程，我们可以将其概括地分为以下几个阶段。

起步萌芽阶段（1980~1993 年）。特区起步阶段的城市设计以模仿学习为主，更多的精力地投入到了空间形象和物质形态设计上。期间涌现了一批以塑造良好城市空间形象、满足招商引资为目的的项目化、蓝图式方案设计。这一阶段的城市设计实践结构性地建构了城市形态格局，有效推动了改革初期项目开发建设，初步培育了深圳城市设计的技术雏形。

规模与规范并进阶段（1994~2004 年）。随着深圳持续的快速发展，经济、人口、基础设施、城市空间从特区向全域扩张，深圳迈入了全面扩展的快速城镇化阶段，在这一阶段城市设计解决了建设需求，主要服务于城市扩展。另一方面，深圳于 1994 年设立了国内第一个城市设计处——深圳市规划国土局城市设计处，同时为城市设计“建章立制”，明确了城市设计的法定地位、健全了其管理机制、构建了其技术体系，系统性地进行项目编制，使整体空间秩序进一步完善。这一阶段的城市设计以政府管理需求为导向，体现了制度管理上的价值，是深圳城市设计走向完善的成长期。

转型提质阶段（2005~2014 年）。深圳经济社会持续快速发展，取得了令人瞩目的成就，成为世界工业化、城市化的奇迹，但与此同时，人口、土地、资源和环境“四个难以为继”的矛盾也日益明显。应对空间资源硬约束这一城市发展的“瓶颈”，深圳开始从以经济为导向的扩张发展逐渐转型为全方位的内涵发展，而城市设计也从服务于城市扩展逐步走向了一条多元的品质提升之路。在这一阶段，城市设计越来越多地关注人与城市生活，不断积极回应社会与公众的需求和城市多元价值的诉求、解决复杂城市问题，致力于提供创造性解决方案。这一阶段，深圳开展了诸如深港城市 / 建筑双年展、公共空间系统、户外广告、绿道网、后海中心区城市设计、深圳湾 15km 滨海休闲带等大量的城市设计项目实践。这一阶段的城市设计越来越成为多专业跨界协同平台和谋求城市价值共识的协调平台，呈现出了人性化、综合化、公共化、动态化的多元发展趋势。

（二）深圳城市设计“进行时”

2015 年，中央城市工作会议召开，会议明确指出了坚持以人民为中心的发展思想，要全面开展城市设计，中国城市设计的春天再一次到来。

伴随新一轮 2035 总规的修编，深圳于 2016 年率先开始编制总体城市设计和特色风貌保护策略研究专项（以下简称“深圳总体城市设计”）。深圳总体城市设计着眼于适应时代的转型和未来深圳的城市需求，从深圳现象与特征出发，提出了“更开放、更聚集、更国际化、更有个性，面向世界的深圳家园”的愿景。在定义深圳“独特风貌、广义活力、先锋人文、定居吸引力”独特内涵的基础上，提出了城市价值营造的五项策略，包括：通过构建“两翼、四脊、四带、十廊”的品质城市整体景观格局，提供山海之间更独特的景观体验；通过建构“四湾、三山、一城、多点”的特色风貌体系，营造高辨识度的“多面深圳”；营造生活、工作、休闲无边界连接的公共城市，培育缤纷多彩的公共活力，营造亲切、人性化的工作生活休闲体验；建立深圳式的、差异化的立体紧凑模式与标准，服务高质高效且有弹性的空间增容，塑造特色、高效和多样性的城市形态；打造包容开放的先锋文化名城，以特征风貌保育区为手段，实现城市特色风貌保育，塑造先锋人文和创新活力，突出城市优质文化内涵，打造城市名片。

在 2017 年住房和城乡建设部颁布《城市设计管理办法》后，作为全国第一批城市设计试点城市，城市设计在深圳继续全过程领跑。在总体城市设计的基础上，深圳启动开启了“6+2”城市设计行动，包括六类项目行动和两方面创新计划。包括“山海连城、亲水生活、品质活力、风貌特色、标杆片区、湾区海岸”等六类项目行动和“制度机制创新、设计技术创新”两方面创新计划。六类项目行动包括“山海连城、亲水生活、品质活力、风貌特色、标杆片区、湾区海岸”，是深圳结合自身资源特色和新世时代发展的要求，重点针对深圳当前“山海不显、品质不高、精品不多、个性不足”等问题，抓住一些牵一发而动全身的关键行动项目，在重点地区城市设计、公共空间品质提升、生态体验营造、传统与特色风貌保育等方面开展项目实践，并持续总结提升。在顶层设计和科技应用两方面提出了“制度机制创新计划”和“设计技术创新计划”，全流程、全要素保障城市设计编制基准水平，高质量推进城市设计实施管理的精细化和规范性，如结合《深圳市城市规划条例》修订优化城市设计专章、编制《深圳市城市设计编制技术规定》等；鼓励城市设计开放创新，充分发挥社会力量、调动市场积极性；优化完善规划仿真系统，增加城市设计数字化辅助及管理功能，为宏观层面的政府决策、城市建设规划管理提供更加科学的依据。

另外，深圳于 2018 年发布了《深圳市重点地区总设计师制试行办法》，确立了重点地区总设计师制度，确定实施总设计师制度的 17 个重点片区等一系列活动；并于 2018 年同年，由哈工大等机构发起成立了中国城市设计领域第一个城市级别的学术委员会——深圳市土木建筑学会城市设计专业委员会。

深圳城市设计在运作体系建设、技术体系、与法定规划的传导衔接以及精细化管理都趋于成熟，从最初服务城市建设的蓝图，逐渐蜕变成了引领城市品质提升的行动（图 1）。

二、深圳城市设计实践的探索

通过在设计范式、运作体系、法定化以及价值理念等方面进行积极的探索，深圳城市设计在 40 年的实践中不断发展、完善，逐渐走在了我国城市设计行业发展的前列，受到了国内外各界的广泛认同。

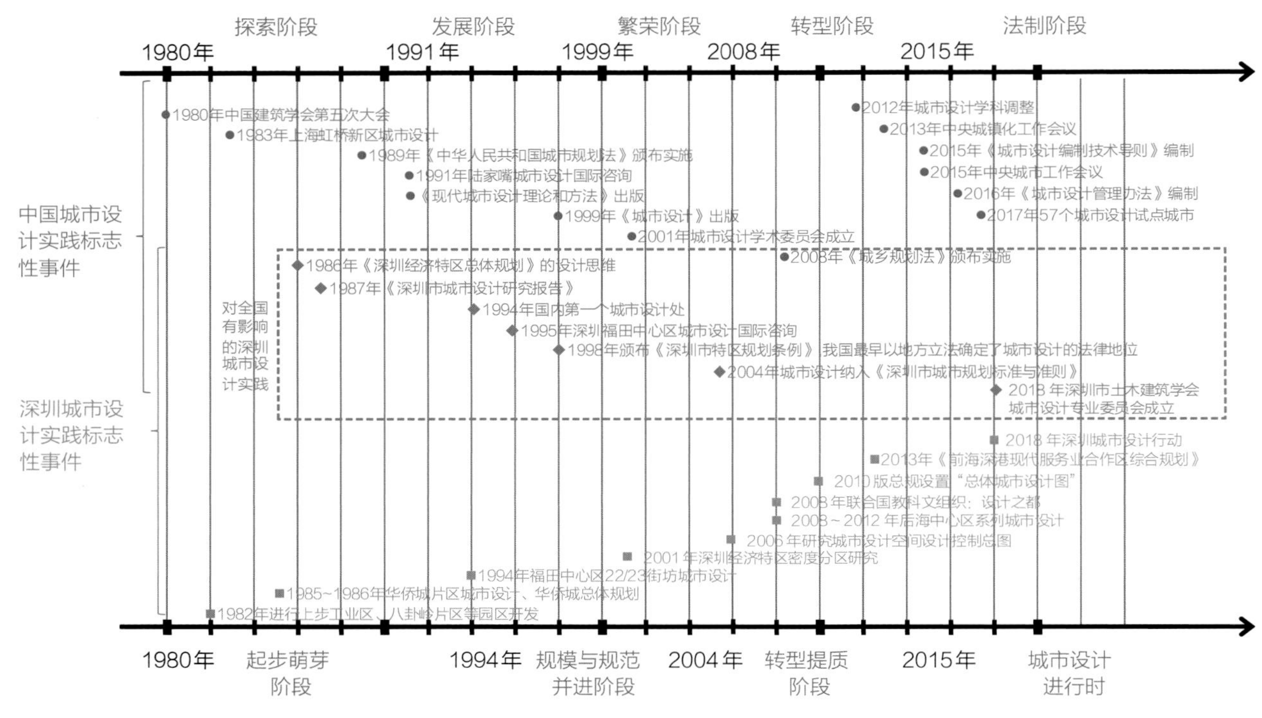

图 1　城市设计发展历程

（一）城市设计范式不断演进

1986 年，华侨城集团邀请孟大强先生主持华侨城的规划设计，“花园城市”、尊重自然山水、营造人文环境的设计理念，高质量的实施成果，对于深圳的城市设计具有深远影响力。1987 年，陆爱林戴维斯发布的《深圳城市规划研究报告》，是第一次真正意义上运用城市设计方法进行总体空间形态的秩序建构，并对福田中心区中轴线的三维空间形态进行设计构想。在此之后，园岭、八卦岭、体育中心等一系列蓝图式城市设计项目相继出现。城市设计的实践更多的以实体空间的设计为主，是通过设计建筑来设计城市。

宏观层面，在 1986 年版的深圳经济特区总体规划中，预留福田中心区、奠定带状组团初始特区空间骨架等内容，就带有明显的城市设计思维。而在 1996 版总规中，特区范围内背山面海的组团特色格局得以继承，并且第一次设立了城市设计专项研究课题，滨海特色、山水自然景观、城市鱼骨状轴线景观系统以及空间形态秩序基本形成。随后，1998年编制的《深圳经济特区整体城市设计》，成为全国最早单独编制的整体城市设计之一。通过研究城市领域、路径、节点等城市要素，塑造组团及重点区块的城市特色，提出城市重点片区特色指引。2000 年后，龙岗区、宝安区、光明新区等分区层面总体城市设计相继编制，城市设计体系逐步完整。这一时期，我国内地广泛开展的新城建设运动中的城市设计编制，很大程度上借鉴了深圳的经验。

2010 版总规修编时，确定了前海和福田 - 罗湖双中心、5 个城市副中心、8 个组团中心的三级中心体系，网络组团空间结构得以继续优化，总体城市设计的范围第一次从“特区”到“全域”，提出了拥山滨海、自然与人文连接、区域集合城市形态、社区尺度的公共服务等策略，并通过分区层面的城市设计细化落实整体秩序，开展了如南山生态科技城，留仙洞总部基地、光明绿环、深圳坪地国际低碳城、深圳金威啤酒厂城市更新等一系列低碳生态、产业转型、创新空间的规划设计。这一时期的城市设计越来越关注人的需求，关注城市生活，面向多元诉求，解决复杂城市问题，提升公共空间与城市环境，通过多学科协同、集群设计，供给高品质城市空间产品，建立公共参与和协商机制。

从服务与招商引资的重点地区、地块的空间设计方案，到城市总体空间秩序、山水空间格局和城市风貌的塑造；从总体城市设计到分区城市设计；从关注实体空间形态的设计到注重经济规律、关注人文、生活诉求，通过综合手段解决复杂的空间问题，形成高品质、共建共享的规划设计机制。深圳城市设计的范式不断演进，城市设计技术体系也逐步完整。

（二）城市设计运作系统持续建设

深圳城市设计的实践成效很大程度上依赖于管理机构、制度的建设。1994 年，深圳市规划国土局城市设计处成立，是国内首个城市设计的管理机构。1998 年，《深圳市特区规划条例》颁布，我国最早以地方立法的方式确定了城市设计的法律地位，明确提出“城市设计分为整体与局部城市设计，城市设计应贯穿于城市规划各阶段……包含在城市规划各阶段的城市设计成果，随规划一并上报审批”。1997~2019 年，技术指引（9 项）、管理规定（5 项）、系统规划研究（14 项）三类，共 28 项城市设计系列标准相继颁布，极大地规范了城市设计编制和管理。2004 年城市设计控制要求以独立章节的形式纳入《深圳市城市规划标准与准则》，成为地方标准的重要组成部分。2009 年，深圳市规划管理部门将城市设计成果凝练为“空间控制规划图”，作为规划许可和土地出让的城市设计要求。2018 年，《深圳市重点地区总设计师制试行办法》颁布，总设计师为保障城市公共利益、提升城市形象和品质、实现重点地区精细化管理提供咨询意见，作为主管部门和建设管理部门行政审批和决策的重要技术依据，向建设管理部门提供技术协调、专业咨询、技术审查等服务。

在城市设计公共服务平台建设方面，深圳也取得了丰富的经验。从 2005 年首届“深港城市 / 建筑双年展”举办，至今已举办了 7 届，双年展已成为深圳、香港交流彼此的城市问题、趋势判断和价值理念的重要活动。此外，2009 年深圳市公共艺术中心成立，通过策划雕塑展等社会公共艺术活动，关注城市生活环境。2011 年，深圳还成立了城市设计促进中心，整合各方资源，举办设计交流和推广，组织竞赛、设计研究和学术活动，搭建政府、企业、公众交流沟通的重要平台。尽管各类活动仍有自上而下指令性参与的特点，但是，这些公共服务活动已经成为城市设计和公众发生实质性接触并参与进来的平台，有力地保障了城市设计价值、理念的群众基础。

总之，在对城市设计认识尚不统一、国家层面法律、法规欠缺的情况下，深圳的城市设计通过立法、机构建设、技术标准、制度建设以及公众参与，先行一步，积极探索运作体系。在城市需求不断变化的情况下，灵活地调整技术方法、标准和管理机制。边实践，边探索，不断拓展城市设计边界，提升城市活力，强化场所认同感，丰富城市生活，形成了相对完整的城市设计运作体系。

（三）城市设计与法定规划的传导衔接

深圳的城市设计经历了逐步纳入法定规划、政策文件、技术标准等法定化过程。1990、1997 两版《深圳市城市规划标准与准则》均体现了建筑间距、退让、限高以及公共开放空间等城市设计要素的管控要求。1998 年，《深圳市特区规划条例》确立了城市设计的法定地位，明确了整体和局部两个层次的城市设计，城市规划的各个阶段的城市设计成果随规划一并报批。2000 年《法定图则编制技术规定》同样明确“在文本和图表中，要有专门的章节控制城市设计的内容”。同年的《详细蓝图编制技术规定》也明确了城市设计和详细蓝图结合的要求。2004、2014 两版《深圳市城市规划标准与准则》将城市设计纳入城市法规，确定了密度分区、公共空间、建筑控制及地下空间等城市设计控制要素。2012 年的《城市更新单元规划编制技术管理规定（试行）》、2016 年的《深圳市土地整备规划编制技术指引（试行）》都明确了城市设计的内容。要求编制城市设计专题研究，相应的文本和图表要体现城市设计的城市空间组织、建筑形态控制、公共开放空间与慢行系统设计等内容，具备法定的效力（表 1）。

城市设计通过不断的探索、磨合，建立了与法定规划之间更加紧密的衔接。这实现了城市设计的意图在法定规划中有效传导，极大程度上保证了深圳城市设计的实效性。

（四）服务于城市高质量发展的高品质城市设计

40 年前，“深圳速度”创造了一个公认的奇迹。时至今日，在深圳建设中国特色社会主义先行示范区、努力创建社会主义现代化国家的城市范例的新时期目标下，城市高质量发展的高品质追求为深圳城市设计工作定义了以高品质营造和精细化管理为核心的新目标。其中，以福田中心区城市设计和前海系列规划设计最具代表性。

（1）福田中心区：系统化城市设计营造城市中心区的开创性实践

福田中心区系列规划设计开始于 1982 年，被认为是“城市设计的一次完整实践”。福田中心区承担了深圳中心首次向西发展的历史使命，其设计过程经过 30 年不断的演变和发展，完成了大量的规划研究和规划设计。从早期 20 世纪 80 年代的规划方案，到 20 世纪 90 年代的法定规划、设计方案，再到 2000 年后的一系列专项研究，贯穿全流程的街坊和地块设计，都体现了持续设计的特点（图 2）。1996 年，深圳市组织福田中心区核心地段（中轴线）城市设计国际咨询，吴良镛、周干峙、钟华楠、长岛孝一、加利 · 海克等众多享誉海内外的建筑、规划大师，就中心区城市设计的创造性、在地性、整体性、灵活性以及宜人性等专题展开研究；李名仪 / 廷丘拉设计事务所、法国欧博公司、香港陈世民建筑事务所、

城市设计在各法定规划管理平台中的体现 **表1**

项目	详细蓝图编制技术规定	法定图则编制技术规定	深圳市城市规划标准与准则	深圳市城市规划标准与准则	深圳市城市更新单元规划编制技术管理规定（试行）	深圳市土地整备规划编制技术指引（试行）
年份	2000	2000	2004	2014	2012	2016
控制内容	1.0.3　局部城市设计是详细蓝图的重要组成部分。已经单独编制过局部城市设计的地区，应将经批准的城市设计成果落实到详细蓝图中。 4.1.5　规划设计构思与对策 A　城市空间组织 B　建筑形态控制 C　景观环境设计 4.2.7　城市空间组织图 4.2.8　建筑形态控制图 4.2.9　景观环境设计图 4.2.11　地块控制规划图	3　法定文件的编制内容及深度规定 3.1.6　城市设计针对重点地段提出维护主要公共空间环境质量和视觉景观控制的原则、要求 4　技术文件的编制内容及深度规定 4.2　规划研究报告 4.2.5　城市设计要求 4.2.7　地块控制 4.3　规划图 4.3.5　城市设计导引图	第二部分　城市设计与建筑控制 8　城市设计的一般原则 9　居住建筑控制要求 10　非居住建筑控制要求 11　城市地下空间利用	第 4 章　密度分区与容积率 4.1　城市密度分区 4.2　地块容积率 4.3　容积率奖励与转移 第 8 章　城市设计与建筑控制 8.1　城市总体风貌 8.2　城市景观分区 8.3　街区控制 8.4　地块与建筑控制 第 9 章　城市地下空间利用	1.5　编制内容 （4）空间控制。包括城市空间组织、建筑形态控制、公共开放空间与慢行系统设计等 第二章　技术文件 2.1　技术文件的成果构成 涉及突破法定图则、发展单元规划确定的建筑总量或居住总量，以及法定图则未覆盖地区，应进行……城市设计专项研究 2.2　规划研究报告的内容要求 （7）空间控制 2.3　专项研究的内容要求 （6）城市设计专项研究 2.4　技术图纸的内容要求 （9）建设用地空间控制图 第三章　管理文件 3.2　文本的内容要求 （5）空间控制 3.3　图则的内容要求 （3）建设用地空间控制图 （4）慢行系统规划图	第二章　技术文件 （3）项目位于城市特色风貌区或城市设计重点控制地段的，视需要应开展城市设计专项研究 2.2　规划研究报告的内容要求 （11）空间控制 2.3　专项研究的内容要求 （5）城市设计专项研究
衔接平台	详细蓝图	法定图则	地方标准	地方标准	城市更新	土地整备

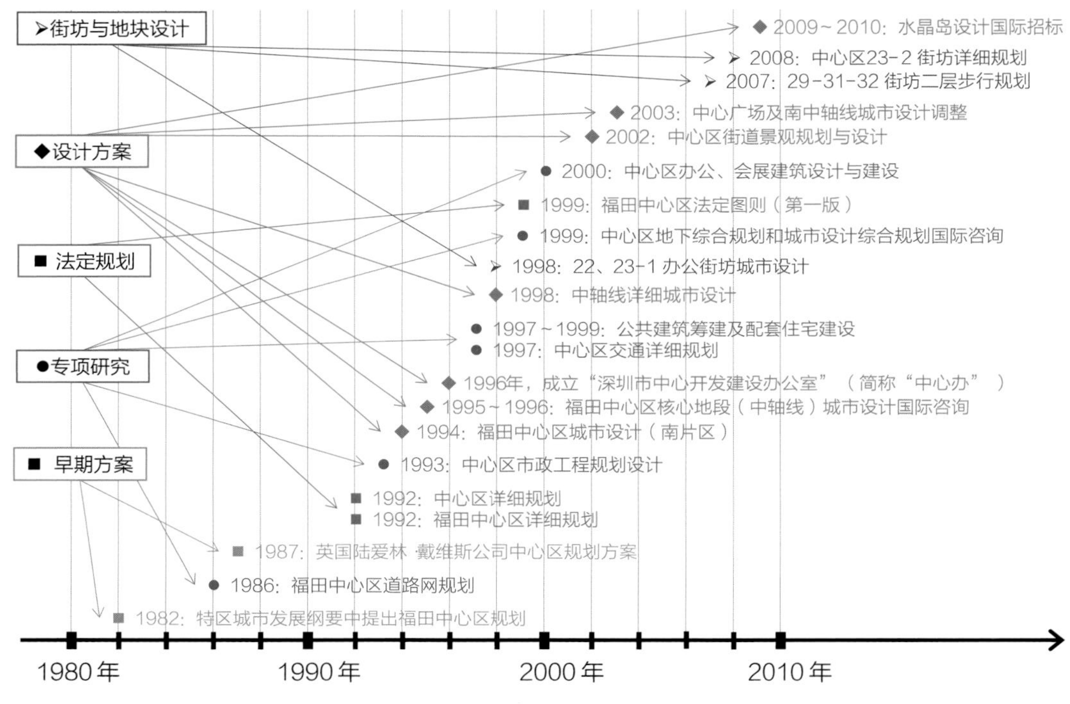

图 2　福田中心区规划建设大事记（1980~2010 年）

香港华艺等知名设计公司都曾参与福田中心区的城市设计。1998 年，美国 SOM 建筑设计事务所主持 22、23-1 街坊的城市设计，在各地块已经出让的情况下，协调各业主，重新组织 13 地块的交通、景观秩序，调整公共绿地布局，落实公共空间、街道、临街界面、建筑退线和塔楼位置、高度、形式等控制要求。改变法定规划以二维、用地指标指导片区开发的方式；通过对空间形态、公共空间、活力界面的塑造，提升片区价值；设计成果转译为刚性管控和弹性引导条件，成为土地出让的直接条件，有效的控制了整体形态。福田中心区 22、23-1 街坊城市设计是当时实施度最高的城市设计项目，对后来的城市设计项目实施与管理产生了很大的影响。福田中心区通过城市设计创造价值、提升价值，是一次开创性的地段型城市设计范例（图 3）。

（2）前海新中心：与时俱进的城市设计创新

在深圳全面建设中国特色社会主义先行示范区的背景下，作为引领湾区、面向世界的国家战略地区，前海承担

图 3　莲花山顶俯瞰福田中心区

着为我国构建对外开放新格局、建立更加开放经济体系做出有益探索的历史责任，也肩负着深圳第二次向西发展城市新中心、代表高质量发展的深圳样板的历史使命。从最初的港口物流园区，到 2010 年被定为双城市中心之一，再到 2014 年设立自贸区，前海正逐渐成为深圳战略的核心载体。伴随着城市定位的不断提升，前海也在不断进行着积极的探索与实践，这一过程中，城市设计深度参与并取得了长足的发展。

2010 年，深圳市规划和国土资源委员会在《前海深港现代服务业合作区综合规划》（前海目前唯一由市政府批复的法定规划，以下简称“综合规划”）编制前先行组织了前海地区概念规划国际咨询，以城市设计谋划地区空间战略，期间享誉海内外的众多顶级设计公司提供了具远见、富创意且切实可行的概念性空间设计方案。最终以国际视野、前瞻性的发展理念确定美国 James Corner Field Operations 公司的中标方案中所提出的“水城”的核心理念，及以“水廊道”为主骨架的空间发展结构。同时，鉴于前海的复杂性，规划部门创新编制组织模式，以深圳市城市规划设计研究院为技术统筹单位，统筹产业经济、交通、低碳生态、城市设计及景观、水环境、环境保护六个方面 16 个规划设计专业团队共同参与，实现了规划多学科融合与跨部门协作。理念与设计技术方面，综合规划在水生态安全与滨水空间景观塑造、立体开发模式设计、公共交通体系构建、公共空间活力营造、可持续发展等方面提供了一套具有创造力的综合解决方案，奠定了前海开发的价值框架。规划体系创新方面，综合规划创新地建立了以城市设计思维和方法为核心的规划体系，城市设计在其中扮演着协同平台的重要角色；这套体系贯穿从宏观战略到微观设计实现全过程、集成统筹多专业提供综合解决方案，精耕细作地实现精细设计与精准管控，城市设计扮演着协同平台的角色。

针对未来发展的不确定性与近期开发的迫切性之间的矛盾，综合规划创新性地将前海地区划分为 22 个“开发单元”，各单元可相对独立快速开发建设。开发单元是指导开发建设、规划管控的核心载体。其中，《前海深港现代服务业合作区第 2、9 开发单元规划》（以下简称“第 2、9 开发单元规划”）是前海合作区首个已实施的开发单元规划，也是指导前海精细化管理实施的开创性规划实践。第 2、9 开发单元规划提供了以城市设计为龙头的综合技术解决方案，集聚多专业、多主体的智慧，以“为人设计、为城市质量设计、为综合效率设计、务实设计”为导向，以高端人群人性化体验为公共框架设计主旨，立足“以人为本、绿色低碳、开放共享、可持续”等核心设计理念，充分发挥了城市设计对空间资源、支撑系统的先导配置作用。通过三位一体的“城市框架设计”、“城市产品设计”以及“前海方式”——刚弹结合、精细化、项目化导控技术的综合应用，探索出了一条高密度、复杂限制条件下的人性化中心城区设计新路径，并形成了具有推广意义的单元规划创新示范。导控方式上，前海以城市设计直接作为管控依据，通过精细的创意设计和精准的项目导控指引，实现高品质的单元开发。在第 2、9 开发单元规划中，针对管理决策者、开发商、公众等不同使用主体的差异化诉求，创新编制形成了“实施文件”、“管理导控文件”、“规划研究报告”三位一体，“单元 - 街坊 - 地块”三级导控要素互为补充的规划成果，为前海的精细化管理和实施奠定了坚实基础。

2017 年广东省第十二次党代会中提出，要把前海建设成粤港澳深度合作示范区和城市新中心，深圳市政府启动了新中心规划编制工作，前海再度升级。2018 年的前海城市新中心规划是一次继往开来的战略性蓝图设计，跳出前海，谋划面向湾区、面向世界的城市新中心，在综合规划基础上，进一步加强国际事务服务等湾区中心职能，以及居住、文化、公共服务等城市中心功能，以吸引国际一流人才安居乐业为目标，全面提升新中心服务能级和品质。在空间模式上，重塑人与自然的和谐关系，通过构建环湾有机关联、山海与城市共生的新型中心区空间模式，推动环湾地区协调发展，塑造都市之中规模化的、市民可参与的美丽生境。在价值认知上，以城市价值理性为导向，匹配世界级湾区城市新中心的能级与品质，前海城市新中心规划对前海湾及环湾核心资源利用模式进行再判断，以重塑环湾功能与形象、重构环湾交通格局的方式创造全新价值。进而着力营造世界级吸引力的高品质生活圈,从而实现从“现代服务业集聚区”到“城市新中心”的进化。

从“前海综合规划”到“前海新中心规划”，前海在规划编制、实施体系、成果形式等方面进行了积极的谋变，这也是城市设计目前在深圳最先进的探索和创新，这一过程也是对深圳城市设计实施内容的完善与深化，更是在不断的实践中对城市设计理论内涵的提升（图 4）。

三、结语

回顾深圳的城市设计 40 年发展历程，深圳这块改革开放的试验田所独具的求真务实、开拓创新精神始终贯穿于深圳城市设计发展的各个阶段。城市设计技术体系的完善、运作体系的保障、与法定规划的有效传导衔接以及关注城市品质的精细化设计始终是贯穿城市设计发展的重点。正是通过不断的实践，改良城市设计技术，完善体制机制，才使得深

图 4　前海新中心规划整体鸟瞰图

圳的城市设计实效性不断加强，积累了可供借鉴的实践经验；得益于较早的城市设计立法、城市设计管理机构、管理制度和配套政策的保驾护航，通过开放的设计竞赛和多元的管理体制创新，为设计机构提供了一片孵化、培育和成长的沃土，营造了多元、包容的设计生态，深圳的城市设计实践才得以快速、稳步的推进；也因为与总体规划、法定图则、城市更新等法定规划的有机衔接，确保了城市设计成果对建设管理的有效指导；更是因为多年来空间设计的精细化研究、设计管控经验的长期沉淀以及对城市环境品质的有效干预，才使得城市设计研究方法具有了持久的生命力（图 5）。

作为设计之都，深圳市在城市设计领域曾经创造了诸多的第一，城市设计的理论研究与工程实践成果丰硕，在全国乃至世界都产生过巨大的影响。自然资源部的组建和国土空间规划战略的实施，中国全面深化改革开放和粤港澳大湾区建设等一系列战略举措，为深圳城市设计的发展提供了新的空间和机遇，也给城市设计提出了一系列全新的研究课题（图 6）。

如今，已步入“不惑”之年的深圳，面对新时代与新形势，如何继续以“敢为人先”的创新精神应对新挑战？如何持续推动深圳市本土化城市设计的创新发展？这是我们面临的新挑战和机遇。

深圳土木建筑学会城市设计专业委员会是借助“大土木”的综合优势、依托深圳市雄厚的“大土木”行业平台，是为多学科、多行业搭建的一个“创新性技术集群和智慧平台”。我们将始终聚焦于建设“建设全球一流标杆城市”的目标，在深圳市土木建筑学会的领导下，积极吸纳国内外多专业领域的专家和学者，共同努力为推动深圳城市设计的创新与发展作出积极贡献。

图 5　初现雏形的前海

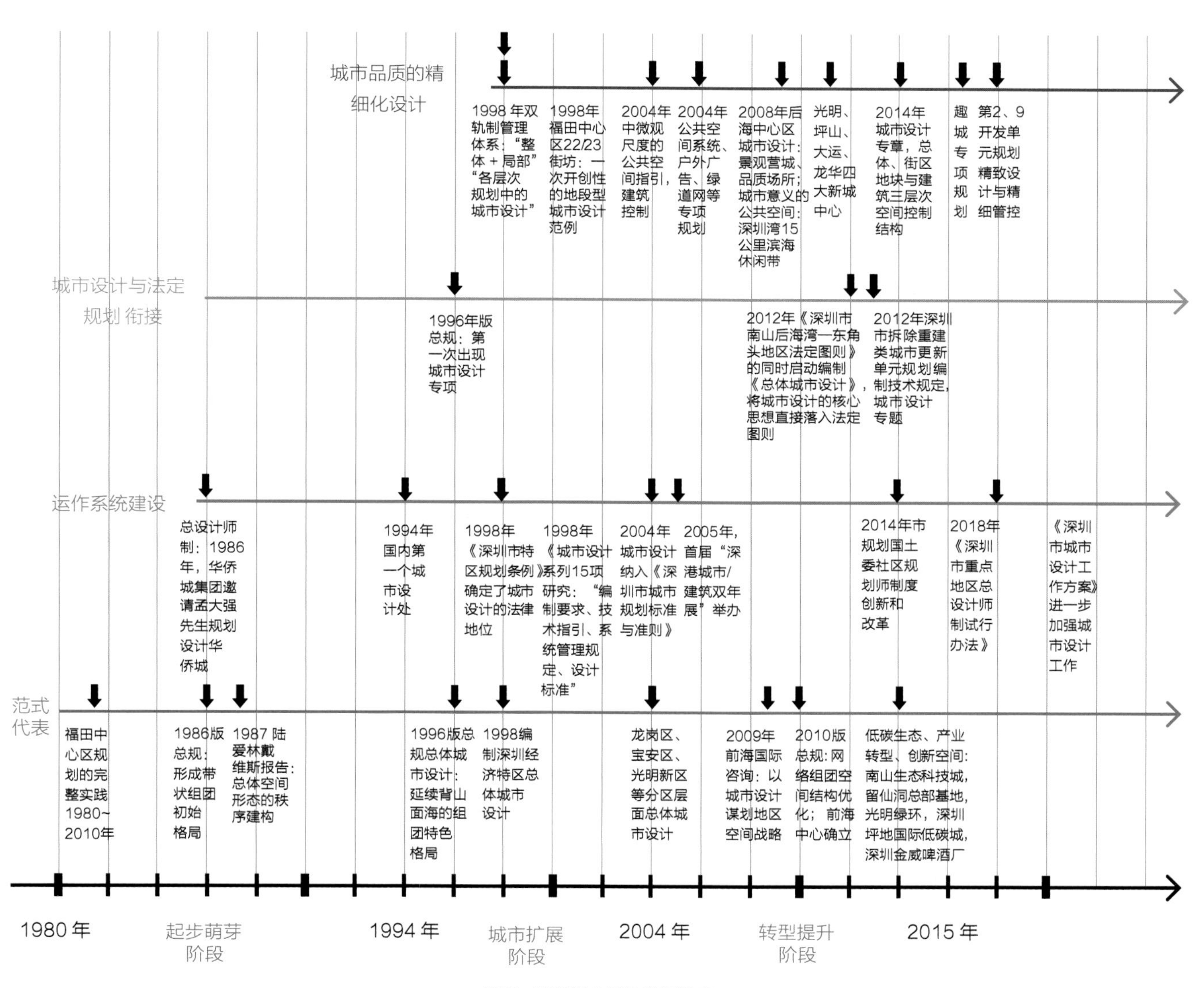

图 6　深圳城市设计发展线索

01 深圳市福田中心区详细规划

项目地点：深圳市福田区
用地面积：413hm²
建筑面积：1200 万 m²
工程状态：已竣工
设计单位：中国城市规划设计研究院深圳分院
编制时间：1991 年 3 月 ~1992 年 12 月

福田中心区详细规划是在第一轮福田中心区规划设计竞赛成果的基础上进行综合和深化，通过设计推演城市空间功能和特色，研究深南路与南北轴线的空间关系，进行高、中、低建设规模方案比较研究，确定中心区空间规模上限，并以高规模方案作为基础设施建设标准和道路结构体系等，以面对未来不确定的可能性。在详细规划图则中融入城市设计限制和引导要素，是福田中心区第一个完整体系的规划设计，为后来不断持续的中心区深化设计、中轴线国际竞赛等奠定了基础。

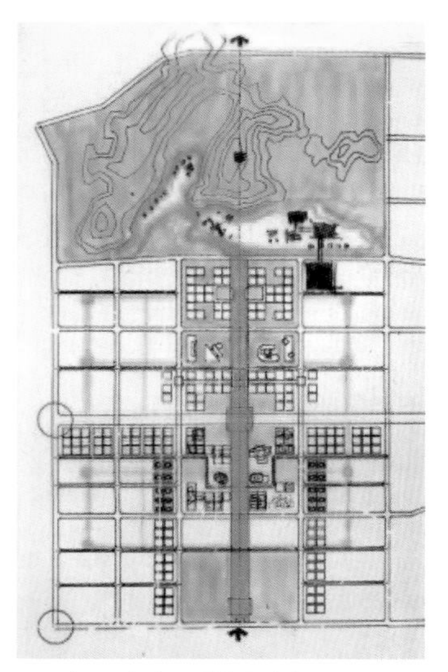

福田中心区详细规划平面图

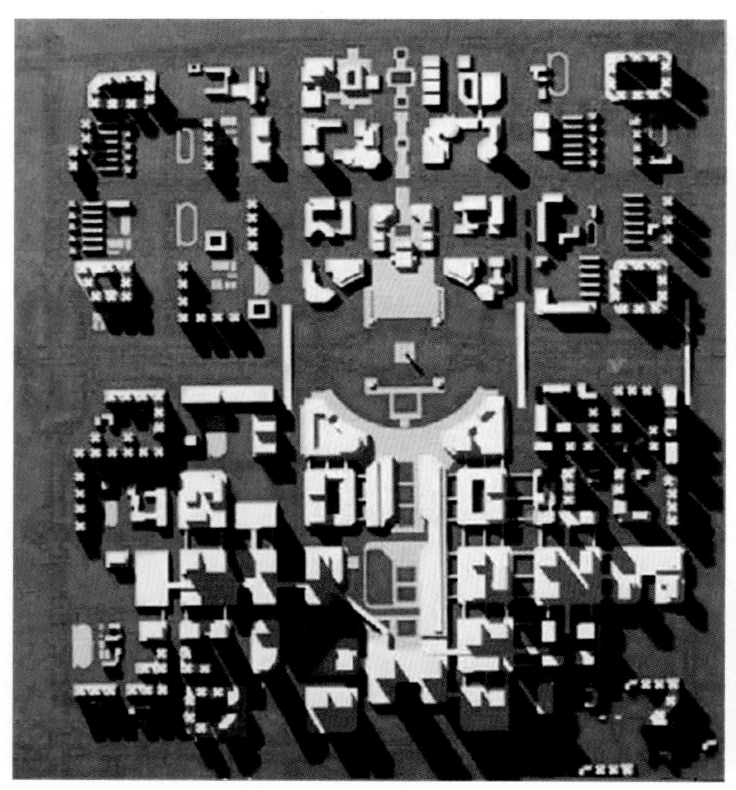

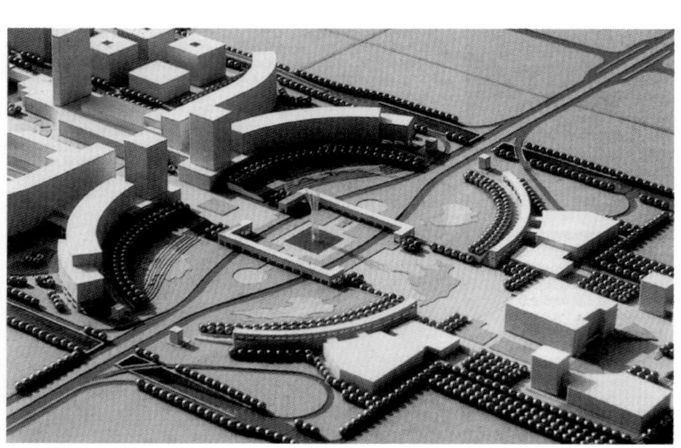

02　深圳市罗湖旧城规划和东门商业步行街环境设计

项目地点：深圳市罗湖区
用地面积：30.12hm²
建筑面积：111.48 万 m²
工程状态：已竣工
设计单位：中国城市规划设计研究院深圳分院
编制时间：1997 年 5 月 ~1999 年 10 月
审批时间：1998 年 12 月
获奖情况：2000 年度建设部优秀城市规划设计一等奖

罗湖旧城规划是一项综合性且现实性很强的工作。规划对旧城现状进行深入、广泛的调查和分析，提出了保护、整理、改善、创造相结合的旧城改造原则，在现有条件下，尽可能地完善旧城的空间环境，突出旧城特色，确定了旧城改造的框架方案及实施细则，并在规划的指导下，完成了东门商业步行街环境设计、相关设计单位的合作与协调、施工图设计以及施工配合全过程的技术服务。

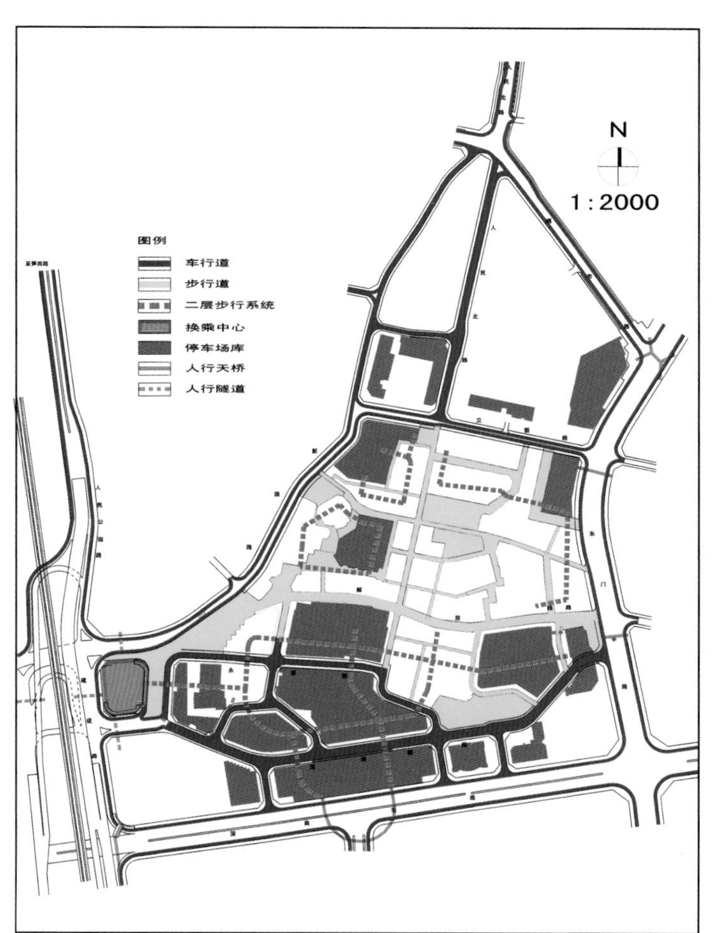

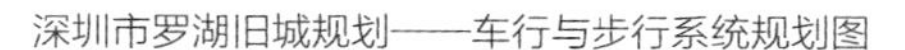
深圳市罗湖旧城规划——车行与步行系统规划图

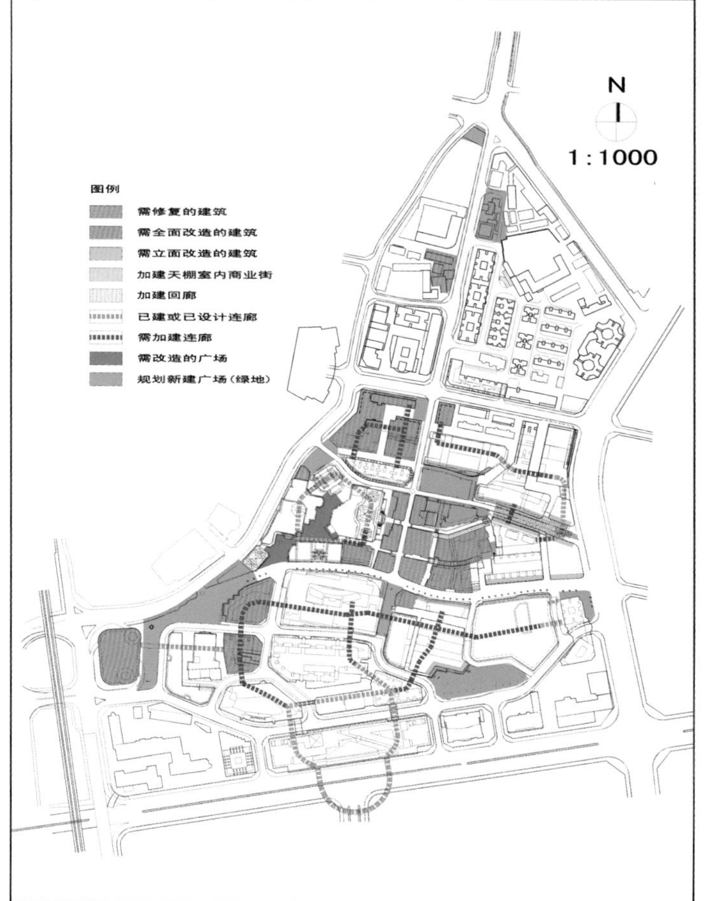

深圳市罗湖旧城规划——建筑、环境整改规划图

03 深南大道香蜜路－侨城东路地段城市设计

项目地点：深圳市福田区

用地面积：116.98hm²（含道路面积 61.2hm²）

建筑面积：117.9 万 m²

工程状态：在建

设计单位：中国城市规划设计研究院深圳分院

编制时间：1997 年 12 月 ~1999 年 11 月

审批时间：1999 年 11 月

获奖情况：2000 年度全国优秀城市规划设计二等奖

项目首次针对深南大道进行整体城市设计分析。通过明确深南大道在整个深圳市城市功能形态演变中的作用，明确本地段的城市功能定位，拟定为城市中心地带的门户。项目从大区位、大特征、大关系入手，针对发展隐患，建立空间秩序的目标体系，建立结构性的街道形体环境，项目实现了制度支持和跟踪服务相结合。

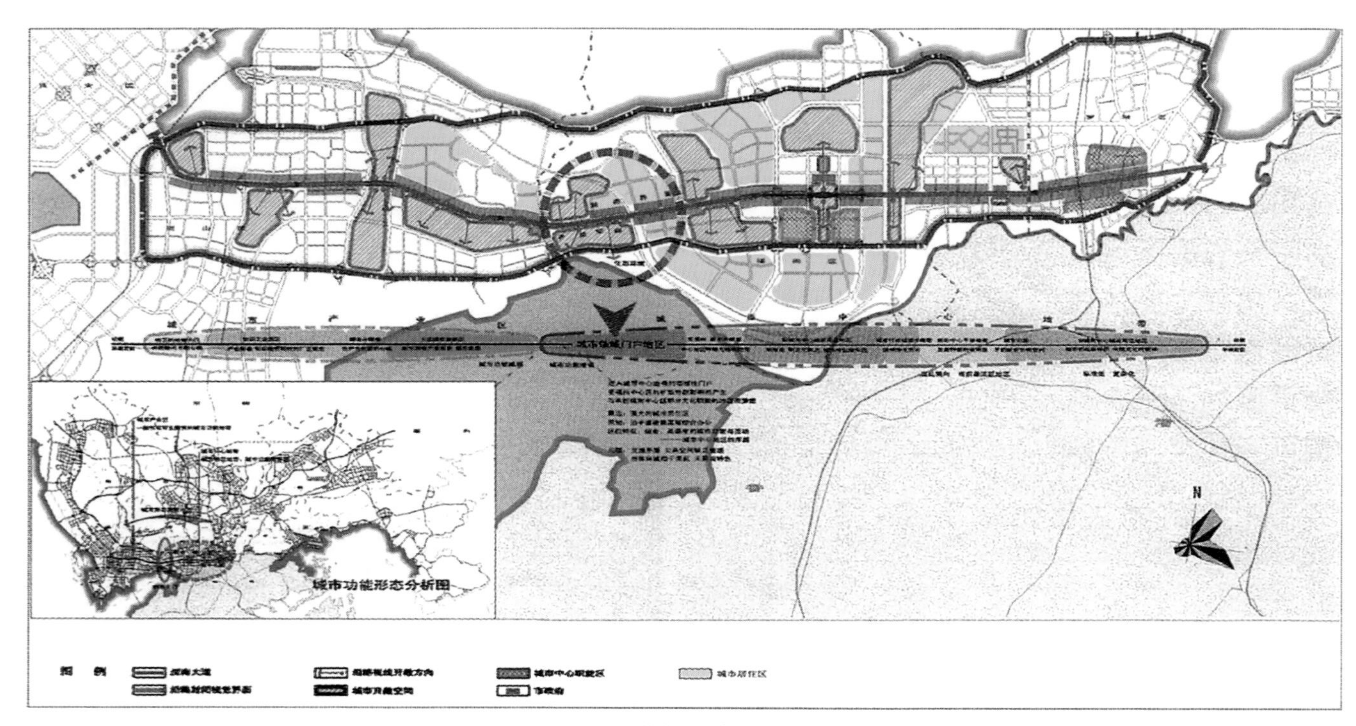

深南大道空间形态分析图

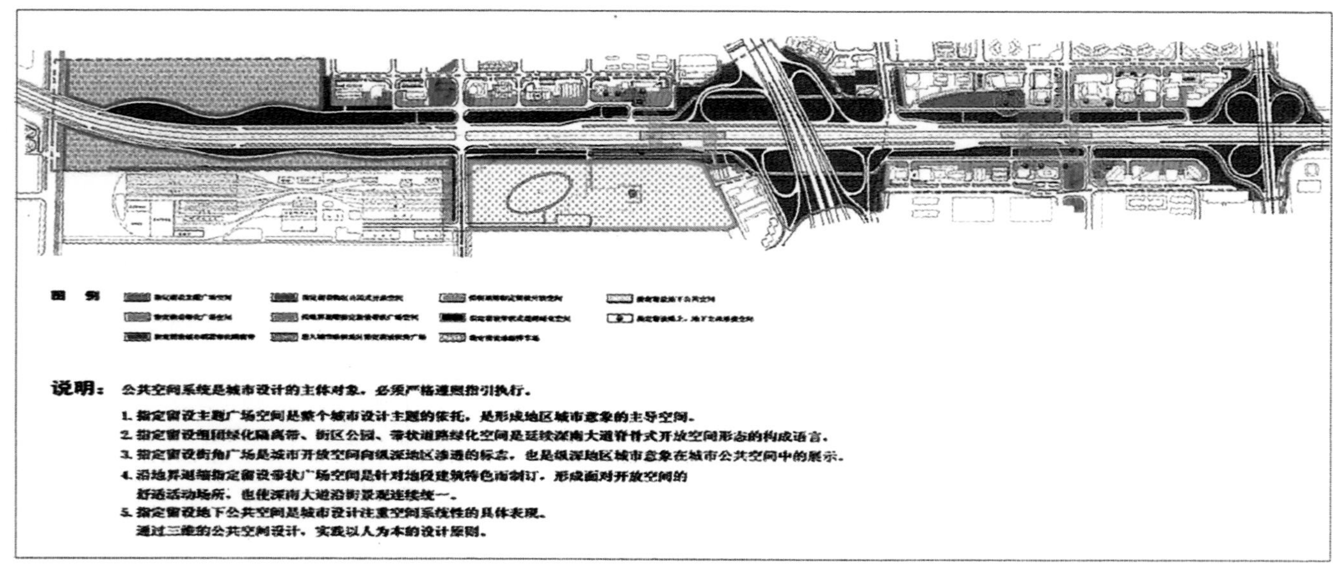

指定留设公共空间系统指引图

04　华侨城生态广场

项目地点：深圳市南山区
工程状态：已建成
设计单位：深圳市欧博工程设计顾问有限公司
编制时间：1998 年
获奖情况：2011 年全国人居经典建筑规划设计方案竞赛活动规划环境双金奖；
广东园林优秀作品（第一批）

生态广场是欧博设计在中国第一个实现并获得广泛好评的景观、规划与建筑三合一作品。2000 年初落成后，广场的生生不息之态越发浓烈，与喧闹的欢乐谷仅一路之隔，却能保持独有的宁静，以其沉默的力量吸引着大批人流。

社区活动场地、开放空间、自然公园、商业配套等具有不同空间属性和表现形式的场所领域，通过与原生地貌密切结合和人文关怀的设计转译，实现了新的空间场所类型，以及多样性活动的复合环境空间载体，激发了场地与整个片区的活力。

05　深圳市龙岗区客家民居保护规划

项目地点：深圳市龙岗区
用地面积：430hm²
工程状态：已竣工
设计单位：深圳市城市规划设计研究院有限公司
编制时间：1998 年 8 月 ~1999 年 12 月
审批时间：2000 年 4 月
获奖情况：深圳市第九届建筑工程设计（规划）金牛奖；
2001 年度广东省优秀城乡规划设计一等奖

规划体现了快速城市化背景下对历史文化资源的保护和改造利用思路，通过全面调查和分析龙岗客家民居的分布、形态、类型与特征，以及与粤东、闽西、赣南客家民居的对比研究，制定了系统、全面和切实可行的客家民居保护策略和空间规划方案，为保护和利用传统历史文化遗产打下了良好的基础。本规划还通过公开展示和互联网资讯宣传等方式呼吁社会各界关注并重视传统文化保护，提高公众参与度。

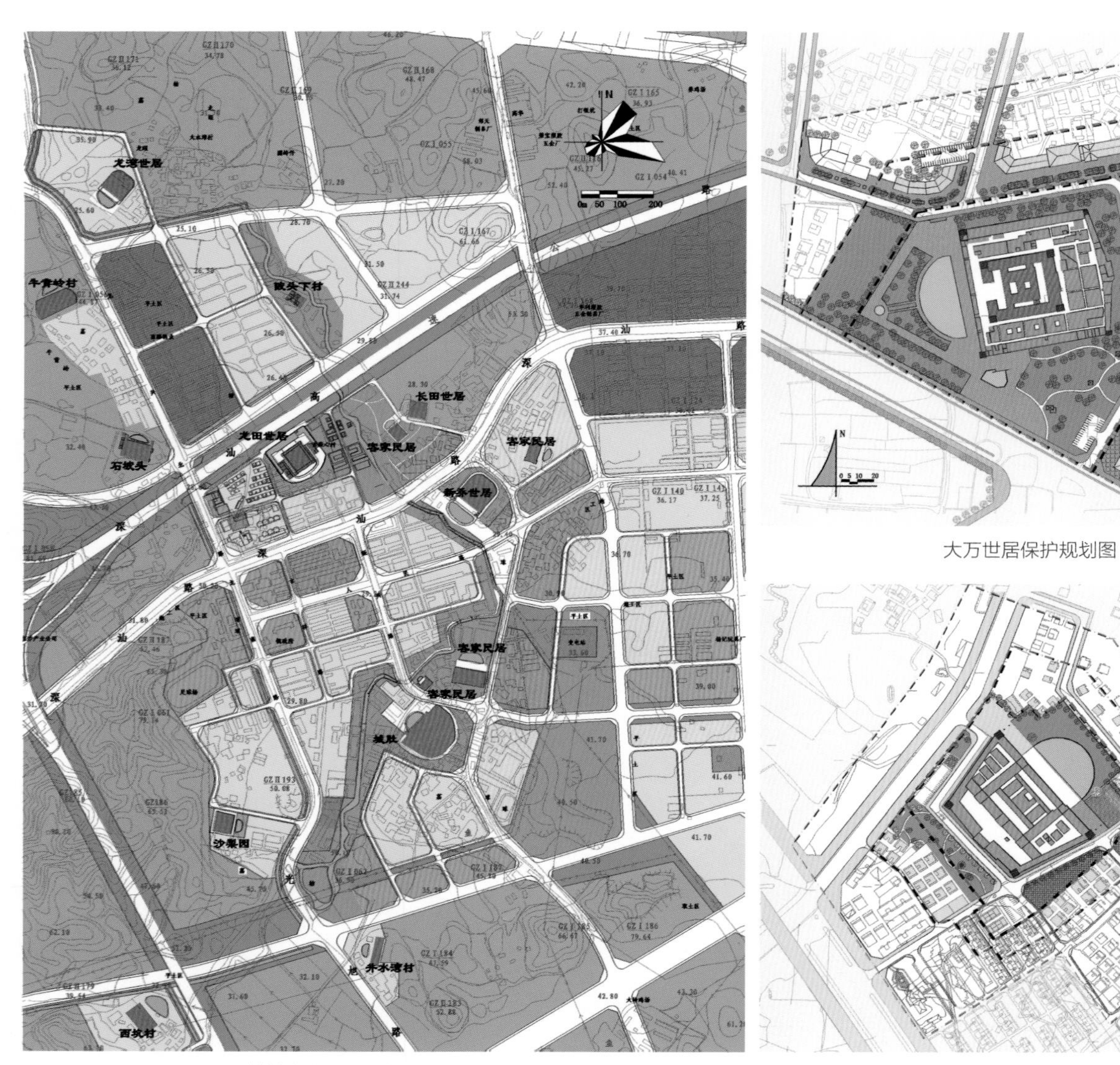

坑梓客家民居保护区用地规划图

大万世居保护规划图

鹤湖新居保护规划图

06　深圳经济特区整体城市设计

项目地点：深圳经济特区全域
用地面积：32750hm²（研究范围）
设计单位：深圳市城市规划设计研究院有限公司
编制时间：1998~1999 年
审批时间：1999 年
获奖情况：深圳市第九届建筑工程设计（规划）一等奖；
2001 年度广东省优秀城乡规划设计二等奖；
2001 年度全国优秀规划设计三等奖

项目覆盖整个深圳经济特区 327.5km²，在扎实的理论基础研究、现状与公众意见调查的基础上，提出了特区的城市意象特征及其在自然生态、空间结构、景观体系等方面的总体控制要求与对策，进而归纳出特区的重要景观分区和分区控制原则。该项目初步确立了深圳市的宏观城市景观框架，推动了深圳市城市设计工作走向系统化、规范化、高效化，对下一层次的规划与城市设计工作有较强的指导性，在国内具有前瞻性。

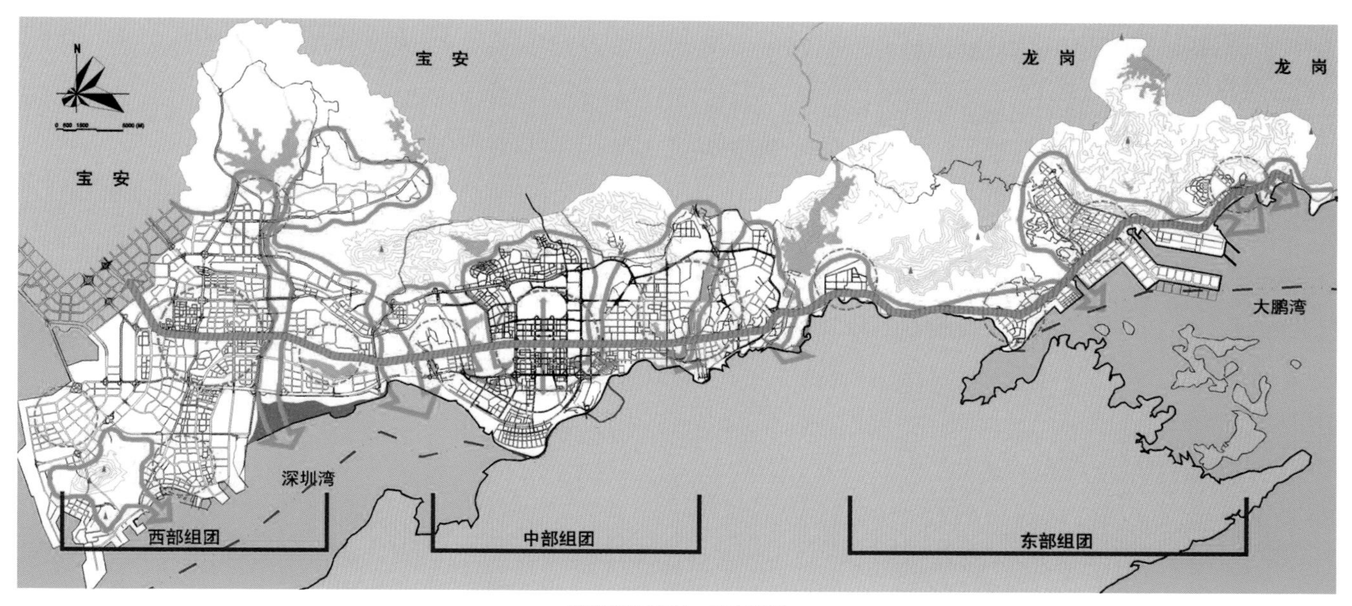

城市空间结构　结构模型

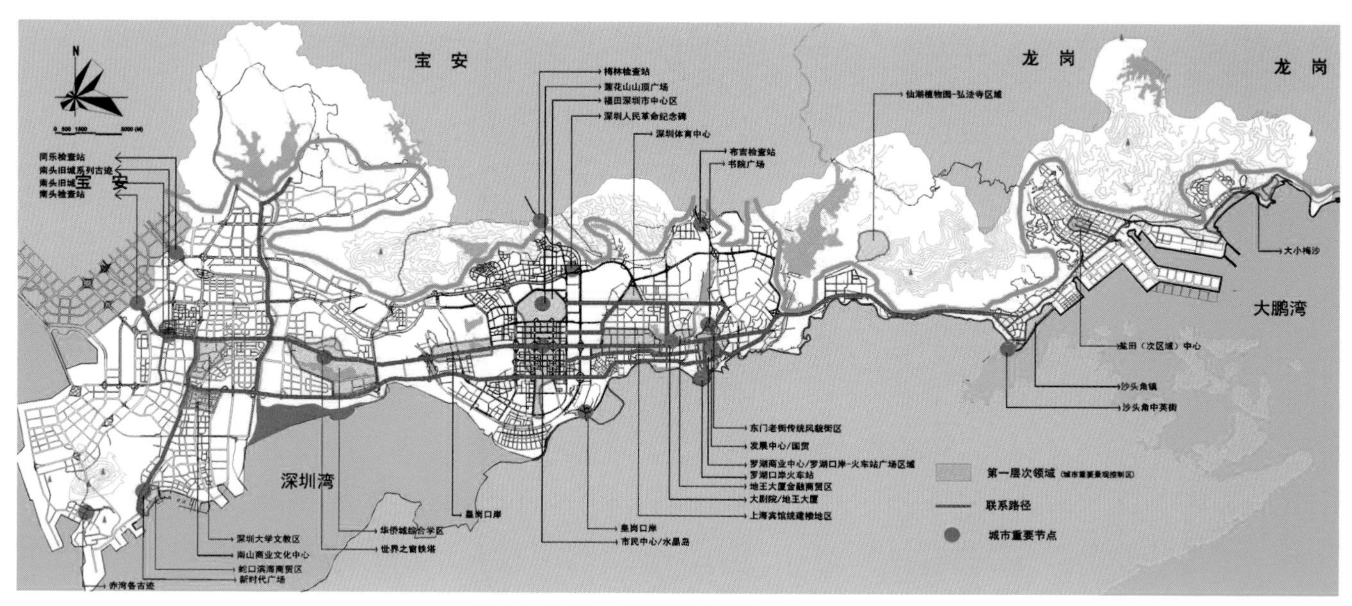

城市空间结构　重要的城市领域、路径、节点

07 深圳市盐梅滨海路景观改造设计

项目地点：深圳市盐田区
用地面积：100hm^2（道路全长 5km）
工程状态：2000 年竣工
设计单位：中国城市规划设计研究院深圳分院
编制时间：2000 年 4 月 ~2000 年 6 月
获奖情况：2000 年深圳市优秀规划设计二等奖；
2001 年度全国优秀规划设计三等奖

本项目是深圳为迎接国际“花园城市”评选活动、要求在较短时间内完成的一个实施性景观改造工程项目，自 2000 年 4 月接受设计任务到 5 月下旬分别完成了本项目的整体规划方案和近期建设施工图设计。2000 年 7 月下旬，国际“花园城市”评委主席盖特、国际公园协会秘书长史密斯一行视察了该项工程，并给予了积极评价。8 月竣工后，极大地改善了盐梅滨海路的景观环境，丰富了道路景观，实现了规划的预期目标。改造设计以整体景观规划为指导，在对自然资源全面论证分析的基础上，采用了先进的生态化设计理念，对整体空间序列进行合理安排，制定出的整体规划方案具有全方位、系统性的指导意义，从而提出合理的景观规划原则和改造设计方案，编制了切实可行的环境改造规划和施工设计。

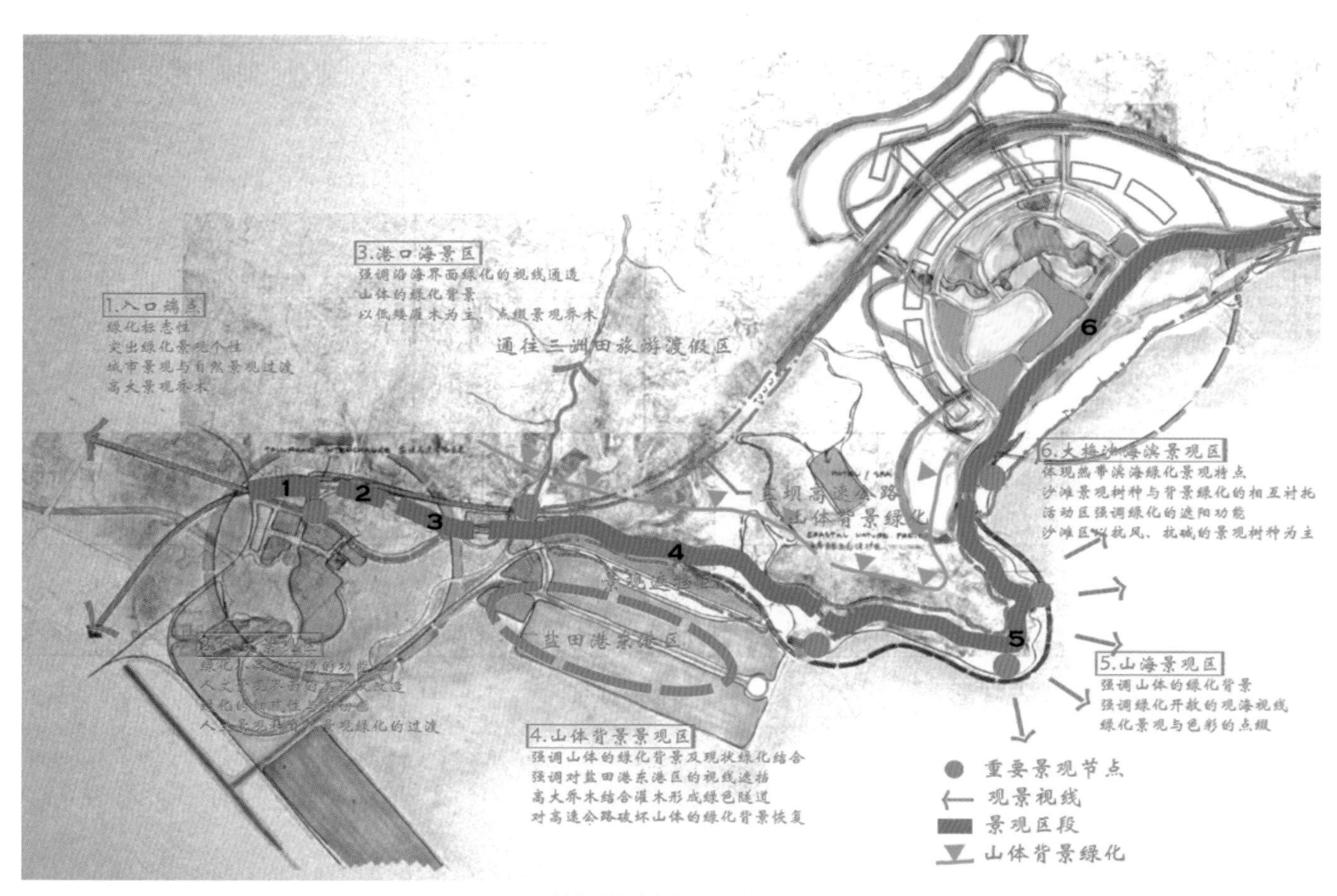

盐梅滨海路绿化景观分析图

08　深圳市新安古城保护规划与城市设计（南头古城）

项目地点：深圳市南山区
用地面积：43.4hm^2
建筑面积：20.59 万 m^2
工程状态：已竣工
设计单位：中国城市规划设计研究院深圳分院
编制时间：2000 年 7 月 ~2001 年 8 月
审批时间：2001 年 3 月
获奖情况：深圳市第十七届优秀规划设计一等奖

本项目由深圳市规划与国土资源局委托，对新安古城进行保护规划的编制与规划研究，旨在为规划部门的实施管理提供完备、具操作性的技术依据，以推动古城的保护整治和周边地区的建设。规划批准生效后，立即对建设控制范围中的建设活动产生了积极的影响，同时促进新安古城的保护项目成为市级重点工程，并获得市财政的资金支持。经过几年的艰苦努力，从单纯的文物保护发展到全面的古城保护整治，规划人员也从规划设计深入到参与管理和实施，在古城保护整治的过程中发挥着越来越实际的作用。

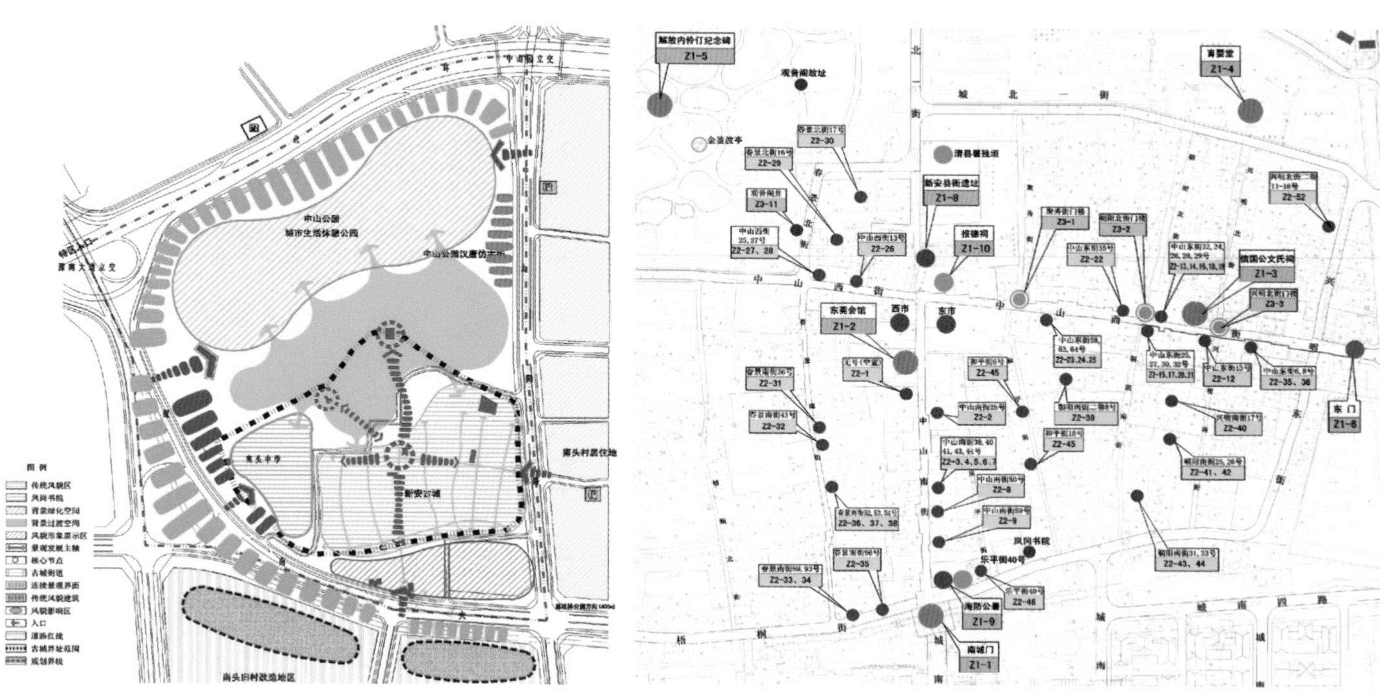

深圳市新安古城城市设计导引图

深圳市新安古城保护对象分类图

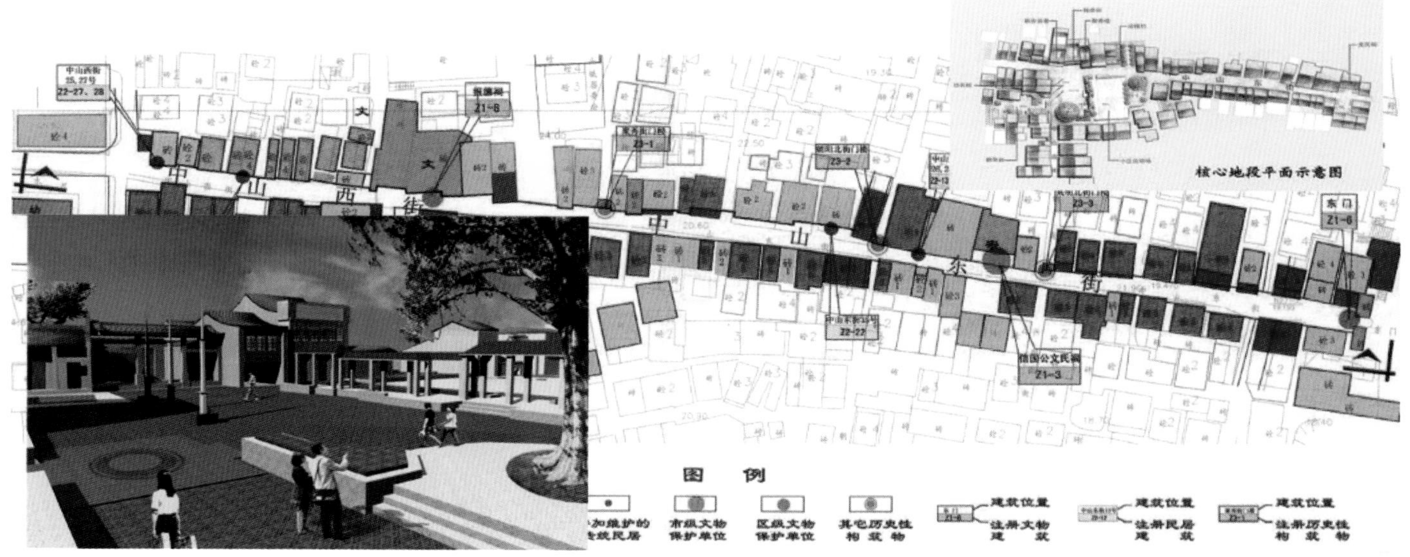

深圳市新安古城街道整治设计图

09 罗湖口岸 / 火车站地区综合规划与设计技术总承包项目

项目地点：深圳市罗湖口岸
用地面积：37.5hm^2
建筑面积：5.3 万 m^2
工程状态：2004 年竣工
设计单位：中国城市规划设计研究院深圳分院、
城市交通专业研究院
编制时间：2000 年 2 月 ~2004 年 12 月(含综合规划及技术总承包时间)
审批时间：2001 年 5 月
获奖情况：2005 年度全国优秀城市规划设计一等奖；
2006 年度国际 ULI（国际城市土地学会）亚太卓越奖；
2006 年度中国市政金杯示范工程；
2006 年度全国优秀工程勘察设计铜奖；
2006 年度广东省市政优良样板工程；
2007 年度第七届中国土木工程詹天佑奖

本规划设计主旨是“以交通管道化和环境生态化为核心的可持续城市枢纽更新”。以地下交通层为纽带，罗湖口岸、火车站、地铁三大交通设施与罗湖商业城、人民南商圈相互实现了轨道交通的无缝接驳，构建成一体化的交通空间综合体，将口岸联检楼、火车站、地铁罗湖站的人流交通连为一个整体。创造高效、通达的十字环状（内部十字轴与外围环状）的综合交通模式，形成管道化人行与车行组织，围绕十字形周边的是被重新精心设计的环状地区路网。创造从口岸到国贸商圈完整的外部空间，使口岸地区体现出交通、生态、信息三大城市窗口特征。

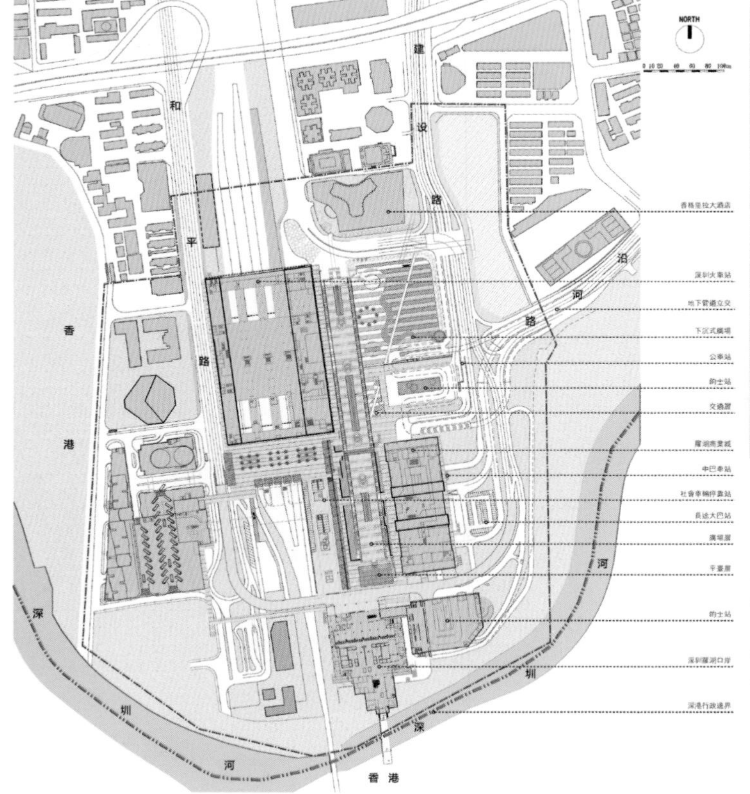

设计总平面图

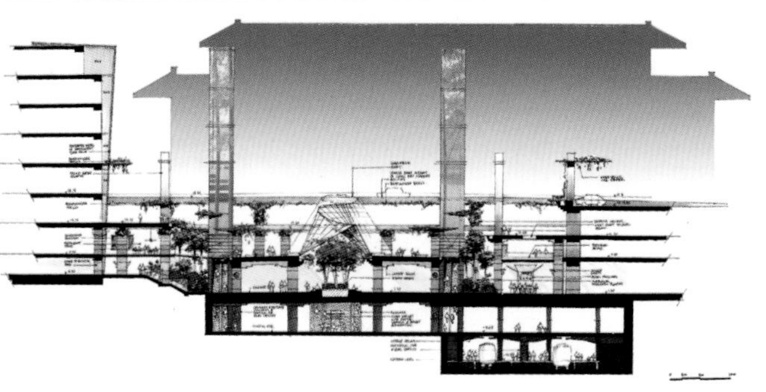
罗湖口岸广场典型断面

10　半岛城邦花园

项目地点： 深圳市南山区

工程状态： 已建成

设计单位： 深圳市欧博工程设计顾问有限公司

编制时间： 2002 年、2010 年、2013 年

审批时间： 2002 年、2010 年、2014 年

获奖情况： 深圳市第十三届优秀勘察设计住宅建筑二等奖；
2010 年全国人居经典建筑规划方案竞赛综合大奖

半岛城邦花园北侧临山，三面临海，通过对资源的充分利用，对商业产品的创新开发，对近海高品质的生活氛围的营造，使其成为海岸天际线的新坐标。

在海景资源利用上，延续城市脉络，拉升滨海天际线，拓宽多角度海景；在产品创新上，复合利用土地价值，梳理人文动线；在新生活方式的推动上，合理有效地组织车行流线，通过大板的设计使步行更为便捷，结合海岸线创造出宜人的景观。

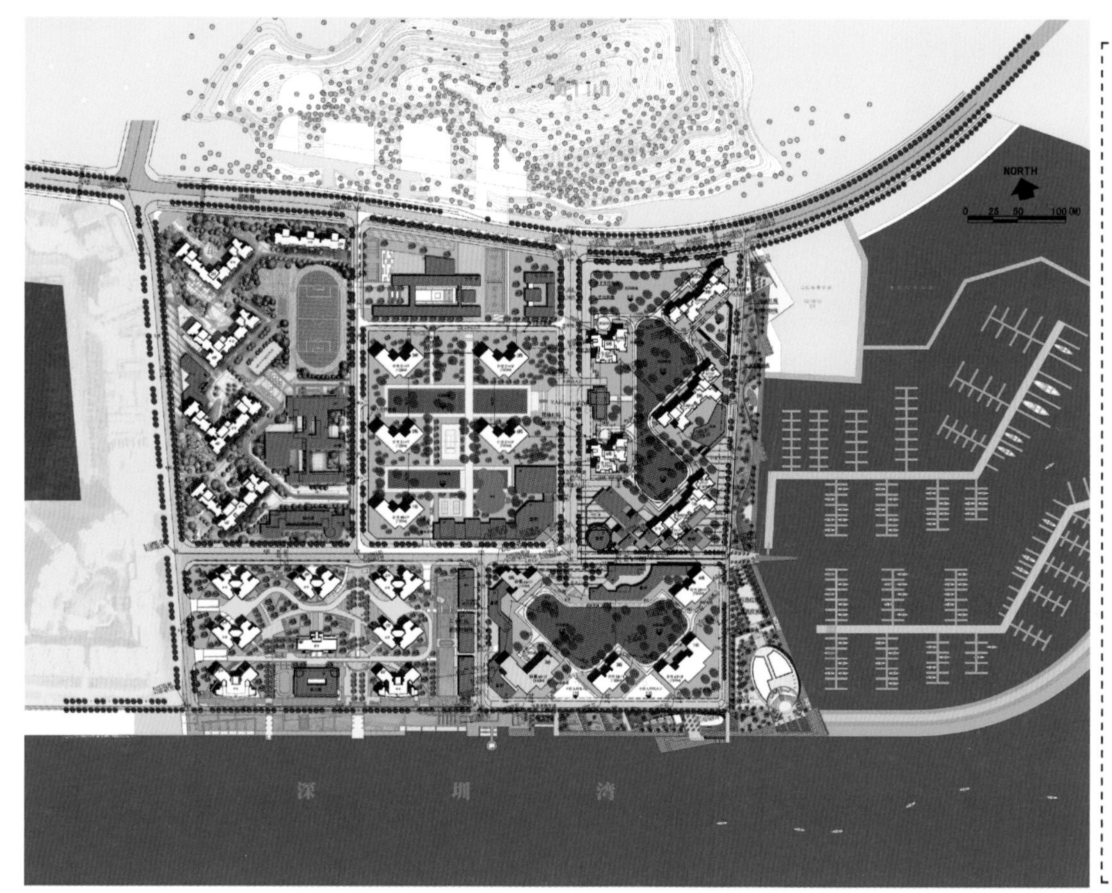

调整后技术经济指标

总体规划技术经济指标

总用地面积(㎡)			264207
总建筑面积(计容积率)(㎡)			925640
已建(一、二号地块)	用地面积(㎡)		118319.5
	建筑面积(计容积率)(㎡)		366219
	其中	住宅(㎡)	336239
		商业(㎡)	5065
		会所(㎡)	2015
		幼儿园(㎡)	5000
		中小学(㎡)	17900
待建(三、四、五号地块)	用地面积(㎡)		145887.5
	建筑面积(计容积率)(㎡)		559421
	其中	住宅(㎡)	453901
		商业(酒店复式公寓)(㎡)	65135
		会所(㎡)	23185
		幼儿园(㎡)	4000
		中小学(㎡)	13200
容积率			3.50
覆盖率			≤25%
绿地率			30%

三号地块技术经济指标

用地面积(㎡)			67587.9
总建筑面积(计容积率)(㎡)			156221
其中	住宅(㎡)		129036
	小学(㎡)		13200
	幼儿园(㎡)		4000
	会所(㎡)		9985
	其中	肉菜市场(㎡)	3000
		书店(㎡)	300
		居委会(㎡)	500
		社区健康服务中心(㎡)	300
		老年人活动站(㎡)	200
		社区服务站(㎡)	200
		社区警务室(㎡)	50
		邮政所(㎡)	100
		垃圾收集站(㎡)	50
		再生资源回收点(㎡)	50
		环卫工人作息站(㎡)	20
		其他(㎡)	5215
容积率			2.31
覆盖率			≤25%
绿地率			30%
停车位(个)			1500

四号地块（三期）技术经济指标

用地面积(㎡)		44481.2
总建筑面积(计容积率)(㎡)		190700
其中	住宅(㎡)	185000
	会所(㎡)	5700
容积率		4.29
覆盖率		≤25%
绿地率		30%
停车位(个)		1550

五号地块（四期）技术经济指标

用地面积(㎡)		33818.4
总建筑面积(计容积率)(㎡)		212500
其中	住宅(㎡)	139865
	商业(酒店复式公寓)(㎡)	65135
	会所(㎡)	7500
容积率		6.28
覆盖率		≤25%
绿地率		30%
停车位(个)		1550

半岛城邦花园详细蓝图（修编）

11　深圳湾公园规划设计

项目地点：深圳市南山区
用地面积：108hm^2
建筑面积：0.5 万 m^2
工程状态：已竣工
设计单位：中国城市规划设计研究院深圳分院、
美国 SWA GROUP 集团、
深圳市北林苑景观及建筑规划设计院有限公司
编制时间：2004~2016 年
审批时间：2007 年 2 月
获奖情况：2012 年广东省岭南特色规划与建筑设计评优活动岭南特色园林设计奖银奖；
2012 年美国风景园林师协会德州分会（ASLA Texas Chapter）设计建造公共项目荣誉奖（Honor Award）；
2012 年国际风景园林师联合会（IFLA）杰出奖；
2012 年广东园林优秀作品一等奖；
深圳市第十五届优秀工程勘察设计（风景园林设计类）一等奖；
2013 年度全国优秀城乡规划设计一等奖；
2013 年度全国优秀工程勘察设计行业奖园林景观一等奖；
2013 年度广东省优秀工程设计奖

这是一项服务周期长达十年、从投标走向实施的全流程项目，从最初的将城市市政工程边界整理修复为公共空间的简单任务出发，到最终的全面修复湾区自然生态系统计划，连接和实现广大市民的滨海生活，再到未来项目组进一步提出的城市绿网和公共活动空间完善计划。深圳湾公园项目，在投标、设计、实施以及使用反馈全周期的流程中不断更新和实现了不同阶段的公共价值和城市理想。

12 蔡屋围金融中心城市设计研究

项目地点：深圳市罗湖区
用地面积：3.6hm^2
建筑面积：35.5 万 m^2
工程状态：2011 年竣工
设计单位：中国城市规划设计研究院深圳分院
编制时间：2004 年

蔡屋围金融中心是罗湖区在深圳知名的“深南公建带”基础上，持续发展金融中心的重要节点。金融中心区所在的深南大道区段最集中地体现了深圳特区的城市形象。在其两侧的地王大厦、深圳大剧院、发展银行、证券交易中心、新闻大厦、晶都酒店、荔枝公园、小平广场等均为特区知名的建筑或城市场所。城市设计研究的主要内容是：研究金融中心与周边建筑的群体关系，尤其是推敲新的金融中心建筑与地王大厦如何构建和统领整个金融中心区的空间秩序；研究金融中心与西侧荔枝公园、南侧大剧院和深南大道等公共空间的系统整合与有机连接。

13　深圳市体育（大运）新城规划设计国际咨询策划及优化汇总方案

项目地点：深圳市龙岗区
用地面积：1340hm^2
工程状态：在建
设计单位：中国城市规划设计研究院深圳分院
编制时间：2005 年 3 月 ~2006 年 8 月
审批时间：2006 年 8 月
获奖情况：2008~2009 年度中规院优秀城乡规划设计二等奖；
2009 年度全国优秀规划设计三等奖；
2009 年度广东省优秀城乡规划设计一等奖；
2009 深圳市第十三届优秀城乡规划设计二等奖

项目凭借国际咨询和后期由本土设计机构整合的规划运作模式，以覆盖全流程的“过程规划、动态规划”，参与了策划、规划、设计、实施和检讨等环节，为地区发展提供全面的技术支撑。在系统解析重大项目、重大城市事件对城市和地区影响力和影响方式的基础上，开展规划设计，进一步整合各类型空间资源，带动区域发展。构建大运中心、体育公园、体育新城三个空间层次，并将城市设计理念贯穿规划始终，利用新城自然山水环境和各类体育设施、文化设施，构建体育主题公园，使“运动”和“健康”成为新城地区的生活要素。

深圳市体育新城规划设计汇总方案

14　深圳宝安总体城市设计

项目地点：深圳市宝安区
用地面积：73300hm²
工程状态：在建
设计单位：中国城市规划设计研究院深圳分院
编制时间：2005 年 12 月
审批时间：2006 年 12 月
获奖情况：2006 年度深圳市第十二届优秀规划设计一等奖；
2007 年度全国优秀城乡规划设计二等奖；
2007 年度广东省优秀城乡规划设计一等奖

凸显总体城市设计系统整合的特征，为宝安区城市空间整合发展和特色营造拟订一条清晰的思路。通过确立城市整体物质形态和人文活动的目标体系及结构体系，以及实现目标的要素构成与控制原则，进而明确各个区域的特色、建设重点和建设标准，指导全区整体环境以及各片区具体城市设计和建设管理。宝安总体城市设计是一次以城市设计手法进行城市规划研究的实践过程，强调总体城市设计与城市经营和规划管理的结合。从硬件和软件两个方面来共同设计、控制和提升城市空间特色和环境品质。

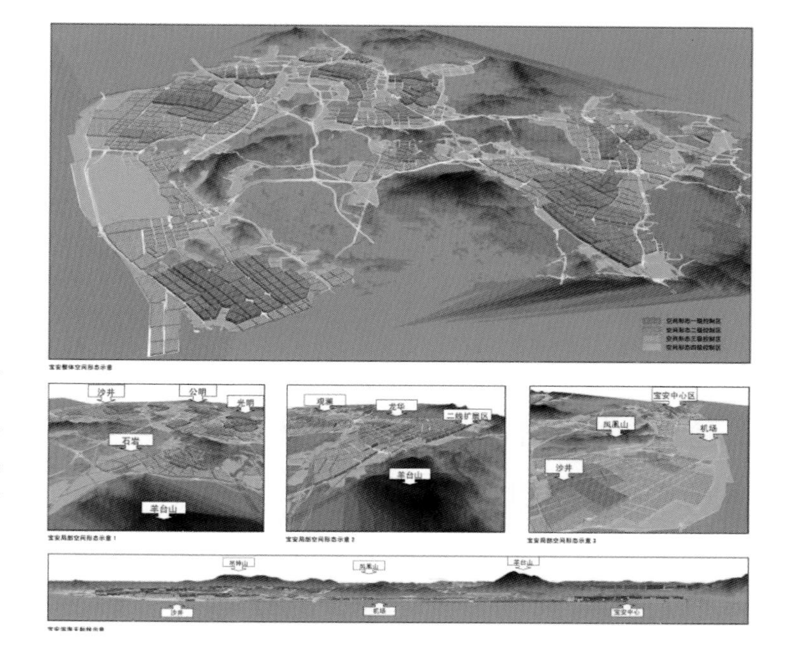

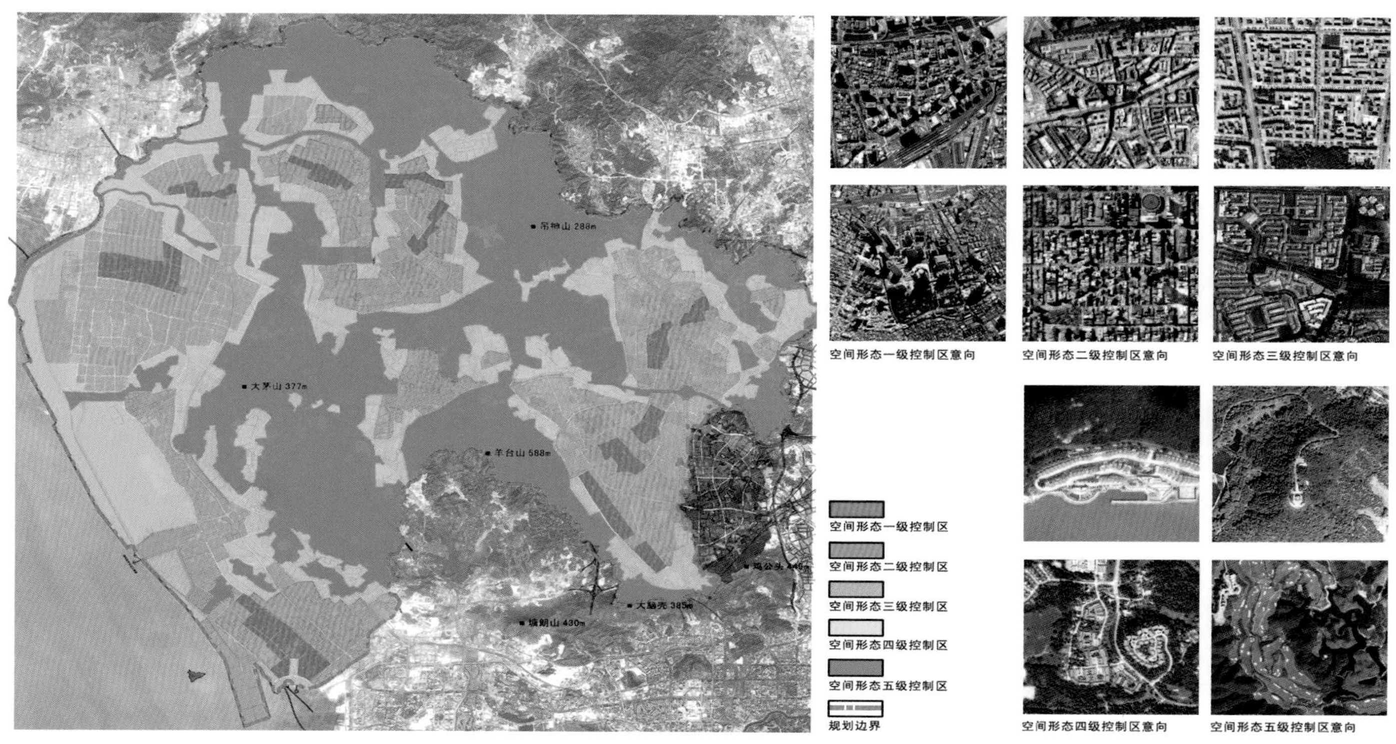

空间形态设计导则

15　深圳市经济特区公共开放空间系统规划

项目地点： 深圳市
用地面积： 32800hm^2
工程状态： 在建
设计单位： 深圳市城市规划设计研究院有限公司
编制时间： 2005 年 8 月 ~2006 年 9 月
审批时间： 2006 年 7 月
获奖情况： 深圳市第十三届优秀规划设计一等奖；
2009 年度广东省优秀规划设计二等奖；
2010 年全国优秀城乡规划设计二等奖

深圳市经济特区公共开放空间系统规划是全国首个公共开放空间系统规划。2005 年，从建设和谐社会的目的出发，深圳市政府大力推动社区建设、强调基层社区管理。该项目的意义不仅在于塑造人性化的城市物质空间，更重要的是以物理空间为触媒，激发活跃的城市活动，体现移民城市的包容性，形成居民对城市和地区的认同感，进而促进社区建设，培育普通居民的市民精神。规划界定了公共空间的定义、分类，“规模”和“可达性”决定了公共开放空间的服务能力，确定“人均面积”和“步行可达范围覆盖率”作为评价公共开放空间服务水平的两个主要指标。从“公平与活力”的有效实现角度出发，建立了深圳公共开放空间管理体系。

公共开放空间规划建议图

16　南山后海中心区城市设计

项目地点： 深圳市南山区
用地面积： 226hm^2
建筑面积： 482 万 m^2
工程状态： 在建
设计单位： 中国城市规划设计研究院深圳分院
编制时间： 2005~2010 年
审批时间： 2010 年

后海中心区起源于深圳湾填海，是粤港澳大湾区广深科创走廊与香港联系的门户地区。作为深圳湾滨海休闲带与大沙河创新走廊的枢纽节点，后海中心区采用了创新的设计理念和设计标准，致力于建立一个具有湾区和世界影响力的公共活力示范区。在区域生态连接、复合功能构建、小街区密路网、单向交通循环、高度和天际线控制、地上地下复合开发、二层廊道和地下空间发展等方面，后海中心区的设计与建设运营取得了突出成效和创新。在实施过程中，城市设计伴随规划、市区两级管理部门平台协作机制和开发主体代建代运营机制也为城市设计实施奠定了良好的基础。

17 深圳光明新城中心区城市设计

项目地点：深圳市光明新区
用地面积：790hm^2
建筑面积：880~950 万 m^2
工程状态：在建
设计单位：中国城市规划设计研究院深圳分院、奥地利 RAPX
编制时间：2006 年 7 月 ~2007 年 10 月
审批时间：2007 年 8 月
获奖情况：2009 年度全国优秀城乡规划设计二等奖；2009 年度广东省优秀城乡规划设计一等奖；2009 年深圳市第十三届优秀规划设计金牛奖

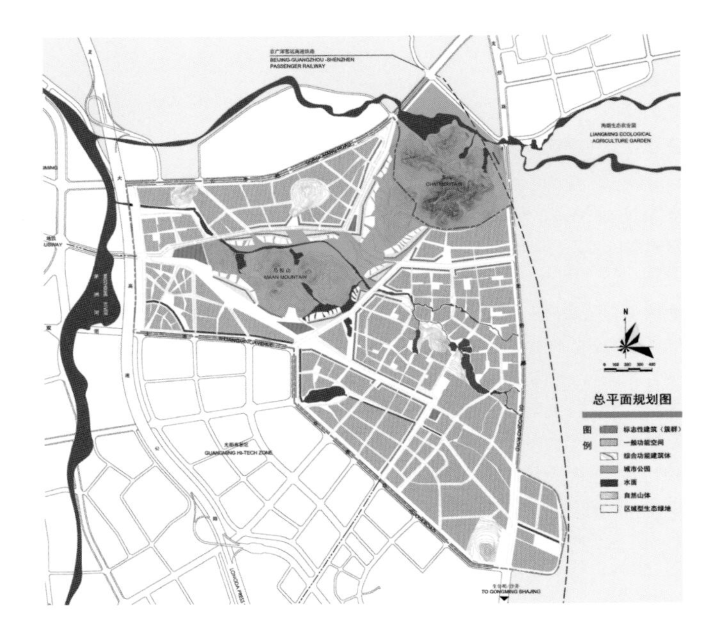

光明新城中心区城市设计分为国际咨询、工作坊和城市设计深化三个阶段，历时一年多，集合了国内外众多专家学者的智慧和思想，最终提炼升华为光明中心区的建设目标——“绿色城市”，以后现代的多元包容、人文关怀和生态观构建了适应于深圳的新城发展模型，并通过与法定图则的对接实现了设计思想的落实。该项目是深圳“渐进常态化”绿色转化研究的开篇之作，以激发思想—汇集智慧—升华目标的过程控制开创了城市设计开放式的工作方法，并主动探索城市设计的社会人文精神优化和完善深圳法定规划编制，奠定了光明新区绿色示范区的发展目标和建设标准。

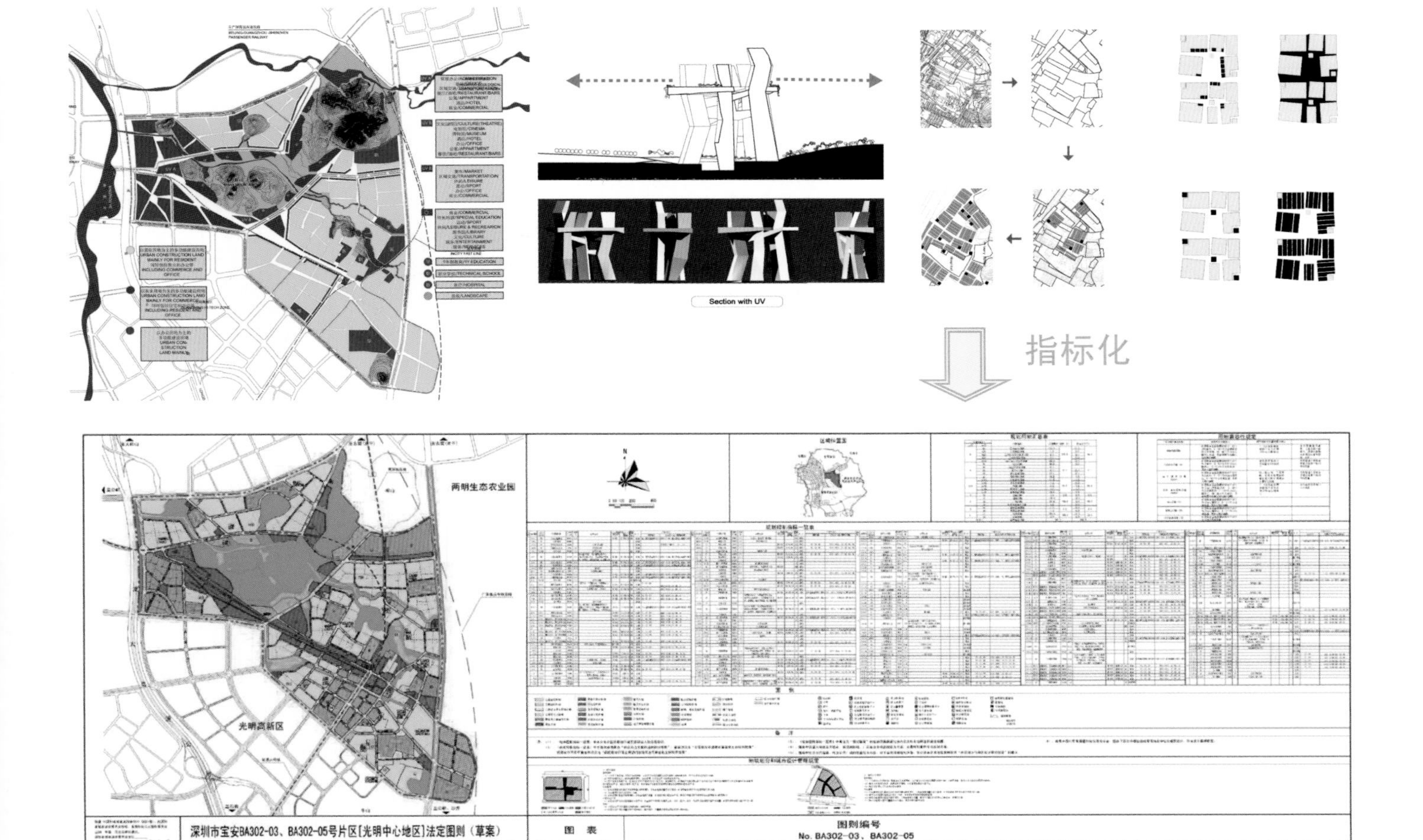

18　龙岗整体城市设计

项目地点： 深圳市龙岗区
用地面积： 84400hm²
工程状态： 在建
设计单位： 中国城市规划设计研究院深圳分院
编制时间： 2007 年 12 月 ~2008 年 10 月
审批时间： 2008 年 10 月
获奖情况： 2011 年度全国优秀城乡规划设计二等奖；
2011 年度广东省优秀城乡规划设计一等奖；
2011 年度深圳市第十四届优秀城乡规划设计一等奖

龙岗整体城市设计将自然生态与人文生态相结合，从人、社区和城市公共服务系统、功能场所的关系出发，构建稳定的人与自然的空间关系。整个过程采取政府组织、专家领衔、公众参与、科学决策的开放的城市设计工作模式，特别组织多专业领域参与，扁平化的专项研究与过程总体统筹并行的双层级研究体系，在互动交叉、集聚智慧的过程中弥补设计缺陷。同时拓展规划的广度和深度，形成科学、民主的规划决策机制。通过开展多样化的、有效的公众咨询和工作坊，以此形成一些大众所认可的秩序和策略标准，使未来城市规划的管理和服务更加贴近于社会发展的需求，也更加贴近于民生。

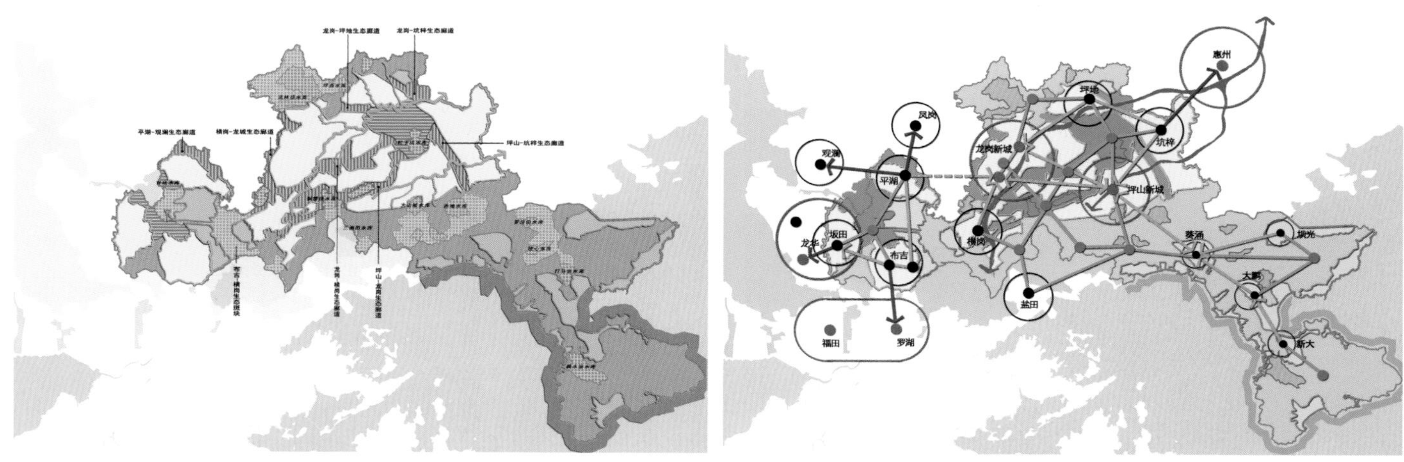

生态基础设施网络　　城市尺度整体实施控制

目标与定位　　环境景观　　城市交通

空间形态

公共开放空间

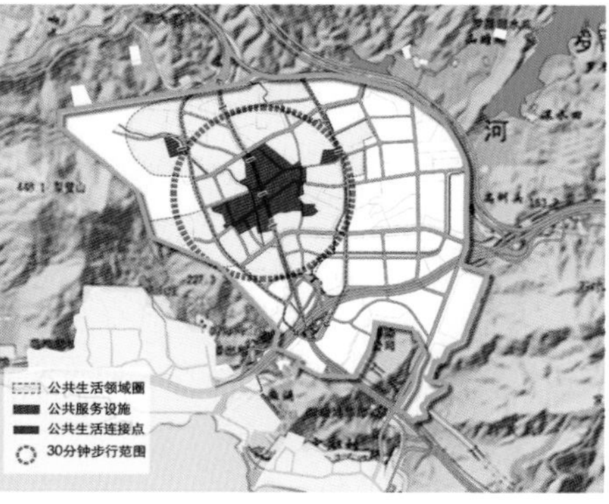

公共生活领域圈

19 深圳市高新区填海六区详细蓝图规划设计

项目地点：深圳市南山区
用地面积：55hm^2
建筑面积：170 万 m^2
工程状态：2012 年竣工
设计单位：中国城市规划设计研究院深圳分院
编制时间：2007 年 3 月 ~2012 年 8 月
审批时间：2008 年
获奖情况：深圳市第十七届优秀城乡规划设计一等奖

高新区填海六区位于深圳市高新南区，比邻滨海大道，是深圳市集约利用土地、探索高强度开发的典型区域。规划确立“基地不仅仅是高新区自身的办公空间，同时更是整体城市生活一部分”的核心思想，重点关注基地如何与整个城市有机地衔接、如何配置中心区域的配套设施、如何创造宜人的工作生活方式等内容。通过复合、差异化的功能配置，使高新区填海六区集工作、生活和休闲于一体，塑造了丰富、多样的公共生活特征。

20　深圳市绿道网规划与设计项目群

含《深圳市绿道网专项规划》《珠三角区域绿道（深圳段）2 号线宝安 / 龙岗段详细规划》

项目地点：深圳市
工程状态：在建，局部已竣工
设计单位：深圳市城市规划设计研究院有限公司
编制时间：2010 年 3 月 ~2011 年 11 月
审批时间：2010 年 7 月
获奖情况：2011 年度广东省城乡规划设计优秀项目二等奖；
深圳市第十四届优秀城市规划设计一等奖；
2012 年度全国优秀城乡规划设计一等奖；
2012 年度国家华夏建设科学技术奖二等奖

规划结合全市在公园建设、基本生态控制线规划管理等方面的基础和经验，以绿道网建设这一“重大事件”为契机，将绿道的近期建设行动与城市整体环境品质的长远提升紧密结合起来；通过构建多层次、多类型的绿道网系统，串联全市的自然山水、历史人文资源，整合全市区域绿地、城市公园、公共空间、慢行系统等。充分发挥绿道网在生态、交通乃至社会经济等方面的多元复合功能，助推深圳建设“民生幸福城市”和“低碳生态示范市”目标的实现。

绿道网布局结构图

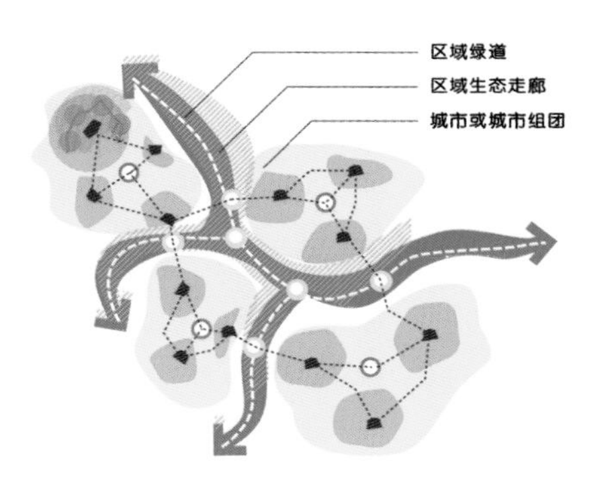

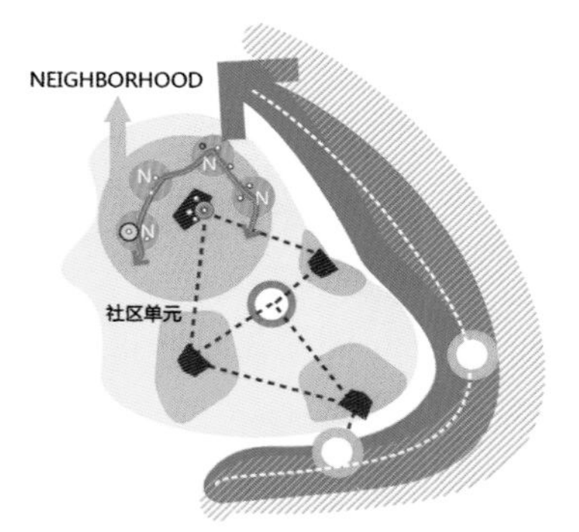

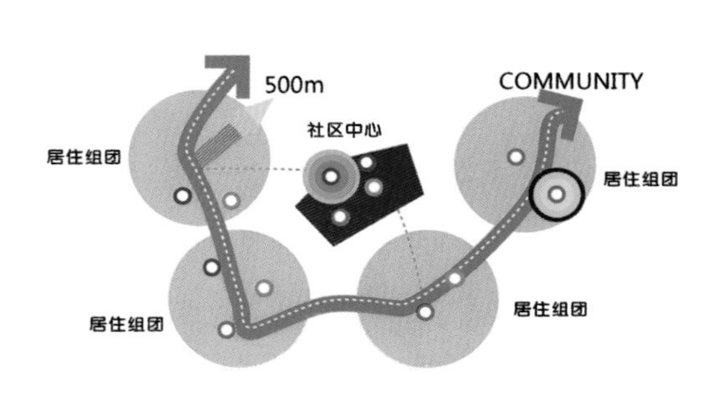

区域绿道

连接珠三角各城市，对区域生态环境保护和生态支撑系统建设具有重大意义。

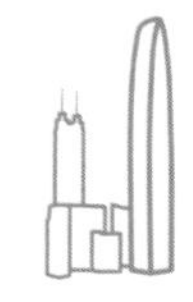

城市绿道

连接城市内重要功能组团，对城市生态系统建设具有重要意义。

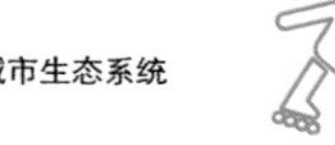

社区绿道

连接区级公园、小游园和街头绿地，主要为附近居民服务。

区域、城市、社区三级绿道网络结构图

21 深圳市蛇口工业区（蛇口网谷）城市更新与发展总体规划

项目地点： 深圳市南山区
用地面积： 770hm^2
工程状态： 在建，局部已竣工
设计单位： 深圳市城市规划设计研究院有限公司
编制时间： 2010 年 6 月 ~2011 年 9 月
审批时间： 2011 年 9 月
获奖情况： 深圳市第十五届优秀城乡规划设计一等奖；
2013 年度广东省优秀城乡规划设计三等奖

作为最早的改革开放试验田，蛇口工业区率先遇到了产业转型、土地利用从增量转为存量的新发展阶段问题，亟需探索新型城镇化与新型工业化融合发展的新路径。在目标人群和企业需求的导向下，规划以产业社区为“空间－功能单元”，高度融合工作、休闲与生活，创造高品质、具备灵活性的新型产业容器；以优美山海景观为准则设定空间增长边界，通过微空间营造实现空间紧凑、精明增容；综合运用多种更新方法，新老组合、以点带面，定制务实的有机更新策略和计划。

22 深圳前海深港现代服务业合作区综合规划

项目地点：深圳市前海深港现代服务业合作区
用地面积：1500hm^2
建筑面积：2600 万 m^2
工程状态：在建
设计单位：深圳市城市规划设计研究院有限公司、
深圳市城市交通规划设计研究中心有限公司、
综合开发研究院（中国 · 深圳）、
深圳市建筑科学研究院有限公司、
深圳市环境科学研究院
编制时间：2010 年 9 月 ~2013 年 6 月
审批时间：2013 年 6 月

获奖情况：深圳市第十五届优秀城乡规划设计金牛奖；
2013 年度广东省优秀城乡规划设计一等奖；
2013 年度全国优秀城乡规划设计一等奖

前海综合规划是指导前海未来发展的综合性解决方案。规划统筹填海工程、项目建设、产业经济、城市空间、综合交通、综合市政、绿色低碳等规划工作，通过多学科融合、跨部门协作方式，以前瞻、务实、可行的工作理念开展规划编制工作。规划践行人本和谐的城市发展理念，从产城融合、特色都市、绿色低碳三个方面率先探索先进的规划建设模式；同时为应对规划的有效管理建立了随需应变的规划管控体系，探寻从规划到建设的高效实施路径。

23 前海启动区城市设计及公共空间规划

项目地点：深圳市南山区
用地面积：$1804hm^2$
建筑面积：5412 万 m^2
工程状态：在建
设计单位：筑博设计股份有限公司、
Field Operations 景观设计事务所
编制时间：2011 年 6 月

前海中心区城市设计的目标定位需要符合两个关键性框架体系：既遵循前海片区整体定位的宏观框架，即深港现代服务业合作区、国际现代化社区、信息自由港，又符合综合规划设定的前海片区整体功能布局，即前海片区的商务中心。前海中心区作为前海地区转型和开发的先锋，启动区开发建设要体现高标准、高起点和实验性。我们提出了区 -MAX 的设计概念，即高连接、高混合密集、高生活品质及高可持续性开发的设计目标，来应对上述框架体系所提出的定位要求，并具体通过四个系统层面的操作来实现上述目标。

24 深圳湾超级总部基地城市设计

项目地点： 深圳市南山区
用地面积： 117hm^2
建筑面积： 520 万 m^2
工程状态： 在建
设计单位： 中国城市规划设计研究院深圳分院
编制时间： 2001~2018 年
审批时间： 2013 年 7 月
获奖情况： 2015 年度广东省优秀城乡规划设计二等奖；
2015 年度深圳市第十六届优秀城乡规划设计二等奖

深圳湾超级总部基地位于华侨城地区南部的滨海地区，规划总建设用地面积约 117hm^2。规划依托超级区位优势，吸引超级经济功能，打造超级城市形象，秉持“深圳湾云城市”核心理念，将“1 个立体城市中心 +2 个特色顶级街区 +N 个立体城市组团”作为整体结构，打造基于智慧城市和立体城市、虚拟空间与实体空间高度合一的未来城市典范，是助力粤港澳大湾区发展的核心引擎，最终将成为一个连接深圳与国际，沟通现在与未来，宜居、宜游、宜业，开放共享的全球城市功能中心。

25 趣城 · 深圳美丽都市计划

项目地点： 深圳市
用地面积： 1997km²
工程状态： 已竣工
设计单位： 深圳市规划国土发展研究中心
编制时间： 2011 年 4 月 ~2012 年 7 月
审批时间： 2012 年 7 月
获奖情况： 2013 年度全国优秀城乡规划设计一等奖；
2013 年度广东省城乡规划设计优秀项目一等奖；
深圳市第十五届优秀城乡规划设计一等奖

未来城市与城市的竞争，将因生活环境品质而见高下。从深圳速度走向深圳质量，意味着深圳正在重新思考自身的城市定位，即从工业化注重生产的城市向人性化注重生活的城市转变。"趣城 · 深圳美丽都市计划"目的是以城市公共空间为突破口，采用"针灸式疗法"，营造一个个有意思、有生命的城市独特地点，形成人性化、生态化、特色化的公共空间环境，通过"点"的力量，创造有活力有趣味的深圳。这是一种全新的尝试，不是激进的、全面的、运动式的，而是温和的、持续的、散点式的。

在公共空间体系方面形成了公园广场、滨水空间、街道、创意空间、特色建筑、城市事件 6 大类计划，100 多个创意地点。为了实现公共空间可达性、功能性、舒适性、社会性，提出了一系列设想和措施。例如，针对可达性的问题，中心公园边缘柔化计划提出去除围墙和绿篱，设计多出入口，使公园能够真正融入城市。河流暗渠的激活计划提出通过暗渠明渠化、明渠亲水化的改造，丰富沿河活动节点，增加市民亲水空间。边界共享的红线公园计划旨在将封闭隔离的围墙转变为通透创意的活动空间；针对功能性的问题，提出了通过设施的用途转变实现更多的公共空间，将一些边角地、三不管地带、乱搭建查处后的空地变为公园来提升商业区的环境和品质。将政府储备用地打造为鲁迅笔下野趣的"百草园"，思考城中村的小尺度改造方式，通过抽离部分建筑的方式打造开放透气的庭院式空间等计划。

26 深圳国际低碳城系列规划

项目地点：深圳市龙岗区坪地街道
用地面积：5300hm^2
工程状态：在建
设计单位：深圳市城市规划设计研究院有限公司
编制时间：2012 年 6 月 ~2014 年 10 月
审批时间：2014 年 10 月
获奖情况：保尔森基金会“2014 可持续发展规划项目奖”；
2015 年深圳市优秀城乡规划设计奖一等奖；
2015 年广东省优秀城乡规划设计奖一等奖；
2015 年全国优秀城乡规划设计奖一等奖

深圳国际低碳城选址于深圳、东莞、惠州三市交界处的龙岗区坪地街道，是中欧可持续城镇化合作旗舰项目。本系列规划以低碳生态为导向，形成兼具系统性、综合性、实施性的低碳营城方案。

规划以生态为基，搭建自平衡、可自持的绿色基础设施（GI）框架；基于 SMART 规划技术框架，制定低碳生态空间策略；落实低碳生态规划策略，制定多层次的空间方案；制定“三划耦合”的综合实施计划，全流程参与并指导开发建设。

27 前海深港现代服务业合作区 2、9 开发单元规划

项目地点： 深圳市南山区
用地面积： 115.4hm^2
建筑面积： 400 万 m^2
工程状态： 在建
设计单位： 深圳市城市规划设计研究院有限公司
编制时间： 2012 年 6 月 ~2014 年 8 月
审批时间： 2014 年 8 月
获奖情况： 2015 年度全国优秀城乡规划设计一等奖；
2015 年度广东省优秀城乡规划设计一等奖；
第十六届深圳市优秀城乡规划设计一等奖

前海 2、9 开发单元，是实施综合规划的首例开发单元规划，也是指导前海精细化管理实施的开创性单元规划。

通过提供城市设计为龙头的综合技术解决方案，解决高品质、高密度、高度复杂工程条件等多方面的挑战，并适应市场化的开发运作规律。规划重点研究了以金融产业为主的国际高端产业需求、兼具人文活力与效率的中心区城市设计、应对综合问题的专项研究、开发导控及“一书三图”、全过程技术顾问五个方面内容。

28 留仙洞总部基地城市设计

项目地点：深圳市南山区
用地面积：347hm²
建筑面积：500~600 万 m²
工程状态：部分在建，部分已竣工，部分待建
设计单位：深圳市城市规划设计研究院有限公司
编制时间：2012 年 3 月 ~2013 年 5 月
审批时间：2013 年 5 月
获奖情况：2015 年度全国优秀城乡规划设计（城市规划类）一等奖；
2015 年度广东省优秀城乡规划设计二等奖；
深圳市第十六届优秀规划设计一等奖

面对创新创业的时代机遇、深圳城市发展转型和产业转型升级的整体要求，留仙洞总部基地城市设计转变规划编制模式，采用市区两级联动、多部门协作、多专业融合、集群设计的工作方法，搭建实施性城市设计、弹性单元规划和单元性整体开发联动的操作平台，建立了一套应对高强度开发以及快速高效实施的创新园区城市设计模式——“留仙洞模式”，并提出复合产业社区、立体创新空间、弹性单元规划、单元整体开发等多项高质量规划建设探索，实施效果良好，应向全国宣传推广。

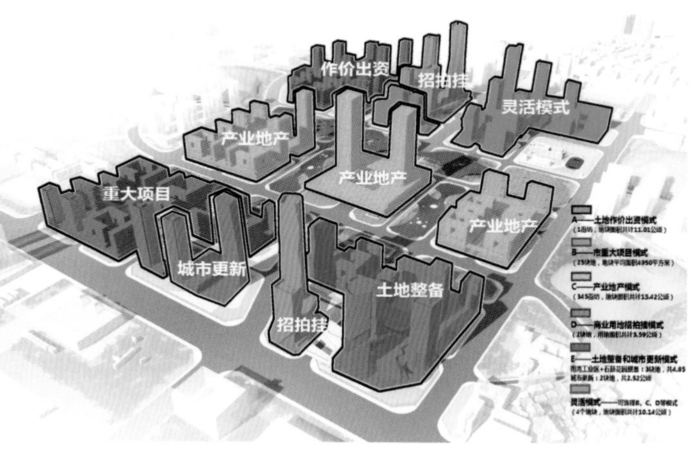

29 深圳大鹏较场尾旧村综合整治项目

项目地点： 深圳市大鹏新区
用地面积： $47hm^2$
设计单位： 深圳市欧博工程设计顾问有限公司
编制时间： 2014 年
审批时间： 2014 年
获奖情况： 深圳市第十六届优秀城乡规划设计奖一等奖；
深圳创意设计七彩奖；
2015 年全国人居经典建筑规划设计方案竞赛活动规划金奖；
2015 年度广东省优秀城乡规划设计三等奖；
第十八届深圳市优秀工程勘察设计风景园林二等奖

作为深圳第五代城市更新的先锋示范性项目，较场尾综合整治是欧博设计在规划、景观、建筑、工程集成一体化设计实践中的又一扛鼎之作。规划方案创新性地提出了“多元经济发展驱动的滨海村落更新发展模式”，基于资源驱动、顶层设计、公众诉求、市场需求，归纳提炼出“自然生长、政府引导、民间组织、市场运作”的发展特征，以灵活、适应性强的细胞单元模式，可分可聚的发展模型，引导较场尾村的全面可持续更新。

30 宝安区沙浦工业片区城市更新单元城市设计专项研究

项目地点：深圳市宝安区
用地面积：22.6hm^2
设计单位：深圳市欧博工程设计顾问有限公司
编制时间：2013 年 5 月 ~2013 年 12 月
审批时间：2014 年
获奖情况：深圳市第十六届优秀城乡规划设计奖三等奖

该片区是汇集国际高端装饰品及用品展会交易、艺术收藏展示、时尚生活方式和高端整体家居综合情景体验、装饰艺术企业总部生态办公、低密度潮流艺术旅游街区生活配套、仓储物流及高尚艺术栖居于一体的国际艺展城。

规划设计的主题构思源于陶渊明的《桃花源记》，设计中撷取山峦、村落、集镇、溪水、门户等意象，利用现代的设计语言转译其所描绘的自然环境优美、人文环境和谐、人人安居乐业、风俗人情醇厚的世界。

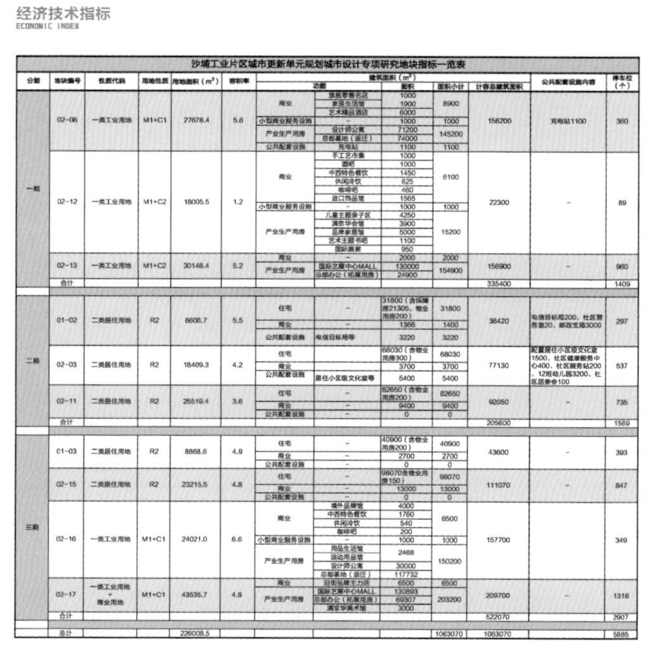

经济技术指标
ECONOMIC INDEX

沙埔工业片区城市更新单元规划城市设计专项研究地块指标一览表

分期	地块编号	性质代码	用地性质	用地面积（m²）	容积率	建筑面积（m²）功能		面积	面积小计	计容总建筑面积	公共配套设施内容	停车位（个）
一期	02-06	一类工业用地	M1+C1	27678.4	5.6	商业	旗舰零售名店	1000	8900	156200	充电站1100	360
							家居生活馆	1900				
							艺术精品酒店	6000				
						小型商业服务设施	-	1000	1000			
						产业生产用房	设计师公寓	71200	145200			
							总部基地（返迁）	74000				
						公共配套设施	充电站	1100	1100			
	02-12	一类工业用地	M1+C2	18005.5	1.2	商业	手工艺市集	1000	6100	22300	-	89
							酒吧	1000				
							中西特色餐饮	1450				
							休闲冷饮	625				
							咖啡吧	460				
							进口饰品馆	1565				
						小型商业服务设施	-	1000	1000			
						产业生产用房	儿童主题亲子区	4250	15200			
							满京华会馆	3900				
							品牌家居馆	5000				
							艺术主题书吧	1100				
							国际画廊	950				
	02-13	一类工业用地	M1+C2	30148.4	5.2	商业	-	2000	2000	156900	-	960
						产业生产用房	国际艺展中心MALL	130000	154900			
							总部办公（拓展用房）	24900				
	合计									335400		1409
二期	01-02	二类居住用地	R2	6606.7	5.5	住宅	-	31800（含保障房21305、物业用房200）	31800	36420	电信目标局200、社区警务室20、邮政支局3000	297
						商业	-	1366	1400			
						公共配套设施	电信目标局等	3220	3220			
	02-03	二类居住用地	R2	18409.3	4.2	住宅		68030（含物业用房300）	68030	77130	配置居住小区级文化室1500、社区健康服务中心400、社区服务站200、12班幼儿园3200、社区居委会100	537
						商业		3700	3700			
						公共配套设施	居住小区级文化室等	5400	5400			
	02-11	二类居住用地	R2	25519.4	3.6	住宅	-	82650（含物业用房200）	82650	92050	-	735
						商业	-	9400	9400			
						公共配套设施	-	0	0			
	合计									205600		1569
三期	01-03	二类居住用地	R2	8868.6	4.9	住宅	-	40900（含物业用房200）	40900	43600	-	393
						商业	-	2700	2700			
						公共配套设施	-	0	0			
	02-15	二类居住用地	R2	23215.5	4.8	住宅	-	98070含物业用房150）	98070	111070	-	847
						商业	-	13000	13000			
						公共配套设施	-	0	0			
	02-16	一类工业用地	M1+C1	24021.0	6.6	商业	境外品牌馆	4000	6500	157700		349
							中西特色餐饮	1760				
							休闲冷饮	540				
							咖啡吧	200				
						小型商业服务设施	-	1000	1000			
						产业生产用房	用品生活馆	2468	150200			
							运动用品馆					
							设计师公寓	30000				
							总部基地（返迁）	117732				
	02-17	一类工业用地+商业用地	M1+C1	43535.7	4.8	商业	沿街品牌主力店	6500	6500	209700	-	1318
						产业生产用房	国际艺展中心MALL	130893	203200			
							总部办公（拓展用房）	69307				
							满京华美术馆	3000				
	合计									522070		2907
	总计			226008.5					1063070	1063070		5885

18

31　大运新城公共空间系统规划及核心区空间控制导则

项目地点：深圳龙岗区
用地面积：123hm^2
建筑面积：212 万 m^2
工程状态：部分已建
设计单位：深圳市城市规划设计研究院有限公司、MLA+
编制时间：2014 年 4 月 ~2015 年 8 月
审批时间：2015 年 8 月
获奖情况：深圳市第十七届优秀城乡规划设计一等奖

围绕后大运时期特征，项目提出“健康、野趣、多元性”三点原则，开展公共空间的精细化导控研究。构建了一套连贯的公共空间作为生态廊道、慢行路径、城市活动的载体，将公共空间联系紧密的重点地块、重要界面作为重点场所进行导控，通过精细化设计的街角商业、野趣街道、雨水花园等空间触角增强人性化体验。同时，以管控为设计目标，差异化管控要素，优化道路标准化模板，实现方案理念、重点场所、街道活力的有效传导。

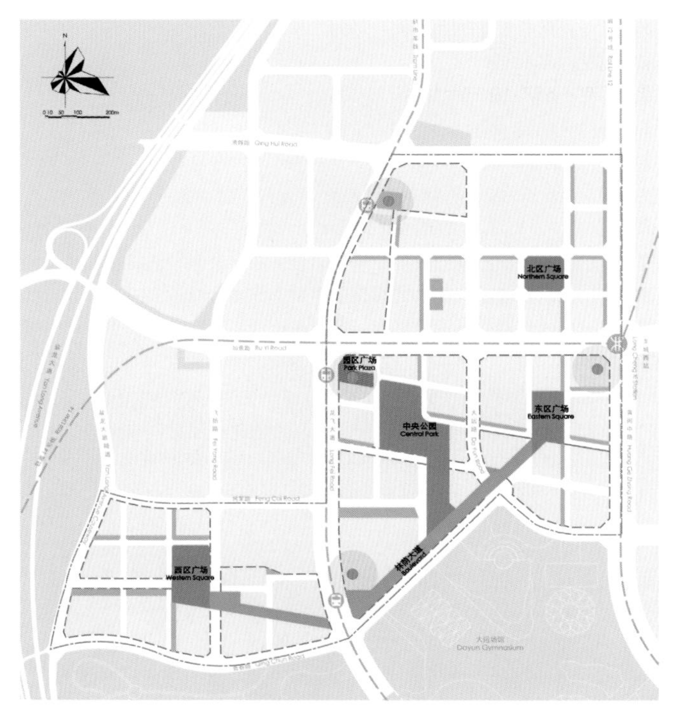

公共空间规划结构图

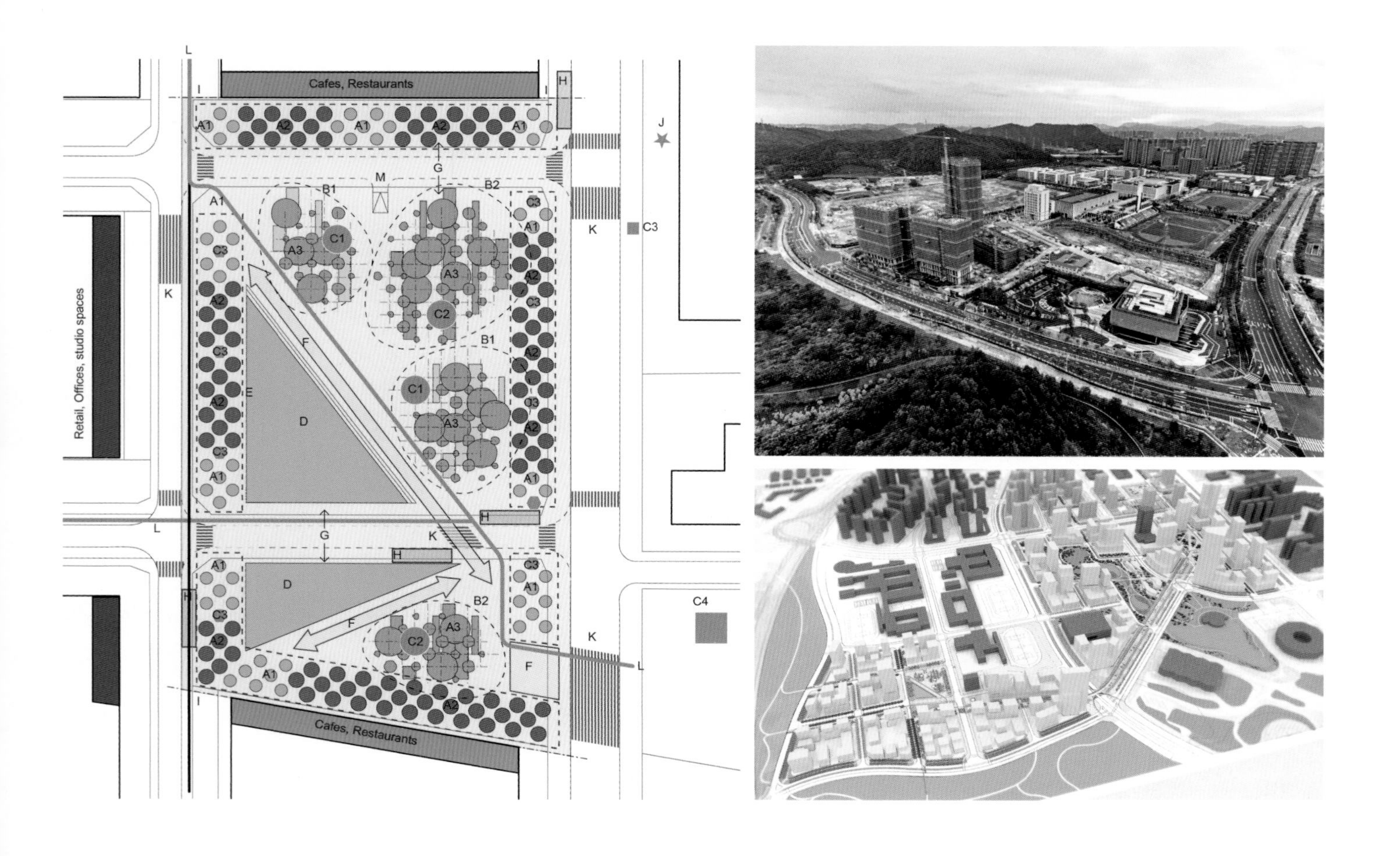

32 深圳市坝光片区启动区概念性城市设计

项目地点： 深圳市大鹏新区
用地面积： 940.89hm^2
建筑面积： 555.19 万 m^2
工程状态： 在建
设计单位： 深圳市城市规划设计研究院有限公司
编制时间： 2015 年 7 月
获奖情况： 深圳市第十六届优秀规划设计一等奖

坝光是深圳国际生物谷核心启动区，2014 年同步编制了法定图则与城市设计。为落实“绿色生态湾区，生命科学小城”的定位，法定图则在发展模式和规划管控方面进行了有价值的创新实践，城市设计则从创新型人才的需求出发，着重探索生态敏感地区的空间营造模式。围绕“生态湾区”“多趣小城”“创新聚落”三个主题，延续并凸显坝光的生态海湾特征意象，打造高活力、有趣味的滨海科技小城，构建自组织、自平衡的复合创新社区，为坝光塑造了清晰的空间指征和独特的城市意象。

西区广场平面图

33 宝安西部活力海岸带概念城市设计

项目地点：深圳市宝安区
用地面积：7000hm^2
工程状态：在建
设计单位：深圳市城市规划设计研究院有限公司、
深圳市蕾奥规划设计咨询股份有限公司、
中国城市规划设计研究院
编制时间：2014 年 5 月 ~2015 年 10 月
审批时间：2015 年 10 月
获奖情况：2017 年度全国优秀城乡规划设计一等奖；
2017 年度广东省优秀城乡规划设计一等奖；
第十七届深圳市优秀城乡规划设计一等奖

城市设计旨在以湾区发展逻辑来重新定义海岸带空间，通过空间顶层设计改变过去以“加工制造”为核心的资源配置方式，引导西海岸从城市“背面”到“正面”的转向，建立生态可持续、宜居宜业、开放共享的未来滨海城市秩序。本城市设计重构了湾区海城，重塑拥湾活力、山海相连、紧凑混合的城市骨架；以四条“山 - 城 - 海”生态绿廊为边界，建立职能差异、产业特色鲜明的北、中、南三个混合城区；修复两栖海绵的同时活化消极空间，营造人尺度、可体验、主题多元的活力海岸；塑造山海风貌，保护山海景观，塑造三维秩序，通过立体多维形象设计，为空中、海上、城区不同高度和速度行进的人提供全方位的湾区美景。

34　龙岗河龙园段概念设计方案研究

项目地点：深圳市龙岗区
用地面积：55.6hm^2
建筑面积：90 万 m^2
工程状态：待建
设计单位：深圳市新城市规划建筑设计股份有限公司
编制时间：2015 年
审批时间：2015 年
获奖情况：深圳市第十七届优秀城乡规划设计三等奖

开展龙岗河龙园段方案设计，旨在水环境综合整治成果基础上，对沿河土地空间整合统筹，系统性提出河段重点节点发展思路。规划提出从龙园寻“龙源”的老墟复兴计划，希望从经济、历史、社会角度出发，延续老墟城市肌理和龙园历史文化轴线。强化引导的手，以尊重和关爱的姿态，改变以往政府包办的模式，提出菜单式更新方式，引领老墟复兴。通过“寻、融、敞、补、镶”五大策略，形成一条历史径、三大博物馆、九大新节点的总体方案。

新瑞街改造效果图

海绵计划效果图

龙园改造效果图

奇石展览空间效果图

35 深圳市前海城市风貌和建筑特色规划

项目地点：深圳前海深港现代服务业合作区
设计单位：深圳市城市规划设计研究院有限公司
编制时间：2015 年 8 月 ~ 2016 年 6 月
审批时间：2018 年 3 月
获奖情况：2017 年度全国优秀城乡规划设计奖获二等奖

规划以风貌提升措施和制定实施管理路径为重点，编制前海规划建设实施指导文件，指导未来土地出让、方案审查、专家评审等一系列环节。主要内容包含强化前海水城风貌特征、三大特色片区风貌设计、搭建多层级公共空间、营造以人为本的街道系统、利用建筑等级优化天际线层次、聚焦建筑立面“虚实比”塑造前海建筑特色、制定三级风貌管控制度等。本规划是从“设计方案”到“实施管理”的创新探索，也是对城市设计实施内容的完善和深化。

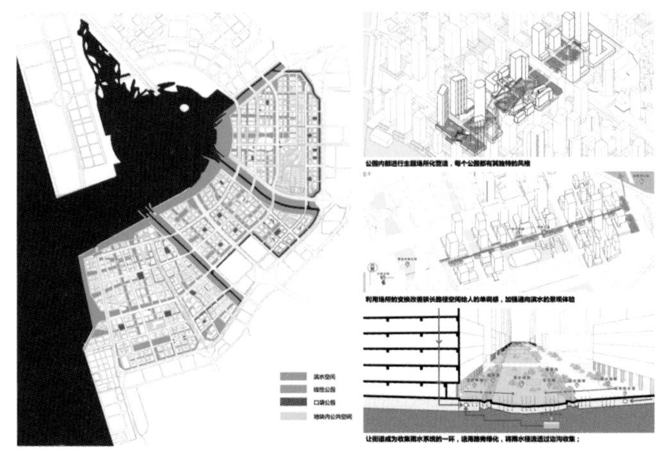

多层级绿色网络规划

三大特色片区展示滨水个性的湾区名城

36 深圳市宝安区沙井金蚝美食文化小镇规划设计

项目地点：深圳市宝安区
用地面积：$210hm^2$
建筑面积：500 万 m^2
工程状态：待建
设计单位：深圳市新城市规划建筑设计股份有限公司
编制时间：2016 年 12 月
审批时间：2016 年 12 月
获奖情况：2017 年度广东省优秀城乡规划设计三等奖；
深圳市第十七届优秀城乡规划设计二等奖

金蚝小镇是宝安六镇一园中历史文化底蕴最浓、发展最成熟的小镇，项目以“双城记”为理念，审视快速城镇化对传统生产、生活空间和生态环境的挤压，试图探索出一种方法，来平衡古墟保护、城市发展与生态环境之间的矛盾。规划提出打造“珠三角创新创业天堂”“创新产业生态圈”“古今荟萃的深圳文旅地标”的设计目标，通过“理脉、集智、优居、快道慢活、保护典范”等五大策略形成“一脉一心、双城三坊、五区多节点”的总体结构。

37 宝安 107 时尚商务带立体空间规划

项目地点： 深圳市宝安区
用地面积： 6000hm^2
工程状态： 在建
设计单位： 中国城市规划设计研究院深圳分院、
MLA+ B.V.、
深圳市市政设计研究院有限公司
编制时间： 2016 年 5 月 ~2016 年 7 月
获奖情况： 深圳市第十七届优秀城乡规划设计一等奖；
2017 年度广东省优秀城乡规划设计二等奖；
2017 年度全国优秀城乡规划设计（城市规划类）二等奖

规划着重强调 107 国道对接深圳创新的潜力，并将 107 国道塑造为链接产业、汇聚人才的理想目的地。通过战略支点、产城链接和聚落单元三大策略，推动 107 国道宝安段的空间重构。在具体设计上，采用“针灸”的方式激活产业生态链，降低发展成本并保留新市民的“落脚”之地。在深化中，通过增加中观层面的规划管控，创建公共与市场双保障的协调平台。本次规划尝试将多方专业力量统筹协调，为后续的实施提供依据。

城市设计总平面图

38 福田区八卦岭城市更新改造项目概念规划设计

项目地点：深圳市福田区
用地面积：116hm^2
建筑面积：440 万 m^2
工程状态：在建
设计单位：筑博设计股份有限公司、
荷兰 KCAP 建筑事务所、
中国城市规划设计研究院深圳分院
编制时间：2016 年 10 月
审批时间：2016 年 11 月

八卦岭片区是改革开放初期建设的第一批工业区，当下大量的老旧工业区面临即将城市更新的命运，八卦岭则是同类型工业区的典型。认识研究八卦岭片区现状所遇到的问题，并对其提出系统性的解决策略，将会为后续大量同类型城市更新项目树立标杆、提供指引。

挖掘“心理地标”而非视觉地标，营造人本生活和舒适的体验是使未来城市变得更加美好的重要考量。设计团队将片区裙房分割，打破原有的大裙房街墙模式，创造建筑下的漫游路径和庭院与公共空间系统、无车街区无缝搭接，打造 24m 以下、24 小时全时活力的八卦岭未来空间新模式。

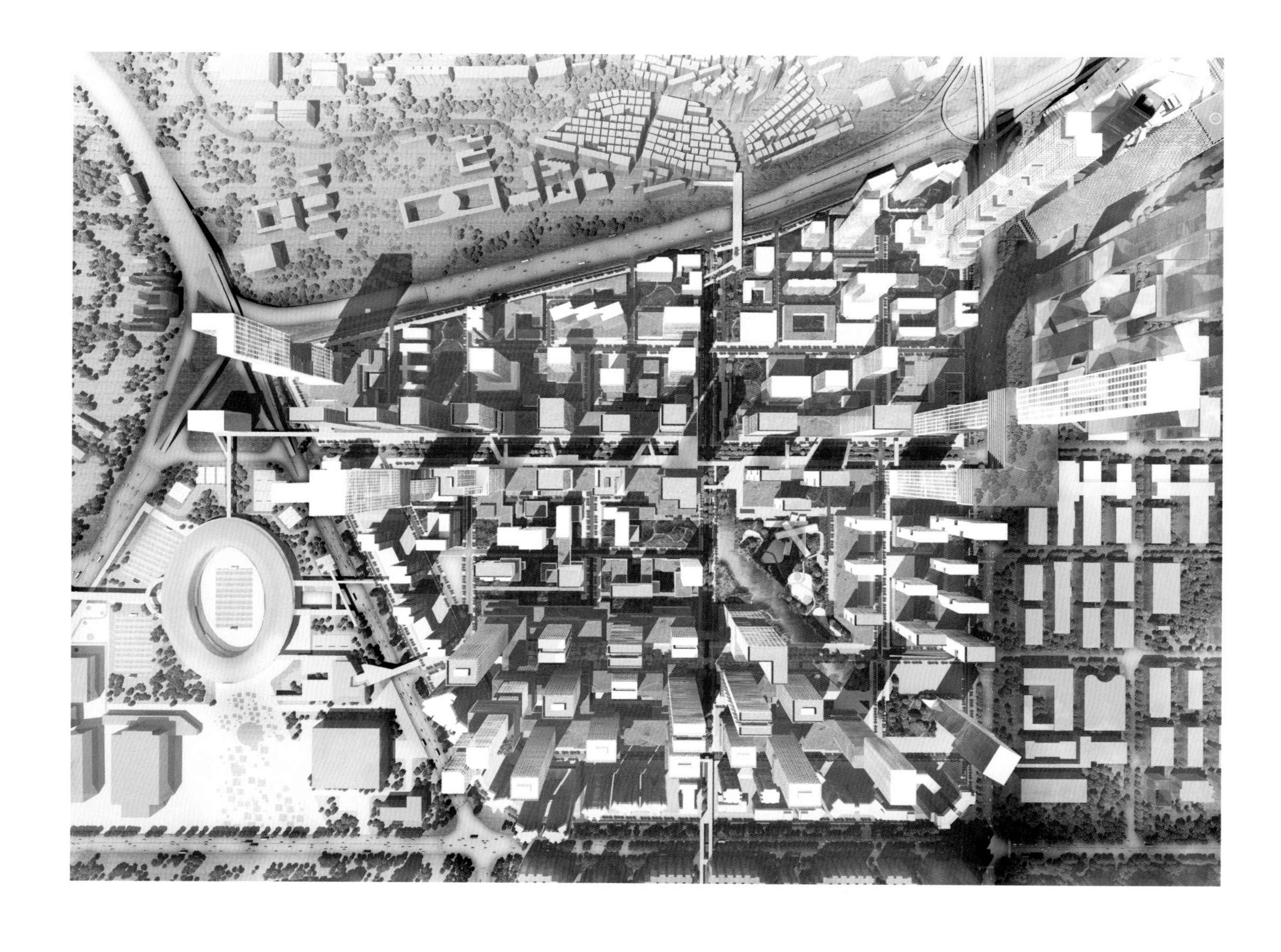

39 深圳国际会展中心配套用地城市设计

项目地点：深圳市
用地面积：210hm^2
设计单位：深圳市欧博工程设计顾问有限公司
编制时间：2017 年 1 月 ~2017 年 6 月
审批时间：2017 年
获奖情况：深圳市第十七届优秀城乡规划设计奖三等奖

深圳国际会展中心整体建成后将是全球最大的会展中心。它与周边配套用地形成“一河两带三片区”的规划结构。其中配套用地为包含了酒店、办公、餐饮、购物、娱乐、旅游、商务居住等功能的大型城市综合片区，推动会展经济发展。

未来将在湾区形成一个人流、物流、信息流、资金流聚集的节点，对于提升湾区集聚力与辐射力、促进大湾区协同和一体化发展、打造 21 世纪海上丝绸之路都具有重要意义。

40　深圳华侨城总部城区城市设计

项目地点：深圳市南山区
用地面积：519hm²
设计单位：中国城市规划设计研究院深圳分院
编制时间：2016 年 12 月

华侨城总部城区是粤港澳湾区宜居生态城、深圳市的人文活力地，也是华侨城集团品质输出的大本营。在未来深圳成为粤港澳湾区的创新中心的背景下，华侨城总部城区面临新的机遇。结合片区的价值和未来趋势，本项目提出华侨城总部城区的定位，即国际生态文明示范区、粤港澳湾区文化森林、深圳都市圈活力城区。在空间上强调人本和体验，提出文化带、山海廊、超级环三大策略，实现激发活力、通山达海、融合周边功能的目标。最终形成 " 三区两廊一环 " 的规划结构，即时尚文创和品质生活的上区、生态休闲和文化艺术的下区、滨海体验和文化 CBD 的下区与上山下海双廊和超级文化功能环。

1.规划结构

3区 **2**廊 **1**环

三区

上区：时尚文创、品质生活
中区：生态休闲、文化艺术
下区：滨海体验、文化CBD

双廊

上山下海双通道

一环

超级文化功能环

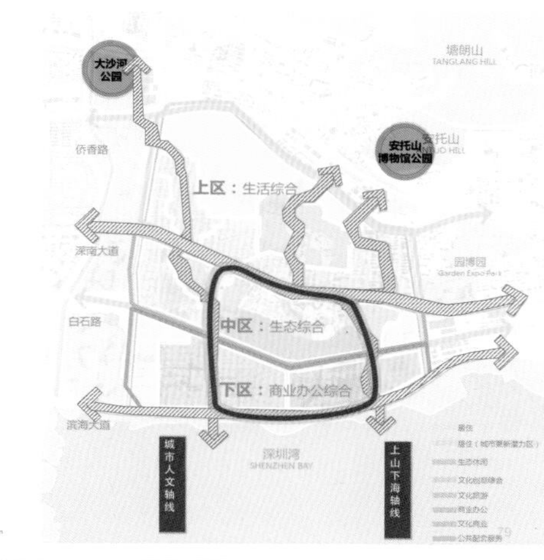

2.识别、点亮公共资源　　**公共性活动的特征是华侨城在城市地位的关键**

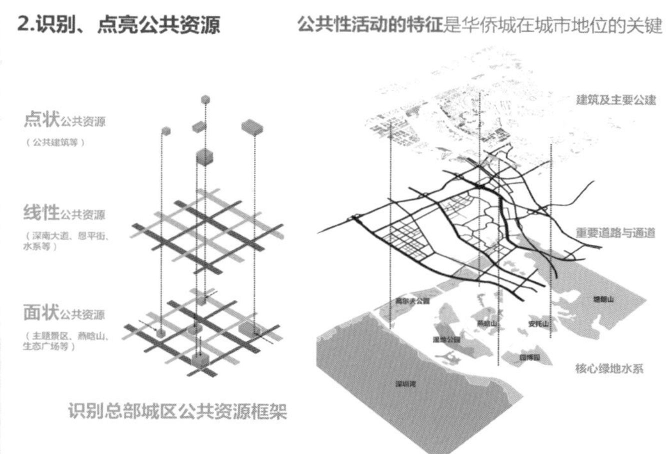

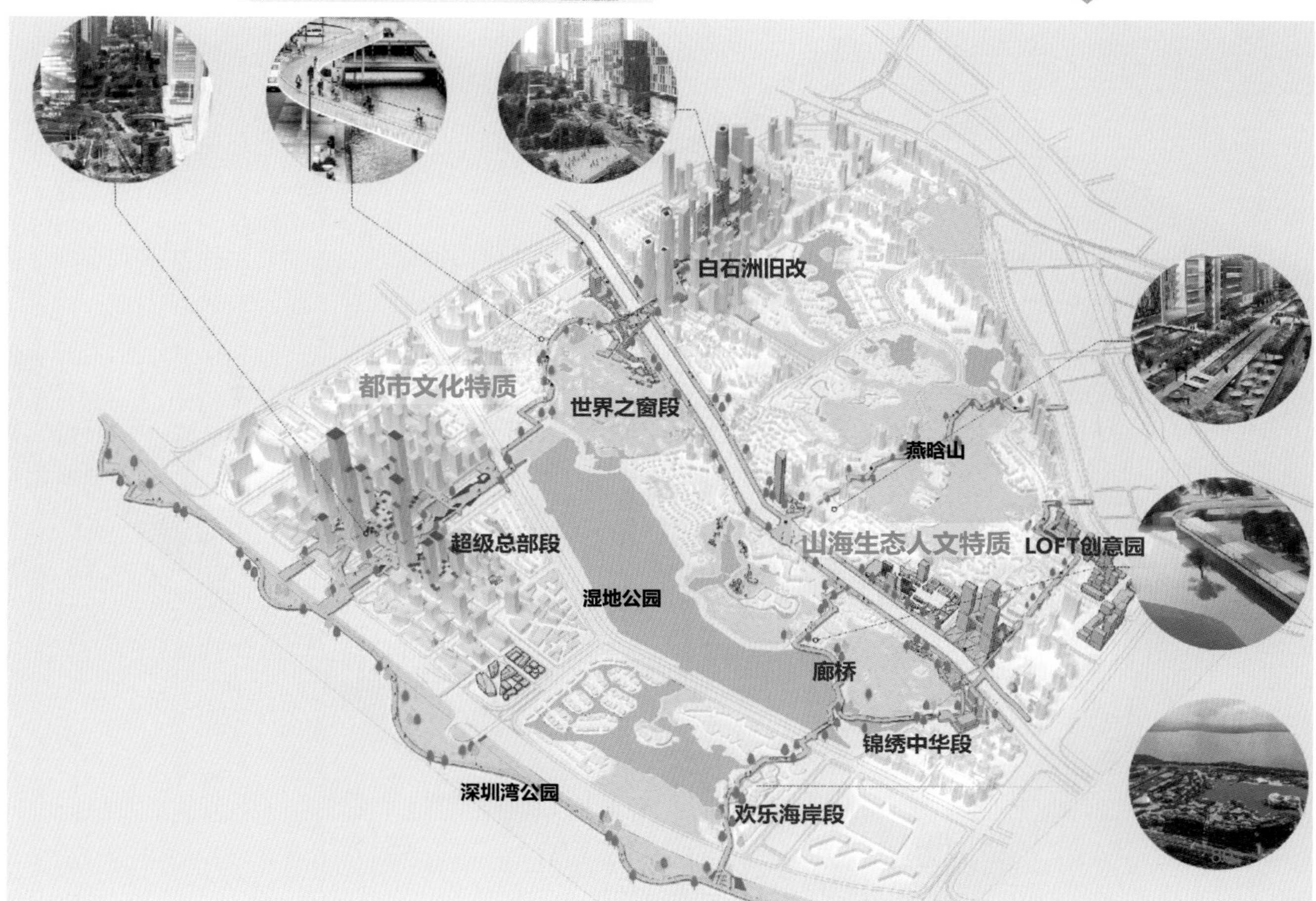

41 深圳 2030 城市总体规划
——总体城市设计和特色风貌保护策略研究

项目地点：深圳市
用地面积：1997.27km²
设计单位：深圳市城市规划设计研究院有限公司
编制时间：2018 年 3 月 ~2018 年 12 月
审批时间：2018 年 11 月

“深圳 2030 城市总体规划——总体城市设计和特色风貌保护策略研究”为“深圳 2030 城市总体规划”的专项设计部分。规划通过营造山海之间更独特的景观体验，更具活力、更友好的公共空间，疏密有致、立体紧凑的城市形态，先锋人文、创新活力的特色风貌保育区等策略，致力将深圳打造成为更开放、更聚集、更国际化、更有个性的家园。目前，项目成果已直接转译成深圳城市设计试点行动的城市设计行动，推动全市城市建设的品质提升。

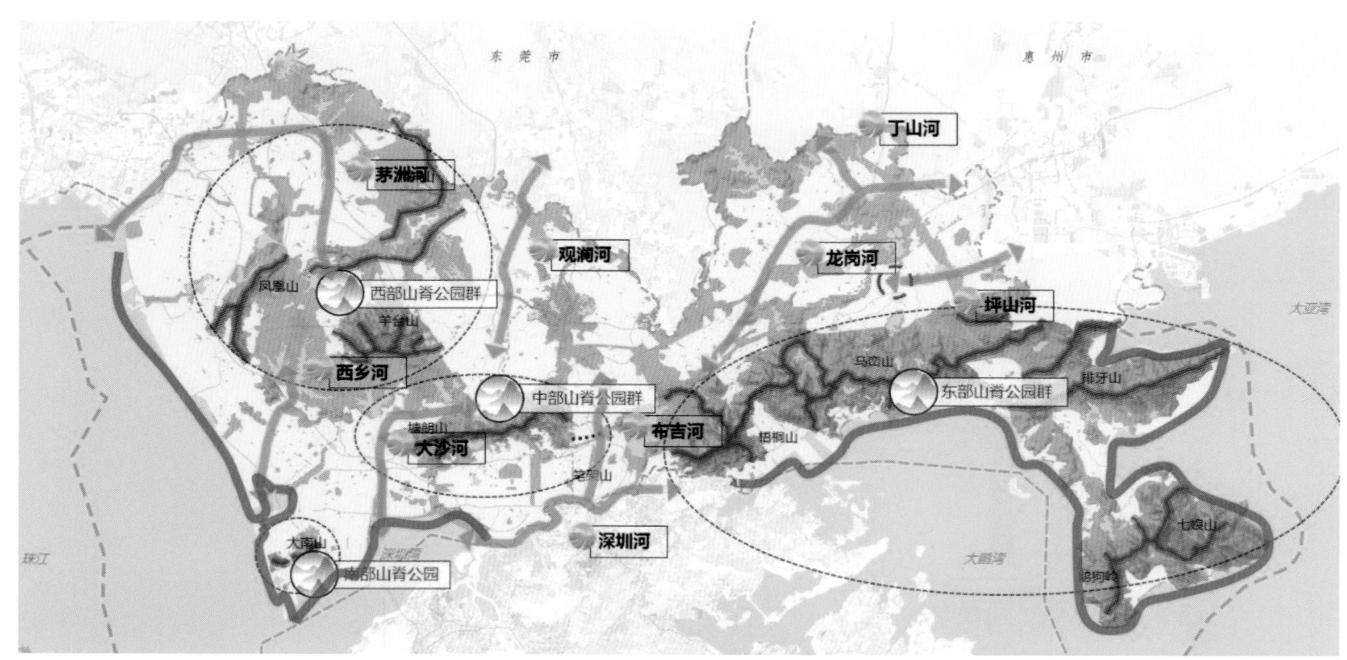

山海河景观体验格局示意图

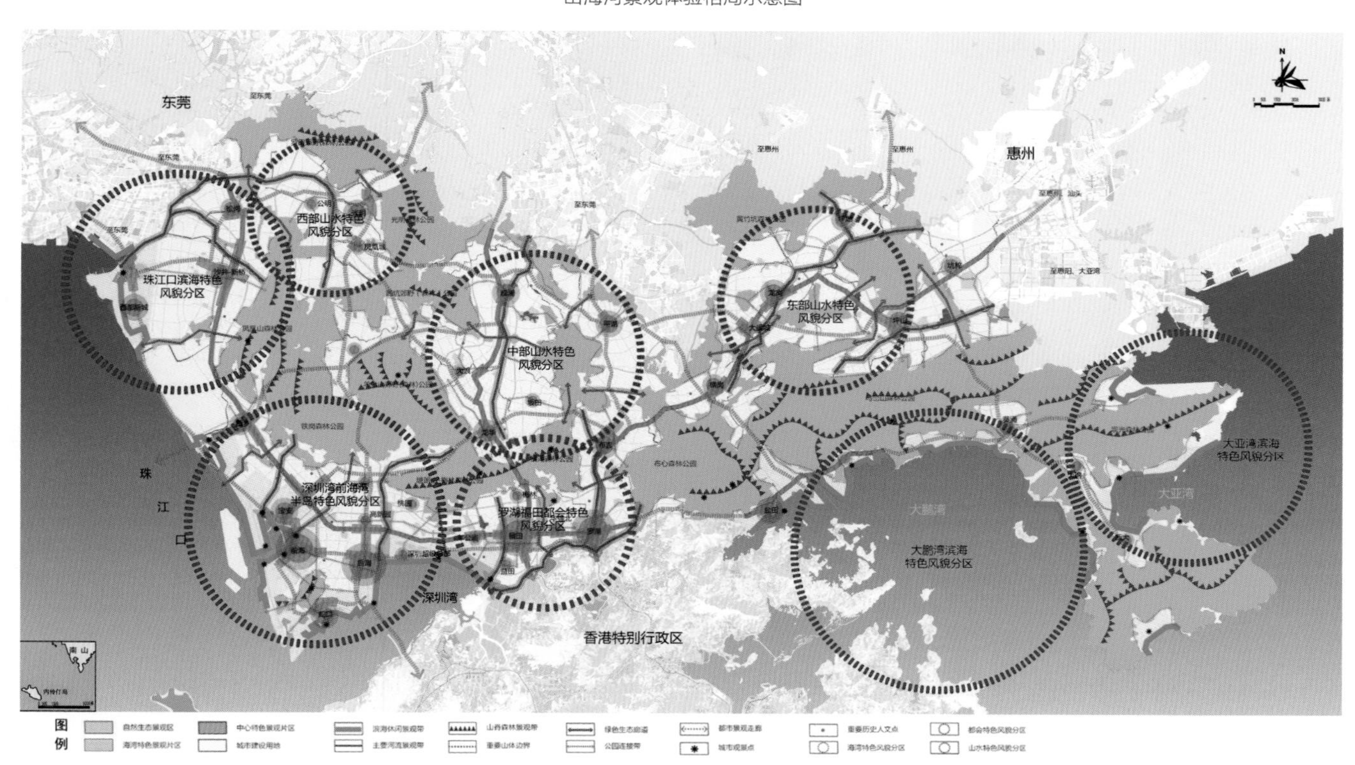

总体城市设计图

42　前海深港现代服务业合作区 6、11 开发单元规划

项目地点： 深圳市前海片区
用地面积： 118.47hm^2
建筑面积： 253.99 万 m^2
工程状态： 在建
设计单位： 深圳市新城市规划建筑设计股份有限公司
编制时间： 2012 年 7 月
审批时间： 2014 年 11 月
获奖情况： 深圳市第十六届优秀城乡规划设计奖二等奖

6、11 单元是深圳东部进入前海的门户地区，其特色旨在规划指状绿地、中心绿地以及铁路公园等多形态绿地空间，构成两个单元各具特色的空间；通过建筑组群构建单元的门户形象；通过多层平台的对接，形成丰富的空中花园和街道，弥合道路分割，实现行人无障碍通行；滚动开发，有机生长，改造、保留部分临时、永久性建筑，保留前海合作区开发建设的痕迹；通过绿色建筑和市政技术，实现绿色低碳发展。

43 前海城市新中心规划

项目地点： 深圳市前海及周边地区
用地面积： 7210hm^2（陆域 5530hm^2，水域 1680hm^2）
工程状态： 待建或在建
设计单位： 深圳市城市规划设计研究院有限公司、
深圳市城市交通规划设计研究中心
编制时间： 2017 年 10 月 ~2018 年 12 月
审批时间： 2018 年 11 月

在粤港澳大湾区战略导向下，规划顺应自然、以人民为中心，跳出前海，以前海湾区为设计对象，整体统筹设计环湾的全要素资源，重构“融合山、海、林、城、岛、港、湾，世界上独一无二的湾区城市新中心”的全新图景。通过聚湾营城、治水理水、添绿植林、减量提质、快慢分离等提升策略，努力践行中心区由“楼宇经济思维”向“追求特色、品质和活力思维”的转变，为代表未来城市文明的新型中心区提供探索示范。规划工作获得了专家、政府和社会的广泛认可，已成为地区发展纲领性文件，引导系列重大项目实施落地。

44 深南大道景观设计暨空间规划概念设计国际竞赛——深南大道功能完善项目

项目地点：深圳市

用地面积：310hm^2

设计单位：深圳市城市规划设计研究院有限公司、SWA GROUP、深圳市媚道风景园林与城市规划设计院有限公司、深圳市公共艺术中心

编制时间：2018 年 7~9 月

审批时间：2018 年 10 月

获奖情况：2019 年度美国景观建筑师协会北加州分会颁发的分析和规划类荣誉优胜奖（Research，Planning，Analysis & Community category，2019 ASLA Northern California Chapter Honor Award）

深圳在过去的 40 年里从创造“深圳速度”逐渐转向追求“深圳质量”，深南大道也伴随着深圳的发展从一条 7m 宽的土路成为一条百米宽的景观大道，因此项目团队提出“大道公园、深圳生活”的总体愿景，希望通过“微改造”建设一条东西贯通的“深蓝小径”，整合市民步行、自行车、慢跑、休憩等美好生活需求，让深南大道不仅是允许车辆通过的基础设施，更能成为代言深圳森林城市和世界花城的最佳窗口，成为人人向往的美好生活方式目的地。

总平面图

45 深圳火车站与罗湖口岸片区城市设计

项目地点：深圳市罗湖区
用地面积：180hm^2（枢纽片区 67hm^2）
建筑面积：枢纽片区规划建筑面积 131.51 万 m^2
工程状态：待建
设计单位：中国城市规划设计研究院、
株式会社日建设计、
深圳市城市交通规划设计研究中心有限公司、
中国铁路设计集团有限公司
编制时间：2018 年 10~12 月
审批时间：2018 年 12 月

深圳火车站和罗湖口岸片区和香港新界一河之隔，是深圳建设发展的原点。设计从远景城市价值的视角提出“粤港枢轴，万象都会”的愿景。通过建设医疗城、教育城和深圳河自贸区三个特别政策区，建设深港双向服务的平台，深港深度合作的示范区。预控高铁接入西九龙，以及香港东铁迁入等战略性交通资源整合的可能性，以不中断枢纽运营的渐进式改造策略，将口岸枢纽建设成为先锋枢纽站城都市。以经络再生为理念，通过公共空间改善激发城市自发性更新。以人民南消费脉、广深铁路创新绿脉以及沿深圳河的深港服务合作带，带动片区的整体转型与复兴。

46　深圳市香蜜湖片区城市设计

项目地点：深圳市福田区
用地面积：490hm^2（详细城市设计 190hm^2）
建筑面积：200 万 m^2（新增建筑量）
工程状态：待建
设计单位：中国城市规划设计研究院、
深圳市建筑设计研究总院有限公司
编制时间：2018 年 4~6 月

像深圳这样的“超级城市”其需求是多样且复杂的。对于香蜜湖的未来，我们提出，以宽容的城市山水场所容纳复杂的需求和未来的变化：将山水、交往、市井与文化作为关键要素进行整体设计。

首先修复破碎的自然格局，重构水系、放大湖区；在生态本底之上，国际化的金融办公、会议交流、文化艺术等功能形成独一无二的交往体系；以交通支撑实现超级步行街区的设计，以山水、街市、游商、戏文为线索共同营造复合公共场所；空间之外，设计塑造了多个不同的文化风景，描绘独具画境的城市中心。

第 3 章

建筑篇

陆 强 宁 琳 司小虎 丁 荣
李朝晖 刘 通 冯 春 王 欣
王亚杰 符润红 黄 伟

凸显“深圳速度”，打造“深圳标杆”，谱写“深圳奇迹”

——深圳建筑40年回顾与展望

深圳市土木建筑学会已经成立40周年了。“四十而不惑”，对于人生，到了40岁咀嚼了事态冷暖，到了成熟之年。深圳建筑经过前几十年的发展势头，同样到了成熟的大发展时期。40年的时间，从国贸大厦到地王大厦，“深圳速度”得以凸显；从京基100到平安金融中心，“深圳高度”不断超越；从华强北“国际电子第一街”到华侨城“世界级旅游区”，“深圳奇迹”再次谱写。40年的发展，深圳在住宅建筑、文化建筑、医疗建筑、教育建筑、交通建筑等多方面享誉全国，在城市更新、装配式建筑、绿色建筑、超高层建筑、EPC项目等多个领域取得显著成绩。

一、示范引领，培育人才

回首波澜壮阔的40年，深圳这座“奇迹之城”凝聚着无数建筑师的设计梦想，他们秉承着开拓创新、积极进取的精神，不断刷新着深圳速度与高度，让无数建筑精品屹立在这座引领世界潮流的“设计之都”。大量项目荣获国家级、省级、市级优秀设计，走在中国设计的最前沿，引领着国内设计的蓬勃发展。

在40年的城市蜕变下，这片设计沃土同时也孕育了一大批优秀总建筑师、优秀项目负责人、优秀注册建筑师、优秀青年建筑师，其中，2012年深圳设计总院的孟建民先生获“当代中国百名建筑师”称号，并在2015年当选中国工程院院士。2018年广东省住建厅公布的首批广东省工程勘察设计大师的名单中，香港华艺设计的林毅先生、深圳华森设计的张良平先生、深圳市建筑设计总院的刘琼祥先生榜上有名，成为引领深圳设计的行业标杆。深圳设计人才济济，百花齐放，深圳在人才的培养上大力弘扬大国工匠精神，定期组织开展各类技能大赛，树立榜样、做好示范，源源不断地为深圳市和国家的城乡建设输送优秀人才。

二、丰富多样，勇于创新

（一）城市更新

城市更新是城市发展到一定阶段必然经历的再开发过程，是实现城市改造和再生的重要手段，对于提升城市功能、优化城市结构、促进城市空间再利用等方面均有深刻影响。伴随着我国城市化进程的持续推进与深度城市化的需求，城市更新已经成为现阶段我国城市发展、特别是特大城市发展的重要内容。

深圳作为中国快速城市化发展的典范和标杆，仅40年的发展历程就带来了急速的城市扩张与经济发展，是我国最早面临土地资源紧缺瓶颈的特大城市，也最早在城市更新领域进行了创新性的制度探索与实践，形成了独具特色的城市更新深圳样本。

2009年，深圳市政府出台《深圳市城市更新办法》，这是我国第一部以政府规章形式颁布的城市更新法规。该办法将旧住宅区、旧城区一并纳入更新范畴，并明确了以“政府引导、市场运作”的方式推进全市城市更新工作，这标志着深圳城市更新进入一个新的历史阶段。其中不乏建筑面积超过百万的大型项目，如白石洲片区改造、壹城中心、天安云谷、大冲村旧改等。

作为全国率先迈入城市更新常态化和制度化的城市，深圳在顶层的制度设计和具体的更新手段方面，相比国内其他城市要更为超前。深圳在城市更新实践中积累的丰富经验和随之暴露出的问题，也可为国内其他城市提供相应的借鉴经验。

（二）装配式建筑

在未来10年，我国的装配式建筑在新建建筑面积中的比例预计将从目前不足5%上升至30%，装配式建筑已然成为科学建筑发展的必然趋势。2017年11月，深圳被住房和城乡建设部认定为首批国家装配式建筑示范城市，根据住建部《装配式建筑示范城市管理办法》和示范城市实施方案的目标要求，深圳市积极稳步推进装配式建筑的各项工作。深圳市是全省首批唯一示范城市，同时万科集团等 18 个企业获得广东省产业基地、7 个项目获得广东省示范项目，基地和项目数量均超过全省总数的 40%，位居广东省第一，充分发挥了示范城市的带动作用。

深圳市先后出台了《关于提升建设工程质量水平打造城市建设精品的若干措施》（质量提升 24 条）、《深圳市装配式建筑发展专项规划（2018-2020）》、《深圳市装配式建筑专家管理办法》和《深圳市装配式建筑产业基地管理办法》等相关政策，基本形成了适应深圳特点的装配式建筑政策体系。

根据深圳市的统一战略部署，到 2020 年，全市装配式建筑占新建建筑面积比例将达到 30% 以上，将进一步推动我市土木建筑的发展。

（三）绿色建筑

深圳市在绿色建筑领域的探索和实践起步较早，一直走在全国前列，现已成为新建建筑节能达标率达到 100% 的城市。深圳市的绿色建筑规模居全国城市首位，截至 2018 年底，深圳已有超过 910 个项目获得绿色建筑评价标识，绿色建筑总面积逾 8400 万 m^2，并建有 10 个绿色生态园区和城区，成为我国绿色建筑建设规模和密度最大的城市之一，被住建部评为全国绿色建筑的一面旗帜。

近年来，深圳市的绿色建筑获得了许多重要奖项，如 2011 年荣获全国绿色建筑创新一等奖，被评为国家“十一五”科技支撑计划示范工程、国家级可再生能源建筑第一批应用示范工程、住房和城乡建设部绿色建筑与低能耗建筑双百示范工程，2013 年获绿色建筑创新奖一等奖、住建部绿色建筑示范项目等。

随着社会各界重视程度的提高，越来越多的绿色建筑在深圳拔地而起：龙岗大运中心体育馆、中国移动深圳大厦、太平金融大厦、龙悦居、南山区西丽湖中学、壹海城北区、光明高新园区公共服务平台、深圳证券交易所营运中心等，涵盖了观演、超高层、医疗、学校等多种建筑类型。

近年来深圳市编制的绿色建筑设计的规范和标准有：

深圳市《公共建筑节能设计规范》SJG 44-20182、深圳市《居住建筑节能设计规范》SJG 45-20183、深圳市《绿色建筑评价标准》SJG 47-2018、深圳市《绿色建筑评价标准》SJG 47-2018。

（四）超高层建筑

随着深圳国贸大厦、亚洲第一高“地王大厦”、世界最高的钢管混凝土大厦 - 深圳赛格广场的竣工落成，深圳开始了超高层建筑兴起的浪潮，并以中国速度、中国建造、中国高度享誉全球。

近 10 年来，深圳在地标建筑领域更是硕果累累。2016 年由蓝天组与深圳华森建筑与工程设计顾问有限公司设计的深圳当代艺术馆与城市规划馆历时 4 年在深圳福田新区建成，成为深圳中心区重要的大型公共文化建筑，集艺术收藏与展示、信息查询和宣传、接待观光为一体的综合性文化场馆。

2017 年由 KPF 与中建国际设计顾问有限公司联合设计的深圳平安金融中心竣工交付，以主体高度 592.5m 的高度成为深圳新的第一高楼，刷新深圳新高度。

2017 年作为全球最值得期待的新开目的地，日本建筑大师槇文彦与华阳国际携手，历时近 7 年设计与协调，海上世界文化艺术中心与公众的正式见面宣告着深圳版图上又多了一颗瞩目的明珠。

2018 由 KPF 与 CCDI 悉地国际设计顾问（深圳）有限公司联合设计的“春笋”正式落成启用。这座高 400m 的塔楼以其创新的造型结构和精确的几何精度为基础，为深圳带来全新的城市风貌。

近期，在城市高楼数量排行中，深圳以 98 栋超过 200m 的建筑数量位列榜首，连续多年拿下全球建成高层建筑最多的城市。深圳建筑师们在诸多地标建筑的项目实践中一马当先，引领着中国乃至世界的超高层建筑发展。

（五）EPC 工程总承包

近几年来，中共中央、国务院、住房和城乡建设部陆续出台了一系列文件，大力倡导全过程工程咨询和工程总承包新模式，各省（区）、市也相应出台了诸多政策文件，为全过程工程咨询和工程总承包项目的落地进行了不懈探索。

工程总承包的核心在于同时从技术和管理出发，强化各专业服务，提供完整高质量服务。其优势在于，全过程工程咨询可以对工程建设项目前期研究和决策以及工程项目实施和运行（或称运营）的全生命周期提供包含设计和规划在内的涉及组织、管理、经济和技术等各有关方面的工程咨询服务。全过程工程咨询服务可采用多种组织方式，为项目决策、实施和运营持续提供局部或整体解决方案。

深圳市也在积极研究探索工程总承包的模式。自 2016 年以来深圳市住房和建设局印发《EPC 工程总承包招标工作指导规则（试行）》的相关规定；2017 年，深圳福田区人民政府颁布《福田区投资项目 - 设计 - 采购 - 施工（工程总承包）管理办法（试行）》的通知。同年，住房城乡建设部开展全过程工程咨询试点，改进工程建设组织方式，加快完善工程总承包相关的招标投标、施工图设计审查、施工许可、竣工验收等制度规定，实施工程总承包企业负总责。深圳有多家企业进入首批试点企业列表，其代表企业有深圳市华阳国际工程设计股份有限公司、悉地国际设计顾问（深圳）有限公司以及深圳市建筑设计研究总院有限公司。

值得一提的是，工程总承包对设计单位而言既具有明显的优势，同时也存在一定的不足和潜在的风险。首先，设计单位牵头的工程总承包项目优势在于：一是具有项目全局观，设计贯穿项目全过程，可有效地通过对施工前阶段的控制，对项目起到全局性影响。二是能够对设计意图进行有效表达，把设计效果和最终实施效果相结合，达到甚至超出设计预期的效果。风险点在于设计企业对外部协同工作尤其是施工管理方面能力较为欠缺。未来，工程总承包将会涉及更加广泛复杂的内容，对资源整合能力、采购管理能力、多方面合同协调纠纷的能力都会提出更高的要求，对设计企业的转型和人才培养也是一种挑战和机遇。

三、公共开放，包容万象

深圳，一个开放、包容的城市，秉承着“敢为天下先”的精神，彰显着“来了就是深圳人”的理念，吸引着来自各国各地的建筑师人群。设计之都凭借其开放与包容的博大胸襟，给予了更多年轻建筑师施展建筑梦的平台，也给全球的建筑师们带来了更多理性自由的创作环境。

40 年的发展，从本土建筑师设计创作，到与国内知名建筑师合作，如广州的何镜堂院士、北京的崔愷院士、香港的严迅奇大师等，再到与国际著名建筑事务所联合设计，如美国的 SOM 设计事务所、德国的 GMP 建筑事务所、美国 KPF 建筑事务所等。

从 2004 年由深圳设计总院与美籍华裔设计师李名仪合作设计的深圳市民中心，到 2011 年华森建筑设计院、深圳市建筑科学研究院与英国 TPF 建筑事务所合作设计的京基 100，再到 2017 年由华阳国际与日本的槙文彦建筑大师合作设计的海上世界文化艺术中心，深圳的设计团队在逐步壮大，深圳的建筑知名度在显著上升。

对外合作的设计方式、包容共享的设计理念、思维活跃的设计氛围，使得深圳建筑从低密度走向高密度、从功能单一走向功能复合、从普通的滨海小渔村到如今走向世界前沿的湾区大都市。

四、着眼湾区建设，互利共赢发展

2015 年，深圳市第六次党代会提出要将深圳建设成为“现代化、国际化、创新型城市”的宏伟目标，在这一思路指导下，深圳市政府提出了建设“湾区城市”的具体路径。

2019 年，深圳在前海举行“推进粤港澳大湾区建设重大项目开工仪式”，主要包括 31 个重大项目：前海城市新中心建设项目 10 个、深港科技创新合作区项目 11 个、深圳交通基础设施项目 10 个。重大项目中涵盖了多个与建筑相关的项目，其中有 SOM 建筑事务所设计的中国首家互联网银行——微众银行总部、国际建筑师罗杰斯设计的建滔总部大厦、全世界创客的服务平台——深港青年梦工厂、作为“前海客厅”与“前海名片”的前海国际会议中心、引进深港及国际重大科研项目的广田深港国际科技园、5A 级“新型全域旅游示范区”的宝安滨海文化公园等。

有充分的理由相信，湾区城市建设完全可以成为深圳新一轮增长和转型的重要助推器。可以预见，深圳将有望在不远的将来一跃成为国际型、创新型的世界知名湾区城市，在实现国家使命、引领区域发展、促进深港融合以及推进自身转型方面做出新的表率性贡献，深圳土木建设也将得到前所未有的发展机遇。

五、改善民生福祉，传递人文关怀

改革开放建立经济特区之后，深圳开始崛起，经过近 40 年的发展，创造了一个个深圳奇迹。但是作为一个年轻的城市，深圳的医疗和教育水平一直是一块短板，不能满足深圳作为一线城市的需求。如何提高深圳的教育、医疗水平一直是政府和社会各界热议的话题，深圳的建筑同仁们也在其中不懈努力。

医疗建筑作为极具复杂性、专业性、重要性的建筑类型，其设计理念的探索、高新技术的应用非常重要。深圳的建筑师们在实践中不断探索总结，提出极具建设性的理念，对全国的医疗建筑设计产生了积极影响。近年来，许多大型、重点、高新的医疗建筑在深圳建成。其中代表作品有香港大学深圳医院、中山大学附属第七医院、中国医学科学院肿瘤医院深圳医院等。

教育工作一直深受深圳市政府的重视，从 2007 年到 2017 年的 10 年间，深圳的各类学校共增加了 970 所。其中更有深圳北理莫斯科大学、香港中文大学（深圳）校园、中山大学深圳校区等一大批重点项目逐一落成。

六、结语

回首深圳四十年的建筑发展历程，总是让人目不暇接，感慨万千。2018 年，深圳经联合国教科文批准加入全球创意城市的行列，并授予“设计之都”称号，跻身成为全球第 6 个“设计之都”。深圳这片热土造就了大批优秀的建筑师队伍，越来越多的建筑佳作享誉全国。此外，2005 年以来开办的“深圳 / 香港城市双年展”也成为全球唯一长期关注城市问题的双年展，湾区建设也使深圳更具备国际性、前沿性、先锋性。

但面对当下前所未有的城市发展机遇和挑战，我们还要清醒地认识到，无论是在建筑师总负责制度方面的摸索探讨、在 EPC 工程总承包方面的积累经验还是面对国际设计竞争环境的突破挑战，还有太多的问题要逐一克服。放眼未来，深圳土木人将更加努力，为设计之都的业绩再创新高。

01 深圳南海酒店

项目地点：深圳市南山区
建筑面积：3.20 万 m^2
设计单位：深圳华森建筑与工程设计顾问有限公司
编制时间：1983~1986 年
竣工时间：1986 年（2013~2015 年改造）
获得奖项：1986 年度城乡建设优秀设计优质工程三等奖；
1992 年中国建筑学会优秀创作奖

深圳南海酒店坐落于风光秀丽的深圳蛇口，1986 年 3 月正式开业，是深圳第一家由我国政府评定的五星级酒店。酒店建筑以其巨帆般的独特设计及怡人的海湾园林美景而别树一帜。

主楼以分段弧形平面尽量向海面展开，为旅客提供最大限度的观赏面，平面两侧后折有利于加强结构刚度，背后入口符合地形条件，并使临海面客房更为安静。

酒店内装修简洁，公众空间为两种颜色的花岩石加上黄铜扶手、玻璃栏杆，只以装饰性较强的 3 盏吊灯作为空间焦点，实用、经济、美观兼而有之。

02 深圳体育场

项目地点： 深圳市
建筑面积： 4.36 万 m^2
设计单位： 深圳华森建筑与工程设计顾问有限公司
编制时间： 1985 年
竣工时间： 1989 年
获得奖项： 1994 年深圳市第五届优秀工程设计一等奖；
第一届空间结构协会空间结构优秀工程奖荣誉奖

体育场采取钢筋混凝土框架和看台，钢结构风雨棚。球场采用排渗结合方案；观众席分成 12 个区段，曲线形空间钢架风雨棚可遮盖全部看台座位。体育场建筑风格与体育馆相协调，以雄伟的框架体量、二层大回廊、暴露的悬挑看台构成比例匀称、造型新颖、庄重大方的建筑物。

03 深圳发展银行大厦

项目地点：深圳市罗湖区
建筑面积：7.23 万 m^2
建筑高度：143.75m
设计单位：香港华艺设计顾问（深圳）有限公司
编制时间：1992 年
竣工时间：1996 年
获得奖项：1996~1998 年度中建总公司优秀工程设计奖一等奖；
中国建筑学会建筑创作大奖（1949-2009）建筑创作大奖；
1998 年深圳市第八届优秀工程设计奖（建筑设计及规划）二等奖；
1999 年广东省第九次优秀工程设计奖（工业与民用建筑）二等奖；
深圳市 30 年 30 个特色建设项目；
2018 第四届深圳建筑设计奖建筑 10 年奖

该项目位于深圳市主干道——深南大道及蔡屋围金融区的最繁华地段，处于深南路与解放路锐角交会处的独特城市空间。基地紧邻金融中心大厦，又是由西向东城市主干道南侧一系列高层建筑的起点。设计以此为契机，将大厦构筑成由西向东步步向上的阶梯体块，辅以倾斜向上的巨大构架，以此寓意“发展向上”，使之成为深圳最具特色的建筑。设计的风格体现“高技术”的审美趣味，采取超地域的建筑语言，表达一个“当代”的空间形态。设计试图表现改革开放股份制商业银行的独特风格，表现深圳第二个十年的经济发展和发展银行的独特个性。

04 深圳地王商业大厦

项目地点： 深圳市罗湖区
用地面积： 1.87hm^2
建筑面积： 27.33 万 m^2
建筑层数： 塔楼 68 层，公寓地上 34 层、地下 3 层
建筑高度： 塔尖 383.85m，公寓 114.00m
设计单位： 美国张国言建筑事务所、
深圳市建筑设计研究总院有限公司
编制时间： 1993 年
竣工时间： 1996 年
获得奖项： 2010 年深圳市 30 年 30 个特色建设项目；
2018 年第三批中国“20 世纪建筑遗产项目”名录

深圳地王商业大厦是深圳特区 1990 年代中期耸立起来的一座气势恢宏的重要标志性建筑，也是当时中国最高的建筑物。

工程所处地段为狭长的南北向三角形地带，故总平面采用 T 形布局，公寓呈南北向的条形布局设于西端，尽量远离东西向办公主塔楼，以求舒适、卫生、安静的环境。办公楼作为群体的主体设于东边，用商场把办公楼和公寓连接起来，组成一个有机的组合体。

大楼建筑体形的设计灵感，来源于中世纪西方的教堂和中国传统文化中“通、透、瘦”的精髓，它的宽高比为 1 ： 9，创造了世界超高层建筑最“扁”最“瘦”的纪录。33 层高的商务公寓最引人注目的设计是空中游泳池，空间跨距约 25m、高 20m，上下扩展由 9 层至 16 层。

05 深圳市中心医院

项目地点： 深圳市福田区
建筑面积： 7.70 万 m^2
建筑层数： 13 层
建筑高度： 51.90m
设计单位： 深圳华森建筑与工程设计顾问有限公司
编制时间： 1994~1998 年
竣工时间： 2001 年
获得奖项： 2001 年广东省第十次优秀工程设计二等奖；
2001 年度建设部优秀勘察设计三等奖

该项目位于深圳市福田区莲花山以北。依据全中央空调医院的现代设计理论进行全面规划与设计，包括门诊大楼、住院医技大楼、后勤楼与宿舍楼等 4 幢单体，所有科室均为尽端式、集中式设计。其中，能够前后转通的圆形护理单元可大幅缩短护理路线的长度，为当时国内首创。

06　深圳赛格广场

项目地点： 深圳市福田区
建筑面积： 16.95 万 m^2
建筑高度： 292.60m
设计单位： 香港华艺设计顾问（深圳）有限公司
编制时间： 1995~1997 年
竣工时间： 2000 年
获得奖项： 第四届中国建筑学会优秀建筑结构设计奖一等奖；
2000 年度国家科技进步奖“超高层钢管混凝土结构综合技术”二等奖；
中国建筑学会建筑创作大奖（1949~2009）建筑创作大奖；
2002 年深圳市第十届优秀工程设计奖二等奖；
2003 年广东省第十一次优秀工程设计奖（工业与民用建筑）二等奖；
2003 年度建设部部级优秀勘察设计奖（优秀建筑设计）三等奖；
深圳市 30 年 30 个特色建设项目；
2018 第四届深圳建筑设计奖建筑 10 年奖；
广东省勘察设计行业 100 个最具影响力工程建设项目

赛格广场主题是现代多功能智能型写字楼，裙房为 10 层商业广场，是以电子高科技为主，兼会展、办公、商贸、信息、证券、娱乐为一体的综合性建筑。建筑塔楼为八边形的平面，外轮廓尺寸为 43.2m × 43.2m，交通、卫生以及其他附属设施均放置在中心筒内。结构采用了高强度钢管混凝土体系，是当今运用该结构体系的世界最高建筑。塔楼檐口高度 292.6m，屋顶天线钢针端高 345.8m，现已成为深圳市区的标志性建筑。

07 深圳招商银行大厦

项目地点：深圳市福田区
用地面积：0.41hm²
建筑面积：11.61 万 m²
建筑层数：地上 53 层，地下 3 层
建筑高度：237.00m
设计单位：美国李名仪 / 廷邱勒建筑师事务所、深圳市建筑设计研究总院有限公司
编制时间：1998 年
竣工时间：2001 年
获得奖项：2002 年广东省第十一次优秀工程设计一等奖；
2003 年度中国建筑工程鲁班奖；
2004 年度第十一届深圳市优秀工程一等奖；
2010 年新中国成立 60 周年建筑创作大奖

大厦外观简洁明快，由八层边长 45m 的四边形平面开始向上斜切至 49 层边长 15m 的八边形平面，经过空中花园 3 层高的垂直过渡后，又向外斜切恢复四边形的屋面，整体造型具有收聚的意味，深受业主青睐，同时具有强烈的几何雕塑感，创造了良好的城市景观效果。建筑内设局部不落地的十字形核心筒，在七层处有巨型钢桁架转换，以支托上部 47 层的荷载。

08　基督教深圳堂

项目地点：深圳市福田区
用地面积：$0.45hm^2$
建筑面积：0.75 万 m^2
建筑层数：地上 4 层，地下 1 层
建筑高度：28.00m
结构类型：框架结构
设计单位：深圳市建筑设计研究总院有限公司
编制时间：1998 年
竣工时间：2001 年
获得奖项：2002 年深圳市第十届优秀工程设计奖一等奖；
2003 年广东省第十一届优秀工程设计奖一等奖；
2004 年建设部优秀工程三等奖

基督教堂的设计合理地解决了中西方文化的冲突和交融问题，以及西方宗教在社会主义的中国、在东方世界的形象和特点问题。建筑依山就势，与山地地形紧密结合，突出了建筑的雄伟与壮观，也节省了资金。屋面为网架结构，间隔布置采光带；附堂（600 座）在下，为钢筋混凝土密肋梁结构。堂内无柱，自然采光通风。

09 深圳市市民中心

项目地点： 深圳市福田区
用地面积： 9.10hm^2
建筑面积： 21.00 万 m^2
建筑层数： 地上 12 层，地下 3 层
建筑高度： 82.00m
结构类型： 框架 - 剪力墙
设计单位： 美国李名仪 / 廷丘勒建筑师事务所、深圳市建筑设计研究总院有限公司
编制时间： 1998 年
竣工时间： 2004 年
获得奖项： 2008 年深圳市优秀工程勘察设计二等奖；
2009 年广东省优秀工程勘察设计二等奖；
2009 年中国建筑学会建筑创作大奖入围奖；
2010 年新中国成立 60 周年建筑创作大奖入围奖

市民中心位于福田中心区的中轴线上，分西、中、东 3 个组团，并用鹰式网架连接成一个组团。是集市政办公、招待、宴会、观众大厅、工业展览厅、档案馆、博物馆等多种功能为一体的综合性建筑。内容丰富，造型独特、鲜明，形似大鹏展翅的巨型屋盖是其重要的组成部分和点睛之笔。市民中心是深圳市最为重要的标志性建筑之一。

10　深圳中心书城

项目地点：深圳市福田区
建筑面积：8.11 万 m^2
设计单位：深圳华森建筑与工程设计顾问有限公司
编制时间：1998~2003 年
竣工时间：2006 年
获得奖项：2009 年广东省优秀工程勘察设计奖二等奖；
2010 年全国工程勘察设计行业优秀工程勘察设计行业奖二等奖；
第五届中国建筑学会建筑创作奖佳作奖

中心书城建筑由黑川纪章事务所设计，市政公园景观承接整体规划理念，主张现代简约、自然共生。礼仪大道贯穿场地南北，连接莲花山公园以及市民中心，气势宏伟。四个绿色文化公园分别以“诗”“书”“礼”“乐”为主题，以概念性的生态公共空间表现中国传统文化理念，实现历史文化精神的传承。

11 深圳电视中心

项目地点：深圳市福田区
用地面积：2.01hm^2
建筑面积：7.02 万 m^2
建筑层数：地上 28 层，地下 1 层
建筑高度：123.00m
设计单位：深圳机械院建筑设计有限公司
编制时间：1999~2001 年
竣工时间：2004 年
获得奖项：中国机械工业优秀工程设计一等奖；
广东省优秀工程设计二等奖

该项目位于深南大道中部 CBD 区域，为深圳市电视节目演播、制作、传输并兼有对外开放和开展电视文化活动的综合性建筑。总建筑面积约 7.1 万 m^2，由 28 层主体塔楼和 6 层多功能演播厅裙房两部分组成，设有 2 层地下室。功能为电视演播、制作、传输、办公等，其中设有 1800m^2 剧场 1 座，100~800m^2 大小不等的 8 个演播厅。

12　深圳华侨城波托菲诺纯水岸

项目地点： 深圳市南山区
用地面积： 10.35hm²
建筑面积： 12.70 万 m²
建筑层数： 地上 3~18 层，地下 1 层
设计单位： 深圳机械院建筑设计有限公司、
澳大利亚柏涛设计咨询有限公司（深圳）
编制时间： 2000 年
竣工时间： 2003 年

该项目位于南山区华侨城香山中路，纯水岸复式大邸。规划之初，就创思整体景观感受，自南向北整体抬高，形成纯水岸景观高地。光线柔和的窗台上，整座燕栖湖曼妙湖景轻松纳入眼底。

13 深圳福田图书馆

项目地点： 深圳市福田区
用地面积： 1.23hm^2
建筑面积： 1.03 万 m^2
设计单位： 香港华艺设计顾问（深圳）有限公司
编制时间： 2002 年
竣工时间： 2006 年
获得奖项： 2001~2002 年度中建总公司优秀方案设计奖三等奖；
2007~2008 年度中国建筑优秀勘察设计（建筑工程）奖一等奖；
2009 年深圳市第十三届优秀工程勘察设计公共建筑设计奖二等奖；
2009 年度广东省优秀工程勘察设计（工程设计）奖三等奖；
2009 年度全国优秀工程勘察设计行业奖(建筑工程)三等奖；
2018 第四届深圳建筑设计奖建筑 10 年奖

大楼主要由图书馆及信息中心两部分组成，彼此相互独立。两者围绕其中展开，使图书馆具有强烈的向心性，阅览室都面向中庭景观，为读者营造一种宁静优雅的图书阅览氛围。为了丰富中庭空间效果，由西向东做了一系列的退台，空中天桥飞架其中，从城市广场到内部中庭形成一个富于变化的空间序列。

本项目对城市街道空间作了周全的考虑。不仅呼应了周边高层建筑的对位关系，还减轻了相互间的压迫感，更重要的是给北面的财政局大楼让出南向空间，并求得一种围合感。由于东、西两侧各让出一个三角空间，图书馆自然形成了一个平行四边体，使本方案从商报路及景田路方向的街景透视都具有强烈的标志性。

东、西中庭空间各罩一透空钢构架，在强调建筑轻巧通透的同时，又起到简洁建筑形体、空间界定及遮阳的作用，并在视觉上对城市的喧闹嘈杂起到了隔断作用。光影变化及虚实对比使简洁的建筑形体更加丰富。

14 深圳万科十七英里

项目地点：深圳市
建筑面积：5.00 万 m^2
建筑层数：3~6 层（一期），22 层（二期）
设计单位：深圳华森建筑与工程设计顾问有限公司、
香港许李严建筑设计有限公司
编制时间：2002~2003 年
竣工时间：2005 年
获得奖项：2007 年度广东省优秀工程设计奖一等奖；
2008 年度全国勘察设计行业优秀奖住宅与住宅小区一等奖；
2008 年度全国优秀工程设计奖银奖；
2009 年中国建筑学会建国 60 年建筑创作大奖

万科 17 英里坐落于深圳东部优美的海岸线上，地势为南向面海的陡坡，50m 的高差产生了宽阔的视野。项目设计初期就确定了营造具有鲜明海边坡地特征和休闲度假特性的高档居住小区，保护原有地貌及区域生态的规划设计理念。建筑群以白色立方体为主，组合于陡峭的山地中，似拾级而上的白色阶梯，挑出的阳台、凸窗如同小尺度的盒子，点缀其中。

15 深港西部通道口岸旅检大楼

项目地点：深圳市南山区
用地面积：117.90hm^2
建筑面积：1.53 万 m^2
建筑高度：34.00m
结构类型：钢筋混凝土框架结构及钢结构
设计单位：深圳市建筑设计研究总院有限公司
编制时间：2003 年
竣工时间：2007 年
获得奖项：2008 年深圳市勘察设计行业优秀公建设计一等奖；
2009 年广东省工程勘察设计行业协会办公学校类一等奖；
2012 年中国土木学会百年百项杰出土木工程

项目位于深圳市南山区东角头，规划的后海滨路东侧，东滨路南侧，其东南面紧临深圳湾，隔海通过设计中的深圳湾公路大桥与香港新界相接，北面通过沙河西路及东滨路与深圳滨海大道及其他城市干道相连。

深港西部通道口岸旅检大楼属大型口岸交通综合建筑，在国内第一次采用深港联合的“一地两检”模式，是世界上同类口岸中最大的现代化、智能化的口岸。深港两边功能各自独立，但建筑形态具有高度统一性，成为区域标志性的建筑。

16 深圳大学文科教学楼

项目地点：深圳市南山区
建筑面积：5.50 万 m^2
结构类型：钢筋混凝土框架结构及钢结构
设计单位：深圳华森建筑与工程设计顾问有限公司
编制时间：2003 年
竣工时间：2005 年
获得奖项：2007 年度广东省优秀工程设计奖一等奖；
2008 年度全国勘察设计行业优秀奖建筑工程二等奖

深圳大学文科教学楼从总体到局部，从前广场、内广场、内庭院、楼梯到走廊的设计均为特定的人流提供了合适的空间。入口平台形成与外界的分隔，同时亦是整个建筑的交通枢纽，联系各幢教学楼以及行政楼。

文科楼以白色为主色调，间以砖红色面砖，色调淡雅清新，建筑形象简洁而宁静，不追求花哨外表，用朴实、含蓄的形象体现高等学府的人文气息。

17 深圳大学师范学院教学实验楼

项目地点：深圳市南山区
用地面积：0.47hm²
建筑面积：1.70 万 m²
设计单位：深圳大学建筑设计研究院有限公司
编制时间：2004 年
竣工时间：2007 年

本项目为教学实验楼，设有普通教室、实验室、办公室及一系列的特殊教室、音乐教室、美术教室、舞蹈教室、琴房等，此外还有一个“黑箱”实验剧场和一个小型音乐厅。由于师范学院教学实验楼过于接近深圳大学的主校门，设计便采用将建筑化整为零和由南向北退台的方法，减弱整体造型的厚重感和对校门的压迫感。同时，师范学院的教学综合楼充分利用了南低北高的地形高差，地下室在南面出地面，作为一层直接对外，埋在地下的部分还设置了一些下沉庭院，使阳光可以直接照射到地下，增加了空间上的变化。交往空间的创造是本项目的一大特色，在建筑处理上利用了架空层、中庭和自然叠落的屋顶平台，为教师与学生在每一楼层上，提供了一系列的变化丰富的公共活动场所。这些镶嵌在各个楼层中的室内和室外的大尺度活动空间，与连接着教室的线性走廊交相重叠，产生了十分丰富的视觉感受和空间效果，它们与人的活动构成互动，形成极具活力的动态空间节点。设计运用开放的理念，结合岭南气候特点的设计策略，低造价高标准的原则，使得建筑建成后获得了多方的好评，被评价为深圳大学造价最低、效果最好的建筑。

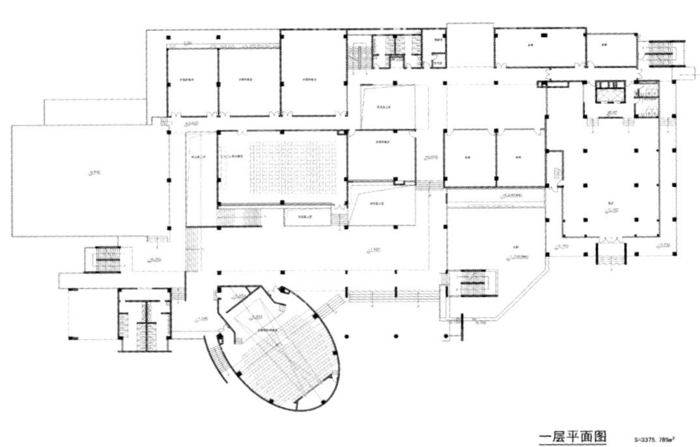

18　深圳建科大楼

项目地点：深圳市福田区
用地面积：0.30hm^2
建筑面积：1.82 万 m^2
建筑高度：57.90m
建筑层数：地上 12 层，地下 2 层
设计单位：深圳市建筑科学研究院股份有限公司
编制时间：2005~2006 年
竣工时间：2009 年
获得奖项：2008 年广东省注册建筑师第四届优秀建筑创作佳作奖；
2009 年国家第一批民用建筑能效测评三星标识；
2009 年第三届百年建筑优秀作品公建类绿色生态建筑设计大奖；
2009 年通过国家三星级绿色建筑（设计）评价标识认证；
2010 中国建筑节能年度发展研究报告公共建筑节能最佳实践奖；
2010 年第二届广东省土木工程“詹天佑故乡杯”奖；
2010 年第三届好设计创造好效益中国奖之“最佳绿色建筑奖”；
2011 年度广东省优秀工程设计一等奖；
2011 年度全国优秀工程勘察设计行业奖建筑工程一等奖；
2011 年全国绿色建筑创新奖一等奖；
2013 年绿色设计国际大奖之绿色建筑类金奖；
2018 年通过国家三星级绿色建筑（运营）评价标识复评审（最高级）

建科大楼从设计、建造到运营均充分考虑工程所在地的气候特征、周围场地环境和社会经济发展水平，因地制宜地采用本土的、低能耗的绿色建筑技术，包括节能技术、节水技术、节材技术、室内空气品质控制技术和可再生能源规模化利用技术等。建科大楼不仅是使用单位的办公实验场所，还是建筑新技术、新材料、新设备、新工艺的实验基地，建筑技术与艺术有机结合的展示基地，全国绿色建筑科普教育基地。大楼向社会各界开放展示绿色建筑技术，宣传绿色建筑理念，社会收益显著。

19 深圳华侨城洲际大酒店

项目地点： 深圳市福田区
用地面积： 6.00hm^2
建筑面积： 10.89 万 m^2
建筑层数： 地上 6 层，地下 2 层
设计单位： 深圳华森建筑与工程设计顾问有限公司
编制时间： 2005 年
竣工时间： 2007 年
获得奖项： 2009 年广东省优秀工程勘察设计奖二等奖；
中国建筑学会建筑设备（给水排水）优秀设计奖三等奖

项目位于世界之窗、锦绣中华、民俗文化村旅游区的中心位置，是白五星级酒店。

规划设计中保留 1982 年建成的深圳湾大酒店外墙，永久记忆时代过程。建筑设计以西班牙风格为主题，充分利用“水”和“船”两个元素。酒店仿佛一艘扬帆的巨舰，准备从深圳湾起航，而大门旁裙房屋顶上的船吧按哥伦布发现新大陆时的“SANTAMARIA”号轮船仿制，成为酒店的重要标志。

20　深圳东部华侨城茵特拉根酒店

项目地点：深圳市盐田区
建筑面积：4.50 万 m^2
建筑高度：地上 6 层，地下 1 层
设计单位：深圳华森建筑与工程设计顾问有限公司
编制时间：2006 年
竣工时间：2007 年

项目位于深圳盐田区东部华侨城新开发的旅游度假休闲区，是以瑞士古典建筑文化为主题的超豪华五星级酒店。项目拥有客房 299 间，酒店主楼、连排别墅、商业街公寓、总统别墅等各类客房建筑与茵特拉根小镇巧妙融合，既自成一体又交相辉映。

21 深圳大学基础实验楼二期

项目地点：深圳市南山区
建筑面积：4.70 万 m^2
设计单位：香港华艺设计顾问（深圳）有限公司
编制时间：2006 年
竣工时间：2011 年
获得奖项：2005~2006 年度中建总公司优秀方案设计奖一等奖；
2007 年广东省注册建筑师协会第四次优秀建筑创作奖；
2011 年度中国建筑优秀勘察设计奖（建筑工程）二等奖；
2012 年深圳市第十五届优秀工程勘察设计奖（公共建筑）二等奖；
2013 年度广东省优秀工程设计奖一等奖；
2013 年度全国优秀工程勘察设计行业奖（建筑工程）二等奖

深圳大学基础实验楼二期的设计体现了设计对大学的理解——大学是自我管理的学者社团。理想中的大学校园空间氛围是肃雅宁静、可激发人思考的；同时也是轻松自由，易于相互间探讨交流的。

通过对基地周围城市及校园环境的整体分析，实验楼在总体布局上试图最大限度地利用基地周边的优势并避免劣势的影响，沿北、西、南三向的布局模式延续了校园的景观轴线。围合的建筑群体体量朝东打开，将景观延伸进入建筑组团内部，不仅丰富了内部的视觉空间，也使校园的景观主轴得到延展，从而更加完整。围合的院落向不利朝向封闭，向主要人流经过的景观朝向开敞。每幢建筑都因此获得最大的景观展开面，具有良好的日照及通风。沿建筑标高不等的坡状屋顶及底层金工实验室的顶面布置有坡状绿化。这些草坡不仅将金工实验室及重型机械实验室掩盖其下，避免在底层出现巨大的体量，同时也将山水相宜的自然景观引入院落，延续了老校区依山起伏、外海内湖的生态景观，让师生们对此产生熟识感和亲近感。

22 深圳北站

项目地点： 深圳市龙华区
用地面积： 13.10hm²
建筑面积： 18.21 万 m²
建筑层数： 地上 2 层
建筑高度： 43.602m
设计单位： 中铁第四勘察设计院集团有限公司、深圳大学建筑设计研究院有限公司
编制时间： 2006 年
竣工时间： 2011 年

深圳北站枢纽是广深港高速铁路及厦深客运专线的交会点，同时与地铁 4、5、6 号线、长途汽车站、公交车场站、出租车场站及社会车辆停车场接驳，是全国接驳功能最齐全的特大型综合交通枢纽。深圳北站站房是深圳北站枢纽的核心建筑，对国家、区域及城市具有重要的政治、经济意义，作为重要的交通及公共空间节点也与城市未来的发展及广大市民的日常生活紧密相关。

深圳北站主站房东西长 409m，南北宽 208m，建筑高度 43.602m。下部主体结构采用钢管混凝土柱与钢 - 混凝土楼板组合梁框架结构体系，上部屋盖采用“上平下曲”形态的纵横双向桁架体系，钢结构最大跨度为 86m，最大悬挑为 63m，站台雨棚东西长 260m，南北长 130m，建筑高度 18.1m，采用四边形环索弦支结构体系。深圳北站站场按照 11 座站台、20 条股道布置。该项目中城市地铁 5 号线和平南铁路在站房下垂直于铁路股道东西方向穿越，轨道交通地铁 4 号线和 6 号线包裹在站房屋面中、平行于股道南北方向高架穿越，城市干道(新区大道)下沉，南北方向穿越站场。

23 深圳证券交易所广场

项目地点：深圳市福田区
用地面积：3.91hm^2
建筑面积：26.00 万 m^2
建筑高度：245.80m
建筑层数：地上 46 层，地下 3 层
结构类型：筒中筒结构
设计单位：荷兰大都会事务所（OMA）、
深圳市建筑设计研究总院有限公司
编制时间：2007 年
竣工时间：2013 年

获得奖项：2014 年深圳市第十六届优秀工程勘察设计公共建筑一等奖、结构专项一等奖；
2014 年中国建筑学会建筑创作银奖；
2015 年广东省优秀工程公建二等奖、结构专项一等奖；
2015 年全国优秀工程勘察设计奖建筑工程一等奖

本项目坐落在深圳市中心区，一个实现“发展金融性城市”目标的空间场所。深圳市中心区紧临北面的莲花山和南面的滨河大道，被深圳主要的东西轴线深南大道分为两部分。深圳证券交易所广场矗立于这条轴线之上，成为服务于中国金融市场的一个崭新的地标。深圳证券交易所广场集办公、技术支持、研究、培训、会议为一体，为公共和城市服务的综合性大楼。

24 深圳华润城及万象天地

项目地点：深圳市南山区
建筑面积：380.00 万 m^2
设计单位：华阳国际设计集团、RTKL、UPDIS、MVA、FOSTER+PARTNERS、SWA
编制时间：2007 年
竣工时间：2013 年
获得奖项：LEED 金奖预认证；
深圳市第十七届优秀工程勘察设计建筑工程三等奖；
第二届深圳市建筑工程施工图编制质量银奖；
第二届深圳市建筑工程施工图编制质量结构专业奖；
第二届深圳市建筑工程施工图编制质量电气专业奖；
深圳市第十七届优秀工程勘察设计建筑工程三等奖；
第六届华彩奖建筑工程设计二等奖；
第三届深圳市建筑工程施工图编制质量银奖；
第三届深圳市建筑工程施工图编制质量给排水专业奖；
2017 年度深圳市装配式建筑示范工程；
2017~2018 年度中国建筑设计奖住宅建筑专项二等奖

大冲旧村改造是华阳国际在大型综合类旧城改造的开创性项目，作为项目规划、设计及总协调方，华阳国际负责新城花园、城市花园、都市花园、大冲商务中心、过渡安置区、大冲大厦及润府的方案设计，同时也参与了万象天地的设计工作。更新策略充分利用了项目的区位优势，紧密联系周边环境，不遗余力地保留村里的空间文脉及历史建筑，并赋予其新的内涵与功能，重塑极具空间品质的城市聚落，并续写着这座幸福之城的多元、和谐与活力。

25 东海国际中心

项目地点：深圳市福田区
用地面积：3.48hm^2
建筑面积：49.46 万 m^2
建筑高度：289.90m / 178.36m / 126.66m
建筑层数：地上 81-26-37 层，地下 4 层
结构类型：框架核心筒，框架结构
设计单位：奥意建筑工程设计有限公司、
王欧阳（香港）有限公司
编制时间：2007~2010 年
竣工时间：2013 年
获得奖项：深圳市第十四届优秀工程勘察设计评选（公共建筑）一等奖

工程是集商业、办公为一体的超高层综合办公建筑，是现今深南大道两旁最大的超高层综合建筑群，也是深圳继地王大厦、赛格广场、京基 100 后第 4 座竣工的 300m 以上的超高层建筑，其中高达 308m 的公寓塔楼堪称亚洲第一高商务公寓。其定位为具前瞻、国际性特征的以商务功能为核心的高端都市综合体项目，成为深圳第一门户商务地标。

设计在满足用地及规划要求的基础上，充分考虑到项目东侧与招商银行大厦的建筑关系，为避免办公空间与其造成对视形成紧张的空间关系，并照顾深南大道的优美风景，办公塔楼设计为西北和东南角相错的正方形，正好与招商银行大厦错开了对视点，形成更多面对深南大道的景观面以及更多的优质空间，地下部分与地铁相连。裙房结合广场设计为层层跌落的步行商业街，从两栋塔楼之间穿过，并于二层开始与东海国际中心二期相连，形成一系列公共空间，为项目带来活跃的商业气氛。办公塔楼相依相对，整个建筑形成高低错落的城市空间。

26 深圳京基 100

项目地点： 深圳市罗湖区
用地面积： 4.56hm^2
建筑面积： 55.35 万 m^2
建筑高度： 441.80m
建筑层数： 地上 81 层，地下 4 层
结构类型： 框架 - 核心筒
设计单位： 深圳华森建筑与工程设计顾问有限公司、英国 TFP、英国 ARUP
编制时间： 2007~2010 年
竣工时间： 2011 年
获得奖项： 中国建筑学会中国建筑设计奖（建筑结构）金奖；
安波利斯摩天楼大奖（The Emporis Skyscraper Award）全球十大第四名；
全国优秀工程勘察设计行业建筑环境与设备专业二等奖；
广东省优秀工程勘察设计一等奖；
广东省优秀工程勘察设计结构专项二等奖、暖通专项二等奖；
深圳市第十五届优秀工程勘察设计公建一等奖；
深圳市优秀工程勘察设计（专项）结构设计一等奖、暖通设计一等奖、给排水设计一等奖、电气及自动化设计一等奖

项目为包含超 5A 甲级写字楼及铂金五星级酒店于一身的超高层金融中心大厦，是目前深圳第二高楼。京基 100 吸取全球摩天大楼的设计精华，将超大玻璃穹顶、连体双曲线雨篷与玻璃幕墙进行一体化设计，独创瀑布式的流线造型，喻示了全球第五金融中心的繁盛与兴旺，并为深圳未来发展缔造无限机会。其建筑外形简洁流畅，仿佛倾泻于城市之中的瀑布，演绎"飞流直下三千尺，疑是银河落九天"的壮观景象。

27 深圳中航城九方购物中心

项目地点：深圳市福田区
建筑面积：24.98 万 m^2
设计单位：华阳国际设计集团、RTKL、MVA、PB、ARUP、SWA
编制时间：2007~2010 年
竣工时间：2015 年
获得奖项：2017 年全国优秀工程勘察设计行业奖建筑工程公建类三等奖；
2017 年度广东省优秀工程勘察设计公共建筑二等奖

深圳中航城位于福田区华强北商圈，改造工程于 2015 年完成，历时五年。设计持续关注“人”的体验，于稠密的城市中心区实现了综合体的资源共享和互补，以立体式的开放空间积极地整合及疏通城市空间，塑造城市核心最生动的生活景象。如今这里已经成为一个集商业、办公、商务公寓和酒店于一体的大型综合性商贸建筑群和极具活力、人气的商业中心典范。

28 深圳市世界大学生运动会体育中心

项目地点： 深圳市龙岗区
用地面积： 8.30hm^2
建筑面积： 13.50 万 m^2
建筑高度： 53.00m
建筑层数： 地上 5 层，地下 1 层
结构类型： 钢屋屋盖为空间折面单层网格结构；看台为现浇钢筋混凝土框架结构
设计单位： 德国 GMP 建筑师事务所、深圳市建筑设计研究总院有限公司
编制时间： 2007 年
竣工时间： 2010 年
获得奖项： 2011 年中国建筑金属结构协会中国钢结构金奖；
2011 年中国空间结构学会第七届空间结构优秀工程设计金奖；
2011 年第七届全国优秀建筑结构设计二等奖；
2013 年第十一届中国土木工程詹天佑奖；
2013 年广东省工程勘察设计行业协会公共建筑类一等奖

深圳大运中心体育场位于龙岗区奥体新城，是 2011 年世界大学生田径运动会的主体育场，能同时容纳 6 万名观众。体育场屋盖钢结构采用国内首创的单层空间折面网格体系，结合透光性能强的聚碳酸酯板面材，整体形象仿如一颗晶莹的水晶石。

29 深圳信息职业技术学院迁址新建工程建筑单体设计第一标段（北校区）

项目地点： 深圳市龙岗区
用地面积： 24.80hm^2
设计单位： 深圳市建筑科学研究院股份有限公司
编制时间： 2007~2008 年
竣工时间： 2011 年
获得奖项： 2013 年度全国优秀工程勘察设计行业奖－建筑工程公建一等奖

校区位于深圳市龙城西区，水官高速龙岗出口南侧，即龙岗区龙翔大道以东，龙兴路以南，原始地貌为低台地及台地间冲洪积沟谷。总用地面积约 92.64 万 m^2。

深圳信息职业技术学院迁址新建工程在“2011 年世界大学生运动会”时兼运动员村，北校区（大运村的国际区）是校园的核心建筑群。本项目在充分满足校园使用功能的前提下，创造了大量丰富的校园空间，并于“被动式”绿色建筑设计相结合，力求打造一座“冷巷校园”。“冷巷”是对南方建筑“被动式”绿色设计的概念浓缩，本项目针对不同形态、不同尺度的建筑单体，探索“冷巷”的多种生成过程和表现形式，以提升环境品质、塑造形态丰富的校园空间。

30　金茂深圳 JW 万豪酒店

项目地点：深圳市福田区
用地面积：0.45hm^2
建筑面积：5.22 万 m^2
建筑层数：地上 27 层，地下 3 层
建筑高度：98.60m
结构类型：框架剪力墙
设计单位：奥意建筑工程设计有限公司
编制时间：2007 年
竣工时间：2009 年
获得奖项：深圳市第十四届优秀工程勘察设计评选（公共建筑）一等奖

项目是在原广州大厦基础上进行改扩建，建成为白金五星级酒店。改造过程中，建筑层高、平面等受到极大限制，结构需进行全面计算复合和采取对应措施，如粘钢板加固、植筋技术等，保证结构安全。改造完成后，建筑外观精致，内装精美，完全满足了甲方及酒店管理方的要求，成为市区高端商务酒店的代表作。裙房充分利用基地方形的形状，提高了利用率。塔楼呈 L 形布局，核心筒在 L 形的中央，有利于保证酒店每间客房都有好的朝向和景观，也有利于控制酒店客房的进深和分布。酒店入口正对着深南大道，形成了酒店的前广场，有利于酒店入口的使用，前广场的绿化也是对城市绿化带的一种延续，丰富了城市景观。

31 CFC 长富中心

项目地点：深圳市福田区
建筑面积：20.64 万 m^2
设计单位：深圳市欧博工程设计顾问有限公司
编制时间：2007 年
竣工时间：2014 年
获得奖项：第八届中国人居典范建筑规划设计方案竞赛活动建筑设计金奖；
首届深圳市建筑工程施工图编制质量金奖；
首届深圳市建筑工程施工图编制质量电气专业优秀奖；
2015~2016 年亚太地产奖超高层类中国区最高推荐奖；
第十七届深圳市优秀工程勘察设计一等奖（公建）的（园林景观设计专项）二等奖；
2017 年度广东省优秀工程设计三等奖；
2017 年度广东省园林景观专项景观专项三等奖

CFC 长富中心位于保税区核心地段，处在由莲花山至深圳湾的南北主轴的尽端，与香港仅 1km 之隔，一组高效、全新、人性化的超高层和高层办公建筑，充分尊重保税区的城市设计的同时，也创造具有相对独立领域感的城市空间，结合经济性与自然生态于一体的多功能综合体。目前为保税区内唯一突破 300m 的超高层建筑。地块呈正方形，边长 150m，在其北侧现存一微型公园。300m 主塔楼纯办公，100m 次塔楼纯公寓。主塔楼点式居北一隅，次塔楼板式居南，东北开放与公园相连，小中见大，举一反三。“坚固、美观、实用”——《建筑十书》的金科玉律用在这里正合适，“坚固、实用”之后就剩“美观”可以略作发挥了。二维平直、三维弯曲、外圆内方、适度收分，位格中性，使其成为公众喜闻乐见同时又提升城市文化的场所，与此同时又是新世纪保税区以及深圳市的标志。

32 深圳当代艺术馆与城市规划展览馆

项目地点：深圳市福田区
用地面积：2.97hm^2
建筑面积：9.00 万 m^2
建筑高度：48.00m
设计单位：深圳华森建筑与工程设计顾问有限公司、
蓝天组 Coop Himmelb (l)au
编制时间：2007~2015 年
竣工时间：2016 年
获得奖项：第三届深圳市建筑工程优秀施工图评审公建类金奖；
第十七届深圳市优秀工程勘察设计评选公建类一等奖；
2013 年度广东省优秀工程勘察设计奖 BIM 专项二等奖；
第十五届深圳市优秀工程勘察设计（BIM）最佳 BIM 奖；
2019 年广东省优秀工程勘察设计奖（公建类）一等奖、（建筑结构）二等奖

项目设计理念是一块半透明的城市巨石，富于动感的体型既符合中心区城市设计要求，也将建筑本身塑造成一个精美的当代艺术品。方案在 10m 高处设置了公共服务平台，开放的平台作为城市公共广场，为市民提供了交流与休闲的场所。平台中央 26m 高的巨型雕塑体既给展馆塑造了别样的艺术展品，又为两馆提供了横向的交通联系，合理组织了两个展馆的参观流线。两馆设计与建造过程中涉及众多的专业学科相互协作，有传统的建筑、结构、水暖电，也有钢构深化、幕墙、室内、灯光、绿建、智能化、景观、标识、策展等各类专业分包，建筑设计需要综合协调各细分专业，在错综复杂中整理好各方的交接关系，为整体的建筑完成度服务。重点解决的设计难点有：双扭面建筑表皮与巨型云雕塑交通体的成立、钢结构直接表达建筑空间、幕墙与钢结构的曲面吻合、40m 长空中连桥的成立等。

33 香港大学深圳医院

项目地点： 深圳市福田区
用地面积： 19.20hm^2
建筑面积： 29.84 万 m^2
建筑层数： 地上 5 层，地下 2 层
建筑高度： 30.00m
结构类型： 钢筋混凝土框架结构
设计单位： 美国 TRO 建筑工程设计公司、深圳市建筑设计研究总院有限公司
编制时间： 2007 年
竣工时间： 2012 年
获得奖项： 2014 年深圳市第十六届优秀工程勘察设计公共建筑一等奖；
2015 年广东省优秀工程公建一等奖；
2015 年全国优秀工程勘察设计奖建筑工程一等奖

香港大学深圳医院能够满足深圳、港澳及周边地区的基本医疗服务和高端医疗服务需求，是具有医学科研、医学教育和远程医疗功能的现代化、数字化、综合性三级甲等医院。设计以宽约 28m 的院街串联各个医疗单元形成有机整体，医院可随发展对各个部分进行扩建。街内建设各种生活和商业功能，打破了传统医院的冷漠景象。中心化布局和简化的流线提高了医院效率。住院大楼前为开阔的绿化庭院，在视觉上与红树林原生态景区连为一体，为住院患者提供怡人舒心的观海视野，起到辅助治疗的作用。香港大学深圳医院以“宜人的生态型微循环系统，先进的诊疗中心模式，人性化的立体交通接驳系统”三大独创点称著，是国内首家荣获澳洲 ACHS 国际认证的医院，同时获得世界卫生组织“健康促进医院”证书，为国内仅有的三家之一。

34 深圳高级技工学校（龙岗）新校区项目

项目地点：深圳市龙岗区
用地面积：37.05hm^2
建筑面积：26.76 万 m^2
设计单位：深圳市建筑科学研究院股份有限公司
编制时间：2008~2009 年
竣工时间：2013 年

场地内 5 座山峰分布四周，树木、植被茂密。为建设资源节约型、环境友好型的现代生态园林式校园，采用立体分区的概念，建筑与地形相结合，高低错落依山而建，最大限度地保护了山地及植被。在景观设计上尊重自然、生态，结合消防车道、人行广场、架空连桥、裙房屋顶等空间，打造成承载“山林在校中，校在山林中”意境的绿色生态校园。同时结合可再生能源应用示范目标，充分利用场地，采用一系列绿建技术措施，建成立体、高效、自然、绿色示范校区。

35 万科第五寓

项目地点：深圳市龙岗区
建筑面积：1.48 万 m^2
设计单位：华阳国际设计集团
编制时间：2008 年
竣工时间：2009 年
获得奖项：全国优秀建筑结构设计三等奖；
第四届华彩奖金奖；
2011 年度广东省优秀工程设计住宅二等奖；
深圳市第十四届优秀工程勘察设计奖住宅建筑一等奖

万科第五寓是华南地区首个应用“内浇外挂”体系的装配式商品住宅项目，预制程度达到 50%，首次实现了建筑设计、内装设计、部品设计的全流程一体化控制。立面设计充分结合混凝土的可塑性，通过预制设计和有序的组装，勾勒出外墙多变的肌理与纹路，让整座建筑展现出简洁、充满秩序的美感。基于青年人群的居住习惯，对 209 个居住单元以 42m^2、86m^2 两种体量进行规划，通过单层平面中 L 形布局、户型组合多样化、公共空间置入等手法，打造出既有空间私密性，又有社交性的住宅群落。项目的成功实施，是建筑师在装配式设计领域的一次全面实践，也是在建筑品质、建造周期、节能环保等方面效果的全面印证。从设计至今，项目涉及的装配式设计难度系数和技术含量仍在行业前列。

36 深圳大学南校区理工科教学楼、设计教学楼、实验与信息中心组合项目

项目地点： 深圳市南山区
用地面积： 5.86hm^2
建筑面积： 9.97 万 m^2
建筑层数： 地上 13~27 层，地下 1 层
建筑高度： 59.90~73.70m
设计单位： 深圳大学建筑设计研究院有限公司
编制时间： 2011 年
竣工时间： 2017 年

深圳大学南校区组团项目位于深圳大学校园南区，东南邻科苑路、西北临白石路。南校区项目包括 2 栋 17 层的学生公寓、1 栋 10 层的设计教学楼、1 栋 17 层的理工教学楼、实验与信息中心综合体（含 1 栋 17 层的理工科教学楼、1 栋 13 层的理工科与信息中心综合体及 1 栋 16 层的实验中心）、1 栋 4 层的综合服务中心。本次设计内容为理工教学楼、设计教学楼、实验与信息中心组合项目，分两部分：一部分为设计教学楼，一部分为理工科教学楼、实验与信息中心，地下室为一层整体设防地下室。理工科教学楼、实验与信息中心位于深圳大学南区中部东侧，北邻南区学生公寓、南接其他教学楼。

37 深圳大学南校区设计教学楼

项目地点： 深圳市南山区
用地面积： 5.86hm^2
建筑面积： 4.80 万 m^2
建筑层数： 地上 10 层，地下 1 层
建筑高度： 49.58m
设计单位： 深圳大学建筑设计研究院有限公司
编制时间： 2008~2017 年
竣工时间： 2017 年

深圳大学设计教学楼位于深圳大学南校区东侧，由两幢沿外围布置的 10 层塔楼及向内的 3 层裙房组成。塔楼分别为深大传媒学院（西侧）及设计艺术学院（东侧）的学院建筑，裙房中包含有艺术展厅、绘画教室、多功能报告厅、传播学院演播厅等内容。

南校区二层步行连廊在本建筑南侧贯通，设计使之融入建筑的整体形态之中，设计注重空间的渗透与交互，一方面建筑低层部分的架空空间、半开敞平台使校园开放空间与建筑内院互通，形成多层次的、有活力的公共空间系统，另一方面建筑塔楼设计了多处“洞口”式的公共敞厅，建立了丰富多样的内、外“空间对话”关系。塔楼的内廊与空中花园平台相结合，形成多处半开敞的公共交流空间，直通楼梯将各公共平台、敞厅串联，形成连贯互通的垂直空间系统。设计发展出一个“厚墙”立面系统，将室外空调机、窗洞、地柜、壁龛等元素整合成有实用性及深度感、韵律感的整体立面语言，设计体现了“空间漫步”的理念，使人们在多样态的内、外空间游走中获得丰富的时间 - 空间体验。

38 第 8.5 代薄膜晶体管液晶显示器件（TFT-LCD）项目

项目地点：深圳市光明新区
用地面积：59.75hm^2
建筑面积：107.17 万 m^2
设计单位：奥意建筑工程设计有限公司
编制时间：2009 年
竣工时间：2012 年
获得奖项：中国建筑学会科技进步奖二等奖

该项目是深圳市建市以来单笔投资额最大的工业项目，也是深圳市政府重点推动的项目。本项目建设遵循总体规划、分步实施的原则，建设包含阵列、成盒、彩色滤光片、模组等工序的生产厂房，以及综合动力站、污水处理站、办公等配套设施。总图布置生产为“主”，动力配套为“辅”，绿色驱动、相辅相成。将生产厂房布置于整个厂区的“心脏”位置，并将动力配套及设施根据生产人流、物流有序地布置在其周围，不仅有效利用土地，而且缩短人流、物流及动力管，使得建设方案更加经济合理。先进的设计措施打造高洁净度的生产车间，流线设计井然有序，满足工艺、运输及参观需求，同时注重功能与建筑造型的协调统一。

39 欢乐海岸都市文化娱乐区项目（北区、东区）

项目地点：深圳市南山区
用地面积：30.67hm^2
建筑面积：29.08 万 m^2
建筑层数：北区 7 层，东区 6 层，东区地下 3 层
建筑高度：北区 35.00m，东区 24.00m
结构类型：框架 - 剪力墙
设计单位：美国 LLA 建筑事务所、
深圳市建筑设计研究总院有限公司
编制时间：2009 年
竣工时间：2012 年
获得奖项：2014 年深圳市第十六届优秀工程勘察设计公共建筑一等奖；
2015 年度广东省优秀工程公建一等奖

"欢乐海岸"为深圳市政府重点工程项目，该项目集文化演艺、创意展示、购物办公、休闲娱乐、生态旅游等多种功能于一体。其中都市文化娱乐区主要涵盖购物、餐饮、办公、节庆、展示和演艺，分为北区、东区和地下室，北区和东区环绕湖面布局，由广场连接组织在一起。北区主要由高端商业中心和 SOHO 办公组成；东区主要由渔村水街式布局的多层中高档商业、餐饮、创展中心和娱乐设施。北区和东区的建筑风格有着鲜明的对比：北区集中式布局，建筑形式自由，开放，充满动感和张力，是一个国际化的窗口和通向未来的桥梁；东区分散式布局，通过材质、色彩、细部和空间处理融合中国传统渔村建筑的精髓，使其在崭新的环境中再放异彩。

项目规划设计自由、舒展，建筑室内外空间层次丰富、有序，单体建筑形体相互呼应，立面设计形式多样，细部精致，是国内较少的旅游地产成功案例之一。

40 深圳大学南校区学生公寓

项目地点：深圳市南山区
用地面积：2.80hm^2
建筑面积：10.50 万 m^2
建筑层数：地上 17 层
建筑高度：69.90m
设计单位：深圳大学建筑设计研究院有限公司
编制时间：2009 年
竣工时间：2011 年

项目周边皆为教学、科研建筑，为了避免普通宿舍建筑常有的立面杂乱景象，设计采用了方框组合的立面语言，在框缝处设穿孔铝板墙面，以遮蔽室外空调并有效地将阳台晾衣物整合其中，形成了更为完整的立面形象，使建筑得以更好地融入校园环境。

居住单元设计上有两房一卫式和五房的跃层单元，在上层形成开敞的“公共客厅”空间。局部公用卫生间均有良好的采光通风条件，并提供专人打扫、清洁的条件。设计营造了多层次的公共空间，为学生提供了更多的交流活动空间。设计中含有两个尺度适宜的半围合庭院空间，建筑首层及二层均为架空层，又容纳多种半室外校园活动，二层与整个校园步行平台系统联为一体，主塔楼上部设有各种类型的共享空间。大学教学上、下课时间统一，高层学生公寓在每个工作日中都会有垂直交通的“高峰时段”，设计中 B 栋采用了跃层式单元，每三层设一电梯停靠厅。学生通过跃层楼梯行至电梯厅，大大减少电梯停靠时间，减少了集散时间。

41 深圳大鹏半岛国家地质公园博物馆

项目地点：深圳市大鹏新区
用地面积：3.76hm^2
建筑面积：0.81 万 m^2
设计单位：香港华艺设计顾问（深圳）有限公司
编制时间：2009 年
竣工时间：2012 年
获得奖项：2011 年度中国建筑优秀勘察设计奖（建筑工程）一等奖；
2012 年深圳市第十五届优秀工程勘察设计奖（风景园林设计）一等奖、（公共建筑）一等奖；
2013 年度广东省优秀工程设计奖一等奖；
2013 年度全国优秀工程勘察设计行业奖（建筑工程）一等奖；
广东省注册建筑师协会第五次（2009 年度）优秀建筑创作奖；
2009~2010 年度中国建筑优秀勘察设计奖（建筑方案设计）二等奖；
广东省勘察设计行业 100 个最具影响力工程建设项目；
2015 年度第三届中国风景园林学会优秀风景园林规划设计奖二等奖

本项目位于深圳市东部大鹏半岛中南部龙岗区南澳深圳大鹏半岛国家地质公园管理范围。园内的古火山遗迹、海岸地貌和生态环境，是探索深圳地质演变发展的天然窗口和实验室，是体现深圳生态、旅游、滨海三大特征的主要载体。建筑形体灵感来自于火山石纹理的建筑外表皮，使得博物馆群犹如几块天然岩石搁置于场地之内，使之悄然融入鬼斧神工的地质环境中，成为地质公园众多景点的一部分。

博物馆区整体设计游人参观流线时，借鉴当地民居街巷的空间意向，游人进入博物馆之前先通过室外展场流线，产生情感上的共鸣。

博物馆外表皮采用双层表皮，局部覆土屋面，采用当地石材的方法达到环保节能、节约成本的效果。

42　深圳机场 T3 航站楼配套商业综合体

项目地点：深圳市宝安区
用地面积：7.90hm^2
建筑面积：26.40 万 m^2
设计单位：深圳机械院建筑设计有限公司
编制时间：2010 年
竣工时间：2014 年
获得奖项：中国机械工业优秀工程设计一等奖；
　　　　　深圳市优秀工程勘察设计二等奖

整体布局形态像是在大海里畅游的“鱼群”以及溅起的“水滴”，与新 T3 航站楼和 GTC 的“海洋生物圈”的设计概念相互呼应，在设计中更倾向于把新 T3 航站楼作为“主角”而本项目作为其“配角”来考虑，尽可能的从空间上、体量上、立面设计上呼应“主角”。

项目毗邻新 T3 航站楼及作为机场交通集散枢纽的 GTC，仅有 48m 的航空限高、复杂的交通流线，以及如何与地标性的新 T3 航站楼相协调同时又能保持本项目的自身特色成为项目设计的难点。项目落成后得到业内较高的评价及较好的社会反响。

深圳机场T3航站楼配套商业综合体
整体鸟瞰效果图

43　深圳银信中心

项目地点：深圳市龙岗区
用地面积：1.01hm^2
建筑面积：5.98 万 m^2
建筑层数：地上 24 层，地下 2 层
建筑高度：103.30m
设计单位：深圳大学建筑设计研究院有限公司
编制时间：2010 年
竣工时间：2012 年

设计将景观利用最大化作为目标，把标准层平面做成两排有 30° 夹角错开的布置形式，不仅使所有房间都朝向公园，拥有良好的景观，而且还利用走廊，有效地避开了深惠路大量车流带来的噪声干扰。平面上的变化也带来了建筑造型上的突破，使高层塔楼呈现出个性化极强的形态特征。塔楼迎面对着深惠路，从深圳市区向横岗一路走来，很远就可以看到这座建筑。平面组织上的这一变化，也带来了高层建筑空间概念上的突破，打破了均衡对称的方正形态，以具有动感的偏置核心筒方式，形成了一种新颖的空间效果，避免了高层建筑中央核心筒公共空间封闭昏暗的弊端，电梯厅直接对外，自然采光通风，走廊也开放明亮，可看到四周的景色。而那些结构上偏心、扭转等不利因素，在实际设计中倒并没有带来太多的负面影响。通过建筑与结构工程师的共同努力，最后这栋 100m 高形态不规整的大楼，创下了竣工造价每平方米只有 3400 元的记录。

44 深圳市软件产业基地项目第三标段

项目地点：深圳市高新南区
建筑面积：16.79 万 m^2
建筑层数：地上 11 层，地下 2 层
建筑高度：45.45m
结构类型：框剪、钢桁架
设计单位：深圳大学建筑设计研究院有限公司
编制时间：2010 年
竣工时间：2014 年

项目基地位于深圳高新南区，属于填海六区，东接规划中的科技公园，南靠滨海大道，西临白石路，北至学府路，科园路穿越基地。项目是深圳市高新技术产业可持续发展的重要载体，为有行业前景的高成长型软件中小企业提供充足的发展空间和深层的专业化服务。项目紧挨后海金融总部基地，是国家科技部“建设世界一流科技园区”发展战略的首批试点园区之一。主要使用功能为办公、研发、成果转化中心、人才交流培训中心。

楼栋之间的穿插衔接，使得内部使用空间得到更大程度的交融，大空间的布局、高层高和大面积的玻璃体设计，大大提升了内部办公环境；外立面采用新型材料 GRC 与窗体的结合，突破了常规外墙做法，通过渐变的手法，展现建筑独具特色的风采。

45 深圳能源大厦

项目地点：深圳市福田区
用地面积：0.64hm^2
建筑面积：14.25 万 m^2
建筑层数：北塔 41 层，南塔 19 层
建筑高度：北塔 218.00m，南塔 116.00m
结构类型：钢筋混凝土框架结构
设计单位：Bjarke Ingels Group、
深圳市建筑设计研究总院有限公司
编制时间：2010 年
竣工时间：2017 年
获得奖项：2018 年第十八届深圳市优秀工程勘察设计公建一等奖

深圳能源大厦项目坐落于深圳市中心区，位于城市高层建筑轴线的南端，成为深圳城市天际线的重要组成部分。为了大厦视线及流线的优化和变化，建筑师在层叠的立面上做出了简单的几何形变，折线表皮将大厦的视线旋转了 45°，不仅减小北面对大厦视线遮挡的影响，同时在建筑的立面产生涟漪效果，两幢大楼统一采用这一经典外观。在建筑公共空间的设计中，除了各种细节功能之外，深圳能源大厦同时具备智能化和生态化的特征。项目已获得美国绿色建筑 LEED 金级认证，国家二星级绿色建筑认证，深圳市绿色建筑金级认证，并被列入“全国建筑业绿色施工示范工程”。

46 深圳报业集团书刊大厦

项目地点： 深圳市龙华区
用地面积： 2.01hm^2
建筑面积： 5.22 万 m^2
设计单位： 香港华艺设计顾问（深圳）有限公司
编制时间： 2010 年
竣工时间： 2014 年
获得奖项： 2018 年度第十八届深圳市优秀工程勘察设计奖（综合工程）一等奖；
2019 年度广东省优秀工程勘察设计奖（建筑工程）一等奖

报业集团书刊大厦是深圳报业集团龙华印务中心二期建设项目，建于龙华清湖工业园区，清祥路西北侧。北靠清丽路，南临清庆路，西接深圳市影视基地。

在大厦建筑造型及立面设计中，以“航母”为设计灵感，简洁大气的形体一气呵成，象征报业集团书刊大厦是深圳又一座“文化旗舰”及“运输（书）舰”。堆叠的书本和条形码的不规则水平条形机理表皮，呼应报业集团作为深圳首席文化宣传窗口的企业内涵，简洁而有力。

内外建筑空间积极对话，建筑庭院共生。室外休闲平台区、立面采光庭院与独特的外挂盒子设计形式积极联结内外环境，引入自然光线，与建筑相互渗透，营造出舒适的工作空间环境。

47 生物医药企业加速器项目

项目地点：深圳市坪山新区
用地面积：12.35hm^2
建筑面积：22.02 万 m^2
设计单位：奥意建筑工程设计有限公司
编制时间：2010 年
竣工时间：2016 年
获得奖项：2017 中国建筑学会优秀工业建筑设计奖一等奖

本项目在于通过服务模式的创新，为已经过了孵化阶段、开始小规模生产的中小企业提供适应其快速成长对于空间、管理、配套服务等方面的需求，与普通产业园相比，因其具有集群效应，而更能体现资源集约与共享、开放与融合等特点。

整个园区规划富有诗意，与场地完美契合。建筑造型简洁、大气，办公楼位于园区客厅的入口，结合与广场一体化考虑的绿化，以及办公研发楼遮阳板构成的独特建筑表皮，使入口广场及综合服务楼成为展示园区形象的窗口。

48 深业泰然大厦

项目地点： 深圳市福田区
用地面积： 2.45hm^2
建筑面积： 16.89 万 m^2
建筑层数： 地上 25 层，地下 2 层
建筑高度： 98.50m
结构类型： 框架 - 剪力墙结构
设计单位： 深圳市建筑科学研究院股份有限公司、筑博设计股份有限公司
编制时间： 2010 年
竣工时间： 2012 年
获得奖项： 第十六届优秀工程勘察设计公共建筑一等奖；广东省优秀工程勘察设计奖建筑工程设计二等奖；国家优秀工程勘察设计奖建筑工程设计二等奖

深业泰然大厦项目拟建成为生态环保的新型科研基地，功能包含科研办公、餐饮服务配套。

本项目在广深高速上即可看到项目的全景，退台式造型、全屋面绿化景观覆盖，无论是从地面或者更高位置俯瞰，大厦均有极具雕塑美感的外观形象。建筑形体寓意“泰山”，与“泰然”企业文化吻合，每三层一跌落的台阶式立面，感观丰富、极具动感。项目采用退台设计，与周边建筑互相融为一体，在园区内也显得与环境贴合，没有突兀感。项目设有内部庭院，结合水景设置休息、沟通的空间，为高品质的办公环境添加了活力。从屋面看园内，实现了场地绿化全覆盖的良好生态环境。

49 龙悦居三期

项目地点：深圳市龙华区
建筑面积：21.62 万 m^2
建筑层数：26~28 层
设计单位：华阳国际设计集团
编制时间：2010 年
竣工时间：2012 年
获得奖项：2015 中国土木工程詹天佑奖优秀住宅小区金奖(保障房项目)；
全国保障性住房优秀设计专项奖一等奖；
中国首届保障性住房设计竞赛一等奖；
首届深圳市保障性住房优秀工程设计三等奖；
福田区首届文化企业创意作品天工奖

龙悦居三期位于深圳市龙华区，是采用装配式技术建设的政府公共租赁住房，也是华南地区第一个装配式保障性住房项目。由 6 栋 26~28 层的高层装配式住宅组成，共计 4002 套住户。依据场地特点和项目需求，本项目采用了 PC 外墙先装法，竖向受力的剪力墙现浇的外挂板工法体系。从社区规划到户型设计，甚至大堂、户外空间等，均采用标准化设计，为制作精良、品质优良的构件设计生产提供设计基础，大幅度提高保障性住房整体的建造品质。在建筑单体和户型设计中，以“自呼吸式”设计理念，通过楼栋间距、走道设计以及开窗方式等细节，保证住户的通风采光需求，整体呈现出装配式建筑的空间美学。

50 中海油湾区企业总部

项目地点：深圳市南山区

用地面积：$1.27hm^2$

建筑面积：25.87 万 m^2

建筑高度：200.00m

设计单位：香港华艺设计顾问（深圳）有限公司

编制时间：2011 年

竣工时间：2016 年

获得奖项：2018 年度中国建筑优秀勘察设计奖（建筑工程设计）一等奖；
2016 年第十七届深圳市优秀工程勘察设计奖（结构设计）一等奖；
2014 年首届“金叶轮奖”暖通空调设计大厦优秀奖；
2016 年第十七届深圳市优秀工程勘察设计奖（建筑工程）二等奖、（电气及建筑智能化设计）二等奖；
2017 年度广东省优秀工程设计奖二等奖、结构专项奖二等奖

本项目位于深圳市南山后海中心区，项目由两栋 200m 的超高层办公建筑组成，大厦作为中海油企业自用办公楼，是集办公、公共配套及商业于一体的超高层综合体项目。落成后的建筑将树立中海油在南方崭新的、具有鲜明国际化特色的总部形象，更成为深圳后海地区重要的地标建筑。

本案建筑造型力求挺拔高耸，饱满大气，以简洁明快的形体隐喻一组扬帆起航的企业巨舰，既生动表达了企业海洋性的文化特征，又诠释了中海油坚忍不拔、积极向上的企业精神。

底部裙房有机连接了南北两座塔楼，架空设计使群体之间自然形成恢宏大气而极富张力的入口形象及震撼性效果，由此显示企业的博大与开放。

本项目定位为 5A 甲级总部写字楼。硬件功能配套力求完善，其中包括办公、商业配套、会议中心、员工食堂、员工活动中心、企业展厅等；同时引进国际先进的智能化控制系统，在软件方面提高大楼办公档次，从而满足现代商务及总部办公。

51 深圳福田环境监测监控基地大楼

项目地点：深圳市福田区
用地面积：0.28hm^2
建筑面积：1.37 万 m^2
建筑层数：地上 12 层，地下 3 层
建筑高度：60.00m
设计单位：深圳市建筑科学研究院股份有限公司
编制时间：2011~2012 年
竣工时间：2015 年
获得奖项：2017 年度全国优秀工程勘察设计行业奖建筑工程公建二等奖、绿色建筑工程设计二等奖

根据深圳市的气候特征，尽可能多地采用被动式节能技术，使建筑与技术完美融合。创造以人为本的绿色健康空间，提升项目的价值。

周边建筑视线遮挡严重，为了增强展示性，设计强调东南角的建筑形象。考虑建筑自遮阳和避免对东侧道路的压迫，将建筑形体进行切割，形成上大下小的形态，屋面斜向设置，形成动感的建筑轮廓线；东西立面采用立体绿化，形成大面积的绿色帘幕，以绿化表皮概括建筑形体。二层和八层设置空中花园，形体上形成退让，为生态环境做出适当的补偿并可以有效减少场地风场的乱流，营造整个区域舒适的风环境。

52 深圳广播电影电视集团有线电视枢纽大厦

项目地点： 深圳市福田区
用地面积： 0.87hm^2
建筑面积： 5.27 万 m^2
建筑高度： 100.00m
设计单位： 香港华艺设计顾问（深圳）有限公司
编制时间： 2011 年
竣工时间： 2016 年
获得奖项： 2018 年度中国建筑优秀勘察设计奖（建筑工程设计）一等奖；
2018 年度第十八届深圳市优秀工程勘察设计奖（综合工程）一等奖、（电气专项）三等奖；
2019 年度广东省优秀工程勘察设计奖（建筑工程）一等奖

本项目用地紧张，空间局促，底层架空的方式可有效地缓解场地拥挤带来的压迫感，阶梯状的景观处理，消解东西的高差，使得空间更为流畅、通透，人们在此交往、停留，成为信息互通的场所，同时它打通了内部空间与城市空间之间的隔阂，加强了莲花山及笔架山两个城市公共景观与使用者之间的连通性。在该办公楼的设计中，使用空间的舒适性是建筑设计的出发点。交通核的外置以及采用新型的结构形式，创造出一个开敞、无遮挡的办公区域。整个大楼光洁、现代、具有极强的可识别性，建筑暗含着数字信号的特征，流动、延伸、蔓延至基地周边，并覆盖到技术楼，使得整个场地、新老建筑无论从功能上还是空间上都形成富有变化的有机整体。建筑形体在自然光的照射下，实与虚、光与影，显示出无穷的变化，展现出独特的魅力。

53 深业上城

项目地点：深圳市福田区
建筑面积：93.85 万 m^2
设计单位：华阳国际设计集团、SOM、ARQ、URBANUS、ARUP、RLB、MVA、S+M、FO
编制时间：2011 年
获得奖项：第五届华彩奖建筑工程类金奖；
第二届深圳市建筑工程施工图编制质量金奖；
第二届深圳市建筑工程施工图编制质量电气专业奖、暖通专业奖、结构专业奖；
第十八届深圳市优秀工程勘察设计奖暖通专项一等奖

深业上城位于深圳福田北赛格日立工业园旧址，城市空间东扩西进、南拓北进的发展轴心上。毗邻深圳 CBD 及华强北商圈，位于两大城市中心公园之间，为包含 6 栋超高层办公、酒店及商务的高端综合体。为缝合原本割裂的城市孤岛，华阳国际创造性地提出“缝合城市空间”的设计策略：连接莲花山与笔架山，形成“山谷漫游”的复合型城市地貌。为消解地块自身的超高层建筑垂直方向巨大压力，设计利用面积较大的居住 LOFT 和办公 LOFT 营造出两座“人工山”，并呼应莲花山和笔架山。作为项目规划、设计及总协调方，华阳国际与合作团队共同承担南区两座超高层塔楼、三栋高层产业研发用房、一栋高层酒店宴会厅及商业裙房的设计，共同探索出复合型城市综合体的新型表达方式。

54　深圳蛇口网谷

项目地点：深圳市南山区
用地面积：1.72hm^2
建筑面积：5.81 万 m^2
建筑层数：地上 7 层，地下 1 层
建筑高度：40.40m
结构类型：框架核心筒
设计单位：奥意建筑工程设计有限公司
编制时间：2011 年
竣工时间：2013 年
获得奖项：2014 中国建筑学会优秀工业建筑设计奖评选一等奖；
2015 年香港建筑师学会两岸四地建筑设计大奖银奖

蛇口网谷是一个融合高科技与文化产业的互联网及电子商务产业基地，是蛇口产业再出发的代表。所以它应该是具有独特个性的新城市形态，是有吸引力的城市公共空间，是升级版的精英聚集地。以此为起点，形成了二期整体设计创新——“3A 网谷”。Active——为蛇口整体城市形态注入新活力。在规划布局上 3 栋三角形塔楼平行布置，引入与用地周围城市内容具有差异的空间形态，通过新的城市肌理来为蛇口整体城市注入新的活力；Attractive——为工业区提供吸引人驻足的空间。通过由工业五路延伸出来的平台串联了建筑群体，同时解决了场地高差，平台之上回馈城市公共的开放空间，平台之下为城市提供配套及绿化服务成为活力灰空间，场地面对城市完全开放；Advanced——为客户提供升级版的企业空间。塔楼之间形成内部庭院，塔楼内部设置了绿化边庭、观景阳台等，创造了宜人的交流空间。相同的建筑母题元素在秩序中求变化，从而达到极富视觉感染力的艺术效果，诠释了“蛇口网谷”的时代意义。

55 卓越梅林中心广场

项目地点：深圳市福田区
用地面积：2.17hm^2
建筑面积：24.43 万 m^2
设计单位：奥意建筑工程设计有限公司
编制时间：2011 年
竣工时间：2017 年
获得奖项：第十六届深圳市优秀工程勘察设计评选二等奖

项目总体布局采用长方形平面，地下 4 层、地面 6 层集中式商业布局加两栋独立的办公塔楼，建筑西北角的 2 层下沉庭院和 6 层裙房餐厅屋面围合出休闲共享空间，皆有景观绿化打造“自然和谐，绿意盎然”的休闲空间。高覆盖率等因素要求建筑物布局紧密，因此采用集中布局方式。办公塔楼采用对称形式布局，南北对视，最大限度地保留视觉景观面。基地西侧最大限度地提供商业临街面，东侧广场绿地为餐饮提供优良景观。西侧地铁 4 号线与南侧地铁 9 号线为商业提供最大人流量，因此形成建筑主次立面。“户外广场 + 主中庭 + 下沉广场”的三层级景观模式最大限度地将商业购物和餐饮娱乐活动相统一。

56 山语清晖花园

项目地点： 深圳市福田区
用地面积： 5.00hm²
建筑面积： 24.46 万 m²
建筑层数： 地上 24~27 层，地下 8 层
建筑高度： 85m
结构类型： 框支剪力墙
设计单位： 奥意建筑工程设计有限公司、柏涛建筑设计（深圳）有限公司
编制时间： 2011 年 6 月
竣工时间： 2014 年 2 月
获得奖项： 深圳市第十七届优秀工程勘察设计评选（建筑工程设计）一等奖

项目用地为自然坡地，最大高差近 50m。项目定位为具有山地特色及景观资源的高端住宅项目，9 栋住宅采用大围合格局，同时配建部分商业配套与八层阶梯式生态地库。用地划分为四个台地，标高从 80m、90m、96m、100m 到 105m 处衔接至用地北侧最高处。巧妙地利用用地形高差做出下沉式花园及生态地库，并在首层架空。大围合格局使得中心庭园面积达到最大化，创造舒适优美的社区环境。9 栋住宅朝向均按照景观资源最大化利用原则进行合理布置，不仅视野开阔，同时享有山景、园景，更有效避免了彼此间的对视，也将东侧道路造成的噪声干扰降至最低。建筑造型设计采用新古典主义风格，天然石材和玻璃及金属的肌理对比，形成高档社区氛围，并成为城市的居住地标。

57 招商海上世界双玺花园（一、二期）

项目地点：深圳市南山区
建筑面积：23.83 万 m^2
建筑高度：180.00m
设计单位：华阳国际设计集团
编制时间：2011~2017 年
获得奖项：2019年度广东省优秀工程勘察设计奖住宅与住宅小区一等奖；
第十八届深圳市优秀工程勘察设计工程奖（住宅类）二等奖；
第十八届深圳市优秀工程勘察设计奖给排水专项奖一等奖；
第五届华彩奖方案创作铜奖；
第二届深圳市建筑工程施工图编制质量金奖、暖通专业奖

双玺花园二期以 2 栋 180m 滨海超高层住宅及 6 栋海景洋房为主，试图在此打造一个顶级的滨海高尚居住区，引领一种全新的、时尚高端的国际化生活方式。设计强调建筑与海上世界片区其他建筑、山海景观的对景与关联，充分利用地块独特的地域文化和生态环境，结合丰富的人文背景，在城市的便利之上，营造更为舒缓、高品质的生活方式，给予人们更多自在随心的归属感。

58 深圳湾科技生态城 B-TEC 项目

项目地点：深圳市南山区
建筑面积：42.00 万 m^2
建筑高度：270.00m
设计单位：香港华艺设计顾问（深圳）有限公司
编制时间：2012 年
竣工时间：2019 年
获得奖项：2011 年度中国建筑优秀勘察设计奖（建筑方案设计）二等奖；
2016 年第三届建筑工程施工图编制质量奖银奖；
2018 年度第十八届深圳市优秀工程勘察设计奖（结构专项）一等奖、（暖通专项）二等奖；
2019 年度广东省优秀工程勘察设计奖（建筑结构）二等奖

本项目作为深圳湾科技生态城第四标段超高层项目，位于深圳市南山区高新技术产业园区南区，主要由两栋 270m 的超高层塔楼组成。项目总建筑面积约为 42 万 m^2，是一座由办公、酒店、商业、会议中心复合而成的都市综合体。

方案以“绿之舞步”作为设计原点，通过塔楼自上而下的微妙错动，与裙房形成连续有机的拓扑关系，形如踏歌而来的探戈舞者，奏响了飞扬激昂的城市旋律。超高层塔楼平面东西错动，利于改善周边区域风环境，同时可获得更多的南北采光面。裙房通过引入生态中庭，巧妙化解了大体量建筑通风、采光的不利因素；西北、东南的架空处理，勾勒出建筑群鲜明大气的主入口形象。

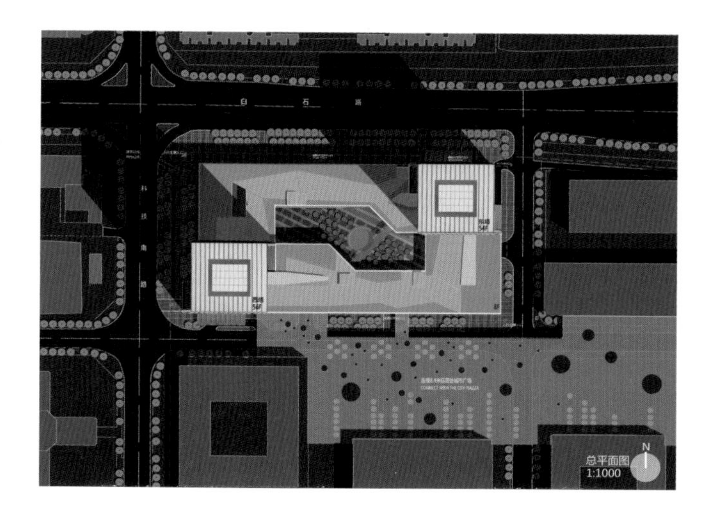

59 深圳大学师范学院附属高中部

项目地点： 深圳市南山区
用地面积： 3.26hm^2
建筑面积： 4.57 万 m^2
设计单位： 深圳大学建筑设计研究院有限公司
编制时间： 2012 年
竣工时间： 2015 年

深大附中高中部用地位于南山区城市主干道月亮湾大道、兴海大道交汇处，城市次干道前海路以北、支路欣月路以东。方案借鉴了立体街道空间的处理手法，设计了一个开敞、丰富的二层抬起式平台广场公共空间，将学校的主要功能统领起来。它不仅仅缝合了教学、实验、办公、运动、生活等基本使用功能，更主要的是成为校园生活的起居室，是活动的中心、视觉的焦点。设计力图使校园的空间形象能够建立在理性、秩序、平静的基调上，在传承老校区风格基础上加以突破，打造出独具魅力的书院院落，通过遮阳板等细节的变化，以老校区传统的砖红色作为点睛之笔，使整体造型获得现代而青春的活力。体现了该区与山海城和谐的建筑基调。实验楼、行政楼与教学楼围合成中心的“回”字形空间，回廊将教学区、实验区与行政区相互串联形成了整体式体量，使得建筑的主要立面具有较强的实体感、中心感，形成庄重、简约的感染力。

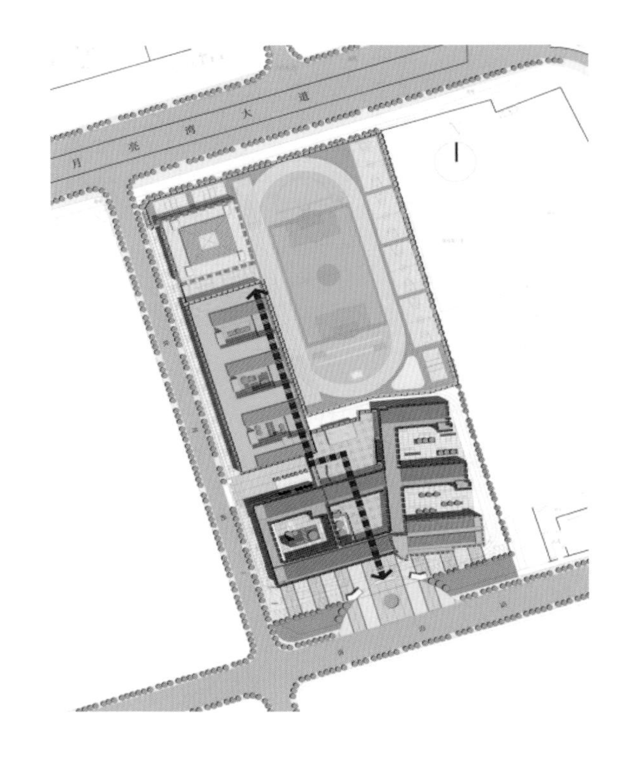

60 海上世界文化艺术中心

项目地点：深圳市南山区
建筑面积：7.35 万 m^2
设计单位：华阳国际设计集团、
日本槇總合计画事务所
编制时间：2012~2014 年
获得奖项：2016 年广东省首届 BIM 应用大赛三等奖；
第五届华彩奖结构银奖；
2019 年度广东省优秀工程勘察设计奖——建筑工程一等奖；
深圳市第十七届优秀工程勘察设计 BIM 专项三等奖；
第三届深圳市建筑工程施工图编制质量金奖、暖通奖；
第十八届深圳市优秀工程勘察设计工程奖（公建类）一等奖；
第十八届深圳市优秀工程勘察设计奖结构专项一等奖

海上世界文化艺术中心位于深圳蛇口片区，背靠南山，面朝蛇口海湾，紧邻深圳 15km 滨海岸线，是海上世界片区内文化艺术核心所在。项目打破单体建筑的空间塑形，以 3 个建筑体块悬挑而出，伸向城市、大海及远山。对角线设置两处大台阶，将城市、海洋与自身连成一体。体块立面镶嵌钢化中空超白玻璃，通透明亮。统一的外饰面、独立的转折楼梯、上下层错落平台的设计，为城市带来了多层次的视觉体验。项目含地上四层、地下两层，包括展厅、剧场、滨海多功能发布厅、多处室内外公共空间、餐饮和商业等。目前，英国 V&A 博物馆和马未都观复博物馆均已入驻，这里将成为深圳、中国乃至世界传播文化艺术信息的新地标。

61 坪山体育中心项目二期网球中心

项目地点：深圳市坪山新区
用地面积：4.80hm^2
建筑面积：6.66 万 m^2
建筑高度：32.10m
设计单位：澳大利亚柏涛设计咨询有限公司（深圳）、
深圳机械院建筑设计有限公司
编制时间：2013 年
竣工时间：2015 年
获得奖项：中国机械工业优秀工程设计三等奖；
深圳市优秀工程设计三等奖

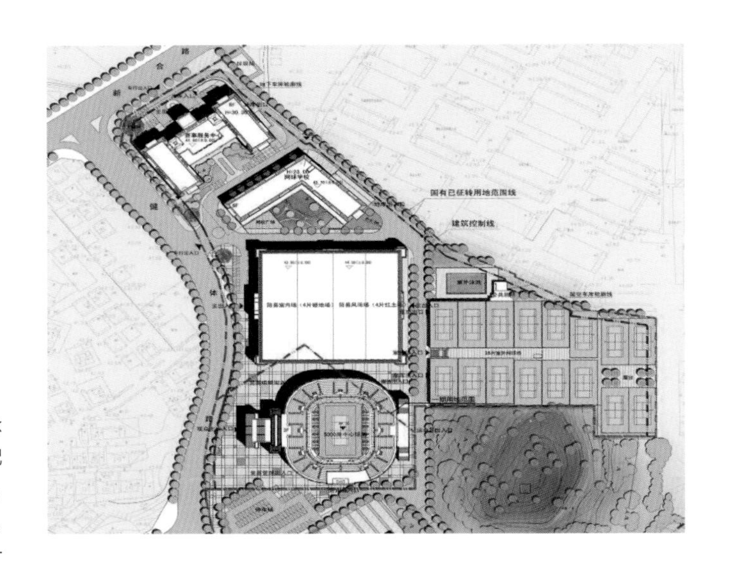

项目为甲级体育建筑综合体，作为政府规划建设的体育建筑，本项目秉承“集约用地、和谐共生、延续生态景观”的设计原则。网球中心与相关配套布置尽量利用原有地形高差，与一期篮球馆沿已有山丘集中环绕布置，联系紧密，交通便捷。场地充分保留和利用原有地形地貌，减少土方量，形成生态自然的立体景观。同时整体布局非常好地将建筑与环境结合在一起，实现了场馆比赛服务用房、停车场等配套设施的资源集约共享，保持了深圳坪山河流域城市生态景观在本地块内的贯通。项目因地制宜布置了室外中心球场（5000 座）、简易室内馆、简易风雨场、16 片室外网球场、赛事服务中心和网球学校等功能空间，既可以承办一定规模的国际赛事，又可以供民众进行网球娱乐、体育锻炼及网球人才培训等。

62　深湾汇云中心（臻湾汇）

项目地点：深圳市南山区
建筑面积：60.00 万 m^2
建筑高度：350.00m
设计单位：深圳市欧博工程设计顾问有限公司
编制时间：2013 年
竣工时间：2022 年
获得奖项：第二届深圳建筑创作奖获奖项目（未建三等奖）；
第三届深圳市建筑工程优秀施工图评审“项目奖”（公建项目）银奖；
第四届深圳建筑设计奖施工图金奖第四届深圳建筑设计奖施工图银奖

深湾汇云中心项目是深圳湾总部基地的起点，设计本着打造“智慧城市”和“立体城市”的原则，创造出影响并带动整个区域的焦点。将 350m 高主塔设计为如同白昼的珍珠，夜晚的灯塔向周围区域展现出其独有的面貌与光芒。项目是国内第一个毗邻三条地铁线的深基坑工程，2 号、9 号、11 号三条地铁线通过本项目的地下商业公共通廊到达“非付费区”换乘的交通方式。设计以地铁换乘便利作为设计的重要元素，将地铁换乘通道与商业主动线有机结合，内部配建公交首末站。商务公寓集中布置于西侧用地，设置地上停车库及专有架空公园；350m 酒店加办公超高层以塔顶“白色灯塔”为设计理念，塔身采用了颜色渐变，运用 7 种灰色玻璃，使塔身由下自上由浅到深，反射由弱到强。在实现节能效果的同时，用沉稳的灰色反衬出塔冠之白。

63 深圳市社会福利中心（新址）一期

项目地点：深圳市龙华区
用地面积：$3.23hm^2$
建筑面积：4.46 万 m^2
设计单位：深圳大学建筑设计研究院有限公司
编制时间：2013~2015 年
竣工时间：2017 年
获得奖项：2017 深圳市第三届优秀建筑创作奖（施工图）银奖；
2018 深圳市工程勘察设计奖（已建成）银奖

两院独立，资源共享。儿童院与老人院完全分开、独立管理，各设出入口，康复医疗与设备用房共享兼顾，地下车库打通；可分可合，回廊相连。各栋建筑的图底关系既可独立运作、互不干扰，也可二层相通、风雨无阻，交通流线强调“人车分流”；南北朝向，方正实效。各种用房全部南北向布置，均达到大寒日 3 小时以上日照水平；建筑分段便于通风，有助于导入深圳东南季风；自理房间全部设置活动大阳台，北侧走廊宽度 2.1m 以上，房间方正实用；多层建构，经济适用，控制成本；庭院组合，岭南意境。迎宾大道主轴线串联起南北两院的庭院组合，北院大小呼应、纵横对比，讲求景观均好性；南院开合有序、层次丰富，还与架空层天井联系、共同营造现代岭南庭院的精致灵动，典雅简约。项目设计手法简练、建筑简约，关注体量塑造、强调虚实对比，通过长短组合、高低错落，暖色调的主体建筑群适度配以亲切温馨的红砖墙面与标志塔，彰显现代时尚的同时不失典雅气质的立面机理；设计从建筑形体到景观都以自然的曲线为基本元素，试图营造一个自然又具有动感的雨林馆。

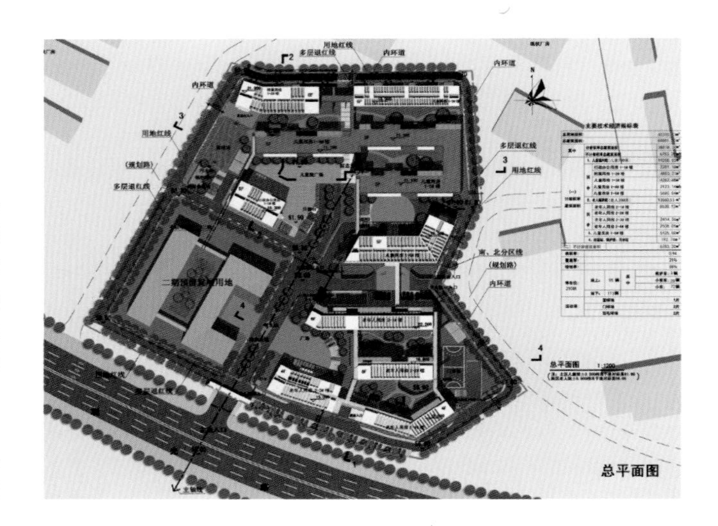

总平面图

儿童院广场

64　万科云城一期

项目地点：深圳市南山区
建筑面积：60.00 万 m^2
设计单位：华阳国际设计集团
编制时间：2014 年

万科云城位于南山留仙洞片区，是全国首个大规模建设的装配式超高层办公建筑群，项目包括 1 栋 150m、5 栋 100m 的高层研发办公楼以及公寓、配套商业等。其中超高层、高层 6 栋建筑均采用清水混凝土 PC 外墙。标准层预制外墙统一为一种标准构件和一种转角构件，通过窗户的凹进、外平及斜窗丰富立面效果。在连廊、空中平台等公共空间采用大量预制景观小品，使整个建筑成为装配式建筑的展示场所，开启公共建筑 PC 新时代。

65 顺丰总部大厦

项目地点：深圳市前海深港现代服务业合作区
用地面积：0.61hm^2
建筑面积：9.34 万 m^2
建筑层数：地上 46 层，地下 3 层
建筑高度：199.80m
设计单位：Gmp、深圳机械院建筑设计有限公司
编制时间：2015 年
竣工时间：2016 年
获得奖项：2016 年第三届深圳市建筑工程施工图编制质量金奖；
深圳市第十七届优秀工程勘察设计评选 BIM 二等奖

顺丰总部大厦位于深圳市前海深港现代服务业合作区 19 单元 03 街坊 05 地块，建筑整体外观极具标志性，运用不同材质表现出幕墙的竖向构件，材料和色彩既与周边建筑相呼应又极具标志性，通过穿孔板的运用，表现出波光粼粼的质感，凸显了前海滨水的区域特色。而建筑内部的空间设计却变化多样，打破了办公建筑的单一格局，营造出别具一格的空间体验。从首层的 4 层通高大堂，到 15 层开始的 2 层通高空间，再到 27 层开始的 6 层通高大堂，内部空间与外立面造型螺旋式环绕有机结合，融为一体，围绕核心筒的设备管井、风井完美转换；通高空间的防火分隔、防排烟设计、空调负荷既要满足使用需求又必须节能环保；6 层通高的玻璃盒子将结构承重构件做到精细化比例适中，以满足建筑对整体造型的要求，混凝土与钢结构的完美结合呈现出令人惊叹的空中效果，建筑由内至外触动人心。

66 清华大学深圳研究生院创新基地（二期）

项目地点： 深圳市南山区
建筑面积： 5.15m^2
设计单位： 华阳国际设计集团
编制时间： 2015 年
竣工时间： 2019 年
获得奖项： 2016 年“创新杯”建筑信息模型设计大赛科研办公 BIM 普及应用奖；
中国房地产行业 BIM 应用大奖赛智建杯文化类 BIM 应用奖三等奖；
2017 年度广东省优秀工程勘察设计 BIM 专项三等奖；
2016 年广东省首届 BIM 应用大赛二等奖；
深圳市第十七届优秀工程勘察设计 BIM 专项一等奖；
第九届“创新杯”建筑信息模型（BIM）应用大赛科研办公类第三名

清华大学深圳研究生院创新基地（二期）位于深圳南山高新科技发展轴上，是深圳首个应用 PC 技术的实验室建筑、首个实现全生命周期 BIM 设计与应用的高层教育建筑。项目集教育、研究、产学研结合及国际交流等功用于一身，致力于打造成开放活跃、鼓励学科交流共享的第三代实验室建筑。建筑分为办公与实验两大功能形体，并通过高低分区，使得低区获取临湖景观，高区景观面向南获得开阔视野。设计引入中部共享空间系统，贯穿所有科研空间，每三层一单元被赋予不同主题，形成最具活力的社交场所。底层架空设计释放地面空间，满足大量人流穿越与休闲活动的需求。建筑通过模数化设计体系、全新装配式技术双重实现功能与美感，并借助 BIM 正向设计，实现结构体系、机电系统与建筑的一体化创新设计，最大程度为科研空间创造适应性。

67 深圳市海普瑞生物医药研发制造基地（一～四期）

项目地点：深圳市坪山新区
用地面积：23.30hm^2
建筑面积：44.67 万 m^2
设计单位：深圳大学建筑设计研究院有限公司
编制时间：2015~2016 年
竣工时间：2018 年（一期竣工）；二期、三期、四期在建
获得奖项：第四届深圳建筑设计奖（施工图）银奖

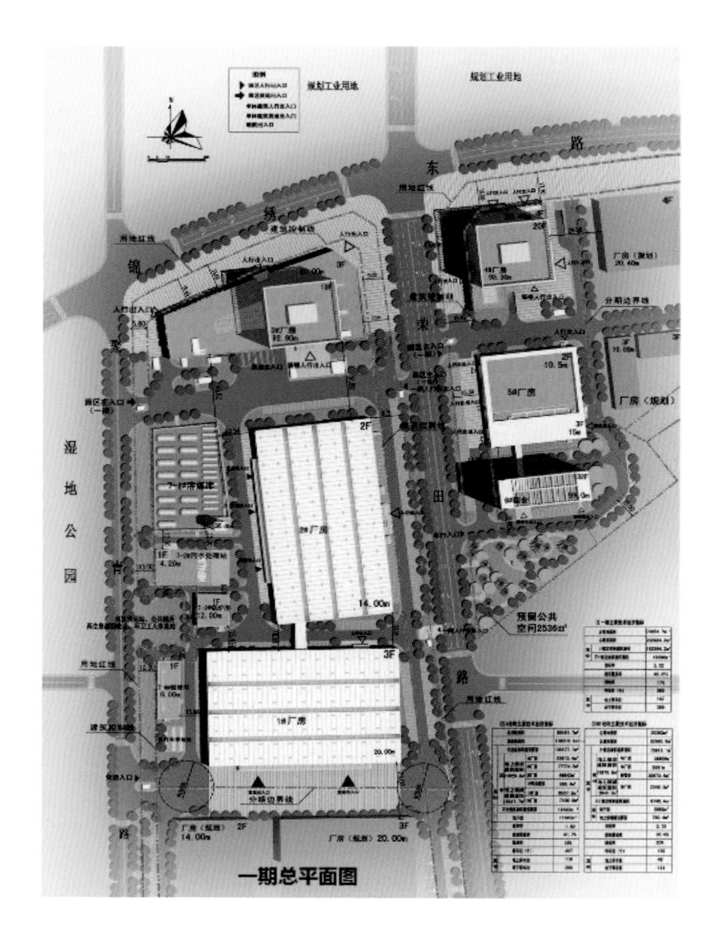

一期总平面图

本项目位于深圳市坪山新区东部、坪山现代产业发展轴上，用地紧邻惠州，是坪山联系惠州的重要节点位置。

二期 8 号楼立体库位于地块北侧，9 号厂房、9-1 号附属用房位于地块南侧，车行路口位于东侧和西侧，所在地块东南向、西南向均有城市道路相邻，可作人行出入口。车行出入口设置在厂区东西侧。三期用地东南、西南朝向景观视野开阔。场地与道路的高差利用缓坡解决。为了与周边环境更好融合、对交通、景观资源充分利用，建筑布局呈“L”形。四期 11 号配套办公位于地块的西侧，12 号宿舍位于东侧，13 号厂房位于南侧。11 号办公与 12 号宿舍之间是绿化停车场。

二期 8 号楼为丙类仓库，库前区 4 层，仓储区 1 层，9 号楼为丙类厂房，共 3 层。9-1 号楼为附属设备用房，共 1 层，立面以灰白涂料及深灰色铝合金窗相结合，造型简洁大气。三期 C1 区项目为高层厂房，共 16 层。立面以灰白涂料及深灰色铝合金窗相结合，白色竖挺与深灰色实墙相对比，山墙用凹槽手法将主体块切分和消减。造型简洁大气；首层北面设置“钻石形”门厅，东北和西北近端设置货运平台。四期 11 号楼为配套办公，共 17 层。12 号楼为宿舍，共 22 层。13 号楼为丙类厂房，共 3 层。11 号办公造型与一期 3 号、4 号楼立面风格一致，简洁大气；12 号宿舍、13 号厂房立面采用现代风格，外墙采用涂料，简洁大气。

西北鸟瞰

68 广电金融中心

项目地点：深圳市福田区
建筑面积：23.00 万 m^2
建筑层数：地上 50 层，地下 5 层
建筑高度：220.00m
结构类型：钢管混凝土框架，钢筋混凝土核心筒结构
设计单位：北京张永和非常建筑设计事务所、
深圳机械院建筑设计有限公司
编制时间：2015~2016 年
竣工时间：2020 年
获得奖项：2018 年度深圳建筑设计奖银奖（施工图设计）;
2016 年深圳优秀工程 BIM 设计三等奖

总平面布置中考虑和周边城市环境的关系，塔楼和裙房横向并列布置，塔楼布置在基地西侧，裙房在东侧。塔楼入口在场地西侧，从裙房进入。在东侧裙房和塔楼之间是三层高的架空空间，面积可达 1400m^2，在原有一期建筑之间设置一处面积为 3000m^2 的开放广场，满足广电集团内部集会和市民活动的需要，场地绿化设计考虑深圳的自然气候条件，几何图案肌理结合丰富的植物配置，形成宜人的环境。

建筑由塔楼和裙房组成，塔楼平面是规则的方形平面，为了加强建筑的现代感，“世界之窗”贸易中心采用特殊幕墙。幕墙采用标准水平结构，造型高贵优雅，极具现代感。通过在塔楼的每个立面都加入纵向贯穿整个塔楼的建筑元素，不仅加强了纵向的建筑整体形象，同时也使幕墙的开合比例更加适度。

69 正奇未来城

项目地点： 深圳市坪山新区
用地面积： 8.01hm^2
建筑面积： 89.65 万 m^2
建筑高度： 248.40m
设计单位： 深圳机械院建筑设计有限公司
编制时间： 2015 年
获得奖项： 深圳市建筑创作金奖

城市过去的发展超乎想象，未来仍拥有无限可能。如何以有限的城市空间，承载适应无限可能的未来？这是设计中主要考虑的问题。设计方案致力于构造一个复杂多样，具备持续可变能力和长久活力的产业生态系统。

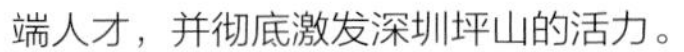

设计立足当代，着眼未来，深刻挖掘未来产业方向和人们的生活方式。将“未来元素”喻于产业、喻于空间、喻于未来人们的生活方式。正奇未来城被打造为一片“复合功能、面向未来”的产业栖居地。这片为未来而设计的“产业生态雨林”将促进该区域的创新和经济发展，吸引高端人才，并彻底激发深圳坪山的活力。

70 深圳国际会展中心

项目地点：深圳市宝安区
用地面积：148.00hm^2
建筑面积：157.07 万 m^2
设计单位：深圳市欧博工程设计顾问有限公司
编制时间：2016 年
竣工时间：2019 年
获得奖项：第四届深圳建筑设计奖施工图金奖

位于珠三角湾区的地理中心、穗港深经济走廊的核心部位和广东自贸区中心的深圳国际会展中心是深圳市委市政府投资建设的、关系深圳经济特区未来发展的重大标志性工程，是镶嵌于粤港澳大湾区顶部的璀璨明珠，亦是中国“一带一路”战略重要门户的重大项目。按照“一流的设计、一流的建设、一流的运营”三个一流标准，设计攻克和解决了如大跨度钢结构、建筑消防、机电设计等多项技术难题，为秉承和实现一流设计做出卓越成效的努力。深圳国际会展中心整体建成后将成为全球最大的展馆。项目一期总建筑面积 157 万 m^2，一期室内展览面积为 40 万 m^2，由一条 1.7km 长的中央通廊将两侧 16 个 2 万 m^2 标准展厅、1 个达 5 万 m^2 的全球会展工程中最大单体展厅、2 个具有会议 / 活动 / 宴会功能的 2 万 m^2 多功能厅、2 个登录大厅和 1 个接待大厅串联而成，是集展览、会议、活动（赛事、娱乐）、餐饮、购物、办公、服务于一体的超大型会展综合体。

空港效果图

71 北理莫斯科大学

项目地点：深圳市龙岗区
用地面积：33.37hm^2
建筑面积：22.72 万 m^2
设计单位：香港华艺设计顾问（深圳）有限公司
编制时间：2016 年
竣工时间：2019 年

近年来，深圳市加快建设高水平综合性大学，积极引进国内外一流高校来深办学，在中、俄两国元首的见证下，深圳市政府与莫斯科大学、北京理工大学合作举办的深圳北理莫斯科大学应运而生。

大学选址范围地处大运新城西南部，紧邻龙口水库、大运公园及香港中文大学（深圳），距离大运中心 1.4km，距离龙岗区政府 5.8km，基地用地面积约 33.37hm^2。

校园规划设计从地域特征、布局模式、空间格局、人文精神、绿色校园五个方面入手，融合中西文化特点，体现北京理工大学与莫斯科大学办学理念和精神，创造可持续发展的生态、人文校园。

校园整体风貌不是生硬刻板地还原莫斯科建筑的原貌，而是于历史积淀中萃取的不朽建筑语汇，在延续经典的俄罗斯文化建筑体型的基础之上，结合南方的地域特点用不同材质和化繁为简的设计手法，来重新演绎莫斯科大学在南方落地发展的全新风貌。

72 深圳市第十高级中学（深圳实验学校光明高中部）

项目地点：深圳市广明新区
用地面积：7.45hm^2
建筑面积：9.05 万 m^2
结构类型：钢筋混凝土框架结构、网架结构
设计单位：深圳机械院建筑设计有限公司
编制时间：2016 年
竣工时间：2018 年

深圳市第十高级中学由深圳市光明新区城市建设局建设，工程地点位于深圳市光明新区。西侧为公园路（原名牛山路），北侧为已建保障房，南侧和东侧为牛山公园。建筑退红线要求为高层大于 9m，多层大于 6m。整个场地基本上东南高，西北低。深圳市第十高级中学由教学楼、食堂及宿舍楼、体育馆、图书馆、行政办公楼等主要建筑物组成，另有附属建筑大门值班房、钟塔及若干运动场地、运动场看台，教学楼为 60 个班的编制，共计 3000 人，宿舍楼有 506 间学生宿舍，96 间教工宿舍，可满足 3000 名学生的住宿要求，体育馆共设固定座位 1092 个，图书馆藏书 15 万册。

73 荔园外国语小学

项目地点：深圳市福田区
建筑面积：2.94 万 m^2
设计单位：深圳市欧博工程设计顾问有限公司
编制时间：2017 年
竣工时间：2019 年
获得奖项：第四届深圳建筑设计奖（未建成）铜奖；
第四届深圳建筑设计奖施工图铜奖

荔园外国语小学（北校区）设计理念为：“于城市喧嚣密林之中，觅得方寸学习之地”。本项目位于深圳市福田区中部莲花街道，莲花路与景田路交汇处西南侧。在城市高密度住区用地有限、四周被既有旧建筑包围的现状中，设计旨在既要营造一个受干扰较少、有独立性和私密性的校园环境，又能为周边区域注入开放性和共享性元素，从环境整体出发，利用学校把周边建筑缝合起来，重新建立场所精神。空间开放——半地下层和一层架空层同外部打通和基地外围道路连接，南面保障房适当后退，减少对教学区的影响，保证上下学集散高峰的顺畅，并通过外挑平台配以垂直绿化以及交叉的空间，软化两个界面；功能分区——北侧离既有建筑最近，主要教学功能放在南侧二层及以上，共享的功能利用架空层、庭院过渡引导；时间重置——节假日与周边社区资源共享，人们可以自由进出校园，学习日可通过半下层或一层架空庭院进入或者在架空层活动，都与上部教学功能相互隔离，在空间和时间上做到有效的开放和分享。

74 沙井人民医院扩建（二期）工程

项目地点：深圳市宝安区
用地面积：4.06hm^2
建筑面积：29.97 万 m^2
设计单位：深圳机械院建筑设计有限公司
编制时间：2017 年

本项目位于宝安区沙井人民医院现址内，沙井街道新沙路北侧、新沙路与沙井大街交汇处。为解决“高密度、用地紧张、系统复杂”等难题，本案在 B、C 区直接一次性新建两栋 23 层的高层建筑，地下 4 层地下室，建筑总高度 98.1m。待 B、C 区建成后，将 A 区进行改造，设置 400 床。A 区为妇幼医疗区，B、C 区为综合医疗区，两个医疗区通过二层的空中医疗廊密切联系。本项目力争创造一座体现以人为本、自然和谐、可持续发展的“绿色”医院典范。努力把“沙井人民医院”建设成为环境宜人、集约高效、领跑医疗体制改革并与国际水准相接轨的现代化医院。

75 龙华文体中心

项目地点：深圳市龙华区
建筑面积：10.86 万 m^2
设计单位：深圳市欧博工程设计顾问有限公司
编制时间：2017 年
竣工时间：2020 年

项目集体育场、体育馆、群团中心、休闲广场、特色商业于一体，建成后将为龙华新区增添一组功能完善、高标准的公共建筑群。在满足各部分功能使用的前提下，设计为文化体育中心片区增加了一座覆盖整个用地范围、缓缓升起的空中公园。公园规模适宜、自成体系，补充完善了片区公共空间体系。公园内绿植茂盛，通过植入多类型建筑景观空间元素，引发多种类型的活动体验。设计力图打造一个宜人的环形商业街区，一座融入市民日常生活的空中公园，一组运作良好、生态有机的文体综合体。

76 人民医院龙华分院改扩建项目（一期）

项目地点：深圳市龙华区
用地面积：1.19hm^2
建筑面积：13.47 万 m^2
建筑层数：地上 22 层，地下 5 层
建筑高度：99.80m
设计单位：深圳机械院建筑设计有限公司、PW
编制时间：2018 年
竣工时间：2019 年

项目位于深圳市龙华区龙华办事处龙观东路交大浪南路东侧，建成后将达到三甲综合医院标准，建成集医疗、科研、科普、教育、绿化于一体，满足深圳龙华片区群众日益增长的医疗服务需求。

项目一期新建一栋 18 层的综合后勤楼和一栋 22 层医技病房楼，由于用地紧张且必须满足一、二期交接时段医院的正常运营，而新建污水处理站则需迁改原有锅炉房、配电房、垃圾站等辅助用房，此类辅助用房及户外管线的设计、迁改、腾挪成为项目必不可缺少的内容项。为满足医院的停车需求，在用地局促的红线范围内做了四层地下室，其中地下北侧三跨被设计为可停放 493 辆共 5 层的机械智慧停车库。南侧的地下三、四层设计为战时人防急救医院，平时亦可作为停车空间。

本项目用地西北高、东南低，高差较大。最大超差将近 8m。设计根据地形现状，将一期建筑布置在 63.5m 的台地上，二期建筑布置在 58.0m 的高程上，两期之间用一个架空绿化平台连接，成为整个医院的绿色核心半岛。

医疗中心蕴含了治愈、温馨、连接、生态的寓意，将生命“绿洲”概念贯穿整个设计。主要的公共空间沿绿化带和内庭院布置，缓解病人紧张、压抑的感觉。医护人员有相对独立的空间，并且可以观赏到庭院的景色，创造良好的就医体验。阳光、植物、自然环境被作为治愈过程中的重要元素被引入建筑。通过建筑空间和室内外庭院的合理组织，打造触手可及的自然环境，采用可持续的绿色材料引入了充沛的阳光。公共空间立面使用大面积通透的玻璃幕墙，使得在中心医疗街的每一个角落都可以享受到室外优美的自然景观。

77 深圳国际生物谷文化中心及综合体育中心

项目地点：深圳市宝安区
建筑面积：7.19 万 m^2
设计单位：深圳市欧博工程设计顾问有限公司
编制时间：2018 年
竣工时间：2021 年
获奖情况：第四届深圳建筑设计奖（未建成）金奖

深圳国际生物谷文化中心及综合体育中心是深圳市发改委投资建设的重点文体设施。项目用地位于未来聚集世界级科技产业与尖端人才的国家级生命科学新城——坝光湾区的滨海核心区，文化中心与体育中心三面环水、相对独立，相隔 173m。策略上与中心公园整体设计，共同勾勒出舒朗的滨海天际线，塑造延绵 600m 的文体公园长卷。深圳国际生物谷文化中心及综合体育中心已经明确了建设“绿色生态湾区”和“生命科学小城”的目标定位，片区法定图则及相关研究资料作为新城的开发指引，为坝光片区的公共空间、环境景观、建筑风貌等内容制定了前瞻性的导则。文体中心作为生物谷内最重要的公共活动场所，以上层规划中的“低密度、低冲击、低造价”为基础，力图成为坝光“高辨识度、高开放性、高整体感”的公共场所。作为深圳文体设施布局中离海最近的项目，方案在大跨结构、形体抗风、建筑防洪、钢结构防腐等方面提出切实可行的解决方案，并在实践中总结了大型 EPC 公建在集成设计、工艺创新、项目管理方面的优势。

78 南山博物馆

项目地点：深圳市南山区
设计单位：奥意建筑工程设计有限公司、
深圳雅本建筑设计事务所有限公司
建筑面积：34784.5m²
设计 / 竣工时间：2017 年
获奖情况：第十八届深圳市优秀工程勘察设计奖评选一等奖

南山博物馆是以历史和艺术并重，集收藏、展览、研究、公共教育、文化交流和历史遗址遗迹保护为主要职能的区域性综合类博物馆，是南山文体中心的一部分，西邻南山区图书馆。设计体现了南山区深厚的人文底蕴和海洋气质。建筑设计既要考虑其作为独立的建筑物的形式，而且还要考虑它对周围城市空间的影响。特别是作为文体中心的一个重要组成部分，它在突出自身的城市标志性以外，其空间形态和公共人流组织方式应与周围建筑产生关系，进行更协调的对话。中间的玻璃中庭把博览馆分为东南和西北两个体量，东南体量主要面向南山大道和南面，故以厚重结实的处理方法以降低交通噪声和东向、南向日照的影响。同时作为展览空间，厚实的立面处理更是功能上的需要。立面以水平向分格的红色砂岩饰面呼应南山大道的速度感，凹缝连贯整个立面，形成一个精雕细琢的“珍宝盒”。西北体量呼应文体中心建筑群，以通透的玻璃立面为主，强调对其他建筑的开放性。立面材料通过架空连廊取得和图书馆一致的效果，把博览馆和图书馆连成一个协调的整体，两栋建筑围合的广场空间更丰富了城市的公共空间。

79 半岛城邦花园（三期）

项目地点：深圳市南山区
设计单位：深圳市欧博工程设计顾问有限公司
建筑面积：312347.13m²
编制时间：2014 年
竣工时间：2016 年

本项目位于深圳市南山区蛇东角头望海路南侧，整个“半岛城邦”项目的南端。东临 30m 宽滨海步行休闲带，紧邻深圳湾；北侧隔望海路与蛇口公园相望。项目主要功能包括住宅、商业以及其他配套设施。

项目以人为本，打造一个有温度的舒适家居；以自然为邻，创造一个诗意的家居；唯匠心，才能不负半岛城邦优越的“山 - 海 - 城”资源条件。

项目依山而居、伴海而生，自然条件优越，通过整体的规划布局以及建筑塔楼的旋转，让自然环境渗透其中，实现自然景观的最大化利用。

建筑立面整体中寻求变化，统一而不单调；山墙打破呆板的曲折，光与影在这里追逐，阳台则是音乐般的韵律，诠释节奏的美感。

80　梅山苑二期项目

项目地点：深圳市福田区
设计单位：深圳市建筑科学研究院股份有限公司
建筑面积：10 万 m^2
编制时间：2007 年
竣工时间：2013 年
获奖情况：2013 年度全国保障性住房优秀设计专项奖二等奖。

深圳市住宅产业化示范基地“梅山苑小区”二期工程，项目占地 2.5 万 m^2，建筑面积 10 万 m^2，为深圳市再生能源示范、节能示范、循环经济示范小区。在建筑节能、节水、省地、节材、环保和健康舒适等方面注重新技术、新工艺、新材料的应用，小区内部采用了中水回用、雨水花园、太阳能热水、太阳能光电，其中 7 号楼为深圳市第一栋钢结构住宅示范项目。

第 4 章

生态园林景观篇

何　昉　李宝章　王　辉　夏　媛
林俊英　叶　枫　祝　捷　杨政军
周永忠　洪琳燕　刘　挺

深圳土木 40 年 · 深圳风景园林建设成就

40 年前，波澜壮阔的中国改革开放潮起南粤大地，建立了第一个经济特区——深圳。40 年间，作为改革开放的精彩起笔，这座城市创造出举世瞩目的“深圳速度”和“深圳质量”！深圳 1980 年建特区，1982 年即开始实质着手风景园林规划建设。从邓小平同志在仙湖植物园发出“这里的环境真优美”的感慨，到胡锦涛总书记在深圳特区 30 周年纪念园欣慰的畅游；从广东启动珠三角绿道网规划建设，到深圳“迎大运，行绿道”的万人步行、骑行绿道活动；从深圳获批“国家森林城市”，到努力打造“世界著名花城”……深圳风景园林 40 年的发展历程，是与深圳“奇迹崛起”同轨同步前进的过程，也是中国现代风景园林改革开放发展的实践过程。

一、品质绿地，千园之城

深圳在大规模开展城市建设、大力发展经济的同时，决策者高度重视风景园林事业，从建立特区之始就制定了高起点的规划，指引城市的健康发展。经过多年科学的规划和发展，深圳在依山傍海的自然环境中，紧跟城市高速发展步伐，逐步构建起独具深圳特色的森林郊野公园—城市综合公园—社区公园的“三级公园体系”。深圳是全国公园最多的城市，也是全国最早提出公园城市理念的地区，曾获得全国唯一的一个生态园林城市示范市称号。截至 2019 年 9 月，深圳已经建成各类公园 1090 个（不含深汕特别合作区），公园绿地 500m 服务半径覆盖率达到 90.87%，公园和自然保护区面积达 600km^2 以上，形成“千园之城”。

（一）城市公园

深圳风景园林传承和发展了中国风景园林体系，率先规划设计现代城市公园，城市绿地系统格局形成。深圳特区的第一支风景园林规划设计队伍是北京林业大学（原北京林学院）设计组，于 1982 年到深圳，1994 年成立北京林业大学园林规划建筑设计院深圳分院，2001 年深圳分院经过改制和属地化管理正式更名为“深圳市北林苑景观及建筑规划设计院有限公司”并获得第一个本土风景园林甲级资质。1985 年深圳第一家园林设计院（深圳市园林装饰设计公司，现为深圳园林股份有限公司）成立。2012 年，深圳从事风景园林规划设计的公司约 120 家。目前深圳风景园林专项设计甲级资质单位有 25 家。

早期来深的设计队伍先后规划了七大公园：仙湖植物园、荔枝公园、东湖公园、儿童公园、人民公园、莲花山公园、中山公园，设计了三大公园：仙湖风景植物园、东湖公园和荔枝公园，同时还承担了原市委西侧老年活动中心小荔枝公园（红云圃）、南山山顶公园、锦绣中华等项目的总体设计，对深圳城市公共绿地体系的确立和建设起到了非常重要的作用。

仙湖植物园综合了中国三大园林体系及风格，巧妙运用了北方园林建筑的形式，选择了江南园林的尺度，“仙湖”“药洲”等立意构思的核心则源自于岭南园林，正如孟兆祯院士所说，“仙湖植物园是一座具有中国园林传统的民族特色、华南地方风格和适应社会主义现代生活内容需要的风景植物园”；荔枝公园则是岭南园林和北方园林相结合的园林建筑风格；而东湖公园则是江南园林的建筑风格与岭南庭园相结合。

深圳市中心公园、莲花山公园以及笔架山公园是深圳的中央绿地，统称为深圳的“绿心”。作为城市中央区的集中绿地，这几个公园不仅成为深圳的名片，更是对深圳城市生态有深远的影响。其中从深圳市中心公园往南连接的福田河、深圳河，以及莲花山公园、笔架山公园，从福田河向南的深圳河畔红树林国家级自然保护区、福田生态公园、深圳湾公园，加上新建的香蜜公园、人才公园，形成了链化的公园系统，城市景观和物种多样性得到空前提升。

（二）主题公园

20 世纪 80 年代初的深圳市民主要以高消费的室内娱乐为主流，80 年代后期物质文明的提高，促使娱乐方式逐渐向室内外结合、高端刺激性活动发展，锦绣中华、民俗村、世界之窗等历史文化主题公园风靡一时，并逐渐形成主题公园的热潮，不久后迎来了主题公园建设的高潮。深圳继锦绣中华之后，三大主题公园——民俗村、世界之窗、欢乐谷主题公园陆续开业，从深圳野生动物园、小梅沙海洋公园、南山青青世界，到东部华侨城和欢乐海岸等相继建设，也为中国特色主题公园闯出了一条有别于发达国家的路，并在全国旅游业的繁荣过程中起到了里程碑的作用。

跨入新世纪后，华侨城配合深圳打造生态城市形象，在东部启动以系列生态主题为游赏内容的大型生态旅游区，主题公园也朝“健康、生态、环保”的方向迈进，继续引领国内娱乐文化的潮流。

（三）自然公园

自然公园是深圳市绿地网络系统生态资源保护的重要组成部分。深圳市绿地系统规划结合居民长假期、每周出行的游憩康乐活动需求，提出并强化了“郊野（海滨）公园”规划，将区域绿地和生态廊道体系内的适当区域，在保证生态系统稳定和良性循环的基础上，让城市的绿地资源和海岸资源最大限度地向市民开放，让深圳的“绿”连起来、动起来，还城市一个完整的自然，一个与人口、经济规模相匹配的自然生态系统。

深圳市马峦山郊野公园便以“绿色马峦山，生态健康游”为主题，充分利用、发掘自然资源优势，突出郊野公园自然之旅、环保之旅、友情之旅、安全之旅的理念，成为全国第一个获政府批准建设的郊野公园。深圳大鹏半岛国家地质公园利用大鹏半岛地质遗迹和海岸地貌等多种自然资源，体现独特的“水火共存、山海相依”的地质景观，以“国际性”为目标，将国家地质公园打造成辐射珠三角、港澳地区乃至全世界的，融合科普教育、科学研究、旅游观光、休闲度假为一体的，具有科学内涵和科普价值的国家级自然类大型风景区，成为深圳新的绿色名片，为申报世界地质公园奠定坚实的基础。

二、三级绿道，健康绿网

2009 年，深圳园林以珠三角区域绿地一体化规划和珠三角区域绿道规划建设为契机，重点打造了景色优美、野趣盎然、人文底蕴浓厚、高绿量、多样化的深圳市级、区域级、社区三级绿道。深圳如今逐步做到市民可在 3~5 分钟到达社区绿道，10~20 分钟到达城市绿道，30~40 分钟到达区域绿道，同时绿道网与铁路、空港、轨道枢纽均能便利接驳，极大地提高市民绿道出行的便捷度。深圳市绿道网不仅为市民提供了一个游憩、休闲功能空间，更是打造了一个全新的生态低碳生活空间，实现较为理想的慢行系统，从而通过绿道这样一种让人主动参与的方式深刻改变城市居民的生活方式。作为珠三角绿道建设的排头兵，深圳有条件率先实现这种健康生活方式的变革，在提倡生态化的同时，注重体现特区发展的历史文化，展现突出的本土化特色。

深圳从 2016 年开始水岸公园规划研究，并按照广东省委省政府的要求，做好深圳市的碧道建设，因地制宜打造都市型、城区型、郊野型、湖库型、河流型、滨海型等丰富多样的碧道。各区也将按照“设计一流、建设一流、效果一流”的标准，启动“万里碧道”试点，实现每区一条试点碧道，带动两岸城市品质提升和产业转型升级。

三、改善人居，引领潮流

深圳在住区环境建设上一马当先，成果卓著。前期政府所建设的福利社区获得了“联合国人居奖”等殊荣，中后期地产景观发展迅速，创新理念和实践水平引领全国。纵观深圳居住区园林环境设计，经历了简易绿化型、实用庭园型、生态体验型、原创多样型四个不同的发展阶段。莲花北村作为深圳第一个专业园林设计公司介入建设的政府住宅小区，迎来时任江泽民主席的参观。深圳市梅林一村，作为当时深圳标志性园林住宅设计典范，获得时任朱镕基总理的参观和好评。

在探索人居环境的过程中，深圳充分发挥设计之都的优势力量，发扬不断创新的精神，涌现出很多体现“生态优先”和“以人为本”的精彩设计，以万科为代表的深圳住区建设企业一直都是中国风景园林理念的先锋实践者。其在深圳东部滨海的“东海岸”和“十七英里”两个项目中，借鉴美国滨海著名休闲度假区的概念，倡导优美生态环境与现代生活方式相结合，异国情调与世外桃源两相宜。当住宅环境设计开始呼唤本土鲜明的文化特征时，万科在“第五园”的总体规划中，采用了中国民居的构筑符号，创作“名园”的空间院落，从本土文化出发，找到自己文化的根源；在环境设计中，运用大量富有中国文化色彩的符号“竹子、莲花、兰花”等，整体上呈现出震撼人心的广义中国风格，实现了人居环境的更高境界——自然、艺术与人文的高度融合。

此外，深圳的国宾馆建设也颇具地域园林特色，实现建筑与自然的和谐共生，体现“人文与自然的共生，记忆与理想的回归”的境界。深圳麒麟山庄和麒麟苑坐落于深圳市南山区麒麟山麓，风光秀丽的天鹅湖畔，是深圳市定点的政府会议、住宿高级接待中心，是深圳第 26 届世界大学生夏季运动会、历届中国国际高新技术成果交易会和中国（深圳）国际文化产业博览交易会等盛会的官方接待地。其中，麒麟山庄是深圳市政府迎香港回归“一号工程”，其景观设计紧扣“新国宾馆”的定位，以细腻的人性化设计，现代、简洁而又丰富的园林处理手法，再现地域园林的魅力。紫荆山庄为香港中联办的科研、办公、会务、培训深圳基地，选址于西丽湖南面山林中。建筑群依山就势进行布局，并以新岭南现代建筑与园林为特色，以水源林地保护为前提，建设自然生态的山水园林，营造优质的相互渗透的山水格局。设计中融入岭南文化元素，打造回归自然、朴实健康的生态景观，为使用者营造优美舒适的办公、会务、休闲环境。

四、景观水保，生态修复

深圳在快速的城市建设要求下，人为开山采石取土，在城市周围形成了裸露山体。深圳在 2000 年的调查显示，因为无序开山取土形成的裸露山体多达 669 个。城市规模化建设造成山体及地表植被受到严重破坏，水土资源的损失和生态的破坏，使景观荡然无存，城市景色差强人意。人为活动而产生的规划区范围内的水土流失现象，需要通过人工干预来恢复水土，增强水土生态服务功能，维持城市生态系统安全。

景园水保学是研究水土和人、社会、文化内在联系的学科，通过人工干预，合理梳理水、土元素的空间秩序和布局的方式，创造合理城市自然和人文基底，并协调人、社会、文化与水土之间的关系。深圳在本土研究基础上，提出景观水保学理论指导下的城市修复方法，实践案例分为五类，分别为：山体修复、水体治理和修复、海岸修复、棕地修复利用和完善绿色基础设施系统。

福田河综合整治工程是水体治理和修复的典型案例。其以生态治理为指导思想，以满足河道防洪要求为前提，通过截排污水与初期雨水、利用再生水补水、水质净化改善、岸坡生态改造、景观绿化等措施，使河道水质得到明显改善，恢复河道的生态景观功能，并营造怡人的滨水休闲空间，为市民提供近水、亲水、赏水、玩水的环境，满足市民亲近自然与赏景游憩的需要。

深圳湾公园全长 20km，属于景观水保学中海岸修复的类型。通过项目的实施，对深圳湾沿岸的生态系统予以全面修复，实现了可持续发展。深圳湾公园结合周边区域的可持续城市规划所形成的沿海建成区生态系统，平衡了环境与人类使用海岸线之间的关系，为滨海城市提供宜人的生态环境。更重要的是，其作为红树林自然保护区的延续，将湿地系统补充完整，维系和改善了包括上百种野生鸟类、本土红树林和各种湿地动植物的生态环境，为迁徙鸟类提供更广阔的栖息地；另一方面，沿海滨形成宽阔而连续的绿林带，为城市抵制自然灾害提供良好的缓冲地带，是海岸防护的重要屏障，有力地保障了城市的生态安全，成为城市生态良好格局的一个重要组成部分。

此外，水保园以创新的形式应运而生。深圳水土保持科技示范园（简称深圳水保园）选址于深圳市南山区乌石岗废弃采石场，是遗留下来的典型水土创伤之一，基址具有城市水土保持示范的典型意义。其作为全国第一座水土保持科技示范园，以集治理水土、科学科普、科学研究以及寓教于乐为一体的科学类公园形式取得了空前的成功，同时还得到了国家主管部门及广大群众的高度评价。至此，国家开始号召在全国建设水保园，各省各市迅速开始结合地方特色建设起一批水保园。如陕西省至今已建成国家级水保园 15 个（习近平总书记当年插队的梁家河村是全省第一个）、省级水保园 49 个；计划在“十三五”规划末期，将建成国家级水保园 30 个、省级水保园 100 个。

五、韧性构建，公园城市

城市作为最复杂的社会生态系统，自其形成以来便持续地遭受着来自于外界和自身的各种冲击和扰动，这些冲击具有很强的不确定性，却是社会和自然发展客观规律的体现，不可能完全避免。韧性城市规划就是要提升城市规划与城市空间应对不确定社会经济发展变化的能力。

深圳从对城市的低影响开发到最终实现韧性城市、构建公园城市经历了几个发展阶段。一开始在城市中引入绿道，形成绿道网络，串联起了城市与自然。随着深圳的快速发展，绿道网选线规划从最初仅强调慢行休闲功能逐渐向融合生态理论、城市更新改造等综合目标功能发展，其内涵日益丰富，外延不断扩展。通过对绿道的升级、绿色基础设施的引入，建立起了各类绿地、绿廊、水系等自然、半自然、人工的多功能绿色开放空间，形成了相互联系的网络，稳定了城乡生态安全格局、提升了城市生态服务功能，同时也提高了社区和人民的生活质量。

深圳韧性城市的可持续发展，作为一种规划技术手段，提升了城市规划与城市空间灵活适应动态社会经济环境的能力。如前海深港现代服务业合作区景观与绿化专项规划，提出了深圳前海绿色基础设施全覆盖，以景观都市主义理论与前海实践相结合，立足“参数化”分析方法，科学系统地构建“六廊三带”城市绿色生态网络，承载城市绿地系统、生态廊道、生态水系统、绿色交通系统等多重功能，构建一个城市和自然共生的无缝连接体系。以“上善水城”为目标，营造蓝色水廊融汇的魅力之城，绿色网络编织的生态之城，多彩路网营造的景观之城。

六、结语

深圳特区成立 40 周年，有众多风景园林师及长期在风景园林行业从事规划设计的规划师、建筑师、工程师前辈参与了深圳园林建设，他们是：孙筱祥、孟兆祯、刘家麒、郭秉豪、冯良才、叶金培、苏峰泉、沙钱荪、王全德、陈潭清、张信思、吴肇钊、宋石坤、周西显、黄任之、金锦大、梁焱、郭荣发、付克勤、曾宪钧等，他们为深圳留下的不仅仅是绿树成荫、鲜花遍地的公园城市、设计之都，更是一代又一代深圳风景园林人的芳华。

改革开放 40 年，深圳风景园林成就有目共睹，而“深派园林”的思考更为深圳风景园林建设添加了浓墨重彩的一笔，也为其之后的发展打下了坚实的基础。然而风景园林建设的道路并非一路通畅，许多难题仍需要我们去探索和深究，我们只有知难而进，不断努力并勇敢实践，才能将园林建设成果提升到新的高度。

01 深圳仙湖植物园规划设计

项目地点： 深圳市罗湖区
项目规模： 2004 版总规面积 5.53km²，2014 版总规面积 6.76km²
设计单位： 深圳市北林苑景观及建筑规划设计院有限公司、北京林业大学项目组
设计时间： 1983~2015 年
获得奖项： 1993 年建设部优秀工程设计三等奖，深圳市优秀工程设计一等奖；
2010 年深圳市 30 年 30 个特色建设项目；
2012 年广东省岭南特色规划与建筑设计评优活动岭南特色园林设计奖金奖，广东园林优秀作品

深圳市中国科学院仙湖植物园位于深圳市罗湖区东郊，东倚深圳第一高峰梧桐山，西邻深圳水库，始建于 1983 年，1988 年 5 月 1 日正式对外开放，是深圳市唯一进行植物学基础研究、开展植物多样性保护与利用等研究工作的专业机构，也是梧桐山国家级风景名胜区的重要组成部分，承载着植物科普、物种保育、园林风景游赏等功能。

仙湖植物园于 20 世纪 80 年代开始筹建，历经多年发展，逐步成熟完善，知名度显著提升，并于 2008 年 5 月成为中国科学院与深圳市政府合作共建植物园，并加挂“深圳市中国科学院仙湖植物园”名牌。

2014 年，仙湖植物园启动新一轮的总规修编工作。为打造国际一流植物园，增强科研实验条件和专类园建设，本次仙湖植物园规划依据《梧桐山国家级风景名胜区总体规划（2015-2030）》将 102.75hm² 林果场用地和 4.22hm² 园林科研科所用地及周边部分零散用地纳入本次规划范围，仙湖植物园规划范围扩至 6.76km²。此轮规划以尊重现状、并驾齐驱、强化重点、差异发展为指导思想，根据新时代植物园的需求与发展，提出“综合性特色植物园，世界植物收集与研究的区域中心”的规划定位，争创国际一流植物园。

（由深圳罗湖城管局提供）

（由深圳罗湖城管局提供）

02 大梅沙海滨公园（含月光花园）

项目地点： 深圳盐田区
项目规模： 39.1hm^2
设计单位： 深圳市北林苑景观及建筑规划设计院有限公司
建成时间： 1999 年
获得奖项： 2003 年广东省第十一次（市政、园林、交通）优秀工程设计一等奖，广东省风景园林优良样板工程三等奖，深圳市优秀工程设计二等奖，深圳市风景园林优良样板工程二等奖；
2004 年度中国风景园林学会优秀园林工程一等奖；
2005 年度建设部部级优秀勘察设计二等奖；
2012 年广东园林优秀作品

大梅沙海滨公园位于深圳市东部黄金海岸，月光花园紧邻海滨公园南侧，与海滨公园共同组成东部黄金海岸海滨休闲带。根据总体规划的特点，本公园设计将 400 多米长的棕榈步道置于沙滩与盐梅路之间，以高大的椰子树和连续的亭廊统一海滩景色，在沙滩与公路之间描绘出一条简练、流畅的曲线。步道东、西两端各设大小两个广场——太阳广场与月亮广场，作为海滨公园的两个入口，广场以阳光长廊连接，环境设计反复运用了浅红色的西丽红花岗岩和高梁红板岩两种石材，以及绿色钢制构件、墨绿色水泥铺地、白色曲面顶的张拉膜建筑，形成大梅沙特有的视觉特征。植物景观强调亚热带海滨风光，以椰树为基调树种，辅以其他海滨植物，营造出富有海滨浪漫情调的氛围。

月光花园与大梅沙海滨公园既互为一体又相互独立，位于大梅沙西侧海湾，是一个以爱情为主题的休闲花园，占地 1.1hm^2，根据面海背山的地形特点，保留原有古榕树及地貌，规划设计了酒廊、休息廊、平台、木栈道、入海栈桥、摩崖石刻及其“天长地久”仿真礁石。建成后成为人们流连忘返及婚纱摄影的场所。

（刘必健　摄）

03 深圳市莲花山公园规划设计

项目位置：深圳市福田区
项目规模：180.57hm^2
设计单位：深圳市北林苑景观及建筑规划设计院有限公司
建成时间：2002~2010 年

莲花山公园地处深圳市福田中心区北端，与市民中心、少年宫、音乐厅等大型公共建筑隔街相望，成为中心区的一道绿色背景，是国家重点公园和爱国主义教育基地。莲花山公园在“公园之城”的绿色版图上有着区位的重要性与时代的纪念性。在中国城市建设继续朝着高密度的方向发展时，“同存共居”成为莲花山公园重新打造背后的强劲理念，也是一个重要元素。

莲花山公园除了营造富有地域特征的自然景观之外，还具有政治性与时代性。在这里，邓小平纪念广场、深圳经济特区建立三十周年纪念园、市花园这些极具时代特征和纪念意义的景点与公园整体景观相融一体，使得莲花山公园成为自然与人文景观俱佳的深圳代表性公园。

2010 年，深圳经济特区成立 30 周年，市委市政府决定在莲花山公园建设“深圳经济特区建立三十年纪念园”，作为向改革开放 30 周年的献礼，并对公园主入口（以下称南大门）区域进行改造提升。纪念园设计巧借公园已有葱茏植被及山水美景，因势成园。以园中园为视角，以“流动的乐章”为灵魂，以小中见大的布局讲述了一座改革之城的巨变。南大门设计取意“改革开放之窗”，“中国红”的大跨度钢架结构体系扎根于莲花沃土，拔地而起，虬劲有力，以折线形式蜿蜒成两个别致门框，充满流线灵动又饱富阳刚，隐喻了深圳 30 年改革开放的先锋之旅，同时向人们打开透视“深圳记忆”、展望“深圳未来”的窗口，为而立特区带来一派绚红和希冀。

市花园以市花“簕杜鹃”为主题，采用错落有序的自然生态式搭配，形成多花色、多品种的“市花海洋”，展现深圳年轻、活力、热情的城市形象。结合簕杜鹃花廊、花台、花桥、花溪等景观元素，通过簕杜鹃的多样种植形式呈现永不落幕的簕杜鹃花展。

04 深圳湾公园（东西段）规划设计

项目位置：深圳市福田区、南山区

项目规模：东段 9.6km，西段 6.6km

设计单位：深圳市北林苑景观及建筑规划设计院有限公司、美国 SWA GROUP、中国城市规划设计研究院深圳分院、深圳都市实践设计有限公司、深圳市勘察研究院有限公司、长江航运规划设计院、中交水运规划设计院、国际工程咨询（中国）有限公司

建成时间：东段 2011 年，西段 2017 年

获得奖项：2011 年广东省岭南特色规划与建筑设计评优活动岭南特色园林设计奖银奖；

2012 年美国风景园林师协会（ASLA）德州分会荣誉奖，国际风景园林师联合会（IFLA）杰出奖，深圳市第十五届优秀工程勘察设计一等奖；

2013 年度全国优秀工程勘察设计行业奖园林景观一等奖，全国优秀城乡规划设计奖一等奖，广东省优秀工程勘察设计奖一等奖，中国人居环境范例奖；

2018 年美国风景园林师协会（ASLA）德州分会荣誉奖

深圳湾滨海休闲带景观规划设计立足于“湾空间”独有的地域特征，建立与周边城市绿地系统的衔接，在公共活动最密集地段和生态高敏感度地段建立有机的联系，营造丰富多样的“湾景观”和“湾生态”，创造高品位的滨海休闲公共空间，引导市民的“湾生活”，提倡新时代的“湾文化”。

东段深圳湾公园东起红树林海滨生态公园，西至深圳湾口岸南海堤，设计有 13 个不同主题的区域公园，通过完善的景观系统、步行系统、自行车系统和游憩设施系统将其串联在一起，构筑一个形态完整、功能完善的生态体系——环深圳湾大公园系统和一个概念明晰的公共滨海地带，实现人类与大自然的亲密“连接”。

西段延续历史文脉，打造活力海岸，以规范的水工设计和高标准的施工技术，加强水岸安全；同时结合“海绵城市”技术，多采用透水铺装，设置生态草沟、雨水花园，形成雨水滞留、渗透、净化系统，建成后整体增加绿量 108hm^2，每年候鸟种群数量稳定在 200 种左右，来此越冬的迁徙鸟类多达十万只。结合东段公园经验，西段采用人车分流和静态休闲停留空间相辅相成、高效共融的方式，实现对现状狭窄线性空间的高效利用；将“隐城之文化廊道”的概念融入项目，通过解码蛇口的城市人文基因，打造一条场所多元丰富的人性化休闲岸线，兼具东西文化特色并体现地域的历史底蕴，彰显鲜明的滨海生活人文主题。

05 深圳大鹏半岛国家地质公园揭碑开园建设项目规划设计

项目地点：深圳市大鹏新区
项目规模：地质遗迹保护面积 56.3km^2，一期建设面积约 15hm^2
设计单位：深圳市北林苑景观及建筑规划设计院有限公司、
Lee+Mundwiler Architects Inc.、
香港华艺设计顾问（深圳）有限公司
设计时间：2008~2009 年
建成时间：2013 年
获得奖项：全国优秀工程勘察设计行业奖一等奖；
中国风景园林学会优秀风景园林规划设计奖二等奖；
广东省优秀工程勘察设计奖一等奖；
广东省注册建筑师协会优秀建筑创作奖；
福田区文化创意作品天工奖特等奖；
美国建筑师协会加州分会建筑优秀奖

深圳大鹏半岛国家地质公园位于深圳市大鹏新区南澳，地质遗迹保护面积 56.3km^2。园内地质资源以古火山和海岸地貌为主要特征，火山与海洋并存，堪称水火交融。古火山地质遗迹、海岸地貌景观类型和生态环境，不仅具有很高的观赏价值，而且是探索深圳市地质历史演变发展的天然窗口和实验室，是体现深圳生态、旅游、滨海三大特征的主要载体。项目以建设大鹏半岛国家地质公园为契机，充分利用大鹏半岛地质遗迹和海岸地貌等多种自然资源，体现独特的“水火共存、山海相依”的地质景观，以“国际性”为目标，将国家地质公园打造成辐射珠三角和港澳地区，乃至全世界，融合科普教育、科学研究、旅游观光、休闲度假为一体的，具有科学内涵和科普价值的国家级的自然类大型风景区，成为深圳新的绿色名片，为申报世界地质公园奠定坚实的基础。

设计以“水火交融的地质记忆”为总体设计理念，山、海、石成为贯穿始终的设计元素，用以展现场地“水火共存，山海相依”的美妙景观与水火交融的奇特地质文化。设计中延伸地质本貌，诠释地质文明，运用地质语言于景观设计之美，使景观成为地质记忆中的亮点，并恰如其分地融入自然环境之中。科学性（地质）+ 艺术性（设计）是人类与这片土地对话的完美方式，设计师希望通过对地质学现象的诠释、借用与延伸，表达地质的科学性与设计的艺术性，从而将漫长的地质过程与短暂的人类文明巧妙地融合。

06 深圳人才公园

项目地点： 深圳市

项目规模： $77hm^2$

设计单位： 深圳市欧博工程设计顾问有限公司

设计时间： 2012 年

建成时间： 2017 年

获得奖项： 2015 年全国人居经典建筑规划设计方案竞赛活动中获环境金奖，第十八届深圳市优秀工程勘察设计评选风景园林一等奖；
2015~2016 年亚太地产奖景观建筑类中国区五星奖，国际地产奖商业景观类全球最佳奖；
WAF Shortlist 2018 Landscape of the Year(入围)

项目位于深圳市南山后海片区，东邻沙河西路，西邻科苑大道和登良路，北邻海德三道，南邻东滨路。公园占地 $77hm^2$，其中湖面 $31hm^2$。

公园是在全球人才持续涌入深圳的大背景下，我国第一个以褒奖和激励人才为主题的公园，现代艺术的人才元素是公园的重要空间特质。

湖体水源来自外海和城市中心河，日常容量约 60 万 m^3，通过针对淡水湿地、雨水花园和海水湿地配置不同植物，成为美景的同时，对水环境生境进行优化。灵活的竖向设计，保证了公园在极端气候情况下，雨洪管理的适应性。围绕水岸展开的不同尺度的空间，提供了人与水的各种关系体验，满足了人对水天生的亲近感，也成为时间和城市生活的剧场，每天上演着各种行为。

临湖的书吧和展览馆、连续的 2.7km 蓝色环湖跑道、高标准配备的淋浴间、精心设计的儿童乐园、亲水的石滩、开放的草坪等，都成为市民亲近自然的最好场所。同时，公园也为各种鸟类提供了良好的栖息地，湖体中游离的砂石滩岛群是鸻鹬类候鸟每年两次迁徙线路上的其中一个落脚点，湖中的立鸟桩、丰富多样的开花结果类植物，都在为构筑一个良好的生物生境作出努力。

07　深圳市水土保持科技示范园规划设计

项目地点：深圳市南山区
项目规模：50hm²
设计单位：深圳市北林苑景观及建筑规划设计院有限公司
设计时间：2008~ 2009 年
建成时间：2009 年
获得奖项：2010 年第十届全国人居经典环境金奖，深圳市第十四届优秀工程勘察设计一等奖；
2011 年全国优秀工程勘察设计行业奖市政公用工程一等奖，科学技术项目计划——科技示范工程项目（市政公用科技示范），广东省优秀工程勘察设计奖园林景观一等奖，第六次优秀建筑创作奖（建成部分）；
2012 年国际风景园林师联合会（IFLA）主席奖，广东园林优秀作品；
中国教育部中小学生教育社会实践基地；
中国水利部水土保持科技示范基地

深圳市水土保持科技示范园选址于深圳市南山区乌石岗废弃采石场，基址具有城市水土保持示范的典型意义，项目全过程以“景观水保学”这一新兴学术理论为指导，以棕地特征为出发点，通过景观、生态、水保的综合手段多维度实现场地的景观生态复兴。这里不仅仅是一处公园，更是了解水土知识、体会人与自然和谐之道的科普教育平台。

设计遵循因地制宜、因山就势的原则，利用乡土原生与废弃材料，进行场所的景观与生态修复改造，实现集展示、教育与实验、科研于一体的户外课堂和开放式公园，景观化地实现了废弃场地的复兴和激活。设计理念以水土文化为主线，对中国传统文化中的五土、五行理念做了着重的阐述，规划建设了抽象表达水土元素的蚯之丘、土厚园、木华园、金哲园、水清园主题园区和景点，以景观园林化的手法介绍了各种城市水土保持的技术方法体系。以形象的方式描绘了“水 - 土 - 生命”三者之间的关系，增加了一系列水土保持措施的公众参与性和科研性，景观化地实现了废弃场地的复兴和盘活。使公众在轻松自然的鸟鸣蛙叫中，了解人与自然平衡相处之道。

在优美的山林自然环境中有序地设置了各种城市水土保持科普展示设施。区别于教科书的刻板教学，通过装置改进、亲手操作，将户外教育、互动参与、模型展示紧密结合，使大众清晰直观地了解水土资源对于人居环境的重要性。园内我国第一家城市水土保持科普教育的 4D 影院，针对中小学生和普通市民，通俗易懂地讲解发生在身边的故事，通过声、光、电等手段的再现，使观影者感同身受，从而激发对水土资源保护的思考，进而亲身践行各种绿色低碳行动，实现理想城市的最终诉求。

08 大沙河生态长廊景观设计

项目地点：深圳市南山区
项目规模：全长 13.7km，示范段 2km 左右
设计单位：深圳园林股份有限公司、
AECOM
施工时间：2018 年 3 月
示范段开园时间：2018 年

大沙河生态长廊景观工程设计为大沙河全段，从长岭陂水库至入海口（桩号 0-300.00 至 13+626.68），全长 13.7km。景观设计范围为河道驳岸至两岸市政道路红线（二级平台及岸坡一并纳入景观工程范围，不包括水面），设计面积约 $85hm^2$，其中上游 $25hm^2$，中下游 $60hm^2$。

利用大沙河生态廊道缝合周边破碎的生态斑块，联通北部山林生态系统与南部的海湾生态系统，提升基地的动物多样性。构建高尔夫场地或作为城市公园构建沿大沙河的大型城市绿廊，创造深圳湾蓝色生态源的导入。创造适宜周边物种的生境，营造多样性的植被群落，提升场地动植物多样性。

大沙河生态长廊景观工程注重周边开放和空间与河岸腹地的联系，活化灰色空间，打造水岸活动空间，构建城市休闲空间，服务大沙河沿岸不同的人群与文化。大沙河绿色慢行系统串联起河岸公共活动节点，增强周边空间的联系，完善大沙河生态廊道。

09 深圳福田河综合整治工程

项目位置：深圳市福田区

项目规模：40hm^2

设计单位：深圳市北林苑景观及建筑规划设计院有限公司、深圳市水务规划设计院

建成时间：设计（2008~2012 年）；竣工（2012 年）

所获奖项：2011~2012 年度中国水利工程优质（大禹）奖；
2012 年深圳市第十五届优秀工程勘察设计二等奖；
2013 年度广东省优秀工程勘察设计奖三等奖；
2013 年第一届“中山万源杯”水土保持与生态景观设计三等奖；
2014 年国际风景园林师联合会（IFLA）杰出奖；
2015 年度中国河流奖银奖；
2015 年深圳创意设计七彩奖、深圳创意设计优秀奖

福田河位于深圳市中心区东侧，是深港界河——深圳河的一级支流。治理之前的福田河河道功能单一，形态均一化；河流水体污染严重，河底河岸全部硬质化，“三面光”现象突出，河道护岸损坏较多，不但对生物的多样性造成严重影响，而且与其所处的公园环境严重不协调。

面对福田河存在的众多问题，设计团队结合中心公园的总体规划，提出按照“防洪护岸、截流治污、引水补源、绿化造景、重建生态”的原则，用自然元素表现自然，构筑自然，重建具有生物多样性的生态河流，营造“人与河流对话”的滨水休闲空间。通过截排污水和初期雨水、利用再生水补水、中水再净化、坡岸生态覆绿等措施，强化雨水蓄积与下渗，以缓解洪涝危害。同时，改善河流水质，恢复河道生态景观功能，使生态与防洪两者兼顾，将“海绵城市”的设计理念充分运用到整个河道建设当中。通过营造怡人的滨水休闲空间，使福田河成为中心公园的生态水景，为市民提供亲水、赏水、玩水的环境，满足市民亲近自然与赏景游憩的需要。

如今，福田河沿线波光潋滟，流水潺潺，草木茏葱，鸟语花香，昔日令人掩鼻的“臭水沟”已水清岸绿，重现自然生机，成为联系深圳中心区两大公园的纽带和生态景观走廊。“福田河综合整治工程”圆满完成治涝、治污、水质改善、景观提升、绿道建设五大任务，成为国内河流治理与修复的优秀典范，为我国河流治理提供了有益的借鉴。

10 西湾红树林公园

项目地点：深圳市宝安区
项目规模：一期 B 段面积约 36.08hm^2
设计单位：深圳园林股份有限公司（一期 B 段）、
深圳市北林苑景观及建筑规划设计院有限公司（一期 A 段）
建成时间：2019 年

西湾红树林公园位于宝安区，滨海步道约为 2.7km。西湾公园作为西乡画卷上的一颗明珠，一期 B 段面积约 36.08 万 m^2，其中，道路广场约 7.2 万 m^2；绿化约 16 万 m^2，绿地率达 74%，乔木树阵错落有致、遮阴蔽日，可同时容纳 3 万人休憩游乐。以走近红树林为特色，集休闲、游憩、生态、科普为一体，为周边市民提供一处具有休闲、游憩、娱乐、生态等多功能的综合性公共场所，成为西部活力海岸带的示范段。项目的设计概念为“海韵西湾　红树相伴——滨海宝安，因海而生；湾区胜景，红树作伴”。以奇林护海、霞兴绮梦、听潮忆月、彩沙扬笑等四大主题，外加运动配套，营造滨海休闲、历史风光、哲学景观、七彩时光的不同体验。

奇林护海区占地约 8.7 万 m^2，是离海最近的一块带状区域，是体验海滨文化的最佳场所；霞兴绮梦区位于南昌涌南侧，占地约 3.06 万 m^2，是园区的主入口和人流聚散的过渡场所；听潮忆月区位于公园最北端、金湾大道以西，铁岗排洪渠和南昌涌穿境而过，占地约 8.67 万 m^2；彩沙扬笑区与西湾公园（一期 A 段）地块相接，占地约 4.08 万 m^2，是亲子休闲娱乐的活动区。

11 深圳会展中心休闲带公园

项目地点：深圳市福田区
项目规模：27.7hm^2
设计单位：深圳市欧博工程设计顾问有限公司
设计时间：2016 年
建成时间：2019 年

项目位于深圳一河两岸大空港会展岛，东邻海城路，西邻海汇路。本项目拥有超长的城市尺度，由南向北呈长带状延绵 1.7km，周边城市场所的特征在不断变化，休闲带的建筑形体、尺度、功能也顺应这城市的对话关系，分段呼应。

一体化的思考和设计模式，将城市公共交通设施、配套服务建筑整合到公园场景中。以流动的空间格局串联城市生活板块，富有未来感和生态性的公共空间体验，充分考虑未来场地的运营需求。除了满足功能上的需求，还担负着柔化城市界面，提升城市空间品质的作用。

12 红树林自然保护区 2~4 号——鱼塘候鸟栖息地生态修复项目

项目地点： 深圳福田区
项目规模： 总面积约 24.4hm^2
设计单位： 深圳文科园林股份有限公司、红树林基金会
设计时间： 2016 年
竣工时间： 2017 年

红树林自然保护区是国家级自然保护区，是全国唯一一个位于 CBD 中心的自然保护区，被“国际保护自然与自然资源联盟”列为国际重要保护组成单位之一，与香港米埔自然保护区共同构建了具有国际意义的深港湾湿地生态系统。

项目的设计有序模仿鸟类生活习惯，遵循鸟类生命周期路线，打造“1V1”栖息环境，并设计形成深水区、浅水区、中央裸滩，满足不同鸟类对水位的需求，结合湿地生境景观打造开阔水域，营造水鸟栖息驿站。项目完工后，水域面积增加 23.9%，至 2018 年，鸟类种类增加 14 种，其中鸻形目鸟类种类增加了 13 种，鸟类数量增加 34.4%，增至 4.4 万只 / 年 [数据来源：保护区 2~4 号鱼塘鸟类监测报告（2015-2018）]。而生态修复后对人居生活环境的正面反馈也十分显著——PM2.5 平均浓度下降显著，空气质量优良天数相比往年增长，噪声投诉次数减少，水质提升明显，将深圳湾与香港米埔湿地串联形成良好的生态湿地系统（PM2.5 平均浓度同比下降 9.3%，空气质量优良天数同比增长 2.2%，噪声投诉同比下降 5.3%，数据来源：依据深圳市环保局、气象局等实时报道预估）。

项目的生态设计理念和建设完工效果得到社会广泛关注和认可，并获得 2019 年国际 RICS 英国皇家特许测量学会城市更新团队“优秀奖”。而红树林基金会开展的观鸟、科普等活动，不仅吸引了公众积极参加，更获得了国际组织的青睐，美国保护野生捕食鸟基金会名誉主席保尔森亲临红树林观鸟。整个项目从设计到建设实实在在做到了“以自然的视角重新审视城市，体味生态与生活的共生共赢”。

13 深圳香蜜公园花境设计

项目规模： 0.3hm^2
设计单位： 深圳市铁汉生态环境股份有限公司
设计时间： 2016~2017 年

香蜜公园花境设计立足于华南地域特色，充分利用华南植物多花多色叶的特点，通过一年生与多年生草花、色叶、花灌的比例控制（一年生草花占比低于 10%），打造华南乡土的长效花境。围绕“香溢百花、蜜润人生”的植物主题，以华南特色植物各色朱槿、各色金花为基底，以姜科、蕉类、龙舌兰类植物和各色月季为特色，点缀特色观赏草、芳香植物、蜜源植物、寓意美好生活的植物与华南乡土植物，打造 365 天的立体花境，春夏秋冬、争奇斗艳。从公园西南入口开始，以初入香蜜、流连香蜜、驻足香蜜的游线进行分区，并以人生成长为故事线，阐述“香蜜”故事，通过植物营造不同主题特色的花境系列。

香蜜公园花境设计对华南特色花境营造进行了实践与探索：根据不同植物的花期、高低、花色、花型、花质、叶色进行精心搭配，不在乎时时有花，不在乎草木枯荣，以达到自然而然的效果。无论是从植物材料的优选，还是配置手法的创新，为华南地区园林绿化景观带来了新气息。

14 福安社区公园设计

项目地点：深圳市福田区
项目规模：5533.55m^2
设计单位：深圳媚道风景园林与城市规划设计院有限公司
设计时间：2018 年

此方案设计定位为展现中心城区现代花园风光，提供便捷穿越、友善停留、自然体验的中央办公休闲绿地。开放、友善、关怀（无边界、渐入式场地），丰富多元场所（禅意景观，引人思索），幽静舒适自然（林地保留，依绿而憩），美丽世界花城（花境营造，休闲观景）为遵循的四大设计策略。本项目的创新点在于以圆融为主题，给办公人群带来心灵上的沉静和思想上的启发。空间对比清晰，有大、小空间的划分，活动规划明确。整体风格简洁但不失神韵，在简洁中体现出细节。家具设计风格统一，有趣味性。另外，在植物设计上对现状进行评估，保留现状树型完整、观赏性较高、冠大荫浓的乔木。根据景观和功能的定位，形成“三区”各具特色的植物景观，采用点、线、面等设计手法，将植物景观生态、娱乐、活动及户外办公、休闲融为一体。

15 华侨城生态广场

项目地点： 深圳市南山区

项目规模： 3.50hm^2

设计单位： 深圳市欧博工程设计顾问有限公司

设计时间： 1998 年

建成时间： 2000 年

获得奖项： 2011 年全国人居经典建筑规划设计方案竞赛活动获规划、环境双金奖、广东园林优秀作品

“生态广场”是 AUBE（欧博设计）在国内从事的第一个实现并获得广泛好评的景观、规划与建筑三合一作品。当年的华侨城片区远无今日之文化气象，欢乐谷、燕晗山、暨大旅游学院彼此疏离，立足处野草丛生，“湖滨”“荔海”“汇文”等百米住宅冠以花园之名，虽感名不符实，却长久静谧地俯视着这块林中空地。

景观在合：侧重南北维度，蓝绿交织。高低错落，软硬兼施，人为化天工。

规划在隔：侧重上下维度，人上车下。深圳第一座社区型、公共性、土地复合性、全连通地下生态车库。

建筑在折：侧重东西维度，西阖东开。平均两层，场所及情趣尽在转折处。

16 珠三角绿道网规划设计

项目规模：9048km

设计单位：深圳市北林苑景观及建筑规划设计院有限公司、广东省城乡规划设计院研究院 、广州市城市规划勘测设计研究院 、广州地理研究所

设计时间：2010 年

获得奖项：2011 年广东省优秀城乡规划设计一等奖；
联合国人居署“2012 年迪拜国际改善居住环境最佳范例奖”；
全球百佳范例称号；
2012 年中国人居环境范例奖；
2012 年全国优秀城乡规划设计奖一等奖；
2013 年两岸四地建筑设计大奖卓越奖（深圳段）

珠三角绿道网以珠三角资源本底和城乡发展布局、生态环境保护、区域交通网络建设等为基础，结合各地市发展意愿，按照生态优先、路线贯通、便利使用、工程可行等原则拟定了珠三角绿道网总体布局方案。

珠三角区域绿道网由 6 条区域绿道构成，其中经过深圳市的区域绿道有 2 条，包括 2 号区域绿道和 5 号区域绿道。深圳区域绿道总长度约 340km，规划绿道网形成“四横八环”的组团一网络型结构，实现以区域绿道为骨架，链接生态资源、彰显城市滨海特质、展现特色风光、强化城市空间意向等目的。深圳市区域绿道网与东莞、惠州两市设计的交界面共 3 处。同时，为与区域生态休闲网络衔接，区域绿道 2 号线还预留了与香港各个公园的交界面，形成粤港绿道一体化，实现与香港公园系统的全面对接。

按照省建设厅“一年基本建成，两年全部到位，三年成熟完善”的工作指示，深圳市率先启动白芒关 - 梅林示范段 23km 的设计建设工作，同时，全面铺开深圳 2 号区域绿道二线关全线、大运支线以及 5 号区域绿道的规划设计工作。在绿道规划设计中，本着自然生态的原则，将绿道与大环境协调统一，避免区域的生物链断裂，将绿道自然融入绿色大背景中，实现真正的“绿”道。 同时，结合其场地特有的人文和历史背景，充分考虑场地的艺术美感和文化内涵，在二线关保留沿线铁丝网，展示岭南地区多品种、多花色的攀缘植物，如市花簕杜鹃，形成一条充满韵律感和美感的花道；并体现低碳和再生利用的思想，在深圳区域绿道设计中全面使用废弃材料，如废弃车厢、集装箱、轮胎、铁轨、枕木等。

17　深圳市南山区创业路街区改造

项目地点：深圳市南山区
项目规模：18.7hm²
设计单位：深圳市东大景观设计有限公司
设计时间：2006 年

本项目为深圳南山区创业路街区改造设计。街区处于南山区中心地段，从东到西分别连接后海大道、南海大道、南山大道三条南山区的主干道。创业路街区深圳南山区快速发展的一个缩影，反映了南山区乃至整个深圳发展的历程。改造过程中以全面提升街区商业价值，建设美观整洁、现代时尚的活力型街区为目标。改造后的创业路街区充分体现都市文化与风格，同时提供信息交流的平台，街区的改造建设了高科技与高品质的都市空间，又营造了与自然共生的都市空间。

设计通过对街区各景观元素的翻新和更换，对建筑立面统一整理，对灯光夜景整体亮化，使整改后的创业路呈现出焕然一新的感觉。建筑、广场、人行空间的关系更加和谐，小品、街道家具更加精致，夜景灯光更加有层次。

18 深圳市坪山大道

项目地点：深圳市坪山区
项目规模：21.5km
设计单位：深圳市东大景观设计有限公司、
深圳市蕾奥规划设计咨询股份有限公司
设计时间：2017 年

坪山大道设计旨在将坪山大道打造成山区的中轴脊梁、著名花城的标志性花景大道、一条画卷迎宾的深圳最美门户大道。

设计中将景观大道全段分为三段实施，共五个设计主题，分别是半城半山，其植物特色为山海花林——望得见山（春花）；路河互生，植物特色为河清草绿——看得见水（夏河）；城河相融，植物特色为画卷迎宾——精致的绿化景观；串景连园，植物特点为缤纷多彩（四季）——翡翠项链（街头公园）；新城容貌，植物特色为花园城市——新城新貌（春夏红花植物为主）。以现代休闲的商业空间以及开放、共享、活力、人性行政化街区为主题，以"串景连园"的方式，串联了坪山大道出口加工区等重要景观节点，点缀缤纷多彩的花卉及灌木，打造通透舒展的花卉景观大道。

19 深圳新区大道景观提升工程

项目地点：深圳市龙华区
项目规模：7.23km
设计时间：2014~2015 年
竣工时间：2015 ~2016 年
设计单位：深圳文科园林股份有限公司
获得奖项：深圳市城市管理局关于“美丽深圳绿化提升行动”绩效考评结果精品项目第一名；
2016 年，获得深圳市第十七届优秀工程勘察设计评选一等奖；
2017 年，获得广东省工程勘察设计奖园林景观专项三等奖，同年获得 2017 第二届十佳 ELA 生态景观大奖；
2018 年，获得深圳市风景园林优秀设计奖（设计类）二等奖

深圳市龙华区位于深圳地理中心和城市发展中轴，是深圳市重要的四个行政新区之一。新区大道北起和平路，南至南坪快速路梅观立交，途径深圳北站重要交通点，是龙华区主干道，也是深圳市的重要交通干道，因此其景观提升显得尤为重要。新区大道的景观提升设计意在满足城市道路基本交通功能的基础上，充分结合道路周围的构筑物、建筑物、植物以及地形地貌等进行设计，提高周围的绿化环境和生态景观质量，为周边居民提供一个良好的活动场所，也为深圳的城市景观添加独特的魅力。

项目在设计中融入了以下三个特色的设计理念：（1）最早推行一路一树、四季有景的设计理念；（2）最早运用海绵城市的设计理念；（3）绿化带大胆采用“减法”的种植特色。

20 深圳市宝安中心区景观路工程方案设计

项目地点：深圳市宝安区
项目规模：7hm^2
设计单位：深圳市东大景观设计有限公司
设计时间：2006 年

根据宝安中心区的开发理念、该区在广域范围内的定位以及地区特点等因素，把宝安中心区的道路路景观设计理念设定为“感风、戏水、流光溢彩的海上生态城市风景”。旨在建设具有国际标准的高质量的街道景观和城市环境，以使所有居民、务工人员和来客能切实感受到宝安特有的“风和水”，在流光溢彩中享受永恒的富裕生活。

基于空间轴的设计方法：把丰富的水源、雄大的山脉、亲密的城市空间和开放的海滨相交汇融合的独特的城市结构，作为宝安区的原风景，使之在城市中心区得以重现，在尊重规划中的城市结构的同时，创造一种从山区穿过市区直通大海的灵动而富于变化的街道景观。

基于时间轴的设计方法：关注作为城市开发中最重要课题的环境保护问题，立足于可持续发展的理念，致力于建设充分反映本地区环境特点的各种设施和生活空间，努力实现与上述元素相匹配的生活样式。

设计过程中对重要的街道给予定位。新湖路：引入路、辅助道路；创业一路：主要引入路；裕安一路：引入路、辅助道路；新安一路：引入路、辅助道路；海澜路：海滨绿道；宝兴路、宝华路：中心绿轴。并对不同定位的道路给予不同的设计主题：引入路：迎宾大道；主要引入路：贯城斜街；海滨绿道：弧光绿道；中心绿轴：双路通天；辅助道路（都市绿色圈）：绿水回廊。

21 深圳中英街景观改造及古塔公园

项目地点：深圳市盐田区中英街特别管制区及香港部分比邻地区
项目规模：街道长 250m，宽 3~4m
设计单位：深圳市北林苑景观及建筑规划设计院有限公司
设计时间：2000~2005 年
建成时间：2005 年一期完成
获得奖项：2007 年深圳市第十二届优秀勘察设计评选园林景观设计三等奖

深圳市沙头角中英街是 1898 年中英《拓展香港界址条约》签订后划界的产物，已有 100 余年历史，1989 年被确定为广东省文物保护单位。为保护中英街历史遗产，发掘中英街文化内涵，重塑中英街城市品牌形象，对其进行环境改造设计。项目包含中英街街道景观、滨河景观带及古塔公园三部分，环境改造设计在《深圳市沙头角中英街历史风貌保护规划》指导下，依据整体性原则、真实性原则和综合性原则，利用现状已有的景观资源重新整合，突出历史文化风貌，强调地域场所特征。以历史为第一要素，尊重现状与城市总体规划，突出中英街的特征元素如街道、界碑、古树等，采用简洁的手法以尽量少的语言表达质朴、醇和的风格及深厚的历史文化底蕴。

22 光明新区光侨路绿化景观提升工程

项目地点：深圳市光明区光明大街－新玉路沙井交界处
项目规模：道路全长约 13.4km
设计单位：深圳园林股份有限公司
竣工时间：2017 年

光侨路工程全长约 13.4km，绿化面积约 21 万 m^2，包括中间绿化带、人行道绿带、外侧绿化带及 2 个路边游园，目标是建设成国内一流的景观大道，是光明新区的年度十大民生工程，任务紧、要求高。项目的设计主题为“凤凰鸣矣，于彼光明”——源于《诗经》中的“凤凰鸣矣，于彼高岗，梧桐生矣，于彼朝阳”。“于彼”是“在这里”的意思，形容凤凰在高岗上唱歌，歌声飘扬而优美；梧桐在早晨的阳光下显得生机勃勃。此诗于人形容人品高洁，于地则形容地脉秀灵，是成长的沃土。此项目则通过凤凰主题与红色系的突出，展示光明区的活力形象与生态环境的秀美气质。

光侨路全段有 2/3 的面积位于光明凤凰社区和光明凤凰城，凤凰木开花红红火火的景观效果和凤凰的寓意与光明新区建设生态活力都市的理念不谋而合。通过整合现有植物，以特色景观树凤凰木为主题树种，搭配地形、景石及其他开花植物，形成大气、明快、多层次景观，以地域文化为符号，形成大气、明快、多层次景观大道，同时提供一个文化结合自然的优质户外环境，打造一条四季花开的样板景观大道，打造一条光明新区标志性的示范道路。

为了便于项目管理，成立了项目指挥部，分成采购、施工、成本、财务、后勤、安全等小组。施工现场统一指挥，分段管理，做到全长同步推进，成本、质量有效控制，保障及时、有力，将光侨路打造成一条媲美深南大道的新区景观大道。

23 深圳市香蜜湖东亚国际风情街

项目地点：深圳市福田区
项目规模：1.9hm^2
设计单位：深圳市东大景观设计有限公司
设计时间：2010 年

香密湖东亚国际风情街位于香密湖中心位置，全长 410m，平均宽度为 24m，属于深圳福田中心区的中心街区。街区内商业业态成熟，白领人群庞大且集中，潜在的高端消费需求旺盛。

设计师通过对街道的分析及对东亚风格的深入研究，提炼出系统的色彩、形态元素以及材质融入具体的景观设计中去，采用深咖啡色为主、米色为辅的色彩搭配，尤其是针对基面、建筑立面等大面积载体，仅采用两、三种同色系来回穿插和搭配形成完整统一的基调色彩。对店招、城市家具以及小品适度点缀，多采用拉丝面的不锈钢与基色调形成对比，在质感上突出档次与品质。城市家具沿用基色调，运用灯光突出色彩点缀上的丰富层次。

24 深圳北站综合交通枢纽景观设计

项目地点：深圳市南山区
项目规模：40hm²
设计单位：深圳市北林苑景观及建筑规划设计院有限公司、
深圳市欧博工程设计顾问有限公司
设计时间：2008 年
建成时间：2012 年
获得奖项：2011 年全国人居经典建筑规划设计方案竞赛规划，环境双金奖，深圳市第十五届优秀工程勘察设计评选获风景园林设计二等奖；
2013 年度广东省优秀工程勘察设计奖工程设计二等奖

这不是一个简单的站前广场设计，是交通枢纽集散空间、城市庆典娱乐空间、商业外摆休闲空间、山林生态延伸空间等的聚合共生体，一个依于交通枢纽的多维复合空间。深圳北站可以成为周边新城发展的活力激发核，成为周边市民喜闻乐见、日常参与的城市公共开放空间，在这里书写他们生活的点点滴滴。

设计以使用需求和空间感受为出发点，营造人性化空间，在讲究交通效率和便捷性的同时，通过连续的遮阳避雨廊道和成片的树林呼应深圳特有的气候特征，为市民提供舒适的停留休憩场所。为体现移民城市特征，设计中将中国版图各省份分为东西板块，分别在东西广场植入小型地标点，期望为南来北往的乘客提供场所归属感。利用场地挖掘发现的大石块作为雕塑，将周边自然山林用中国园林手法引入下沉庭院等一系列动作，都是试图在寻常空间中探索一点非常之道。

25 深圳罗湖口岸 / 火车站地区景观改造

项目地点：深圳市罗湖区
项目规模：约 12hm^2
设计单位：深圳市北林苑景观及建筑规划设计院有限公司、
美国 SWA GROUP
设计时间：2002 年
建成时间：2005 年

该项目的设计特点和难点在于地点的唯一性和特殊性。作为目前世界上最大的陆路口岸，又是中国的南大门、城市的形象之门、繁忙的交通枢纽，如何解决复杂的人流、车流，组织高效的交通，如何体现其特殊的城市形象，是本次设计的重点。

本着将罗湖口岸 / 火车站地区建成现代化的国际一流水平的立体综合交通枢纽，体现深圳花园城市的标志性窗口的设计目标，设计体现以下特点：深港一体化，重振罗湖商业核心区，将口岸地区与人民南路进行环境一体化改造，使罗湖商业既辐射香港又服务深圳，强化深港的商贸往来所需的良好的空间环境；分化交通方式有序共生，将各种交通方式进行分类渠化，在提高交通效率的前提下，优化城市的交通结构，简化交通复杂度，增强城市路网的可识别性，形成罗湖口岸及火车站地区的交通秩序；使园、林、河开敞空间系统化，将该地区的公园、林带、河流进行重整，形成流畅的开敞空间体系；有序高效接驳的一体化综合空间体，将多元交通方式合理组织，形成立体化、多层面的交通换乘枢纽；人行优先、公交优先，关注公众利益，体现以人为本的交通原则和贯彻发展公交的城市交通政策；建设生态化环保型的开敞空间，在口岸地区应建立节能、环保的城市空间，维护一个低能耗的小生态结构；创建标志性城市景观区，口岸地区应充分体现深圳的门户、窗口概念和相应的城市环境品质，形成深圳的标志性城市地区；以山、水、城、绿（化）、（人）文为核心，形成深港一体化的城市自然生态，罗湖口岸紧邻香港的青山、绿水，相互渗透，与上述要素形成一个有机和谐的整体。

26 深圳市欢乐海岸景观设计（含北湖湿地公园）

项目地点： 深圳市深湾五路
设计单位： 深圳市北林苑景观及建筑规划设计院有限公司、
美国 SWA GROUP
设计时间： 2009~2010 年
建成时间： 2011 年

欢乐海岸项目位于华侨城世界之窗、锦绣中华等主题景区的南区，毗邻深圳湾，是深圳市“塘郎山－华侨城－深圳湾”城市功能轴的起点，是华侨城致力打造的高品质人文旅游、国际创意生活空间的中心。深圳湾滨海区是距离深圳市区最近的海岸线，欢乐海岸项目的建成及周边区域的可持续城市规划将重建沿海建成区生态系统，平衡环境与人类使用海岸线之间的关系，为滨海城市提供宜人的生态环境；更重要的是，一方面作为红树林自然保护区的延续，将湿地系统补充完整，另一方面与深圳湾公园红树林自然保护区、福田鸟类自然保护区形成一个整体的生态区域，为迁徙鸟类提供更广阔的栖息地。

项目以海洋文化为主题，以生态环保为理念，以创新型商业为主体，以构建都市滨海健康生活为梦想，开创性地将主题商业与滨海旅游、休闲娱乐和文化创意融为一体，整合商业零售、餐饮、娱乐、办公、公寓、酒店、湿地公园等多元化元素，形成独特的商业 + 娱乐 + 文化 + 旅游 + 生态的全新商业模式。

深圳华侨城欢乐海岸北湖湿地公园位于欢乐海岸的北面，该公园定位为一处水体和保护湿地的自然公园，在城市化进程中寻求自然保护和城市发展平衡的一种方式，也是与深圳湾红树林自然保护区密切相关、互为补充的鸟类自然保护地。设计以“保护、修复、提升、效益”为总的原则，在保护现有自然林地、沼泽和水生植物区域的同时，仍能够为公众提供限定的可达性。植物种植设计充分考虑鸟类保护的需求。园区所有的材质以自然材料为主，增加与自然的贴近度，尽量减少人为痕迹。环湖道路的布置尽量减少人的活动对鸟类的干扰。道路材质以碎石为基础，表面以透水混凝土、通水砖为主，实现生态环保、低碳的理念。保留边防岗亭成为深港边防的历史记忆。沿湖布置木栈桥或木栈道观鸟塔，提供赏景赏鸟体验，充分考虑鸟类保护的需求。建立与周边环境相对分隔的宁静环境，以多层次的植物搭配使外围的视线不能穿透。从水生植物到草地、地被、灌木、小乔木、大乔木等，使其稀疏、高低相宜，以护鸟为主，兼顾观景。

27　深圳市招商蛇口网谷景观设计

项目地点：深圳市南山区
项目规模：4.5hm^2
设计单位：深圳市东大景观设计有限公司
设计时间：2012 年

蛇口网谷位于南山区，东邻深圳湾，西毗珠江口，与香港元朗隔海相望。

网谷由南山区政府与招商局蛇口工业区共同打造，位于蛇口沿山片区的互联网（物联网及电子商务）产业基地，将打造成为总建筑面积近 50 万 m^2，产值超过 300 亿的国内最有影响力、最具竞争力的互联网产业园区之一，聚集国内外顶尖企业。

通过蛇口网谷、南海意库两大产业带的建设带动“新蛇口”再造，使蛇口成为城市更新改造 + 产业转型升级完美结合的典范以及战略新兴产业孕育集聚发展的典范。

在本项目的设计中，设计师立足蛇口网谷的文化和气质，以南山区高新技术文化为背景，打造符合城市和文化发展的专属景观。以“时代的脉动”为总体设计理念，景观设计利用科技资讯元素“电路板”的语汇，传达先进、高能量与流动的整体印象。特殊设计的能量线为项目的脉络，引导人群的流线，并将各个区域作整体的串联，为项目带来络绎不绝的能量与人气。

28 深圳宝安图书馆

项目地点：深圳市宝安区
项目规模：31850m^2
设计单位：深圳奥雅设计股份有限公司
设计时间：2011 年
建成时间：2014 年

坐落在深圳宝安中心区的宝安图书馆，以“绿色海浪”为设计理念，设计团队延续了这一整体概念，对海滨广场及海滨公园开展了景观工程的设计。

深圳宝安图书馆的广场主体铺装用丰镇黑、芝麻黑以及芝麻白三种不同颜色的烧面花岗岩来设计条形码铺装，以场地通道中线为高点，向两侧排水，镜面水池的边界在同一标高上，保证广场排水顺畅、避免雨水淤积。用线性灯光勾勒出鲜明、简洁的整体轮廓，中轴和建筑边的广场为最亮的区域，设置广场灯烘托节庆的热闹氛围。

依托场地高差，文化广场被设计成为一个倾斜的广场，丰富的空间更好地体现广场的聚合力。在文化广场上设计特色发光墙体：墙体表面为不锈钢板打孔，内部的灯光可以从墙体中透出。而内部的灯成组与感应器相连，行人通过时，靠近人体部分的墙体发光，神秘而有趣。

29 深圳市 IBC 泛珠宝时尚经济总部景观设计

项目地点：深圳市罗湖区
项目规模：景观面积 22387m²
设计单位：深圳媚道风景园林与城市规划设计院
设计时间：2018 年

以钻石为元素引出“璨宇宙星空，钻动幸福”的设计理念。以璨宇星空赋予场地璀璨的视觉光辉与浪漫多元的艺术氛围，以经典爱情故事作为设计的主线，营造系列主题景观。

该建筑为双首层建筑。南面广场为靠近主要城市干道的主要形象展示界面，也是重要的商业主广场。因此结合台阶下沉广场处设计了“真爱之戒”雕塑的景观节点，打造广场中心，成为项目名片式的记忆点。广场西面有企业形象的 LOGO 水景墙，打造企业形象。项目东广场为连接南北的过渡空间，建筑接地层少有商业业态，重点是高层建筑塔楼的办公大堂，因此景观处理比较简单，简洁的铺装结合“爱的足迹”灯光特效打造亮点，白天此处多为休闲空间。项目北广场多在消防通道和消防登高场地上，建筑接地层多为商业业态，因此此处打造成商业外摆空间，节点位置设计爱情主题雕塑。项目西广场重点是地下商业街出入口的下沉广场，位置属于商业的冷区。为了激活商业氛围，在下沉广场立面设计了攀岩活动区，利用台阶改造成了休闲阶梯。项目也设计了互动发光装置和大的休憩平台，希望能给该区域带来人气。

30 南山商业文化中心

项目地点：深圳市南山区
项目规模：20hm^2
设计单位：深圳市欧博工程设计顾问有限公司
设计时间：2004 年
竣工时间：2010 年
获得奖项：2010 年全国人居经典建筑规划方案竞赛规划、环境双金奖；
2013 年度广东省优秀工程勘察设计奖工程设计三等奖，中国建筑设计奖（建筑景观）银奖；
深圳市第十五届优秀工程勘察设计评选获风景园林设计一等奖

设计最大的贡献在于为城市、为使用者提供了多层级、不同尺度与属性的公共开放空间，市民可以在场地中找到属于他们的场所，或喧嚣，或静谧，或开放，或围合。

以水围合，呼应了场地的滨海特质，北侧面向办公的屏蔽围合，与南侧面向商业的开敞，带来强烈对比的空间体验。而在水下，是卓具远见的雨水和中水回收系统。虽然在 2004 年项目设计伊始，周边城市远没有如今的繁华，而现今这套系统正在发挥着重要作用，甚至延伸应用到相邻的另一个项目深圳湾内湖公园的灌溉和景观用水，成为可持续设计的示范性应用。

以人为本，二层步行廊桥彻底将人行空间从割裂的地块和繁杂的车流中解放出来，成为一处集聚人气、极富活力和生活气息的城市客厅。周末音乐会、创意集市、庆典节目、商业活动、街头艺术……在场地中轮番上演，也为未来东侧整个后海商务中心区打造二层公共步行体系提供了样板和空间参照。

一个场地的硬件仅仅是一个载体，而设计更注重的是人，以及人在其中所进行的活动和发生的事件，这也是设计师一直倡行并致力于实现的具有活力氛围和艺术气息的城市公共开放空间。

31 中建钢构大厦及中建钢构博物馆园林景观工程

项目地点：深圳市南山区
施工单位：深圳园林股份有限公司
项目规模：9678.86m^2
建成时间：2016 年

中建钢构大厦及中建钢构博物馆园林景观工程位于深圳市南山区后海中心路，毗邻深圳湾体育馆，项目建设规模为 9678.89m^2。施工内容包含垂直绿化、广场铺装、广场及大厦周边道路景观及隐蔽工程、水景等。本项目主要属于商业用地，项目建成后对改善项目所在景观现状、提高办公环境、提升城市品位具有积极的意义。

自工程开建以来，中建钢构大厦因由全钢结构打造的绿色建筑而备受业界关注，竣工后的中建钢结构大厦成为深圳首座全钢结构绿色建筑。博物馆的垂直绿墙分别由山管兰、鸭脚木、红背桂、鸢尾、肾蕨、小畔兰等多种绿色观叶植物镶嵌而成，共 39000 盆，墙面面积达 410m^2，与其后方银海枣搭配，层次感强，相互映衬，成为博物馆下沉式广场一道独特的风景。施工采用模块化墙体绿化，与一般工程相比，绿墙由花盆组成了三角形、菱形等几何模块，这些模块组合搭配更加灵活方便。模块中的植物图案通常须在苗圃中按设计要求预先培育养护后，再运往现场进行安装。绿墙模块运输方便，现场安装时间短，因此大大缩短了施工时间。采用自动滴灌系统，减少日后的养护成本，可以改善城市热岛效应、美化环境、有效降低城市排水负荷、避免城市积水、吸尘降噪，生态环保，是天然的氧吧，有益人们的身体健康。

道路侧边选择的小叶榄仁树形优美，高度冠幅符合设计要求，护树架支撑牢固，绿化养护到位，绿篱及灌木长势优良，修剪成型，结合垂直绿墙相得益彰，为创建海绵城市及商业办公环境增添一丝美景，同时为城市空气质量起到环保作用。博物馆、园建广场、垂直绿墙与周边的道路景观组成一处靓丽的风景，夜晚在灯光的照耀下，高冷钢的建筑搭配青翠葱绿的植物和灯光的处理，更是别有新意。

32 深圳市水贝项链区市政环境景观工程

项目地点：深圳市罗湖区
项目规模：56.73hm^2
设计单位：深圳市建筑设计研究总院有限公司

本工程位于广东省深圳市罗湖区万山水贝旧工业区，在文锦北路以东、田贝四路以北、翠竹路以西和布心路以南区域内，面积约 56.73hm^2。主要包括万山、水贝、化工、特力四个工业区和水贝村。设计以整个街区市政、环境、景观及沿街建筑立面的改造等为内容，打造水贝项链步行街区系统。

项目特点为合理改造桂花工业旧区，挖掘水贝珠宝城制造业社区的新模式，对现代工业与街区历史文化的融合进行积极的探索。

现代工业及街区文化的结合模式是其主要的创新内容。

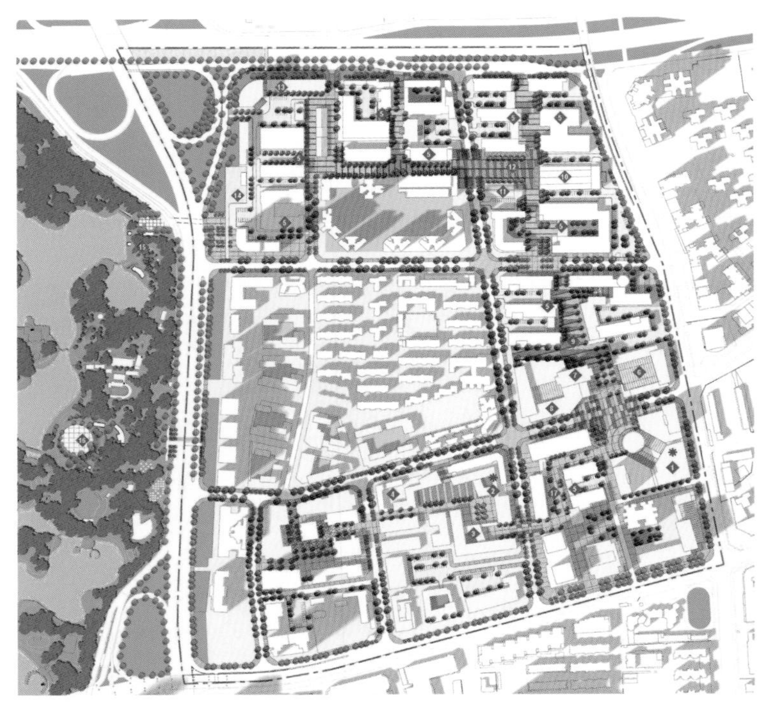

33 深圳龙珠医院改扩建项目景观工程

项目地点：深圳市南山区
项目规模：景观面积 34000m^2
设计时间：2018 年
设计单位：深圳市建筑设计研究总院有限公司

本项目位于深圳市南山区龙苑路与龙珠七路交会处，北靠塘朗山，东侧是疾控中心，西侧是龙珠中学，南侧是住宅和学校用地。地块东西向宽 309m，南北向宽 183m。景观设计采用简洁、规整的设计手法，在南广场设置水景及铺装广场。内街通过植物搭配营造温馨的就医环境。综合楼屋顶花园设计了垂直绿化墙及阳伞，供工作人员休憩。

34 中国移动深圳信息大厦景观工程

项目地点：深圳市中心区 26-3-2 地块
项目规模：景观面积 2740m^2
设计单位：深圳市建筑设计研究总院有限公司

中国移动深圳信息大厦总用地面积约 5630.72m^2，建筑面积约 103174.71m^2（按地上 36 层，地下 4 层设计），景观工程分红线内外景观设计，本次红线外景观面积为 2740m^2。

35　前海时代广场景观设计

项目地点：深圳市南山区
项目规模：21.6 万 m^2
设计单位：深圳文科园林股份有限公司
设计时间：2015~2019 年
获得奖项：2019 年 RICS 中国年度大奖（RICS Awards China）之年度建造项目入围奖

前海时代广场项目位于深圳前海金融和商务区—桂湾片区，是全国已建最大的地铁上盖物业项目，是集保障性住房、顶级商务交流中心、高档居住中心、全氧商业休闲中心、文化艺术中心、生活资源中心等多元业态形成的具国际化特色的、低密度、高绿化率的城市综合体，是前海地区规模最大的地标性项目。

本项目设计内容为前海时代上盖物业三个地块的景观设计，设计根据各地块功能特点确定了相应的园林设计基调：

1、6 号地块为运动野趣公园，包含一所幼儿园。设计方案中设置了丰富的游憩空间，如篮球场、足球场、羽毛球场、广场活动空间、儿童活动设施和老人康体设施。

2、8 号地块为商务服务区，是前海稀缺的办公墅——基金小镇，设计方案结合登山径商业动线、水庭院、绿芯广场等空间进行了整体设计。

3、9 号地块 CEO 公馆为温馨、浪漫的高档住宅，设计方案根据场地的个性特征及建筑的功能需求进行空间划分、动静分区，针对不同功能设计相应的户外游憩环境、观水的空间及静谧的休息空间，打造户外环境氛围，实现了景观设计与建筑设计的完美融合。

本项目在设计中运用了创新的设计技术，攻克了诸多设计难题，最终打造出层次丰富的城市景观空间，在行业内也取得了良好反响。

36 深圳万科十七英里环境设计

项目地点： 深圳市盐田区
项目规模： $6.76hm^2$
设计单位： 深圳市北林苑景观及建筑规划设计院有限公司、美国 SLA 景观设计公司
设计时间： 2003 年
建成时间： 2005 年

项目位于深圳市盐田区葵涌镇，属海边坡地，三面环海，背靠青山，高差约 50m。景观规划除了最大限度援引自然海岸景色外，保留了四周的山坡绿地，与公用花园、天然及人造的景观、各住宅群本身及之间的庭院，在整体的布局上相互串联，在空间层次上，从小区公共空间、组团公共空间、私家庭院空间形成序列，使居住者享受由共有至私有的景观资源。高层住宅上的空中花园，用泳池、花园平台、球场及商业休闲设施环绕；多拼并联住宅之间的庭院及双拼住宅的小广场，与联系各类住宅的景观花园平台形成呼应，贯通山坡的小径、海边的木栈道及点缀其中的凉亭、景观池、烧烤场，形成了一条景观走廊，可以将视野一直伸延至海边，海天一色，都能一览无遗。

37 做网红示范区，也做市民公园：深圳龙光玖龙台

项目地点：深圳市光明区
项目规模：34000m²
设计单位：深圳奥雅设计有限公司
设计时间：2016 年
建成时间：2017 年

深圳龙光玖龙台项目地块位于光明新城几何中心，是光明绿环的门户。该片区是光明新城第一站，集聚商务、商业综合体、办公、居住、文体、公园为一体的多元复合片区。位于多元复合片区的优势地理位置的龙光玖龙台项目需要一个富有功能性与社区影响力的公共社区公园展示区方案。除了满足“销售任务”，它也是当地的公共社区绿地。设计团队将公共精神带入了示范区设计内，精工细作且能为社区的居民所用，将市政公共空间改造和城市景观设计结合，创造了一个绿色自然的生态公园。城市开放性空间的建造，提升了当地市民的生活质量，也增强了当地的社区活力。深圳龙光玖龙台是在地产景观框架的一次突破和创新，也体现了设计对于城市公共空间的初心。

38 深圳南澳龙岐湾壹号

项目地点：深圳市龙岗区
项目规模：6.6 万 m^2
设计单位：深圳奥雅设计股份有限公司
设计时间：2014 年
建成时间：2016 年

项目位于深圳市大鹏半岛龙岐湾，处在环香港的度假休闲圈内，拥有得天独厚的海滨风光。该项目要旨在于处理好公园、居住区及整个海湾的关系，将基地打造成地标式的滨海景观，成为连接整个沿海景观点的重要纽带。

项目以海景为景观主体，以度假为主题，致力营造现代高端度假风情的酒店式景观。结合海边的场地特色，采用现代简洁的设计手法，用流畅的线条体现大海的“博大”和“诗意”。设计强调室外和室内空间的联接和共享，让人们在轻松、愉悦的空间氛围中与自然亲密接触，充分感受无处不在的海滨风光。

39 住宅景观里的文脉传承与社区精神——深圳中信红树湾

项目地点：深圳市南山区
项目规模：景观面积 12.4 万 m^2
设计单位：深圳奥雅设计股份有限公司
设计时间：2005 年
建成时间：2008 年
获奖信息：广东园林学会成立 50 周年优秀作品评选活动一等奖；
广东园林优秀作品

中信红树湾传承了岭南园林的自然之美和创新精神，结合现代的功能需求，进行了务实的创新，让人们在高密度公寓居住区找回人与自然的联系，在户外环境里享受邻里般的社区生活。

社区中心设置了一个人工湖，环湖布置有茶室平台、室外客厅、下棋平台、观景平台与景观展示湿地。这里不仅是社区的景观中心，也是社区的活动中心。儿童们可以在室外客厅与伙伴们一起做完作业后才回家，邻居们在这里开展棋牌比赛。沿湖向北的设计“恢复”了一条岭南的石溪，让岭南长大的人可以回忆起孩提时的生活时光。生态的设计一直是关注的重点，湖边的展示型湿地，不仅承担了处理水系水质的功能，同时也是一个可以供人欣赏的水生植物园。

40 半岛城邦花园三期景观

项目地点：深圳市南山区
项目规模：37850m²
设计单位：深圳市欧博工程设计顾问有限公司
设计时间：2014 年
竣工时间：2018 年
获得奖项：深圳市第十三届优秀勘察设计住宅建筑贰等奖；
2010 年全国人居经典建筑规划方案竞赛综合大奖；
2015 年首届深圳建筑创作奖银奖；
第三届深圳市建筑工程优秀施工图评审“项目奖”（住宅项目）铜奖；
第三届深圳建筑创作奖二等奖（未建成项目）；
第十八届深圳市优秀工程勘察设计评选住宅二等奖；
第十八届深圳市优秀工程勘察设计评选风景园林二等奖

项目位于深圳市南山区蛇口东角头望海路南侧，东邻 15km 滨海休闲带，与西部通道隔海相望，成为香港通往深圳门户的第一印象。背山面海，景观资源十分优越。

景观整体以“临海院子”为设计理念，用现代的手法探索东方意境的精神内核，赋予其禅意园林的思想文化，并满足使用者的现代生活功能需求。

以人为核心，以空间为媒介，从特定的使用人群中挖掘其内在功能需求，构建可行、可望、可游、可居的迈海生活社区；空间上，对东方传统院落式景观的深入挖掘，通过“径”与“巷”将前庭、后院、悦府、游廊的空间结构串联起来，强调“对镜”“听音”“观心”三个院落的轻松、宁静、从容、超然的景观氛围。

41 龙岗岸上林居园林景观工程

项目地点：深圳市龙岗区
项目规模：15713m^2
施工单位：深圳园林股份有限公司
建成时间：2017 年

龙岗岸上林居园林景观工程属于商住用地，项目由 4 栋高 33 层的建筑分 8 个单元组合成一个高档住宅小区的综合性休闲娱乐花园，总建设面积约 15713m^2。主要建设内容有入口大门景观、中央花园及架空层绿化、特色景墙与廊架、泳池及喷泉景观等。建成后提高当地的居住质量，软硬景观相结合，营造出人与自然和谐共融、宁静宜人的景观氛围。

该工程秉承“以人为本，生态优先”的理念，选用品种优良、树形优美树种，采用中西园林结合手法，注重水景运用，融入现代元素。平面布局规整对称，与自然错落结合，使园林景观与建筑有机融为一体。项目建设克服了环境、气候、时间等因素的不利影响，严格按照施工方案和规范要求，做到计划有目标、过程有控制、质量有标准、服务有保障、文明施工、协调配合、安全高效，展现了良好的景观效果和生态效应，得到各方人士的认可，充分展现了深圳市园林绿化工程的建设水平。既节约又合理地体现生态建设，同时达到良好的绿化景观效果，实现了生态和人文的合一，处处体现生机。

项目在植物配置、水景营造、硬质景观上独树一帜，以现代艺术的手法营造出浪漫主义色彩，具体表现在硬质景观上，体现了休闲、宜居等特点。水景小品运用了叠水、喷泉等，设置在建筑物的前方或景区的中心，为主要轴线上的重要景观节点。建筑在形体、风格、色彩等方面是固定不变的，缺乏生命力，需要植物衬托，软化其生硬的轮廓，建筑因植物的季节变化和有机体的变化而产生活力。因此，该项目在植物与建筑的配置方面也恰到好处，小区内的主景仍是建筑，配置植物时没有喧宾夺主，建筑与植物相得益彰。

42　第 26 届世界大学生夏季运动会（深圳）大运中心、大运村、大运自然公园系列景观设计

项目规模：大运中心 52hm²，大运村 92.6hm²，大运自然公园 819hm²
完成时间：设计（2009~2011 年）；竣工（2011 年）
设计单位：深圳市北林苑景观及建筑规划设计院有限公司
大运中心合作单位：德国 GMP 国际建筑设计有限公司
获得奖项：2012 年深圳市第十五届优秀工程勘察设计行业奖园林景观二等奖，广东省岭南特色规划与建筑设计铜奖；
2013 年全国优秀工程勘察设计行业奖园林景观一等奖，广东省优秀工程勘察设计行业奖园林景观二等奖

深圳大运会体育中心位于龙岗区奥体新城核心地段，西接铜鼓岭、神仙岭山体，东望龙城公园。"两山镶玉"的格局造就了大运中心自然的山水环境，在景观设计过程中，将代表抽象自然的哲学元素转换为具体的景观元素如"地形""水""乡土材料""文化"等，营造具有传统文化内涵、现代景观特色的黉运之园。大运中心"一场两馆"以"石"为寓意，借"水晶石"为建筑的设计主题，设计出建筑的独特造型，赋予了整个建筑群灵动的色彩，与环绕场馆的广阔公园绿地、大运景观湖、周围的铜鼓岭山体，构成了一幅美妙的山水画卷。

大运村（信息学院）地处深圳龙岗区体育新城，大运村的景观规划以大学校园的景观使用需求为核心，在整个校园的景观设计上，尊重场地现状的自然状况，以营造"山水校园"为目标，创造"生态校园、活力校园和人文校园"，让人工环境融入自然，为师生们提供充满亲切且具有生机的良好环境。

大运自然公园位于龙岗体育新城西侧，规划着眼于"大生态""大景观"的视野，将周边重要区域如大运中心、大运村、国际自行车赛馆等联系在一起，形成一条绿色通廊。设计充分关注和挖掘世界当代大学生的整体精神风貌，将青春的元素注入公园的设计之中，在很好地反映大运会运动主题的同时，重点结合现有地形，营造与山地自然空间紧密相融的运动空间，鼓励市民开展各种规模山地运动，让人们在运动的同时感受到四季演替的自然之美，感悟到身心与自然的完美融合。

43 粤港澳大湾区 · 2019 深圳花展

“粤港澳大湾区 · 2019 深圳花展”是深圳市“打造世界著名花城、创建美丽中国典范城市”的重要举措，花展展区面积近 6 万 m^2，涉及仙湖植物园园区 40 多个景点，国内外 30 余家知名花卉和园林公司参展，展出近 800 个新优花卉品种，1 个“丰花月季”新品种全球首发。花展设有 5 座国际花园，由来自英国、法国、日本、菲律宾的国际著名园艺大师设计。10 余家国内知名设计和园林公司参与设计和布置的花镜、节点花园和园艺小品同台竞演，深圳各区政府精心打造的 11 座精品花园融合了绿色文化、科技理念，也在本次花展亮相。

海派南洋——国际花园展金奖

本设计通过一个蕴涵了东南亚文化和历史的现代感小花园，向大家展现东南亚人民健康向上、轻松而富有生活气息的日常生活场景。

龙华蝶变——精品花园展金奖

龙华大浪时尚小镇从工业聚集区到创意产业园区，再至深圳市唯一创意特色小镇的蝶变，以三种具有渐进关系的艺术组件与花卉的搭配抽象表达，寓意区域发展的升华。

花漾深圳，滨海之城——花镜展金奖

作品反映了深圳从渔村到现代化大都市的巨大转变及深圳市民对改革开放成功的欢乐心境。

44 深圳市前海桂湾片区景观工程

项目地点：深圳市南山区
项目规模：54.3 万 m^2
设计单位：深圳文科园林股份有限公司
设计时间：2017 年
建成时间：2017 年

本项目位于深圳前海桂湾片区，提升范围主要包括桂湾河以北、双界河以南、月亮湾大道以西、演艺公园以东、项目红线范围内的公共空间景观提升。深圳前海是未来的“城市双中心”之一，也是深化深港合作以及推进国际合作的核心功能区，同时又是“珠三角湾区”穗—深—港发展主轴上的重要节点。因此桂湾片区的景观提升显得尤为重要。

随着城市化的发展，城市空间的外轮廓不断扩大，城市人群频繁穿梭于建筑与道路之间，需要很大一部分慢行、驻足、观赏的环境和空间，因此本项目在设计与施工中尤其注重人与自然和谐相处空间的预留和打造，让城市更加注重自然，更加具有人情味。项目秉承疏朗通透、简洁大气的设计风格，遵循上层自然、中层简化、下层精致的配置原则，融合“薄海绵城市”设计手法，结合景观微地形，设置雨水花园、下凹式绿地、生态草沟等绿色基础设施，进一步提升城市空间品质。

项目设计贯彻三“有”理念：“有颜值”——滨海花城、“有活力”——健康的品质生活、“有内涵”——海绵城市与景观微地形，目的是为了打造高颜值城市道路景观空间，建设降噪降尘与雨水收集于一体的景观生态系统，创造多样的景观层次和空间形态，为建设高标准前海公共景观空间、快速构建前海绿色网络基底、营造绿意盎然的前海活力新城形象打下良好基础。

45 深圳市二线关关口景观提升工程

项目地址：深圳市
项目规模：83 万 hm^2
设计单位：深圳市市政设计研究院有限公司
设计日期：2012~2017 年
获得奖项：2019 年度广东省优秀工程勘察奖园林景观和工程二等奖；第十八届深圳市优秀工程勘察设计奖专项工程（景观）一等奖

项目设计以“消除关口印象，留住历史印迹，提升城市环境”为基本设计策略，将关口的交通功能与绿地功能相结合，打造简洁大气、繁花似锦的城市公共景观；其次，通过海绵城市技术、立体绿化、连通原特区内外绿廊及绿道等 7 种策略对关口环境进行全面提升，将城市功能、空间结构和历史文化传承保留，复兴城市生活，成为市民休闲场所。二线关交通改善工程的落成不但切实解决了关口交通拥堵，使通行能力和通行效果得到极大提升，车辆通行关口速度成倍增加，而且促进关内关外的发展逐渐平级，界限存在的意义逐渐消逝，在城市均衡发展方面具有深远意义。

第5章

室内设计篇

王永强　张卫华

深圳土木 40 年 · 深圳室内设计与中国改革开放同步成长

一、深圳室内设计的起步与发展

深圳作为中国第一个经济特区在 40 年的建设和发展中，曾经创造了举世瞩目的“深圳速度”。如今，又成为粤港澳大湾区庞大城市经济群体的四大引擎之一。

深圳室内设计伴随着中国改革开放的步伐经过 40 年的发展和壮大，现在已有室内设计从业人员约 3 万多人；建筑装饰设计企业（公装、家装）2500 余家；甲级设计企业 60 多家，年施工产值超过 500 个亿，年均递增 25%以上；全国有近 1/2 的标志性室内装饰工程项目由深圳企业设计施工；最近 5 年，在国际国内历次设计大赛中，深圳本土的室内设计师获奖比例约占全国的 20%~25%，获奖总量全国排名第一；2006 年全市实现室内装饰设计产值约 10 个亿，装饰工程施工产值 250 亿元；2007 年实现室内装饰设计产值近 12 个亿，装饰工程施工产值突破 350 亿元。深圳室内设计行业的繁荣还直接拉动了家具、建材、装饰材料等关联产业的发展，促进了相关行业数十万人的劳动就业。这些数据充分表明，深圳室内设计已成为深圳在全国最具辐射力和影响力的行业之一。

二、深圳室内设计已发展成金字招牌

深圳室内设计经过改革开放 40 年来市场的风雨磨砺与沉淀积累，成长和涌现出了一大批优秀品牌设计师群体，深圳室内设计已成长为中国设计界极具影响力的知名品牌。“深圳设计”以无可争辩的优势代表了中国室内设计的最高水准，已成为中国室内设计的金字招牌。深圳室内设计行业内的知名设计师如洪忠轩、吴家骅、姜峰、李益中、陈厚夫、秦岳明等人都曾相继荣获过国际国内室内设计大奖，其中吴家骅、姜峰是享受国务院特殊津贴专家。人民大会堂国宴厅、北京中华世纪坛、上海东方艺术中心、深圳会议展览中心等重点工程或标志性建筑装饰设计精品，均出自深圳设计师之手。这些优秀的室内设计作品集中展示了近年来深圳室内设计行业的主要成就及发展水平，同时也彰显和提升了深圳室内设计品牌的含金量。

三、深圳室内设计发展任重道远

深圳室内设计行业经过 40 年来的成长取得了长足发展，深圳室内设计师已经走出广东、走向全国。随着国内室内设计产业市场化需求的不断细分，深圳室内设计机构也正在逐渐向专业化方向发展。作为“空间文化倡导者”的深圳室内设计师的成功在于专业优势，因此，专业化趋势是今后深圳室内设计发展的主流方向。深圳的室内设计已经走上了健康、科学和持续发展的轨道，同时也成长和涌现出了一批知名品牌设计师。有专门设计五星级酒店的洪忠轩、姜峰、杨邦胜、易沙、刘波等设计师，有专门设计样板房的李益中、秦岳明、陈颖、彭旭文等设计师；有专门设计文化、剧场的孙大壮、李瑞麟、孙继忠、陈厚夫等设计师；也有精于室内软装设计的刘卫军等设计师。

然而，深圳室内设计也存在一系列制约行业发展的因素。一是在人才方面，深圳房价过高导致的高门槛致使设计人才对深圳望而却步。同时，随着装饰行业改制的推进，毕业生倾向于进入国企也导致不少民营企业招聘困难。二是深圳室内设计的地位有逐步弱化的趋势。随着设计市场的逐渐开放，国外室内设计师正在抢滩中国高端市场，并在带来新的设计理念的同时进行着文化侵入与渗透，中国室内设计产业正在面临“内忧外患”的巨大冲击。虽然深圳室内设计暂时走在全国前列，但在北京、上海及江浙等地的你追我赶中，深圳室内设计的“排头兵”地位不可避免地受到严峻挑战，因此，深圳室内设计要继续保持全国行业的领军地位还需要继续努力并任重道远。

四、深圳室内设计的里程碑案例

室内设计是建筑整体设计的重要组成部分，室内设计在建筑空间环境的二次设计中有着不可替代的重要作用。深圳室内设计在改革开放 40 年来深圳崛起的万千广厦中，充分体现和见证了我国改革开放的伟大实践及特区的发展与繁荣，也陆续参与设计和完成了如深圳国贸大厦、上海宾馆、深圳大学建筑群主体建筑、深圳市民中心、招商银行大厦、京基 100 大厦、平安国际金融中心大厦、华润总部大厦、深圳机场 T3 航站楼、深圳当代艺术博物馆和规划展览馆等代表性室内设计工程案例。在这些具有里程碑式意义的典型案例中的室内设计风格、装修材料配置及施工工艺等，既承载着历代深圳室内设计人的使命和情怀，也是 40 年来深圳室内设计行业发展的一个缩影。

01　国贸大厦公区大堂室内设计

深圳国贸大厦位于嘉宾路与人民南路交会处，建筑高度 160m，共 53 层，建筑面积 10 万 m^2，是当时全国最高建筑。深圳国贸大厦的总设计师是朱振辉，从 1982 年 10 月至 1985 年 12 月 29 日共 37 个月即竣工，以三天一层楼的速度建成，创造了建筑史上的新纪录。国贸大厦是中国建成最早的综合性超高层楼宇，其建筑和室内装饰设计在改革开放之初的中国都具有划时代的标志性意义，素有“中华第一高楼”的美称。国贸大厦室内设计中的直线元素简洁大气，与建筑设计元素内外呼应，自成一体，室内天花的错层设计和上返弓形处理手法使室内空间感既层次丰富又彰显大气，整个室内环境效果在现代时尚中散发着浓烈的时代气息。当时的国贸大厦是深圳接待国内外游客的重要景点。

02　上海宾馆公共大堂室内设计

上海宾馆位于深南中路，始建于 1983 年，于 1985 年正式竣工开业，是中国改革开放之初深圳著名的城市“坐标”，在深圳经济特区发展初期见证了深圳城市的发展进程。上海宾馆的室内装饰设计借助毗邻香港的地理资源优势，在大堂及其他公共区域的设计风格、材料工艺等方面大胆吸收香港酒店设计理念，设计营造出了一个大气厚重、品质温馨、时代气息浓郁的酒店室内公共空间休闲服务环境。上海宾馆作为 20 世纪 80 年代初期深圳第一个星级品质的商务酒店，与国贸大厦一样有着同等重要的历史地位，均为中国改革开放初其室内装饰设计的典范之作。

03 深圳大学建筑群主体建筑室内设计

深圳大学建筑群主体建筑于 1984 年 2 月新校园开始动工时建设，同年 9 月竣工，其建校速度之快、效率之高同样创造和践行了“深圳速度”。从深圳大学主体建筑的室内装饰设计风格及材料配置中，已能明显感受到深圳室内设计初步形成了在室内装饰设计中追求“功能完善、风格简洁、品质时尚、环境温馨”的现代感的室内设计主流方向。

04 深圳市民中心公共服务区室内设计

深圳市民中心位于深圳市中心区中轴线上，总建筑面积 21 万 m^2，于 2004 年 5 月 31 日启用，是深圳市新时代标志性建筑和中心区的地标。深圳市民中心是深圳市的“城市大客厅”，是深圳二次创业的标志，是 21 世纪深圳城市建设的象征。市民中心作为深圳市市政建设工程的重点项目，在室内装饰设计总体风格的把握上，力求做到简洁、明快、大方庄重而又不失活力，从而向公众充分展示政府开放、公开、平等、亲民的政务理念：大面积玻璃的使用和弧形楼梯上升的曲线既增强了室内外景观的互动共享，又为空间注入了动感及活力；4 层楼高的光纤灯贯穿其中，在电脑程序的控制下柔和地变幻着色彩，令每个进入这一空间的人，都有意想不到的科技体验感；人大会堂风格稳重，色彩温暖，顶棚圆形造型以及流光溢彩的光纤灯环绕着红色五角星，使整体气氛极具凝聚力；中庭装饰设计中玻璃、金属、大理石与温润木材之间的碰撞，令整个空间自然简约、成熟而内敛。

05 京基 100 大厦公区大堂室内设计

京基 100 地处蔡屋围金融中心区，于 2011 年 9 月竣工。作为定义全新城市综合体形态，构建涵盖商务金融、顶级酒店及商业消费等多重功能的垂直立体的国际大都会商务产业集群，是截至 2012 年深圳唯一超过 400m 的城市综合体。办公大堂及电梯间是人流密集必经的地方，在装修设计上力求简洁、大方。地面、墙面采用天然石材为主材装饰，搭配木饰面及不锈钢作为点缀。电梯门上方木饰面造型与顶棚造型连为一体形成面，石材面、木饰面、绿化景观的组合形成规整、自然、轻松的视觉感受，完美展现时尚、豪华、高档写字楼的空间设计理念，散发着浓郁的生机与活力。结合原建筑结构的装饰材料的运用与搭配，以及几何图形的组合，表达出空间的大气、简洁、现代与流畅感。

06 平安国际金融中心大厦公区大堂室内设计

平安国际金融中心项目建筑主体高度 592.5m，于 2016 年 4 月全面竣工，是深圳市福田中央商务区的一座标志性中心建筑。该大厦包括 100 个办公楼层，整个大厦可以容纳 15500 名员工，并且每日可接待 9000 名游客至观景台。裙楼包括了一个中庭，这里宽敞明亮，阳光充沛，作为公共空间可以用来开会、购物和用餐。5 层楼高的零售商店与大厦分离开来，形成了一个巨大的、好似圆形剧场的空间。

平安国际金融中心室内公共区域装饰设计的最大特点，是在延续建筑设计现代风格定位的基础上，其室内设计元素与建筑外立面的设计元素高度统一。在室内大空间的立面设计中通过棱形截面和竖向线条的设计语言以及暗装灯带的设计手法，使用原本坚硬冰冷的天然石材营造出了一个温馨亲和的空间氛围。

位与建筑顶部的云际观光层地面设计选择了水磨石地面，水磨石地面以无缝的质感、大气的线条美极大地提升了观光层的空间形象，提高了游客的观光体验。地面与霓虹灯光、落地玻璃等相互配合，共同为游客营造了一个最佳观景层。

07 华润总部大厦公区大堂室内设计

华润总部大厦位于后海中心区核心位置，建筑面积 76 万 m^2、高度 392.5m^2，于 2018 年全面竣工并入驻。这座大楼的建筑主体形状就像是一根冬笋，旨在为“深圳的城市肌理注入活力”，同时为深圳重要的企业之一提供“象征其历史发展和卓越地位的视觉图标”。

华润总部大厦室内设计元素简洁纯粹，采用流畅的线形设计语言，将不同材质的墙面和顶棚造型有机结合在一起，使室内空间显得洁净大气。建筑外墙的金属和玻璃的冰冷质感通过室内顶棚木色及墙面的偏暖色石材得到了有机调和，使室内空间的整体环境氛围显得既大气稳重、明快和谐，又简洁现代、温馨宁静，充分彰显了企业的文化内涵和现代办公空间的高品质感。

08　深圳机场 T3 航站楼公共空间室内设计

深圳机场 T3 航站楼是深圳市重大交通设施项目，是深圳大空港地区规划发展的重要组成部分。45.1 万 m^2 的深圳 T3 航站楼，其建筑及室内设计均由意大利福克萨斯公司设计。在室内设计中充分结合了建筑设计理念和深圳本地环境气候等重要因素，融合了建筑美学、绿色节能和功能实用等多方面元素，通过利用冬季自然通风、顶层公共空间自然采光、优化空调设计等实现绿色建筑设计理念。

09 深圳当代艺术博物馆和规划展览馆室内设计

深圳当代艺术馆与城市规划展览馆于 2016 年 6 月建成，位于市民中心北侧，是深圳福田文化区总体规划的一部分，也是深圳中心区最后一个重大公益文化项目，该项目由蓝天组建筑事务所设计完成。

当代艺术博物馆和城市规划展览馆的建筑功能分别为文化汇集地和建筑展览场所。蓝天组将建筑的室内空间分别设计成了两座场馆，以强调各自空间的室内专属功能，满足不同的展示需求，然后将其不同的室内空间统一在一个庞大的多功效表皮之下。建筑的入口大厅、多功能展览空间、观演厅、会议室和服务空间可同时为两个场馆所共用。透明的立面以及智能室内灯光控制系统，使得该建筑的室内入口大厅和过渡区域清晰可见。参观者身处室内空间时可对外面的城市景观一览无余，仿佛置身室外，完全开敞的无柱的室内展览空间强化和加深了参观者的视觉体验。

10 深圳能源大厦公共空间室内设计

深圳能源大厦的新总部大楼由两座塔楼组成，其中北侧塔楼高 220m，南侧塔楼高 120m，并在底部由一座高 34m 的裙楼相连，裙楼中设有主要大厅、会议中心、自助餐厅和展览空间，于 2018 年建成竣工。深圳能源大厦是建筑设计与室内设计完美融合的典范之作，建筑表皮上折板式的设计形态有助于最大化其内部空间的可持续性能。深圳能源大厦是第一个能称得上“无辅助设备工程”的建筑项目，BIG 在这个项目的建筑及室内设计中，希望建筑在内部环境调节方面对辅助设备的依赖是可控的，要充分利用建筑本身实现各项性能。深圳能源大厦在传统摩天大楼的基础上进行了一些微妙的变异，通过建筑和自然元素（比如日光角度、阳光、潮湿度和风）的互动来创造最大舒适度和室内空间的环境品质。建筑幕墙弯曲方向与太阳方位相呼应，这样可使室内空间最大化地利用自然光和扩大视野，同时又能在西晒方向上减少阳光对室内的直射。这种具有可持续性能的立面系统在不需要任何复杂科技或活动元件的情况下就能实现整体能源消耗的减少。

第 6 章

绿色建筑篇

罗 红 唐振忠 施世涛 张成绪

深圳市绿色建筑发展

绿色低碳是人类的共同语言，也是城市实现高质量、可持续发展的必由之路。党的十九大报告指出，要加快生态文明体制改革，推进绿色发展，建设美丽中国。深圳，这座因创新而生的改革开放城市，在城市发展过程中，全面贯彻“创新、协调、绿色、开放、共享”五大发展理念，持续大力推进建筑领域绿色低碳发展，加快转变城市建设发展方式，全力打造“深圳质量”。在改革开放 40 周年的重要节点、粤港澳大湾区建设全面推开的重要时刻，习近平总书记视察深圳工作并做出重要批示，特别赋予深圳“朝着建设中国特色社会主义先行示范区的方向前行，努力创建社会主义现代化强国的城市范例”的新使命，深圳要“抓住粤港澳大湾区建设重大机遇，增强核心引擎功能”。两会前夕，《粤港澳大湾区发展规划纲要》正式发布，致力于打造“宜居宜业宜游的优质生活圈”。

近年，深圳市继续贯彻绿色发展理念，在建筑领域坚决推进节约资源、保护环境的基本国策，围绕建设现代化、国际化、创新型城市的目标，充分发挥特区改革创新优势，积极借鉴国内外先进经验做法，立足深圳实际，坚持问题导向，严格落实国家和广东省、深圳市建筑节能和绿色建筑法规政策和标准规范要求，扎实推进绿色建筑工作，在政策法规建设、科技成果进步、新建建筑节能监管、绿色建筑发展、既有建筑用能管理等方面圆满完成全年计划确定的主要目标和工作任务，各项工作迈上新的台阶，多项工作继续走在全国前列。同时进一步加强人才建设、积极推动行业发展和宣传推广，为粤港澳大湾区乃至全国绿色建筑领域的发展提供样板。

政策法规有进展。在政策法规方面，深圳市从城市发展规划尺度的长远目标到绿色建筑发展具体的行动方案，不断完善绿色建筑发展的政策环境。同时，各辖区主管部门也积极制定符合本区绿色建筑发展的政策措施，推动建设工程高质量发展。

科研成果有进步。根据城市建设事业绿色发展的需要，深圳市出台了包括《公共建筑节能设计规范》《居住建筑节能设计规范》《建设工程安全文明施工标准》《绿色建筑评价标准》《绿色物业管理项目评价标准》等相关标准规范；完成《深圳市绿色建筑施工图审查要点》《深圳市建成绿色建筑后评估研究》《深圳市建筑性能保障条例可行性研究》及《深圳市既有公共建筑绿色化改造的工作机制研究》等相关课题研究；多个项目获得“建筑业新技术应用示范工程”，多项技术获得建设工程新技术认证。

新建建筑节能监管有保障。继续完善从立项、规划、设计、施工、验收等各环节全过程、全方位的建筑节能监管闭合体制机制，严格执行建筑节能“一票否决”制，持续开展全市建筑节能和绿色建筑专项检查工作，在生态文明建设考核中纳入建筑节能和绿色建筑考核指标，持续推进可再生能源建筑应用和绿色建材工作，确保新建建筑严格执行建筑节能和绿色建筑相关法律法规、技术标准规范。

绿色建筑发展有突破。在评价机制方面，在全国率先实现向第三方评价转变；绿色建筑运行标识创历年新高，建筑面积和数量超额完成省市下达的任务，全市绿色建筑评价标识项目规模继续位居全国前列；绿色生态园区和城区建设继续深化，光明区以优秀评定等级率先通过住房和城乡建设部“国家绿色生态示范城区”验收工作，组织编制发布《深圳市重点区域开发建设导则》《行动指引》及《深圳市重点区域建设工程设计导则》，指引全市十七个重点发展片区绿色高质量发展；在全国首创“绿色物业管理项目评价”，发布评级标准，开展评价工作。

既有建筑节能监管有提高。继续推进公共建筑节能改造工作，加强公共建筑能效提升配套工作能力建设，发布《深圳市公共建筑能效提升重点城市建设工作方案》及一系列配套文件；加强大型公建能耗监测系统的运维管理，制定更为科学、合理的校核方案，提升能耗数据的准确性、可靠性；持续开展民用建筑能耗统计工作，根据 2018 年度能耗统计结果完成编制《民用建筑能耗统计数据分析报告》，并据此筛选出各类型建筑中单位面积能耗较高的 10 栋建筑开展能源审计，对部分能耗水平较低的建筑予以公示。

行业发展有亮点。本地行业与企业“走出去”成效显著，已成为引领粤港澳大湾区乃至“一带一路”建设绿色建筑发展的引擎。大力培育绿色建筑咨询、节能改造等新型产业，涌现出一大批国内建设科技创新企业、绿色节能服务领军企业，打造国内同类行业协会标杆，支持本地企业为主成立的行业组织广东省绿色供应链协会绿色物业管理专业委员。通过建立深圳市建设科学技术委员会绿色建筑专业委员会，丰富和完善绿色建筑专家库、创新设立绿色建筑专业技术职称等一系列措施，建立和完善从领军人才、专家资源到从业人员多层次全方位的行业人才体系建设，并持续开展面向行业内外的宣贯培训活动，推动绿色建筑行业稳步健康可持续发展。

一、政策措施

坚持以法治推动建筑领域绿色低碳发展，深圳率先在国内颁布建筑节能条例、建筑废弃物减排与利用条例等地方性法规，成为全国首个全面强制新建民用建筑执行节能标准的城市，为全市建设领域绿色低碳发展构建起坚实的政策保障。并先后实施了低碳发展中长期规划及建筑节能与绿色建筑两个五年规划，为深圳新一轮建筑节能和绿色建筑发展奠定了良好基础。2013 年 7 月，深圳发布国内首部促进绿色建筑全面发展的政府规章《深圳市绿色建筑促进办法》，要求所有新建民用建筑全面执行绿色建筑标准，绿色建筑正式步入法治化的快车道。近期，新颁布以下绿色建筑政策：

1.《深圳市可持续发展规划（2017—2030 年）》

2018 年 3 月 26 日，深圳市人民政府发布《深圳市可持续发展规划（2017—2030 年）》，以“三个定位、两个率先”和“四个坚持、三个支撑、两个走在前列”为统领，全面落实联合国 2030 年可持续发展议程。以坚持绿色发展、和谐共生为基本原则，树立和践行绿水青山就是金山银山的理念，坚持尊重自然、顺应自然、保护自然，将生态文明建设放在更加突出位置，努力建成生态宜居城市。推动形成绿色低碳发展方式，倡导简约适度、绿色低碳的生活方式，坚定走生产发展、生活富裕、生态良好的文明发展道路，给子孙后代留下天蓝地绿水清的美丽家园。以绿色发展样板区为战略定位。大力推进绿色、低碳、循环发展，完善低碳发展的政策法规体系，促进资源节约利用，倡导绿色生活方式，建设绿色宜居家园，成为超大型城市经济、社会与环境协调发展的典范。《规划》提出，把建设更加宜居宜业的绿色低碳之城作为深圳市可持续发展的重点工作任务，以大力发展绿色建筑和装配式建筑作为建设更加宜居宜业的绿色低碳之城的重要手段。

2.《深圳经济特区建筑节能条例》（2018 年 12 月 27 日第二次修正）

根据 2018 年 12 月 27 日深圳市第六届人民代表大会常务委员会第二十九次会议《关于修改〈深圳经济特区环境保

护条例〉等十二项法规的决定》，对《深圳经济特区建筑节能条例》第五章“法律责任”中与《民用建筑节能条例》等上位法不相符的内容进行了局部修正。新修订的《条例》对建设、设计、施工、监理和施工图审查等建设工程五方责任主体违反条例相关规定的情况加大了处罚力度，对于情节严重的，采取停业整顿、降低资质等级或者吊销资质证书等处罚措施。

3.《关于提升建设工程质量水平打造城市建设精品的若干措施》

为提升建设工程质量水平，按照“世界眼光，国际标准，中国特色，高点定位”要求，弘扬“设计之都”文化，打造“深圳建造”品牌，根据《深圳市住房和建设局深圳市规划和国土资源委员会深圳市发展和改革委员会关于印发〈关于提升建设工程质量水平打造城市建设精品的若干措施〉的通知》要求，新建政府投资和国有资金投资的大型公共建筑按绿色建筑高星级标准建设。为了贯彻执行这一要求，《深圳市住房和建设局关于执行〈绿色建筑评价标准〉SJG 47-2018 等有关事项的通知》（深建科工〔2018〕41 号）对标准执行工作进行了具体的规定，要求在 2018 年 10 月 1 日后新办理建设工程规划许可证的政府投资和国有资金投资的大型公共建筑、标志性建筑项目，应当按照绿色建筑国家二星级或深圳市银级及以上标准执行。

4.《深圳市绿色建筑量质齐升三年行动实施方案（2018—2020 年）》

为加快推动深圳市绿色建筑量质齐升，加速促进建筑产业转型升级，根据《广东省住房和城乡建设厅关于印发〈广东省绿色建筑量质齐升三年行动方案（2018—2020 年）〉的通知》（粤建节〔2018〕132 号）等文件精神，结合深圳市实际情况，市住房建设局制定了《深圳市绿色建筑量质齐升三年行动实施方案（2018—2020 年）》。行动方案以坚持以人为本、坚持高质量发展、坚持品质提升为指导思想，提高居民的实际体验感和获得感，全面提升绿色建筑发展质量，提升建筑全过程绿色化水平。对深圳市近三年的绿色建筑发展进行了详细规划，并分阶段提出具体工作要求。

行动方案对深圳市近三年绿色建筑发展目标如下：2018~2020 年，全市新增绿色建筑面积三年累计达到 3500 万 m^2，到 2020 年底全市新增绿色建筑面积累计超过 10000 万 m^2；全市国家二星级或深圳银级及以上绿色建筑项目达到 180 个以上；创建出一批国家二星级或深圳银级及以上运行标识绿色建筑示范项目；完成既有建筑节能改造面积 240 万 m^2。

行动方案要求，到 2020 年，全市绿色建筑政策法规和技术标准体系基本完善，绿色建筑规划、设计、施工、验收、运营等全过程监管进一步强化；新建建筑能效水平和绿色发展质量进一步提升；绿色建筑高星级占比大幅提升，绿色建筑运营管理水平显著提高；推动一批高能耗既有建筑实施节能绿色化改造；可再生能源建筑应用稳步推进；装配式建筑发展水平大幅度提升；绿色建材在建筑中应用得到有效推广。

二、激励机制

为促进深圳市建设领域节能减排和绿色发展，2012 年深圳市住房和建设局会同市财政委联合编制发布《深圳市建筑节能发展资金管理办法》（深建字〔2012〕64 号），每年

序号	类型		级别	资助标准		资助上限（万元）	
				单位	额度		
1	绿色建筑示范项目	新建绿色建筑	二星级或银级	元/m^2	20	180	不超过建安工程费3%
			三星级或金级		40	250	
			铂金级		50	300	
		既有绿色建筑	一星级或铜级		10	100	
			二星级或银级		20	200	
			三星级或金级		40	300	
			铂金级		60	350	不超过前一年度物业管理费20%
2		绿色物业	一星	万元	5	5	
			二星		10	10	
			三星		20	20	
3	装配式建筑示范项目		—	元/m^2	100	500	
4	建筑业新技术应用示范项目		—	%	200	200	
5	预拌混凝土和预拌砂浆生产专用设施绿色技术改造示范项目		国家三星级	%	100	50	不超过绿色技术改造的项目投资总额（不含土建）的20%
	绿色预拌混凝土和预拌砂浆应用示范工程		100%执行深圳市绿色建材相应技术标准	%	100	50	不超过供应项目绿色预拌混凝土和预拌砂浆销售发票金额的20%
	科研课题	已完成	国家级	万元	20	20	不超过经费支出总额的50%
			省部级		18		
		阶段性	国家级		12		
			省部级		10		
6	标准制定与修	国际标准	主编	%	60	20	不超过经费支出总额的50%
		国家标准				20	
		行业标准	参编		40	18	
		（深圳）团体标准				16	
7	公共技术平台		国际/国家	%	100	50	不超过实际投入的30%
			省级			30	
			市级			20	
8	产业基地		国家	%	100	100	
			省市			50	

从市财政预算中安排用于支持深圳市建筑节能相关工作的专项资金。2018 年 5 月，市住房建设局会同市财政委联合编制修订发布了《深圳市建筑节能发展专项资金管理办法》(深建规〔2018〕6 号)。修订后的管理办法拓宽了资助范围，增加了建筑信息模型 (BIM)、绿色物业、建设科技 (相关科技课题、标准规范及宣传推广)、绿色建材 (含新型墙材)、散装水泥、地下综合管廊等资助内容；调整了资助方式，删除贷款贴息资助方式；细化了资助类别，对绿色建筑评价标识、既有建筑节能改造、可再生能源建筑应用、课题标准、装配式建筑等领域按照不同情况分别有针对性地制定补贴政策；参照其他省市规定并结合近年来项目实际增量成本支出适当上调了资助标准。该管理办法在推进深圳市建筑领域节能减排和绿色建筑发展、促进建设科技创新和技术进步、打造深圳质量和深圳标准等方面，发挥了重要的激励和支撑作用。

三、技术标准

因地制宜是绿色建筑发展的核心理念。结合深圳所处“夏热冬暖”地区的地域和气候的特点，建立了全生命周期控制的工程建设标准规范体系，涵盖居住建筑和公共建筑节能、绿色建筑的规划设计、施工验收、运营维护等全过程标准体系，对推动建筑节能和绿色建筑项目建设起到了有效的规范和指导作用。2018 年，深圳市实施工程建设标准提升行动计划，启动重点领域标准国际化对标试点，对标英标欧标，打造工程建设领域的“深圳标准”。尤其是在 2018 年完成深圳市地方标准《公共建筑节能设计规范》《居住建筑节能设计规范》及《绿色建筑评价标准》的全面更新，更加强调以结果为导向、提高绿色建筑运行实效，打造给人民群众带来获得感和幸福感的绿色建筑。此外，市住房建设局目前在编《深圳市绿色建筑工程验收规范》《深圳市绿色建筑运营测评技术规范》《深圳市绿色校园设计标准》《深圳市既有建筑绿色改造评价标准》《深圳市公共建筑节能改造节能量核定导则》《深圳市超低能耗建筑技术导则》等一系列建筑节能、绿色建筑相关标准规范，覆盖更多建筑类型，向绿色建筑全生命周期扩展。

1. 居住 / 公共建筑节能设计规范

2018 年 6 月，市住房建设局同时发布了《居住建筑节能设计规范》SJG 45-2018 和《公共建筑节能设计规范》SJG 44-2018，两部节能标准均于 2018 年 10 月 1 日起实施。

居住建筑节能设计规范与原标准相比，新规范以节能 65% 为目标，一是注重居住小区规划设计布局对热环境和风环境改善；二是形成了以深圳当地气象观测数据为基础构成的典型气象年；三是从传统的季节划分修订为深圳市的建筑节能季节划分，并提出了相应的节能设计要求；四是建立了深圳市通风时段主导风向、风速分布图，确定了自然通风贡献率的计算方法。修订后更加契合深圳市居住建筑节能特点，具有更高的可操作性与实施性。

公共建筑节能设计规范在原节能标准的基础上，一是加强围护结构热工性能规定性指标约束力度；二是增加了围护结构热工性能权衡判断的前提条件； 三是对空调通风系统节能设计要求的完善和改进；四是对电气系统节能设计要求的完善和改进；五是新增给排水及可再生能源利用等系统的节能设计要求；新增可再生能源应用系统设计要求，并进一步细化和完善标准条文的可操作性。

2. 绿色建筑评价标准

2009 年 8 月，深圳市发布了第一部绿色建筑评价标准《绿色建筑评价规范》SZJG 30-2009。随着国家标准的不断修编以及绿色建筑发展面临的新情况，原有标准已经不能完全指导今后深圳市绿色建筑评价工作。根据深圳市绿色建筑实施情况及工作经验总结，市住房建设局编制发布了《绿色建筑评价标准》SJG 47-2018，于 2018 年 10 月 1 日起实施。

本标准更注重建筑性能化提升，以结果为导向为主要原则，全面提高绿色建筑建设品质。与原国家标准及其他地方标准相比，本标准的主要创新点在于：一是将评价分为三阶段，包括设计预评价、建成评价、运行评价，取消绿色建筑设计标识，增加建成标识，保留运行标识；二是节地与室外环境章节将垃圾分类及无障碍设计作为控制项要求，增加项目场地周边的公共服务配套对城市公共服务配套与交通的贡献得分要求；三是将节能与能源利用、节水与水资源利用章节的相关规定性条文演变为综合性定量指标，不强调具体的节能、节水技术措施，重点强调节能（能耗）、节水（水耗）的实际效果；四是节材与材料资源利用鼓励土建装修一体化设计与建筑工业化设计，注重对室内环境品质的要求。

3. 绿色物业管理导则 / 项目评价标准

为认真贯彻执行《深圳经济特区物业管理条例》《深圳市绿色建筑促进办法》以及其他有关绿色物业管理的政策法规，进一步落实绿色建筑运行效果、提高绿色物业管理水平，2018 年 10 月，市住房建设局组织修订发布了《绿色物业管理导则》SZDB/Z 325-2018，2018 年 11 月 1 日起实施。12 月，又组织发布了《绿色物业管理项目评价标准》SJG 50-2018，于 2019 年 1 月 1 日起实施，这是全国首部以“绿色物业”命名的评价标准。

《绿色物业管理项目评价标准》在保证物业管理和服务质量等基本要求的前提下，通过管理制度、节能、节水、垃圾减量分类、环境污染防治和绿化管理等方面的科学管理、技术改造和行为引导，引入科技手段（如物联网、家庭厨余粉碎机等）和采用高效管理方法，提高项目组织管理、目标管理、培训管理、采购管理、宣传管理的效率，引导业主和物业服务企业参与推广绿色物业管理工作，有效降低各类物业运行能耗，最大限度地节约资源和保护环境，致力构建节能低碳生活社区。

4. 公共建筑能耗管理系统技术规程

深圳市空调通风系统普遍能耗较大，公共建筑能耗管理系统在建筑节能方面的贡献尤为明显，但目前市场上存在着各种各样的公共建筑能耗管理系统，缺乏统一的技术要求。为进一步规范深圳市公共建筑能耗管理系统建设全过程，提升建筑节能运行管理水平，根据深圳市公共建筑能耗实际监管调研情况，编制发布了《公共建筑能耗管理系统技术规程》SJG 51-2018，于 2019 年 1 月 1 日起实施。

5. 深圳市建设工程安全文明施工标准

为进一步提升深圳市建设工程安全文明施工标准，打造与现代化国际化创新型城市相匹配的建设工地，按照市委市政府“城市质量提升年”的总体部署和相关规定，市住房建设局组织编制了《深圳市建设工程安全文明施工标准》SJG 46-2018，于 2018 年 5 月 3 日起实施。

四、绿色建筑认证

自 2008 年首个项目获得国家绿色建筑评价标识以来，在市政府强有力的推动下，深圳大力推进建筑节能和发展绿色建筑实践，呈跨越式发展态势，获得的绿色建筑评价标识的项目数量和质量均取得了跨越式增长，绿色建筑建设走上低成本可复制道路。

2013 年 8 月颁布国内首部促进绿色建筑全面发展的政府规章《深圳市绿色建筑促进办法》（市政府 253 号令），标志着深圳市绿色建筑全面、规模化发展正式步入法治化的快车道。深圳目前已成为全国绿色建筑建设规模和密度最大的城市。

1. 评价机制

2017 年，我市通过修订《深圳市绿色建筑促进办法》，明确绿色建筑标识实施第三方评价。深圳市建设科技促进中心、深圳市绿色建筑协会、中国城市科学研究会绿色建筑研究中心、住房和城乡建设部住宅产业化促进中心可在深圳市受理绿色建筑评价标识申请。

目前，深圳市已形成了以本地评价机构（深圳市建设科技促进中心、深圳市绿色建筑协会）为主，外地评价标识机构（城科会、住建部产业化促进中心）为辅，本地评价机构依托本地专家受理大部分中高星级项目评价标识、国家级评价机构借助全国专家力量受理少部分高星级项目的互为补充评价格局。市建设科技促进中心作为市住房建设局直属事业单位同时负责评价标识项目备案、统计和信息上报等评价标识管理工作，与第三方评价机构协调分工，相互配合。

根据近年来国家和地方绿色建筑标准的不断更新的情况，为适应新时期绿色建筑评价工作的要求，规范深圳市绿色建筑评价管理，根据国家和深圳市绿色建筑相关文件规定，2018 年，市住房建设局启动编制《绿色建筑评价标识管理办法》《绿色建筑专家管理办法》等配套文件，对深圳市绿色建筑评价工作的工作机制、监督机制和信用机制进行规定。

2. 标识情况

深圳自 2008 年首个项目（华侨城体育中心扩建工程）获得国家绿色建筑评价标识以来，十年间获得绿色建筑评价标识的项目数量和质量均取得了跨越式增长，绿色建筑建设走上低成本可复制道路。截至 2018 年底，全市已有 1030 个项目获得绿色建筑评价标识，总建筑面积超过 9337 万 m^2，其中 50 个项目获得国家三星级、9 个项目获得深圳市铂金级绿色建筑评价标识（最高等级）。

五、绿色片区发展

经过多年来的发展，深圳市绿色建筑发展正在形成由点到面、由单体向片区发展的趋势，绿色生态园区和城区建设继续深化。住房和城乡建设部把推进绿色城市建设，建立绿色城市建设的政策和技术支撑体系作为 2019 年十大重点任务之一，深圳市也将坚定不移地把绿色城市建设作为下一步绿色发展的重点方向，提升城市建设水平。

1. 光明区“国家绿色生态示范城区”

光明区以绿色建筑为核心，高标准超额完成了住房和城乡建设部 2012 年首批国家绿色生态示范城区试点工作任务。

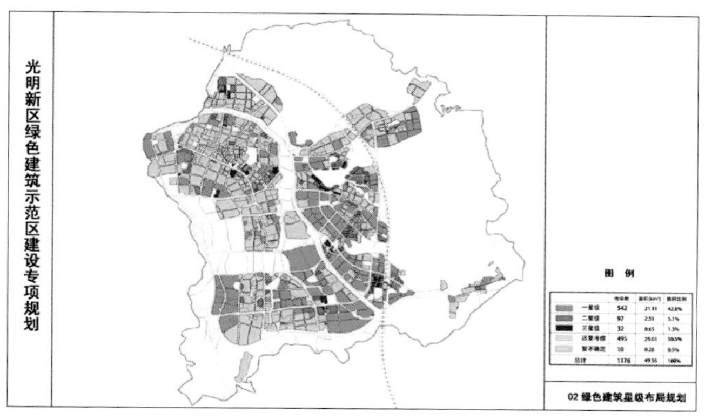

光明新区绿色建筑示范区建设专项规划图

光明区建立了完善的绿色生态指标体系、政策体系、规划体系、标准体系和技术体系，形成了我国城乡建设领域可复制可推广的绿色发展路线。以示范项目为抓手，充分发挥绿色生态建设效益。光明区同步推进了海绵城区、综合管廊、碳汇型景观、装配式建筑、绿色交通、绿色设计等可示范推广的绿色低碳集成技术，生态发展成效显著。设立了绿色生态城区专项资金并出台了专项资金管理办法，充分调动市场参与光明区绿色生态建设的积极性，同时所有支出项目均严格审计，保证专款专用。

2018 年 4 月，光明区以优秀等级顺利通过试点验收，成为全国第一个通过国家绿色生态示范城区验收的试点区域。

2.“国家生态文明建设示范区”

截止到 2018 年底，深圳市获授“国家生态文明建设示范区”称号的区域包括盐田区、罗湖区、坪山区及大鹏新区。2017 年 11 月，盐田区荣获首批“国家生态文明建设示范区”称号。2018 年 12 月 15 日，罗湖区、坪山区及大鹏新区荣获第二批“国家生态文明建设示范区”称号。

3. 重点发展区域

为加快推进深圳市现代化、国际化、创新型城市建设和特区一体化建设，实现有质量的稳定增长、可持续的全面发展，加快形成深圳市经济社会发展新增长极，市委市政府决定选择包括深圳湾超级总部基地、国际低碳城、深圳北站商务中心区在内的 17 个片区作为重点区域予以开发建设。为确保重点发展片区实现高质量绿色发展，深圳市重点区域开发建设总指挥部办公室发布《深圳市重点区域开发建设导则》及《深圳市重点区域开发建设行动指引》，要求重点区域分别开展不少于 30000m^2 超低能耗建筑示范，并要求区域内按照绿色建筑二星级或者深圳市银级及以上标准建设的绿色建筑面积比例达到 40% 以上。市住房建设局也围绕重点发展区域开展绿色城区建设相关课题研究，组织编制《深圳市重点区域建设工程设计导则》，作为重点区域建设工程设计的准则。

（1）深圳湾超级总部基地

作为深圳市城市建设的“巅峰之作”和创建强国城市范例的重要载体，深圳湾超级总部基地开发建设全面启动。2018 年，深圳市成立深圳湾超级总部基地开发建设指挥部，办公室设在市住房建设局，承担指挥部的日常工作，直接牵头深圳湾超级总部基地的开发建设管理工作，把总部基地打造成为重点区域绿色发展的标杆。创新深圳湾超级总部基地建设体制机制，实现规划设计、开发建设、运营管理“三统筹”。在全市重点区域建设中率先探索总设计师负责制，通过招标确定由孟建民院士团队提供全过程技术服

深圳湾超级总部基地效果图

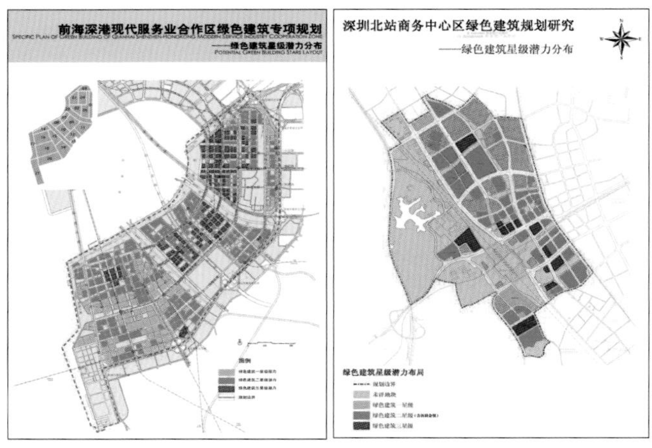

前海深港合作区、深圳北站商务中心区绿色建筑规划图

务。坚持“世界眼光、国际标准、中国特色、高点定位”，以最高水准开展片区城市设计优化与综合交通规划提升等国际咨询。2018 年，成功举办深圳湾超级总部基地片区城市设计优化国际咨询竞赛，组织开展深超总片区综合交通提升规划。

（2）前海深港合作区

2014 年，深圳编制实施了《前海深港现代服务业合作区绿色建筑专项规划》，探索高强度开发下的可持续城市发展模式，努力打造具有国际水准的“高星级绿色建筑规模化示范区”。目前，前海合作区要求新建建筑 100% 达到国家绿色建筑星级评价标准，其中二星级 50% 以上，三星级 30% 以上，是国内高星级绿色建筑比例最高的城区。

（3）深圳北站商务中心区

深圳北站商务中心区的绿色建筑发展定位为龙华区“高星级绿色建筑规模化发展示范区”，深圳市 TOD 区域高密度绿色 CBD 示范区，以“高起点规划、高标准建设、高端化运营”的发展要求引领龙华区绿色建筑规模化、品质化建设。北站商务区绿色建筑的规模化建设将带来显著的节能减排效益、经济和社会效益。所有项目建成后，每年建筑总能耗为标准煤 8.92 万吨，建筑节能折合标准煤 2 万吨，减少 CO_2 排放量 5.34 万吨，减少 SO_2 排放量 400 吨，减少粉尘排放量 200 吨。

（4）坪地国际低碳城

坪地国际低碳城被列为中欧可持续城镇化合作旗舰项目，其可持续发展规划建设成果获得了保尔森基金会“2014 可持续发展规划项目奖”等国际赞誉。国际低碳城拥有 5 项 100%：建成后将实现新建建筑 100% 绿色化、公共交通 100% 清洁化、污水利用 100% 可再生化、废物处理

坪地国际低碳城建设分析概念图

100% 可回收化、能源使用 100% 低碳化。从 2013 年起每年召开深圳国际低碳城论坛，已成为国际重要的传播绿色低碳发展理念、展示高质量可持续发展成效的重要窗口，以及各方探讨前沿话题、分享智慧成果、开展务实合作的重要平台。

六、绿色物业

深圳物业管理以其独有的区位优势和扎实的发展基础，秉持“开拓创新，锐意进取”的特区精神，在行业的转型升级中，高举“绿色物业管理”的时代旗帜，与“建设环境友好型和资源节约型社会”紧密结合，积极探索和实践，获得了良好的成绩，积累了宝贵的经验。尤其是市住建局颁布的《深圳市绿色物业管理导则（试行）》《深圳市绿色物业管理项目评价办法（试行）》等管理政策和技术规范皆为全国的创新之举。

2018 年 12 月，为了更好地指导我市房屋建筑项目进行绿色物业管理，在总结以往《评价办法》和《评价细则》的基础上，根据绿色物业管理工作发展的新形势、新要求，与绿色建筑全生命周期更好地衔接，市住房建设局组织编制并发布了《绿色物业管理项目评价标准》，是全国首部以“绿色物业”命名的评价标准，填补了深圳市在建筑物运营阶段绿色管理方面缺乏有效评价方法的空白。

截至目前，全市共有 44 个项目获得绿色物业管理项目标识，其中三星级项目 8 个，二星级项目 10 个，一星级项目 26 个；按照物业标识类型划分，住宅物业 25 个，商业物业 15 个，园区物业 4 个。2018 年，全市共有 8 个项目申报物业标识，其中 3 个项目获得标识证书及牌匾，分别是颐安都会中央花园（三星级）、南景南约新村（一星级）和大鹏新区管委会办公楼（二星级）。随着绿色物业管理工作的不断推进，绿色物业不断获得业主和社会的认可。

七、结语

深圳已成为全国绿色建筑建设规模和密度最大的“绿色先锋”城市，在国内绿色建筑领域取得多项第一。在绿色建筑进入新发展阶段，深圳绿色建筑发展仍然面临更多机遇与挑战。

第 7 章

结构篇

王启文　魏　琏　马镇炎
唐增洪　隋庆海　张良平
黄用军　李建伟　欧阳蓉

深圳土木 40 年 · 结构篇

在国民经济快速发展的推动下，深圳的土木工程建设 40 年来取得了全国乃至世界瞩目的进展。工程建设的快速发展，为工程技术的发展提供了巨大的载体和最佳的机遇。伴随着深圳经济特区的快速成长，深圳建筑工程中的结构专业也取得了很大的成就，具体表现在超高层结构和大跨度结构设计成果、新技术的研发与应用成果、结构设计队伍不断壮大等方面。本篇通过典型的项目简介、部分科研成果展示、奖项项目名单、执业人员数量和专家队伍名录的方式，对结构专业 40 年的发展和取得的成果进行回顾。

一、工程设计成果

1. 超高层结构

深圳经济特区自 1980 年经中央批准成立以来，高层建筑迅速发展，建筑的高度不断攀升，数量位于全国的前列。据不完全统计，1982~1992 年（第一个十年）建成的 100m 及以上的建筑物已达 9 幢；1993~2002 年（第二个十年）建成的 150m 及以上的建筑物已达 17 幢；2003~2012 年（第三个十年）已建成或将建成的 200m 及以上的建筑物已达 11 幢，2013~2018 年已建成或将建成的 200m 以上的建筑物已达 33 幢。目前深圳已建成的最高建筑是高 597m 的平安金融中心。

深圳的超高层结构主要的特点除高度外，还体现在下列几方面：

第一，**材料高强化**。C60 高强混凝土最早在 20 世纪 90 年代的鸿昌广场采用。近年来工程中采用的最高混凝土等级达 C80。厚高建钢板及特厚高建钢板也陆续在超高层建筑中应用。新三级钢筋在工程中已大量采用。

第二，**结构混合化**。从 20 世纪 80 年代深圳发展中心开始，钢框架与混凝土筒体的混合的超高层建筑相继出现。钢管混凝土与钢结构的混合结构体系也在赛格大厦中采用。

第三，**抗侧力结构巨型化**。除常规的高层结构体系框剪、筒体框架、筒中筒结构外，还首次在深圳采用了框支剪力墙结构和巨型框架结构。巨型支撑在京基金融中心采用。新的巨型框架—支撑—核心筒体系，也在平安大厦的结构设计中采用。

第四，**构件组合化**。随着结构高度的提升，结构柱断面也越来越大，在满足承载力的前提下，为减小柱断面，柱子部分或全部采用了钢与混凝土组合的形式，包括外包混凝土的型钢柱、钢管混凝土柱、钢管叠合柱等。为减薄抗震墙的厚度，部分超高层建筑的剪力墙中也加入了型钢或钢板。

第五，**楼盖型式多样化**。在深圳超高层建筑中，常见的楼面结构型式有：现浇混凝土梁板、现浇混凝土无梁楼盖、预应力混凝土平板、现浇空腔楼板、钢梁与压型钢板混凝土板组合楼盖以及钢梁与钢筋桁架混凝土板组合楼盖等。

在深圳发展的不同历史阶段，均出现了具有上述结构特点的大量标志性的超高层建筑。

第一个十年以国贸大厦、发展中心大厦和香格里拉大酒店为代表。国贸大厦 160m 高，采用抗侧刚度好的钢筋混凝土筒中筒结构，滑模施工创造了“三天一层楼”的深圳速度，是当时国内最高的高层建筑；发展中心大厦 154m 高，是国内最早采用钢框架—混凝土剪力墙结构体系的超高层建筑；香格里拉大酒店 114m 高，为三叉型平面，采用钢筋混凝土巨型框架体系，利用中部电梯间组成三角形中央筒体，三翼端部的楼梯间和管井组成端筒，横跨中筒和端筒的巨型框架梁净跨 16.5m，每两层巨型梁之间设置六层小框架。

第二个十年以地王商业大厦、赛格广场和招商银行大厦为代表。地王商业大厦为与外方合作设计项目，主体结构高 325m，81 层，采用矩形钢管混凝土柱和钢梁组成的框架加混凝土核心筒混合结构体系，由于结构高宽比太大，采用了四道竖向支撑和三道加强层以提高结构抗侧刚度。赛格广场 292m 高，结构 72 层，内筒采用钢管混凝土密柱框筒及纵横各四道组合剪力墙，外围设置 16 根钢管混凝土稀柱，另设四道加强层和腰桁架，该工程是由中国结构工程师自行设计并率先采用钢管混凝土柱组合结构的超高层建筑。深圳招商银行大厦是一座以金融、商业、办公为主的综合性超高层建筑，建筑面积 11 万 m^2，地面以上总高度 236.4m，采用自下而上渐变渐收的造型，主楼外圈柱向内倾斜，几何形体稳定坚固，有利于结构抵抗侧向水平力。设计中采用了钢筋混凝土框架—筒体—加强层结构体系。结构工程师大胆创新，采用了主楼部分核心筒不落地并进行高位转换、转换层楼面采用平面桁架加强，以及裙房用钢骨混凝土梁设无柱大空间等措施，积极配合建筑师创造底部大空间及“通”“透”的要求，最大限度地实现了建筑师的设计理念。

第三个十年以证券交易所广场、京基金融中心和平安金融中心为代表。证券交易所广场的特点是裙楼抬升至空中，其抬升裙楼采用巨型悬挑钢桁架结构，裙楼东西 162m、各悬挑 36m，南北 98m、各悬挑 22m，裙楼结构高度 25.5m、裙楼结构底面距地面 36m，主桁架各杆均为箱型断面、最大钢板厚度 100mm。京基金融中心，楼高 439m，98 层，是深圳目前已建成的最高建筑，采用巨型斜支撑外框架 - 混凝土核心筒结构体系，设置了三道加强层和五道腰桁架，框架由矩形钢管混凝土柱和型钢组合梁构成，底部核心筒 1.9m 厚墙内设置型钢，采用了 C80 高性能混凝土和主动控制减振系统。平安金融中心为在建的最高建筑，塔顶高度 597m，结构体系为巨型斜撑框架 - 伸臂桁架 - 型钢混凝土筒体结构。在建筑物的 25~27 层、49~51 层、81~83 层、97~99 层设置 4 道伸臂桁架，在 10~11 层、25~27 层、49~51 层、65~67 层、81~83 层、97~99 层、114~115 层设置 7 道带状桁架，其中第 7 道带状桁架为单层平面带状桁架，其余均为双层空间带状桁架，为使巨型框架能承担一定的剪力，保证巨型框架能有效地形成抗震二道防线，在带状桁架间设置钢巨型斜撑。

2. 大跨度结构

深圳的大跨度结构早期主要的形式是网架结构和平面桁架结构。随着经济的发展和各种公共设施的建设，新的空间结构形式不断地在深圳的工程中被采用，如立体桁架、树状结构、张拉和骨架式索膜和气承式膜、预应力索（杆）网、单层网壳和双层网壳、单层折板、弦支穹顶等。这些空间结构形式均体现在深圳不同历史时期的大跨度结构中。

第一个十年以体育馆为代表。该工程屋盖采用 90m 见方的焊接球节点钢网架，由柱距为 63m 的四根大柱支承，整个屋盖在地面整体拼装后沿四根大柱顶升至设计标高。

第二个十年以市民中心、欢乐谷中心剧场膜结构、深圳机场 T2 航站楼为代表。市民中心屋盖象征大鹏展翅，结构设计采用 486m 长、120~154m 宽的双曲网壳，屋盖中部支座置于方塔、园塔的钢牛腿上，其最大压力为 2300 吨，东西两翼各自支承在 17 组树状钢管柱上。深圳欢乐谷中心剧场膜结构穹顶是我国技术人员自行设计、制作和安装的大型张拉膜结构，膜结构穹顶水平投影面积为 5800m^2，从设计到竣工仅用了 8 个月。结构平面呈圆形，钢柱、钢拱梁和外拉索的支座分别位于直径为 63m、86m 和 98m 的同心圆上，膜体内边缘依附在中心环上，整个体系的竖向荷载通过中心环经过吊索传至 15 根钢柱；膜体外边缘连接在 15 根钢拱梁上，通过外拉索与外锚座相连。整个体系由脊谷式膜单元组成，脊索和谷索相间布置形成膜体的支撑和起伏。深圳机场 T2 航站楼采用了立体三角形管桁架，其相贯焊接节点的应用，推动了国内钢结构制作厂家多维切割技术的发展。同时，该工程还采用了四叉支撑来完成竖向力和水平力的传递，减小了屋面檩条的支撑跨度。该结构形式是当年的首创。之后，深圳机场屋盖结构形式及其衍生体在全国各地的工程中大量应用。

第三个十年以宝安体育馆、会展中心、大运会体育场馆群等为代表。宝安体育馆为 140m 见方的钢屋盖，整个屋盖支承在沿圆周布置的 12 根 Y 型柱上，其支座圆周直径为 101m，角部最大悬挑达 49m，采用多钢管交汇的空间桁架结构，选用了金属弹簧可滑动抗震球支座。深圳会展中心采用混凝土框架及钢结构刚架，展厅 126m 跨弧形钢梁采用钢棒下弦形成张弦结构，与弧形梁刚接的钢柱下端采用铰轴式支座。该工程首次采用了我国研制的高强钢拉杆，它的成功应用推动了我国《钢拉杆》标准的编制。大运会中心主体育场采用大型单层折面空间网格结构体系，屋盖由 20 个结构单元组成，悬挑长度分别为 52~68m，采用了大型多杆交汇的铸钢节点及热成型工艺加工超厚壁钢管。同为大运会场馆的篮球馆屋盖采用了华南地区首个张拉整体结构——弦支穹顶。屋盖平面呈圆形，其水平投影直径为 72m，屋盖结构由上部单层网壳和下部索杆张拉体系共同组成。

3. 预制装配结构

万科第五园的某住宅楼属于装配整体式混凝土结构，采用了建筑产品预制化、装配化、产业化的方式生产与建造。为节约资源（能源、水源和材料），减少施工对环境的污染，提高住宅质量和性能，提升建造效率，深圳的设计单位和地产开发商对预制混凝土体系的住宅，进行了结构构件分拆、节点连接和体系抗震及抗风设计研究，研究成果成功应用于工程实践。可以预计，预制混凝土体系住宅产业化将给行业和社会带来巨大的变革。

二、科技研发成果

除完成一批有影响力的工程外，广大结构技术人员还在规范编制、结构理论研究与应用、结构体系发展与创新、新型节点形式、结构基础选型等方面进行了大量工作，涌现了一批在国内有影响的成果。

1. 标准规范编制

为适应深圳地区高层建筑结构发展的要求，1982 年 8 月以特区建设公司总工程师室为组长单位、中国建筑科学研究院结构所和深圳市建筑设计院为副组长单位，会同其他七个单位组成编写组，经过一年多的工作，初步总结了深圳市高层建筑结构设计经验并吸取国内一些科研成果，遵照我国现行的有关规范，编写完成《深圳地区钢筋混凝土高层建筑结构设计试行规程》SJG I-84，该规范也是国内最早且内容最全面的高层建筑设计规程。

40 年来编制的一些有影响力的地方规程包括：《深圳地区建筑地基基础设计试行规程》《冷轧变形钢筋混凝土结构设计与施工规程》《预制装配整体式钢筋混凝土结构技术规程》《装配式混凝土结构技术规范》《一向少墙剪力墙结构抗震设计技术指引》《高层建筑平面凹凸不规则弱连接楼盖抗

震设计方法技术指引》。深圳专家参与编制的国家和行业标准包括:《建筑抗震设计规范》《高层建筑混凝土结构技术规程》《钢管混凝土叠合柱结构技术规程》《预应力钢结构技术规程》等。

2. 新技术的研发与应用

在结构专业新技术研发与应用方面，广大结构设计人员进行了不懈的努力。例如，在 ABAQUS 大型通用程序的二次开发上，深圳奥意建筑工程设设计有限公司、深圳市建筑设计研究总院有限公司、深圳大学建筑设计研究院、哈尔滨工业大学深圳研究院等单位都取得了可喜成果，促使该程序在超限高层建筑的大震弹塑性时程分析方面得到了广泛应用，其开发和应用水平处于全国领先水平；其他有特色的成果包括：混凝土结构耐久性对策的研究与应用，其成果对滨海建筑的耐久性设计具有指导作用；复杂结构智能监测系统的研究，其成果应用在市民中心、大运会体育场馆等大型公共建筑中。在专利方面，钢管再生混合柱专利技术为回收利用建筑固体废弃物提供了出路。其他还有减震耗能阻尼片、吸振耗能装置以及钢屋盖等专利，这些技术都在工程中取得了良好效益。

3. CAD 软件开发

结构设计的方式，在这 40 年有很大的发展。第一个十年基本采用手算方式，主要工具是计算手册加计算尺，绘图还是图板作业；第二个十年开始采用计算机设计，由程序进行计算分析，由计算机进行绘图；第三个十年随着计算机的容量和运算速度提升，基于不同力学模型的计算程序也逐渐开发成功并应用于设计中，结构设计分析手段不断丰富，使不同结构方案的选择和对比成为可能，极大地提升了设计效率。

1992 年，深圳市建筑设计二院张宇仑高工研发的 SWD 软件是在引进国外绘图软件 AutoCAD 基础上，进行二次开发的微机辅助结构设计软件。它能高效率地绘制常用结构(混凝土和砌体）的全套施工图。该软件主要功能：较完备的绘图及标注；丰富的矢量汉字输入、编辑和自制；自动生成常用构件图块；提供专业图表库；提供与其他计算软件的接口。该软件弥补了国内其他结构 CAD 软件成图率低的不足，大大提高了结构设计效率，在当时具有国内先进水平。

1996~2011 年，深圳市广厦软件有限公司与广东省建筑设计研究院一起进行了广厦建筑结构 CAD 系统的研发。1996 年推出国内第一个在 Windows 上运行的集成化结构 CAD；1997 年完善了异形柱设计功能；2001 年推出多高层三维（墙元）结构分析程序 SSW；2006 年完成“建筑结构通用分析与设计软件 GSSAP”的开发；2007 年完成建筑结构主流计算从“墙元杆系计算”到“通用计算”的换代工作；2011 年推出智能化的建筑结构弹塑性静力和动力分析软件 GSNAP。广厦建筑结构 CAD 系统已是目前国内结构设计常用设计软件之一。该软件先后获广东省和建设部的多个奖项。

三、设计队伍

1. 注册工程师管委会与注册师数量

经过全国注册工程师管理委员会（结构）批准，深圳市于 1997 年成立深圳市注册工程师管理委员会（结构)，这是全国唯一市级管委会，该委员会的设立极大地促进了深圳市结构注册人员队伍的管理和发展。1998 年，深圳有 123 人通过 1997 年的全国统一考试而取得一级注册结构师执业资格；有 109 人通过考核测试取得一级注册结构工程师资格。深圳市在 1998 年首批注册结构师共计 232 人。注册结构师于 1999 年 5 月开始执业。为加强对注册结构工程师的考试、注册、执业、继续教育的管理，深圳市建设局于 2000 年颁布了《深圳市注册建筑师、注册结构工程师管理办法》（深建技〔2000〕12 号）。十几年来深圳注册结构师队伍不断发展壮大，截至 2011 年 12 月，全国共有一级注册工程师 39160 人，深圳共有 639 名，占全国总人数的 1.63%。

2. 对外交流与中英互认

近年来深圳市注册结构工程师积极开展对外交流，与英国结构工程师学会进行了注册师资格互认、人员互访，参与了优秀结构设计项目评选。此外英国结构工程师学会在深圳市还设立了中国分会华南支部。截至 2011 年底，深圳市有 4 名注册结构师取得英国结构工程师学会资深会员资格（FIstructE），11 名注册结构师取得了英国结构工程师学会会员资格（MIstructE），两项合计，深圳会员占全国会员总数的 11.8%。同时，先后有 40 人取得香港工程师学会（HKIE）的法定会员资格，深圳市取得此资格人数占全国总数的 12.7%。

3. 广东省超限审查专家

根据建设部《超限高层建筑工程抗震设防管理规定》，为加强超限高层建筑抗震设防管理工作，全国于 1999 年成立了第一届全国超限高层建筑工程抗震设防审查专家委员会。广东省也于 2002 年开始成立第一届广东省超限高层建筑工程抗震设防审查专家委员会，深圳市先后有 15 名结构专家入选第一届委员会。在第二和第三届委员会，深圳市分别有 19 名和 25 名结构专家入选。第四和第五届委员会的深圳专家分别增加至 34 人和 36 人。他们为深圳超限高层建筑工程的抗震设防审查作出了贡献。

四、展望未来

40 年来，从蛇口工业区第一声开山炮响，喊出“时间就是金钱，效率就是生命”这一振聋发聩的口号，到建设国贸大厦“三天一层楼”而震惊世界的“深圳速度”；从打造 20 世纪 90 年代“亚洲第一高度”的地王大厦，到 2017 年建成的全球高度排名第六的深圳平安金融中心；到目前正在加紧施工的各类地标建筑——新会展中心、大疆科技大厦、招商银行全球总部、华润大冲超高层住宅……无论是早期的引进消化，还是日益强盛的自主创新；无论是传统的民居，还是现代化的办公大楼，抑或是大跨空间建筑，深圳的城市建设具有明显的实验性、示范性和多样性特质，体现出深圳强烈的创新精神、开放的形象。深圳工程建设的发展规模和速度令世人惊叹，广大结构专业人员对深圳的建设作出了自己的贡献。

在下一个 40 年新的历史起点上，深圳作为粤港澳大湾区的中心城市，正致力于成为具有世界影响力的创新创意之都。如何在过去 40 年取得辉煌成就的基础上，继续推进深圳城市建设迈上新的台阶，是深圳建设工作者所面临的新的重大课题。广大结构同仁只有继续发扬敢闯敢试的特区精神，在超高、超大建筑抗震抗风研究、已有建筑的鉴定与加固、高强材料研究与应用、推动建设领域可持续发展等方面积极深入探索，不断推出新技术新成果，才能为深圳未来 40 年的进一步发展，再立新功、再创辉煌。

01 深圳国际贸易中心结构设计

分类：高层结构
完成单位：中南建筑设计院（原湖北工业建筑设计院）
完成时间：1982 年
所获奖项：1986 年湖北省科技进步一等奖；
城乡建设环境保护部科学技术进步二等奖；
1987 年国家科技进步三等奖；
1994 年全国首届优秀建筑结构设计一等奖

深圳国际贸易中心是一座综合性商业大厦，总建筑面积 10 万 m^2，主楼 53 层，地面以上高 160m，设有直径 34m 的旋转餐厅、直升机停机坪等。主楼采用大直径挖孔桩，在外筒各柱下按“一柱一桩”布置。采用钢筋混凝土筒中筒结构体系，进行了结构空间工作状态的特性分析。标准层内、外筒之间采用扁梁的肋形楼板。采用滑模施工。

作为深圳市的标志性建筑，丰富了城市景观，繁荣了城市经济和文化生活，突出了深圳改革开放的形象。

滑模施工创造了“三天一层”的深圳速度。该项目交付使用后，两年内收回全部投资。除了 40% 的面积为物业集团自用外，60% 面积出租，年入颇丰。总之，取得了良好的社会、环境和经济效益。

02 深圳发展中心大厦结构设计

分类：高层结构
完成单位：深圳华森建筑与工程设计顾问有限公司
完成时间：1984 年

本工程高 153.98m，建筑面积约 75000m^2，塔楼地面以上 39 层，地下 1 层，29 层以上是办公楼，以下是酒店。采用钢框架和钢筋混凝土剪力墙联合承重的结构体系，采用压型钢板组合楼板。结构计算采用香港理工学院 STRUDL 程序，同时还用有限条程序和 SAP6 程序进行分析比较。本工程设计时，国内尚无高层建筑结构设计规范，因此参照美国规范有关条文。本工程就风荷载控制专门做了风洞试验。

本工程建于深圳特区初创阶段，建筑设计为美国公司，机电设计为香港公司，华森公司负责结构设计，是当时最早采用混合结构的超高层建筑。由于立面新颖别致，为深圳经济特区树立了很好的形象。

03 深圳香格里拉大酒店结构设计

分类：高层结构
完成单位：广东省建筑设计研究院
完成时间：1992 年
所获奖项：建设部科技进步二等奖；
1995 年全国建筑学会优秀结构设计二等奖

主楼为 Y 形塔式建筑，采用现浇钢筋混凝土巨型框架结构体系，结构层数共 33 层（含旋转餐厅部分的 5 层），总高度为 114.10m。在竖向结构方面，利用中部的电梯间和管道井，组成三角形的中央筒体，再利用三个翼端的楼梯间和管道井分别布置基本闭合的筒体，中央筒和六个翼端筒共同构成整幢建筑的竖向承重结构；平面采用多层承重形式，每隔 6 层设置一个结构承重层，于每翼并排设 4 根承重大梁，跨度为 16.5m，大梁与上下楼板和加劲肋形成类似箱形结构。竖向结构（群筒）和水平结构（承重层）通过刚性连接，组成主楼的巨型框架结构。大框架各翼承重层间，采用 6 层小框架由承重大梁承托，或中柱只到五层，使第六层成为大空间，或中柱只做 4 层，上吊 1 层，使第五层形成大空间。边柱顶与上层承重大梁采用滑动连接。

巨型结构是一种经济、新颖的结构体系，其优点是每个大空间内，都可以按建筑布局要求，灵活设置小尺度的次结构。该工程为深圳第一座巨型结构高层建筑。

04 深圳佳宁娜友谊广场结构设计

分类：高层结构
完成单位：中国建筑东北设计研究院有限公司
完成时间：1993 年设计，1996 年竣工

该建筑 15 万 m^2，地下 3 层，地上由 5 层裙楼和 2 栋塔楼组成，高度 99m。裙楼为商业，塔楼为公寓和住宅。两栋塔楼间设有连接体，形成类似凯旋门的建筑效果，是当年比较新颖和有特色的代表性建筑之一。

（1）塔楼为剪力墙结构，裙楼为框剪结构，塔楼与裙楼间设有 2.8m 厚的混凝土板作为转换构件；（2）两栋塔楼间的连接体为钢结构，该部分楼板为压型钢板组合楼板。

该建筑是当年罗湖商业区比较新颖的建筑，是目前少有的几个厚板转换结构之一，也是厚板转换与连体结构同时存在的建筑之一。

05 深圳地王商业大厦结构设计

分类：高层结构
完成单位：新日本制铁株式会社、
深圳市建筑设计研究总院有限公司
完成时间：1994 年设计，1996 年竣工

塔楼建筑面积 16 万 m^2，高度 324.75m，地上 81 层，地下 3 层，采用钢框架—混凝土核心筒结构，塔楼大屋面高 310m、宽 37m，高宽比 8.37，高度及高宽比超限。

（1）采用混合结构体系：外框架采用矩形钢管混凝土柱和工字钢梁；设置 3 道加强层，斜杆为矩形钢管；在外框架角柱与核心筒之间增设内柱，在角柱和内柱之间设置竖向支撑（共 4 道）；楼盖采用工字钢梁、压型钢板组合楼板。

（2）对风压高度系数的调整：本工程前后进行了三次风洞试验，发现风压沿高度的分布，在 2/3 高度以上与《荷载规范》规定不符，由于风的流动不仅从建筑物两侧，也开始从顶部流过，所以风压随高度的增加反而减小，于是在 2/3 高度以上，调整为全按 2/3 高度处的系数值采用。

（3）促进规范对超高层建筑层间位移角控制的改进：本工程在风载下，最大的层间位移角 13.7g/3750=l/272（第 57 层），远大于我国规范限值 l/800。经计算，该层由层弯矩和层剪力引起的水平位移只有 0.133mm，层间位移角只有 l/28195；真正最大的受力层间位移为 0.506mm（第 5 层），其受力层间位移角也只有 l/7405。说明对超过 150m 的高层建筑应扣除非受力水平位移，该成果归功于魏琏教授的指导。

上述对规范限值的调整，不仅获得了中外方结构设计人员的支持，也在竣工验收中获得政府主管部门和各方专家的认同。时隔 7 年后，在 2001 版《建筑抗震设计规范》中终于对层间位移限值作出了改进说明。

06 深圳市邮电信息枢纽大厦结构设计

分类：高层结构
完成单位：深圳市建筑设计研究总院有限公司
完成时间：1996 年
所获奖项：全国第四届优秀建筑结构设计二等奖

深圳市邮电信息枢纽大厦，主塔楼 48 层，高 185m，副塔楼 22 层，高 99m，主副塔楼间距为 40m，其间设有通信电缆天桥连接。总建筑面积 18 万 m^2。

整个结构为大底盘多塔楼结构，主塔楼采用框架 - 核心筒结构，23 层以下框架柱采用圆钢管混凝土柱，第 21 层、第 40 层为加强层，局部荷载较大楼层采用型钢混凝土框架梁。副塔楼采用框架 - 剪力墙结构，天桥采用钢结构和橡胶减震支座。

（1）演播大厅需要平面 32m × 40m、高 10m 的大空间，在其上 2 层楼采用空腹桁架进行转换；（2）40m 跨通信电缆天桥；（3）大直径钢管混凝土柱的节点，委托哈尔滨建筑大学做了节点试验。

本成果是 20 世纪末邮电部最先进的业务大楼，为抗震设防的生命线工程，有较大的环境和社会效益。

07 深圳特区报业大厦结构设计

分类：高层结构
完成单位：深圳大学建筑设计研究院
完成时间：1996 年
所获奖项：2003 年第三届全国优秀建筑结构设计一等奖

地下 3 层，地面以上 47 层，主体建筑高 186.65m，钢结构桅杆顶高 262.05m。总建筑面积 99300m²。现浇钢筋混凝土筒体 - 框架结构，主筒体连续完整，采用稀柱框架，主框架圆柱截面分 3 次收分变阶。

（1）较全面分析了底部楼层抽空、双筒水平温差收缩、二～四层悬臂多功能厅、屋顶钢桅杆等复杂不利影响，采取有针对性的加强措施，适当弱化上部筒体刚度，节省了钢材，方便了施工；（2）采用巨型悬臂钢筋混凝土桁架，合理采用斜撑结构、平面铰节点等新颖合理的结构；（3）采用全悬臂钢楼梯，并经现场载荷试验验证。

经济、技术指标良好，受业主好评，该建筑现已成为深圳市重要标志性建筑。

08 鸿昌广场结构设计

分类：高层结构
完成单位：中国建筑科学研究院深圳分院、
中南建筑设计院
完成时间：1996 年
所获奖项：全国建筑结构优秀设计三等奖

深圳鸿昌广场建筑面积约 13 万 m²，64 层，楼高 218m。

（1）结构加强层。在竖向结构布置中设置了三个结构刚性加强层：将内筒外墙延伸至外筒，构成刚度很大的悬臂墙，有效地提高抗侧刚度。（2）施工条件下的结构模拟分析。在沉降缝未封闭前，将主楼和裙房视为两个独立的结构进行分析，封闭后将裙房以下的结构视为一个整体，形成新的结构刚度，按施工进度再分四次拆模，逐步加载。计算中还考虑了主楼和裙房间 10mm 差异沉降的影响。（3）高强混凝土的应用。

该结构是深圳最早采用 C60 高强混凝土的超高层建筑，施工中混凝土的实际强度已达到 C65。完成时是我国内地已经建成的最高钢筋混凝土高层建筑，为我国超高层的钢筋混凝土建筑积累了宝贵的设计和施工经验。

09 深圳市赛格广场结构设计综合成果

分类：高层结构
设计单位：香港华艺设计顾问（深圳）有限公司
设计时间：1997 年
所获奖项：2000 年度国家科技进步二等奖；
全国第四届优秀建筑结构设计一等奖

总面积为 17.5 万 m²，塔楼 72 层，屋面标高为 291.6m，标准层层高为 3.7m，平面尺寸为 43.1m × 43.1m，四角切角形成八边形平面，屋面的东北方设有总高为 345.8m 的双联天线塔。内筒采用钢管混凝土密柱、实腹式双型钢梁组成的框筒，筒内设置纵横各 4 道钢骨混凝土组合剪力墙，构成塔楼主要抗侧力构件；塔楼外围设置 16 根钢管混凝土稀柱，各层均设有环向钢梁，在 19、24、49、63 层各设一道腰桁架，在 19、24、49、63、72 层沿主轴方向设四道水平刚性桁架。楼面钢梁采用实腹式工字型截面，与钢管混凝土柱刚性连接，采用压型钢板上浇 84mm 厚混凝土组合楼板。先后做了钢管混凝土结构大模型及 4 种不同形式的钢管混凝土梁柱节点模型的试验，最后选用了钢管混凝土柱内环结构加混合连接，钢梁腹板用高强螺栓连接，翼缘剖口熔透焊接，施工时还做了 1:1 梁柱节点的现场试验。

由于选择了钢管混凝土柱和 SRC 组合剪力墙结构，构件断面缩小，不仅增加了 4000m² 的使用面积，还使大楼自重减轻，仅为混凝土结构自重的 2/5，对抗震极为有利。本工程钢板厚度不超过 30mm，不仅保证了焊接质量，还减少了焊接时间，节省了材料和成本。

10　深圳招商银行大厦结构设计

分类：高层结构
完成单位：深圳市建筑设计研究总院有限公司
完成时间：1998 年设计，2016 年竣工

深圳招商银行大厦是一座以金融、商业、办公为主的综合性超高层建筑，建筑面积 11 万 m^2，主塔楼首层平面为 45×45m 正方形，从第 8 层开始至顶层切角，平面由正四边形渐变至顶层为 15m×15m 正八边形。顶部三层采用了从下而上放大钻石形楼冠，楼冠下部为 15m×15m 正八边形，由下向上放大为 45m×45m 正方形。主塔楼地面以上 54 层（结构层），地面以上总高度 236.4m。

本工程采用自下而上渐变渐收的造型，主楼外圈柱向内倾斜，几何形体稳定坚固，有利于结构抵抗侧向水平作用。

设计中采用了钢筋混凝土框架 - 筒体 - 加强层结构体系，主楼柱采用钢骨混凝土，柱中钢骨为箱形截面，核心筒为钢筋混凝土，剪力墙部分边缘构件中设 H 型钢，部分不落地的筒体采用柱加柱间支撑形成的桁架筒，转换结构采用方钢管混凝土 A 形桁架。加强层采用伸臂钢桁架及外围周圈带状钢桁架。裙房首层无柱大空间采用四角设钢筋混凝土筒体，筒体间设钢骨混凝土大跨度梁。

结构工程师大胆创新，积极配合建筑师创造底部大空间，满足“通”“透”的要求，最大限度地实现了建筑师的设计理念。

11　迈瑞总部大厦结构设计

分类：高层结构
完成单位：深圳市建筑设计研究总院有限公司
完成时间：2007 年
获奖情况：全国第七届优秀建筑结构设计三等奖

迈瑞总部大厦位于深圳高新区，总建筑面积 11.96 万 m^2，由 A、B、C 三座塔楼及 3 层大地下室组成。

基础形式：B 座采用（超高层主塔楼）人工挖孔桩基础，而 A 座、C 座及纯地下室部分则采用了高强预应力管桩。

地下各层楼盖采用预制混凝土空腔组成的整体无梁空心楼盖，地下室顶板采用预应力宽扁梁及预应力大板结构。

B 座塔楼平面轮廓尺寸为 44.0m×33.0m，柱网尺寸为 11.0m×11.0m，共 36 层，结构标高 164.0m。抗侧力结构为钢筋混凝土框架 - 核心筒结构，框架柱在底部 60m 高范围内采用了钢管混凝土叠合柱。楼盖结构为传统肋梁楼盖，设计采取了设备管线穿梁的方法。

（1）整体无梁空心楼盖结构的成功使用减小了建筑层高，进而减小地下室基坑开挖深度，节约了投资；（2）预应力宽扁梁和预应力大板技术运用，满足了地下室顶板抗裂性能及防水需要，有效控制了建筑层高；（3）钢管混凝土叠合柱的使用大幅度减小了柱截面，扩大了建筑使用面积。

12 深圳卓越皇岗世纪中心项目结构设计

分类：高层结构
完成单位：悉地国际设计顾问（深圳）有限公司
完成时间：2007 年
所获奖项：第七届全国优秀建筑结构设计二等奖

深圳卓越皇岗世纪中心位于深圳市福田中心商务区，总建筑面积 424008m^2，本项目由 4 座塔楼及裙房地下室组成，一号、二号、四号塔楼为超高层建筑，建筑高度分别为 280m、268m 和 185.5m，三号塔楼为高层建筑，其建筑高度为 129.9m。

塔楼采用框架—核心筒结构体系。钢管混凝土叠合柱同时具有钢管混凝土和型钢混凝土的优点，具有刚度、强度大，耐火性能好的优点，因此一、二、四号塔楼的外框架柱采用了钢管混凝土叠合柱。裙房地面以上共 4 层，总高为 20.5m，用作商业用途，总建筑面积约为 4.6 万 m^2。地下室 3 层，地下第三层板面标高 -14.5m，总建筑面积约为 87200m^2。

本工程提出了在钢管上开矩形孔洞使梁中纵向钢筋可以顺利通过的方法，极大地方便了施工；充分发挥核心筒和外框架的工作效率，满足了对结构刚度的要求。本工程为高风荷载地区及核心筒具有较大高宽比的超高层建筑结构设计提供了宝贵经验。

13 京基金融中心结构设计

分类：高层结构
完成单位：深圳华森建筑与工程设计顾问有限公司
完成时间：2009 年

京基金融中心约 24 万 m^2，98 层，楼高 439m。采用钢筋混凝土核心筒、巨型斜支撑框架及 3 道伸臂桁架和 5 道腰桁架组成三重抗侧力结构体系。核心筒从承台延伸至 77 层，该层以上仅保留左、右侧剪力墙；巨型斜支撑设于大楼东、西立面，X 形交叉箱形断面钢板厚 80mm；框架部分由矩形钢管混凝土柱及形钢组合梁组成；5 道腰桁架结合避难层及设备层均匀分布，3 道伸臂桁架分别设于第 34、第 56、第 74 层及其上下邻层，在相连剪力墙中设置暗桁架。

解决了矩型钢管混凝土柱和钢管斜撑相交节点的构造；解决了 1.9m 超厚剪力墙（内置型钢）的构造。

采用矩形钢管混凝土柱，C80 混凝土和 Q420 高强钢；采用主动控制（AMD）减振系统。

14 深圳证券交易所营运中心大厦结构设计

分类：高层结构

完成单位：荷兰大都会事务所、
奥雅纳工程顾问公司、
深圳市建筑设计研究总院

完成时间：2007 年完成设计，2014 年竣工

深圳证券交易所营运中心大厦结构高度 228m，它包括 45 层的塔楼和 3 层的悬挑裙楼（抬升平台）。塔楼围绕核心筒布置办公区域，为主要建筑功能，裙楼及下部楼层为证券交易功能，沿建筑高度设若干机电设备层。

塔楼结构体系为钢筋混凝土核心筒与外围刚性框架组成的框筒体系。外围刚性框架由型钢混凝土柱和钢梁构成组合框架。裙楼以下，中庭周边的带斜撑的钢结构框架在外围形成钢桁架筒，支承来自裙楼的竖向和横向荷载。

证券交易所大厦的特点是裙楼抬升至空中，其抬升裙楼采用巨型悬挑钢桁架结构，裙楼东西 162m、各悬挑 36m，南北 98m、各悬挑 22m，裙楼结构高度 25.5m、裙楼结构底面距地面 36m，主桁架各杆均为箱型断面，最大钢板厚度 100mm。

基础采用人工挖孔桩。

在满足建筑功能的前提下，为城市提供了一个体型独特的标志性高端办公建筑。

15 中洲大厦结构设计

分类：高层结构

完成单位：北建院建筑设计（深圳）有限公司

完成时间：2016 年

中洲大厦位于深圳市福田区，是集甲级办公和配套商业为一体的超高层高端商务办公楼，地块呈长方形，四边均有市政道路。总建筑面积 9.7 万 m^2，地上 38 层，总高 200m，裙房 3 层，地下 4 层。主楼采用大直径人工挖孔桩，在外筒各柱下按“一柱一桩”布置。主体结构为型钢（钢管）混凝土钢框架—钢筋混凝土核心筒混合结构，在 31~32 层设置了 2 层通高的伸臂桁架加强层。连接核心筒与外框柱的梁均为钢梁，主体结构的楼板采用钢筋桁架楼承板。

本项目在设计上主要体现“以人为本，可持续发展的高品质大厦”的设计思想。建设单位已在项目建成后搬迁至此办公。项目按绿色建筑国家一星和深圳铜级进行设计，停车位数量充足且高效的地下停车库、国际甲级写字楼配置的电梯系统和交通组织、高配置的空调系统和智能化系统、西侧享有中央公园的无敌景观，这些都带来了高品质的办公环境。该项目在深圳 CBD 属于最高端的 5A 甲级写字楼，主要面向世界 500 强企业租赁，现已满租，租金位于深圳市办公租金的最高水平，已成为深圳 CBD 办公楼的新标杆。

16 深圳中洲控股金融中心结构设计

分类：高层结构

完成单位：北建院建筑设计（深圳）有限公司、
北京市建筑设计研究院有限公司

完成时间：2014 年

所获奖项：2017~2018 年建筑设计奖结构专业一等奖；
2017 年度全国优秀工程勘察设计奖综合奖（公共建筑）二等奖；
北京市优秀工程勘察设计奖综合奖（公共建筑）二等奖；
北京市优秀工程勘察设计奖专项奖（建筑结构）二等奖

项目位于深圳市南山商业文化中心区的西端，属于南山区的核心位置，西至后海大道，东部则与南山商业文化中心区自然融合，直至海岸线，建成后成为南山区的标志性建筑和第一高楼。

总建筑面积 23.19 万 m^2，其中地上 17.19 万 m^2，地下 6 万 m^2。地上建筑由 A 座、B 座和 C 座三个部分组成。

其中，A 座为办公、酒店主楼，上部是五星级酒店，标准层层高为 3.6m，截面呈“π”形，下部是 5A 级智能办公。首层 ~ 五层层高 6m，标准层层高为 4.2m，地上共 62 层，建筑总高度为 300.80m；B 座为酒店式公

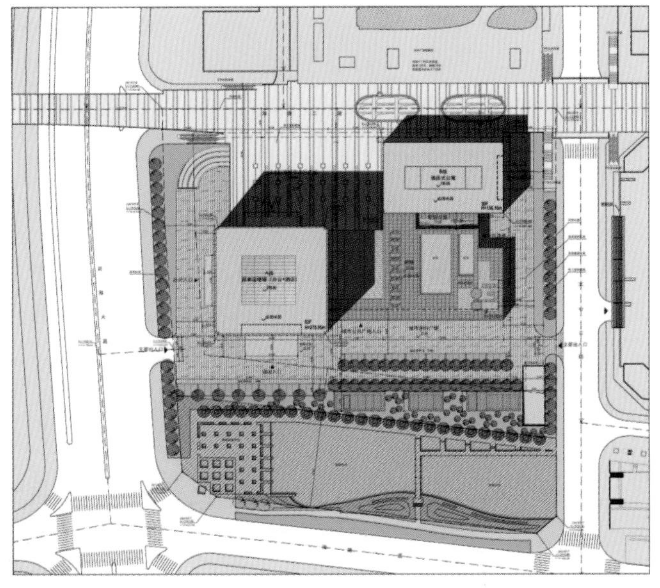

建筑总平面图

寓，首层～二层层高 6m，三层层高 5.5m，标准层层高为 3.4m，共 35 层，建筑总高度为 156m；C 座为裙楼，其功能为酒店配套及商业服务设施，共 4 层，建筑总高度为 24m。

工程地下 3 层，基坑深度 17m，最大平面轮廓尺寸为 147.35m×140.40m，将地上三部分建筑在地下连为一体。

A 座主楼标准层平面呈 43.8m×43.8m 的矩形，高宽比 6.87，核心筒平面为 21.4mX24.4m，核心筒高宽比为 13.46；B 座公寓平面为 47.4m×28.6m 的矩形，高宽比 5.45，核心筒平面为 9.4mX18.2m，核心筒高宽比为 15.7。

工程的结构设计基准期为 50 年，结构安全等级为二级，抗震设防烈度为 7 度，基本地震加速度为 0.1g，特征周期为 0.4s，建筑场地类别为Ⅱ类，抗震设防类别为丙类，设计地震分组为第一组。

A 座塔楼超出混合结构适用的最大使用高度（160m）88%，B 座塔楼属 B 级高度钢筋混凝土高层建筑，A、B 座均为超限高层建筑。

工程属于高度超限、平面凹进、侧向刚度突变、竖向抗侧力构件不连续、楼层承载力突变等多项不规则的复杂超限工程。通过结构布置、性能目标的确定、计算分析等措施，较好地解决了工程设计中遇到的困难，并对结构进行了楼板的振动分析和动力弹塑性分析。工程各项计算指标比较理想，所采取的措施比较合理，整体设计满足规范要求。

建筑立面效果图

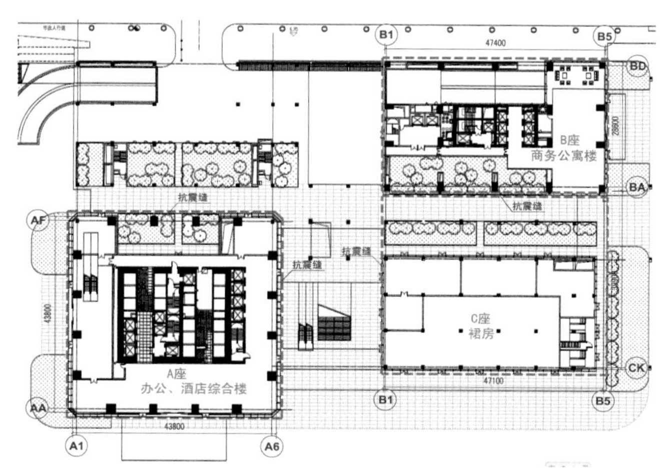

各栋塔楼平面位置关系图

17 文博大厦结构设计

分类：高层结构

完成单位：北建院建筑设计（深圳）有限公司

完成时间：2016 年

本工程用地位于深圳市福田区景田北片区，西至住宅围墙，南邻景洲大厦围墙，北接莲花路，东部与新洲路辅道自然融合连接，延续至莲花山，是以高级行政办公为主的超高层写字楼。总建筑面积共 10.47 万 m^2，其中地上 8.37 万 m^2，地下建筑面积 2.10 万 m^2。本工程地上共 45 层，地下 5 层，地面以上总高 200m。采用冲孔灌注桩基础。

项目标准层平面呈椭圆形，东西长南北短，建筑物长宽比接近 2，高宽比最小处为 6.6，最大处为 15.4。主体结构采用带有加强层的框架－核心筒结构体系，核心筒由钢筋混凝土的剪力墙围合而成，框架由型钢混凝土框架柱和钢筋混凝土框架梁组成，楼板采用现浇钢筋混凝土梁板结构。为解决 Y 向刚度不足问题，利用 31 层设备层作为结构的加强层，在框架柱和核心筒剪力墙之间设置水平伸臂构件，水平伸臂构件采用斜腹杆桁架。

项目特别邀请到之前亲自设计新世界商务中心的 DiMarzio | Kato Architecture 工作室为项目进行建筑设计。项目楼体在设计上采用独特的流线型外立面，这样既与周边的建筑区分开，又能融入整个城市的规划中，是美观与实用并存的设计。楼体柔和的弧线和周边的自然形体相互衬托，使大楼在建成之后成为莲花山旁的一株“参天大树”。

建筑师采用当今最先进且被承认的科学技术来打造一座高效而维护简易的建筑，是对用户和业主都有利的设计。这些技术包括大楼的自动化运作、高速电梯、光缆、最先进的防火技术以及先进的可以控制阳光遮挡率的室温调节系统。

18 深圳能源大厦结构设计

分类：高层结构

完成单位：深圳市建筑设计研究总院有限公司

完成时间：2012 年完成设计，2017 年竣工

所获奖项：第 18 届深圳市优秀工程勘察设计奖综合工程奖（公共及工业建筑）；
世界高层建筑与都市人居学会（CTBUH）“2019 年杰出建筑奖”（200-299m），“2019 年最佳高层建筑奖”（200-299m）

能源大厦坐落于深圳市中心区，由两座高层塔楼组成，北塔地上 42 层，结构高度 204.5m，南塔地上 20 层，结构高度 100m，南北塔楼之间裙房为净跨 30.6m 的钢结构桁架。地下 4 层，总建筑面积约 14.3 万 m^2，其中地上建筑面积约 10. 7 万 m^2，地下约 3.5 万 m^2。塔楼均为现浇钢筋混凝土框架 - 核心筒结构。

（1）北塔楼以修长外观和紧凑布局克服了狭长场地的局限，核心墙高宽比为 17（远大于规范的 12）。采用框架体系 + 核心筒 + 加强层架的抗侧体系。设计时合理设置核心筒 4 片对中剪力墙，减少对中剪力墙开洞，并设置了两层伸臂桁架加强层，以加强塔楼整体侧向刚度。

（2）为实现塔楼优雅起伏的造型，外框柱需要沿幕墙外壳曲面倾斜，形成分肢柱、斜柱。柱体数目和定位经过精细计算并采用多种结构计算分析方法，确保最大的使用净面积、广阔视野、柱及相关构件的安全性。

以结构安全、施工便利、经济合理的原则，对初步设计成果进行全面优化，如型钢柱钢骨形式由十字形改为箱形截面，在钢板用量不增加的情况下，显著增加柱刚度；将加强层的斜撑由钢骨混凝土构件改为型钢，避免节点钢筋无法连接施工的情况等。

19 深圳南方博时基金大厦结构设计

分类：高层结构

完成单位：深圳市建筑设计研究总院有限公司

完成时间：2011 年设计 2018 年竣工

所获奖项：2012 年深圳市首届建筑工程施工图编制质量奖金奖；
2016 年深圳市第二届“深圳建筑创作奖”金奖

南方博时基金大厦位于福田中心区深南大道北侧，深圳证券交易所营运中心大厦的东南侧。地上 42 层（含 5 层裙房），结构总高度 208.5m；地下 4 层，地下室最大深度约 20.8m。总建筑面积约 10.8 万 m^2，其中地上建筑面积约 8.2 万 m^2，地下建筑面积约 2.6 万 m^2。

塔楼标准层平面呈正方形，平面 44.7m × 44.7m；一～三层为挑空大堂空间，四层及以上沿建筑高度由标准层块（共 6 层）和花园层块（共 5 层）分别交替呈现。

塔楼抗侧力结构体系采用钢筋混凝土非完整框架—核心筒结构。结构利用建筑平面中央部分的竖向交通井（楼梯间、电梯井等）布置钢筋混凝土核心筒，其平面尺寸为 22.10m × 22.10m，核心筒的高宽比约为 9。沿建筑外周设置框架，由于建筑使用功能要求，花园层局部设有 2~4 层通高的空间，在中空空间区建筑不允许框架梁拉通设置，导致在花园层沿建筑周边柱间的框架梁在楼层平面内无法连续拉通设置，形成非完整框架 - 核心筒结构。

楼面体系为普通的钢筋混凝土梁板结构，整体性能良好。核心筒与外框柱、外框柱与柱之间设置主框架梁，次梁均匀布置于主框架梁间。花园层建筑平面凹凸，局部中空，外框梁无法简单连续，局部平面外挑较大，通过悬挑梁将楼面荷载传给框架梁和竖向构件。

本工程塔楼为超高层建筑，荷载大，根据场地地质情况，结合地区经验，塔楼基础采用大直径人工挖孔灌注桩，以微风化粗粒花岗岩层为桩端持力层。桩径 2400~2800mm。

20 中海油大厦结构设计

分类：高层结构
完成单位：香港华艺设计顾问（深圳）有限公司
完成时间：2016 年
所获奖项：2017 年度广东省优秀工程勘察设计工程设计二等奖；
广东省优秀工程勘察设计建筑结构专项二等奖；
深圳市第十七届优秀工程勘察设计公建二等奖；
深圳市第十七届优秀工程勘察设计结构专项一等奖

本项目由 2 栋塔楼和 1 栋裙房组成，2 栋塔楼分别位于场地南、北侧，裙房介于塔楼之间。塔楼采用钢筋混凝土框架 - 核心筒结构，总高度 199.6m，框架柱 20 层以下采用钢管混凝土组合柱，20 层以上采用钢筋混凝土柱。梁柱节点创新性地提出在钢管开洞的外壁设置竖向和环向加劲肋，该节点可缓解常规梁柱钢筋密集的问题，确保钢筋锚固便利，便于混凝土浇捣密实。在钢管混凝土组合柱向钢筋混凝土柱过渡层，提出在柱内钢管和外侧钢筋笼之间增设一个钢筋混凝土芯柱的新型过渡节点，以解决其承载力突变问题。

裙房部分受到场地条件限制，结构体系确定为“型钢混凝土四角筒双向大跨度钢桁架结构”，最大跨度 49.4m。

基础部分采用钻（冲）孔灌注桩，2 栋塔楼分别选择强风化层下段和中风化层作为持力层，桩基最大深度 80m，此类型大直径超长摩擦桩在深圳地区尚属首例。

以该项目为背景，发表论文 6 篇，完成课题 2 项，获得广东省土木建筑学会科学技术奖三等奖、深圳勘察设计协会优秀论文一等奖，专利 2 项、实用新型专利 1 项。提出的新型梁柱节点应用于同类多个项目中。

裙房大跨度实景

整体实景

21 深业上城（南区）结构设计

分类：高层结构
完成单位：深圳市华阳国际工程设计股份有限公司、
奥雅纳工程咨询有限公司等
完成时间：2019 年
所获奖项：第五届全国优秀建筑工程设计“华彩奖”金奖；
第三届深圳市建筑工程施工图编制质量金奖；
美国绿色建筑协会 LEED 金奖

深业上城位于深圳福田北赛格日立工业园的旧址，城市空间东扩西进、南拓北进的发展轴心上。根据深圳市“十二五”规划，该区将把原来高能耗、高污染产业升级更新为高增值的总部经济产业，形成创业板上市及拟上市企业的运营总部。两栋高 378m 和 292m 的超高层地标产业研发大厦构成震撼的双塔造型，矗立在地块的东南侧，建筑形体简洁挺拔。为塑造广阔、敞亮的楼面视野，营造高效灵活的办公空间，其中的高塔使用了 8 个巨柱、核心筒、框架梁和周边带状桁架共同组成的新型抗侧力体系。巨柱和核心筒承受庞大的建筑物重量，同时也确保建筑物能够抵御强风和大的地震。8 个巨柱和核心筒的大跨度系统构成了规则、高效、灵活的办公空间，3m 宽的玻璃幕墙直接迎向莲花山和笔架山景观，带来极为丰富的办公视野与城市对话。

该项目创新性地缝合原本割裂的城市自然界面，两个空间行为的相互渗透，使人们得以在“山谷漫游”“多元商业体验”和“紧张有序的办公”中找到平衡，构筑一个充满活力的复合型城市地貌。

22　深圳市来福士广场结构设计

分类：高层结构
完成单位：深圳市建筑设计研究总院有限公司、
BENOY 建筑设计公司、
华南理工大学建筑设计研究院有限公司
完成时间：2016 年
所获奖项：深圳市优秀工程勘察设计奖综合工程一等奖；
美国 LEED GOLD（金级）认证

深圳市来福士广场项目用地东邻南海大道，南邻登良路，西邻南光路，北邻创业路，用地形状呈带形，为集高档商业、服务式公寓酒店、甲级办公楼于一体的大型综合型项目。总用地面积 18275.24m^2，总建筑面积 175899.55m^2，A 座高 99.35m，B 座高 118.2m；地下共 4 层，其中地下二～四层为车库，地下一层为商业；地上裙房一～五层为商业及酒店配套商业；A 座八～二十一层为酒店客房；B 座八～二十三层为办公。

该项目有 429m 的超长地下室。虽然规范建议地下室伸缩缝间距不超过 30m，但在伸缩缝处的防水效果一直不理想，因此有“十缝九漏”之说。该项目采用了不设变形缝，而在底板及相应的侧壁、顶板处各设置一道诱导缝的方案，并在诱导缝处进行有组织排水，很好地解决了该地下室超长问题。

为解决高位转换，结构转换梁压缩建筑空间的问题，采用框支柱加腋处理，解决了建筑空间需求。

对建筑层高突变所引起的侧向刚度与层间受剪承载力突变问题，除均采用局部增加剪力墙厚度、钢筋，提高混凝土强度等级等常规手段外，还通过梁上密布小立柱承担夹层重量，弱化夹层与主体结构的连接，减小夹层对侧向刚度的影响，解决了侧向刚度与受剪突变的问题。

对于跨度 25m 及 8m 的大跨梁、大悬挑，为满足设备专业管线对主梁高 1m 的要求，采用了主梁梁端加腋，次梁中埋设型钢提高次梁的刚度与承载力的方法，很好地解决了这个问题。

来福士广场项目位于深圳市发展势态最为迅猛的南山区中心地段，为南山区位居全市前列的经济增长值作出了贡献。来福士广场项目的建成，极大改善了南海大道沿线的城市景观和商业氛围，使原地段相对老旧的城市形象得到全新的活力再造，对南山中心区的旧改建设注入了一剂强心针，使得该商业区获得可观的收益，现已成为深圳市著名的商业休闲地标。

23　深圳市高新企业总部大厦结构设计

分类：高层结构
完成单位：深圳机械院建筑设计有限公司
完成时间：2016 年
所获奖项：2018 年机械工业优秀工程勘察设计一等奖；
第十七届深圳市优秀工程勘察设计二等奖；
第二届深圳市建筑工程施工图编制质量银奖

高新企业总部大厦位于深圳市南山科技园南区，总建筑面积约 10 万 m^2，地面以上主要功能为商业及办公。塔楼地上 52 层（包括 4 层裙房），地下 4 层，标准层层高 4.10m，结构高度为 218.95m，含顶部塔架总高度 241.10m。采用钢筋混凝土框架 - 核心筒结构体系。核心筒内采用直径更大的桩，塔楼外框架柱下采取“一柱一桩”的大直径布桩。塔楼不设置加强层，塔楼底部 10 层框架柱设置型钢。结构平面长宽比 1.56，而核心筒长宽比 2.5，导致 X、Y 向结构刚度相差较大。

本工程取消了地下三～地下四层柱内型钢，上部柱内型钢直到 10 层，可节约工程造价，加快了施工进度。本工程采用 2.8m 大直径旋挖桩，桩数量少，工期短，经济效益明显。

24 中电长城大厦结构设计

分类：高层结构
完成单位：深圳机械院建筑设计有限公司
完成时间：2019 年

本工程位于深圳市南山区科苑路与科发路交叉口，由中国长城计算机深圳股份有限公司开发建设。本工程新建建筑总面积（含计容和不计容面积）187829.0m^2。主要由南北两栋塔楼及一个裙房组成，北塔楼高 130m，共 28 层，南塔楼高 200m，共 40 层，裙房 21.550m，共 4 层，设地下室 4 层。

南塔采用钢筋混凝土框架 - 核心筒结构体系，1~14 层外框柱采用钢骨混凝土柱，核心筒高宽比达 16.54，由于核心筒长宽比过大（按单筒为 2.59），故将其分为双筒，改善两个方向的动力特性差异。

本工程核心筒结合建筑形状和功能，尽可能避免设备开洞，减少了无效面积，提高了建筑有效面积，结构经济指标良好。

25 深圳广电金融大厦结构设计

分类：高层结构
完成单位：深圳机械院建筑设计有限公司
完成时间：2019 年

本工程位于深圳市福田区深南大道与新洲路交汇处，主楼部分（带附属裙房）为超高层办公楼，裙房部分为银行、超市、放映厅、办公、餐厅等，由深圳广电集团开发建设。

该项目总建筑面积 22.99 万 m^2，主塔楼楼高 219.7m，共 50 层，裙房楼高 42.10m，共 9 层。地面以下设 5 层地下室，地下室底板面深 -21.200m，地下 5 层均为车库。

主楼塔楼范围采用钢管混凝土框架—钢筋混凝土核心筒结构，附属裙房采用钢筋混凝土框架结构，主楼标准层楼面角部为 10.5m 的悬挑，副楼三层以上为 28.8m 的大跨度钢拉杆转换。

采用钢管混凝土柱，减小了柱截面，增加了有效使用面积。楼面采用钢梁，有效地提高了使用净高。裙房 28.8m 的大跨度转换采用拉杆结构，用钢量省，造型美观。

26 顺丰总部大厦结构设计

分类：高层结构
完成单位：深圳机械院建筑设计有限公司
完成时间：2015 年
所获奖项：第三届深圳市建筑工程施工图编制质量金奖；
深圳市第十七届优秀工程勘察设计评选（BIM 设计）二等奖

深圳顺丰总部大厦位于深圳市前海深港现代服务业合作区内。主体塔楼高 199.8m，总建筑面积 94000m^2，地上 46 层。塔楼的 27~32 层、33~38 层、39~44 层分别在北、东、南三个方向设置六层通高空中大堂，打破传统办公的楼层界限，加强企业内部的互联互通。建筑体量旋转上升，错落有致。塔楼的错落布置，在两侧形成清晰的入口。塔楼顶部四个朝向均设置了空中花园，根据不同形式及主题对植物造景及空间进行变化。

主塔楼基础采用大直径旋挖灌注桩，在外筒各柱下按“一柱一桩”布置。塔楼采用钢筋混凝土框架 - 核心筒结构体系，进行了结构空间工作状态的特性分析。标准层内、外筒之间采用扁梁的肋形楼板。独特的 6 层通高空中大堂，采用钢结构构件与幕墙构件相结合，达到轻巧通透的效果。

该项目为顺丰速运公司提供不少于 2000 人高档舒适的办公空间，创造了丰厚的经济利益。建筑的独特外形点亮了城市景观，繁荣了城市经济和文化生活，取得了良好的社会、环境效益。

27 深圳华侨城大厦结构设计

分类：高层结构
完成单位：深圳市力鹏工程结构技术有限公司
完成时间：2014 年

深圳华侨城大厦总建筑面积约 21 万 m^2。该建筑设有 5 层地下室，地下深约 21.05m。塔楼地面以上 59 层，屋顶高度 277.4m，屋顶以上构架最高处高约 300m。建筑平面呈不规则的六边形。建筑平面东西向最宽处位于第 30 层，约 90m，南北向最宽处约 53m。核心筒位于平面中部，也呈不规则的六边形，上下垂直，东西向约 42m，南北向最宽处为 27m。因建筑功能要求，在平面角部布置 6 根巨柱，东西侧 4 根巨柱随建筑边缘而倾斜并有转折，南北侧巨柱从下至上垂直。

华侨城项目基坑采用“桩锚 + 局部内支撑”支护形式。除基坑西侧设置 5 道支撑、东北角设置 3 道支撑 +3 道锚索外，其余侧均采用桩锚支护结构，其中北侧和南侧分别设置 8 道和 7 道锚索。此种支护形式不仅在深圳就是在国内都是很少见的。一般开挖如此深的基坑都是采用“支护桩 + 内支撑”或者“地连墙 + 内支撑”的支护形式，极少采用桩锚结构支护。因此该项目的施工难度和风险比较大，其基坑工程可作为模范工程供深圳乃至全国同行参考。

28 深圳前海国际金融中心结构设计

分类：高层结构
完成单位：深圳市力鹏工程结构技术有限公司
完成时间：2016 年

深圳前海国际金融中心项目总建筑面积约 48 万 m^2。该建筑设有 4 层地下室，地下深约 20.3m。塔楼地面以上 54 层，屋顶高度 249.03m，屋顶以上构架最高处高约 260.73m。塔楼采用带加强层的巨柱框架核心筒结构体系，巨柱沿竖向呈内“八”字形倾斜，每边 2 个巨柱的轴线距离由底层 26.6m 缩小至顶层 22.6m；边框梁最大跨度 26.6m；建筑首层层高 19.5m，标准层层高 4.5m，沿竖向设置 4 个避难层，避难层层高 5.1m；普通办公区楼板采用无梁空心楼盖。本工程的巨柱、大跨度边框梁、无梁空心楼盖、加强层及首层超高的层高是设计的重点和难点。

深圳前海国际金融中心项目是我国首次在 250m 超高层建筑中采用巨柱大跨的无梁空心楼盖，扩展了空心楼盖的应用范围。这对超高层建筑楼盖结构，以至结构方案选型提供了一种新的选项；同时，空心楼盖与普通梁板楼盖体系相比，视觉效果及建筑净高均更胜一筹，为建筑师提供了一种新的设计思路。

空心楼盖拆模后的效果图

29 中建钢构大厦结构设计

分类：高层结构
完成单位：中国建筑东北设计研究院有限公司
完成时间：2016 年
所获奖项：2018 年获深圳市优秀工程勘察设计奖给排水专项一等奖；
深圳市优秀工程勘察设计奖暖通专项二等奖；
辽宁省优秀工程设计奖建筑工程一等奖；
深圳市绿色建筑创新奖（2008-2018）；
深圳市第十七届优秀工程勘察设计（建筑工程设计）三等奖

本工程位于深圳市南山区后海中心区内，东侧为中心路，西侧为兰桂三路，南侧为兰月三路，北侧为兰月四路。基地呈长方形，东西长 65m，南北长 44.5m，用地总面积 2892.5m^2，建筑总面积 55625.3m^2，容积率 13.68。基地由一栋 26 层塔楼及其 3 层裙房组成。地上 26 层，地下 4 层。建筑总高度 150m。采用全钢结构的结构体系。设计以钢结构构件为设计元素，结合玻璃幕墙体系形成精美的外观效果。

本工程为全钢结构。主楼为钢框架 + 中心撑结构，副楼（钢结构博物馆）为球形网壳结构，对外暴露立面上的钢拉杆，满足了业主和建筑师对建筑的诉求。契合国家推广装配式建筑的产业政策，为超高层全钢结构的应用提供了良好的工程经验。

建筑平面设计采用与用地完美契合的方正的平面布局，塔楼为工字形布局，将主要的办公空间布置在建筑南北两侧，相互之间通过空中连桥相连，每部分均具有相对独立的竖向交通核，布局紧凑，使用方便。室内办公空间力求方正、实用，避免出现异形及不利于分隔的室内空间，提高办公空间的使用率，同时注重空间划分的灵活性，做到使用灵活、出租灵活、出售灵活，有利于日后的运营管理。该项目已顺利取得 LEED 金级、国家绿建 3 星以及深圳绿建金级的认证结果，并且在投入使用后获得了深圳市颁发的运营阶段三星级绿色建筑标识，真正成为一栋可持续发展的绿色生态办公建筑。

30 汇隆商务中心结构设计

分类： 高层结构
完成单位： 中国建筑东北设计研究院有限公司
完成时间： 2015 年
所获奖项： 2016 年第三届深圳市建筑工程施工图编制质量银奖

汇隆商务中心位于深圳北站东广场南侧，北靠深圳北站，东邻民塘路，南至玉龙路，位于深圳北站商务中心的核心地段。建筑占地面积为 20338.65m^2，总建筑面积 213633.97m^2（地上 161165.18m^2，地下 52468.79m^2），建筑高度 196.89m，总建筑总高度为 205.7m：地上 44 层，地下 3 层，地上部分为高层办公楼和裙房商业，地下部分为停车库和设备用房。

本工程 1 号塔楼结构形式为带有局部转换的剪力墙结构；2A 号塔楼建筑设计平面尺寸为 48.96m × 46.80m，建筑立面沿高度方向采用四段式设计，每一段均有一个约 50m 高的中庭，分别位于建筑的不同立面上。核心筒平面尺寸为 19.8m × 16.8m，核心筒距外框架的距离分别为 13.30m 和 16.03m，核心筒高宽比达 11.6。外周框架的轴网分别为 13.1、9.9m 和 10.36、6.5、7.5m。受中庭影响，结构设计采用了带钢 V 撑转换的钢筋混凝土框架—核心筒结构。同时，每个中庭的顶部楼盖采用了钢结构，避免了施工过程中的高支模，方便了施工。

本项目地处深圳市城市副中心龙华核心深圳北站，项目定位为“枢纽经济中心、龙头商务集群”。北站商务中心在龙华新区“一中轴九片区”规划蓝图中，首次被定义为“城市新中心”的战略定位，是当前深圳中心区北拓的覆盖区域，同时借势深圳高铁经济发展，北站商务中心作为深圳经济第三极即将崛起。本项目计划在 2019 年年中全部竣工交付，写字楼产品定位当前区域内档次较高、硬件较好的甲级写字楼，为商务客户提供优质的办公产品，助力北站高铁总部经济崛起。

31 深圳金地大百汇结构设计

分类： 高层结构
完成单位： 筑博设计股份有限公司
完成时间： 2019 年
所获奖项： 2016 年获第二届“深圳建筑创作奖”施工图设计银奖

本项目以 74 层 350m 高度矗立于中心区“双龙起舞”的东侧龙脊。塔楼标志性的轮廓、优雅的比例、富有层次感的造型象征着深圳作为中国“设计之都”的高品质城市面貌。结构抗侧力体系为带加强层的框架核心筒（X 方向）与框架核心筒结构（Y 方向），共设置 2 层伸臂桁架和 2 层腰桁架。外框柱采用钢管混凝土构件，楼板体系为钢梁 + 压型钢板组合楼板体系。高区局部剪力墙向上过渡为带支撑的钢框架。上部结构楼层无楼板区的面积上下贯通（约 50m 高），采用跃层的立面钢桁架结构（立面格构柱与格构式梁）提供幕墙支座及抵抗风荷载，格构式梁与单肢梁的水平内力通过上下端部的钢管柱与水平钢梁传给核心筒。

本项目为深圳市福田区岗厦河园片区城中村改造项目塔楼部分，在迅速增长的深圳中心区的中心地段。作为 LEED 金级标准的写字楼，与其高端的酒店式商务公寓配套，共同体现高品质的生活方式，塔楼突出的天际线和高规格配备有望成为深圳地标。

32 京基滨河时代大厦结构设计

分类：高层结构

完成单位：筑博设计股份有限公司

完成时间：2014 年

所获奖项：2016 年第十七届深圳市优秀工程勘察设计公建一等奖；
2017 年度广东省优秀工程勘察设计公共建筑类二等奖；
全国优秀工程勘察设计行业建筑工程公建二等奖

京基滨河时代项目地块位于深圳市福田区西南端滨海的下沙片区，其中办公楼地上 63 层，高度为 273m 的超 B 级高度建筑，结构体系为外框柱采用钢管叠合柱的框架 - 核心筒结构体系，塔楼平面长度为 58.4m，宽度为 37.4m。结构高宽比为 7.3，核心筒高宽比为 18.3，分别在 16、30、48 层避难层设置 3 个层高为 5.1m 的伸臂桁架加强层。

该项目打破传统封闭式的商业模式，形成开放式下沉商业内街，更好地激发周边片区商业活力，聚集商业人流。此外，在交通上也起到了枢纽改善作用，如对外接驳地铁、公交，成为该区域的城市枢纽，对内有效分流，互不干扰。在城市形象上的贡献有：轮廓起伏富有节奏，形体强调差异对比但又寻求整体相互融合，色彩冷暖搭配，赋予建筑丰富表情，成为该区域集办公、酒店、商业、公寓、住宅多功能于一体的地标性建筑。

33 汉京金融中心结构设计

分类：高层结构

完成单位：筑博设计股份有限公司

完成时间：2018 年

所获奖项：2016 年获第三届深圳市房屋建筑工程优秀施工图设计评选的公建金奖以及公建结构专业奖；
2019 年获全球杰出建造奖

汉京金融中心位于深圳南山高新区，建筑面积 16.7 万 m^2，建筑高度为 350m，是深南大道上崛起的一座“新地标建筑”。汉京金融中心是全球最高的核心筒外置、纯钢结构的超高层建筑，主塔楼为巨型框架支撑结构，地上 61 层。结构采用 30 根方管巨柱竖向主体支撑，框架柱之间采用斜向撑杆和钢梁连接作为塔楼抗侧力体系，形成带支撑的钢框架结构。

作为“世界最高核心筒外置全钢结构建筑”，以雕塑感极强的建筑形象成为深圳绝佳的创意地标建筑，通过全新的核心筒外置的方式极大地拓展了超高层办公建筑的空间体验。筑博设计依靠强大的设计落地能力和技术团队将设计概念完美呈现，在全钢构的技术革新和 BIM 技术应用中不断推动超高层建筑的发展。

34 安信金融大厦结构设计

分类：高层结构
完成单位：筑博设计股份有限公司
完成时间：2019 年
所获奖项：2016 年获第三届深圳市房屋建筑工程优秀施工图设计评选的公建银奖

安信金融大厦地上 39 层、地下 5 层，建筑高度 181.5m，是一座集办公、商务、会务接待、金融营业厅等为一体的综合性、多功能、超高层办公楼。此项目结构体系为钢筋混凝土（型钢混凝土）框架（带柱转换）- 两端边筒结构，一大结构特色是为了在建筑物下部楼层获得较大空间，在五层至六层沿 X 向设置跨越 2 层的桁架转换结构，承托不落地的框架柱；因被承托的框架柱有 33 层高，竖向荷载较大，为保证竖向传力的可靠度、减小转换构件的尺寸，在十九层和三十一层各设置一道桁架转换结构，与五～六层的桁架协同工作。

该项目是深圳市福田区重点项目，其建成后可为安信证券和民太安保险公司提供总部办公区、金融业务区、金融会所、金融营业厅，为深圳这个国际化大都市的保险以及金融的发展添上了一道亮丽的风景。

35 深业上城结构设计

分类：高层结构
完成单位：筑博设计股份有限公司
完成时间：2014 年
所获奖项：2014 年获第二届深圳市房屋建筑工程优秀施工图设计评选的住宅类施工图编制质量金奖

深业上城项目位于深圳市福田区核心地区，塔楼由核心筒偏置的 2 栋高塔和 2 栋低塔组成，高塔高 222.15m，低塔高 175.35m，均为超 B 级高度剪力墙结构。高塔与低塔间在四十九层设置连廊连接，连廊标高为 168.75m，层数为 1 层，层高为 6.60m。连廊宽 13.6m，跨度 15.6m。连廊为独立的钢桁架体系，采用柔性连接方式置于两塔楼之间。

高空钢结构连廊采用一端铰接、一端滑动的连接方式与主体结构连接，滑动支座尺寸为 2400mm，滑动距离为 850mm。滑动支座在滑动过程中能抵抗两侧塔楼不对称变形引起的最大为 500kN 的拔力。该连接形式经受住了“山竹”等多次台风的考验，表现良好，证明其结构概念和技术措施可靠、有效。

36 深圳招商局广场结构设计

分类：高层结构
完成单位：广东省建筑设计研究院
完成时间：2013 年
所获奖项：2013 年第八届全国优秀建筑结构设计二等奖；
2015 年度全国优秀工程勘察设计二等奖；
广东省优秀工程设计一等奖

招商局广场是海上世界片区率先开发及片区内唯一的高端办公项目，在城市设计中定位为城市天际线节点及强化城市空间视觉辨识性的地标性建筑。总建筑面积为 10.7 万 m^2，地下 3 层，地上 38 层，建筑物高度为 191.22m。首层层高为 18m，四周采用拉索幕墙，取得了极好的视觉效果。招商局广场结构设计结合建筑风格和特点，大胆创新，在框架 - 核心筒结构体系中，外框柱设计为钢管混凝土柱斜柱，随建筑体型先外倾后内倾，在吸收国内外科研成果的基础上，使梁柱节点设计简单安全，成功地解决了本工程中遇到的一系列较高难度的技术问题；选用科学严谨的计算方法，对结构进行弹塑性动力时程分析，找出结构薄弱部位并进行加强；在地震取值和风荷载取值上进行分析，选取合理数据；对在施工中可能遇到的问题提前做好分析，对钢管柱内混凝土密实度的检测进行研究。这一系列新技术的应用可供类似工程参考。

该项目丰富了城市景观，繁荣了城市经济和文化生活，突出了深圳改革开放的形象，取得了良好的社会、环境和经济效益。

37 深圳平安金融中心结构设计

分类：高层结构
完成单位：悉地国际设计顾问（深圳）有限公司
完成时间：2016 年
所获奖项：第十六届中国土木工程詹天佑奖；
2017~2018 年中国建筑设计奖结构专业一等奖；
深圳市第十八届优秀工程勘察设计评选（结构设计）一等奖，
深圳市第十八届优秀工程勘察设计评选（综合工程）一等奖；
第四届深圳建筑设计奖金奖；
2018 年 AoECCDI GroupPing An Finance Center 全球高层建筑最佳建造奖，亚太地区杰出高层建筑奖

平安金融中心项目位于深圳市福田中心区。项目包括一栋塔楼、商业裙楼及扩大地下室，其他功能包括办公、商业、观光娱乐、会议中心和交易，总建筑面积约 46 万 m^2。其中塔楼地上 118 层，建筑高度 600m；商业裙楼地下 11 层，高度约 53m；地下室 5 层，深 28m。塔楼采用斜撑—带状桁架 - 巨柱框架 - 劲性混凝土核心筒 - 钢外伸臂巨型结构，通过合理地配置内筒、外框结构的刚度及其连接构件，形成多重抗侧力结构体系，充分发挥了结构构件的效用，保证了结构的安全性。塔楼采用大直径挖孔桩，外框巨柱下按“一柱一桩”布置。内筒平面基本呈正方形，底部尺寸约为 32m × 32m，为型钢 - 钢筋混凝土筒体，墙体洞边及角部埋设型钢柱。内筒地下五层至地上十二层采用内置钢板剪力墙，周边设置型钢柱、型钢梁约束，含钢率 1.5%~3.5%。外筒为外框结构，主要由 8 根巨柱、7 道空间带状桁架、7 道平面角桁架、巨型钢

斜撑和角部 V 形撑及由带状桁架分层支托的框架柱、梁组成。采用爬模施工。

作为中国华南地区第一高层建筑，平安金融中心已成为深圳市的标志性建筑，丰富了城市景观，繁荣了城市经济和文化生活，突出了深圳区域中心的形象。

项目团队通过 11 年科研攻关，克服国内无先例可参考、无规范可遵循的困难，自主创新，成功应用钢斜撑—带状桁架—巨柱框架—劲性混凝土核心筒—钢外伸臂巨型结构体系并推广优化；在设计和施工过程中成功研究总结了剪重比、框剪比合理取值，巨柱计算长度，HMD 应用，层高预留和竖向构件变形补偿，陡角度钢柱超厚钢板汇交节点，超高层倾斜变截面钢骨混凝土巨柱爬模施工工法和高强自密实混凝土；部分创新成果被国家重要规范规程《建筑抗震设计规范》和《高层建筑混凝土结构技术规程》所采纳，且被成功推广应用于国内多项重要工程。项目交付使用后，40% 为平安集团用，60% 为出租，有较好的投资回报。总之，项目从设计施工到使用，取得显著的经济效益和社会效益。

38 华润深圳湾总部大楼结构设计

分类：高层结构

完成单位：悉地国际设计顾问（深圳）有限公司

完成时间：2018 年

所获奖项：2018 年 AoECCDI GroupPing An Finance Center 亚太地区杰出高层建筑奖

华润深圳湾综合发展项目位于深圳南山区的后海，坐落于深圳湾的西面。项目占地约 38000m^2，总建筑面积约为 465000m^2。其中华润深圳湾总部大楼建筑高度为 393m，主要功能含办公、地下车库及配套设施。地上 66 层，地下 4 层，地下室深 27.7m。塔楼采用密柱外框筒 + 劲性钢筋混凝土核心筒结构体系，通过斜交网格柱在高区和低区加强形成密柱外筒，形成了可靠的二道防线；外框筒采用新型偏心节点，实现了建筑的无柱空间要求；高区核心筒采用新颖的斜墙收进方案，既满足了建筑的使用功能，也保证了结构传力的安全有效性，避免了刚度的突变。塔楼采用大直径挖孔桩，外框柱下按“一柱一桩”布置。采用顶模施工。

作为深圳湾区第一高层建筑，华润总部大楼已成深圳市的标志性建筑，其优美的曲线“春笋”造型，丰富了城市景观，繁荣了城市经济和文化生活，突出了深圳区域中心的形象。

塔楼外筒采用偏心节点，增大了建筑实用面积；成功实现了外筒陡角度交叉柱汇交节点、内筒斜墙收进、伸臂黏滞阻尼器的设计与施工，为以后类似工程提供了可靠经验；采用顶模施工的先进技术，即整个施工平台随核心的施工高度上升，大大加快了施工进度和精度。项目交付使用后，除了第 46~66 层为华润集团自用外，第 45 层以下全部出租，投资回报较高。总之，项目从设计施工到使用，取得显著的经济效益和社会效益。

39 深圳华侨城大厦结构设计

分类：高层结构

完成单位：悉地国际设计顾问（深圳）有限公司、
深圳泛华工程集团有限公司、
Leslie E. Robertson Associates International

完成时间：2018 年

深圳华侨城大厦是以甲级写字楼为主的综合性大型超高层建筑，塔尖高度为 300m，主塔楼 59 层，总建筑面积 20 万 m^2。本项目为巨型桁架——核心筒结构，该结构体系巧妙地结合建筑的外型，采用异型巨柱、大斜撑、X 形斜柱与框架梁组成的空腹桁架、3 道腰桁架共同围合成巨型桁架外框。

结构平面呈钻石形，契合建筑平面形状在角部布置异型巨柱传递主要竖向荷载，极大地改善了建筑的有效使用空间。

除巨柱为型钢混凝土外，巨型桁架其余构件均为钢结构。周边柱在大斜撑和腰桁架的分段支承下，构件截面显细长，极大改善了办公区域的使用空间及观景品质。

巨型桁架钢结构截面统一采用箱形截面，上下厚连接钢板不参与受力，左右厚钢板为受力钢板，厚钢板在整个桁架平面上均保持在一个面内，极大地方便了节点的设计及节点的施工，设计简洁明快，外型极简统一。

作为深圳市华侨城片区内的标志性建筑，该项目建筑造型恰当地融入了周边环境，丰富了城市景观，是深圳整层得房率最高的甲级写字楼。

40 平安金融中心南塔结构设计

分类：高层结构
完成单位：悉地国际设计顾问（深圳）有限公司
完成时间：2018 年

平安金融中心南塔项目位于深圳市福田中心区，项目总建筑面积 19.8 万 m^2，地下室 5 层，埋深约 29m，地下室结构不设缝。地上由超高层塔楼和商业裙楼两部分组成，跨街连桥与塔楼之间设永久结构缝。塔楼地上 48 层，建筑高度 285.95m，主屋面结构高度 240m，核心筒顶高度为 263.5m。塔楼结构体系采用带腰桁架的型钢混凝土框架—核心筒体系（周边框架梁采用型钢混凝土梁），形成核心筒、型钢混凝土框架、腰桁架等多道防线结构体系；塔楼立面上存在四次收进，结构平面在第 33 层由中下部办公区域方形变成中上部酒店区域 L 形，其余三次收进通过塔楼天窗钢结构实现，形成山峰层层叠叠的建筑效果；跨街连桥跨度 35m，北侧最大悬挑 15m，桥面宽 53m。连桥在第 3~7 层南北布置四榀空腹桁架（局部布置斜撑），并支承于 8 根巨柱，形成可靠的重力支撑体系及抗侧力体系。

平安金融中心南塔项目为中国平安开发的深圳平安金融中心二期工程，建成后与平安金融中心北塔组成平安金融中心双子塔，成为深圳市的标志性建筑，丰富城市景观，繁荣城市经济和文化生活。

塔楼结构体系采用带腰桁架的型钢混凝土框架 - 核心筒体系，尤其周边框架梁采用型钢混凝土梁，有效改善结构抗侧刚度，避免设置伸臂带来的内力突变，同时节约造价、缩短施工工期，为类似高度高层建筑结构体系提供设计参考；塔楼结构平面转 L 形，结构上采取重力荷载下墙肢压应力调平、补充切角方向水平力计算、局部提高抗震性能目标、上部结构稳定分析等有效策略解决，实现建筑立面收进效果，为类似工程提供参考。

建筑立面塔冠存在三次收进，结构上通过三个钢结构天窗实现，天窗主构件均采用厚钢板（50~100mm），构件截面形式为双钢板柱、双钢板梁、单钢板梁等，结构体系新颖，有效实现结构与建筑效果的统一；跨街连桥由 8 根巨柱及 4 榀空腹桁架形成可靠的重力支撑体系及抗侧力体系，有效实现跨越城市主要干道的大跨度商业裙房，为类似城市商业综合体提供成功经验参考。

41 深圳岗厦皇庭大厦结构设计

分类：高层结构
完成单位：悉地国际设计顾问（深圳）有限公司
完成时间：2016 年
所获奖项：第十八届深圳市优秀工程勘察设计专项工程（结构）二等奖；
第二届深圳市建筑工程施工图编制质量银奖；
美国 LEED CS 金级认证证书；
中国绿色建筑标识二星级设计认证证书

岗厦皇庭大厦地块位于深圳 CBD 的东南部。

本项目为超高层综合体建筑，包括 1 栋高度 260m 的超高层塔楼和 5 层裙房，地下室 4 层。塔楼第 1~ 第 3 层为通高大堂；并在第 16 层、第 29 层和第 42 层设三个避难层，层高均为 5.1m。属于超 B 级高度高层建筑，存在超高、楼板不连续、底部多层通高大堂，多个空中大堂结构超限。塔楼采用钢筋混凝土框架核心筒结构体系，同时存在个别楼层抗剪承载力比不足的竖向不规则超限项，以及结构底部 16.20m 高跃层柱等复杂情况。确定了三水准的设计思路及具体分析方法，并对重点部位如楼板、底部剪力墙、跨层竖向构件等进行了专项分析，对抗剪承载力突变、施工模拟及收缩徐变等专项进行了深入的研究。考虑到城市环境、项目工期、综合造价等各方面的因素，该项目地下室施工采用逆作法。

结构设计过程中采用了科研课题“新型钢 - 混凝土组合结构理论和应用关键技术”的研究成果，在逆作法竖向支撑的设计中参考了该课题提出的钢管混凝土梁柱节点构造，节省了节点试验费用，缩短了设计周期，方便了施工，降低工程造价，在高密集城市中心区产生良好的社会效益和环境效益。

42 百度国际大厦（东塔楼）结构设计

分类：高层结构
完成单位：悉地国际设计顾问（深圳）有限公司
完成时间：2014 年（东塔）和 2017 年（西塔）
所获奖项：2013 年度广东省优秀工程勘察设计 BIM 专项二等奖；
深圳市第十五届优秀工程勘察设计 BIM 部分一等奖以及 BIM 深度应用奖；
深圳市第十七届优秀工程勘察设计结构专项三等奖；
深圳市第十八届优秀工程勘察设计综合工程一等奖；
2017 年度深圳市优质工程奖；
2019 年度世界高层建筑与都市人居学会（CTBUH），最佳高层建筑（100m~199m 组）

百度国际大厦位于深圳市南山区高新技术产业园，建筑面积 22.6 万 m^2，由东、西 2 座塔楼组成，其中东塔楼 42 层，高 181.8m，西塔楼 37 层，高 160.8m；另有 3 层地下室和 4 层裙房。

东、西塔楼均采用型钢混凝土柱 + 钢筋混凝土梁 + 钢筋混凝土内筒的结构体系。标准层平面为“凹”形不规则平面。为了建筑功能需要，结构布置极不规则，核心筒偏置严重，且是一个未封闭的框筒结构。同时，在“凹”形不规则平面的开口方向，建筑因为功能和立面效果需要，每隔 4 层设有一个跨层钢结构连廊，而每隔 8 层设有一个将凹口封闭的钢结构露天平台，其跨度达 26m，形成结构自己独有的特点。实践中，通过剪力墙的合理布置以及跨层钢梯的有效利用，减轻了平面不规则的影响，保障了结构的合理性。

同时项目位于填海区，场地情况非常复杂，岩面起伏大且埋藏很深，中间还存在多条裂隙，如按常规端承桩设计，桩长将超过 120m。实际采用摩擦桩，同样有效解决了超高层建筑的变形问题。

项目在超高层结构中采用了摩擦桩，并对桩基进行了静载试验，试验荷载为 29000kN，为当时深圳最大载荷的桩基静载实验。通过对试验数据分析、设计调整等，为填海区类似的基础设计提供了较好的参考依据。

塔楼平面极不规则，设计中充分利用了现有跨层钢连廊的作用，并分析了剪力墙对边框架中布置斜撑的影响，最终较好地减轻了平面不规则的影响，为类似项目设计提供了参考经验。

43 卓越后海中心结构设计

分类：高层结构
完成单位：悉地国际设计顾问（深圳）有限公司
完成时间：2012 年

卓越后海中心定位为创造高品质的、包含超高层超甲级写字楼及商业性办公的、配套高尚商业的深圳后海 CBD 超级商务“航母”，引领深圳全新的“集约式”商务模式，创造独特的中心区标志性商务区，形成新型的商业聚落空间及城市综合体。总建筑面积 12 万 m^2，主楼 46 层，地面以上高 202.62m，主楼采用 1.2m 直径的钻孔灌注桩。采用钢筋混凝土框架 - 核心筒结构，第 1~13 层采用型钢混凝土柱，属超 B 级高度建筑。

作为深圳后海总部基地首个入市项目，入市半年累计出租率达 94%，整层以上租赁占 90%，引进的企业涵盖地产、通信、互联网、金融证券等领域。业主在该项目中首次推出“E+ 商务”概念，通过“E+ 商务”提升项目溢价，具体而言，推行包括健康、艺术、生态、企业交流平台一体化的服务，为入驻企业客户提供跨界体验。

44　壹方商业中心项目结构设计

分类：高层结构

完成单位：悉地国际设计顾问（深圳）有限公司

完成时间：2017 年

所获奖项：2018 年第四届深圳建筑设计奖金奖；
第十八届深圳市优秀工程勘察设计评选综合工程一等奖；
第十八届深圳市优秀工程勘察设计评选专项工程（结构）二等奖

本项目位于深圳宝安中心区商业区最北端，建设用地面积 99390m^2，总建筑面积 88 万 m^2。由 9 座塔楼、5 层裙房及 3 层地下室组成。其中 1~7 号塔楼为 150~180m 的超高层公寓或住宅，剪力墙结构体系。A、B 塔楼为办公写字楼，楼高分别为 225m、161m，采用框架核心筒结构。

设计过程中，对于裙房大跨、大悬挑采用了大跨钢梁和预应力混凝土梁的结构形式，较好地实现了建筑意图，塔楼采用抗震性能化设计，并用多种软件进行对比校核，保证结构的经济合理，同时对城市内超大型基坑工程拆换撑工作对主体结构的影响做了精细的分析与总结，为类似项目提供了宝贵经验。

该项目遵循高端购物中心及城市大型综合体的功能布局原则，充分考虑周边环境和景观意境，通过形式丰富的处理手法，将壹方中心购物中心所处的特殊地理位置和环境，化为独特的地理优势，并设计了多个城市性的广场、步行街场所。弥补过往一些都市商业项目中重室内轻室外的问题。

该项目在 2017 年开始使用以来广受好评，取得了良好的经济、社会、环境效益，成为一个新的“闪亮之星”。

45　宝能科技园结构设计

分类：高层结构

完成单位：深圳市建筑设计研究总院第一设计院

完成时间：2013~2014 年设计，2017 年竣工

本项目位于深圳市龙华新区清丽路与清祥路交会处。占地面积为 17.5 万 m^2，总建筑面积 72.6 万 m^2。

本项目设有 100m 高五星级酒店，屋顶设有 500 多 m^2 游泳池。大跨度游泳池采用预应力混凝土梁板结构。城市综合体设有溜冰场，采用钢结构混凝土压型钢板屋面。溜冰场跨度 36.0m，球型铰支座，开口 H 型钢梁支于边梁牛腿上；6 层购物中心，最大悬挑跨度 7.8m，悬挑结构上 6 部自动扶梯直上六层；购物中心中厅为不规则曲线，采用大跨度钢结构混凝土压型钢板楼盖；各个单体建筑的不规则曲线连廊，也采用大跨度钢结构混凝土压型钢板楼盖，球型铰支座连接。

项目自交付使用以来，丰富了龙华地区人民群众的生活，创造了较好的社会效益和经济效益。

46　龙光深圳玖钻办公楼结构设计

分类：高层结构

完成单位：广东现代建筑设计与顾问有限公司

完成时间：2016 年设计，2019 年竣工

本项目位于深圳市龙华新区，建设场地位于腾龙路以西、中梅路以南、规划红棉路以东、规划民旺路以北。项目地面以上由 1 栋超高层办公塔楼和 1 栋超高层公寓及多层商业裙楼组成，设 3 层地下室。其中 5-A 栋为"玖钻"办公楼，采用框架 - 核心筒结构。塔楼高度为 205m，46 层，标准层层高低区为 4.2m，中区为 4.5m，高区为 3.7m。基本风压为 0.70kN/m^2，地面粗糙度为 C 类。抗震设防烈度为 7 度，设计基本地震加速度为 0.10g，设计地震分组为第一组，场地类别为 Ⅱ 类。结构设计使用年限为 50 年，结构安全等级为一级，抗震设防类别为丙类。

本工程采用框架 - 核心筒结构体系，低区框架由 20 棵混凝土柱、高区框架由 16 棵混凝土柱组成。核心筒 X 方向尺寸为 19.6m；核心筒 Y 方向尺寸在底层为 22.4m，往上逐渐递减为 15.2m。本塔楼高宽比：X 向 4.82，Y 向 4.57，其中：核心筒高宽比 X 向 10.20，Y 向 8.92。核心筒底部外墙厚度为 1000mm，到顶部逐渐收进到 500mm，底部内墙 400mm，到顶部为 300mm，核心筒混凝土强度等级底部为 C60，顶部为 C40；外框柱截面底部为 1300m × 1300mm，顶部为 600m × 600mm，混凝土强度等级底部为 C70，顶部为 C40。

作为深圳市龙华新区的标志性建筑，在建筑底部实现了 3 栋塔楼的连体设计，在塔楼中区实现了高位转换，设计了无边际泳池，为人们对高品质生活的追求提供了坚实的基础。

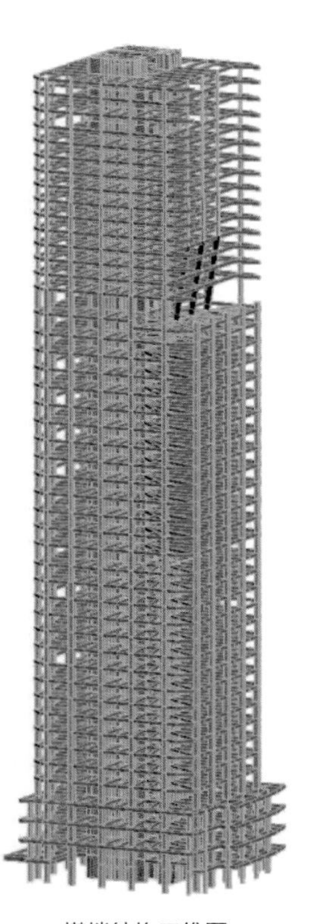

塔楼结构三维图

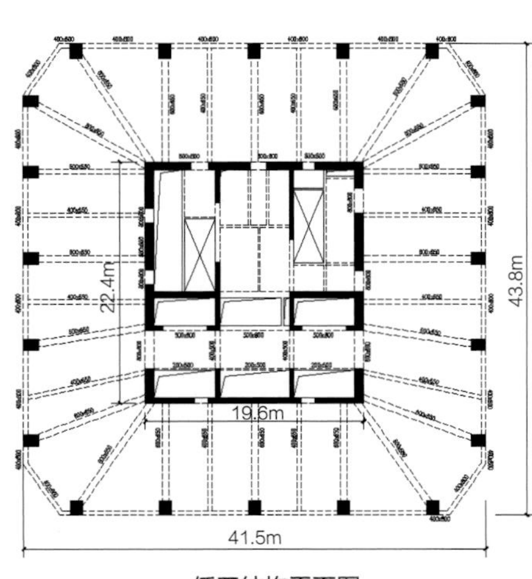

低区结构平面图

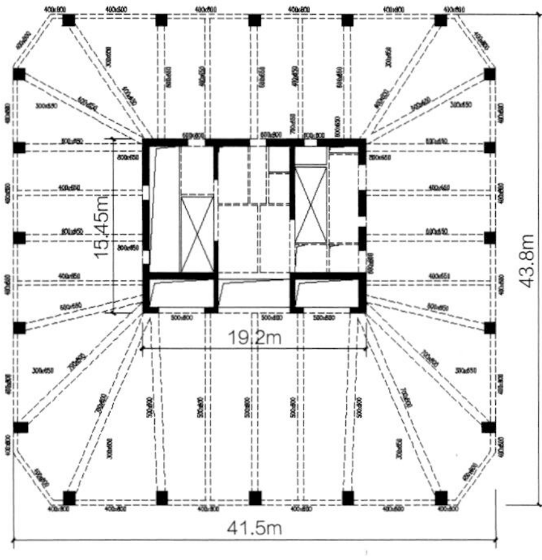

中区结构平面图

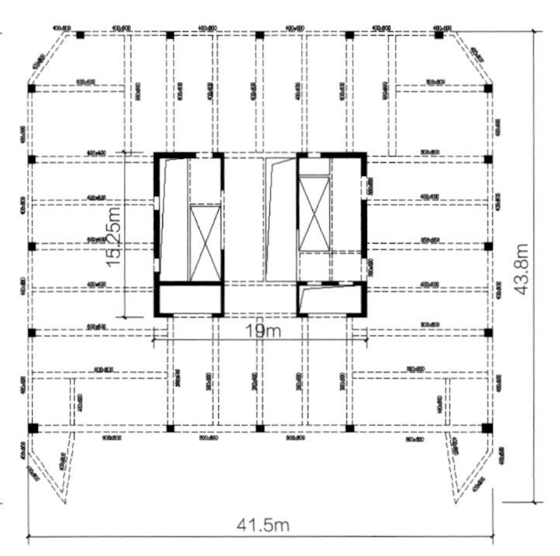

高区结构平面图

47 前海卓越金融中心二期结构设计

分类：高层结构
完成单位：深圳市华阳国际工程设计股份有限公司、TFP
完成时间：2019 年

项目位于深圳前海现代服务业合作区，功能设计以商务为导向，包含 2 座 280m 高的地标性办公塔楼、180m 高的门户办公塔楼、服务公寓、酒店、会所设施、商业以及返还政府的办公楼。4 号楼屋顶与 2 号楼的 27 层用连廊连接，采用与 2 号楼刚接，与 4 号楼滑动相连的方案。

通过与周边的城市环境浑然一体的标志性和地标性建筑实现前海区打造成“珠三角的曼哈顿”的愿景，创造一个吸引人的高品质场所，为城市创造附加值，为广大公众带来喜悦。

48 地铁科技大厦结构设计

分类：高层结构
完成单位：深圳华森建筑与工程设计顾问有限公司
完成时间：2014 年
所获奖项：2014 年第二届深圳市建筑工程施工图编制质量银奖

本项目位于深圳深南大道和科苑大道交会处西南侧，北面为深南大道，南面为科苑南一路，东面为科苑大道，西面为深大校园。本工程总建筑面积 12.94 万 m^2，主塔高度 235.45m，地上 50 层，地下 4 层，深圳地铁一号线在项目地下穿过，裙房共 6 层。项目集交通枢纽、商业、办公、酒店、商旅、文化娱乐为一体，为都市生活提供了丰富多元的选择。

为尽量减少对营运地铁的影响，塔楼部分桩基础采用上部钻孔、底部冲孔的施工工艺。裙房采用钻孔灌注桩。

裙房为地铁站顶板之上 4.0m 厚覆土挖除后，按之前预留好柱位加建实现。新建裙房需在地铁站抗浮与预留柱可承受最大荷载之间达到平衡，新建裙房如果太轻，地铁站抗浮会存在问题；如果太重，会超越预留柱承载能力。综合考虑，裙房总体结构方案采用钢结构框架体系。一层板面距地铁站顶板仅 3.60m，采用新建裙房的地下室侧壁植筋到地铁站顶板结构方案，结合建筑防水措施，有效解决建筑净高及地铁站抗浮问题。

地铁科技大厦塔楼采用框架 - 核心筒结构，由于底部存在部分斜柱，柱采用钢管混凝土柱。地铁科技大厦外形程螺旋上升形，立面富于变化，层次感鲜明，展现了深圳积极向上、锐意进取、节节攀升的城市精神风貌。塔楼下部为办公，上部为酒店。

49 太子广场结构设计

分类：高层结构
完成单位：深圳华森建筑与工程设计顾问有限公司
完成时间：2017 年
所获奖项：第三届深圳市建筑工程施工图编制质量银奖

招商太子广场项目位于深圳市前海蛇口自贸区海上世界太子路，含 1 栋 41 层超高层办公楼（屋面高度 196.71m）、4 层裙房商业，3 层地下室，总面积约 15 万 m^2。其中塔楼由于建筑效果要求，东西两侧分别在 1/3 高度及 2/3 高度处形成 3 层的通廊，外框柱不能连续，结构采用悬挑桁架托换外框柱。结构体系采用下部框筒上部桁架托换单筒体系，属于一种创新的结构体系。塔楼基础采用旋挖桩，裙房基础为独立柱基础加防水板，采用抗拔锚杆进行抗浮。塔楼与裙房之间采用橡胶滑动支座进行连接，很好地解决了塔楼与裙房超长连接的应力问题。

通过多方案的对比，考虑建筑造型、建筑使用功能、结构合理性和经济性、施工方便性和可行性等因素，结构大胆采用新型结构体系，完全实现了建筑通透视角的要求。结构设计采用性能化设计手段，通过施工模拟分析、抗连续倒塌分析、屈曲分析、节点分析，解决诸多结构设计难点，同时采用平衡法解决桁架受力的均匀合理性，通过后浇带解决悬挑层楼板应力偏大等问题。

作为深圳市的标志性建筑，该项目丰富了海上世界的景观，繁荣了城市经济和文化生活，突出了深圳改革开放的窗口形象。

50 深圳体育馆结构设计

分类：大跨度结构
完成单位：深圳华森建筑与工程设计顾问有限公司
完成时间：1985 年
所获奖项：1987 年国家优秀设计银奖

屋盖结构为 90m × 90m 四支点焊接球节点钢网架，支点柱距 63m。看台为大跨度悬挑斜框架，悬挑净跨 9m，屋盖和看台结构为各自独立体系。整体上由 4 根支撑柱承托屋盖和大跨度悬挑看台，结构简洁有力，较好地展示了体育建筑的风格。对焊接球节点和 4 支座复杂的钢球进行了系统试验。网架在地面整体拼装后沿支撑柱顶升至设计标高。

工程从设计到建成仅用了两年半，30 多年来举办了许多重大比赛和纪念活动。

51 市民中心结构设计

分类：大跨度结构
完成单位：深圳市建筑设计研究总院有限公司
完成时间：1998 年设计，2005 年竣工

（1）双曲网壳设计。象征大鹏展翅的大屋顶，长 486m，宽 120~154m，造型复杂，中部支承于方塔的 4 个牛腿和园塔的 8 个牛腿上，东西两翼各自支承于 17 组树状支柱上。风振系数如何取值是设计难点。进行了两次风洞试验和多次专家论证。

（2）承载力达 2300 吨的钢牛腿设计。方形塔楼高 85m，四个角设牛腿支承大屋顶的重量，西南角牛腿承载力达 2300 吨，设计采用从钢柱内焊出 3 块厚钢板制成钢牛腿。由于施工原因，牛腿要切成两部分，等大屋顶吊上去、两部分焊接成整体以后，再把大屋顶放下来支承于牛腿上。支承 2300 吨重量的钢牛腿在工程界是空前的，在汕头大学通过试验进行了验证。

（3）框架结构顶层巨大水平拉力应对技术。东区的采光棚屋顶，采用平行弦预应力桁架，施加预应力后周边产生 21 吨 /m 的拉力，作用于框架结构的顶部。采用如下应对措施：采光天棚旁两块网架改为钢筋混凝土梁板结构；屋面次梁改为 45° 斜放，令其与钢索方向一致；屋面板增加预应力钢筋；加强采光天棚周边梁的刚度。

（4）采用可滑动钢支座解决大屋盖与下部结构的变形协调问题。大屋盖要求支座的最大位移量达 116mm，承载力为 150~2300 吨，采用北方交大徐国彬教授研制的钢支座。因其可承受轴压力和拉拔力，水平位移可自行恢复，又可作适量的转动，很好地解决了大屋盖与下部结构的变形协调问题。

52 深圳机场 A、B 号候机楼改扩建工程结构设计

分类：大跨度结构
完成单位：中国建筑东北设计研究院有限公司深圳分公司
完成时间：1998 年（A 楼）、2004 年（B 楼）
所获奖项：A 楼、B 楼均获建设部优秀勘察设计二等奖

A 楼建筑面积为 7.6 万 m^2，B 楼为 7.8 万 m^2，结构形式皆为混凝土框架 + 钢结构。

（1）A 楼在大空间屋盖钢结构设计上，首次使用了四杈支撑与三角空间曲线管桁架结构，桁架跨度 60m，悬挑跨度 18m，桁架上弦直接铺设矩形钢管檩条。四叉支撑使其与屋盖构件的节点成为铰接，节约了造价。三角空间曲线管桁架的腹杆与弦杆采用相贯焊接节点。（2）B 楼为改造项目，最大限度地利用了原有结构。在原有柱上新加梁时，采用植筋与加大截面相结合；对部分原有梁粘贴钢板；局部基础加固采用锚杆静压桩。

本工程每平方米用钢量约 70kg。相贯焊接节点美化了钢结构，为钢结构直接作为建筑装饰提供了条件。该工程成为深圳市标志性建筑之一。

53 宝安体育馆结构设计

分类：大跨度结构
完成单位：深圳市建筑设计研究总院有限公司
完成时间：2001 年
所获奖项：全国第四届建筑结构优秀设计三等奖

该项目总建筑面积 47400m^2，主体 3 层，高 31.5m，8188 座（含活动座位）。主体采用钢筋混凝土框架，屋顶为空间桁架。

钢屋盖为 140m × 140m 的空间桁架。支座以内为直径 101.4m 的圆形桁架，由径向桁架和环向桁架正交而成，设置两道刚度较大的环梁；支座以外为 24 榀倒三角形悬挑钢桁架，悬挑长度为 19.3~48.7m，由 3 榀桁架组成。

屋盖采用多杆交汇的圆管桁架结构，每个节点少则 7 根、多则 16 根杆件空间相交，在东南大学进行了足尺模型节点试验。

整个钢屋盖通过 24 个支座支承在 12 个 Y 形柱上，柱顶设可滑动抗震支座，该支座既可承受拉压荷载，又可释放温度变形，还可减震。

该工程经受了多次台风的检验，举办过多次体育盛会和大型活动，环境和社会效益明显。

54 深圳会议展览中心结构设计

分类：大跨度结构
完成单位：中国建筑东北设计研究院有限公司深圳分公司、
SBP 公司、
GMP 设计公司
完成时间：2004 年
所获奖项：中建公司 2007、2008 年度中国建筑优秀勘察设计（结构专业）二等奖

该项目结构形式为混凝土框架 + 钢刚架结构。总建筑面积 30 万 m^2，单个展厅最大面积为 3 万 m^2。

（1）展览厅 126m 跨钢梁的下端采用了铰轴式支座，创造性采用高强度钢棒作为受拉杆件，该拉杆与屋面弧形梁一起形成张弦结构，属国内首次使用。刚架间距 30m，檩条为连续矩形钢管檩条。

（2）使用了部分密肋楼盖和预应力结构。

工程中使用的高强度钢棒，系我国首次研发试制的产品，该产品的应用推动了《钢拉杆》标准 GB/T 20934-2007 的制定。该建筑已成为深圳市的地标建筑，承担了高新技术成果交易会的重任。

55 2011 年世界大学生运动会主体育馆结构设计

分类：大跨度结构
完成单位：中国建筑东北设计研究院有限公司深圳分公司、
德国 GMP 设计公司、
SBP 公司
完成时间：2006 年
获奖情况：中国建筑学会结构分会、中国勘察设计协会结构分会名一等奖；詹天佑奖

该建筑是 2011 年世界大学生运动会的主体育馆，1.8 万个座位，建筑面积 7.4 万 m^2，结构形式为混凝土框架 + 空间单层折面钢网格结构和混凝土框架 + 张弦桁架结构。

（1）使用了空间单层折面网格结构，跨度 144m，对结构体系提出了设置肩谷拉环等改进措施；（2）相交于一点的杆件较多，设计中恰当地选用了部分铸钢节点；（3）采用一种独创的弧形接触与销轴相结合的连接节点；（4）采用了盖碗式球形柱脚。

项目结构对结构体系进行改进，设置了肩谷拉环，使受力更合理，用钢量节约 30%。

56　深圳市大运中心体育场结构设计

分类：大跨度结构
完成单位：深圳市建筑设计研究总院有限公司、
德国 GMP 设计公司、
SBP 公司
完成时间：2007 年设计，2011 年建成

该项目钢屋盖平面尺寸为 285m × 270m，为单层折面空间网格钢结构，建筑面积 13.5 万 m^2。

（1）大型单层折面空间网格结构体系。体育场屋盖是一种创新的结构体系，形状为马鞍形，屋盖悬挑长度在不同区域分别为 51.9~68.4m，由 20 个结构单元组成，采用铸钢球铰支座，支承在 6m 标高的钢筋混凝土平台上；通过增设肩谷环梁、结构找形等优化措施，缩短了结构周期，减小了结构变形，获得了更好的抗风、抗震性能；经国家级钢结构专家组评审，认为本结构体系属世界首次采用。（2）多枝杈大型铸钢节点的应用。肩谷点有 10 根杆件交汇，直径为 900~1400mm，采用设置外径 1400mm 刚性空心半球壳与各个杆件相连，节点外形美观，有利于浇铸；进行节点弹塑性荷载位移全过程分析，获得节点极限承载力。一个铸钢节点近 90 吨重，属国内建筑结构首次采用。（3）热成型厚壁及超厚壁建筑结构用钢管的应用。对于厚壁及超厚壁钢管，冷加工成型工艺困难，而且对钢管力学性能有不利影响。通过考察调研，决定采用热成型加工方法。因国内尚无相关标准，于是制定了《厚壁冷卷管、热压管及锻造管的基本技术要求》，明确不同壁厚钢管的加工方式、成品的主要技术要求和检验标准，为厚壁管成型开辟了新途径，也为今后规范的制定积累了宝贵经验。

57　深圳北站结构设计

分类：大跨度结构
完成单位：深圳大学建筑设计研究院、
中铁第四勘察设计研究院集团有限公司
完成时间：2010 年设计，2011 年建成

深圳火车北站位于深圳市龙华中心区，为京广港铁路重要交通枢纽。由站房建筑及两侧的无柱站台雨棚组成。站房 2 层，局部设夹层，屋盖结构“上平下曲”。两侧雨棚呈波浪形。总建筑面积 18 万 m^2。

站房结构共 2 层，地面层为站台层，二层为高架站厅层，整体结构由下部结构和上部钢屋盖构成，其中站房下部结构垂直股道方向长 339m，顺股道方向长 201.5m，标准柱距 43m、27m，采用圆钢管混凝土柱 + 工字钢梁组合楼盖组成框架结构。上部屋盖钢结构为空间双向桁架结构，垂直股道方向长 407m，平行于股道方向长 203m。站台雨棚在站房南北两侧对称布置。单侧雨棚长 273m，宽 132m，两侧雨棚总覆盖面积 6.8 万 m^2。垂直股道方向标准柱距 43.0m；平行股道方向标准柱距 28.0m。雨棚通过四向交叉斜柱支承于钢管混凝土直柱顶端，整个雨棚形成 14.0m × 21.5m 网格的双向连续多跨空间结构。

（1）超长。站房站厅层东西方向长 340m，屋盖钢结构长 411m，不设置永久缝，属于超长空间结构。

（2）大跨度。站房结构不设站台柱，标准柱距 43m；站厅层以上部分柱抽空形成 86m × 81m 跨的大空间，为当时我国已建站房中最大跨度的站厅。

（3）大悬挑。东面屋盖悬挑超过 56m，属于悬挑超限结构。

（4）新颖雨棚结构采用国内外首创的四边形环索弦支结构体系，由斜拉钢棒、竖向撑杆及四边形环索构成。

该工程自结构封顶至今，经历温差收缩、台风考验而完好无损；经济技术指标良好，深受业界好评，也为深圳北站的顺利开通运营作出重大贡献。

58 深圳湾体育中心结构设计

分类：大跨度结构
完成单位：北京市建筑设计研究院、
日本佐藤综合计画
完成时间：2009 年设计，2010 年竣工

深圳湾体育中心钢结构属超大跨度复杂空间结构，钢结构屋盖由单层网壳（体育场、大树广场及其他公共区域）、双层曲面网架（体育馆和游泳馆）及竖向支撑系统构成。

单层网壳为复杂的空间曲面网格结构，平面长 532.7m，宽 240.4m，相对于落地点的最大高度为 42.3m（落地点标高 +6.000m）。

双层网架为曲面形式的正交斜放四角锥网架，平面投影均为椭圆形。体育馆椭圆短轴 104.3m，长轴 116.9m，游泳馆短轴 77.6m，长轴 98.6m，网架高度分别为 4.5m 和 3.5m。网架通过上弦环梁与单层网壳连接在一起。

结构特点为：（1）整体结构尺度大，网壳局部悬挑大；（2）大量的箱形弯扭构件；（3）支撑种类多，结构各部分相互联系；（4）观景桥跨度大，刚度小，需进行舒适度设计；（5）节点类型多，关键节点设计复杂。

该建筑在世界大学生夏季运动会期间及其以后时间，受到社会各界高度赞誉，具良好的社会效益和经济效益，并已成为深圳市最重要标志性建筑之一。

59 2011 年世界大学生运动会篮球馆结构设计

分类：大跨度结构
完成单位：深圳大学建筑设计研究院
完成时间：2009 年设计，2011 年竣工
所获奖项：2011 年广东省钢结构金奖（粤钢奖）

项目位于深圳市坪山体育中心内，为 2011 年第 26 届世界大学生运动会篮球比赛用场馆，长约为 116m，宽约为 82.5m，总建筑面积 1.6 万 m^2。由下部混凝土结构和上部屋盖钢结构组成。屋盖平面呈圆形，其水平投影为直径 72m 的圆，屋盖钢结构采用新颖的张拉整体结构——弦支穹顶，由上部单层网壳和下部索杆张拉体系共同组成，为华南地区首例弦支穹顶结构。

采用的结构方案先进、新颖，结合工程特点，围绕以下难点展开设计研究：弦支体系张拉控制标准，弦支体系预应力工作效率，张拉施工全过程模拟方法及多种张拉方案对比优化，整体结构非线性稳定性能等。进行了大量理论计算分析，揭示了结构的工作机理，把握了弦支穹顶结构的核心技术和重要措施，获得成功应用。

该工程自结构封顶至今，经历温差收缩、台风考验而完好无损，为大运会的胜利召开作出重大贡献。

60 万科前海企业公馆特区馆结构设计

分类：大跨度结构
完成单位：深圳市建筑设计研究总院有限公司
完成时间：2014 年设计，2014 年竣
所获奖项：第二届深圳建筑创作奖金奖；
第三届深圳市建筑工程优秀施工图质量铜奖

特区馆地上 3 层，地下局部 1 层。首层层高 6.0m，其余楼层层高 4.5m，结构高度 15.45m。

（1）二层～三层平面轮廓的尺寸为 64.2m × 83.2m，采用钢结构框架。各层平面基本由两个结构单元组成，单元之间形成瓶颈，由连廊联系。

（2）根据建筑空间需求，分别在一层大堂服务上空及二层会议室上空形成楼板大开洞，2 层通高。大堂服务区域柱跨约为 24.5m。

（3）根据建筑造型需要，南北立面采用网架结构，形成巨型网架墙，同时，内部钢框柱在顶部作为网架支座，与屋顶网架铰接，形成一个整体。屋顶网架在东侧入口上方“灰空间”区域跨度约为 49.0m×66.0m。结合建筑屋面与两侧墙体连续、等厚的效果，采用网架形成一个由屋面到墙体直至落地的网架结构。既解决了灰空间大跨度及屋面不规则开洞的需求，同时有效控制结构自重。

（4）特区馆网架与下部结构仅在钢柱柱顶铰接连接（且水平方向为弹性约束），网架墙体部分直接以承台为支座进行传力。结构计算时，考虑网架变形产生的内力影响。

（5）设计中分别考虑竖向地震作用及人行激励荷载对大跨度区域楼盖的影响。

（6）大堂服务区域的大跨度钢框架，梁截面钢板最大厚度达到 40mm。本项目对于厚度大于 35mm 的钢板，采用 Q345GJ-B 高强度钢。

61　深圳光明新区公共服务平台结构设计

分类：大跨度结构
完成单位：筑博设计股份有限公司
完成时间：2018 年
所获奖项：2015 年获首届深圳建筑创作未建成类金奖

该项目结构体系为斜撑与桁架组合转换的框架－剪力墙混合结构，转换跨度达 42.5m，由 4 道斜撑与桁架组合转换的方式来实现。转换构件整体分布呈对称拱形，从地下室（或二层）伸至结构六层。中间两道转换构件从结构二层开始，由两侧的剪力墙筒体和四、五层的拉杆来提供水平推力，由型钢混凝土柱承担竖向分力；两侧的 2 道转换构件均伸至地下室底板，水平推力由四、五层拉杆和地下室底板来提供。转换层以上有逐层外挑，最大悬挑长度达 12.6m，并采用斜柱支撑。地上一层为复杂曲面，标准层中部楼板存在一定数量的开洞。

光明新区公共服务平台是深圳市光明新区的标志性建筑。该项目将为光明新区的服务带来重大变化，且能有效地提高办事效率。

南向人视图

广场透视图

62　深圳蛇口邮轮母港中心结构设计

分类：大跨度结构
完成单位：广东省建筑设计研究院
完成时间：2016 年
所获奖项：2018 年度广东省土木建筑学会科学技术奖二等奖

深圳蛇口邮轮中心项目地处深圳前海蛇口自贸区，主体结构采用钢筋混凝土框架－剪力墙结构；屋盖系统采用钢结构体系，由横向主受力三角桁架（跨度 24m）、四道纵向桁架以及垂直横向桁架的大尺寸主檩组成具备一定空间刚度的钢框架结构，与主体结构通过钢管混凝土柱连接，连接节点采用铸钢件；海珊瑚构架采用钢构架，作为附属结构支撑于主体结构上，创新性地采用了链杆式异向双销轴支座连接。

2016 年 11 月 12 日，深圳蛇口邮轮母港竣工盛大开港，标志着深圳正式跨进邮轮时代。之后一年，这座年轻的母港营运邮轮 109 艘次，服务邮轮旅客共 189056 人次，开港首年即实现“双船同泊”，创下亚太地区邮轮港口开港首年之最，被评为“深圳人最喜爱的邮轮旅游出行港口”，并被授予国家旅游局“中国邮轮旅游发展实验区”。

63　南山文体中心结构设计

分类：大跨度结构
完成单位：悉地国际设计顾问（深圳）有限公司
完成时间：2011 年
所获奖项：第九届中国建筑学会“全国优秀建筑结构设计奖”二等奖

南山文体中心由剧场、体育馆、游泳馆三个部分组成，并与南面图书馆和艺术博览馆共同围合构成南山文体核心区广场。剧场由大小两个剧场组成，大剧场 1400 座，小剧场 400 座。大剧场观众厅为整体可升降吊顶，观众厅屋面高度 22m，舞台屋面高度 35m，观众席 3 层，最大跨度 35m。体育馆 6000 座，游泳馆 2000 座。上部钢结构三馆相连，地下 1 层。

（1）结构体系、刚度差异较大的三个单体通过钢屋盖相连。

剧场为框架剪力墙结构，由于剧场建筑功能及隔声需求，设置较长剪力墙，所以剧场刚度大。体育馆、游泳馆采用框架结构，最大跨度 80m。通过调整平面布置加强体育馆、游泳馆的抗扭刚度，总装与单体对比分析屋顶相连的影响及连接部位加强等手段，实现三馆相连。

（2）采用多次搭接转换墙，实现 3 层剧场看台大跨度悬挑。

剧场观众席设 3 层，最大悬挑跨度达 7.51m，荷载大，采用多次搭接转换墙，通过精细有限元分析，以及与周围弧形墙的空间共通共用，实现建筑功能需求。

（3）上部结构与造型幕墙结合，实现建筑与结构完美统一。

项目结构设计从方案构思开始与建筑密切配合、共同工作，结构选型、布置、设计构造较好地适应了建筑功能需求。

本项目是深圳市十一五重大项目，建成后举办了许多重大活动，成为深圳市使用很高的文艺、体育活动场地。

南山文体整体鸟瞰图

体育馆

剧场

64 前海法治大厦项目结构设计

分类：大跨度结构

完成单位：悉地国际设计顾问（深圳）有限公司

完成时间：2018 年

本项目位于深圳市前海深港现代服务业合作区内，项目用地面积 8141m^2，总建筑面积为 34149m^2，主要功能为前海法院法律公共服务中心。整栋建筑地上 10 层，高度约为 54.7m；裙房地上 3 层，高度为 16.5m；地下 2 层，埋深约 10m。结构体系为带斜拉杆的钢框架混凝土核心筒结构。

整个结构团队从 2015 年 3 月开始进行初步设计，设计过程中，充分利用高强建筑用斜拉钢杆协同钢框架梁柱形成空间桁架结构，以实现东、西向 17.4m 大悬挑的结构承载要求。首次将桥梁钢拉杆大量地的运用于房建工程，钢拉杆最大直径为 220mm，为目前国内项目首创。同时采用了连接板贯通梁柱节点域的新颖节点形式，以保证节点连接的可靠承载。在施工建造方面，合理利用结构自身刚度作为庞大悬挑端的支撑系统，简化了现场繁重的模板胎撑作业，为类似工业化装配式建筑探寻了一种全新的设计与施工途径，供类似项目借鉴与参考。

65 坪山网球中心结构设计

分类：大跨度结构
完成单位：深圳机械院建筑设计有限公司
完成时间：2014 年
所获奖项：深圳市第十七届优秀工程勘察设计评选（建筑工程设计）三等奖；
2016 年机械工业优秀工程勘察设计奖三等奖

坪山网球中心位于深圳市坪山坪环片区，东邻大山陂路，南邻沙岭路，西邻健体路，北邻坪兰路、新合路，地块南侧为大山陂水库。本工程为网球中心二期，工程包括室外网球中心球场、简易室内馆、简易风雨操场、网球培训接待中心及相关配套用房等。场地内部分建筑下设有 1 层地下室。总建筑面积约 2.6 万 m^2。

（1）中心球场：为单层无顶盖建筑，结构拟采用钢筋混凝土框架结构。

（2）简易室内馆和风雨操场：为单层大跨建筑，结构采用钢筋混凝土柱，屋盖采用大跨度钢桁架结构。

（3）网球培训接待中心：结构采用钢筋混凝土框架结构。

根据建筑方案，尽可能满足建筑的空间功能要求，在技术上做到安全、经济、合理。

本项目为大型公建项目，建成至今已承办多项国内外网球赛事，获得社会各界高度认可和广泛好评。

66 深圳当代艺术馆与城市规划展览馆结构设计

分类：其他结构
完成单位：深圳华森建筑与工程设计顾问有限公司
完成时间：2014 年
所获奖项：深圳市第十七届优秀工程勘察设计评选建筑工程设计一等奖；
深圳市第十七届优秀工程勘察设计评选结构设计一等奖；
第十五届深圳市优秀工程勘察设计（BIM）最佳 BIM 创新奖；
第三届深圳市建筑工程施工图编制质量金奖，第三届深圳市建筑工程施工图编制质量结构专业奖；
2013 年度广东省优秀工程设计 BIM 专项二等奖；
“大型空间结构中复杂弯扭外表皮的设计研究”获中国建设科技集团科技进步奖三等奖

深圳当代艺术馆与城市规划展览馆的结构设计服务于建筑造型及功能需求，堪称建筑与结构完美结合的典范。在两馆项目中，结构不仅是建筑的支撑骨架，更是与建筑融为一体，既成就了非凡的建筑空间，同时也是表达空间美的一部分。两馆的结构形式为：在首层以下为钢筋混凝土框架 - 剪力墙结构体系，在首层以上分两大结构系统：表皮钢结构系统和塔楼范围的主体结构系统。主体分为相对独立的城市规划展览馆和当代艺术馆，主体与外表皮钢结构相连，连接方式多样、复杂，属于特殊形式的大型公共建筑。

表皮钢结构为单层交叉梁（柱）复杂多面体（曲面、折面、斜面和直立面）网壳结构，为了满足建筑在地下室的使用功能要求，表皮钢结构在首层通过 3000mm × 1500mm 的混凝土转换梁全部转换，柱脚形式为铰接。

主体结构在 10m 标高以下至首层地面间采用了框架 - 剪力墙结构体系；10m 标高以上为 6 组型钢混凝土核心筒组成的剪力墙结构体系；10m 标高以上楼面采用了大跨度的悬挑钢桁架，很好地满足了建筑对使用空间效果的要求。

表皮钢结构和主体结构既相互独立又互为支撑，有效解决结构受力的同时，更贴切地实现了建筑效果和使用功能。

深圳当代艺术馆与城市规划展览馆项目是深圳市“十二五”期间重要的标志性建设项目之一。深圳当代艺术馆是以当代艺术的展示、收藏、研究、推广和教育为主要功能的大型公益性艺术机构，城市规划展览馆是展示深圳城市规划和城市发展历程的窗口，是公众参与城市规划和家园教育的重要场所。

作为深圳市的标志性建筑，深圳当代艺术馆和城市规划展览馆，与北侧的少年宫、中轴的深圳书城及市民公园、西侧的图书馆和音乐厅一起，成为深圳人喜爱的文化和艺术活动聚集地，既丰富了城市景观，繁荣了城市经济和文化生活，又突出了深圳改革开放的形象，取得了良好的社会、环境和经济效益。

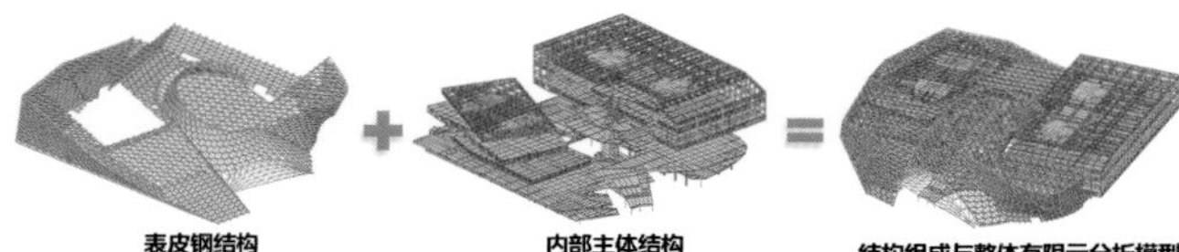

67 人才安居秀新项目结构设计

分类： 预制装配式结构

完成单位： 中国建筑东北设计研究院有限公司

完成时间： 2018 年

该项目位于深圳市坪山区坑梓中心，南邻丹梓大道（主干道）和厦深铁路，西侧毗邻深汕高速坑梓出口。总占地面积 12262.71m^2，地上建筑面积 61300m^2。地上部分设置 4 座 30 层住宅塔楼建筑和 2 层商业配套设施裙房。地下 3 层为地下停车库和必要的设备用房，采用了 EPC 总包模式。

结构体系为框架剪力墙结构，具有高装配率的特点。本项目采用 BIM 正向设计，设计模型中装配式墙体及装配式构件利用 BIM 单独创建，可以正确反映专业间的空间关系，便于装配率的统计和装配构件的拆分。

本项目为溶岩地区的坡地建筑，基础设计复杂，不平衡推力处理复杂。主楼设计采用了旋挖灌注桩，扩大地下室采用了筏板 + 抗浮锚杆。

在设计阶段，建筑及构件以三维方式能直观呈现出来，有助于设计师运用三维思考方式有效地完成建筑设计，同时也使业主真正摆脱了技术壁垒限制，随时可以直接获取项目信息，减小了业主与设计师间的交流障碍，在设计期间及时解决问题，避免设计失误，大大提高施工图质量。项目建成后，将为深圳的人才引进作出应有贡献。

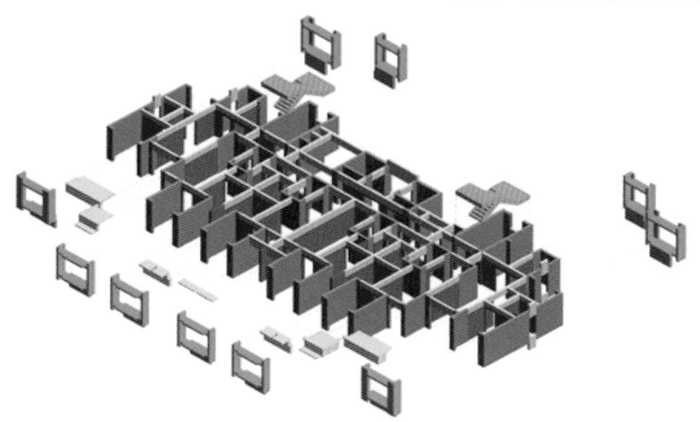

68 110kV 龙华中心变电站结构设计

分类： 预制装配式结构

完成单位： 深圳新能电力开发设计院有限公司、筑博设计股份有限公司

完成时间： 2017 年

所获奖项： 南方电网“第一届金点奖”方案；第十七届深圳市优秀工程勘察设计评选（BIM 设计）二等奖；2017 年住博会最佳 BIM 设计应用奖二等奖

项目位于深圳市龙华新区龙华街道梅龙大道和东环二路交会处，主体采用装配整体式框架结构，预制混凝土构件均在工厂生产，现场装配建设，总平面按全户内变电站形式布置，主体 4 层，全地上布置，占地面积 670.89m^2、总建筑面积 2597.74m^2，目前已投产运营。

采用预制柱、预制叠合梁、预制叠合楼板、预制外挂墙板、预制楼梯全清水混凝土构件，柱与柱采用灌浆套筒连接，非承重预制混凝土内隔墙板及轻钢龙骨墙板。预制构件共 722 件，预制混凝土 823m^3，预制件总重量 2056 吨，预制率达 66%。

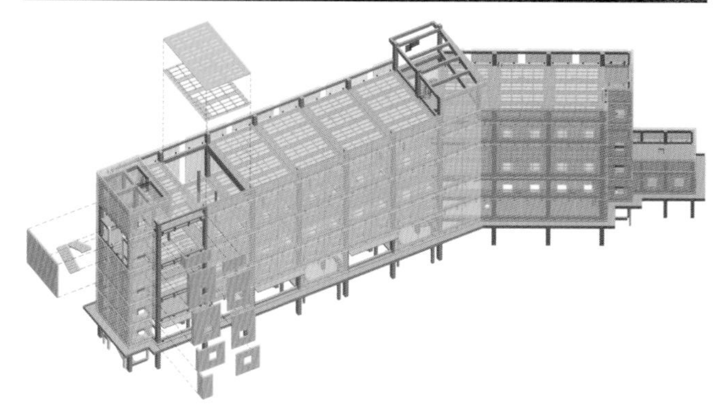

施工阶段采用大量的预制构件，虽然构件成本相对现浇成本要高，但大大减少了现场浇筑等湿作业工作，减少现场人工，且通过 BIM 技术等方式减少二次变更，保证项目工期。在标准建设的总体框架下实现标准设计模块化、构件生产工厂化、施工安装机械化、项目管理精细化的目标，随着后续项目建设人工成本的增加，预制构件产业配套日趋完善，预制工程批量建设，其社会及经济效益非常明显。

69　中海鹿丹名苑结构设计

分类：预制装配式结构
完成单位：筑博设计股份有限公司
完成时间：2016 年主体封顶
所获奖项：2015年全国人居经典建筑规划设计方案竞赛活动荣获综合大奖；
第十八届深圳市优秀工程勘察设计奖综合工程二等奖；
第十八届深圳市优秀工程勘察设计奖专项工程（结构）二等奖；
2018 中国土木工程詹天佑奖优秀住宅小区金奖

本项目位于深圳市罗湖区滨海大道与红岭路交会处东南侧，紧邻深圳河，与香港一河之隔，是两城交会之处。用地面积 47166.23m^2，总建筑面积 260380.87m^2，是深圳首个新出让土地装配式建筑项目，取得英国 BREEAM 二星级绿色建筑认证。

其中 8 栋、9 栋超高层采用装配式建筑设计，建筑高度 146m，地上 46 层，结构主体为抗震墙结构，装配式技术采用了预制外墙、叠合楼板、预制楼梯及预制混凝土内墙板。项目采用了 BIM 技术进行辅助设计，是深圳市已建成的第一个超高层装配式建筑。

通过自主模拟实验及技术分析，突破性地使用了 5cm 厚的桁架式预制叠合楼板（国内其他项目叠合楼板都是 6cm），能够有效提升室内的净高。

成品的预制楼梯采用的是先进的滑动支座节点技术，而不是需要钢筋锚固的固定支座技术，在施工便利性上有很大的优势。

通过标准化设计和装配化施工，项目采用相同的预制构件和模板安装的方式，减少现场湿作业，一定程度上加快了项目的工期，提高了项目质量，减少了人工成本。

各户型采用相同的装修方式、材料、部件，协调好建筑、结构、强弱电、给排水、燃气及室内装饰装修设计，实现各专业之间有序、合理地同步进行，减少后期返工，从而达到节约成本、节省工期、保护环境的目的。

同时促进形成了深圳市装配式建筑技术认定工作机制。

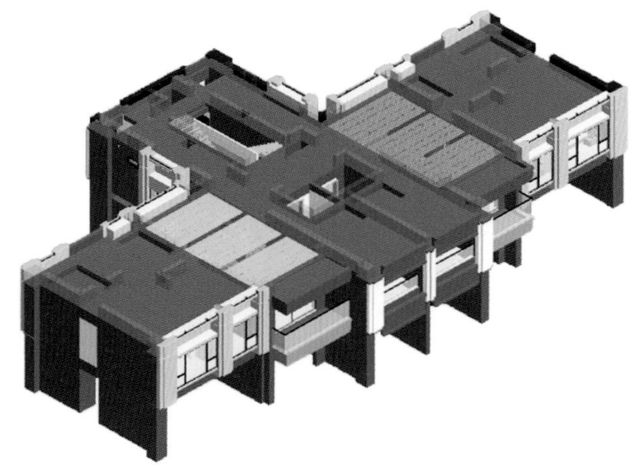

70 万科金域领峰花园结构设计

分类：预制装配式结构
完成单位：筑博设计股份有限公司
完成时间：2016 年
所获奖项：2017 年度深圳市装配式建筑示范项目

本项目用地位于深圳市龙岗区布吉街道水径地区，属于万科梦想家 2.0 标准定型产品系列。本工程的 6 栋层数约为 30 层的高层住宅均为装配式建筑，高度为 100m 以下，结构体系为现浇剪力墙结构体系，采用的预制构件包括预制外墙板、预制楼梯、预制阳台，内隔墙采用预制内墙板。1A、1B、1C、1D 栋预制率 17.03%，装配率 56.88%；2 栋、4 栋预制率 16.56%，装配率 56.21%。

预制外墙按顶部悬挂于主体结构的现浇外挂墙板设计。顶板与主体结构固接，底部及两侧铰接，在结构内力计算时同时考虑楼板与外挂墙板对梁刚度及主体刚度的影响。

预制楼梯按上端铰接下端滑动设计，通过现浇梯梁预留螺栓与预制楼梯固定。

预制阳台采用梁式阳台，梁板钢筋伸入主体结构内，与之现浇固定，按等同于现浇的原则进行设计。

本项目是深建规〔2017〕1 号文颁布后第一个通过装配式建筑认定的示范项目，采用内浇外挂式预制构件施工技术结合铝膜板施工技术。外墙采用预制构件，提高了劳动效率，减少了现场劳动力，劳动力成本减少 20%；外墙工期节省 1 个月，加快工程进度；外墙平整度、垂直度、观感明显提高，杜绝外墙裂缝渗漏、外窗框渗水现象。现浇结构采用铝模板施工技术，提高了工作效率，缩减了工期，减少了建筑垃圾，能达到清水混凝土效果，减小了抹灰成本。填充墙采用预制混凝土内隔墙板，提高了工作效率，减少了建筑垃圾，避免了抹灰工作，缩短了总工期。

通过本项目的示范，推动工业化技术在保障型住房的实际应用，促进住宅产业向集约型、节约型、生态型转变，引导新建住宅项目全面提高建设水平，带动更多建筑采用“四节一环保”新技术，进而推进住宅产业现代化进程，实现可持续发展的社会意义和价值。

71 西部通道旅检大楼结构设计

分类：其他结构
完成单位：深圳市建筑设计研究总院有限公司、
奥雅纳工程顾问公司（合作设计单位）
完成时间：2004 年设计，2007 年建成
所获奖项：第六届全国优秀建筑结构设计三等奖

该项目总建筑面积 54964m^2，平面为 84m × 254m，在长向中部设一道伸缩缝，主体 3 层，采用钢筋混凝土框架结构，屋面高度 19.3m。与主体协同工作的钢屋盖高 33m，在南北入口处外伸 36m 及 40m，分别由两根斜钢柱支撑，其柱距为 28m。

为了使屋盖外观轻巧，屋盖均采用箱形钢梁。建筑物坐落在海边，我国尚无针对这种大跨屋盖体型及风振系数的规范可供参考，为此，进行了 1∶300 模型风洞试验和风振系数的有限元计算。本工程属巨型钢结构与钢筋混凝土框架协同工作的混合结构，采用了全节点弯矩传递的混合节点和树杈状铸钢支座，对关键部件的节点进行了优化设计。

自 1997 年建成以来，已经历多次台风吹袭，结构状况良好，优美的钢屋盖造型给过往的旅客留下了难忘的印象，社会效益显著。

72 京基大梅沙酒店结构设计

分类：其他结构
设计单位：AECOM 建筑设计（深圳）有限公司
完成时间：2006 年
咨询单位：中国建筑科学研究院建筑结构研究所
所获奖项：第六届中国建筑学会优秀建筑结构三等奖

项目总建筑面积约 8 万 m^2，地下 2 层，地上 12 层，建筑高度为 55.5m，建筑平面为“龙”形，总长约 260m，宽度约 14m。Ⅰ区的斜柱和转换桁架为全结构中最为复杂的部分，全部重量均由 8 根倾斜的钢管混凝土柱支撑，钢桁架转换层以上的主体框架则层层外挑，导致建筑顶部距转换桁架支点悬挑达 21.7m。设计时对Ⅰ区部分进行了 1：10 模型的震动台试验，在Ⅰ区钢框架的部分支撑斜杆和部分横梁上设置了 41 个阻尼器。Ⅱ区的中部入口大堂为近似椭圆形单层网壳结构，大堂高 22.8m，最大跨度 51m。

该项目选用钢结构解决了复杂体型的结构力学问题，通过对结构分别进行静力、动力弹性分析和静力、动力弹塑性分析，实现了较好的经济性；该项目已竣工使用多年，在大梅沙海滨也取得了很好的环境与社会效益。

73 大梅沙万科中心结构设计

分类：其他结构
完成单位：中建国际（深圳）设计顾问有限公司
完成时间：2007 年

该项目结构选用混合框架 + 拉索结构体系。上部结构重力荷载由预应力拉索、首层钢结构楼盖和上部各层混凝土楼盖传递到竖向落地构件——筒体、墙、柱；水平荷载通过各层楼盖传递到竖向构件。索与筒体、墙、柱连接处均埋入型钢。整体结构平面狭长且多支，为加强各筒体之间的协同工作能力，保证斜拉力的有效传递，在结构底层和顶层加设水平交叉斜撑，板厚 150mm。中间楼层采用主次梁结构，板厚 120mm。

结构封顶后性能完好，较常用的巨型钢桁架结构节约成本约 8000 万元人民币。

74 深圳市科技图书馆结构设计

分类：其他结构
完成单位：深圳市建筑设计研究总院有限公司
完成时间：2002 年
所获奖项：2008 年英国 ISTRUCTE 结构工程师学会优秀设计奖

深圳市科技图书馆总建筑面积 5.4 万 m^2，由管理中心大楼、图书馆及连接管理中心大楼和图书馆之间的钢连桥组成。100m 长的两跨钢连桥横跨大沙河，将建筑物连成一个整体，使得建筑物总长度达到 541m。

基础采用高强预应力管桩为主，但在大沙河内的桥墩基础及靠近大沙河的框架柱基础则采用钻孔灌注桩，在“龙尾”的图书馆 D 段局部采用柱下独立基础。

管理中心大楼采用钢筋混凝土框架 - 剪力墙结构，建筑共 5 层，无地下室。平面轮廓尺寸为 36.8m × 74m，平面柱网尺寸为 8.0m × 9.0m，其中，为了建筑“龙头”抬起的效果，在管理中心大楼三层、四层的 4 轴线外侧有 5.5m 的悬挑结构。

钢连桥采用平面钢桁架加钢折梁及钢拉杆结构，连桥总宽 36.8m，总长 100m，由两跨 40m 连续主跨和两端各 10m 外挑钢桁架组成。桥墩是倒 L 形钢筋混凝土结构，并采用沉箱技术施工。连桥钢结构纵向由 2 榀主受力桁架组成，横向由 13 根平面弯折的钢梁加端部钢拉杆组成。此外，采用抗震球形钢支座解决了桥身在温度作用下的热胀冷缩问题。

（1）在建筑跨越市政道路处采用大跨度预应力转换梁，控制建筑总高度和首层层高。

（2）图书馆屋面采用了钢筋混凝土屋面 + 金属屋面的复合结构。这种结构形式比纯钢结构节省投资，而且可以保证图书馆的隔热和降噪的要求。

75 招商海上世界文化艺术中心广场结构设计

分类：其他结构

完成单位：深圳市华阳国际工程设计股份有限公司、
槇综合计划事务所

完成时间：2016 年

所获奖项：第十八届深圳市优秀工程勘察设计奖结构专项工程一等奖；
第十八届深圳市优秀工程勘察设计奖综合工程一等奖；
第三届深圳市建筑工程施工图编制质量金奖；
全国民营设计企业优秀工程建筑结构类华彩奖银奖

项目位于深圳市蛇口海上世界核心商业片区，项目是集博物馆、美术馆、音乐厅、高级商业等于一体的顶级商业文化综合楼。项目结构设计具有的三大特点：三大悬挑块体（最大悬挑长度 17.1m）；X 形钢柱的设计；大跨度楼盖舒适度分析。

76 深圳地铁一期工程老街站换乘综合体结构设计

分类：其他结构

完成单位：深圳市市政设计研究院有限公司

完成时间：2007 年设计，2012 年竣工

所获奖项：2012 年第十五届深圳市优秀工程公共建筑二等奖

地铁老街站位于商业繁华的东门片区，周边高楼林立，用地紧张，东侧为永新商业城，西侧为广深铁路高架桥。综合体上部为 15 层的商业酒店，下部为地铁 1 号线与 3 号线换乘车站，是一个地铁车站与商业综合开发的换乘体，也是国内第一个同站台水平换乘及与公交站无缝接驳的换乘站。地上建筑 15 层高度 60m，地下为 4 层地铁车站，最大开挖深度 26.50m，开挖面积达 8300m^2。东西向长约 187m，南北向约 102m，地下部分建筑面积 3.04 万 m^2，地上 3.19 万 m^2。

地铁老街站剖面效果图

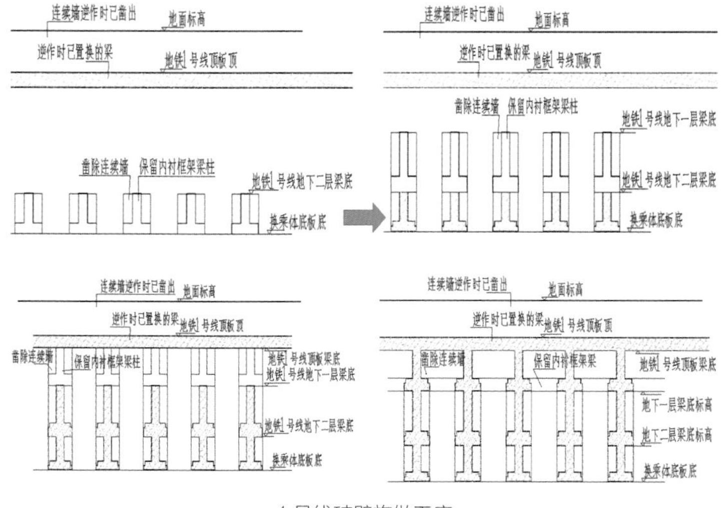

1 号线破壁施做工序

（1）地质条件复杂，地处布吉河古河道，沙层厚，地下水十分丰富，采用地连墙加旋喷桩止水帷幕，开挖深度达 26.50m，创造了深圳基坑开挖深度之最。

（2）采用全逆作施工方案、钢管混凝土叠合柱及人工成孔灌注桩等措施，满足了施工的精度，也保证了工程的安全施工。

（3）国内第一个地铁站地下连续墙破除的项目。当时 1 号线处于运营状态，地连墙的破除对于各方的压力都很大。设计采用侧壁凿除仿真技术，模拟多种可能的工况，找到了最合理的凿除时序，施工采用信息施工及多项预案措施，采用少量分批跳仓凿、及时跟进浇筑梁墙混凝土等措施，施工始终都在可控的状态下顺利完成作业。

（4）国内第一个在地铁站上开发的上盖物业项目。充分考虑本站位于商业中心区、土地利用价值高的特点，结合公交站的设置，借鉴香港在地铁上盖物业开发的成功经验，提出对车站上部空间进行综合开发的理念，极大地提升了土地的利用价值。该项目的建设依托传统商业圈及发挥换乘枢纽客流多的优势而形成新的枢纽商业模式，为地铁换乘站、上盖物业的开发及商业的盈利模式积累了成功的经验。

上部结构为高位转换、平面形状复杂的超限结构，顺利通过专家鉴定。

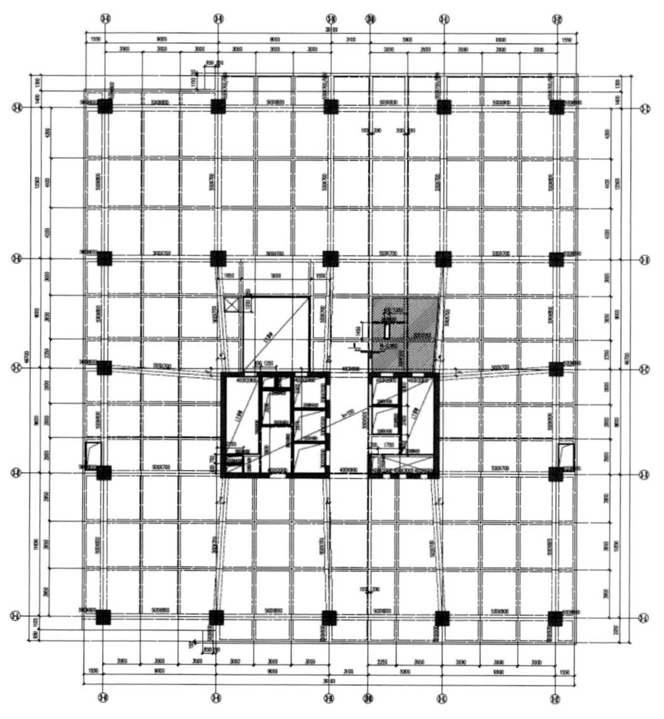

培训综合楼标准层平面图

77　深圳市福田交通综合枢纽换乘中心结构设计

分类：其他结构

完成单位：深圳市市政设计研究院有限公司

完成时间：2005 年设计，2009 年竣工

所获奖项：2011 年度广东省优秀工程设计二等奖；
　　　　　全国优秀勘察设计行业奖建筑工程二等奖

工程为深圳市政府大型公共交通基础设施项目，当年深圳十大民生工程，用地 7.8hm^2，建筑面积 13.7 万 m^2，投资 6.98 亿，位于福田竹子林片区，南连城市快速干道——滨海大道，北接城市干道——深南大道，与地铁 1 号线竹子林站连接。地上 5 层，地下 1 层，设置长途客运发车位 52 个，公交线路 22 条，社会车辆停车位 700 多个。设计日均旅客换乘量 35 万人次；长途日均旅客发送量 7 万人次。集地铁、长途、公交、的士、社会车辆五种交通方式的换乘于一体。

结构整体上为混合结构。下部混凝土框剪体系，建筑长 200m，宽 150m，主结构跨度 15m，井字梁布置，主次梁预应力混凝土框架结构。上部为钢结构张弦梁桁架体系。张弦梁桁架结构采用国内首创的支撑于弹性边界双向曲线张弦梁斜交体系。空间弧形钢管桁架与双向张弦梁结构仿效自然形态，在实现建筑优美造型的同时，给结构设计造成了很大的困难。工程采用 3Dmax 模型导入，自编 VB 程序实现数据接口导入 CAD 及 SAP200，实现仿真计算，设计采用了的整体建模和计算以考虑两种体系的相互影响。

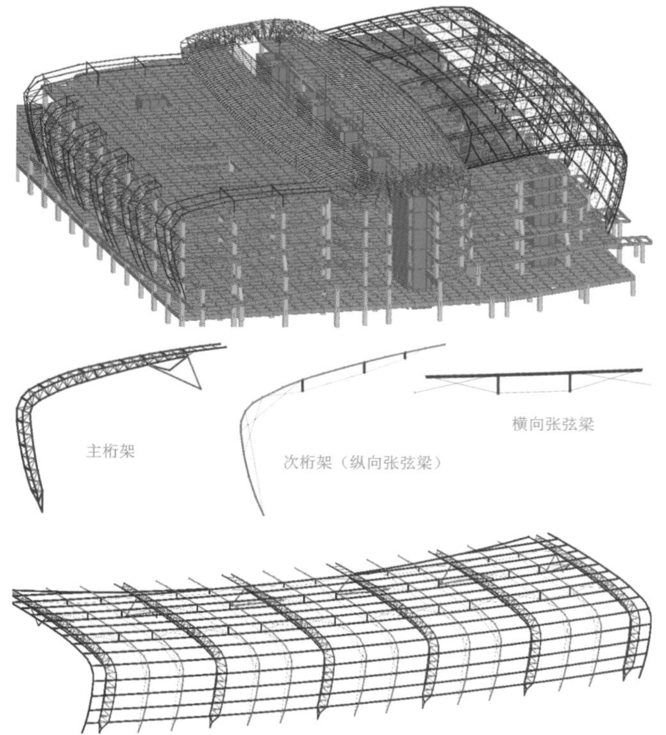

张弦梁计算模型

78 香港中文大学（深圳）校区结构设计

分类：其他结构
完成单位：中国建筑东北设计研究院有限公司
完成时间：2014 年
所获奖项：2015 年香港建筑师学会两岸四地建筑设计卓越奖；
2017 年获亚太房地产大奖中国优秀公共建筑奖；
2018 年获深圳市优秀工程勘察设计奖公建一等奖，深圳市优秀工程勘察设计奖结构专项三等奖

该建设项目位于龙岗区大运新城区域，大运公园南侧，龙翔大道以北，由龙岗北通道两侧地块组成，总用地面积约 100hm^2。建设用地分为上园和下园，占地面积 50 万 m^2，建筑面积 33 万 m^2。

本工程为坡地建筑，因地势有高差，形成建筑一侧有土推力的工况。为解决不平衡的土推力，降低地下水位，在有土的一侧设永久支护，主体与支护间设缝脱开，使主体不受坡地土推力的影响，保证结构的动力特性正确。

行政楼为 7 层框架结构，结构屋面高度 34m。建筑五层至屋面层为连体结构，连体结构为钢框架，其中五层为钢桁架。一至四层分开位于左右两边，均为混凝土框架结构。左右塔楼间净跨度 36m。在连接体的最底层（第五层）设置 3 榀分别贯穿两侧塔楼的钢桁架，钢桁架承担本层及连接体以上部分楼层作用力。与钢桁架相连的两侧塔楼柱采用钢骨柱，连接体与两侧塔楼柱为刚接。

图书馆为混凝土框架结构，结构屋面高度 28m。结构多处设置大跨度钢楼梯及内部连廊。大屋面采用混凝土造型斜屋面，斜屋面高差约 2~5m；入口中庭屋面局部采用造型钢结构遮阳天窗。阅览区采用 3 层通高结构，最大跨度约 25m。

该项目是深圳市政府积极开展中外合作办大学的先行者和典范，是粤港澳大湾区一体化迈出的先行一步，实现了珠三角的科技及人才的交流和相互支援，提升了创新科技及人才培育，促进了香港及深圳的经济多元性发展。

第 8 章

钢结构篇

刘　健　陈振明　张　枫
郭满良　杨　燕

深圳钢结构建筑发展 40 年

1983 年深圳经济开发区蛇口工业区大量引进英国、美国、澳大利亚和日本等国门式刚架轻型钢结构厂房仓库；1984 年中国国内第一座超高层钢结构建筑深圳发展中心大厦开始建设；1985 年深圳体育馆和体育场开始建设。这一系列钢结构建筑建设工程的开展，拉开了深圳钢结构建筑发展序幕，深圳人凭着敢为人先的创新精神，亲手创造了很多“第一”和建筑奇迹。

一、成就回顾

（一）20 世纪 80 年代——初创阶段

1983 年开始，深圳经济开发区蛇口工业区大量引进英国、美国、澳大利亚和日本等国门式刚架轻型钢结构厂房仓库。大部分国外轻钢结构公司都具有自己的门式刚架轻型房屋钢结构系列，实现了结构分析、设计、出图的程序化，构件加工的工厂化，安装施工和经营管理的一体化流程，工业化程度高、运输便捷、安装方便快速、土建施工量小、综合经济效益高，因此很多外资和台资钢结构企业陆续进入我国，轻钢结构在国内得到了快速发展。

1984 年国内第一座超高层钢结构建筑深圳发展中心大厦开始建设，主楼 43 层，建筑高度 165.3m，采用钢框架和钢筋混凝土剪力墙联合承重的结构体系，压型钢板组合楼板。该工程设计时，国内尚无高层建筑结构设计规范，因此参照美国规范有关条文。中建三局仅用 10 个月便完成了主体 11000 吨钢结构施工任务，垂直最大偏差 25mm，提高了美国 AISC 规范程度的标准，解决了最大钢构件重 36.7 吨的吊装就位问题和最厚的钢板 130mm 的焊接技术问题。该项目开创了我国超高层钢结构建筑设计和施工的先河。

1985 年深圳体育馆和体育场开始建设，体育场采用螺栓球网架结构；体育馆屋盖采用 90m 见方的焊接球节点钢网架，由柱距为 63m 的 4 根大柱支承，整个屋盖在地面整体拼装后 4 根大柱顶升至设计标高。此项目开始了空间结构在深圳应用和发展。

（二）20 世纪 90 年代——创新与应用阶段

轻钢结构厂房和仓库在深圳进入逐步发展，规模和跨度逐步提高，1996 年设计建成的深圳赤湾 9 号库，跨度达到了 45m，柱间距达到 14m，为当时门式刚架结构跨度之最。

1991 年建成深圳机场 T1 航站楼，为巨型网格焊接球与螺栓球组合网架结构；1996 年建成的深圳机场二期扩建工程航站楼，首创了曲面桁架 - 屋面檩条 - 柱帽斜撑体系，成为大跨度管结构的应用范例，荣获了多项省部级科技进步奖和优秀设计奖，之后，深圳机场屋盖结构形式及其衍生体系在全国各地的工程中大量应用。

1999 年深圳欢乐谷中心剧场膜结构穹顶是我国技术人员自行设计、制作和安装的大型张拉膜结构，膜结构穹顶水平投影面积为 5800m^2，从设计到竣工仅用了 8 个月，结构平面呈圆形，整个体系的竖向荷载通过中心环经过吊索传至 15 根钢柱上，膜体外边缘连接在 15 根钢拱梁上，通过外拉索与外锚座相连，整个体系由脊谷式膜单元组成，脊索和谷索相间布置形成膜体的支撑和起伏。此项目的建成，拉开了膜结构在深圳应用的序幕。

1995 年，深南路旁矗立起当时亚洲第一高楼——383.95m 高的地王大厦，由熊谷组（香港）有限公司负责总承包，主体结构由中建二局、中建三局负责施工，地上 69 层、建筑面积 26.6 万 m^2，它是深圳二次创业的标志性建筑。结构采用劲性混凝土核心筒 + 钢柱 + 钢梁体系，施工时采用核心墙“劲性混凝土”钢结构安装、塔吊“一机多用”、高、重、大、悬、偏心构件双机抬吊、内爬塔吊直接进行吊装桅杆等新技术，创造了 9 天 4 层楼的钢结构安装、焊接新速度，整个工期仅用了一年零一个塔吊月。

1996 年世界上最高的钢管混凝土结构大厦——72 层 355.8m 高的赛格广场开工，结构采用钢管混凝土柱 + 钢梁 + 核心筒组成框式壁筒体系，开发了地下室（地下 4 层）逆作法施工技术、钢管混凝土结构综合施工技术、高抛免振捣自密实混凝土等施工技术，这些新技术的开发和应用为赛格广场高质量、高水平、高速度的建成奠定了基础，也为超高层钢管混凝土结构的大面积使用积累了宝贵的经验。

1996 年，中建钢构的前身，以中建三局一公司为班底的深圳建升和建筑安装工程公司成立，标志着深圳本土大型钢结构公司的诞生。

（三）21 世纪 00 年代——创新与发展阶段

2000 年，从富士康深圳工厂开始，门式刚架和螺栓球网架结构开始在工厂和仓库项目中得到普遍应用。

2001 年建设完成的罗湖体育馆项目，推出了网架结构和桁架结构的杂交体系。

2003 年完成的沙头角体育馆项目，使用了看台结构作为上部钢结构支承体系的大跨多层钢结构建筑。

宝安体育馆钢屋盖为 140m × 140m 的空间桁架，支座以内为直径 101.4m 的圆形桁架，由径向桁架和环向桁架正交而成，设置两道刚度较大的环梁；支座以外为 24 榀倒三角形悬挑钢桁架，悬挑长度为 19.3~48.7m，由三榀桁架组成，结构用钢量 68kg/m^2。

市民中心屋盖象征大鹏展翅，结构设计采用 486m 长、120~154m 宽的双曲网壳，屋盖中部支座置于方塔、园塔的钢牛腿上，其最大压力为 2300 吨，东西两翼各自支承在 17 组树状钢管柱上。市民中心东区的采光棚屋项首次采用平行弦预应力桁架结构体系。

深圳会展中心，结构形式为混凝土框架 + 钢刚架结构。总建筑面积 30 万 m^2，单个展厅最大面积为 3 万 m^2。展览厅 126m 跨钢梁的下端采用了铰轴式支座，创造性采用高强度钢棒作为受拉杆件，该拉杆与屋面弧形梁一起形成张弦结构，属当时国内首次使用。刚架间距 30m，檩条为连续矩形钢管檩条。

深圳市邮电信息枢纽大厦，主塔楼 48 层、高 185m，副塔楼 22 层、高 99m，主副塔楼间距为 40m，其间设有通信电缆天桥连接。结构特点：（1）演播大厅需要平面 32m × 40m、高 10m 的大空间，在其上两层楼采用空腹桁架进行转换；（2）40m 跨通信电缆钢结构，采用橡胶减震支座；（3）大直径钢管混凝土柱的节点试验研究。

2009 年设计完成的京基金融中心，约 24 万 m^2，98 层，楼高 439m。采用钢筋混凝土核心筒、巨型斜支撑框架及 3 道伸臂桁架和 5 道腰桁架组成三重抗侧力结构体系。巨型斜支撑设于大楼东、西立面，X 形交叉箱形断面钢板厚 80mm；框架部分由矩形钢管混凝土柱及型钢组合梁组成。结构特点：（1）解决了矩形钢管混凝土柱和钢管斜撑相交节点的构造；（2）解决了 1.9m 超厚剪力墙（内置型钢）的构造。

深圳的设计单位和钢结构施工企业开始进军内地市场，设计完成了大连会展二期（13.8 万 m^2，高层大跨度全钢结构展馆）、银川机场扩建工程（曲柱大跨结构）、淮安会展中心等大跨度空间结构；制作安装完成了央视 CCTV 大楼、长春光大银行、上海环球中心、哈尔滨会展中心等超高层和大跨度钢结构，深圳设计和深圳建造的品牌效应日渐凸显。

2008 年，深圳本土成立的专业钢结构公司——中建钢构公司成立，并成为中建系统直属企业。

（四）2010 年后——创新再发展阶段

1. 大跨度和复杂钢结构

大跨度和复杂钢结构的发展进入快车道，建成了一大批具有影响力的大跨度空间结构建筑。

2011 年世界大学生运动会的主体育馆，1.8 万个座位，建筑面积 7.4 万 m^2，结构形式为混凝土框架 + 空间单层折面钢网格结构和混凝土框架 + 张弦桁架结构。

深圳市大运中心体育场结构，钢屋盖平面尺寸为 285m × 270m，为单层马鞍形折面空间网格钢结构，是一种创新的结构体系；多枝杈大型铸钢节点、热成型厚壁及超厚壁建筑结构用钢管的应用也为其特点。

深圳火车北站，站房结构标准柱距 43m、27m，采用圆钢管混凝土柱 + 工字钢梁组合楼盖组成框架结构，上部屋盖钢结构为 86m × 81m 跨空间双向桁架结构，为当时我国已建站房中最大跨度的站厅；东面屋盖悬挑超过 56m，属于悬挑超限结构；雨棚结构采用当时国内外首创的四边形环索弦支结构体系。

深圳湾体育中心钢结构属超大跨度复杂空间结构，钢结构屋盖由单层网壳（体育场、大树广场及其他公共区域）、双层曲面网架（体育馆和游泳馆）及竖向支撑系统构成；单层网壳为复杂的空间曲面网格结构，平面长 532.7m、宽 240.4m；双层网架为曲面形式的正交斜放四角锥网架。结构特点：（1）整体结构尺度大，网壳局部悬挑大；（2）大量的箱形弯扭构件；（3）支撑种类多，结构各部分相互联系；（4）节点类型多，关键节点设计复杂。

2011 年世界大学生运动会篮球馆，由下部混凝土结构和上部屋盖钢结构组成，屋盖平面呈圆形，其水平投影为直径 72m 的圆，屋盖钢结构采用新颖的张拉整体结构——弦支穹顶，由上部单层网壳和下部索杆张拉体系共同组成，为华南地区首例弦支穹顶结构。

深圳国际会展中心（一期）工程总建筑面积 153.98 万 m^2。项目展厅采用钢框架 + 空间倒三角管桁架钢体系；项目登录大厅采用钢框架 + 张弦梁 + 局部单层网壳体系；项目中廊采用钢框架 + 树状分叉柱 + 单层网壳钢罩棚体系，用钢量约 27 万吨。展馆一期项目于 2016 年 9 月开工建设，2019 年 7 月全面建成投入使用，整体建成后成为当时全球第一大会展中心。

深圳国际机场 T3 航站楼，总建筑面积 45.1 万 m^2，建筑总高度 45m，是深圳市建市以来单体建筑面积最大的公共建筑。主楼中心区屋顶采用钢网架结构，指廊部分采用双层网壳钢结构，用钢量约 4.5 万吨。该项目应用了大量的先进技术，较好地节约了建造成本。

深圳市当代艺术与城市规划馆总建筑面积约 9 万 m^2，地下 2 层（局部），地上 5 层，建筑高度 40m。采用型钢 - 钢筋混凝土混合工作的复杂结构体系，用钢量约 1.83 万吨。

中国建筑科学研究院深圳分院研发了巨型网格拉索 - 筒壳结构体系，适用于 250m 以上超大跨度结构。

2. 超高层钢结构

平安金融中心建筑地上 118 层，塔楼塔顶高度 597m，结构体系为巨型斜撑框架 - 伸臂桁架 - 型钢混凝土筒体结构。设置 4 道伸臂桁架和 7 道带状桁架，其中第 7 道带状桁架为单层平面带状桁架，其余均为双层空间带状桁架，为使巨型框架能承担一定的剪力，保证巨型框架能有效地形成抗震二道防线，在带状桁架间设置巨型钢斜撑。项目的塔吊支承架悬挂高效拆卸施工和 200mm 厚八面体多棱角铸钢件焊接两项技术经鉴定均为当时国际领先水平，该技术的应用大大节约了项目的工期与成本。

中建钢构大厦由一栋 26 层塔楼及其 3 层裙房组成。地上 26 层，地下 4 层。建筑总高度 150m。主楼为钢框架 + 中心撑结构。

深圳证券交易所运营中心，总建筑面积 26.7 万 m^2，建筑总高 245.8m，共 46 层，该项目主塔楼结构形式为框架 - 核心筒，由方正的塔楼和空中悬挑的裙楼所组成，裙楼两个方向的悬挑高度达到 36m 和 22m，为当时国内罕见的巨型悬挑超高层建筑，是当时国内仅次于中央电视台新台址第二大超高悬挑钢结构建筑。其抬升裙楼巨型悬挑钢桁架砂箱集群卸载技术和抬升裙楼巨型悬挑钢桁架结构安装综合技术这两项当时经鉴定均达到国际先进水平。新技术的应用大大节约了工期和成本。

深圳汉京金融中心，总建筑面积约 165014.38m^2，建筑高度约 350m，主塔楼地上 67 层，附设 4 层商业裙房，地下 5 层，项目工程结构为巨型框架支撑结构，用钢量约 5 万吨，是全球唯一一座 300m 以上的全钢结构超高层建筑。该工程“350m 全钢结构超高层综合建造技术”经鉴定达到国际先进水平。

华润集团总部大厦，总建筑面积约为 26.7 万 m^2，建筑高度为 392.5m，塔楼共有 71 层，其中地上 66 层、地下 5 层，项目结构采用密柱框架 - 核心筒结构体系，用钢量约 3.5 万吨。

3. 索网、膜结构与铝合金结构

华安保险总部大厦南、北立面采用拉索点驳接玻璃幕墙。玻璃幕墙宽 49.9m，高 74.8m，为国内跨度最大的幕墙单层平面索网结构，拉索锚固于周圈巨型钢桁架。该工程创新采用一次张拉法，将索结构与锚固钢结构进行整体分析。

4. 市政钢结构和特殊钢结构

市政桥梁工程中大量使用钢结构，代表作有盐田中央公园地景天桥（钢管网筒体系为主结构体系，人行桥面结构为附属结构）、南山区春花天桥（桥体结构为钢框架，顶盖结构形式为双扭构件单层网格结构）、龙岗三馆一城慢行系统天桥群等。

华侨城宝安滨海公园一系列大跨度双曲造型钢结构、玛丝菲尔（服装）总部基地哥特式风格“鲲鹏”造型复杂大跨度钢结构、万科金色领域前海展示厅多层嵌套复杂曲面钢结构等为复杂钢结构的典型代表作。

5. 装配式钢结构建筑的探索与实践

库马克大厦位于深圳市光明区，项目采用 EPC 模型建造的装配式钢结构轻板建筑体系，建筑面积为 38697m^2，地下 2 层，地上 17 层，建筑高度为 76.4m。本工程主体为全装配式钢结构，预制构件包括预制钢柱、预制钢板组合结构、预制钢梁、预制钢楼梯，其中钢柱为钢管混凝土柱折合用钢量 78.3kg/m^2。项目内外墙体采用预制 ALC 轻质内外墙体，现场装配率达到 96%。该项建筑体系通过了国家级专家组技术鉴定，项目应用成果为装配式钢结构建筑的探索与发展积累了宝贵的经验，也为高层混凝土结构改变为钢结构体系的设计和施工提供了有益的尝试。

中国建筑科学研究院深圳分院研发的巨型钢框架高层钢结构住宅体系，融合了巨型框架结构和多层工业化住宅的优点，可以较好地解决已有高层钢结构住宅整体造价高、防腐和防火处理难度大、配套维护结构不理想、户型单一、工业化程度不高等问题。课题验收结论为“该结构体系可以拓展应用到超高层居住建筑，课题的研究成果填补了我国相关领域的空白，总体上达到国际先进水平。”

二、实力积淀

深圳钢结构行业对于深圳建筑业乃至中国钢结构行业发展所做出很大贡献。1983 年深圳蛇口工业区引进的门式刚架轻型钢结构厂房仓库、1984 年中国国内第一座超高层钢结构建筑深圳发展中心大厦、1985 年深圳体育馆和体育场大跨度结构，开启了深圳钢结构发展的序幕。此后多年，在这片土地上诞生了一大批从事钢结构设计和研究的本土及外部分支机构，如中国建研院、中建东北院、深圳设计总院、华森、悉地国际、北京院、欧博、筑博等同样，深圳钢结构的发展，更离不开钢结构制造、安装和配套企业的突出贡献。深圳在 1990 年代初期，只有为境外加工钢结构的境外独资钢结构制造厂；1996 年成立本土的钢结构安装企业（建升和），目前已成为国内最大钢结构企业——中建钢构；金鑫绿建、雅鑫钢构等本土钢结构企业、央企的深圳分支机构（中建二局、中建三局、宝冶等）、省外钢结构企业的分支机构（如浙江精工、浙江杭萧、东南网架、沪宁钢机等）在市场上也占有重要位置，为深圳钢结构的发展做出了很大贡献。

行业的发展壮大也推动了人才辈出，中国钢结构协会的近 200 名专家中，出自深圳的资深专家就有 10 人，占 5%。从提供钢结构设计咨询到国家及行业相关标准规范的编制、审核，从重大建设项目技术评审到建设工程有关专题方案论证，到处有这些资深专家们活跃的身影和智慧的闪烁。这些企业、专家和深圳全体从业员工一起见证了中国钢结构行业从弱到强的发展过程。

三、未来展望

深圳工程建设的发展规模和速度令世人惊叹，广大钢结构专业人员对深圳的建设做出了自己的贡献。深圳宽松的经济及生活环境也为深圳的技术创新提供了很好的平台。面对新的形势、新的挑战和新的要求，钢结构专业的各位同仁还应继续努力，在超高层、大跨建筑、复杂结构、装配式建筑、市政工程、索膜结构设计研究、新型高强材料研究与应用等领域，不断探索和创新，具体体现在以下几个方面：

一是利用深圳钢结构行业厚重的技术积淀，以技术创新为引导，将以“深圳设计”和“深圳制造”为主，加强钢结构领域理论研究、完善技术标准和相关法律法规，持续推进新技术研究和落地，让深圳的钢结构设计及工程质量达到国际一流的水平。

二是大力推广钢结构项目，不断开展结构体系创新、制作和建造创新工作，大力研发并推广应用具有降低造价、低碳、绿色的钢结构设计和建造技术，为钢结构项目赋予更强的生命力。各种结构体系（混凝土、钢、索、预应力、铝合金、不锈钢、膜）的相互融合，可以衍生出丰富多彩的超高层和大跨度结构体系，为城市建设提供低碳化的产品和生活。

三是抓住建筑工业化的机遇，大力推广装配式钢结构建筑。以钢结构住宅为首的装配式建筑，将是今后的重要研发目标。同时，针对学校、医院、酒店、公寓、工厂、办公、农业、园林等不同类型建筑，研发和应用不同的钢结构装配式体系。

四是加强信息技术与钢结构建设全过程的融合，在钢结构的制造、安装环节引入智能制造和智能安装，将工业化生产与钢结构建筑外观造型的多样化选择结合起来，提升钢结构产品的整体质量水准。

五是充分发挥产业联盟和行业学会的作用，以钢结构建筑为核心，将建筑工业化做大做实，满足建筑行业发展的迫切需求。

我们相信，未来深圳一定会取得更大的跨越和发展，钢结构建筑的作用会越来越大，钢结构会让我们的我们的城市和国家更加美好！让我们共同努力，共同拥抱钢结构建筑发展的春天！

01 中建钢构大厦

项目类型：高层及超高层钢结构
完成单位：中国建筑东北设计研究院有限公司
完成时间：2016 年 12 月
所获奖项：2018 年获深圳市优秀工程勘察设计奖 · 给排水专项一等奖；
深圳市优秀工程勘察设计奖 · 暖通专项二等奖；
深圳市绿色建筑创新奖（2008-2018）；
深圳市第十七届优秀工程勘察设计（建筑工程设计）三等奖

本工程位于规划建设中的深圳市南山区后海中心区内，基地呈长方形，东西长 65m，南北长 44.5m，用地总面积 2892.5m^2，建筑总面积 55625.3m^2，容积率 13.68。基地由一栋 26 层塔楼及其 3 层裙房组成。大厦地上 26 层、地下 4 层，建筑总高度 150m。采用全钢结构的结构体系。设计以钢结构构件为设计元素，结合玻璃幕墙体系形成精美的外观效果。

结构特点

本工程为全钢结构。主楼为钢框架 + 中心撑结构，副楼（钢结构博物馆）为球形网壳结构，对外暴露立面上的钢拉杆，满足了业主和建筑师对建筑的诉求，契合国家推广装配式建筑的产业政策，为超高层全钢结构的应用提供了良好的工程经验。

应用与效益

建筑平面设计采用与用地完美契合的、方正的平面布局，塔楼为工字形布局，设计将主要的办公空间布置在建筑南北两侧，相互之间通过空中连桥相连，每部分均具有相对独立的竖向交通核，布局紧凑、使用方便。室内办公空间力求方正、实用，避免出现异形及不利于分隔的室内空间，提高办公空间的使用率同时注重空间划分的灵活性。做到使用灵活、出租灵活、出售灵活、有利于日后的运营管理。该项目日前已顺利取得 LEED 金级、国家绿建 3 星以及深圳绿建金级的认证结果，真正成为一栋可持续发展的绿色生态办公建筑。

02 深圳证券交易所运营中心（制作、安装）

项目类型：高层及超高层钢结构
完成单位：中建钢构有限公司
完成时间：2010 年 6 月
所获奖项：中国建筑钢结构金奖

深圳证券交易所运营中心地处深圳深南大道中段北侧，总建筑面积 26.7 万 m^2，建筑总高 245.8m，共 46 层，是现代化的超高层办公楼。

结构特点

该项目主塔楼结构形式为框架 - 核心筒。

应用与效益

深圳证券交易所营运中心由方正的塔楼和空中悬挑的裙楼所组成，裙楼两个方向的悬挑高度达到 36m 和 22m，为国内罕见的巨型悬挑超高层建筑，是国内仅次于中央电视台新台址的第二大超高悬挑钢结构建筑。其抬升裙楼巨型悬挑钢桁架砂箱集群卸载技术和抬升裙楼巨型悬挑钢桁架结构安装综合技术这两项经鉴定，达到国际先进水平，新技术的应用大大节约了工期和成本。

03 深圳汉京金融中心项目（制作、安装）

项目类型：高层及超高层钢结构
完成单位：中建钢构有限公司
完成时间：2016 年 12 月
所获奖项：中国钢结构金奖

深圳汉京金融中心位于南山区科技园高新中区西片区，总建筑面积约 165014.38m²，建筑高度约 350m，主塔楼地上 67 层，附设 4 层商业裙房，地下 5 层，是一座按国际主流标准建造的商务综合楼，包括商业、办公、公寓。

结构特点

项目工程结构为巨型框架支撑结构，用钢量约 5 万吨。

应用与效益

深圳汉京金融中心是全球唯一一座 300m 以上的全钢结构超高层建筑。塔楼无钢筋混凝土核心筒结构，加大开放空间，是节能环保型的“绿色建筑”。该工程“350m 全钢结构超高层综合建造技术”经鉴定达到国际先进水平，获得了良好了经济效益和社会效益。

04 深圳平安金融中心（北塔制作、安装）

项目类型：高层及超高层钢结构
完成单位：中建钢构有限公司
完成时间：2015 年 5 月
所获奖项：中国土木工程詹天佑奖、中国钢结构金奖

深圳平安金融中心位于深圳市福田商业中心区地段，总建筑面积 460665.0m²，建筑高度 597m，地上塔楼外框 118 层，地上裙楼共 11 层，地下室共 5 层，是集办公、商业、会议、观光、交易等为一体的大型商业综合项目。

结构特点

项目工程结构为巨型框架 + 核心筒 + 外伸臂抗侧力体系，用钢量约 10 万吨。

应用与效益

深圳平安金融中心在已建成中国高楼中位列第三。项目的塔吊支承架悬挂高效拆卸施工和 200mm 厚八面体多棱角铸钢件焊接两项技术经鉴定均为国际领先水平，该技术的应用大大节约了项目工期与成本，同时为后期项目提供了借鉴意义。

05 深圳京基金融中心（制作、安装）

项目类型：高层及超高层钢结构
完成单位：中建钢构有限公司
完成时间：2011年12月
所获奖项：中国土木工程詹天佑奖、中国钢结构金奖

深圳京基金融中心位于深深圳市繁华中心区，在深圳市前第一高楼地王大厦旁边。总建筑面积约50万m^2，建筑高度441.8m，共98层，是集金融、办公、六星级商务酒店、高级公寓、大型购物中心等于一体的超大型综合项目。

结构特点

项目工程结构为筒中筒结构，用钢总量近6万吨。

应用与效益

深圳京基金融中心是目前深圳第二高楼、中国内地第九高楼。其超高层钢结构综合施工技术经鉴定达到国际先进水平。该技术的应用创造了3天一层的深圳速度，同时节约了大量的工期和成本。

06 华润集团总部大厦（制作、安装）

项目类型：高层及超高层钢结构
完成单位：中建钢构有限公司
完成时间：2016年12月
所获奖项：中国钢结构金奖

华润集团总部大厦位于深圳后海中心区核心位置，科苑大道东侧，海德三道南侧。总建筑面积约为26.7万m^2，建筑高度为392.5m，塔楼共有71层，其中地上66层、地下5层，是集甲级写字楼、六星级酒店、高端商业及美术馆、影剧院于一体的亚洲最大商业综合体。

结构特点

项目结构采用密柱框架－核心筒结构体系，用钢量约3.5万吨。

应用与效益

华润集团总部大厦（春笋）是深圳西部第一高楼，与相邻的深圳湾体育中心“春茧”有机融为一体。

07 深圳信通大厦设计与施工

项目类型：高层及超高层钢结构
设计单位：北京市建筑设计研究院有限公司
总承包单位：中建五局
钢结构施工单位：浙江精工钢结构集团有限公司
完成时间：2019 年 4 月

信通金融大厦总建筑面积约 93000m²，包括一栋主楼和一栋副楼，主楼高约 161.73m，地上 33 层、地下 6 层，为钢框架 + 混凝土核心筒结构；副楼高约 23.2m，为混凝土框架结构；

结构特点

本工程塔楼采用菱形斜交钢网格外框架 - 钢筋混凝土核心筒混合结构体系，其中外框筒体由异形角柱及斜交网格组成，外框斜交钢网格刚度较大，其在提高结构整体侧向刚度、抗扭刚度中发挥很大的作用；该结构另外一个特点是核心筒与外框钢结构之间主要通过少数水平钢梁及斜梁连接，楼板在该结构体系中发挥协同作用较小。

施工技术

本工程主要采用两台 ZSL750 塔吊将塔楼分成东西两个区域整体逆时针进行吊装施工，外框钢结构造型复杂，将外框菱形网格构件拼装成人字形吊装单元吊装。

应用与效益

该项目结构形式新颖，外框为异形角柱及斜交网格结构，X 型节点结构复杂、数量较多，为同类超高层建筑结构设计提供了宝贵经验。

08 深湾汇云中心（制作、安装）

项目类型：高层及超高层钢结构
完成单位：深圳金鑫绿建股份有限公司
完成时间：在建

深湾汇云中心位于深圳湾超级总部基地，总建筑面积约 60 万 m²。深湾汇云中心 J 座超高层由地下室、裙房及塔楼组成，地下 4 层，地上 79 层，建筑高度为 356.7m。项目建成后将成为以居住、商业、办公为主要导向的大型城市综合体。

结构特点

项目主体结构采用钢筋混凝土核心筒 + 钢结构辐射梁 + 劲性柱体系，用钢量约 35000 吨。

应用与效益

深湾汇云中心项目地处深圳湾填海区域，毗邻深圳 3 条地铁主干线，是中国地铁上盖第一高楼。项目首次创新性采用砂箱卸荷施工技术对吊挂结构支撑进行卸载，外框 2~11F 吊挂结构通过临时支撑进行顺作施工，通过砂箱卸荷重量高达 7000 吨，该技术大大节约了工期与成本。

09 鹏瑞深圳湾壹号广场（安装）

项目类型：高层及超高层钢结构
完成单位：深圳金鑫绿建股份有限公司
完成时间：2017 年 5 月
所获奖项：中国建筑钢结构金奖（国家优质工程）

鹏瑞深圳湾壹号广场（T7 塔楼），位于深圳市南山区后海湾，地下 3 层、地上 76 层，总高度为 341.4m，建筑面积约 16.9 万 m^2，是一栋集办公、商务公寓、酒店为一体的超高层综合楼。

结构特点

工程结构为外伸臂桁架加强层的劲性柱混凝土框架 - 钢筋混凝土核心筒混合结构，用钢量约 33000 吨。

应用与效益

项目通过优化结构安装工序，合理配置资源，提前约 50 天完成钢结构主体封顶。世界高层建筑与都市人居学会（CTBUH）公布的《全球 100》的摩天大楼珍藏级，精选全球 100 座地标级别的超高层建筑集结成册。341.4m 的深圳湾壹号广场 T7 主楼作为中国超高层建筑代表，被收录在书中。

10 深圳国际会展中心（一期）工程（总承包）

项目类型：大跨度钢结构
钢结构施工单位：中建钢构有限公司
设计单位：深圳市欧博工程设计顾问有限公司
完成时间：2019 年 7 月

深圳国际会展中心（一期）工程地处粤港澳大湾区湾顶，是深圳空港新城“两中心一馆”的三大主体建筑之一。总建筑面积 153.98 万 m^2，是集展览、会议、活动（赛事、演艺等）、餐饮、购物、办公、服务等于一体的超大型会展综合体。

结构特点

项目展厅采用钢框架 + 空间倒三角管桁架体系；项目登录大厅采用钢框架 + 张弦梁 + 局部单层网壳体系；项目中廊采用钢框架 + 树状分叉柱 + 单层网壳体系，用钢量约 27 万吨。

应用与效益

展馆一期项目于 2016 年 9 月开工建设，2019 年 7 月全面建成投入使用，整体建成后成全球第一大会展中心。

11 深圳机场 T3 航站楼项目（制作、安装）

项目类型： 大跨度钢结构
设计单位： 深圳市建筑设计研究总院
钢结构施工单位： 中建钢构有限公司
完成时间： 2011 年 7 月
所获奖项： 中国钢结构金奖

深圳国际机场是中国的第四大枢纽机场，位于珠江口东岸，宝安区福永镇，T3 航站楼总建筑面积 45.1 万 m^2，建筑总高度 45m，是深圳市建市以来单体建筑面积最大的公共建筑。

结构特点

主楼中心区屋顶采用钢网架结构，指廊部分采用双层网壳钢结构，用钢量约 4.5 万吨。

应用与效益

深圳宝安国际机场 T3 航站楼荣获了国际空间设计大奖“艾特奖”中的“最佳交通空间”奖。该项目应用了公司大量的先进技术，节约了较高的建造成本。

12 深圳湾体育中心（制作、安装）

项目类型： 大跨度钢结构
设计单位： 深圳华森建筑与工程设计顾问有限公司
钢结构施工单位： 中建钢构有限公司
完成时间： 2010 年 8 月
所获奖项： 中国土木工程詹天佑奖、中国钢结构金奖

深圳湾体育中心位于南山区后海湾畔，总建筑面积 25.6 万 m^2，是 2011 年第 26 届世界大学生夏季运动会的主要分会场，也是深圳的重点城市景观和公共活动空间。

结构特点

深圳湾体育中心钢结构屋盖由单层网壳、双层网架及竖向支撑系统构成，单层网壳主要由弯扭箱形构件组成。

应用与效益

华润置地深圳湾体育中心因外形酷似春蚕而出名。该项目应用了公司大量的先进技术，节约了较高的建造成本。

13 深圳大运会中心主体育场（制作、安装）

项目类型： 大跨度钢结构
设计单位： 深圳市建筑设计研究总院
钢结构施工单位： 中建钢构有限公司
完成时间： 2009 年 12 月
所获奖项： 中国土木工程詹天佑奖、中国钢结构金奖

深圳大运中心位于深圳市区东北部，龙岗中心城西区，是第 26 届世界大学生夏季运动会的主场馆区。大运中心包括“一场两馆”分别是主体育场、主体育馆、游泳馆、大运湖以及全民健身广场、体育综合服务区等体育设施。总占地面积 52.05 万 m^2，总建筑面积 29 万 m^2。

结构特点

主体结构为钢筋混凝土框架剪力墙结构，屋盖采用单层折面空间网格结构。

应用与效益

深圳大运中心作为对外展示的深圳地标被赋予了特殊使命。深圳大运会中心主体育场单层折面空间网格结构焊接技术及施工综合技术两项技术经鉴定达到国际领先水平。该技术的应用大大节约了项目的工期和建造成本。

14 深圳中海“两馆”项目（制作、安装）

项目类型：大跨度钢结构
设计单位：深圳华森建筑与工程设计顾问有限公司
钢结构施工单位：中建钢构有限公司
完成时间：2016 年 5 月
所获奖项：中国建筑工程鲁班奖、中国建筑钢结构金奖

“深圳两馆”坐落于深圳市民中心东北角，总占地面积约 3 万 m^2，总建筑面积约 9 万 m^2，地下 2 层（局部），地上 5 层，建筑高度 40m。

结构特点

型钢 - 钢筋混凝土混合工作的复杂结构体系，用钢量约 1.83 万吨。

应用与效益

“深圳两馆”深圳市当代艺术与城市规划馆是集艺术收藏与展示、信息查询和宣传、观光等于一体的综合文化场馆，属深圳市“十二五”期间标志性重大建设项目。项目采用公司先进的技术，带来了显著的经济与社会效益。

15 库马克大厦（EPC 总承包）

项目类型：装配式钢结构
完成单位：深圳金鑫绿建股份有限公司、中国建筑科学研究院有限公司
完成时间：2019 年 6 月
所获奖项：广东钢结构金奖“粤钢奖”；
广东省装配式建筑示范项目；
广东省安全文明双优工地；
深圳市绿色建筑设计金级认证；
深圳市绿色施工示范工程等

库马克大厦位于光明区，项目采用装配式钢结构轻板建筑体系，建筑面积为 38697m^2，地下 2 层，地上 17 层，建筑高度为 76.4m，是一栋集产业研发、高级办公、商业中心为一体的现代化综合性建筑。

结构特点

项目原设计为混凝土框架 - 剪力墙结构，地下 2 层为人防。本工程钢结构设计是在混凝土结构设计已全部完成，基础准备施工、完工时间已确定的前提下进行的。本工程主体为全装配式钢结构，预制构件包括预制钢柱、预制钢板组合结构、预制钢梁及预制钢楼梯，其中钢柱为钢管混凝土柱。楼板采用预制钢筋桁架楼承板现浇楼板。项目内外墙体采用预制 ALC 轻质内外墙体，现场装配率达到 96%。地上建筑面积 28070.48m^2，钢结构总用钢量 2200 吨（不含楼板钢筋），折合 78.3kg/m^2，用钢量较低。

应用与效益

库马克大厦由深圳金鑫绿建股份有限公司以 EPC 模式总承包建设，主体钢结构由中国建筑科学研究院有限公司完成，采用金鑫绿建自主研发的装配式钢结构轻板建筑体系。该项建筑体系通过了国家级专家组技术鉴定，项目先后接待了来自企业、政府等组织近千人来到现场观摩，其应用成果为装配式钢结构建筑的探索与发展积累了宝贵的经验，也为高层混凝土结构改变为钢结构体系的设计和施工提供了有益尝试。

16　华侨城宝安滨海公园钢结构及幕墙设计

项目类型：复杂钢结构
完成单位：中国建筑科学研究院有限公司
完成时间：2018 年

宝安滨海文化公园项目位于宝安中心区滨海片区的滨海带上，东接前海合作区，西连大铲湾港区，北临宝安中心区的商务办公区、核心商业区和海滨广场。总占地约 168 万 m^2，共分为三期开发：一期包含中央海滨文化公园、宝安中心区演艺中心、游乐设施及商业服务业用地；二期为海岸湿地公园、国际文化艺术中心；三期为海港乐活公园。其中，一期总占地面积约 38hm^2，计划投资将达 100 亿元，规划布置演艺中心、商务办公区、大型游乐设施、休闲商业区、城市滨海公园等功能。

结构特点

一期中央海滨文化公园涉及钢结构与幕墙 18 个子项设计内容，投影面积约 2 万 m^2。钢结构构筑物最大跨度 40m，所有项目均为曲面异型结构，造型新颖，设计难度大。

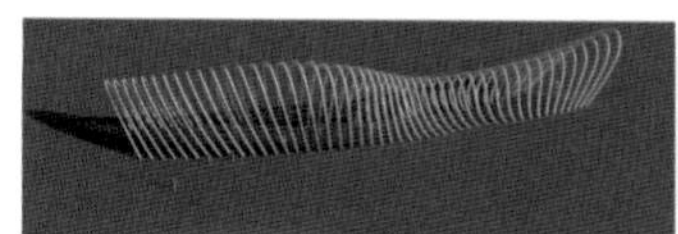
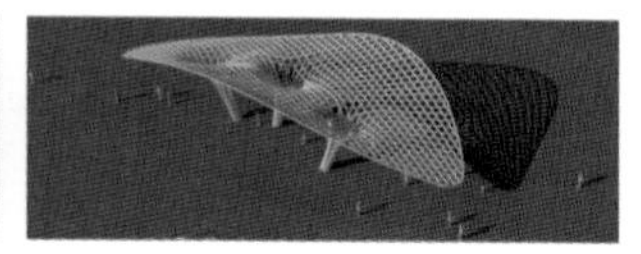

17　玛丝菲尔总部基地二期

项目类型：复杂钢结构
完成单位：深圳市建筑设计研究总院有限公司
完成时间：2009 年设计，2019 年基本建成

玛丝菲尔（服装）总部基地，建筑群规划寓意“鲲鹏”，造型为哥特式风格，室内外仿生装饰，参加了吉尼斯展。项目经过 10 余年的精心打造，基本建成，被誉为“21 世纪手工建筑”。

总建筑面积 10 万 m^2，二期约 7 万 m^2。地下 3 层，地上 6 层，结构立面高度约 41.7m，最大悬挑约 52.8m。

结构特点

（1）办公楼及秀场楼两栋为独立的框架结构，下部多层钢骨框架，顶层 Y 形钢柱钢骨拱梁刚架。屋面由混凝土结构标准双曲叶面与钢骨柱面拱壳组成，叶面边缘为钢骨空间拱梁。标准叶面长 35.5m、宽 18m。

（2）入口大厅为超大型网格钢骨混凝土结构三角形双曲叶面顶盖。外侧一角钢柱支承，两侧角落地，自两落地角起拱的钢骨拱顶与中轴大叶面 Y 形钢柱叶茎连接。

（3）中轴大叶面为钢结构。大叶面支柱为变截面箱形截面 Y 形巨柱，Y 形柱两叉各自悬挑支承菱形双曲叶面网格。两叉叶茎中部分别连于入口叶面拱顶及酒店楼顶。

（4）地下结构纵向柱距 10m，横跨柱距 20m，采用带加腋斜撑的钢骨混凝土框架。纵向边墙采用菱形窗连续拱结构。

（5）中庭人形坡道最小处半径 4.5m，最大处半径 8.5m，采用弯扭钢结构。坡道周围楼板洞口边采用三叉钢柱支承。

（6）车行入口采用独立的中央筒柱支承螺旋坡道，坡道为箱型钢结构，由筒柱挑出。

（7）酒店采用钢筋混凝土结构。

（8）酒店背向办公及秀场一侧立面为超大型酒店叶面，采用钢骨结构与钢结构的混合结构。

（9）贝壳建筑为地上一层、地下二层。主体为片形钢柱支承的波浪形贝壳造型混凝土屋面。

18 万科金色领域前海展示厅

项目类型：复杂钢结构

完成单位：中国建筑科学研究院有限公司

完成时间：2011 年 8 月

建筑面积 3900m^2，钢结构展开面积 12000m^2，为异形多层嵌套钢结构和膜结构。为前海自贸区第一个公共建筑，曾接待过习近平总书记等多位国家和省市领导人。

结构特点

整个结构分为外围骨架膜结构 + 内囊结构 + 会议厅结构 +2 层办公结构等组成，结构三重嵌套重叠。所有与结构关联的曲面墙面不单独按内装方法实现，而是和主体结构组合成统一的结构受力体系。内装设计时，仅需要在墙面结构网格（约 2m × 2m）的基础上，铺设次龙骨。

内囊作为一个独立的体系，将墙面膜结构、展望厅结构联系到一起，形成一个独立的封闭空间。为了减少 70m 长度外框架的平面计算长度，在内囊和外框架之间，连接了若干连杆，使内囊结构和外框架结构组合成一体。内囊跨度达到近 30m，采用单层网壳结构，为减少内囊跨度，将会议厅墙面结构作为内囊结构的支承点，同时也保证了会议厅平面外的稳定性。

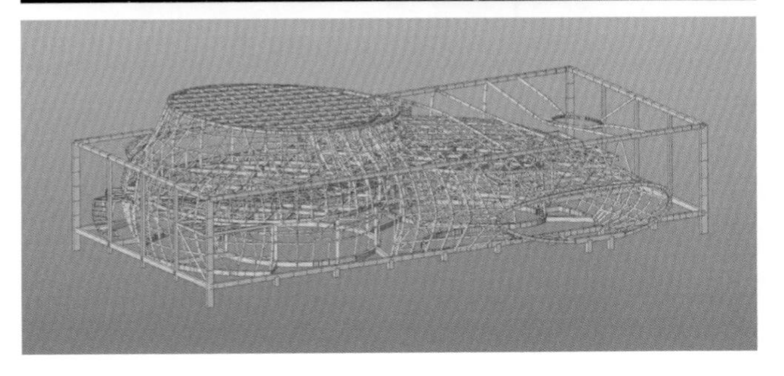

19 华安保险总部大厦拉索幕墙索结构

项目类型：索及膜结构

完成单位：深圳市三鑫科技发展有限公司

完成时间：2013 年 8 月

所获奖项：全国建筑工程装饰奖、金鹏奖

华安保险总部大厦南、北立面采用拉索点驳接玻璃幕墙。玻璃幕墙宽 49.9m、高 74.8m。幕墙采用单层平面索网结构体系，横向和竖向拉索均采用 ϕ60 不锈钢拉索，拉索锚固于周圈巨型钢桁架。玻璃采用 12+1.52SGP+10 钢化夹胶璃，通过不锈钢夹板固定于不锈钢拉索上。

结构特点

（1）单层平面索网结构跨度 40.2m × 64m，为国内跨度最大的幕墙单层平面索网结构。

（2）横、竖向拉索最大单索设计预拉力 758kN，拉索的锚固结构受力很大。为锚固拉索，南、北索网周圈均设置巨型钢桁架，与原主体混凝土结构楼层均有水平方向连接。该钢结构体系总宽度 69.5m，总高度 73.9m，矢高 5.4m，最大箱型柱断面尺寸为 800mm × 800mm × 80mm。南北两侧钢结构上部用两个三角桁架梁联系在一起。

（3）本工程创新采用一次张拉法。采用有限元软件将索结构与锚固钢结构进行整体分析，求得考虑主体变形的初始预拉力。当拉索张拉完成后，拉索最终索力值将会与理论预拉力值相符。

本工程索结构跨度大，外形通透、富有科技感。采用一次张拉法大大提高了施工效率和安全性。

20 第 8.5 代薄膜晶体管液晶显示器件（华星光电）项目一期

项目类型：多层及厂房钢结构
设计单位：中国电子工程设计院世源科技工程有限公司
总承包单位：中建一局
钢结构施工单位：浙江精工钢结构集团有限公司
完成时间：2010 年 12 月

本工程由附属用房和阵列 / 彩膜厂房组成，建筑平面投影为长方形，钢结构屋盖平面尺寸为 379.2m × 208m；其中附属用房为南、北侧钢筋混凝土框架结构，北侧附房共 5 层，屋顶标高为 33.40m，南侧附房共 3 层，屋顶标高为 12.40m；主厂房为 4 层混凝土框架 + 正交桁架屋盖结构，钢屋盖顶标高为 36.65m。

结构特点

阵列 / 彩膜厂设置了两层洁净室即电子芯片生产车间，该区域要求空气达到十万级洁净标准，同时要求抗微震、抗噪声。根据工艺要求，采用钢筋混凝土井字梁结构，上万条管线需贯穿该楼层；另外，车间为保持洁净室内气压为正压，还需将洁净空气压入洁净室，因此两层楼板上需留设大量的孔洞（即井字梁回风孔）。本工程采用不可脱式 FRP 华夫板模板作为钢筋混凝土现浇井字梁楼板工具式模板。

施工技术

项目采用多台重型吊装机械（部分上楼面施工）由中间向两端组成两个施工流水段展开施工，总工期约 5 个月。

应用与效益

华星光电开创 8.5 代厂房设计标杆，创造了国内同类项目建筑面积的纪录，并且拥有面积最大的单个洁净室，同时也是第一个采用无高架地板体系的建筑。

21 科研成果

巨型钢框架高层钢结构住宅体系

该钢结构体系融合了巨型框架结构和多层工业化住宅的优点，可以较好地解决已有高层钢结构住宅整体造价高、防腐和防火处理难度大、配套维护结构不理想、户型单一、工业化程度不高等问题，对推动高层和超高层钢结构住宅的发展具有一定意义，是对住宅工业化发展的一种有益尝试和探索。

该课题形成了完整的巨型钢框架高层钢结构住宅体系分析与设计的成套技术成果，研究内容全面、技术领先，成果具有较高的技术水平以及较为广泛的工程应用前景，对于拓展高层钢结构住宅的形式及应用范围将产生积极作用，可为相关规范修订提供技术依据，具有很高的推广价值。该结构体系可以拓展应用到超高层居住建筑，可开展后续研究。课题的研究成果填补了我国相关领域的空白，总体上达到国际先进水平。

第 9 章

建筑电气篇

陈惟崧　廖　昕

深圳建筑电气 40 年

1981~2020 年这 40 年，国家大兴、深圳腾飞，深圳建筑电气雄起创业。

在这 40 年里，深圳高层及超高层建筑如雨后春笋般拔地而起。建筑师们用钢铁、混凝土、玻璃筑成的高楼大厦成了深圳“现代化”最有力的诠释。

如果将建筑物比作人体，那么“电”就宛如人体的“大脑”，要使人体聪明、智能，电的功能是最根本的。建筑电气工程人员则是设计、实施电功能的“操盘手”“实施者”，他们功不可没。

20 世纪 80 年代，深圳建筑以“特”展现在世人面前，最具代表性的应首推国贸大厦。

深圳国贸大厦的“特”，不仅仅在于它那“三天一层”的深圳建设速度、保持十年之久的“中国第一高楼”的美誉以及在这里留下的一代伟人邓小平的足迹，还在于这栋带有“特”字内涵的建筑设计了相当可靠的高低压配电系统，采用了当时较为先进的电气产品。该大厦运行至今，20 余载未发生过电气故障，让国贸大厦每天栩栩如生地展现在深圳及全国人民面前。可靠的供电也保证了位于国贸大厦第 49 层、直径 34m、75min 旋转一周、可供 400 人同时进餐的观光旋转餐厅正常运行，形成了从开业起到旋转餐厅就餐的人天天爆满的盛况，当年就有“不到旋转餐厅枉到深圳”的说法。

早在 20 世纪 80 年代，建筑电气工程人员就不忘节约能源：他们对国贸大厦装饰得婀娜多姿的灯光实施定时控制；对大厦用电量大的空调设备实施管理节能。那时由于某些设备在材料及制造方面存在缺憾，无法对空调设备的单机进行节能控制，设备节能尚不完善。尽管如此，国贸大厦的电气工程人员对此仍是竭尽所能，多年来一直进行改造升级，不仅做到管理节能，也使设备节能日趋完善。

1994 年开始兴建的深圳特区报业大厦，不仅外形雄伟俊美，还体现了人与自然的和谐统一，成为深南大道一景。更值得一提的是该建筑智能化设计极具特点，在 2000 年被住房与城乡建设部推荐为全国智能化建筑推广的典范。

深圳特区报业大厦堪称中国第一座智能化报业大厦。20 世纪 80 年代，深圳报业集团告别“铅与火”，实现从铅字印刷到激光照排的历史性革命后，在全国第一个实施计算机采编管理，全员实现了“告别了纸与笔”的报业历史性变革。

报业大厦智能建筑的兴建是社会信息化与经济国际化的需要。智能建筑使传统的建筑技术发生巨大变革，智能建筑以建筑为平台，兼备通信、办公、建筑设备自动化，集系统、结构、服务、管理及它们之间的最优化组合，是建筑技术与信息技术相结合的产物，提供了一个高效、舒适、便利、节能的建筑环境。

深圳报业集团在这样的智能化建筑环境里，在全国报业界率先实现了新采编、广告经营等全方位的电脑化；在国内首家采用千兆网络技术，支持多媒体信息流的高速传播，成为国内最新、最全通信保障的新闻中心。

深圳报业集团除采用千兆光纤直接连接、互联网备份连接集团各报社及记者站外，还采用卫星通信系统连接集团各报社，向深圳人民乃至全国人民提供国内外各大通讯社的最新新闻；利用海事卫星电话技术，及时报道地震灾区等特殊场所情况。报业集团有目共睹的成绩引来了包括人民日报、光明日报、解放军报等数百家国家级以及省市级报社前来学习交流。

随着社会经济发展，建设规模扩大，世界及我国相继建设了不少超高层建筑，这些超高层建筑成了国家或城市的标志。2004 年颁布的世界十大超高层建筑中，深圳地王大厦以其 384m 的高度居第 7 位。时至今日，一座集甲级写字楼、六星级豪华酒店、大型商业、高级公寓、住宅为一体的大型综合建筑群已屹立在深圳市罗湖区蔡屋围，其主体建筑高度 441.8m，总层数达 100 层。这座形似喷泉和瀑布的、名为京基金融中心（后征名为“京基 100”）的超高层建筑，是深圳摩天楼的重要地标之一，也是连接全球性金融活动的关键节点。

超高层建筑不等于高能耗，各类先进的节能环保技术在此百花齐放、大放异彩。为提升商务效率，京基金融中心内设计了与智能化群控系统匹配且时速最高可达 8m/s 的电梯，数量高达 66 部；提供可靠供配电系统及智能化系统，为全球商务 24 小时运营提供保障及优质服务；根据夜间电能利用处于低谷的特点，采用冰蓄冷技术，通过制冰将能量保存起来，白天将其释放用于建筑内冷却，营造绿色环保商务空间。

接踵而来的位于深圳市福田中心区的深圳平安金融中心，更是后浪推前浪，其建筑物高达 660m，地上 118 层，地下 5 层，是深圳市中心重要的商业地标。建筑电气设计师除了采用各类先进的节能环保技术外，还特别研究了在非常情况下，为保证超高层建筑内人员顺利疏散的应急疏散照明的供电时间及最佳供电方式，以确保受灾人员最大限度地安全疏散。

随着时间的推移，当上述超高层建筑落成完工时，许多已实现的节能环保成果也展现在深圳人面前。

电是一个奇妙而不可言喻的东西。电作为能源，给人类带来光明；电作为能源，引领电气化智能化，给人类带来进步，带来幸福。电不仅给公共建筑带来深刻的内涵，也使人类居住条件发生飞跃性变化。

深圳特区发展初期，建设了大量的政策性住房，如园岭小区、通心岭小区、下步庙小区、红荔村等，也有一些商品房的建设。那时住宅的设计是以“住”为主，满足基本居住需求，与其他城市住宅相比，可能居住面积稍大一些，设计合理一些，小区的绿化面积多些等。

随着社会经济发展，人民生活水平提高，深圳的住宅已由“住”为主转为以“质”为主，深圳的住房结构更多的是向香港模式学习。

为了使人们充分享受到现代文明及科技带来的安全、方便舒适的生活，电气设计师们采用各种现代技术，赋予住宅“智能”功能。

值得一提的是梅林一村住宅小区。该小区面积大，是较全面首推住宅建筑智能化的小区。当时住宅小区智能化不论从其内容、产品供应、设计规范还是物业管理来说尚不成熟，梅林一村的建设者做了许多有益的尝试，建成后虽存在一些瑕疵，但给日后政策性住房及商品房住宅小区智能化的建设提供了宝贵的经验。

智能住宅与智能住宅小区均采用了自动控制技术、微处理器技术及计算机网络技术，然而两者不相同，且又相互关联。智能住宅小区重点在于信息网络，智能住宅的核心则是自动控制技术。智能住宅的实现与建筑电气设计密切相关，并对住宅建筑电气设计提出了新的要求，为其增添了新的内容，现在正向智慧社区迈进。

在深圳，智能建筑、智慧社区如雨后春笋般兴起，电气设备在房屋造价中所占的比例明显提升。可喜的是，深圳人已逐渐去掉过往的浮躁，对智能、智慧的要求已是以人为本，按实用、方便、安全及需用原则进行设计及配置。

深圳建筑电气未来，任重道远；深圳建筑电气未来，璀璨光明。

为此，建筑电气同仁们尚需下大力气努力工作，辛勤劳动。努力的方向是：

1. 创新是深圳经济特区的灵魂及精神。为此应建立具有深圳特色的建筑电气科技创新机制，培养富有创新精神、国内外知名的技术专家队伍，形成创建一批具有国内外领先水平的设计科研成果。

2. 在深圳今后的发展中，建筑电气要积极采用、设计建筑智能技术；选用大数据、云计算、5G 通讯等智能技术为支撑的系统及产品，提升建筑物使用功能。

3.《深圳经济特区建筑节能条例》及《民用建筑节能条例》的颁布，为深圳市成为节能型城市以及大力推广用电分项计量奠定了法律基础。采用、推广设计各类节电技术及产品是建筑电气同仁的努力方向；为我国能源政策提供各类用电负荷能耗数据是建筑电气同仁的职责。

4. 努力贯彻执行节约资源和保护环境的国家技术经济政策，促进深圳市循环经济的发展，规范及指导深圳市绿色建筑电气设计。对于新建、改建及扩建的居住建筑和各类公共建筑，应统筹考虑建筑全寿命周期内的节能节地、节材、保护环境与建筑功能之间的辩证关系。

建筑电气的同仁们努力吧！奋斗吧！让我们共同期待下一个 40 年！

01 楼宇自动化系统（BAS 系统）在深房广场项目中的应用

完成单位：深圳市建筑设计研究总院有限公司
完成时间：设计 1988 年 8 月，竣工 1995 年

成果简介

本系统采用了当时国际最先进的“集中管理分散控制”技术，即用分布在现场被控设备处的微型计算机控制装置（DDC）完成。被控设备的实时检测和控制任务克服了因为计算机集中控制带来的危险性高度集中的不足，以及常规仪表控制功能单一的局限。

应用与效益

本系统在深圳商业中心大厦中应用，由于建筑物规模庞大，各种设备数量众多，且分散在建筑的各层和各个角落，如采用传统的分散管理，就地监测和操作将占用大量人力资源，难以实现有效管理。本设计采用 BAS 系统对下列设备进行集中管理和自动监测：空调新风机组、冷水机组、冷却水循环泵、冷冻水循环泵、冷却塔、自动补水泵、电动蝶阀等；变配电系统照明系统高压、低压、变压器、发电机设备的相关运行参数的监视，照明系统的自动开 / 关；给排水系统监控设备，包括给排水泵、生活水池、污水池、集水坑；电梯系统的监控，电梯监控系统是根据电梯的运行状态，合理分配电梯利用资源，客流高峰期间优化电梯的输送方式，提高服务质量。

通过计算机系统对以上设备进行控制，使建筑内的各种设备状态及利用率均达到最佳，避免设备不必要的运行，节省系统运行能耗，提高了系统管理水平。

---

02 总线制火灾自动报警系统在京鹏大厦项目中的应用

完成单位：深圳市建筑设计研究总院有限公司
完成时间：设计 1984 年 4 月，竣工 1987 年

成果简介

采用当时最先进的 S1500 火灾自动报警系统和 CO_2 气体灭火系统。采用普通感烟、感温探测器和地址码感烟、感温探测器相结合的方式对大厦的公共区域和酒店客房、地下车库等重要场所进行监控探测。在地下室的电气设备房和柴油发电机室，采用 CO_2 气体灭火系统。同时还可通过手动报警按钮、消防水专业提供的水流指示器、水力报警阀等装置报警。火灾报警后可联动控制，打开排烟口，启动排烟风机，切断相关的送排风机，火灾确认后再联动控制消防广播，启动消防水泵，切断有关部位非消防电源等，确保在最短的时间内控制和扑灭火灾，保障人身安全。

应用与效益

京鹏大厦采用了当时国外最先进的总线控制火灾报警系统，属于当时国内首批采用此系统的建筑之一，领先国内建筑电气设计水平。

03 闭路电视监控系统在云南大厦项目中的应用

完成单位：深圳市建筑设计研究总院有限公司
完成时间：设计 1986 年，竣工 1989 年

成果简介

本闭路电视监控系统由摄像、传输控制、显示 3 部分组成，可以完成对现场图像信号的采集、切换、控制记录等，满足控制区域覆盖严密、监视图像清晰、运行可靠、操作简单、维护便利的要求。闭路电视监控系统通过对大厦内部的主要区域和重要部位进行监视控制，在人们无法或不宜直接观察的场合，实时、形象、真实地反映被监控对象的画面，可以直观地掌握现场情况和记录事件事实，及时发现并避免可能发生的突发性事件，为大厦和酒店的安全与管理提供事实依据。闭路电视监控系统前端摄像机采用黑白枪式摄像机、带云台摄像机等，布置在大厦的出入口、电梯、走廊及公共区域等地，统一由值班室控制。值班室设备由视频矩阵系统、多画面处理机、录像机、监视器、视频分配器等组成。

应用与效益

云南大厦采用闭路电视监控系统，对主要出入口、大堂、地下车库、电梯轿厢、走道等重要位置，实现 24 小时实时监控录像，从技术手段上保证了酒店的安全。云南大厦是当时深圳市为数不多采用闭路电视监控系统的大厦之一。

---

04 带通信接口的智能低压断路器在邮电信息枢纽中心项目中的应用

完成单位：深圳市建筑设计研究总院有限公司
完成时间：设计 1996 年 11 月，竣工 2001 年 11 月

成果简介

本成果的电力监控系统以计算机、通信设备、测控单元为基本工具，带通信接口的智能低压断路器作为电力监控系统的测控单元，为变配电系统的实时数据采集、开关状态检测及远程控制提供了基础平台，可以和检测、控制设备构成任意复杂的监控系统。

应用与效益

本成果在深圳邮电信息枢纽中心工程中应用，在变配电监控中发挥了核心作用，可以帮助企业消除孤岛，降低运作成本，提高生产效率，加快变配电过程中异常的反应速度。

05 低烟无卤电缆在深圳市市民中心项目中的应用

完成单位：深圳市建筑设计研究总院有限公司
完成时间：设计 1997 年 8 月，竣工 2003 年 10 月

成果简介

低烟无卤电缆是由不含卤素（F、Cl、Br、I、At）、不含铅镉铬汞等物质的胶料制成，燃烧时不会发出有毒烟雾（如卤化氢、一氧化碳、二氧化碳等）的环保型电缆，具有抗张强度比一般 PVC 电线大、耐候性良好（-30~105℃）、柔软度良好（硬度为 80~90）、体积电阻率较高、耐高压特性良好、弹性和黏性良好以及非移性等优点。

应用与效益

该产品阻燃性能优越，燃烧时烟度甚少，无腐蚀性气体逸出，应用于深圳市市民中心工程，充分体现了以人为本的设计理念。

---

06 建筑智能化集成系统在邮电信息枢纽中心项目中的应用

完成单位：深圳市建筑设计研究总院有限公司
完成时间：设计 1996 年 11 月，竣工 2001 年 11 月

成果简介

该集成系统包括如下子系统：楼宇自控系统（BAS）、火灾自动报警系统（FAS）、闭路监控系统（CCTV）、防盗报警系统、门禁和 IC 卡系统（ACS）、保安巡逻系统、物业管理系统、计费系统、设备维护管理系统、数字式程控交换系统、综合布线系统（GCS）、会议电视系统、无线通信系统、有线电视系统（CATV）、公共广播系统（PAS）、信息发布和引导系统。本建筑集成管理系统对不同制造厂商的各种系统进行通信，包括建筑设备管理系统的多种联动应用、沟通不同厂商系统以及企业信息系统链接等，完成开放式数据交换和信息、资源的集中整合。

应用与效益

本智能化系统集成在深圳市邮电信息枢纽中心工程中应用，具有整体性好、技术先进可行、使用灵活、可扩展、管理可靠、可容错、可维护、投资合理等优点。

---

07 政府办公楼综合布线系统

完成单位：设计深圳市建筑设计研究总院有限公司
完成时间：设计 1995 年，竣工 1997 年

成果简介

本系统采用了当时领先的技术——综合布线技术，系统主干采用 6 芯多模光纤，水平导线采用当时最新导线——德国科隆 4 对 5 类无屏蔽双绞线。本综合布线系统为大楼办公自动化提供 100MB 的通信支持，也为楼宇管理、保安监控等智能化系统提供了一个便捷的接线平台。

应用与效益

本系统应用于深圳市财政大厦，是深圳市第一家应用综合布线系统的政府办公楼，效益良好。

---

08 西部通道口岸（深方）安全技术防范系统

完成单位：深圳市建筑设计研究总院有限公司
完成时间：设计 2006 年 3 月，竣工 2007 年 7 月

成果简介

本系统最大的创新在于将计算机视觉和图像分析技术引入了闭路电视监控系统，这在全国口岸建设中属于首创。传统的闭路电视监控系统是一种完全依赖于人工操作的被动式系统。随着闭路电视监控系统规模的不断扩大，前端摄像机数量不断增加，但是后端监视器数量受场地人员的限制却不能明显增加，每一个时刻能被监控的画面的比例越来越小。由于视觉疲劳，人的反应能力会大大下降，因此，用闭路电视监控系统实时发现、处理异常状况变得越来越不现实。引入计算机视觉和图像分析技术以后，监看工作由计算机处理，实时挑选出存在违反预定义安全规则行为的画面交给值班人员处理，值班人员可集中精力应对出现的可疑状况，令整个闭路监视电视系统的效能大大提高，从被动式系统向主动式系统演进。本系统采用了三大关键技术：运动目标检测技术、运动目标识别技术、运动目标跟踪技术。

应用与效益

本智能视频分析系统在深圳西部通道（深方）应用，投资不大但提高了闭路电视监控系统的效能，提高了深圳湾口岸在预防打击偷渡等违法犯罪行为方面的战斗力，具有显著的社会效益和经济效益。

---

09 西部通道口岸（深方）客车等候指示系统

完成单位：深圳市建筑设计研究总院有限公司
完成时间：设计 2006 年 3 月，竣工 2007 年 7 月

成果简介

深港西部通道工程是国家重点工程，深圳部分由口岸区、大桥、侧接线三大部分组成，在国内第一次采用深港联合的“一地两检”模式，为世界上同类口岸中最大的现代化、智能化口岸。它使旅客能迅速找到指定停车位，快速通关，以保证口岸有序性。本系统采用无线感应技术，管理停车位录入键盘，当司机录入完后，系统将相应车牌号及其停车位置显示在 LED 显示屏上，指导乘客乘车。

应用与效益

本系统在西部通道深港双方口岸旅检入境停车场使用，取得了良好的效益。

10 电气火灾监控系统在国人大厦项目中的应用

完成单位： 深圳市建筑设计研究总院有限公司
完成时间： 设计 2006 年 8 月，竣工 2008 年 4 月

成果简介

本系统采用人性化的设计理念，把过去对电气火灾的消极防范变为主动预防，对配电回路的剩余电流、过电流、过温度进行实时检测，集检测、报警、控制和记录等多功能于一体，将传统电气技术、电子信息技术、计算机技术和现代控制技术完美地结合起来，是具有智能化分析能力的新型电气火灾监控系统。电气火灾监控系统由集中监控设备、监控探测器以及剩余电流探测器、温度探测器、电流探测器构成。电气火灾监控系统采用了集散监控方案，监控探测器能够独立工作，监控单个测点，集中监控设备能够实现多个监控探测器的分级管理，构成多级智能监控系统，实现区域选择性保护，并具有存储和显示功能。

应用与效益

本系统用于深圳市国人大厦，有效地减少了由于电气设备和线路的老化、漏电、短路造成的电气火灾的危险。

---

11 箱式变电站

完成单位： 深圳市市政设计研究院有限公司
完成时间： 1986~2010 年

成果简介

箱式变电站将高压受电、变压器降压、低压配电等功能有机地组合在一起。实现机电一体化，全封闭运行，占地面积小，安装简便，运行安全可靠，移动灵活，投资少且造型美观。

应用及效益

1986 年之后数千个工程项目几乎所有的道路照明供配电系统均采用了箱式变电站，并发展了智能环保装饰型箱式变电站、埋地式变压器箱等多种类型的箱式变电站。

---

12 太阳能、风能互补供电系统

完成单位： 深圳市市政设计研究院有限公司
完成时间： 2009 年 11 月

2009 年 1 月，深圳市西冲气象综合探测基地上山道路工程施工图设计中，全长约 2km 的道路照明全部应用了风光互补供电系统及 LED 光源，每杆路灯配置 300W 全永磁悬浮风力发电机 1 套、150W 单晶硅太阳能电池板 2 块、100Ah 蓄电池 2 节、风光互补智能控制器 1 套，完全不使用市电供电。

13 城市路灯监控系统

成果编号： 建设部 2002054
完成单位： 深圳市市政设计研究院有限公司
完成时间： 1996~2010 年

成果简介

城市路灯监控系统由控制中心与远动终端组成。控制中心可通过有线或无线通信方式对远程道路照明系统进行控制、信息监测、信息收集，由控制中心监控的远动终端，按规约完成现场数据采集、处理、发送、接收以及输出执行等功能。 采用城市路灯监控系统后，全夜灯、半夜灯和景观灯的开 / 关均可实现遥控，可及时接需调整开 / 关灯时间。本系统具有自动报警和巡测、选测功能，调度人员可在故障发生后的数秒钟内了解故障的地点和状态，及时进行修复，减少道路交通事故和治安事件的发生。采用城市路灯监控系统后节约了路灯维护费用，降低了运行成本和电费支出，提高了路灯系统的可靠性。

应用及效益

2000 年在深圳市深南大道灯光景观配套工程中成功运用。目前深圳市福田、罗湖、南山三区均已建设有路灯中央控制中心，三区路灯均可由路灯中央控制中心实现遥控。龙岗区已建设有城市路灯监控系统中央控制中心，由其中央控制中心遥控。宝安区正在建设城市路灯监控系统中央控制中心，效果良好。

---

14 LED 道路照明工程应用

完成单位： 深圳市市政设计研究院有限公司
完成时间： 2009 年 11 月

2009 年 1 月，深圳市西冲气象综合探测基地上山道路工程施工图设计中，全长约 2km 的道路照明全部应用了 LED，节电约 60%。2009 年 5 月，深圳市光明新区周家大道（根玉路—龙大高速）、2009 年 9 月深圳市石岩片区交通微循环改善工程、2009 年 11 月深圳市红桂路—晒布路拓宽改造工程等均采用 LED 灯照明，节电约 45%。

---

15 10kV 手车式断路器柜

完成单位： 深圳机械院建筑设计有限公司
完成时间： 设计 1985 年，竣工 1986 年

成果简介

深圳金融中心大厦设置 ABB 进口手车式断路器柜，在实施时是极为先进的配电设备，高压配电系统设计合理，安全可靠，其组成部分之一晶都酒店采用技术参数较为先进的 ABB 进口干式变压器，低压配电装置采用当时较为先进的抽屉式低压配电柜。

本成果在深圳金融中心大厦中应用，效益良好。

16 应急电源方案

完成单位：深圳机械院建筑设计有限公司
完成时间：设计 2002 年，竣工 2004 年

成果简介

蔚蓝海岸三期分南、北两区，总建筑面积约 25 万 m^2，南、北两区设各自独立的地下室，其内设置各自独立的高低压变配电室，且两个变电所相距不是很远。考虑这些特定的实际情况，根据《供配电系统设计规范》GB 50052-95 第 2.0.3 条二款的规定，南、北两区互相提供应急电源。这么大的住宅区不设应急柴油发电机组，更有首创意义。

应用与效益

该方案经消防部门审查并验收通过，由于不设应急柴油发电机组，避免了发电机组运行时噪声、油烟对住户的影响，十分环保且高效节能。

17 智能照明控制系统（C-bus）

完成单位：深圳机械院建筑设计有限公司
完成时间：设计 1999 年 7 月，竣工 2000 年

成果简介

本系统通过光敏开关、红外线人体感应开关及系统时钟，对大楼办公室、会议室、中厅及车库等场所照明进行智能控制，也可通过输入键对照明进行手动控制。智能照明控制系统管理电脑、智能模块，管理软件故障，都可能带来较大范围的影响，且元件更换、软件修复都不会像传统配电及照明开关回路那么快。为解决这个问题，照明回路接入每个 C-bus 继电器输入端前都经过 1 个 3 位置转换开关，正常接通输入端，照明由智能照明控制系统控制，系统异常时，可将 3 位置转换开关直接接通输出端即短路掉 C-bus 继电器开灯，也可将开关打在断开位置关灯，就变成传统手动控制。

应用与效益

本系统在联想集团研发中心工程中应用，满足了技术先进、安全可靠的要求。

18 智慧工厂在大族激光全球激光智能制造产业基地项目中的应用

设计单位：深圳华森建筑与工程设计顾问有限公司
完成时间：设计 2017 年，在建

成果简介

利用物联网的技术和设备监控技术加强信息管理和服务。

应用与效益

清楚掌握产销流程，提高生产过程的可控性，减少生产线上人工的干预，即时正确地采集生产线数据以及合理的生产计划编排与生产进度。

19 太阳能光伏发电系统

完成单位：深圳机械院建筑设计有限公司
完成时间：设计 2007 年 6 月，竣工 2010 年

成果简介

本系统太阳电池组件采用 100Wp 非晶薄膜太阳电池组件，安装在屋顶朝南 10° 倾角的钢构架上，构架下方安装有本大楼使用的 VRV 空调室外机组。并网逆变器采用 3 台 SB3000 和 30 台 SMC6000A，共 33 台、33 个子系统分 4 组和屋顶的 4 个空调配电箱电源并网，形成 4 个并网点。所发电能通过屋顶空调配电箱直接供给屋顶的 VRV 空调室外机组。光伏并网发电系统的监控系统实时掌握整个光伏发电系统的运行状态及发电量等相关数据，监控系统和大厦 BA 系统联网，可随时掌握光伏系统状况，并可在大厦一层大堂的大型 LED 显示屏发布光伏系统实时信息。

应用与效益

该系统应用于深圳高新区软件大厦，年输出电量为 229249kWh，占软件大厦年用电量的 2.55%；每年所发电量折合省煤 93 吨，折合减排 CO_2 228.8 吨，节能环保效果显著。

20 封闭式智能型铜导体母线槽（GLMC 系列）在深圳半岛城邦花园一期工程项目中的应用

完成单位：深圳市清华苑建筑设计有限公司
完成时间：2006 年

应用与效益

半岛城邦花园居住小区变电所低压母线、联络母线及塔楼供电干线采用了封闭式铜导体母线槽（GLMC 系列），该母线槽把带电母线固定和封闭在接到的金属外壳里，相间及对地用阻燃的绝缘材料，电气和机械性能稳定，并加设智能温控报警装置，实现智能化监控需要，运行安全，供电稳定性高；利用插接箱分路，即使在母线带电的情况下也能安全地进行插拔分合支路，施工方便，维修容易。其优点在于：（1）封闭式智能型铜导体母线槽的两侧备用控制线槽可敷设控制电缆，其具有供电和敷设控制线路的双重功能；（2）在母线槽的各参数变化点设置 MCPF-2 母线槽智能检测保护控制仪，实时监控母线槽的运行状况，使母线槽在过载短路或其他引起母线槽升温超过允许范围时，能及时有效地得到反馈和保护，确保母线槽在正常负荷下运行；（3）由于传统母线槽通过多次变容后，末级无法进行有效保护，所以传统设计不提倡采用变容节，封闭式智能型铜导体母线槽加设母线槽智能检测保护仪，可以有效保护变容后的母线段，节省母线的投资；（4）地下室水平部分采用外壳防护等级为 IP65 的母线槽，有效防止地下室潮湿或因消防用水、建筑物漏水而造成母线槽绝缘下降甚至短路。垂直井道部分采用外壳防护等级 IP54 的母线槽，有效减少安全事故的发生，使母线槽性能可靠，系统稳定，运行安全；（5）每层母线槽均设置分接口，分接方便，安装快速。

21 220 千伏嵌入式附件变电站在前海控股大厦项目中的应用

设计单位：深圳华森建筑与工程设计顾问有限公司
完成时间：设计 2018 年，在建

成果简介

220kV 附件式变电站在设计过程中，联合相关专业设计单位参考国内外相关类似案例，做了大量技术研究和准备工作，梳理并逐一攻克变电站建设在空间布局、地铁震动保护、电磁辐射、防火措施等方面的技术重难点。

应用与效益

国内常规变电站多为独立式，近年来有少数贴邻式变电站建设，本项目 3# 楼的 220 千伏等级嵌入式附件变电站在国内尚无先例，其主变设备还处于研发试运行阶段。

22 建筑直流配电技术的示范应用

完成单位：深圳市建筑科学研究院股份有限公司
完成时间：设计 2018 年 5 月，在建

成果简介

净零能耗和直流建筑示范项目——未来大厦 R3 是第一个走出实验室、规模化应用的全直流建筑。建筑采用低压直流配电技术，±375/48V 的系统拓扑构架，实现覆盖照明、空调、办公等全部用电设备装置的直流化。与传统交流系统相比，装机容量降低约 80%，系统能效大幅提升。

应用和效益

随着分布式太阳能光伏发电技术、储能技术和电力电子技术的发展，以及 LED 照明技术和末端电器装置直流化技术的应用，低压直流 (LVDC) 在建筑中应用逐步具备了技术和经济上的可行性。直流建筑技术对于提升建筑用电智能化和安全性的水平，降低电网峰值负荷、实现全社会的节能减排具有显著的作用，将引领未来建筑电气化的新趋势。

23 第 8.5 代薄膜晶体管液晶显示器件 TFT-LCD 项目超大容量供配电方案

完成单位：奥意建筑工程设计有限公司、世源科技股份有限公司
完成时间：设计 2009~2010 年，竣工 2012 年 11 月

成果简介

华星光电第 8.5 代薄膜晶体管显示器件生产线是迄今为止国内首条完全依靠自主创新、自主团队、自主建设的最高世代液晶面板生产线，总投资 245 亿元。该项目于 2010 年 3 月动工，2011 年 10 月投产。华星用了 17 个月建成投产，成为目前业内最快纪录，创造了新的“深圳速度”与“深圳质量”。

（1）用电规模巨大

使用设备装设功率：381928kW

计算视在功率：230377kVA

变压器装设容量：453800kVA

柴油发电机装设功率：9000kW（5x1800kW）

UPS 装设容量：14500kVA（27x500kVA+ 3x300kVA + 1x100kVA）

（2）供电电源

园区设置 220kV 专用降压变电站：2 路 220kV 架空钢丝铝绞线进线，装设 4 台 220kV/20kV，容量 90MVA 的油浸变压器。

供电回路：由 220kV 总降压变电站不同的 20kV 母线段共引 30 回路 20kV 电源至本厂区各配变电所。

（3）供电系统的先进性

工厂配电系统采用以下措施保证工厂供电的可靠性：

1）对于生产和动力厂房配变电所，每两路 20kV 电源进线为一组，采用单母线分断形式，构成 1+1 备用，实现供电线路 100% 备用；

2）所有 20kV 母联断路器均设置了合环保护装置，在母联倒闸时实现了不断电倒闸，避免了非故障倒闸影响工艺生产以及失电恢复时的二次断电；

3）每两台相同电压等级的变压器通过母线联络构成变压器组单元，变压器负荷率不大于 50%，变压器组单元满足百分之百的冗余；

4）从总变电站 20kV 母线到配变电所馈电开关下一级的配电屏 / 配电盘的配电系统，实现百分之百的保护设备选择性；

5）配变电所的主进、母联及馈电开关的接地保护功能实现选择连锁功能；

6）多个设备组成的系统（例如，冷冻机组、水泵等）由单独的供电回路供电以减少相互影响，相关的负荷则由同一单元变电站供电；

7）设置全厂电力监控系统，监控系统具有数据采集、处理、传送以及状态显示、预告信号、故障报警、故障分析、故障显示、事故记录、事故追忆、图表打印、召唤打印、操作模拟等功能。

应用与效益

根据量产后供电应用情况，供电电源合理地保证了巨大规模用电的可靠运行，有效地减少了供电系统故障对生产的影响。

24 基于移动支付的停车场管理系统在深圳市第三人民医院改扩建工程的应用

完成单位：深圳机械院建筑设计有限公司
完成时间：设计 2015 年，竣工 2019 年

成果简介

该项目属于大型医疗建筑，来往车流较多，在停车场采用移动支付，具有较好的控流作用。在停车场每隔 30m 设置支付二维码，收费岗亭处设置人工收费及支付二维码，来访车流可随意在停车场内扫描二维码支付，避免了停车场出口排队缴费、也省去了收费管理中心。

应用与效益

该成果的应用提高了管理效率，节约投资成本。

25　大空间火灾探测系统在珠海歌剧院的应用

设计单位：北京市建筑设计研究院有限公司、
北建院建筑设计（深圳）有限公司
完成时间：设计 2011 年 10 月，竣工 2016 年 6 月

成果简介

本项目在火灾探测技术方面的特点是采用光截面图像感烟探测器、双波段图像火焰探测器和吸气式烟雾探测系统等大空间探测系统的有效组合，可以全面有效地补充传统报警探测器的短板。

应用与效益

光截面图像感烟探测器、双波段图像火焰探测器不受热障现象的影响，适合于探测发展迅速，产生强烈光和火焰辐射的火灾。主舞台因演出时布景需要，可能会悬挂一些装饰物，阻挡红外光束感烟火灾探测系统和光截面图像感烟火灾探测系统的光路，且演出时的灯光效果也容易使火焰探测系统误报，因此在主舞台区设置吸气式烟雾火灾探测系统，其高灵敏度及环境自适应的特点适合于舞台复杂环境下的早期火灾探测。本项目新火灾探测技术在珠海歌剧院项目运行良好。

26　超高层供电深入负荷中心及不同电压等级柴油发电机组在平安金融中心的应用

完成单位：悉地国际设计顾问（深圳）有限公司
完成时间：设计 2010 年，竣工 2017 年

成果简介

平安金融中心地下 5 层，地上自然层 117 层，地下至顶层距离达 600 余米。为了保证如此大的空间内各类用电设备的用电质量及其可靠性，采取 10kV 高压引入负荷中心的设计：在大楼的 B2 层、49 层共设计了 3 个 10kV 高压配电室，向整栋大厦提供 10kV 电源，3 组 10kV 电源均采用两用一备的方式确保大厦供电可靠；在 B2、L10、L25~26、L35、L49、L50、L65、L81、L82、L97、L114 设计低压变配电室，竣工后的变压器合计容量 52480kVA，另外还有 8357kW 的 10kV 高压制冷主机。在 B2 层设计了 3 组发电机：一组两台 400/230V/2000kW 备用型发电机，供 35 层以下需求；第二组两台 10kV/2000kW 、第三组两台 10kV/2000kW 发电机分别向 L49 及 L82 上下层供电。

应用与效益

负荷引入负荷中心以及其变配电房随避难层设置、低区采用正常 400V 电压做应急电源，高区采用 10kV 柴油发电机组供电非常大的节省了供电电缆的长度，并有效控制了电缆的运行损耗及电压降。经分析比较，现设计的变配电房设置位置相比较设置 5 个分变配电所对于初始设备及电缆投资以及 50 年运行能耗节约达到近 2000 万余元，达这部分投资的 30% 左右，极大地降低了运行能耗与初始投资。

27　消防应急照明和疏散指示系统（集中电源集中控制型）在宝安 T3 机场的应用

设计单位：北京市建筑设计研究院有限公司、
北建院建筑设计（深圳）有限公司
完成时间：设计 2008 年 6 月，竣工 2013 年 11 月

成果简介

本系统根据建筑防火分区和消防通道等的变化情况设定控制区域、疏散路线、疏散预案、系统参数、灯具等设备的工作状态（包括方向、语音、频闪等）。在发生火灾时，集中控制系统根据火灾报警器传递的报警地址信息联动所有消防应急照明灯具转入应急状态，疏散指示标志灯始终指向最近的安全疏散出口，快速点亮建筑物内的所有消防应急照明灯具。

应用与效益

本系统用于深圳宝安 T3 机场，有效地解决了复杂大空间建筑的疏散问题，引导人员避烟、避险、安全逃离危险区域。该系统的投入使用也从侧面保证了宝安机场的正常运行。

28　智能家居系统在卓越前海项目中的应用

完成单位：深圳市华阳国际工程设计股份有限公司
完成时间：设计 2015 年 5 月，竣工 2019 年

成果简介

本项目位于国际创新金融区，总建筑面积约 45 万 m^2。主要功能为办公、商业、公寓，以及物业用房和公益工程配套项目。本项目在公寓的 3 个超大户型（套内面积约 150m^2 左右）设置了智能家居系统，主要设计的子系统有：智能家居（中央）控制管理系统、家居照明控制系统、家庭安防系统、家庭环境控制系统等四大系统。

户内的各种设备（如照明系统、窗帘控制、空调控制、安防系统等）通过智能控制模块、KNX 总线、智能面板、物联网等技术连接到一起，提供家电控制、照明控制、电话远程控制、室内外遥控、防盗报警、环境监测、暖通控制、红外转发以及可编程定时控制等多种功能和手段。

应用与效益

与普通家居相比，智能家居不仅具有传统的居住功能，还兼备建筑、网络通信、信息家电、设备自动化，提供全方位的信息交互功能，甚至为各种能源费用节约了资金。

智能家居主要以住宅为主，利用与家居相关的设备，采用网络通信技术、安全防范技术和自动控制技术等结合而成的。设备是通过触摸感应系统、无线遥控以及语音识别系统被用户控制，给用户带来安全、舒适的环境，且家居内的设备可以相互通信，根据使用者预先设计的模式自发运行，既提升了相应的运行速度，也降低了成本，具有节能环保的作用。

29 车位引导及反向寻车系统在新一代信息技术产业园项目

完成单位：深圳机械院建筑设计有限公司
完成时间：设计 2015 年

成果简介

该项目约 37 万 m^2，地下车库约 10 万 m^2，对于如此大型停车场，传统单纯的登记、收费等简单停车场管理系统已难以满足管理需求。因此该项目应用了具有车位引导及反向寻车系统的停车场管理系统，在每层设置空置车位数量显示牌，并在每个车位设置感应设施，车位上方设置指示灯，并通过总线系统将车位状况传送至可视化的管理机。来访车流可通过车位显示灯来判断车位是否空置，并在离开时可通过可视化管理机来寻找原停车位置，能够高效完成整个停车取车流程。

应用与效益

该成果的应用提高了管理效率，便捷了来访客人，也避免了车库内因车流混乱造成的拥堵，具有较高的管理价值及社会效应。

30 新型高分子合金电缆桥架工程应用

完成单位：香港华艺设计顾问（深圳）有限公司
完成时间：设计 2015 年

成果简介

高分子合金电缆桥架是采用高分子合金的材料制成的塑料电缆桥架，与铝合金、不锈钢、镀锌、玻璃钢等材质的桥架性能相比，具有强度高、散热好（采用双层中空式结构）、高阻燃（燃烧性能达到 B1 级）、耐腐蚀、抗老化、寿命长（是传统电缆桥架的 5~8 倍）、安装方便（桥架之间无须使用软连接来保证桥架贯通性）、环保节能等优点。

应用和效益

五矿华南金融总部大厦项目采用了该桥架。该产品外形美观轻盈、内壁光滑、阻燃性能优越、燃烧时抑烟。绝缘产品，可自由切割现场变更容易，适合任何环境下任何普通电缆敷设的场所，目前已在港口、化工、隧道、桥梁、民用建筑等领域得到应用，显示了它极其强大的生命力。

31 基于人脸识别的出入口管理系统在御珑豪园 07 地块目中的应用

完成单位：深圳机械院建筑设计有限公司
完成时间：设计 2014 年，竣工 2016 年

成果简介

在该项目中，基于人脸识别的出入口管理系统包含门禁系统、访客系统、考勤系统，所有出入口能通过自动识别人脸部特性，并保存数据。在数据中心，通过对数据分析，自动打开道闸，或记录考勤，或登记来访信息，对不同的来访对象进行处理。该系统有效地提高了园区工作者对出入人员的管理，对园区的客流统计分析有较大的意义。

应用与效益

该成果应用以来极大提高了小区物业管理效率，节约了物业运营管理成本。同时也极大提高了小区内的安全防护工作。对于小区业主可人脸识别开门，对于外来人员进行数据存储，必要时方便查询，对于管理工作人员，可通过人脸识别自动记录考勤打卡。该成果深受小区业主好评。

32 电能管理系统在深大西丽校区南区学生宿舍的应用

完成单位：深圳大学建筑设计研究院有限公司
完成时间：设计 2013~2015 年，竣工时间 2017 年

成果简介

本系统在楼层电表箱内设置计量控制模块，模块引出常有电回路（不断电）和定时断电回路，可实现每个学生宿舍的电能计量，并且满足晚上定时断电的功能，能有效对学生的作息进行管理。另外，电表内的计量模块通过总线将用电情况收集至值班室数据管理器，并在首层显眼的区域设置用电信息显示屏，实时地将每个宿舍的用电情况发布至显示屏上，学生通过显示屏得知自己宿舍的用电情况，以此可提高学生节约用电意识。

应用与效益

大学生作息不规律，难以管理，通过此系统，能增强对学生作息的管理，让学生养成良好的作息习惯，提高学习效率。另外能通过用电信息的发布，提醒学生注意节约用电，减少能耗。

33 独立双应急广播回路交差布置的技术方案在深圳证券交易所营运中心项目中的应用

完成单位：深圳市建筑设计研究总院有限公司
完成时间：设计 2008 年 4 月，竣工 2013 年 10 月

成果简介

本项目在 36m 以上悬挑裙房大平台的消防疏散按照现行规范难以合理化地明确界定，经与消防性能化分析单位反复沟通，确定采用按防火分区疏散，每个防火分区设置独立的两个应急广播回路，每个回路来自不同的功率放大器，每个回路所接消防扬声器间隔布置，且任意一个回路单独广播时，其声压级也能高于背景噪声 15dB。

应用与效益

该技术方案实现了应急广播系统到末端双回路，确保任意一个线路或功放出现故障，仍有另外一个回路正常工作，其可靠性比消防电源末端切换还高，有效确保了紧急情况下的人员疏散广播。

34 智能派梯系统及 BIM 平台在中国华润大厦项目中的应用

完成单位：悉地国际设计顾问（深圳）有限公司

完成时间：设计 2016 年 5 月，竣工 2018 年 12 月

成果简介

项目位于南山后海中心区，登良路与海德二道交汇处西南角。总建筑面积 26.7m^2，地下 4 层，地上 66 层，建筑高度为 392.5m。

项目设置 BIM 平台，将整个深圳湾华润片区整合在华润大厦管理，实现资源共享，能源统一管理，同时实现安全防范、灾害预防以及信息安全的一体化保障。

项目通过美国 LEED 金级和国家绿建二星认证。

应用与效益

智能派梯系统已经成为超高层甲级办公楼必要应用系统，大大提高大楼垂直交通效率，给客户提供最好的服务，最便捷的引导。该系统基于人脸识别技术、监控联动闸机、闸机联动电梯，大楼内访客通过自动预约，通过通道道闸及选择电梯后快速到达访问楼层。

35 安防系统实现辅助救援的技术方案在能源大厦项目中的应用

完成单位：深圳市建筑设计研究总院有限公司

完成时间：设计 2014 年 3 月，竣工 2017 年 10 月

成果简介

利用建设的视频安防监控系统、访客管理及安检系统、出入口控制与一卡通系统具备的扩展功能，由智能化集成系统对各系统提供的信息进行统计分析，形成需要的相应信息报表。

人数统计主要是利用电梯控制系统提供的停层信息、电梯轿厢摄像机对电梯停层前后的轿厢内拍摄人数图像、各楼层楼梯间前室摄像机获取进出人员图像、CCTV 进行视频分析，得出进出本层的人数，并与通道闸和门禁获取的人数信息进行比对。身份识别通过访客管理系统和出入口控制系统获取，其中为了对身处避难空间和屋顶的人员进行身份识别，在每个避难空间及屋顶层增设门禁读卡器（采用读卡 + 指纹）。

应用与效益

根据消防疏散预案需求，实现大楼总人数和避难层、屋顶层人数统计和身份识别的相对准确，对其他楼层和分区段人数统计、身份识别具备参考价值，从而实现对紧急情况下的人员疏散提供辅助信息。

36 某薄膜太阳能电池产业园（保密项目）D-UPS 应用

完成单位：奥意建筑工程设计有限公司

完成时间：设计 2008~2009 年，竣工 2010 年

成果简介

薄膜太阳能电池工艺设备对电源连续供应要求特别高，短时断电造成的损失特别大，甚至会使工艺设备造成损坏，本项目设置 3 台 D-UPS（动态 UPS）作为对重要工艺设备的保障电源，对连续生产起了保障作用。

动态 UPS 由引擎与发电机组构成，是依靠交流市电驱动交流电动机旋转，从而带动同轴的交流发电机和惯性飞轮同速旋转运行，由发电机向负载供电。市电波动或停止时，由于惯性飞轮对短时间的电压突变后干扰无反应，保证了输出电压的稳定；市电断电靠飞轮的惯性将供电再延长 5 秒钟，以便于保存数据信息。

应用与效益

应用 D-UPS 能够有效保障高端生产的连续性，保证不间断供给重要生产设备电源，避免因生产电源短时停电带来的工艺设备损坏和产品报废等损失，经济效益明显。

37 客流分析在海上世界文化艺术中心广场项目中的应用

完成单位：深圳市华阳国际工程设计股份有限公司

完成时间：设计 2015 年 4 月，竣工 2017 年 6 月

成果简介

客流分析系统融合图像处理、视频分析、模式识别以及人工智能等多个领域的技术，统计准确、施工简便、功能多样、操作方便。该系统主要通过前后端设备组成，前端设备采用双镜头立体成像智能客流统计摄像机，通过接入就近的智能安防交换机设备、通过骨干网络传输数据至中心机房，再通过中心的客流平台统一生成分析报表。

应用与效益

本项目配置专业的客流统计系统，对各展馆的出入口等区域布设客流统计摄像机，通过客流摄像机对进出客流进行汇总统计分析，得到总客流以及各展馆、各区域的按时、天、周、月的客流报表，支持柱状、线状图，可为运营提供可靠的数据支撑，为运营管理提供依据。主要包括：数据概览和数据统计。数据概览实现概要信息的展示，包括客流数据，同时，支持以电子地图的形式展示，支持快速客流定位。数据统计是域管理平台数据枢纽，完成对客流数据的统计，以不同的维度对各区域数据进行统计分析处理，并进行相关趋势处理，方便域管理人员对域进行量化考量处理。

38 BTTZ 矿物绝缘电缆在招商局广场项目的应用

完成单位：广东省建筑设计研究院深圳分院
完成时间：设计 2009~2010 年，竣工 2013 年

成果简介

招商局广场项目中，消防配电干线、支干线系统中设计选用了 BTTZ 矿物绝缘电缆，该类型电缆采用铜作为电缆导体，耐高温无机氧化镁作为绝缘体，铜导管作为金属护套，主要特征为无卤无毒、耐过载、耐冲击、防水，并可在 950℃的火场下保持不小于 3h 的供电能力，是最可靠的防火电缆，可为消防设备、应急照明提供可靠电源。

BTTZ 矿物绝缘电缆铜护套具有很好的连续性和极低的电阻率，利用电缆铜护套作为接地导线使用，减少专用 PE 线，可降低电缆造价，同时矿物绝缘电缆采用梯架敷设，施工中严格按工艺实施，大小规格电缆分档距离固定，布齐矫直后排列绑扎。现场效果横平竖直、整齐有序，成为施工样板。

应用与效益

本项目属于深圳蛇口地区地标性建筑，较早地大规模应用矿物绝缘电缆以满足消防要求，起到了标杆及带头作用。

39 港珠澳大桥珠海口岸车辆通关“一站式”系统

完成单位：深圳市建筑设计研究总院有限公司
完成时间：设计 2016 年 9 月，竣工 2018 年 12 月

成果简介

“一站式”卡口停车采集车辆、司机及货物信息，各家查验单位将采集信息分别提交各自验放系统核对，各家一致同意验放后起闸，否则不予放行并按要求处理，实现同一通道一次停车，并行作业，联合核放。该系统实现 4 个国内首创：

（1）率先实现“客车”和“货车”一站式；

（2）率先实现“粤港澳”通关车辆一站式通关；

（3）率先实现“粤港澳大湾区一体化通关”；

（4）率先实现“潮水式动态调度核放”等。

应用与效益

“一站式”系统源于珠海港珠澳大桥，取得了全国口岸领先、国家层面肯定、各地口岸效仿的良好效应。拱北、横琴（过渡期）等口岸的“一站式”系统，不尽完善，不适用在港珠澳大桥口岸实施。本口岸面向粤港澳大湾区大通关格局，特别专门设计实施全新的“一站式”系统，该系统存在下列优点：

（1）合并卡口

通过合并不同查验单位查验卡口，实现通关查验设备合理共用，避免重复建设，实现通关资源共享。

（2）一次停车

改通关车辆“多次停车受检”为“一次停车受检”，为通关司机提供了良好、快速的通关体验。

（3）并行核放

改传统公路口岸车辆的“串行通关核放”模式为“并行核放”，有效应对口岸场地资源紧张的难题。

（4）优化流程

采用车辆“一站式”通关模式，优化了通关流程，压缩通关核放时间，提高通关效率。

（5）资源共享

通过构建粤港大通关格局下的“深港－珠港”通关车辆及司机备案信息互认及资源共用，实现“珠港口岸”与“粤港澳口岸”大通关的平稳融合，避免“重复备案、重复发卡”，减少系统数据备案成本，减少车主经济及时间支出。

（6）综合服务

通过“外贸单一窗口”信息平台，实现报关报检报验的统一处理和综合服务；通过珠海电子口岸平台，统一处理相关的口岸通关监管信息，为查验单位和通关车主及企业提供综合服务。

40 第 8.5 代薄膜晶体管液晶显示器件 TFT-LCD 项目动态电压调整装置 AVC 应用

完成单位：奥意建筑工程设计有限公司、世源科技股份有限公司
完成时间：设计 2009~2010 年，竣工 2012 年

成果简介

华星光电第 8.5 代薄膜晶体管显示器件生产线总投资 245 亿元，是当时深圳单体投资最大的项目，工艺生产设备对电源要求很高，极短时间的电源闪断或电压大幅度变化都会引起产品报废，造成极大损失。因此，在设计中对于重要的工艺生产设备采用了动态电压自动调整装置 AVC 进行配电，有效克服了电压暂降造成的产品报废、对工艺设备造成的危害。

应用与效益

华星光电项目采用 AVC 设备后，AVC 设备电能质量记录仪能够显示生产中发生电压暂降的次数及时间，能够有效避免电压暂降对电源质量的影响；避免电网电压骤降造成的生产线宕机；避免用电负荷因雷击及电源瞬时变动引起控制电源失电，造成保护系统失灵而引起的停电事故。有效保证了供电系统的可靠性和生产的正常进行，极大地降低了产品报废率和对工艺设备的损害，获得了良好的经济效益。

图书在版编目（CIP）数据

深圳土木40年 / 深圳市住房和建设局，深圳市土木建筑学会主编．—北京：中国建筑工业出版社，2019.12

ISBN 978-7-112-16035-8

Ⅰ．①深…　Ⅱ．①深…②深…　Ⅲ．①建筑设计－案例－深圳　Ⅳ．① TU206

中国版本图书馆CIP数据核字（2019）第266017号

责任编辑：陆新之　徐　冉　刘　静　刘　丹
书籍设计：雅盈中佳
责任校对：芦欣甜

深圳土木40年

深圳市住房和建设局
深圳市土木建筑学会　主编

*

中国建筑工业出版社出版、发行（北京海淀三里河路9号）
各地新华书店、建筑书店经销
北京雅盈中佳图文设计公司制版
北京雅昌艺术印刷有限公司印刷

*

开本：880×1230毫米　1/16　印张：44¾　字数：1035千字
2019年12月第一版　2019年12月第一次印刷
定价：**580.00**元（上、下册）
ISBN 978-7-112-16035-8
（34958）

深土木40年圳

深圳市住房和建设局　深圳市土木建筑学会　主编

（下册）

中国建筑工业出版社

1980—2020

深圳土木40年历史变迁

1979 年的深圳

1979 年的深圳

1982 年的深圳

1992 年的深圳

2002 年的深圳

今天的深圳

领导题词

推进科技创新
发展土木技术

郭允冲

二〇一九年五月

中国土木工程学会理事长、建设部原副部长——郭允冲

四十載滄桑巨變，“深圳速度”見證土木建築科技奇迹

新時代旗幟高揚，“創新之都”再領行業未來創新發展

修龙　　　　己亥年夏

中国建筑学会理事长、中国建设科技集团董事长——修龙

从"深圳速度"
到"中国速度"

何镜堂
2019.5.5.

中国工程院院士、华南理工大学建筑设计院董事长——何镜堂土建行业改革创新的先锋！

周福霖 2019.6.15、

中国工程院院士、广州大学教授——周福霖

题深圳特区土木四十年

深圳土木建筑

体现深圳速度

吴硕贤 乙亥年

中国科学院院士、华南理工大学教授——吴硕贤

总结四十载发展经验，
再创大湾区新未来！

孟建民 二〇一九年五月

中国工程院院士、深圳市建筑设计研究总院总建筑师——孟建民

贺特区三十载城市
建设成果丰硕
祝深圳市土木建筑
学会再创辉煌

二〇〇九年六月

仲继寿

中国建筑学会理事长助理、中国建筑设计研究院有限公司副总建筑师——仲继寿

题深圳特区土木四十年

引領深圳土木技术

再創湾区建设未来

朱冬青

二〇一九年夏

中国建筑防水协会秘书长——朱冬青

憶當年改革開放勇為先鋒

看今朝湾区建設再展宏图

祝賀深圳土木建築學會四十周年

上海市建築學會敬賀 曹嘉明

二〇一九年六月

中国建筑学会副理事长、上海建筑学会理事长——曹嘉明

推动科技创新
引领土木工程发展
徐天平
2019.6.8

广东省土木建筑学会理事长、广东省建工集团总工程师——徐天平

领导作序

序　言

深圳土木 40 年，砥砺奋进 40 年。

莲花山顶的邓小平铜像巍然矗立。俯瞰鹏城那一幢幢高耸入云的大楼，惊叹这短短的 40 年，从偏远荒凉渔村小镇，飞速发展成为一座有 2000 万人口的、综合实力居全国前列的全球创新之都。实现了西方发达城市需要近百年才完成的历史跨越，这就是深圳——中国南海之滨的一颗璀璨明珠，创造了一个又一个“第一”，演绎出一个又一个传奇！深圳经济特区的发展崛起，印证改革开放是坚持和发展中国特色社会主义的必由之路。

深圳波澜壮阔的发展历程，创造了世界工业化、城市化和现代化史上的奇迹。40 年前从蛇口工业区第一声开山炮喊出“时间就是金钱，效率就是生命”，从“三天一层楼”创造“深圳速度”起步，中国改革开放的信心与决心在这里宣示。从打造当时亚洲第一高楼的地王大厦，到今天的平安国际金融中心。南海之滨，改革创新大潮在这里不断形成。深圳建设不仅是特区最早的拓荒牛，而且为全国改革开放发挥了“试验田”的作用。无论是早期的引进消化，还是日益强盛的自主创新与品牌发展；无论是大规模的市政工程建设，还是匠心独具的建筑设计；无论是传统的民居，还是现代化的办公大楼；无论是优质工程、精品工程的建设，还是节能建筑、绿色建筑和智能建筑的发展，深圳的城市建设都具有明显的试验性、示范性和多样性特质，体现了创新精神、开放形象和国际化视野，形成了行业百花齐放、百家争鸣的格局，从直观角度诠释了这座年轻城市的青春活力与独特魅力。新时代，党和国家赋予深圳“中国特色社会主义先行示范区”的新定位，高质量发展的冲锋号角在这里吹响，从港口、机场、轨道交通，到特区一体化，站在全新的时代方位，深圳高擎全面深化改革开放的伟大旗帜，以更加昂扬的姿态续写改革史诗。

从曾经的改革开放“试验田”到今天的“中国特色社会主义先行示范区”，深圳始终引领着“中国奇迹”的创造，直观诠释着“中国特色”的伟大之处。深圳经济社会发展和城市建设取得的辉煌成就，是党中央国务院和广东省委省政府英明决策、坚强领导的结果，是历届市委市政府带领深圳人民艰苦奋斗、开拓创新的结果，同时也离不开广大建设工作者的辛勤劳动和卓越贡献。深圳的每一幢建筑、每一项建设，都凝聚着他们的心血和汗水。

为全面记录深圳由边陲小渔村发展为国际化大都市的

历史变迁，真实反映鹏城建设事业从无到有、从小到大、从弱到强的发展历程，40 年改革开放，从城市到农村，从区县到企业，鹏城大地处处书写着城乡面貌深刻变化、建筑市场活力充分迸发、设计水平显著提高的生动画卷。这些敢为人先的勇气、创业创新的锐气、拼搏进取的朝气，向全世界发出中国改革开放的时代强音，成为 40 年伟大实践生动而深刻的注脚。深圳市住房和建设局、深圳市土木建筑学会组织编辑了《深圳土木 40 年》一书。本书以深圳经济特区成立为发端，力求客观真实地还原过去，总结经验，剖析现状，阐述对未来的思考，描绘了行业的发展远景，是一部值得阅读、研究和收藏的重要文献。回顾深圳建设事业 40 年发展成就，可以更加深刻地体会到广大建设者筚路蓝缕，在草棚烛光中绘制蓝图、在炎炎烈日下添砖加瓦的艰苦创业历程，同时也让我们更加清醒地认识自身的历史使命与责任。

深圳，因改革开放而生、因改革开放而兴，40 年后，开展建设“中国特色社会主义先行示范区”，再度成为中国改革创新的新旗帜。深圳市土木建筑学会将扎实推进以科技创新为核心的全面创新，加快基础研究、技术开发、成果转化，把深圳这座城市的创新基因再强化、再巩固、再提升，努力打造具有全球竞争力的“创新之都”。深圳高擎全面深化改革开放的伟大旗帜，将以更加昂扬的姿态续写改革史诗。借此书的出版，进一步号召广大建设者全力以赴，再次扬起新征程的船帆，站在全新的时代方位，积极投身于改革开放新时代赋予我们的伟大事业中，牢记习近平总书记的嘱托，不忘初心，砥砺前行，树立四个意识，坚定四个自信。为深圳的创新建设、粤港澳大湾区的未来、中华民族伟大复兴的明天，全力奋进，再铸新辉煌！

中国建筑学会理事长
中国建设科技集团董事长

参编人员及单位

编写委员会

主编单位：深圳市住房和建设局
深圳市土木建筑学会
深圳市建筑设计研究总院有限公司
深圳华森建筑与工程设计顾问有限公司
香港华艺设计顾问（深圳）有限公司
深圳市华阳国际工程设计股份有限公司
深圳市市政设计研究院有限公司
筑博设计股份有限公司
中国建筑科学研究院有限公司深圳分公司
深圳市勘察测绘院有限公司
深圳市鹏城建筑集团有限公司
中建三局集团有限公司
中建三局第二建设工程有限公司华南公司
北京中外建建筑设计有限公司深圳分公司
深圳市安托山混凝土有限公司

副主编单位：铁科院（深圳）研究设计院有限公司
深圳市勘察研究院有限公司
深圳市市政工程总公司
悉地国际设计顾问（深圳）有限公司
深圳市新城市规划建筑设计股份有限公司
中国建筑第八工程局有限公司
深圳市欧博工程设计顾问有限公司
深圳机械院建筑设计有限公司

参编单位：中建钢构有限公司
深圳市建筑工程质量安全监督总站
深圳市工勘岩土集团有限公司
江苏省华建建设股份有限公司深圳分公司
深圳市建工集团股份有限公司
中国建筑第二工程局有限公司华南公司
深圳市新黑豹建材有限公司
深圳市现代营造科技有限公司
奥意建筑工程设计有限公司
深圳大学建筑设计研究院有限公司
深圳市建筑科学研究院股份有限公司
深圳市鲁班建筑工程有限公司
深圳市天其佳建筑科技有限公司
深圳市金鑫绿建股份有限公司
中国建筑东北设计研究院有限公司深圳分公司
中冶南方工程技术有限公司深圳分公司
中国华西企业有限公司
中铁建工集团有限公司深圳分公司
深圳东方雨虹防水工程有限公司
深圳市方佳建筑设计有限公司
郑州中原思蓝德高科股份有限公司
深圳媚道风景园林与城市规划设计院有限公司
北京圣洁防水材料有限公司

目　录

（下册）

第10章

暖通空调篇

吴大农　吴延奎　何　菁　丁瑞星
黄建辉　凌　云　魏展雄　浦　至

深圳市暖通空调专业 40 年

我们刚刚在去年纪念过国家改革开放 40 周年和深圳建市 40 周年，今年（2019 年）又欣逢新中国建立 70 周年。40 年来，深圳已从一个小渔村发展为人口两千万的现代化城市，在国际权威机构“全球化与世界城市（GaWC）”编制的《世界城市名册 2018》中，深圳首次跻身全球顶尖行列的“世界一线城市”（Alpha-级）。毫无疑问，深圳的城市发展奇迹包含有来自全国各地的深圳几代暖通空调制冷专业技术人员的重要贡献，地处南国、担当改革开放窗口的深圳，也为暖通空调制冷事业的发展提供了得天独厚的环境和机遇，深圳几代暖通空调人感恩这 40 年的天地人和！

深圳市暖通空调专业的人才培养和事业发展需要本专业的学术团体组织开展业务交流活动和实施重大的专业技术引领，深圳市暖通空调专业的学术团体建设是发展深圳市暖通空调事业的重要内容。深圳市暖通空调专业学术团体是由深圳市土木建筑学会暖通空调专业委员会、深圳市制冷学会空调制冷专业委员会两个专业委员会组成，它们的成立使深圳市的暖通空调专业人员在学术上有了归属，为建筑工程的暖通空调系统设计、设备制造、施工安装、运行维护提供了技术与信息交流的业务平台，几十年来，深圳市暖通空调专业学术团体的宗旨始终如一，就是不断提高深圳市暖通空调行业整体的技术水平，促进行业的技术创新和先进技术成果的推广应用，为深圳市的高质量建设和可持续发展提供专业的技术支撑。深圳市暖通空调专业学术团体的发展历程是深圳市几代暖通空调人近 40 年接续奋斗历史的一个缩影。

1986 年 9 月 16 日，由深圳市老一辈暖通空调专业工程师、冷藏冷冻专业工程师筹备，在中国改革开放的前沿深圳市，成立了暖通空调的专业学术团体——深圳市土木建筑学会暖通空调委员会、深圳市制冷学会空调热泵专业委员会。时任深圳市市长梁湘先生也应邀出席了第一届暖通空调专业委员会的成立。首届深圳市土木建筑学会暖通空调专业委员会主任为叶克栋总工，第一届委员会由卢耀麟总工、梁瑞贤总工、张义慎总工、杨辉爵总工、付文其总工等人组成。1981~1990 年间，在担任两届委员会主任的叶克栋总工的带领下，暖通空调专业委员会经历了由筹备至初具规模的第一个发展阶段，学会会员也由成立初期的十几人发展到了 1990 年的一百多人。在这一时期，专业委员会引进和吸收了国外暖通专业的技术标准和规范，参考国外及香港同类工程的经验，并积极创新，使深圳市的建筑暖通空调设计水平与国际基本接轨，为未来暖通空调行业发展打下了良好的坚实基础。

1990~2006 年，卢耀麟总工任深圳市土木建筑学会暖通空调专业委员会主任，梁瑞贤总工任副主任。在 20 世纪 90 年代初期，伴着发展社会主义市场经济的春风，特区建设大规模展开，暖通空调专业也得到了迅速发展的好时机。深圳市建筑暖通空调设计在“新技术、新工艺、新材料、新设备”四新技术的应用实践，当时均达到了全国的领先水平。在此期间，由深圳市暖通空调委员会协办的“全国民用建筑空调设计技术交流会”和“深圳市空调制冷国际学术交流会”的两次全国性的学术会议在深圳召开，为业界走向国际，活跃深圳市学术气氛迈出了新的步伐。在卢耀麟总工、梁瑞贤总工的带领下，学会活动形式也更加多样化，例如组织学会委员对国内主要暖通设备生产厂进行调研，了解冷水机组和空调末端设备的研发过程、生产工艺及实验检测水平。通过对调研数据和国外产品的比较、学会专家组确认，空调末端设备完全可以选用国内民族品牌替代国外进口品牌，打破了至

90 年代中期，深圳市中央空调系统设备完全由国外产品垄断的局面，极大地促进了民族空调业的发展。2004 年，暖通空调专业委员会应深圳市科工贸信委局、深圳市国土资源和房产管理局、深圳市建设局委托编制了《深圳市中央空调系统节能运行维护管理暂行规定》，并于 2005 年 8 月由深圳市政府发布。在全国率先提出的空调室内温度节能标准，为深圳市转变发展形式，建设资源节约型、环境友好型城市作出了重要贡献。这一时期是学会发展的第二阶段，学会会员数约 300 人。

2006 年，深圳市土木建筑学会暖通空调委员会主任由吴大农总工担任，秘书长由李欣总工担任、副主任由梁瑞贤总工担任。在学会前辈们的指导下，学会补充了一批新鲜血液担任学会委员，并由技术经验丰富的前辈担任了顾问委员。委员是丁瑞斌、杨杰、赵炜、皮健强、文进希、魏展雄、何菁、徐铮、浦至、李雪松、黄志刚、程瑞端、郑文国、苏艳辉、王红朝、蒋丹翎、潘少华、罗军（排名不分先后），顾问委员是杨辉爵、张义慎、付文其、麦学是、顾德娴。2008 年秋，学会召开了全体会员大会，参会人数达 500 人，会上通过了新一届学会委员并颁发任命证书。自 2010 年起，学会每两年举办一次“深圳市暖通空调制冷学术年会”，国家及兄弟省、市的学会领导和著名专家均应邀前来，每届年会的与会人员均有大幅增加，2018 年年会的参会人数已超千人。每届学术年会均评选优秀论文并出版论文集，邀请来自产学研机构的专家进行学术主题演讲，安排展台进行技术交流互动等活动，以及时反映暖通空调制冷行业设备、设计、施工和运维的创新技术与绿色发展的最新状况，推动“新技术、新工艺、新材料、新设备”四新技术在工程中的应用，切实发挥学术年会对于深圳暖通空调制冷行业的技术引领作用。2018 年深圳市土木建筑学会换届，为了符合深圳建设的步伐，暖通空调专业委员会组成人员进一步加强，他们是：主任委员：吴大农，秘书长：李欣，常务副主任委员：魏展雄、何菁、吴延奎、王红朝，副主任委员：黄志刚、杨杰、李雪松、徐峥，副秘书长：丁瑞星、蒋丹翎、苏艳辉、浦至、蔡志涛、郑文国，委员：皮健强、潘少华、丁瑞斌、黄建辉、凌云、李百公、潘北川、吴志彪、黎洪、王宏越、孙岚、万雄峰、周俊杰、李红梅、赵艳波、李乐、江连昌、魏大俊，顾问委员：梁瑞贤、付文其、麦学是、程瑞端，共计 38 人；会员数已达 1000 余人，这是学会发展的第三阶段。目前，深圳暖通空调专业委员会正带领深圳市的暖通空调人为中国在该领域最终实现跟随、并行到引领的根本超越进行不懈的努力。

展望未来，深圳市暖通空调专业委员会全体会员将共同努力，让学会发展更上一个台阶，继续促进暖通空调技术的创新发展，进一步做好设计院专业技术人员、建设方和暖通空调设备生产厂家交流沟通的渠道、桥梁和平台，为政府和城市建设提供最新的专业技术支持，为深圳市发展绿色建筑、低碳经济、生态环保型社会作出应有的贡献。

01 深圳地王大厦

设计单位：深圳市建筑设计研究总院
设计人：梁瑞贤、吴大农
设计完成时间：1993 年 9 月

深圳地王大厦建成时曾是亚洲第一高楼，也是全国第一个钢结构高层建筑，坐落于深圳蔡屋围。主题性观光项目“深港之窗”就位于地王大厦顶层，是亚洲第一个高层主题性观光游览项目。地王大厦信兴广场由商业大楼、商务公寓和购物中心三部分组成，总建筑面积约 278610m^2。地下 2 层，办公塔楼 69 层，高 383.95m；公寓塔楼 33 层，高 120.50m。

裙房设一中央空调系统，冷冻机房设在裙房五层（高 30.5m），该系统选用 4 台 500USRT 的离心式冷水机组及 1 台 250USRT 螺杆式冷水机组，机房还设有与主楼低区冷冻水系统互为备用的热交换器。2.0m^3 的膨胀水箱设在五层高处，冷却塔设在公寓屋面上。办公楼设有低、中、高三个各自独立的中央空调系统。每个中央空调系统选用 2 台 750USRT 的离心式冷水机组及 1 台 250USRT 的螺杆式冷水机组，并组成两个相对独立的空调系统。这两个系统冷冻水供回水总管间设装有阀门的旁通管，平时阀门常闭。250USRT 的主机用于夜间使用。

2018 年 11 月 24 日，深圳地王大厦入选“第三批中国 20 世纪建筑遗产项目”。

02 深圳招商银行大厦（原世贸中心大厦）

设计单位：深圳市建筑设计研究总院
设计人：梁瑞贤、吴大农、何佳美、周建戎
设计完成时间：1998 年 5 月

该建筑建筑面积 11.9 万 m^2，地下室 3 层，地上 54 层，地库设有银行金库、保险库、车库。建筑高度 237.2m。大厦外形犹如一顶硕大的“博士帽”。

大厦分为低、中、高三个空调系统，其中地下 3 层 ~22 层为低区，冷负荷为 2291USRT；23 层 ~41 层为中区，冷负荷为 1200USRT；中低区采用集中制冷、一级泵、双水管末端为空气处理机组及风机盘管加新风的中央空调系统。42~53 层为高区，冷负荷为 486USRT，高区采用冷暖房兼用型变频控制 VRV 系统。全楼冷负荷为 3977USRT。

低区制冷选用 3 台 650USRT 的离心式冷水机组及 1 台 341USRT 的螺杆式冷水机组，主机房设在地下三层；中区制冷采用二台 650USRT 的离心式冷水机组，制冷机房设在三十八层；高区制冷系统采用冷暖房兼用型变频控制 VRV 系统，室外机设在五十三层屋面，经高度和长度修正后选型。

03 深圳市民中心

设计单位：深圳市建筑设计研究总院
设计人：梁瑞贤、吴大农、何佳美、周建戎、吴延奎
设计完成时间：2001 年 3 月

市民中心位于深圳市中心区的福田区，占地 91 万 m^2，北靠莲花山，南向深圳中央商务区。建筑方案由美国 Lee-Timchula 建筑师事务所设计，整个建筑规模庞大，由中段、东翼及西翼组成，总建筑面积约 21 万 m^2。中段又由地下 2 层、裙房 4 层及圆塔楼 11 层、方塔楼 12 层组成，东翼为深圳博物馆，西翼为办公，建筑总长度 435m，最大宽度 145m，总投资为 23 亿元人民币。

整座中心设一个中央空调系统，总空调面积 16.8 万 m^2，总计算冷量为 9571USRT。选用 6 台 1300USRT 及 2 台 400USRT 离心式冷水机组。冷冻水分为三回路（中段、东翼、西翼各一回路）送至各末端风机盘管及各空气处理机组，采用二级泵系统，且各回路均设 4 台变频二级泵（三用一备）。

深圳市民中心集深圳市人民政府、深圳市人民代表大会、深圳博物馆、深圳会堂等多功能为一体的综合性建筑，是深圳的行政中心，市政府主要办公机构，同时也是市民娱乐活动的场所，成为深圳市政府的形象代言，是深圳最具有标志性的建筑物。

04 深圳证券交易所广场

设计单位：深圳市建筑设计研究总院有限公司
主要设计人：常嘉琳、孙岚、苏路明、曹原、陈京凤、苏翠叶、周巍
设计完成时间：2008.04

项目位于深圳市福田中心区，总建筑面积 263528m^2，裙房 9 层，地上 46 层，其中 1~6 层为建筑塔楼下部，7~9 层为抬升裙楼，10~46 层为塔楼上部，地下 3 层。建筑高度 237.1m。

内设办公、会议、数据机房、典藏、博览、员工食堂、停车场、人防等，为一类超甲级办公建筑。

本项目空调冷源分 A、B 两个系统。A 系统服务于保证供冷区域，总冷负荷 2703RT，选用 3 台 900RT 水冷离心式冷水机组，低区冷冻水供回水温度为 7/12℃，高区冷冻水供回水温度为 9/14℃；B 系统服务于 A 系统之外的区域，总冷负荷 4308RT，选用 3 台 1100RT、1 台 500RT 双工况水冷离心式冷水机组，蓄冰设备总蓄冰量 19200RTh，低区冷冻水供回水温度为 5/12℃，高区冷冻水供回水温度为 6/13℃。换热间设在 16 层避难层。

高管办公、典藏区、档案库、会所区提供空调热源，空调供回水温度为 45/40℃，风冷热泵分设在 16 层和屋顶层。

小隔间（商业、会所）采用新风 + 风机盘管系统，大空间（大堂、会议中心、典藏区）采用定风量全空气系统，全楼办公区采用 VAV 变风量空调系统，档案库和数据中心设恒温恒湿空调系统。

本项目是最早按中国绿色建筑三星认证标准设计的建筑之一，在 2012 年通过了绿色三星级建筑设计认证，并获得美国 LEED 金奖；2015 年获得广东省优秀工程勘察设计二等奖，全国优秀勘察设计建筑工程一等奖，第五届中国建筑学会优秀暖通空调工程设计一等奖。

05 深圳太平金融大厦

设计单位：深圳市建筑设计研究总院有限公司
主要设计人：常嘉琳、王振华、罗林
竣工时间：2014 年 12 月

深圳太平金融大厦位于深圳市中央商务区北侧，为超高层甲级写字楼，总建筑面积约 13 万 m^2，建筑高度 228m。地上 48 层，地下 4 层，其中 1~5 层为裙房商业，6~48 层为办公塔楼。办公空调冷源采用 3 台 900USRT 水冷离心机组和 1 台 400USRT 水冷螺杆机组，空调水系统采用一次泵变流量系统，末端采用变风量系统，过渡季利用 20mx20m 中部天井自然通风。

本项目荣获第十七届深圳市优秀工程勘察设计一等奖、2016 中国最佳高层建筑奖、第三届深圳市建筑工程施工图编制质量银奖、2016 第二届深圳建筑创作金奖、首届“金叶轮奖”暖通空调设计大赛铜奖、深圳市绿色建筑设计认证金奖、两项发明专利和两项实用新型专利等奖项。

目前空调系统运行良好，得到社会各界一致好评。

06 基金大厦

设计单位：深圳市建筑设计研究总院有限公司
主要设计人：吴大农、常嘉琳、孙岚、李晓燕、张明银、苏路明、李绍兵
设计完成时间：2011 年 10 月

项目位于深圳市福田中心区，总建筑面积 109726m^2，裙房 4 层，6~42 层为塔楼标准层，15、31 层为避难层，地下 4 层，建筑高度 199.85m。内设商业、餐饮、办公、会议、停车场、人防等，为一类超甲级办公建筑。

本项目常规冷源系统采用 2 台 900RT 双工况水冷离心式冷水机组，蓄冰量为 9990RT · h。

低区冷冻水供回水温度为 6/12℃，高区冷冻水供回水温度为 7/13℃。换热间设在 15 层避难层。数据机房 24 小时制冷系统采用 400RT + 250RT 为一组的常规水冷水机（应急空调），冷源 100% 备份，提供 7/12°C 的冷冻水，同时大楼常规空调系统也为数据机房提供备用。

标准办公层采用 VAV 变风量空调系统，数据中心设恒温恒湿空调系统，裙房小商业采用新风 + 风机盘管系统，大空间（大堂、餐厅）采用定风量全空气系统。

本项目 2017 年获得深圳市绿色建筑金级认证；2012 年获得首届深圳市建筑工程施工图编制质量金奖。

07 能源大厦

设计单位：深圳市建筑设计研究总院有限公司
主要设计人：李欣、吴延奎、孙岚、程志远、张明银、曹原、冯骄阳、苟志文
设计完成时间：2012 年 11 月

项目位于深圳市福田中心区，总建筑面积 142200m^2，裙房 9 层，南塔楼 19 层，北塔楼 41 层，建筑高度 204.5m，内设商业、餐饮、办公、会议、展示中心、档案馆、停车场、人防等，为一类超甲级办公建筑。

本项目采用双温冷源系统，高温系统采用 3 台 600RT 离心机，低温系统采用 2 台 478RT 双工况主机 + 动态冰蓄冷，蓄冷量为 5872RT · h；制备 5/11℃低温水、11/16℃高温水供 1~19 层服务，在北塔 20 层经板换制备成 5/11℃低温水、11/16℃高温水供 21~41 层服务。裙房 1~9 层小隔间商业采用新风 + 风机盘管系统，大堂及大空间餐饮采用定风量全空气系统，主楼办公标准层采用变风量全空气系统，末端采用单冷型变风量调节器。

项目通过美国 LEED 金奖、国家绿建二星认证；第二届深圳市建筑工程施工图编制质量暖通专业奖；第十八届深圳市优秀工程勘察设计一等奖。

08 嘉里建设广场二期

设计单位：深圳市建筑设计研究总院有限公司
主要设计人：潘京平、朱小东、谢斌
竣工时间：2011 年 10 月

项目位于深圳市中心区。本项目设计将人文理念与舒适、品质办公有机结合，融于设计的各个环节；设计时综合考虑项目周边环境及城市规划理念，与区域建筑和谐统一的同时，力求创造本项目独特的风格。项目将节能环保的理念贯穿设计始终，从设计之初就已开始着手节能模拟计算，并联手 LEED 认证机构，从源头上保证项目的可持续发展，在满足节能计算的同时获得了 LEED 绿色建筑金奖。

本工程采用部分负荷蓄冰系统，双工况主机和蓄冰设备为串联方式，双工况主机位于蓄冰设备上游，同时考虑到连续空调负荷的比例，设置了基载主机，双工况主机与蓄冰设备并联运行，直接供应 5℃冷冻水。该系统制冷机在夜间非用电高峰期开启运行，充分利用了深圳市峰谷电价差，节省运行成本，为缓解电力负荷的峰谷差现象作出贡献，取得良好的经济效益。空调水系统为一次泵系统，冷源端定流量，负荷端变流量。办公区域空调风系统采用全空气变风量系统，空气处理机为组合式，末端为单风管型 VAV。此系统能控制各空调区域温度；在部分负荷时可实现变频调速节能运行；空气过滤等级高，室内空气品质好。各办公区域排风集中设置，采用全热排风热回收装置，节能效果显著。

09 深港西部通道口岸旅检大楼及其场地

设计单位：深圳市建筑设计研究总院有限公司

主要设计人：李欣、刘明谦、罗军、李乐、方业富、万雄峰、姜乙锋、苏湘泽、李波、万齐胜

竣工时间：2007 年 7 月

获得奖项：2007 年获广东省注册建筑师协会第四次优秀建筑创作佳作奖；
2008 年获深圳市优秀工程勘察设计优秀建筑设计一等奖；
2009 年获中国建筑学会建筑创作大奖入围奖；
2009 年获广东省优秀工程勘察设计一等奖；
2009 年获第一届广东省土木工程“詹天佑故乡杯”奖，
2009 年第七届 MDV 设计应用大赛专业组银铅笔设计奖；
2010 年获新中国成立 60 周年建筑创作大奖入围奖；
2010 年获建筑工程（中外合作）类二等奖；
2010 年获深圳市 30 年 30 个特色建设项目；
2012 年获广东省科学进步特等奖；
2012 年获百年百项杰出土木工程；
2018 年深圳建筑 10 年奖——公共建筑后评估奖。

深港西部通道口岸为深港联合的“一地两检”模式的现代化、智能化口岸。基地位于深圳市南山区东角头，东南面紧临深圳湾，隔海通过深圳湾公路大桥与香港新界相接，北面通过沙河西路及东滨路与深圳滨海大道及其他城市干道相连。深港旅检大楼及场地总占地 17hm^2，旅检大楼总建筑面积约 54200m^2，按功能分为深港旅客上落客区、深方海关、边检通道、港方查验通道及深港旅检大楼。

深方、港方旅检大楼建筑面积均约为 2.7 万 m^2，其中港方旅检大楼根据香港建筑署意见，制冷机组选用 3 台 600RT 的离心式水冷冷水机组，作为夏季空调主要冷源，另外 3 台制冷量为 240RT 的风冷热泵冷热水机组，作为备用冷热源；深方旅检大楼仅选用 3 台 600RT 的离心式水冷冷水机组作为夏季空调主要冷源。该项目暖通及给水排水自控系统由暖通专业负责设计，开创了内地暖通工程师做自控设计的先河。

10 国信金融大厦

设计单位：深圳市建筑设计研究总院有限公司
主要设计人：李欣、吴延奎、孙岚、苏路明、江植东、苟志文、冯骄阳
设计完成时间：2013 年 3 月

项目地处深圳市福田区中心区，总建筑面积 104998m²，由地下 5 层、地上 46 层组成，地上建筑高度 205.4m。内设办公、会议中心、商业、餐厅、停车场、人防等，为一类超高层甲级公共建筑。

空调系统设计日冷负荷为 3682RT，其中包括 1004RT 的数据机房及出租办公预留空调冷负荷。主机采用 3 台 600RT/437.6RT 的双工况离心式冷水机组，2 台 500RT 的基载离心式冷水机组，蓄冰主机与基载主机并联运行，总蓄冰量为 9685RTH。

大厦大堂等高大空间区域采用定风量全空气系统，标准办公室采用 VAV 变静压空调系统，商铺、六层餐厅包房则采用风机盘管加新风的空调系统。

本项目正在建设中，预计 2019 年竣工。

11 深圳湾创新科技中心

设计单位：深圳市建筑设计研究总院有限公司
主要设计人：陈萍、朱树园、伍晓峰、刘贺兵、孙杨、马倩
设计完成时间：2015 年 7 月

深圳湾创新科技中心位于南山区。地下 3 层，地上裙房 3 层，主楼为 1 栋 299.1m 的高办公楼、1 栋 235.2m 高的办公楼、1 栋 154.6m 高的公寓、2 栋 99.6m 高的公寓，总建筑面积 483968.58m²。

裙房、办公采用中央空调系统，公寓采用分体空调。裙房空调系统的总冷负荷 5549.5kw（1578RT），采用 2 台 650RT 离心式冷水机组和 2 台 160RT 变频螺杆式冷水机组并联运行。办公空调系统总冷负荷为 36354.8kw（10337RT），采用 6 台 1650RT10kV 高压离心式冷水机组和 2 台 240RT 变频螺杆式冷水机组并联运行。

通过国家一星级设计认证。

12 南油购物公园

设计单位：深圳市建筑设计研究总院有限公司
主要设计人：陈萍、朱树园、伍晓峰
设计完成时间：2013 年 9 月

南油购物公园位于南山区，共分为三期。

一期（公园道大厦）地下 3 层，地上裙房 3 层，主楼为 1 栋 72.75m 的住宅公寓和 1 栋 89.85m 的商务公寓，总建筑面积 63646.06m^2。

二期（来福士广场）地下 4 层，地上裙房 5 层，主楼为 1 栋 99.94m 的酒店和 1 栋 118.6m 的办公楼，总建筑面积 217098.60m^2。

三期（来福士广场）地下 3 层，地上裙房 3 层，主楼为 1 栋 85.8m 的住宅公寓、1 栋 118.95m 的住宅公寓和 1 栋 91.05m 的办公楼，总建筑面积 121153.87m^2。

一期住宅公寓采用分体空调，办公公寓采用多联机空调系统，系统总冷负荷为 1423.711kW。选用分体空调 1106.55kW，多联机总制冷量 1493.55kW。多联机室外机分别放置在架空层、4、7、10、13、16、19、22 层、屋顶层。新风均采用窗户自然进风，无外窗房间设置排气扇。

二期商业空调面积为 57968.73m^2，总冷负荷 12222.1kW（3476RT）；办公总冷负荷为 3911.5kW（1112.5RT），酒店总冷负荷为 2561.5kW（728.5RT）。商业和办公楼共用一套空调系统，采用蓄冰空调，冷源采用 3 台 800RT 离心式水冷机组、2 台 800/550RT 双工况螺杆冷水机组及 2 台 300RT 螺杆冷水机组。蓄冰采用钢盘管，蓄冰槽为钢槽。酒店采用 2 台 150RT 螺杆冷水机组为公共区及客房新风提供冷源，采用 433.5RT 分体空调及多联空调为客房提供冷源。

三期公寓采用分体空调，办公楼及裙房商业采用多联机空调系统。A 座（公寓）总冷负荷为 1225.4kW，B 座（公寓）总冷负荷为 2377.3kW；C 座（办公）总冷负荷为 2996.4kW。裙房总冷负荷为 3110.8kW。A 座选用分体空调，总制冷量 1302kW；B 座选用分体空调，总制冷量 2566.2kW；C 座选用多联机，总制冷 3442.05kW，裙房选用多联机，总制冷量 3416.22kW。裙房多联室外机放置在裙房屋顶，C 座空调室外机放置在 13 层避难层及屋顶。裙房设转轮全热回收新风换气机组，放置在裙房屋顶。C 座新风采用多联机空调新风机组，室外机放置在避难层及屋顶，室内机放置在走道吊顶内。

一期通过 LEED 认证级，二期通过 LEED 金级，三期通过 LEED 银级、深圳铜级。

13 香港大学深圳医院

设计单位：深圳市建筑设计研究总院有限公司
主要设计人：李欣、赵艳波、徐梅、杜艳利
设计完成时间：2008 年 7 月

项目位于深圳湾填海区 16 号地块，共设门诊、医技、住院楼（A、B、C 三栋）、特需诊疗中心、行政信息楼、后勤服务楼 8 个单体建筑，是一座拥有 2000 张病床，具有医学科研、医学教育和远程医疗功能的现代化、数字化、综合性三级甲等医院。该项目为地下 2 层，地上最高 7 层，总建筑面积 348652m^2，空调面积 193827m^2，总冷负荷为 28288kW，其中显热负荷为 14098kW，新风负荷为 14190kW。

本项目空调系统采用温湿度独立控制技术，其中，内冷式双温新风机组负担所有的新风负荷和室内湿负荷，制冷机组负担所余的室内显热负荷。

采用 2 台制冷量为 5627kW 的蒸汽式水冷冷水机组作为空调主要冷源，负担本项目舒适性空调区域所有显热冷负荷，机组进 / 出水温度为 20/15℃。另设 2 台制冷量为 2813kW 的离心式冷水机组作为净化空调区域的冷源，机组进 / 出水温度为 12/7℃。

项目荣获全国优秀工程勘察设计行业建筑工程一等奖、广东省优秀工程勘察设计行业建筑工程一等奖。

14 深圳市大运中心——体育场

设计单位：深圳市建筑设计研究总院有限公司
主要设计人：吴大农、潘京平、杨宝臻、孙岚、苏路明、张明银、苗建增
设计完成时间：2008 年 3 月

项目位于深圳市龙岗区，为 2011 年世界大学生运动会的主体育场，观众座席为 6 万个，总建筑面积 13.46 万 m^2；地下 1 层地上 5 层；建筑总高度 51.3m。本工程按特级体育建筑标准设计。

空调冷源按体育场情况，分东南西北（ESWN）四个区域设置。主体育场西区、训练场选用集中供冷的水冷螺杆式冷水机组 2 台，装机容量为 2388kW（680RT）；体育场东区及南北区以直接蒸发式多联机组及涡旋式风冷冷水机组为主，装机容量为 2759kW（785RT）。

体育场西区各房间空调系统采用集中全空气式空调系统，体育场东区及南北区采用新风 + 变频多联机系统形式，数据网络中心、采用风冷式多联机机房专用精密空调，辅助加热、加湿功能。

2013 年获得广东省优秀工程设计一等奖；2013 年度全国优秀工程勘察设计行业奖公建三等奖。

15 深圳湾科技生态园（一区）

设计单位：深圳市建筑设计研究总院有限公司
主要设计人：潘京平、陈志英、吴江
设计完成时间：2013 年 1 月

深圳湾科技生态园（一区）位于深圳市南山区，滨海大道与沙河西路交界处。项目由 5 栋单体组成，地下 3 层，地上 37 层，建筑高度 119.50m，内设研发办公、大堂、商铺、超市、公寓、停车场，总建筑面积约 488082m^2，是大型公共建筑。

针对不同区域各自特点，分别采用了以下几种不同的空调方式：

（1）研发办公（出售）、管理用房（自营）：采用变制冷剂流量多联中央空调系统，每间研发办公分别设置系统，公共空间分层按区域设置系统，相对独立。空调末端采用暗藏接风管式空调室内机加热泵全热回收新风机组的形式。

（2）一层小型商铺（出租）及研发大堂（自营）：采用水环热泵式集中空调系统，空调末端采用带独立冷源的风机盘管机组。

（3）超市（出租）：采用 2 台 250USRT 的水冷螺杆式冷水机组做为冷源，空调末端采用空气处理机组的低风速单风道全空气系统。

（4）公寓（出售）：采用分体式空调。

以上几种空调系统，既满足了业主对于运行管理方便的需求，同时也为用户提供了一个相对简单、便于使用的空调方式。

16 鼎和大厦

设计单位：深圳市建筑设计研究总院有限公司
主要设计人：李欣、吴延奎、潘京平、刘静、杨秋丽、罗泓锋
竣工时间：2017 年 12 月

鼎和大厦作为中国南方电网有限公司在深圳地区发展金融业务和国际业务的重要窗口，位于深圳市福田区，总用地面积 8205.51m^2，总建筑面积 138729.1m^2。地下 4 层，地上裙房 6 层，塔楼 48 层，主体建筑高度 209.85m。

空调面积为 74729m^2，夏季计算冷负荷为 12008kW（3415RT），采用蓄冰空调，选用 3340kW/ 2285kW 双工况离心制冷主机 2 台，1406kW 基载离心制冷主机 1 台，蓄冰量为 11906RTH。蓄冰槽供回水温度 3.5/11.5℃，一次供回水温度 6/13℃，冷水系统竖向按功能区分为低区裙房商业、低区塔楼办公、高区塔楼办公三路系统。在 20 层设置 3 台板式换热器，二次冷水供回水温度为 7/14℃。

裙房 1 层大堂末端采用定风量全空气系统，1~6 层商业、办公采用风机盘管 + 新风空调系统，塔楼 8~48 层办公区采用变风量全空气系统，末端按内外分区设置无动力变风量送风箱。

17　深圳建科大楼

设计单位：深圳市建筑科学研究院股份有限公司

主要设计人：吴大农、周俊杰、高殿策

竣工时间：2009 年 3 月

深圳建科大楼位于福田区上梅林梅坳三路，总建筑面积 18169m^2，地下 2 层，地上 12 层，总建筑高度 57.9m，是融合了“本土化、低成本、低资源消耗、可复制”的绿色建筑理念，自行研究策划、自主设计的绿色办公建筑，采用分散加集中的复合式空调系统形式，并应用温湿分控、溶液除湿、辐射空调、热回收、置换通风等多种节能技术。

本项目获得标识、奖项及节能减排效果如下：国家绿色建筑设计评价标识三星级（最高等级）；国家级第一批民用建筑能效测评标识（三星级）；2011 年全国绿色建筑创新奖；2011 年度全国优秀工程勘察设计行业奖建筑工程一等奖；2013 年获绿色设计国际大奖——绿色建筑类金奖；年用电量为 44.4kWh/m^2，与深圳市其他办公楼相比节能 60%，相当于每年节能 412.7 吨标煤；每年减少 CO_2 排放 1097.85 吨。

本项目全年空调实际运行能耗仅为仅为同类建筑全年空调运行能耗的 31%，得到社会各界一致好评。

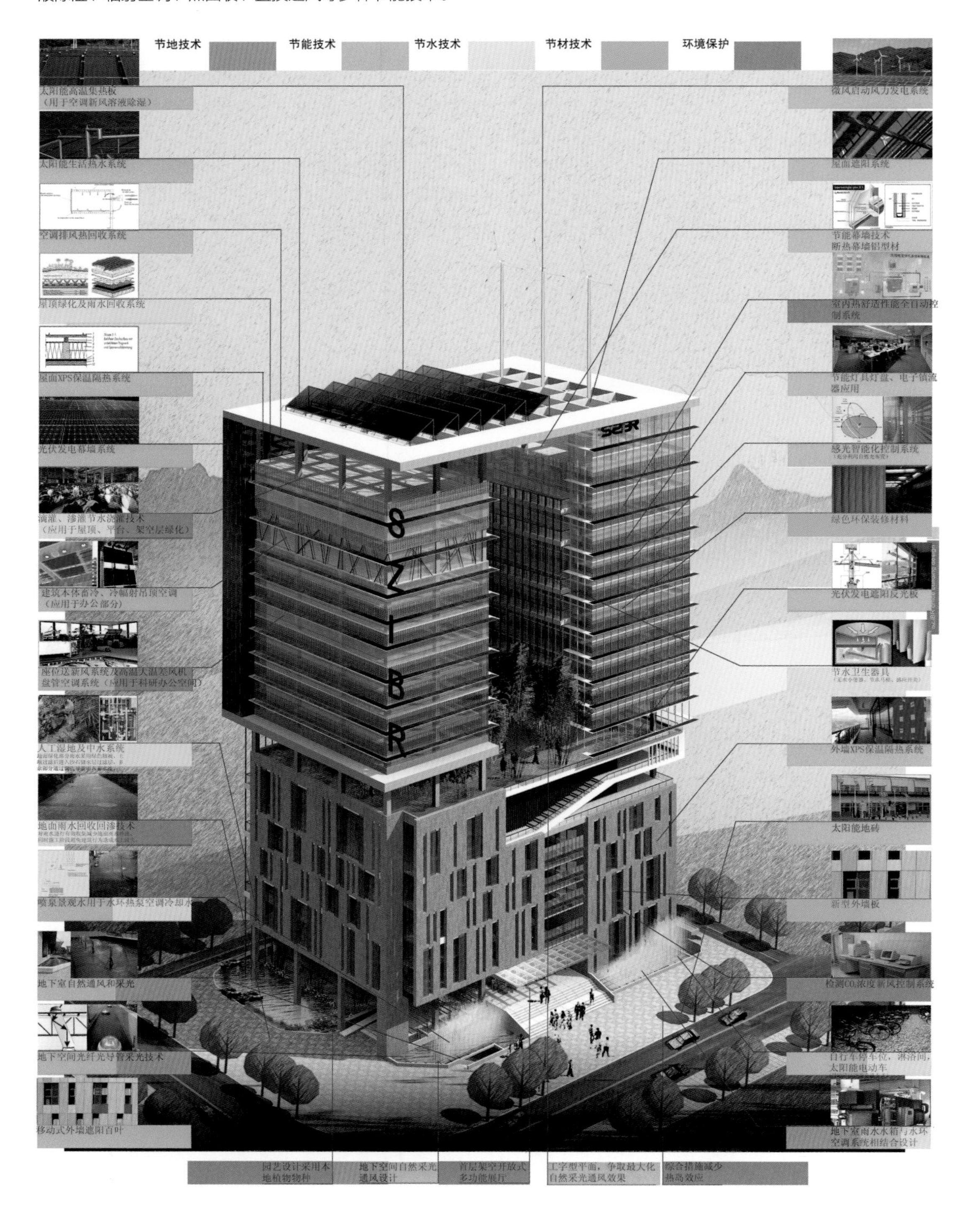

18 深圳国际低碳城会展中心

设计单位： 深圳市建筑科学研究院股份有限公司

主要设计人： 吴大农、周俊杰、李斌、黄建强、何伟

竣工时间： 2013 年 5 月

获奖情况： 国家绿色建筑设计评价标识三星级；

中欧可持续城镇化合作项目；

国家财务部和国家发展改革节能减排财政综合奖励项目；

深圳低碳城启动示范项目；美国保尔森基金“可持续发展项目奖”；

2015 年首届深圳建筑创作奖金奖；

第十四届 MDV 中央空调设计应用大赛专业组金铅笔奖

深圳国际低碳城会展中心位于深圳国际低碳城核心启动区内，占地 4.8 万 m^2，总建筑面积 20809.4m^2，属于多层公共建筑。由会议馆、展示馆、交易馆和集装箱四合院、集装箱服务中心组成，采用集中与分散相结合的空调系统形式。空调系统采用了分布式能源、水源热泵、水蓄冷、温湿度独立控制、变频多联空调、层式送风、置换送风等多项空调节能技术，比常规空调系统综合能效比提升 30% 以上。

本项目建成后已连续举办了多届深圳国际低碳城论坛。

19 卓越世纪中心

设计单位：悉地国际设计顾问（深圳）有限公司
主要设计人：丁瑞星、李亚姿、高玉梅、朱杰、游许
设计完成时间：2010 年 12 月

卓越世纪中心位于深圳市福田区，毗邻深圳会展中心。由 4 栋公共建筑组成：1 号楼为 63 层超高层办公楼（总高度 249.8m）；2 号楼为 54 层超高层办公、酒店、公寓综合楼（230m）；3 号楼为 34 层的公寓（146.8m）；4 号楼为 37 层办公楼（183.5m）。裙房共 4 层，将 4 座塔楼连成一体。

制冷站配置如下：

	装机配置（冷量 × 台数）	装机容量（kW）	蓄冰量（kW · h）	服务区域
1 号冷站	4015kW × 2（双工况离心机）	10822	49969	1 号塔楼和与其对应的裙房
	1396kW × 2（基载螺杆机）			
2 号冷站	3607kW × 1（双工况离心机）	11202	35160	2 号塔楼和与其对应的裙房
	2039kW × 1（双工况离心机）			
	3797kW × 1（基载离心机）			
	1758kW × 1（基载热回收离心机）			
3 号冷站	4015kW × 2（双工况离心制冷机）	14409	49969	3.4 号塔楼和与其对应的裙房
	4409kW × 1（基载离心制冷机）			
	1969kW × 1（基载热回收离心机）			
合计		36433	135099	

项目采用蓄冰空调，总蓄冰量为 135099kWh，结合卫生热水需求选用热回收制冷机组，回收冷凝热，办公楼采用单风道变静压 VAV 系统，冷凝水回收补充冷却塔补水，通过一系列节能技术的应用，通过 LEED 金级认证。

20 平安金融中心（北塔）

设计单位：悉地国际设计顾问（深圳）有限公司
主要设计人：丁瑞星、杨德位、杨德志、温小生、李雯婷
设计完成时间：2012 年 6 月

平安国际金融中心位于福田区，地下 5 层、地上裙楼 10 层、主楼为 1 栋 600m 超高层塔楼，塔楼位于基地北侧，裙楼位于基地南侧，总建筑面积为 45.9 万 m^2。

空调峰值负荷约为 45392kW（12910RT），采用蓄冰空调，机组配置如下：选用 1700RT/1064RT 双工况离心制冷机组（高压 10kV）5 台，1700RT 基载离心制冷机组（高压 10kV）2 台，1000RT 基载离心制冷机组 2 台，蓄冷量为 140640kW · h（40000RTh）。蓄冰系统采用钢盘管，蓄冰槽为混凝土槽，蓄冰主机与基载主机并联运行；标准办公层采用单风道变静压变风量顶送风系统。

大厦 113 层以上为观光区，主要功能为餐饮和休闲区，在使用功能和时间上与 113 层以下办公层有着较大的差别，为此单独设置空气源热泵冷热水机组，以方便观光区的独立运行。热泵机组放置在 113 层（设备层），113 层以下分别在 26 层和 50（65）层设置板换进行压力分割。

项目通过美国 LEED 金级、国家绿建三星以及英国 BREEM 认证。

21 中国华润大厦

设计单位：悉地国际设计顾问（深圳）有限公司
主要设计人：丁瑞星、杨德位、杨德志、温小生、李亚姿、赵继峰、刘英俊、隆彪
设计完成时间：2014 年 6 月

该项目位于南山后海中心区，登良路与海德二道交会处西南角。总建筑面积 26.7m^2，地下建筑面积 70823m^2，地上建筑面积 192232m^2。地下 4 层，地上 66 层，建筑高度为 392.5m，为华润集团在内地的总部大楼。

空调系统设计日冷负荷为 7000RT，其中包括 840RT 的租户的 24 小时应急空调冷负荷。采用主机上游串联式蓄冰空调系统，主机采用配置为 4 台 900RT/616RT 的双工况离心式冷水机组、2 台 1170RT 的基载离心式冷水机组、1 台 400RT 的基载螺杆式冷水机组，总蓄冰量为 20000RTH。

办公楼层外区提供采暖，其余部分不考虑供暖，热负荷为 1600kW，采用风冷热泵作为本项目热源。

办公楼采用 VAV 变静压空调系统：外区采用单风道带热盘管的 BOX，内区采用单风道压力无关型 BOX。办公楼标准层的新风通过布置在设备层的全热回收新风处理机进行集中预处理，回收排风的能量。

项目通过美国 LEED 金级和国家绿建二星认证。

22 深圳大梅沙万科中心

计单位：悉地国际设计顾问（深圳）有限公司
主要设计人：沈锡骞、毛红卫、蔡敬琅、曾建龙、梁雪梅、彭洲、付洛沙、李红梅
设计完成时间：2009 年 8 月
获奖情况：2011 年中国土木工程詹天佑奖；
2011 年度全国优秀工程勘察设计行业奖建筑工程二等奖；
第七届全国优秀建筑结构设计奖一等奖；
2011 年度广东省优秀工程设计一等奖；
2011 AIA Institute Honor Awards for Architecture 美国建筑师学会建筑荣誉奖；
2018 年广东省勘察设计行业 100 个最具影响力工程建设项目

本项目位于深圳市盐田区大梅沙，被称为“漂浮的地平线”，总建筑面积约 121301.9m^2，其中地上部分建筑面积为 83931m^2。建筑功能包括：万科总部、SOHO 办公、产权式酒店、经营式酒店、国际会议中心及地下车库、设备机房等。

根据建筑使用功能及物业管理产权不同，本工程共设置 3 个制冷机房：万科总部制冷机房、国际会议中心制冷机房及经营酒店制冷机房。本工程设有 1 个燃气锅炉房，为经营酒店的生活及空调供热服务。

万科总部区域空调计算冷负荷为 1706kW（485RT），其空调供冷采用部分负荷冰蓄冷系统，选用 2 台 158RT/120RT 的双工况螺杆式制冷机组，设计蓄冷量 1920RTH。制冰系统采用内融冰系统，双工况主机与蓄冰装置串联布置，主机采用上游布置，制冷机处于高温端，制冷效率高。

在冰蓄冷基础上，空调冷冻水供回水采用 8℃温差，进一步减少水泵流量及其能耗。为满足 ASHRAE 空调送风舒适度的要求，万科总部办公楼采用架空地板送风的全空气空调系统，架空地板高度 300mm。空调机组采用地送风专用机组（CAM），均布在各层房间明设。CAM 的送 / 回风口为底送底回；CAM 出风区和回风区是由地板下用作间隔的防火布来分开。

本项目获得美国 LEED 铂金级的认证。

23 深圳 NEO 大厦

设计单位：悉地国际设计顾问（深圳）有限公司
主要设计人：彭洲、胡勇、杨杰、李红梅、杨森、李斌、李红
设计完成时间：2010 年 6 月
获奖情况：2012 年深圳市第十五届优秀工程勘察设计（公共建筑）一等奖；
2013 年广东省优秀工程勘察设计建筑工程公建二等奖

本项目位于深圳市福田区车公庙片区，深南路以南。总建筑面积约 130268m^2，建筑高度为 248m，为一类超高层综合楼，包含办公、商业、餐饮等功能。地下 1~ 地下 3 层为停车库、设备用房，1~4 层为商业用房及办公大堂，5~56 层为办公用房。

本工程裙房 1~4 层设计计算冷负荷为 2200kW（625.5RT），设置一套中央空调系统，选用 2 台 400RT 的螺杆式冷水机组，冷水机组预留有 174.5RT 的富余冷量，以满足业主将来功能改变时的要求。

办公用房采用风冷式多联机空调系统，室外机总计 3094HP（8663.2kW），根据甲方要求，系统按建筑平面的划分单元，每个单元设置独立的空调系统，即独立的室外机及新风系统，室外机放置在避难层及顶层屋面。办公新风系统采用全热交换通风机，新风在回收空调房间排风中的冷量后送入工作区。

24 南山文体中心

设计单位：悉地国际设计顾问（深圳）有限公司
主要设计人：丁瑞星、胡勇、朱杰、苏湘泽、李红梅、彭洲、许岸程、杨杰
设计完成时间：2014 年 6 月
获奖情况：2014 年深圳市第十六届优秀工程勘察设计（公共建筑）一等奖；
2018 年广东省勘察设计行业 100 个最具影响力工程建设项目

本项目位于深圳市南山区中部，由荔园西路、常兴路、南山大道与红花路四条市政道路围合而成，总用地面积 39586.98m^2，项目包括剧场、体育馆、游泳馆三个地上相对独立的建筑单体，总建筑面积 78762.78m^2，地下为车库、人防及设备用房。

剧场总冷负荷为 2184kW（621RT）。其中大、小剧场，休息厅，化妆间等冷负荷为 1770kW（503RT），空调冷源由 2 台 925kW 的螺杆式冷水机组提供。剧场排练厅及 4、5 层维修办公室冷负荷为 405kW（115RT），空调冷源由 1 台带全热回收高效高温风冷热泵机组提供，制冷量为 511.7kW，制热量为 645.8kW。该风冷机组夏季按全热回收模式运行，回收热量供给排水专业加热生活热水，冬季采用热泵模式运行，产生热水直接供给排水专业加热生活热水，产生热水供回水温度为 55/50℃。

体育馆采用中央空调系统，总冷负荷为 2088kW（600RT）。根据本项目的特点，综合考虑赛时和赛后的长期运行，本着安全可靠、节能、环保、经济和运行维护原则，本冷源系统方案为：2 台制冷量为 1044kW 的螺杆式冷水机。

游泳馆采用中央空调系统，夏季总冷负荷为 1206kW（600RT），冬季总热负荷为 890kW（253RT）。根据本项目的特点，综合考虑赛时和赛后的长期运行，本着安全可靠、节能、环保、经济和运行维护原则，本冷、热源系统方案为：①选用 1 台制冷量为 628kW、制热量为 590kW 的板管蒸发式冷凝螺杆冷水机组（带热回收），该风冷机组夏季按部分热回收模式运行，回收热量供给排水专业加热生活热水，冬季采用热泵模式运行，产生热水直接供给排水专业加热生活热水。②选用 2 台制冷量为 669.2kW、制热量为 834.2kW 的带全热回收高效高温风冷热泵机组，该风冷机组夏季按全按部分热回收模式运行，回收热量供给排水专业加热生活热水，冬季采用热泵模式运行，产生热水直接供给排水专业加热生活热水。

25 壹方中心

设计单位：悉地国际设计顾问（深圳）有限公司
主要设计人：杨德志、杨德位、丁瑞星、钟玮、温小生、李亚姿、欧阳楚成、赵继峰、隆彪
设计完成时间：2017 年 6 月
获奖情况：2019 年全球杰出奖（都市人居奖——街区 / 总体规划尺度）；第十八届深圳市优秀工程勘察设计奖一等奖

深圳壹方中心位于深圳前海片区，宝安中心区的核心地段，是深圳已建成的最大面积单体量都市综合体。项目总建筑面积约为 882370m^2。

1~7 座为住宅，建筑高度分别为 173.9、158.3、173.9、149、173.8、172.4、149.8m。办公 A 塔（225m）和办公 B 塔（161m）为超高层办公楼。

本项目设置中央空调区域负荷情况如下表。

功能	空调面积m^2	冷负荷kW	单位面积指标W/m^2
裙楼商业	142305	30530	214.5
办公 A	64500	9379	145.4
办公 B	30500	4521	148.2

本项目各制冷站配置如下：办公标准层采用 VAV 变风量系统，末端采用单风道压力无关型 VAV-BOX；办公大堂、商业中庭、大空间等采用全空气系统；小会议室、商铺等面积较小区域均采用风机盘管加新风系统。冷冻水、冷却水均采用水泵变频变流量系统。对人员密度变化比较大的场所设置二氧化碳监测装置，机械通风地下车库设置一氧化碳监测装置。

制冷站	系统负荷（kW/RT）	冷水机组装机配置（冷量 × 台数）	总蓄冷量（RTH）	备注
商业	30530/8683	1800RT 双工况离心式冷水机组 ×3 350RT 螺杆式冷水机组 ×2	27410	蓄冰主机上游串联式系统
办公 A 塔	9379/2667	850RT 双工况离心式冷水机组 ×2 240RT 螺杆式冷水机组 ×2	9120	
办公 B 塔	4521/1286	425RT 双工况离心式冷水机组 ×2 148RT 螺杆式冷水机组 ×1	4560	

26 鹏瑞深圳湾壹号广场南地块三期

设计单位：悉地国际设计顾问（深圳）有限公司
主要设计人：杨德志、史国涛、古仕乔、丁瑞星、李亚姿、温小生、黄艳琦、左文昭、史磊
设计完成时间：2018 年 1 月
获奖情况：2017 年优秀工程勘察设计行业奖之“华彩奖”建筑工程设计类三等奖；第十八届深圳市优秀工程勘察设计奖一等奖

鹏瑞深圳湾壹号广场位于深圳市南山区后海中心区，三期 T7 为集商业、办公、公寓、酒店于一体的超高层综合体；总建筑面积 174327.38m^2；计容建筑面积 142551.64m^2。地下 3 层、地上 72 层，建筑总高度为 342m。

本项目业态丰富、功能齐全，暖通设计结合不同的业态及需求选择合适的空调系统。本项目设置中央空调区域的冷负荷及机组配置如下表。

功能	空调面积m^2	冷负荷kW	冷水机组装机配置（冷量 × 台数）	备注
商业办公	46558	6155	3164KW 水冷离心式制冷机组 ×3 1231KW 螺杆式冷水机组 ×1	（系统冷负荷 10390kW 包含二期商业空调负荷 4055kW）
酒店	23710	3956	2110KW 离心式冷水机组 ×2 846.3KW 螺杆式制冷机组 ×2 370KW 水源热泵机组 ×1	水源热泵机组为酒店生活热水提供预热
公寓	25659	4499	1231KW 部分热回收型螺杆式水冷制冷机组 ×2 1231KW 螺杆式水冷制冷机组 ×1	回收的热量用于公寓生活热水的预热

注：所有制冷机组均采用环保冷媒（如 R134a），以减低对臭氧层的破坏。

本项目空调热源优先采用风冷热泵；酒店空调热源、生活热水采用燃气锅炉。为减少锅炉系统承压及输送能耗，塔楼高区酒店采用蒸汽锅炉提供热源及蒸汽加湿负荷。

本项目在设计前期采用了可持续发展的理念，除满足消防、节能、环保等规范要求外，设计过程中对建筑的能耗、采光、通风等条件均采用了模拟优化设计，运用了变风量、空气净化消毒、空调热回收、水泵变频、冷凝水回收、冷却塔变频等技术，符合国家节能、环保创新发展理念。项目先后获得了国际 WELL 建筑研究所（IWBI）颁发的 WELL 健康金级预认证、美国绿色建筑 LEED 金级认证、国家绿建三星认证。

27 罗湖万象城一期

设计单位：广东省建筑设计研究院
主要设计人：王业刚、浦至、黎晓辉、叶健强、甄肖霞、张建
设计完成时间：2003 年 6 月
获奖情况：2005 年广东省第十二次优秀工程设计一等奖；
2006 年建设部城乡优秀勘察设计二等奖

该建筑群位于深圳市罗湖区宝安南路西侧、深南路南侧，为一超大型建筑综合体片区，总建筑面积约 55 万 m^2，由一、二期大型商业、1 栋超高层甲 A 办公楼、1 栋超五星级酒店、3 栋超高层住宅组成。

万象城一期包括 29 层的超高层甲 A 办公楼和地上 6 层的商业，总建筑面积 25 万 m^2。

办公和商业合用设置了制冷站，选用 3 台 7032kW（2000RT）的 10kV 高压离心式制冷机和 3 台 2285kW（650RT）离心式制冷机；冷冻水系统采用一、二泵系统，冷冻水供回水管路为异程式，设置动、静态平衡阀进行水系统平衡调节。

商业的新风空调柜统一设置在屋顶，竖向设置新风系统，每层新风量由定风量阀控制。办公楼采用单风道定静压 VAV 系统，办公屋面设置闭式冷却塔为 24 小时空调系统提供预留。

28 罗湖万象城二期

设计单位：悉地国际设计顾问有限公司
主要设计人：丁瑞星、李红、朱杰、李亚洲、高玉梅、苏湘泽
完成时间：设计 2006 年 8 月，竣工 2009 年 7 月

万象城二期包括 38 层的超五星级酒店、3 栋 49 层的超高层住宅和 4 栋小型的商业建筑，总建筑面积近 30 万 m^2。

酒店和商业合用设置了制冷站，采用常规电制冷：4395kW（1250RT）离心式制冷机 3 台；2285kW（650RT）离心式制冷机 2 台（一用一备）；350kW 水源热泵机组 1 台（制热为主，制冷为辅，制取的热水用于加热生活热水的补水）。

酒店冬季空调供暖负荷为 3923.4kW，生活热水热负荷为 3604kW。锅炉房配置为：2800kW 的热水锅炉 3 台，热媒温度 95℃ /75℃，为酒店提供空调热水和生活热水；2000kg/h（蒸发量）的蒸汽锅炉 2 台，蒸汽压力 0.95，为洗衣房、餐饮厨房和冬季空调加湿提供蒸汽。

水—水热泵系统在本项目中的应用：水源热泵是利用了水源作为冷热源，进行能量转换的供暖空调系统，本工程利用冷冻水回水作为热源。采用水—水热泵系统提供辅助加热生活热水的补水。

高效节能、运行费用低：与传统的锅炉（电、燃料）供热系统相比，锅炉供热只能将 90%以上的电能或 70%~90%的燃料内能转化为热量供用户使用，而水源热泵提供给用户的热量中，70%的能量来自水源，30%的能量来自电能，因此，它要比电锅炉加热节省 1/2 以上的电能，比燃料锅炉节省 2/3 以上的能量；同时，水 - 水热泵在制取 45℃热水的同时回收冷量。而且，水 - 水热泵系统自动化程序高，可进行远程监控，使能源利用和室内环境舒适度的协调达到最优，从而在以人为本的前提下更有效地节省能源。本工程采用水 - 水热泵系统为生活热水辅助加热，相对于传统的锅炉（电、燃料）供热系统年节约运行费用约 87 万元。

绿色环保、无污染：相对于传统的电锅炉和燃料锅炉，水源热泵系统在供暖时回收冷量，无燃烧、无排烟、无废弃物，不用远距离输送热量，也无任何气体排放到大气中，环境效益显著。

29 南海意库梦工厂大厦

设计单位：广东省建筑设计研究院深圳分院
主要设计人：浦至、朱少林、叶健强、江宋标、陈伟漫
设计完成时间：2014 年 6 月
获奖情况：2017 年度深圳市优秀工程勘察设计(建筑工程设计)一等奖；
2017 年广东省优秀工程勘察设计（建筑工程设计）一等奖

南海意库梦工场大厦总建筑面积 11.4 万 m^2，由裙房商业及一栋办公塔楼组成，地上 25 层，建筑总高度 99.5m。

塔楼办公、裙房超市及大餐厅分别设置中央空调系统；塔楼冷负荷分别为 6074kW，选用 2 台 2110kW（600RT）的离心式冷水机组加 1 台 1407kW（400RT）的螺杆式冷水机组；超市及大餐厅冷负荷 2138kW，采用 2 台 1055kW（300RT）的螺杆式冷水机组；其余裙房商业采用多联机空调系统，电影院设风冷热泵。

本项目达到国家公建二星和深圳银级绿色建筑设计标准的要求

30 深圳蛇口邮轮中心

设计单位：广东省建筑设计研究院深圳分院
主要设计人：浦至、陈武、朱少林、陈崐、郭坤、郑鑫伟
设计完成时间：2015 年 4 月
获奖情况：深圳市优秀工程勘察设计暖通工程一等奖

项目位于深圳市南山区蛇口太子湾片区，集陆交通换乘、通关服务、办公、商业、滨海休闲、配套服务于一体，为一类高层民用建筑。邮轮中心总建筑面积 136650m^2，其中地上建筑面积为 80840m^2，地下总建筑面积约为 56170m^2，总高度 64m。

本项目采用中央空调系统，总冷负荷为 14323kW。选用 4 台额定冷量为 3517kW（1000RT）的离心式冷水机组和 1 台额定冷量为 1407kW（400RT）的螺杆式冷水机组。主要设计特点：

（1）本项目达到深圳市绿色建筑金级标准和国家绿色建筑运营三星标准；

（2）冷却水采用海水换热冷却，无水雾、病菌及噪声污染，节省冷却塔摆放空间和大量淡水资源；

（3）综合大厅采用分层空调系统，运用 CFD 气流模拟技术，对大厅气流组织进行分析，采用侧送下回＋空调风柱的空调系统方案，降低空调能耗；

（4）BIM 技术的全过程设计应用，在设计、施工、成本、运维管理方面起到全面链接的作用。

31 深圳湾万象城

设计单位：广东省建筑设计研究院深圳分院

主要设计人：廖坚卫、浦至、朱少林、屈少东、陈崛、郑鑫伟

设计完成时间：2014 年 12 月

空调系统设计日冷负荷为 3547RT，全天总冷负荷 54720RTH，采用主机上游串联式蓄冰空调系统，主机采用配置为 3 台 700RT/462RT 的双工况离心式冷水机组、2 台 550RT 的基载螺杆式冷水机组，总蓄冰量为 13680RTH。

在设计及施工安装中运用 BIM 技术，进行设备及管线的三维建模，优化管线布置，解决管线交叉，美化机房布置，提升视觉效果，指导现场施工。

项目通过国家绿建一星认证。

32 京基 · 蔡屋围金融中心

设计单位：深圳华森建筑与工程设计顾问有限公司

主要设计人：王红朝、曹莉、庄茜、张艳、马亚翔、潘云钢

竣工时间：2007 年 9 月

京基 · 蔡屋围金融中心是深圳市京基房地产开发有限公司开发的项目。现名“京基 100”，原名京基金融中心（KingKey Financial Center），建成楼高 441.8m，共 100 层，是目前（2018 年）深圳第二高楼、中国内地第九高楼、全球第十七高楼。开工时间为 2007 年 11 月 23 日，2009 年完成全部施工图设计，结构封顶时间为 2011 年 4 月 23 日，建筑面积 602401.75m^2。

京基空调系统设计主要亮点如下：裙房商业、塔楼办公冷源均设计为冰蓄冷空调系统，空调冷水设计为 8℃ 的大温差系统。酒店冷源系统采用复合冷热源系统，设计将单冷机组与风源冷热水机组相结合，满足夏季供冷及冬季空调供热的需求，制冷主机还设计有热回收功能，为酒店生活热水的预热提供免费热源。全楼全空气系统设计为可变新风比运行，过渡季节可加大新风运行，充分利用自然冷源，减少制冷主机开启，节能减排效果显著。办公楼空调风系统设计为 VAV 系统，保证运行的节能与环境的舒适。办公楼新风系统设计为集中处理系统，设计有转轮热回收系统。

33 深圳当代艺术馆与城市规划展览馆

设计单位：深圳华森建筑与工程设计顾问有限公司
主要设计人：王红朝、张伟、陈晓铭、蔡玲
竣工时间：2016 年 5 月

深圳当代艺术馆与城市规划展览馆属深圳市“十二五”期间标志性重大建设项目，深圳四大文化建筑之一。两馆属于政府 BOT 项目，为中海地产代建的政府项目，南邻市民中心，北靠市少年宫，西向深圳书城，建成后由中海地产商业发展有限公司负责运营。项目建筑用地面积 29688.42m^2，总建筑面积为 89354.4m^2，建筑功能主要包括当代艺术馆、城市规划展览馆、公共服务区及其配套设施，地下主要功能为停车、展览中转区和设备用房，建筑面积为 27966.70m^2。项目地上 5 层，地下 2 层，高度 40m。

该工程已获得国家三星级绿色建筑设计标识，空调系统设计在绿色建筑评价标准的节能与能源利用和室内环境质量两个大项中均有贡献得分。本项目全程采用 BIM 设计并指导施工安装，在充分保证室内装饰净高要求的同时有效避免了管线碰撞和冲突，节约施工成本，提高工程效率。

34 南海酒店

设计单位：深圳华森建筑与工程设计顾问有限公司
主要设计人：李百公、张艳、陈晓铭、王红朝、邵隆昭
完成时间：第一次设计 1983 年 7 月，第一次竣工 1986 年 3 月；
改造设计 2013 年 6 月，第二次竣工 2017 年 7 月

南海酒店是深圳第一家五星级酒店，于 1983 年 7 月完成设计，自 1986 年开业至今服务特区三十余载，作为改革开放的历史见证、标志性建筑的美好形象始终未改。为了更好地服务特区，2012 年进行了改扩建，纳入希尔顿的统一管理。

本工程设计为一套集中空调系统进行供冷及供热，保证全年各功能区域室内舒适，在地下一层设有制冷机房。

本工程空调面积为 27331m^2，集中空调系统冷源选用 3 台螺杆式冷水机组，冷媒采用 R-134a，制冷量为（1055kWx3）；另设有 1 台水—水热泵 RB-1，制冷量为 409kW，制热量为 524kW，热水用于生活热水预热及空调供热；冷却塔均设于原设计的室外半山平台。本工程选用 2 台常压热水锅炉作为空调供热、生活热水的辅助及备用热源，热水锅炉及热水泵均设置于室外新建锅炉房，锅炉房烟道接至原有烟囱。

本工程空调水系统均按四管制设计，一次泵变流量运行（主机及空调末端均变流量）；多功能厅、员工餐厅、全日餐厅、大堂、宴会厅等大空间区域设计为低速全空气空调系统，其余区域及客房设计为风机盘管加新风系统；全空气空调机组的风机设置变频控制，根据室内温度控制风机转数调节风量达到节能目的。

35 汉京金融中心

设计单位：筑博设计股份有限公司
主要设计人：刘红、王硕、谢泽鑫、李拉
设计完成时间：2015 年 4 月

本项目位于深圳市南山区深南大道以北，与深圳大学隔路相望。建筑面积 166866.11m^2，地上 61 层，地下 5 层，为商业、办公用途，是全球最高的核心筒外置、纯钢结构超高层建筑，国家绿色超高层建筑设计标识三星级。

项目设计采用部分冰蓄冷系统。空调逐时最大冷负荷为 18900kW（5374RT），设计日空调总冷量为 51513RTH，设计蓄冷量为 5560RTH，冰槽安装容量为 7362RTH。

在设计前期，将 BIM 模型导入 Ecotect 等绿色分析软件，进行室内采光、建筑阴影、可视化等性能分析，优化设计方案；设计过程通过对 Revit 全专业三维模型进行碰撞检测，在设计阶段发现碰撞并进行调整，减少了施工阶段的时间、人员、物料的浪费，从而降低了施工成本，同时提高室内空间的利用率，多方位营造健康舒适办公生活空间。

36 京基滨河时代 KKONE

设计单位：筑博设计股份有限公司
主要设计人：刘红、谢泽鑫、蔡明娟、李俊利
设计完成时间：2014 年 3 月

本项目位于深圳市福田区滨河大道南侧下沙村，总建筑面积为 527446.25m^2，建设内容包括商业、办公、酒店、商务公寓、保障性住宅及地下车库、设备用房，内含 1 栋 273.00m 的超高层写字楼和 1 栋的超高层酒店。

项目商业计算冷负荷为 17990kW，选用 5 台制冷量 3870kW（1100RT）离心式冷水机组；酒店空调冷负荷为 3728kW（1060RT），热负荷为 1133kW，选用 2 台制冷量为 1407kW（400RT）螺杆式冷水机组，1 台制冷量为 1230kW（350RT）带显热回收的螺杆式冷水机组和 2 台 1T/h 的燃气蒸汽锅炉及两台制热量为 700kW 的真空热水锅炉；办公楼设计为变频多联空调系统；影院冷负荷为 1172kW，采用独立的螺杆式冷水机组。

本项目业态丰富齐全，暖通设计也结合不同的业态来选择系统，同时办公标准层考虑过渡季节 5 次 / 小时的换气，绿色节能。项目投入使用后运行情况理想。

37 深圳天安云谷投资发展有限公司

设计单位：筑博设计股份有限公司
主要设计人：徐峥、左文昭、吴建华、张伟
竣工时间：2018 年 12 月

本项目地块东侧为居里夫人大道，南侧为雪岗北路，北侧为坂云路。用地面积为 30051.31m^2，总建筑面积为 265699.99m^2。地块布置了 2 栋产业配套单身宿舍及 1 栋产业研发用房，均为超高层建筑。裙楼沿街商业采用分体空调系统，内区商业设独立的集中供冷系统：2 台 1723kW 磁悬浮离心式冷水机组和 1 台 879kW 磁悬浮离心式冷水机组，空调水系统采用一次泵变流量系统。

本项目采用磁悬浮离心式冷水机组，由于其特殊的构造，有节能环保、低噪声、无油运行、占地少和效率高等特点。同时，通过“4 个精细化”（精细化设计、精细化安装、精细化调试、精细化运营）过程，打造了高效制冷机房，制冷机房综合 COP 目标值为 5.5。

38 高技术示范大厦

设计单位：筑博设计股份有限公司
主要设计人：徐峥、吴建华、左文昭
竣工时间：2018 年 2 月

高技术示范大厦由深圳市荣超前海发展有限公司兴建，位于深圳市南山区，总建筑面积为 79666.21m^2，建筑总高度 149.9m，属一类高层建筑。

本项目空调面积为 47869m^2，计算冷负荷为 8300kW，冷负荷指标为 173kW/m^2。空调系统按如下设计：大堂及电梯厅等公共区域和新风系统采用水冷集中式空调系统，水冷冷水机组放在地下四层制冷机房内，冷却塔放置在裙楼屋顶。冷冻水系统按建筑高度的不同，竖向分为两个压力分区：高区办公（24~34 层）、低区办公及商业（-4~22 层），高区研发办公层冷冻水换热器设置在 23 层设备层，将 11℃ /6℃一次冷冻水置换为 12℃ /7℃的二次冷冻水，供高区研发办公使用；低区办公层及商业使用 11℃ /6℃一次冷冻水。研发办公区域内采用多联式空调热泵机组，室外机放置于避难层和屋顶。

本项目在第十八届深圳市优秀工程勘察设计评选中获得暖通专项二等奖。

39 深圳市中洲控股金融中心

设计单位：北建院建筑设计（深圳）有限公司
主要设计人：蔡志涛、刘大为
设计完成时间：2008 年 11 月

项目用地位于深圳市南山商业文化中心区西南角，其由总高 300m、61 层的甲级办公和五星级酒店主楼和总高 160m、34 层的高级商务公寓副楼，以及其配套裙房组成，总建筑面积约 23 万 m^2。

该项目空调设计日负荷 7150RT，冷源采用冷水机组，酒店、办公、B 塔分别采用独立的冷、热源系统，并分别设制冷机房和锅炉房。制冷机房均设在地下三层，锅炉房设在地下一层。

酒店：冷源采用 2 台 3600kW 的离心式水冷冷水机组及 1 台 1230kW 螺杆式水冷冷水机组，冷却塔的台数与主机对应，冷冻水泵及冷却水泵设有备用泵，采用回收冷却水的热量，作为生活热水的预热，冷却塔设在室外地面。热源采用 3 台 2.1mV 热水锅炉，用于空调热水及生活热水。另外设有 2 台 1.5t 的蒸汽锅炉，提供厨房及洗衣房用蒸汽。

办公：冷源采用 2 台 3940kW 的离心式水冷冷水机组及 11970kW 的台螺杆式水冷冷水机组，冷却塔的台数与主机对应，冷冻水泵及冷却水泵设有备用泵，冷却塔设在室外地面。

B 塔：冷源采用 2 台 2814kW 的离心式水冷冷水机组及 1 台 1230kW 的螺杆式水冷冷水机组，冷却塔的台数与主机对应，冷冻水泵及冷却水泵设有备用泵，冷却塔设在 B 塔的屋面。

项目获得 LEED 金奖、全国优秀工程勘察设计行业奖优秀建筑工程设计二等奖。

40 深圳宝安国际机场 T3 航站楼

设计单位：北建院建筑设计（深圳）有限公司
主要设计人：方勇、苏艳辉、安欣、贾洪涛、黄季宜、金巍、蔡志涛
设计完成时间：2009 年 12 月

本航站楼位于深圳宝安地区，主要由主楼中心区、中央指廊区、指廊中心区、东翼指廊区、西翼指廊区、十字北指廊、十字东指廊及十字西指廊六部分组成，总建筑面积为 455745.51m^2，建筑高度为 46.8m。航站区内独立建设能源中心，作为区域供冷中心及区域后备电源中心。能源中心位于航站楼西南侧，距航站楼 400m。经技术经济比较，空调冷源采用水蓄冷系统。能源中心内共设置 2000USRT 离心式电制冷机组 10 台，室外设置蓄冷水罐 4 座。空调冷源分为 A、B 两个系统。A 系统为航站楼提供空调冷源，B 系统为站前交通中心、行政楼、酒店等附属建筑通冷源。冷冻水供回水温度 5.5/14℃。A、B 系统的空调冷冻水系统均采用“扩大二级泵”系统，一级泵设置在能源中心内，定频运行。

项目获 2015 年全国优秀勘察设计一等奖、2015 年第九届全国优秀建筑结构设计一等奖第一名、2015 年北京市优秀工程一等奖、2013 年 Idea-Tops“最佳文化空间设计奖”艾特奖、2015 年亚洲建筑师协会金奖。

41 深圳文化中心

设计单位：北建院建筑设计（深圳）有限公司
主要设计人：张树为、章利君、苏艳辉、黄强、蔡志涛
设计完成时间：2002 年 5 月

本项目位于深圳市福田区，由中心图书馆和深圳音乐厅两部分组成，两栋建筑之间由公共文化广场连成一体，建筑面积为 89744.8m^2，其中音乐厅面积 40189.8m^2，图书馆面积 49555m^2。

该项目空调设计日负荷 3750RT，考虑建设方管理及使用要求，空调制冷机房按图书馆及音乐厅独立设置。

图书馆及音乐厅大空间采用全空气系统上送下回送风方式。办公及管理用房采用新风加风机盘管系统。

音乐厅采用座椅下送风，下部设置联通保温空气槽，在座椅处设置 150mm 的送风孔。回风结合装修采用上侧回风。大厅设置独立排烟系统。AHU 设在地下室。音乐入口大厅采用风塔集中送回风。舞台设置地板送风。

乐器库、网络中心及电气控制用房采用恒温恒湿空调。室外机设在屋顶。

图书馆阅览区、社会教室、文献装订室采用新风加风机盘管。首层、二层入口大厅、五层报告厅及前厅采用双风机集中空调。

计算机房及网络用房采用 24h 恒温恒湿空调。空调水系统采用二管制，冷冻水系统设置水电子除垢仪，防止藻类。

该项目荣获国家优质工程银奖、全国勘察设计一等奖、北京市优秀工程一等奖、中国建筑协会优秀结构设计奖。

42 莲塘口岸

设计单位：华阳国际设计集团（深圳公司）
主要设计人：杨杰、李斌、赵伟、潘明泽、郭德志、余越
设计完成时间：2014 年 11 月

本项目用地位于广东省深圳市罗湖区莲塘街道，北邻四季御园、兰亭国际等楼盘，周边相连道路有罗沙路、西岭下村路和延芳路，南侧紧邻深圳河。口岸总用地面积 174532.00m^2，计容建筑总面积约 9.99 万 m^2。另有 2 层地下室，面积约为 30217.30m^2。建筑功能为口岸出入境大厅、办公用房和配套设备房。地上 5 层，地下 2 层，多层建筑。

本项目出入境大厅和现场办公及过境连桥设计水冷冷水空调系统，计算峰值冷负荷为 2755kW，主机采用三台电动压缩式螺杆式水冷机，水系统采用一级泵变流量系统，末端采用一次回风低速全空气系统。旅检大楼非现场办公，采用变制冷剂流量多联机系统，新风采用显热热回收机组。

本项目获广东省优秀工程设计 BIM 专项一等奖、buildingSMART 国际最佳 BIM 设计大奖一等奖、第五届“创新杯”建筑信息模型（BIM）设计大赛 BIM 普及应用奖、绿色二星标识。

43 海上世界文化艺术中心

设计单位：华阳国际设计集团（深圳公司）
主要设计人：赵伟、倪晓明、颜福康、黄家旭
设计完成时间：2015 年 10 月

项目位于深圳市蛇口海上世界片区，主要为集美术馆展示厅、附属美术馆、画廊、高级商业、小剧场、餐厅、多功能发布厅等为一体的商业文化综合楼，总建筑面积约 7.34 万 m^2。

项目采用地源热泵与冷水机组结合的空调主系统，地源热泵主机以全热回收运行，同时供冷热，运行 COP 高，减少运行费用；冷水机房设计了专业的自控系统，对整个系统的运行状况进行监控，并准备了八个系统运行模式对应不同的工况。馆藏区采用湿膜加湿，相较常规电加湿，能减少项目电负荷及用电量，项目另采用冷凝水回收等技术、全热回收技术等节能技术。

项目末端全空气系统、VRV 空调系统、风盘系统互相结合，应对展区设计，商业设计，小空间设计等。根据功能及空调负荷特性的不同选用不同的空调形式；在通风设计中，项目采用多种探测器，以保证环境的空气质量。

本项目获得深圳市第十七届优秀工程勘察设计评选（BIM 设计）三等奖，第三届深圳市建筑工程施工图编制质量金奖、暖通专业奖，第十八届深圳市优秀工程勘察设计综合工程一等奖等奖项。

44 深业上城（南区）

设计单位：华阳国际设计集团（深圳公司）
主要设计人：赵伟、李春艳、李兴国、程军、查静、卢建文、陈维俊
设计完成时间：2014 年 6 月

深业上城（南区）项目属于产业研发用房、酒店、商业综合体，包括 2 栋超高层塔楼，高度分别为 390m 和 300m；3 栋高层产业研发用房；1 栋高层酒店宴会厅，以及商业裙房和位于 L3 层裙房屋顶的多层产业研发用房。用地位于深圳市福田中心北，原赛格日立工业园区，由皇岗路、笋岗路与彩田路围合，为莲花山、笔架山公园环抱。

办公塔楼与商业设置一套中央制冷系统，采用蓄冰率 23% 的部分蓄冰系统，冷源设置在地下室中央制冷机房内。典型设计日总负荷为 249256RTH，采用独立中央空调制冷系统，整个项目采用 6 台单机容量 1870RT（空调）/1150RT（制冰）的 10kV 高压离心双工况机组，并另设置 3 台 400RT 螺杆式制冷机组作为冰蓄冷系统的基载机，并兼加班空调及 24 小时制冷机组，冷冻水泵均独立设置。产业研发用房采用风冷热泵或独立的中央冷水系统。酒店、宴会厅设置独立冷热水系统。

办公塔楼采用 VAV 变风量系统，每层设置空调机房，设备层设置全热回收新风机组，回收空调排风冷预冷新风。商业、产业研发用房采用风机盘管加新风等多种空调末端形式。

本项目商业 LOFT 已经成为“网红”项目，并荣登《建筑学报》，T2 获得第十八届深圳市优秀勘察工程勘察设计奖专项工程（暖通）一等奖。

45 华润城万象天地华润城华润置地大厦（一期）

设计单位： 华阳国际设计集团（深圳公司）
主要设计人： 杨杰、杨森、李斌、赵伟、张敏、郭德志、查静、潘明泽、魏松柏
设计完成时间： 2015 年 3 月

本项目位于广东省深圳市南山区，西邻铜鼓路，北邻科发路，东侧为规划道路。用地面积 66797.53m^2，总建筑面积约 792224.3m^2。本项目属于办公、酒店、公寓、商业综合体，其中商业面积 194960m^2，办公面积 273740m^2，公寓 40000m^2，地下商业 33000m^2，地下车库及设备用房面积 233659m^2。

本工程采用冰蓄冷中央冷源系统，工程最大计算冷负荷为 67533kW，蓄冰量按 12.5% 计算。制冷主机采用电动压缩式水冷离心冷水机组，空调水系统采用二级泵（一、二次水）变流量系统。空调制冷主机采用变流量运行，空调所有泵组均采用变频水泵。冷却塔采用双速风机。

本项目商业中庭采用一次回风低速全空气系统，商铺采用风盘加新风系统，办公根据项目定位分楼栋分别采用单风道压力无关 BOX 的变风量系统和风盘加新风系统。

本项目获得 LEED 金级认证。

46 光明文化艺术中心

设计单位： 奥意建筑工程设计有限公司
主要设计人： 何菁、江连昌、赵邦亮、谢勇、周核名
设计完成时间： 2018 年 2 月

光明文化艺术中心位于光明凤凰城汇新路和观光路交会处北侧、公园路西南侧，西侧毗邻光明区政府。总建设用地 37871.9m^2，总建筑面积 130000m^2，包含演艺中心、美术馆、图书馆、城市规划展览馆四大功能区。其中，大剧场 1500 座，音乐厅 450 座，标准等级为甲级，图书馆设计纸质藏书 100 万册。

空调冷源采用冰蓄冷系统。设计典型日空调总冷负荷为 116057kW · h，设计日峰值冷负荷为 8945kW，选用 3 台制冷量为 900RT/650RT 双工况离心式冷水机组（其中 1 台仅用于夜间蓄冰）、1 台制冷量为 227RT 基载冷水机组。各功能区分环路提供空调冷冻水，供回水温度为 7/13℃；大剧场、音乐厅采用二次回风空调系统，座椅送风；图书阅览室、报告厅、展厅、多功能厅等大空间采用一次回风空调系统，回风管设 CO_2 浓度探测器，根据 CO_2 浓度差的变化调节空调机组新回风比；空调机组内设复合静电光等离子净化装置。

项目通过国家绿建三星认证。

47 深圳市射击馆

设计单位：深圳市粤鹏建设有限公司（原深圳市粤鹏建筑设计有限公司）
主要设计人：皮健强
完成时间：设计 2004 年 6 月，竣工 2010 年 6 月

深圳市射击馆位于深圳市体育中心的西南段，为三面环路的三角形用地。该馆占地 12531.59m^2，总建筑面积 13845.96m^2（含地下室部分），地上共设 4 层，设置不同竞赛项目的射击场馆区和运动员休息区，地下一层为车库、枪弹存放库及设备用房。

本工程射击馆区空调系统主要采用变频多联中央空调系统，运动员宿舍采用分体空调。空调总冷负荷为 672kW。贵宾室、训练室、多功能厅及各靶场人员停留区均设置新风换气机。

空调系统按照房间的使用功能、使用时间划分系统。空调室外机根据室内冷负荷变频运行，实现空调系统节能运行的目的。

48 深圳大学西丽校区

设计单位：深圳大学建筑设计研究院有限公司
主要设计人：王宏越、郭浩、王婷婷、尚双双

深圳大学西丽校区总用地面积 1382368.3m^2，建设用地面积 457628.58m^2，总建筑面积 500000m^2。其中，教学和实验用房 250900m^2，办公用房 11000m^2，宿舍 167500m^2，体育用房 25200m^2，服务配套 45400m^2，建筑覆盖率 28%，建筑高度小于 100m，停车位 1804 个。

该项目以教学楼、办公为主，房间数量多，房间空调开启较为频繁，不同时开启的情况居多。空调方面根据不同建筑特点，设计多联机空调系统、水冷及风冷冷水系统相结合的空调形式。

项目设计历经 2013~2018 年 5 年时间。目前一期已经投入使用，二期正在施工。

校区学术交流中心达到国家绿色建筑三星级、深圳绿色建筑设计金奖（公共建筑）。

49 中国工商银行深圳总部办公楼

设计单位：香港华艺设计顾问（深圳）有限公司
主要设计人：凌云、高龙、额尔登巴图、李嘉奇

中国工商银行深圳总部办公楼位于深圳市南山后海中心区深圳湾超级总部基地。首层架空的工行广场充分彰显了工行的社会责任感和使命感。本项目占地面积 4953.74m^2，建筑面积 79032m^2（其中地上 61476m^2，地下 17556m^2），楼盘高度：177m，裙楼 18m，大堂高 21m，楼盘层数：地上 40 层，地下 4 层。本项目设置一个中央制冷站，位于地下四层。

制冷系统详细配置如下：选用 2 台 700RT（2461KW）的水冷式离心机组 CH-B4-01~02 及 1 台 500RT（1758KW）的水冷式离心机组 CH-B4-03，进出口水温 7/12℃，冷媒为 R134a，承压能力不低于 1.6MPa，一次冷水供回水温度为 7/12℃，二次冷水供回水温度为 8/13℃；冷却水供回水温度为 32/37℃。塔楼办公层采用变风量全空气系统（VAV），每层设 2 台变风量空气处理机组，办公室末端采用单风道 VAV-BOX，边厅处采用串联式风机动力型 VAV-BOX。压力无关型控制方式。塔楼部分的新风系统采用定风量设计，通过设置在避难层或塔楼屋顶的助力风机将室外新风送至各楼层空气处理机组，该风机与空气处理机组及排风机联动。每层新风支管和排风支管上安装定风量阀。

风机盘管系统 + 新风系统：裙房部分面积较小且要求独立控制的房间如办公室、洽谈室、餐厅包间等设有该系统。新风机组设置在空调机房内。新风处理到室内空气的等焓点送进空调房间。

吊柜系统 + 新风系统：对噪声要求低，空间利用率高的房间设有此系统，如四层员工食堂。

一次回风全空气系统：主要设在高大空间的区域如大堂、金融产品展示区、财富中心等。全空气系统设有过度季节全新风运行模式，当室外空气焓值小于室内空气设计状态的焓值时，可切换成全新风运行，以充分利用自然冷源。设计新风比为 55%。

精密空调系统：对温湿度要求较为严格的房间设有此系统，如同城机房、档案室、特殊库房等。加湿器要求预保温，自动除垢和防泡沫功能，防止加湿不稳定造成机房设备产生静电。

项目为钢结构，甲方对于空间净高有较高要求，本项目各专业设计人员接到甲方设计要求后，认真核对本项目管线情况，针对管线密集处，重新梳理各管线位置，并对个别管线穿梁处理，最终满足了甲方的要求。

本项目是深圳工商银行在后海的总部基地，品质要求高，并且其数据机房、档案室及金库等重要用房均设置于大厦内部，对空调系统的设计有较高要求。在设计过程中，设计人员通过参观同类型项目，并和精密空调、冷机、VAV 等设备厂家充分沟通交流，做到在设计中将理论和实践统一。因为设计过程倾注了很大心血，项目也取得了较高荣誉，2018 年获得中国勘察设计协会主办的金叶轮杯银奖。

50 深圳市医疗器械检测和生物医药安全评价中心

设计单位：香港华艺设计顾问（深圳）有限公司
主要设计人：李雪松、高龙、陶嘉楠

深圳市医疗器械检测和生物医药安全评价中心建设项目位于南山区科技园中区，高新中二道与科技中一路交会处的深圳市药检所内，为一栋科学实验楼，主要从事药品、保健食品、化妆品、医疗器械、药包材、洁净区（室）环境、实验用水等项目的检测和相关检测研究能力的科研工作。总建筑面积约 48000 万 m^2，建筑高度 94.8m，地上 19 层、地下 3 层（含 2 层人防区）。其中 13~19 层为实验动物房，总面积约 $11000m^2$，为国内最大面积动物房。

动物房空调系统主要为动物饲养及动物实验室提供空调环境，动物饲养室内的动物排泄物容易产生氨气、硫化氢等有害物质，其空调系统为全新风系统。其中动物饲养区域根据饲养动物的种类不同分为净化区域和非净化区域，换气次数要求 10~20 次。同时，对环境有特殊要求的动物需要饲养在特殊的笼具或隔离器当中。本项目动物房区域总新风量约为 $142620m^3/h$。

动物房区域全年逐时能耗计算如下。制冷能耗：3892514kW · h，再热能耗：3495297kW·h，制热能耗：177373kW·h，送、排风机的能耗：2602815kW·h。总计能耗：10168106kW·h，也就是大约 1000 万度电，电费取 0.7 元 / 度。总的运行费用为 711.8 万元。平均 $1m^3/h$ 的新风年能耗为：7118000/142620=49.9 元人民币。

51 海信南方大厦

设计单位：香港华艺设计顾问（深圳）有限公司
主要设计人：李雪松、郑文国、倪贝
竣工时间：2017 年 4 月

海信南方大厦项目位于深圳南山后海中心区核心位置。方案采用板式布局，尽享南北向景观资源，削弱东西向高楼压迫感。项目充分考虑与城市周边的关系，在基地东、西、南三个方向设计架空空间，为市民提供开敞舒适的共享空间。建筑造型方正挺拔，针对深圳地域特点，外立面采用竖向凹凸玻璃幕墙设计，展现大气、内敛、向上的气质。

海信南方大厦采用两种冷源形式，1~9 层采用动态冰浆蓄冰空调系统，21~34 层采用 VRV 变冷媒流量多联系统。其中 21~34 层新风负荷由动态冰浆蓄冰空调系统承担。动态冰浆蓄冰空调系统总冷负荷为 5254kW（1494RT），2 台双工况主机制冰工况制冷量为 433.3RT，夜间制冰时段 8 小时。VRV 变冷媒流量多联系统空调室外机集中放置，分别位于避难层空调机房和屋顶，竖向冷媒管集中设置在管井和空调机房内。

本项目荣获第十八届深圳市优秀工程勘察设计奖综合工程三等奖。

52 深圳湾科技生态园四区

设计单位：香港华艺设计顾问（深圳）有限公司
主要设计人：李雪松、文雪新、高龙、李琼
竣工时间：2018 年 3 月

深圳湾科技生态园四区位于深圳市南山科技园，属一类超高层公共建筑，总建筑面积约 405446.32m^2，地上 58 层，地下 3 层，建筑高度为 249.66m，是集研发办公、商业、酒店汽车库于一体的超高层综合体项目。其中地下 3 层至地下 1 层为车库及设备用房，1~11 层裙房为商业、酒店、办公大堂、会议室等，塔楼分 2 栋，A 座 12~42 层塔楼区域均为办公空间，42~55 层为酒店，B 座 12~55 层塔楼区域均为办公空间。

办公区空调系统采用冰蓄冷系统，选用 6 台 10kV 双工况离心式制冷主机、1 台基载制冷主机及 7 台冷却塔，末端采用节流、压力无关型的 VAV 末端装置（VAV-BOX）；酒店裙房配套区域设置独立空调系统，制冷主机选用 2 台变频螺杆式冷水机组；酒店高区客房区采用独立空调系统，冷水主机选用 2 组带热回收模块化螺杆式冷水机组，每组 6 个模块。

本项目荣获第三届深圳市建筑工程施工图编制质量银奖。目前空调系统运行良好，得到社会各界一致好评。

53 泰然大厦

设计单位：中国建筑科学研究院有限公司深圳分公司
设计人：董长进、魏展雄
完成时间：设计 2010 年 11 月，竣工 2012 年 12 月
获奖情况：深圳市第十六届优秀工程勘察设计公共建筑一等奖；
广东省优秀工程勘察设计奖建筑工程设计二等奖；
国家优秀工程勘察设计奖建筑工程设计二等奖

泰然大厦由于建筑形体寓意“泰山”，设计为每三层一跌落的台阶式立面，感观丰富极具动感。暖通为配合建筑造型及今后使用要求，研发办公为独立户式，每户面积为 650~900m^2 不等，每户采用 2~3 组户式办公变频多联机系统及独立的新风系统，独立管理，室外机镶嵌在建筑体内，使其完美融合在建筑造型中，又不影响通风散热，与建筑、环境达到和谐统一。

由于室外机紧靠用户，独立的户式新风系统输送距离较小，其能源输送损失极低。户式办公变频多联机系统的控制系统完善，方便各小业主独立经济管理。能耗环比集中多联机系统及大型新风系统节能 15% 以上，空调与建筑融合度高。

本项目获得绿色建筑 2 星运营标识，具有较好的经济效益及社会效益。

54 金融中心大厦

设计单位：深圳机械院建筑设计有限公司
主要设计人：周民生、李青山、任培秋
竣工时间：1987 年

金融中心大厦位于深南路与红岭路交界，共 3 栋塔楼，分别为银行、财税大楼和晶都大酒店。建筑总面积为 116507m^2，其中，地下室面积 15545m^2，裙房面积 39498m^2，塔楼面积 61464m^2。

晶都大酒店裙房分为商场、餐厅和咖啡厅三个功能区。咖啡厅采用风机盘管进行空调，其他所有公共场所及办公室均采用全空气空调系统，客房采用双管制风机盘管加独立新风系统。裙房选用 650 冷吨封闭式离心冷水机组 2 台，客房部分选用 450 冷吨封闭式离心冷水机组 1 台。

本项目已成为深圳地标性建筑。

55 深圳铁路新客站

设计单位：深圳机械院建筑设计有限公司
主要设计人：童岚、丁瑞斌、蒋丹翎
竣工时间：1999 年

深圳铁路新客站是我国功能较复杂的火车站之一，集客站、公寓式办公、酒店、商场、餐厅、海关、边检为一体，造型新颖壮观，功能布置合理，交通流线通畅，疏散快捷，服务配套，并具有先进的现代化装备系统，如列车到达微机通告系统、客运自动广播系统、客运自动引导显示系统、客运闭路电视监视系统、太阳能热水装置等。

深圳铁路新客站总建筑面积约 12 万 m^2，分两期施工。一期工程约 7 万 m^2，二期工程 4.5 万 m^2。本建筑为多功能综合楼，（G、H、J 区）一层至三层为不同的功能房，四层至七层为标准客房。（F 区）二层为商场，三至五层为办公室及餐厅。本设计 G、H、J、F 区采用中央空调系统，按夏季舒适性空调状况设计，选用离心式模块冷水机 36 块，单台机组制冷量 130kW，共计 1330RT，分 4 组，采用 4 台离心式冷冻水泵及 4 台离心式冷却水泵，4 台超低噪声冷却塔设于 D 区屋面，膨胀水箱设于 H 区屋面。空调系统分为两种方式：全空气系统和风机盘管 + 新风系统。G、H、J 区一至三层及 F 区二层、五层餐厅（个别房间除外），采用全空气系统，即新回风混合后，经空调风柜处理后送至各空调区域。四至七层以及 F 区三至五层采用空气 + 水系统，即新风 + 风机盘管。

本项目荣获 1993 深圳市优秀工程设计一等奖、1995 机械部优秀工程设计一等奖、1997 国家优秀工程设计铜奖。

56　深圳电视中心

设计单位：深圳机械院建筑设计有限公司
主要设计人：丁瑞斌、蒋丹翎、童岚
竣工时间：2002 年 9 月

深圳电视中心位于深圳市福田区，为超高层办公楼，总建筑物空调面积约 59000m^2，建筑高度 120.6m。地上 28 层，地下 2 层。本建筑设置全空气中央空调系统，空调冷源采用 3 台 900USRT 和 1 台 400USRT 水冷离心式机组，空调水系统采用一次泵变流量系统，末端采用变风量系统。

本项目荣获 2007 广东省优秀工程设计二等奖、2007 深圳市优秀工程设计二等奖、2006 国家优质工程银质奖、2005 中国机械工业优秀工程设计一等奖等奖项。

57　高新区联合总部大厦

设计单位：深圳机械院建筑设计有限公司
主要设计人：蒋丹翎、张世忠、易伶俐
竣工时间：2016 年 1 月

深圳市高新区联合总部大厦位于深圳市高新南十道与淮海路交界。总建筑面积约 12 万 m^2，地上 52 层，总建筑高度 228.5m。地下室共 4 层，其中地下 1~4 层为汽车库及设备用房，地下 4 层部分为战时人防掩蔽单元；地上 1 层为大堂，地上 2~4 层为商业，地上 6~52 层为办公区域。本项目系新建工程，超高层建筑。

本大楼水冷中央空调部分设置常规水冷式冷水机组。选用 3 台 950RT 离心式冷水机组，加 1 台 400RT 螺杆式冷水机组。17 层以上采用换热站，经板式换热器供水。地上一层至五层商业、办公大堂中，办公大堂采用全空气系统，其他塔楼办公部分及商业采用风机盘管加新风系统。塔楼办公采用分层独立设置新风风机的新风系统。

本项目荣获 2014 深圳市优秀建筑施工图设计银奖、2016 深圳市优秀工程设计二等奖 2018 中国机械工业优秀工程设计一等奖。

58 深圳地铁暖通空调实例

按照最新规划，至 2035 年，深圳地铁总体规划线路 33 条，里程 1335km；目前已建成 8 条线路，在建线路 14 条（共 273km）。截至 2019 年 5 月，深圳地铁运营线路 265km（不含 4 号线），共 184 个车站，2017 年全年运营总用电量约 9.8 亿度，是深圳市名副其实的用电大户。

地铁工程中通风空调、制冷系统统称环控系统，具体包括水系统、风系统，其中风系统包括大系统、小系统、隧道通风系统，含制冷机组、冷却塔、水泵、风机等机电设备。

58-1 深圳地铁 1 号线环控系统全面改造升级

分类：环控系统的创新与节能

深圳地铁 1 号线一期工程罗湖站至世界之窗站共 15 站，于 2004 年 12 月开通运营。由于地铁设计时车站冷负荷和空调风量按远期晚高峰客流量运营条件来计算，且留有 10% ~20% 的设计余量，鉴于前期客流量仅是远期客流量的 1/3~1/2，且环控系统耗电比重大，因此节能改造潜力巨大。

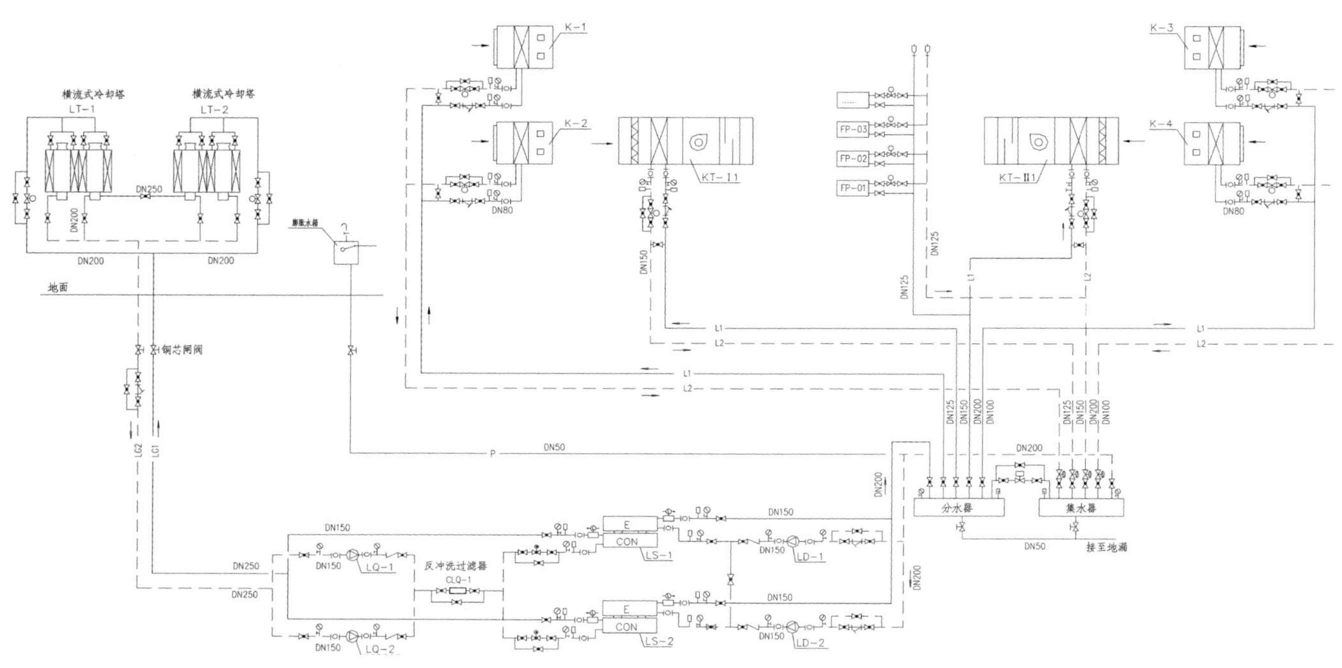

典型车站环控水系统图

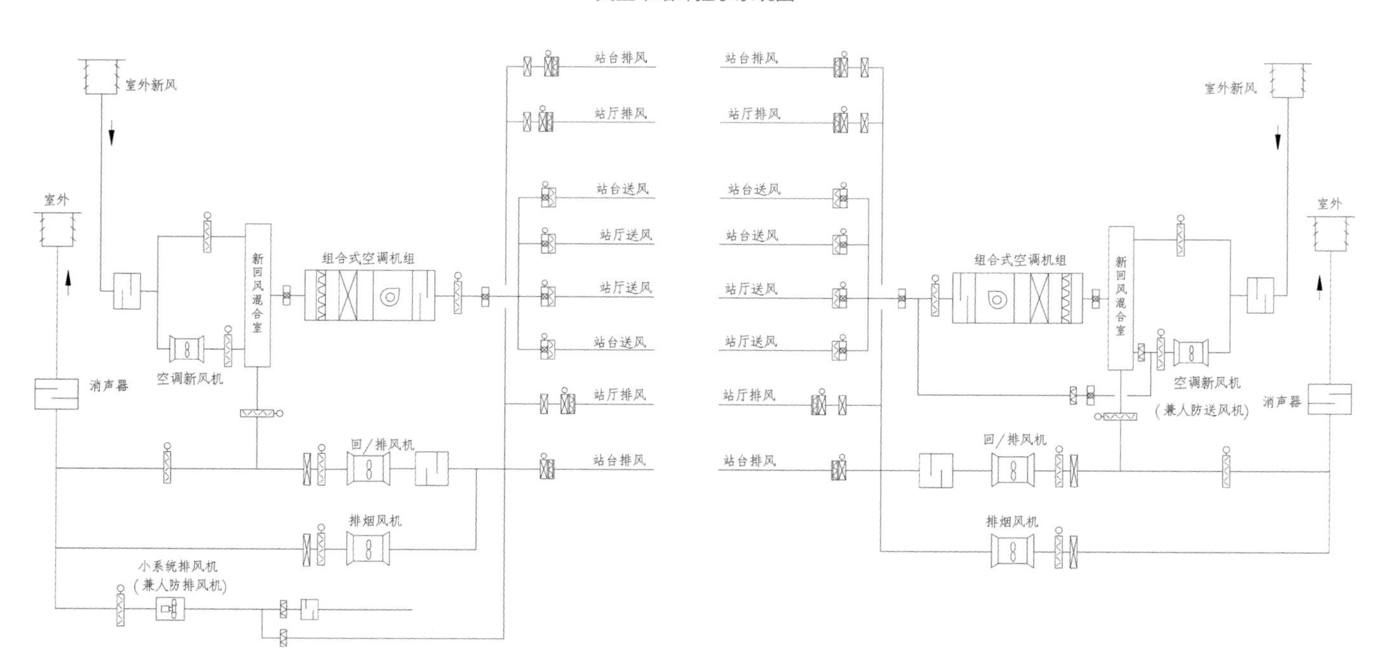

典型车站公共区大系统图

该改造项目投资 1000 万元，自 2012 年 11 月开工，至 2013 年 12 月全面完成竣工验收。在未影响地铁正常运营的情况下，历时整整 14 个月，完成了对 15 个车站的通风系统、冷水系统变频节能改造升级工作。

项目竣工验收后，经深圳市建筑科学研究院 2014 年 7 月的中期测评（测评报告：№：IBR-JGCP-2014-045-Z），项目节电率为 11.9%；经现场测试，每年可节约用电 600 万度，折合人民币约 480 万元；按剩余寿命 10 年计算，项目总计节约电费 4800 万元。

58-2　在四期工程 12、13 号线全面采用用智能环控系统

分类：环控系统的创新与节能

设计时间：2019 年 5 月

竣工时间：（在建）2022 年 12 月

设计单位：中铁二院工程集团有限责任关系、深圳市市政设计研究院

深圳地铁 12 号线约 40.54km，共设站 33 座；13 号线约 22.45km，共设站 16 座，两条线路全面采用用智能环控系统。该系统特色如下：

（1）实行三合一模式：即实现所有环控设备、节能控制设备（主要为智能环控柜）、节能评价系统的统合，通过招标方式，每条线路由一家集成商完成设备供货、深化设计、安装督导、精准调试、第三方评价。

（2）受控对象：

· 空调水系统所有设备：冷水机组、空调冷冻水泵、空调冷却水泵、冷却塔、自动反冲洗过滤器、自动在线清洗装置、电动蝶阀、水系统温度传感器、压差旁通阀、电动蝶阀、大系统动态平衡调节阀、小系统动态平衡调节阀。

· 大系统：组合式空调机组（变频）、回排风机（变频，带连锁风阀）、空调新风机（带连锁风阀）、公共区温湿度传感器、二氧化碳传感器、送风总管温湿度传感器、回风总管温湿度传感器、新风道内温湿度传感器等。

· 小系统：空调柜机（带连锁风阀）及回排风机（带连锁风阀）、主风管上的温湿度传感器。

（3）系统配置：

· 以典型 8A 编组某车站为例：大系统车站两端各 1 套空调系统；小系统 A 端有 2 套空调系统、B 端有 4 套空调系统；冷水系统集中设置在 B 端冷水机房内。智能环控系统由 1 台集中控制柜、2 台水系统节能控制柜、5 台风系统节能控制柜、2 台现场数据采集柜及若干台现场手操箱组成。

· 冷水机组采用双一级能效（COP、IPLV）、末端处理设备按 EC 电机等高效设备。

（4）控制策略：

· 控制原则：对受控对象按系统进行逐一控制分析，通过系统集中监控软件使受控系统整合优化，达到最佳运行效果。

· 控制措施。冷水机组：冷水机组机载控制柜根据冷冻水进出水温度、流量自动计算制冷系统负荷，确保运行的压缩机均处于高效区；智能环控系统则根据负荷变化趋势，结合每台冷水机组单台压缩机的容量计算并制定最佳机组群控方案。冷冻水泵：通过冷冻水总出水管道的温度传感器和压力传感器采集冷冻水供回水温度和温差，调节冷冻水频率，在确保最不利端压差前提下通过负荷预测控制提前介入冷冻泵变频控制策略，在负荷具有上升趋势时及时提高冷冻水流量，在负荷具有下降趋势时，及时降低冷冻水流量。通过这种组合的方式控制，可以使冷冻水系统长期保持在大温差、小流量的工作状态，从而达到“按需供应”，并使得降低水泵在部分负荷时的供水量成为可能，最终降低系统运行能耗。压差旁通装置：根据冷冻水压差调节冷冻水泵频率和压差旁通阀开度，内部设定优先级别，当冷冻水压差低于设定值时优先关闭压差旁通阀，压差旁通阀完全关闭之后再升高冷冻水泵频率。冷却塔和冷却水泵：根据室外

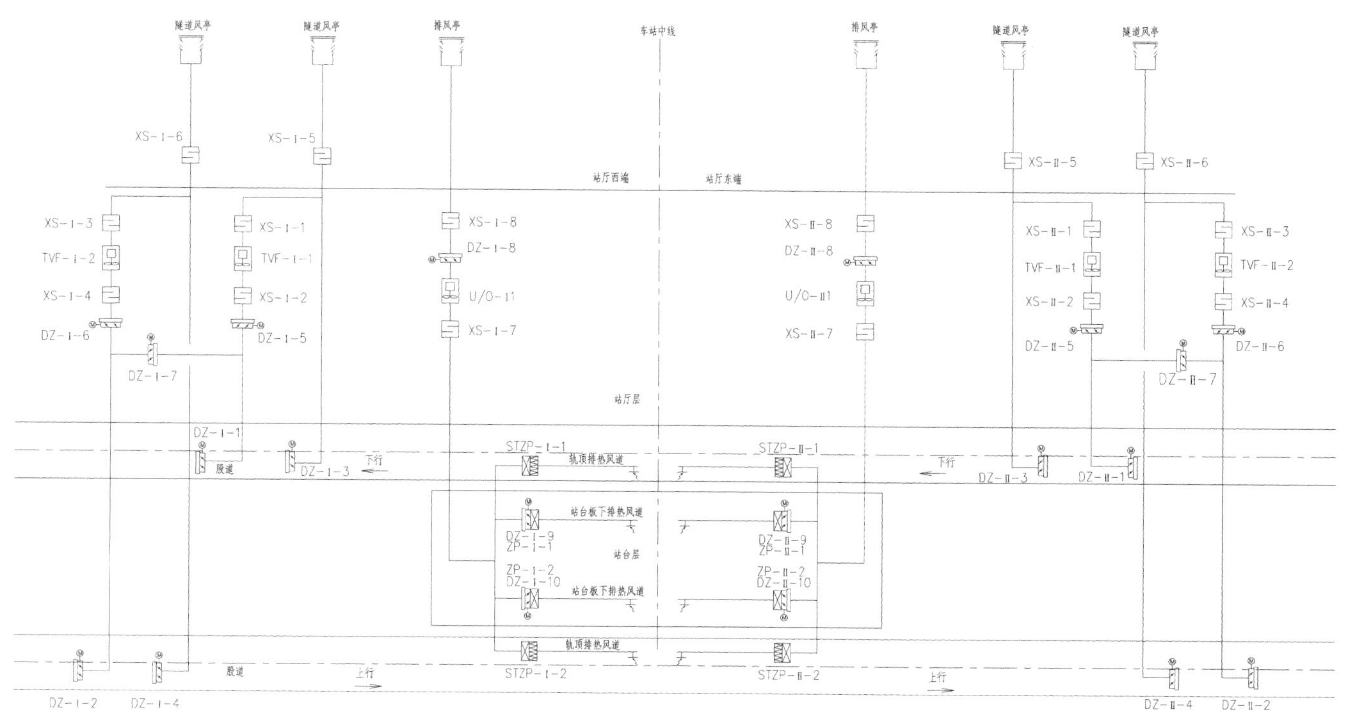

典型车站隧道通风系统图

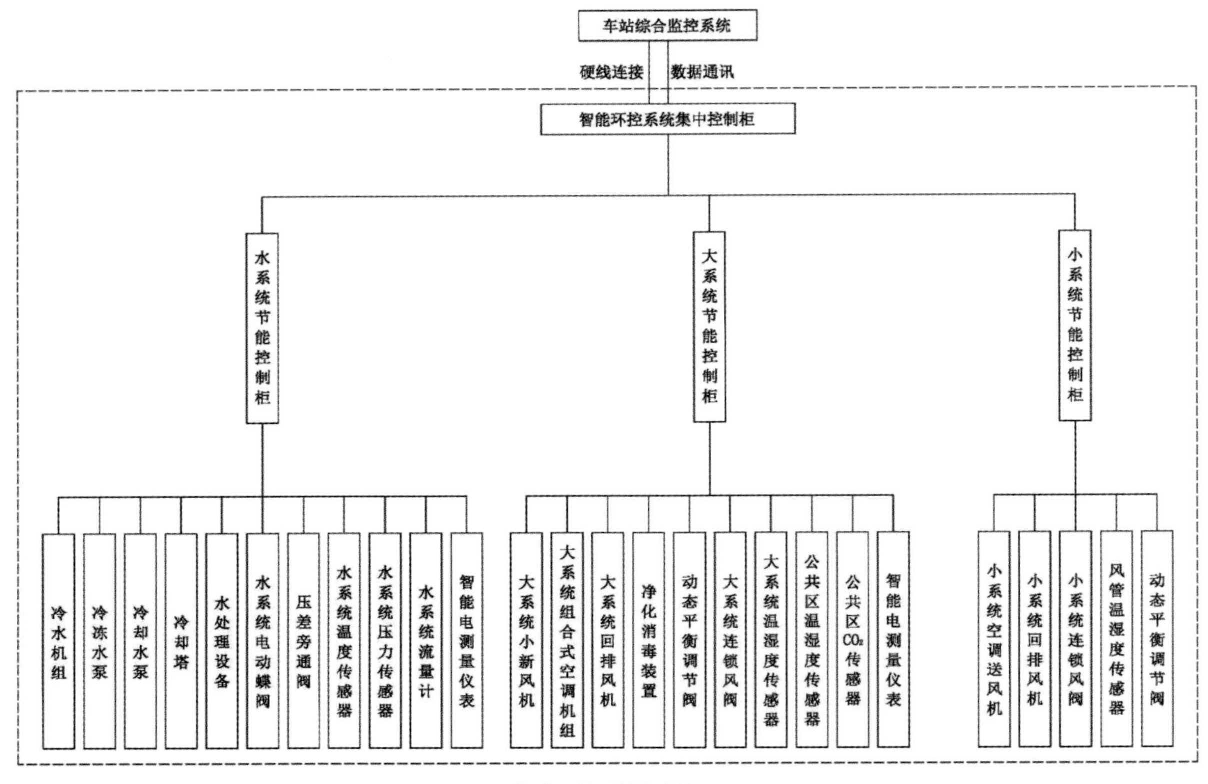

智能环控系统构成图

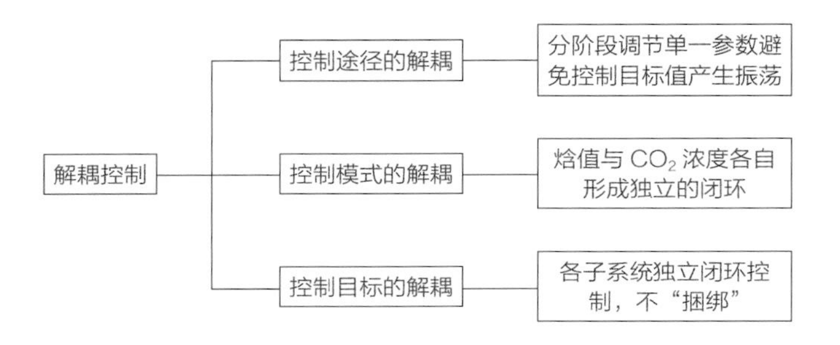

气象监测传感器计算室外湿球温度，以室外湿球温度加逼近度作为冷却塔出水总管水温设定值，冷却塔出水温度作为反馈值，控制冷却塔的开启数量和风机频率。

（5）评价指标：全系统能效 TCOP ≥ 3.5

[注：TCOP=Q 机组冷量 ÷（W 冷水机组 +W 冷冻水泵 +W 冷却水泵 +W 冷却塔 +W 大系统 +W 小系统）]

（6）节能测算：

· 12 号线：相对于传统方案，该系统增加投资 2975 万元，调试稳定后，冷水机房节能率可达约 30%，空调系统节能率可达约 24%。年节省电能约 59 万度，合计节约费用 47.2 万元（0.80 元 / 度），全线年节约电费约：47.2 × 15=708 万元。投资回收期约为 6 年（含调试期及数据采集期 2 年）。

· 13 号线：相对于传统方案，该系统增加投资 1330 万元，该系统调试稳定后，冷水机房节能率可达约 30% 以上，整个空调系统节能率可达 24% 以上。年节省电能约 50.7 万度，合计节约费用 40.6 万元（按 0.8 元 / 度），全线年节约电费约：40.6 × 14=568.4 万元。投资回收期约为 5 年（含调试期及数据采集期 2 年）。

· 综上，12、13 号线采用智能环控系统，按整套设备 20 年全寿命周期计算，20 年内共计节省电费（708+568.4）× 20=25528 万元，扣除增加投资部分，节省费用达 21223 万元（25528-2975-1330=21223 万元）。

58-3 冷水机组冷凝器采用在线清洗装置

分类：环控系统其他“四新”技术应用

设计时间：2014 年 6 月

竣工时间：2016 年 10 月

设计单位：深圳市市政设计研究院有限公司

地铁 7 号线上沙站试用了冷凝器在线清洗装置，其系统示意如图。

冷凝器在线清洗系统通过水流感应开关与冷水主机系统联动，电控箱 PLC 提交发球指令，不锈钢离心泵工作，瞬间驱动集球驱球器中的海绵胶球经发球管送入冷凝器的铜管入口，海绵胶球依靠冷却水的高流速擦

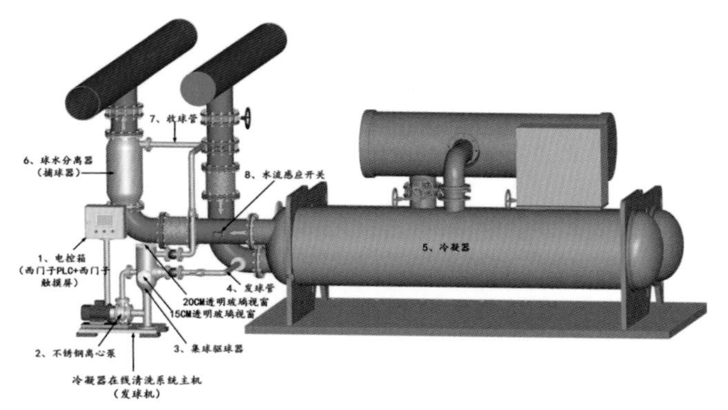

在线清洗装置安装示意图

圆形组合式空调箱实物图

洗掉冷凝器换热铜管内壁上的污垢，在冷却水出水口端通过收球组件回收海绵胶球至集球驱球器，形成一个清洗循环。

该装置可通过电控箱 PLC 设置清洗频率，实现自动在线清洗功能，免去运营维护人员“通炮”作业，使冷凝器内壁洁净，确保换热效率，从而节省运营人力、降低制冷能耗。

58-4　试用圆形断面组合式空调箱

设计时间：2014 年 6 月
竣工时间：2016 年 10 月
设计单位：深圳市市政设计研究院有限公司

深圳地铁已开通线路车站组合式空调箱均为普通长方体结构型式，三期工程 7 号线上沙站 2 台组合式空调箱试用圆形断面（见图），其特点及优势包括：

（1）断面风速高，风柜高度、体积相应减少，减少设备房占用空间；

（2）采用圆形结构，设备整体强度增加；

（3）设置表冷器直通道（配电动风阀），过渡季节不开冷冻水时，电动风阀打开，空气可不经过表冷器而直接至风机段，阻力减少、能耗降低。

9 号线磁悬浮离心压缩式冷水机组图

58-5　采用磁悬浮离心压缩式冷水机组

设计时间：2014 年 6 月
竣工时间：2016 年 10 月
设计单位：广州地铁设计研究院有限公司

地铁 9 号线的红树湾站、深圳湾公园站、孖岭站、文锦站、车辆段共 5 处采用了磁悬浮离心压缩式冷水机组，其优点如下。

（1）磁悬浮离心式压缩机，采用磁性轴承，运转时受磁力作用，轴与轴承无接触转动，因此相较于传统离心式压缩机，减少了齿轮传动产生的能量所示，转速更高，同时也不会摩擦轴承，省去复杂的润滑回油系统。

（2）相比传统离心机，在小冷量范围内，整机满载运行效率更高，可达到国际一级能效；综合效率 IPLV 更高，相比其他冷水机组在部分负荷下可节能 35% 以上。

（3）完全无油运转，省去润滑油系统，结构更简单。

（4）系统更可靠，换热效率更高。

（5）低噪声，低振动，无摩擦。

58-6　推广采用装配式冷冻站

设计时间：2017 年 6 月
竣工时间：2019 年 9 月
设计单位：深圳市市政设计研究院有限公司

5 号线南延 7 座车站全部采用装配式冷冻站，所有管道及附件实现工厂化预制、现场拼装，以节省空间、缩短工期、确保质量。

前湾公园站制冷机房图

第 11 章

给排水篇

胡 同 郑文星 晏 风
王莉芸 蔡 倩 张永峰
苏君康

求实创新，水击三千里

——建筑给水排水 40 年回顾与展望

深圳市给水排水专业委员会在过去的 40 年里，在深圳市住房建设局、科技局和土木建筑学会的正确领导下，为深圳市给水排水事业获得了比较丰富的经验，也取得了优异的成绩！

一、造就一大批“敢于天下先”的专业人才队伍

建设资源节约型、环境友好型社会是我们深圳经济特区建设的重心，大力发展节能省地型住宅、公共建筑，在工程建设中推行节能、节水、节材、节地的新技术、新设备、新材料，是设计人员都必须应对的。

1. 40 年来，每年不定期召开三 ~ 四次大型学术交流会

宣贯新规范，宣讲新技术。更多的是应对日新月异的新型建筑，如何解决新课题。主讲人均为在全国给水排水界有一定威望的学术带头人，先后在深圳市给水排水专业委员组织的学术交流会上做了多次学术报告。每次都有新的规范、新技术介绍给会员，学术内容的适用性、多样化，得到了会员认同和好评。

2. 主办多次“珠三角”地区学术交流会

特别值得一提的是近几年有多次由深圳市给水排水专业委员会主办的广东“珠三角”地区给水排水学术交流会，包括广州、珠海、深圳、中山、东莞等地区的给水排水工程师。

3. 牵头搭建技术交流平台

为给水排水新产品搭建技术交流平台：除每年学术交流会外，我们还以深圳市给水排水专家论坛为平台，每年为企业的给水排水新产品性能介绍举行 3~5 次的专题研讨会，向在建筑给水排水设计一线工程师介绍先进的科技成果，也得到了企业的赞同。

4. 承担更多的咨询工作、搭建技术交流平台

在积极举行学术研讨会的同时，我们还应有关企业的邀请，组织少数专家进行技术咨询工作，为企业排忧解难，从而扩大了深圳市给水排水专业委员会的影响及加强咨询和学术的权威作用。

二、沧海横流，呈现英雄本色

协助深圳市职能部门进一步把绿色和环保应用到规划和设计中。

1. 在节水方面

积极推进深圳市建设项目用水节水管理办法：用水定额的确定、用水量估算及水量平衡计算、给排水系统设计、节水器具推荐措施、污水处理工艺比较选择、再生水利用等内容。住宅中采用电子远传水表（或 IC 卡水表），将水表设置在户内；选用优质设备、器材能提高供水安全可靠性，使供水压力平稳，减少其自用水量，提高循环率；选用质量好的管材、管件、阀门也是节水工作的重要一环。

2. 用深圳市绿色建筑设计导则指导绿色建筑设计方面

为贯彻执行节约资源和保护环境的国家技术经济政策，促进深圳市循环经济的发展，规范、指导深圳市绿色建筑设

计，制定深圳市绿色建筑设计导则。对于新建、改建、扩建的居住建筑和公共建筑中的办公建筑、商场建筑和旅馆建筑，应统筹考虑建筑全寿命周期内节水、节地、节能、节材、保护环境与满足建筑功能之间的辩证关系。

3. 在雨水利用工程方面

雨水利用包括雨水入渗系统、收集回用系统、调蓄排放系统之一或其组合。建筑区雨水利用是建筑水综合利用中的一种新系统工程，具有良好的节水效能和环境生态效益。建筑区雨水利用系统在工程中得到了较广泛的应用。

4. 多种多样的人工湿地处理污水技术方面

投资少，建设、运营成本低廉。污水处理系统组合的多样性、针对性。处理污水的高效性，独特的绿化环境功能等在深圳各区、镇都不断完善，取得可喜的效果。

5. 推广应用可再生能源方面

加快建设资源节约型、环境友好型社会，大力发展循环经济，保护生态环境绿色，可再生能源的推广应用成为近几年政府行政主管部门的重要工作，太阳能、热泵（水源热泵、空气源热泵、地源热泵）在工程中得到了越来越多的应用。

6. LEED 认证方面

LEED 美国建筑环保认证是美国建立并推行的绿色建筑评估体系，被认为是最完善、最具影响力的评估体系。大梅沙 · 万科中心项目做了以下系统：场地径流控制、雨水回用、中水处理及回用、器具节水（节水率 45%），并且 LEED 的设计铂金奖通过认证。也为深圳今后类似项目的设计和申报积累了极有价值的经验，切实推动了深圳绿色建筑的应用和发展。

三、创新是永恒的主题

1. 组织重大工程的考察和研讨工作

“建科大楼”深圳地区探索绿色建筑技术在工程设计的应用和运维方面，起到很好的示范和带头作用。尤其是长达 4 年的技术实践，非传统水源利用率达到 54%（远高于 5 绿色建筑评价标准 6 中非传统水源利用率最高标准 40% 的要求），并且检测均达到设计要求，真正实现了节水减排目标。学会本着积极推广绿色建筑技术宗旨，组织全体会员到市建筑科学研究院考察、参观建科大楼的绿色建筑。

2. 参与的由深圳市职能机关组织的科技活动

专项研究：南方科技大学绿色生态校园水资源利用专项研究；关于深圳地铁上盖物业建筑的研究、南方地区安全饮用水保障技术等。协助审查深圳市科研立项：“地铁车站排污工程”“施工现场雨水和生活污水的处理”、雨水收集等科研立项。

3. 深圳世界大学生运动会体育中心的三个场馆

大运中心体育场、大运中心主体育馆和大运中心游泳馆，分别是深圳市建筑设计研究总院、东北设计研究院和设计单位、中建国际（深圳）设计顾问有限公司设计的。

技术特点是：雨水利用技术、中水回用技术、可再生能源技术、太阳能光热技术、热回收技术（采用空调风系统热回收、冷水机组冷凝热回收、制冰系统余热回收）及节水设备应用等，都是成功的。

四、不断带领全市给水排水专业人员在该领域更上一层楼

1. 组织大家学习

组织给排水专业人员学习了深圳市地方标准《优质饮用水工程技术》，以及“上海世博会工程建筑节能与低碳减排设计方案”“深圳市施工图审查疑难问题汇集”“京基 100”“平安大厦”等深圳地标性建筑给排水设计等，带领全市给水排水专业人员在该领域更上一层楼。

2. 参加国家和省、市学术会议并在国家级刊物发表论文

主编国家标准：《苏维托单立管排水系统技术规程》《特殊单立管排水系统技术规程》《建筑特殊单立管排水系统安装》《旋流加强型（CHT）单立管排水系统技术规程》《建筑特殊单立管排水系统安装》《低影响开发雨水综合利用技术规范》《建筑装饰装修机电末端综合布置技术规程》《二次供水工程设计手册》等。

五、展望

发展深圳建设科技应全面贯彻落实科学发展观。建设资源节约型和环境友好型的城市，抓住建设国际化和现代化城市这一主线，提高行业的自主创新能力，加大先进技术和成熟技术的推广力度，为提高深圳给水排水行业的整体技术水平而努力。

1. 为深圳创建节水型大都市打造长效机制

创新是深圳的灵魂和精神，同时也是特区的特色和风格。在创建节水型城市实践中，深圳同样开拓出“六个创新”，初步建立了“六大机制”，形成了节水长效机制：创新经济发展思路，建立节水型的产业经济发展机制。深圳以节水引导产业结构调整优化升级，重点扶持发展低耗水的高新技术企业，较好地保证了区域及行业的用水供需平衡。创新节水管理制度，建立法规保障机制；创新水资源分配模式；建立双控管理机；创新水资源分配模式，建立双控管理机制。

2. 顺应自然规律，强化生态保护

推广低冲击开发模式，使城市建设后不影响自然环境的地表径流，通过建设透水地面、雨水收集储存系统、生态绿化等措施，让城市与自然生态互惠共生，让深圳成为完美的生态城市！

3. 节能——构建建筑节能与绿色建筑技术保障，推广和认证体系

《深圳经济特区建筑节能条例》的颁布，为深圳市成为节能型城市奠定了法律基础。建立和完善相关技术规范，大力开发和推广给水节能技术；结合 2011 年世界大学生运动会，新的体育场馆建设和原有体育场馆的改造，因地制宜研究、推广和完善建筑节能和绿色建筑适用的相关规范和成套技术是给水排水工作者义不容辞的光荣使命！

六、给水排水技术发展：求实创新，水击三千里

40 年虽然风风雨雨，在深圳市建设局和土木建筑学会的领导下，给水排水技术发展还是求实创新，水击三千里！

给水排水行业的改革不仅关系到企业和行业的发展，而且关系到广大人民群众的切身利益及经济社会的可持续发展。深圳改革开放以来，给水排水技术在这 40 年中取得了不少得成果，获得了比较丰富的经验。

深圳在建筑业的高速发展一直走在全国的前列，给水排水专业的工程技术人员面临的诸多挑战亦前所未有，为了把深圳这座国际化大都市建设得更加美好，人民幸福安康，我们给水排水工程师的任务还极其艰巨。

“十二五”“十三五”期间国家将进一步加大对强化生态保护的支持力度，必须把污染企业的零排放与强化雨污分流收集相结合；雨水收集与再生水就地循环利用相结合；传统工艺优化与技术创新相结合；城市和县城基本实现污水处理的全覆盖，加强管网配套建设和污泥的无害化处理；重点推进再生水利用和城市水系的修复。通过不懈努力在“十二五”“十三五”期间实现上述目标，就可以在我市尽快从根本上解决城镇水污染加剧的问题，确保水安全。

要在深圳的高速城镇化、工业化过程中实现上述目标，任务极其艰巨，给水排水工程技术人员应对新的挑战，为此共同努力，可谓任重而道远！

建筑给水排水专业先进技术简介

一、海绵城市技术

2013 年 12 月中央城镇化工作会议上，习总书记明确指出：在提升城市排水系统时要优先考虑把有限的雨水留下来，优先考虑更多利用自然力量排水，建设自然积存、自然渗透、自然净化的“海绵城市”。

2016 年 4 月深圳入选国家第二批海绵城市建设试点；2016 年 8 月 8 日深圳市政府常务会议通过《深圳市推进海绵城市工作实施方案》。

目前常用的海绵设施有透水铺装、绿色屋顶、下沉式绿地、雨水花园、植草沟、渗透塘、渗井、湿塘、雨水湿地、蓄水池、雨水罐等。

二、再生水资源利用（中水及雨水回用）

2005 年 3 月 1 日施行的《深圳市节约用水条例》第四条规定“鼓励和扶持对污水、中水、海水以及雨水等的开发、利用”，第四十条规定“园林绿化、环境卫生等市政用水以及生态景观用水应当采用先进节约用水技术，按照节约用水规划使用经处理的污水或者中水”。目前深圳市再生水资源主要利用形式是市政再生水、自建中水、自建雨水等。

三、太阳能热水系统

深圳市太阳能光热应用大致可分为三个阶段：

第一阶段：2006 年以前，为小规模自主应用阶段。主要集中在公共建筑和宿舍建筑，此阶段住宅应用太阳能热水的案例极少。

第二阶段：2006~2010 年，为小规模强制应用阶段。2006 年深圳市颁布的《深圳经济特区建筑节能条例》规定：具备太阳能集热条件的新建 12 层以下住宅建筑，建设单位应当为全体住户配置太阳能热水系统。至此，除公共建筑和宿舍外，多层及小高层住宅也开始逐渐使用太阳能热水系统。

第三阶段：2010 年以后，为大规模强制应用阶段。2010 年深圳市政府出台了《深圳市开展可再生能源建筑应用城市示范实施太阳能屋顶计划工作方案》，规定具有稳定热水需求的所有建筑必须安装太阳能热水系统，太阳能热水系统开始在各类建筑中大规模应用。

目前深圳市太阳能热水系统主要有全集中式、半集中式、集中 - 分散式及分散式 4 种形式。

四、空气源热水系统

2015 年 11 月，住建部发布的《空气热能纳入可再生能源范畴的指导手册》开启了空气源热泵纳入可再生能源之路。

2015 年 7 月发布的《绿色建筑评价技术细则》第 5.2.16 条文说明也规定“对于夏热冬冷、夏热冬暖、温和地区存在稳定热水需求的居住建筑或公共建筑，若采用较高效率的空气源热泵提供生活热水，也可在本条得分”。

2019 年广东省住房和城乡建设厅印发了《关于征求广东省标准〈广东省公共建筑节能设计标准〉（征求意见稿）》，明确提出将空气源热泵热水系统重点纳入到了可再生能源应用范畴。

随着相关政策的实施，空气源热泵热水系统的应用将越来越广泛。

五、空调余热利用

2006年11月1日《深圳经济特区建筑节能条例》（以下简称《节能条例》）颁布实施，该条例第三十三条规定“采用集中空调系统，有稳定热水需求，建筑面积在1万m^2以上的新建、改建、扩建公共建筑，应当安装空调废热回收装置；未安装的，不得通过建筑节能专项验收”。随着《节能条例》的施行，空调余热在公共建筑的应用案例越来越多。

六、节水器具应用

2005年3月1日《深圳市节约用水条例》（以下简称《节水条例》）的颁布实施，意味着深圳市成为华南地区首个为节水立法的城市。该条例第三十六条规定“市水务主管部门应当会同有关部门制定节水型工艺、设备、器具名录，并定期向社会公布；鼓励单位用户和居民生活用户采用或者使用前款名录所列节水型工艺、设备和器具”。根据《节水条例》要求，深圳市每年都向社会征集并公布《深圳市节水型工艺、设备、器具名录》，对推广使用节水型用水设备、器具起到了非常重要的促进作用。

2008年5月1日《深圳市建设项目用水节水管理办法》、2010年12月国标《民用建筑节水设计标准》（深圳市节约用水办公室、深圳市华森建筑与工程设计顾问有限公司、深圳市建筑科学研究院股份有限公司参编）、2011年9月《深圳市节约用水奖励办法》等相继实施，深圳市节水器具进入了规模化应用阶段。

七、直饮水系统

深圳市致力于供水水质的提升，实现自来水直饮，前后经历了两个重要的发展阶段。

第一阶段：在2004年前，主要是利用市政管网中的自来水为源水，采用活性炭、离子交换、膜过滤、反渗透和紫外线消毒等技术，实现局部区域的水质提升，提供二次深度处理后可直饮的饮用水，即管道分质供水。

第二阶段：2004年后，深圳市经过反复的技术、经济及适应性等综合论证，最终确定了全面提升自来水水质，实现城市自来水直饮的实施路径。该实施路线就是以目标和问题为导向，通过制定与国际先进城市对标的深圳市自来水直饮的水质标准及配套的工程建设与运营、智慧水务建设、风险管控等系列标准，强化供水系统全流程安全保障能力和全链条的风险管控等有效措施，实现城市自来水直饮。2005年，嘉园住宅小区是首个实现自来水直饮的小区；2018年，盐田区是首个实现居民住宅小区及公共场所自来水直饮的行政示范区。

八、新型管材应用

随着科学技术水平的不断发展和高分子材料应用价值的不断挖掘，衍生了给排水工程中新型材料的广泛应用。

钢塑复合管材。以无缝钢管、焊接钢管为基管，采用PE、PE-RT、PE-X等管材为衬里，或内壁涂装高附着力、防腐、食品级卫生型的聚乙烯粉末涂料或环氧树脂涂料，采用前处理、预热、内涂装、流平、后处理工艺制成的给水复合管材，具有较好的卫生性能，能减少水质的二次污染。

芯层发泡管材。主要采用三层共挤出技术而成的新型管材。在生产过程中，内外两层管的材质和普通的 UPVC 的管材一致，中间低发泡层密度在 0.8 左右，具有较好的隔声效果，内壁抗压能力较大等性能。

高密度聚乙烯管材（HDPE）。是以结晶度高、非极性的热塑性树脂为主要原料，添加抗氧化、紫外线吸收等助剂，经挤压而成的管材。它具有化学稳定性好、较高的刚性和韧性、机械强度好等优点。

薄壁不锈钢管材。该管材是深圳市优质饮用水入户改造中应用最广的管材。是经去杂、酸洗、钝化工艺处理后，含铬 (Cr) 量在 12% 以上，添加了镍 (Ni)、钼 (Mo) 或锰 (Mn) 等含量，减少碳 (C) 含量，壁厚与外径之比不大于 6% 的奥氏体薄壁不锈钢管材。它具有强度高、抗腐蚀性能强、韧性好、抗振动冲击和抗震性能优，低温不变脆，能减少水质的二次污染等性能。

九、二次供水技术

二次供水技术的发展大体经历了以下六个主要发展阶段，其中的一些技术已被逐步更新，但有一部分仍在继续使用：

（1）水箱（水塔）供水技术；

（2）水泵 - 水箱联合供水技术；

（3）气压供水技术

气压供水的基本原理为设置一个密闭型储罐，储罐的下部储水，上部是空气；利用水不可压缩、而空气可以压缩的原理，二次供水压力来自被压缩的空气；用水泵将水送到罐内，将罐内空气压缩，停泵后，压缩空气将水送至管网；待储罐水位下降至最低水位，水泵启动，由此周而复始。

（4）微机控制变频供水技术

利用变频器依据系统的供水压力信号的反馈应答改变电源的频率以调整水泵转速，从而使供水水压保持恒定，而供水量随时间变化的一种供水装置，该装置直接将水送往用户管网。

（5）管网叠压供水技术

是指利用城镇供水管网压力直接增压或变频增压的二次供水方式。主要种类：罐式叠压供水、箱式叠压供水、管中泵叠压供水等。

（6）数字集成全变频控制供水技术

数字集成全变频控制给水设备中的每台水泵均配置有各自独立的变频控制器，并通过总线技术实现相互通信，采用等量同步、效率均衡运行模式，设备中任意一台水泵故障或检修，其他水泵均可继续正常运行。

十、同层排水技术

建筑排水系统中，器具排水管和排水横支管不穿越本层结构楼板到下层空间，且与卫生器具同层敷设并接入排水立管的排水方式。该技术具有房屋产权明晰、卫生器具布置不受限制、排水噪声小和渗漏水概率小等优点，分为降板式、微（小）降板式和零降板式。

十一、整体卫浴技术

整体卫浴是在有限空间内实现洗漱、沐浴、梳妆、如厕等多种功用的独立卫生单元。

它是用一体化防水底盘、壁板、顶盖构成的全体结构，并将卫浴洁具、卫浴家具、浴屏、浴缸、龙头、花洒、装饰配件等融入一个整体环境中。

区别于传统卫浴，整体卫浴是工厂化一次性成型，小巧、精致美观、功能俱全，节省卫生间面积，施工方便、节能环保而且免用浴霸，非常干净、容易清洁。整体浴室有效地解决了传统卫生间的渗漏、有异味、卫生、保温、安全、安装等问题。

十二、油脂分离器

油脂分离器是一种新型的全封闭油污分离设备，设备可连续运行，自动分离出油脂和污泥，并分别排至油脂和污泥收集桶。油污去除率高，减少人工清污量和环境污染。

设备为全密闭结构，高性能密封圈，杜绝异味，带有气桥和通气系统。配置全自动反冲洗系统，维护清洁方便快捷。

油脂分离器包含油脂分离区、油脂收集区和污泥沉淀区。油脂收集区带有加热和保温装置，保证油脂顺利流出。油脂分离区配备全自动搅拌装置，提高油水分离效果。

十三、一体泵站

一体化泵站是将物联网和移动互联网、自动化控制、水质监测等技术与水箱、消毒设备、水泵机组及基础、阀门、流量计量、水泵进、出水管等进行一体化系统集成，具有信息采集、传输、处理及自动控制、智能化管理、整体装配等功能的技术产品。

一体化泵站提升了泵房的现代化管理水平，实现了泵房的装配式建设，减少了泵房的占地面积，并改善了泵房的工作环境。

一体化泵站技术是深圳市智慧城市建设，装配式建筑发展的必然趋势。目前已在深圳市二次供水等泵站工程建设方面推广应用。

十四、消防水炮系统技术

消防水炮系统是安装在建筑物内的高大空间场所（如体育馆、会展中心、门厅、中庭等民用建筑的高大空间及高度超过 8m 的厂房及仓库等工业场所）的一种灭火系统。

2004 年 1 月 16 日，广东省建设厅发布了《大空间智能型主动喷水灭火系统设计规范》DBJ 15-34-2004。

十五、虹吸排水系统技术

屋面虹吸排水就是应用虹吸原理，通过虹吸雨水斗将屋面上的雨水汇集到水平管道中，并不断将管道内的空气排除，当立管中没有空气的水柱靠重力下落的时候，即对前面的管道产生负压，这种负压一直传导到屋面的雨水层，就迅速地如同被抽吸一样的排掉了大量的雨水。

虹吸雨水系统产生于欧洲，30 多年来，该系统以其泄流量大、耗费管材少，节约建筑空间和减少地面开挖等突出优势，在全球范围内迅速发展和不断改进。自从 21 世纪初开始，我国建筑业便普遍采用虹吸排水系统。特别是一些大型项目，如在机场、厂房、体育场、游泳馆、展览馆等建筑中的实践应用均取得良好的排水效果，而且至今系统运行良好。

01 深圳京基 100（深圳京基金融中心）

项目类型：标致性超高层建筑多种给排水
设计单位：深圳华森建筑与工程设计顾问有限公司
设计时间：2008 年
竣工时间：2011 年 10 月

工程简介

项目位于罗湖区蔡屋围金融中心区，总建筑面积 584642m^2，占地面积 12353.96m^2。其中 A 座塔楼为超高层建筑，建筑面积为 216192m^2，建筑高度为 439m，地上 98 层，地下 4 层。地上 1~72 层为办公用房，73~98 层为酒店用房。

技术特点

超高层的给水采用接力供水，主要就是在各避难层设有生活水箱和转输泵，在设备间面积允许的情况下，扩大生活水箱的容积，减少变频加压泵组的数量，尽量利用重力供水。给水系统分区控制在 20~25m（即 6~7 层）左右为一个区，各层支管超压的设有支管减压阀。污、废水主立管从 400 多米一直下至室外地面，管长均在 400 多米，考虑到管道过长，在每个避难层或设备层（约 80 多米），通过管道连接转弯做成消能弯，以减少水量大时管道的冲击力。消防给水的设计也是以重力供水为主，消防给水以接力供水供至最高处，中间避难层设有消防转输水箱和消防减压水箱，控制每个消防分区在 80m 左右，系统在能保证水压时，尽量采用重力供水，最上面采用加压供水，各层支管超压的设支管减压。

02 平安国际金融中心

项目类型：标致性超高层建筑多种给排水
设计单位：中建国际（深圳）设计顾问有限公司
设计时间：2008~2011 年

工程简介

本工程位于深圳市中心区 1 号地块，购物公园东侧，总占地面积 18931.74m^2，总建筑面积约 459187m^2；本项目由一栋甲级商务写字楼和综合性商业裙楼组成，甲级商务写字楼地上 118 层，主体建筑高度为 597m；综合性商业裙楼为地上 10 层，地下五层，负一层为商业，地下二 ~ 五层为停车库、设备房及战时人防区等。

技术特点

（1）给水系统压力分区

生活给水系统按照各分区最低卫生器具配水点处的静水压不超过 0.45MPa 分区，静压超过 0.35MPa 的配水横管设置支管减压阀，减压阀阀后压力 0.15MPa；消火栓给水系统按照栓口净水压力不大于 1.0MPa 分区，栓口出水压力大于 0.50MPa 时，采用减压稳压消火栓；自动喷水配水管道入口压力大于 0.40MPa 设减压孔板减压。

（2）设备及配件选用

1）选用流量 ~ 扬程曲线平缓的水泵，防止火灾初期消防水量小、扬程大、系统超压；

2）在消防水泵出口处的止回阀后设置泄压阀及水锤消除器，解决因停泵水锤或因管网内存气而造成的瞬间超压，超压水回流泄压回消防水池；

3）水泵出口处采用缓闭消声止回阀，消除停泵水锤；

4）生活转输水泵装设变频器，软启软停；

5）采用可调式减压阀串联设置，同时设置电接点，把压力信号并入楼宇系统，及早发现因减压阀故障可能出现的超压，减少对系统的危害。

03 深圳招商银行大厦（世贸中心大厦）

项目类型：标致性超高层建筑多种给排水
设计单位：深圳市建筑设计研究总院有限公司
设计时间：1998 年
竣工时间：2001 年
所获奖项：2000 年获建设部“建筑安全奖”；
2001 年获深圳市工程质量“金牛奖”“广东省优质工程”；
2002 年为江苏省首获“全国建筑业新技术应用金示范工程”；
2002 年获“江苏省优质样板工程”、“扬子杯”奖；
2003 年荣获年度中国建筑工程鲁班奖；
2004 年获第十一届深圳市优秀工程设计一等奖；
2005 年获广东省第十二次优秀工程设计项目一等奖；
2006 年获建设部优秀工程设计项目二等奖；
2009 年获中国建筑学会建筑创作大奖（1949-2009）

工程简介

招商银行大厦（原世贸中心大厦）位于深圳深南大道农科中心，是一座高智能金融商业写字楼。建筑面积 11.9 万 m^2，建筑高度 234m，地下室 3 层为汽车库和设备房，地上 53 层为办公，顶部为会所。

技术特点

（1）防超压技术

超高层的生活给水、消防给水采用接力供水、在各避难层设置转输水箱和转输水泵，生活给水按 7~8 层分区，净高度在 25~30m，采用水箱和减压阀联合分区供水，保证生活给水系统各分区最低卫生器具配水点处静水压力不大于 0.45MPa；消防系统按 60~80 的静水压分区，消火栓给水系统栓口静水压力不大于 1.0MPa，栓口静水压力大于 0.5MPa 时，设置减压孔板减压；生活加压泵和消防加压水泵均设置水锤消除器消除停泵产生的水锤超压以保护管道不被破坏。

（2）新技术应用

汽车库采用 6% 的 3M 清水泡沫消火栓和泡沫喷淋灭火系统；屋顶直升机停机坪采用 6% 的 3M 清水泡沫消火栓；金库、外汇中心、清算中心、档案库等场所采用预作用喷淋灭火系统；通信机房、配电房采用低压 CO_2 气体灭火系统。

04 深圳证券交易所广场

项目类型：标致性超高层建筑多种给排水
设计单位：深圳市建筑设计研究总院有限公司
设计时间：2008 年

竣工时间：2014 年

所获奖项：2014 年中国建筑学会建筑给水排水研究分会颁发的“中国建筑学会优秀给水排水设计奖”二等奖；

2012 年国家三星级绿色建筑设计标识证书

工程简介

该项目位于深圳市福田区深南大道旁，毗邻深圳市市民中心，周边道路、水、电等市政配套设施完善。

本工程为超高层办公楼，总建筑面积 263528m^2，地上办公楼 46 层，裙房 6 层，抬升裙楼 3 层，地下 3 层，建筑高度 237.10m。其中抬升裙楼悬挑 36.0m，裙楼抬升高度 27.1m，底距地 36m。抬升裙楼、中庭采用大型斜撑等外露钢结构，其结构体系比较特殊。

技术特点

该工程应用了当时国内建筑给排水行业所采用大部分系统，主要包括：生活冷水给水系统、中水给水系统、生活热水给水系统、管道直饮水给水系统、雨水回收与利用系统、生活污废水系统、87 型及虹吸雨水系统；室内外消火栓系统、自动喷淋系统（含大空间智能型主动喷水灭火系统）、灭火器、气体灭火系统（含七氟丙烷气体灭火系统、IG541（烟烙尽）气体灭火系统、二氧化碳灭火系统等）等。该工程在绿色建筑方面的做了很多的工作，其中非传统水源利用率一项就达到了 42.01% 的高标准，可再生能源利用率也达到 11.70% 的生活热水量。具体表现在以下方面：

（1）将塔楼屋顶雨水、抬升裙楼屋面雨水收集至室外 1010m^3 雨水蓄水池，雨水经设于地下室的雨水处理机房处理后用于空调冷却塔补水。

（2）将室外广场雨水收集至室外 320m^3 雨水蓄水池，雨水经处理后用于抬升裙楼屋面、室外地面的冲洗和绿化浇洒以及地下车库地面冲洗。

（3）办公层及客房卫生间洗脸盆、淋浴废水单独收集，重力流排至地下三层中水处理机房。经处理后，用于本大楼 1~43 层冲厕用水。

（4）采用了 MBR 膜处理、超滤膜等较先进的水处理设施和装备，处理后的中水及雨水回用严格满足国家相关标准及要求。

（5）雨水回用还涉及室外景观给水部分内容，包括生态湿地、垂直绿化等部分用水需求。

（6）本项目 45 层会所高档客房及服务员工热水采用集中热水供应系统，由太阳能热水为一次热源，备用热源采用空气源热泵机组供应。

（7）11~14 层高管办公区淋浴热水及公共卫生间热水，采用集中热水供应系统，采用空气源热泵机组供应，热水箱内置电加热器作为辅助加热。

（8）本项目办公区采用管道直饮水系统，净水设备及直饮水箱设于 16 层，水质符合直饮水水质标准

---

05 深圳世界大学生运动会体育中心

项目类型：体育建筑多种给排水

设计时间：2007 年

竣工时间：2011 年

所获奖项：广东省城市规划学会 2010 年度优秀规划设计二等奖；

2010 年度中华人民共和国国务院“国家科学技术进步奖二等奖”等

工程简介

深圳世界大学生运动会体育中心（以下简称大运中心）用地位于龙岗区奥体新城核心地段。用地东侧为 80m 宽黄阁路，南侧为 80m 宽龙翔大道，西侧为 70m 宽龙兴路与铜鼓岭相对，北侧为体育综合服务区。总用地面积 52.05hm^2。红线范围内规划建设一个 61404 座体育场，一个 18000 座体育馆，一个 3300 座游泳馆。

（1）大运中心体育场

设计单位：深圳市建筑设计研究总院有限公司

技术特点

1）采用雨水综合利用系统。屋面雨水、训练场足球场地面雨水、大平台雨水和绿化场地雨水通过收集并经弃流后均就近排入湖体，在地下水位较低处采用渗管和渗井收集雨水，停车场采用渗水地砖下渗雨水。

2）自动喷水灭火系统在整个体育场设置环形供水干管。 报警阀分区域设置，这样避免了报警阀集中设置带来的管网多而集中的问题，可有效减少管材用量和管道过多交叉带来的层高问题。

3）分设多个生活、中水泵房和直饮水机房。考虑到体育场平面面积很大和赛后局部利用的特点，生活给水系统、中水给水系统和直饮水系统分两个大区，分设两个生活给水、两个中水给水泵房和两个直饮水机房，并分别独立成系统，减少供水管网长度，减少水头损失，降低水泵扬程，减少耗电量，另外赛后只是考虑其中一个大分区进行改造，赛后只需启动一个分区的泵组给水，以节约能源。

4）结合体育场功能特点，生活热水采用集中供热和分散供热相结合的方式。体育场赛时生活热水采用空气源热泵机钮为热源，电为辅助热源，供给一层运动员、裁判员、礼仪及消防人员用热水；贵宾室及高级贵宾室卫生间（分散而少用）采用电热水器供给热水。

5）屋面雨水采用虹吸式排水系统，结合屋面形式巧妙布置雨水斗。结合屋面结构特点，充分利用屋面自然形成的沟作为排水沟，把水集中排至屋顶外围，在屋顶外围处的屋面设计成进水格栅和加设消能措施，格栅下设置雨水收集箱，箱内设置虹吸雨水斗和溢流管，这样既节省了造价，又减少了屋面开洞数量，降低了屋面漏水的风险。

（2）大运中心主体育馆

设计单位：中国建筑东北设计研究院有限公司深圳分公司

技术特点

1）雨水利用技术：采用虹吸排水，收集场馆屋顶和广场雨水，经处理后排入景观湖以补充景观用水，利用湖水作绿化浇灌及场地冲洗，每年可节水 9 万 m^3。

2）中水回用技术：采用市政中水用于场馆冲厕、车库地面冲洗、中心区景观湖补水和中心区绿地浇洒及道路冲洗。

3）节水设备应用：采用节水型卫生洁器具及感应式小便器。

4）热回收技术：采用空调风系统热回收、冷水机组冷凝热回收、制冰系统余热回收技术，节约能源与后期运行费用。

5）可再生能源技术：太阳能光热技术：在热身馆屋面安装太阳能集热器 768m^2，产生的热水主要用于场馆淋浴及融冰系统使用、淋浴和其他生活热水使用。

（3）大运中心游泳馆

设计单位：中建国际（深圳）设计顾问有限公司

技术特点

1）泳池水循环处理系统：采用“石英砂过滤 + 全流量臭氧消毒 + 活性炭吸附”，循环方式采用逆流循环。

2）中水回用系统：采用市政中水水源，在F1层设有中水储水池，提升后回用于F1卫生间冲厕及游泳馆周边约两万平方米硬铺地面冲洗和绿化用水。每年节约自来水用水量约1.8万吨。

3）雨水回用系统：本工程收集屋面雨水，经初期弃流后，补充室外水体，每年能收集的雨水量4万m^3。

4）太阳能热水系统：大运会游泳馆设置了800m^2太阳能集热器，提供淋浴用热。

5）消防系统：游泳馆消防泵房服务于整个大运中心——体育场、体育馆、游泳馆，消防蓄水由游泳馆内的比赛池及训练池供给，地下室消防水泵房内仅设置消防水泵吸水井。满足室内消火栓系统、消防水炮系统和消防水幕系统水泵15分钟吸水量，共计198m^3。

06 香港大学深圳医院（原名：深圳市滨海医院）

项目类型：医院建筑多种给排水
设计单位：深圳市建筑设计研究总院有限公司
设计时间：2008年
竣工时间：2012年
所获奖项：2015年全国优秀工程勘察设计奖建筑工程一等奖

工程简介

该项目位于深圳市红树林西北的深圳湾填海区16号地块；总建筑面积352478.33m^2，滨海医院建设规模为普通床位1700张，VIP特需诊疗中心床位300张，日门急诊量6000人次，停车位2000个。地上部分建筑最高7层，主要功能为门诊医技用房，住院，办公及行政后勤用房；地下3层，平时为车库、设备用房和医技用房等；战时局部为人防中心医院。

技术特点

该工程再生水资源利用：考虑到深圳地区年降雨量充沛，在本工程院区西南角设置了500m^3雨水蓄水池；在雨季雨水通过雨水斗、雨水口以及雨水管道汇集，初期弃流后进入蓄水池；池内的雨水经过机械处理后用于院区日常绿化浇洒。

该工程新型管材应用：本工程生活给水管材均采用铜管，轻便的铜管集金属与非金属管的优点于一身，是最佳的连接管道，使用起来安全可靠；纯水系统采用的是进口UPVC管（硬聚氯乙烯管）。

该工程二次供水技术（单变频、全变频）应用：该工程在高区（4层及以上楼层）采用变频供水技术，取消了屋面生活水箱的设置，避免了水质二次污染的可能性。

该工程油水分离器应用：该工程地下室范围内建筑专业设计了3块厨房区域，厨房废水最终均排至地下室隔油器间内的成品隔油器；室内占地面积小，不锈钢的材质，干净整洁；隔油效率高，整个设备密闭运行，环保卫生。

该工程虹吸排水系统技术应用：门诊医技楼屋面采用该系统，该系统在满流时产生的负压抽吸效果能够有效并快速地排除屋面汇集的雨水，特制的虹吸雨水斗泄流量大、水流态稳定，雨水管材方面也更经久耐用。

07 深港西部通道口岸旅检大楼（深方部分）

项目类型：口岸等其他大型公共建筑给排水
设计单位：深圳市建筑设计研究总院有限公司
设计时间：2006年
竣工时间：2007年
所获奖项：2009年广东省优秀工程勘察设计大奖等

工程简介

深港西部通道位于深圳市南山区东角头，其东南面紧临深圳湾，隔海与香港鳌磡石相接，北面通过沙河西路和东滨路与深圳滨海大道及其他城市干道相连。深港旅检大楼占地面积21641m^2，总建筑面积56677m^2，主体3层，地下局部1层，总高度23.42m，其中深方29399m^2，港方27278m^2。

技术特点

该工程位于填海地区，大楼主体为桩基础，大楼不考虑沉降，但室外场地沉降最大为30cm，给排水出户管需相应满足沉降要求。而当时国内还没有厂家能生产满足沉降要求的管件，尽管香港有满足要求的避震器，但价格昂贵，如大量使用必将大幅提高成本。为了既能降低投资又能保证管道长期正常使用，结合本项目设计了特殊的管道沉降器，经过十多年验证，给排水出户管仍能正常使用，没有因室外地面下沉而出现漏水等现象，减少了维修成本。

08 深圳宝安国际机场T3航站楼

项目类型：口岸等其他大型公共建筑给排水
设计单位：北京建筑设计研究院、北建院建筑设计（深圳）有限公司
设计时间：2009年
竣工时间：2013年
所获奖项：2015年全国优秀勘察设计一等奖；
2015年第九届全国优秀建筑结构设计一等奖第一名；
2015年北京市优秀工程一等奖；
2013年Idea-Tops"最佳文化空间设计奖"艾特奖；
2015年亚洲建筑师协会金奖

工程简介

本航站楼位于深圳宝安地区，主要由主楼中心区、中央指廊区、指廊中心区、东翼指廊区、西翼指廊区、十字北指廊、十字东指廊及十字西指廊六部分组成，总建筑面积为455745.51m^2，建筑高度为46.8m。

技术特点

机场采用双水源供水方式。分别来自宝安的朱坳水厂和福永的立新水厂。生活用水最高日用水量2898.3m^3/d，按照规划，2020年市政分配给机场供水规模为33000m^3/d。三层及以下由市政直供，四层及以上变频加压供水。

在航站楼西南侧设置雨水回收调节池（湖），并建设中水处理厂一座，回收机场厂区、航站楼雨水，经处理站处理后加压提供给航站楼卫生间冲厕、室外绿化、冲洗地面及水景补水。最高日用中水量1112.3m^3/d。

屋面雨水设计流态为虹吸压力流，屋面雨水排水设计重现期按50年，雨水排水系统和溢流设施总设计重现期为100年。屋面雨水排水量为17000l/s。

机场内部设置了消火栓及自动喷水灭火系统，并在餐饮区域设置了 12 门带雾化功能自动消防水炮，喷射流量 20l/s，额定工作压力 0.80MPa。保证其保护范围任何部位同时有 2 股水柱到达。

除在电气房间设置管网七氟丙烷系统外，在 SCR 小间设置直接式火探管自动探火灭火系统。在排油烟罩及烹饪部位设置灶具专用灭火设施。

09 深圳国际会展中心

项目类型：口岸等其他大型公共建筑给排水
设计单位：深圳市欧博工程设计顾问有限公司
设计时间：2016 年
竣工时间：2019 年

工程简介

本项目位于深圳市宝安区大空港新城，总用地面积：1255295.19m^2，其中建设用地面积：1214200m^2。总建筑面积：1599055.475m^2。本项目地上由 11 栋多层建筑组成，其中：1 栋由 16 个标准展厅、2 个特殊展厅、1 个超大展厅以及 2 个登录大厅组成，由一条中央廊道串联构成；2~11 栋为会展仓储、行政办公、垃圾用房等配套设施；项目南侧室外用地为室外展场。地下室共二层（局部一层），功能为地下车库、设备用房和安保用房及厨房等功能。本工程人防地下室分别设在南、北登录大厅西侧地下一、二层。为全埋式的甲类防空地下室，满足预定的战时对核武器、常规武器和生化武器的各项防护要求。

技术特点

该项目设有生活给水冷热水系统、净水系统、生活污废水系统、虹吸雨水系统、中水给水系统（水源由城市再生水供给）、雨水回用系统、消火栓给水系统、自动喷水灭火系统、自动消防炮灭火系统、防火分隔水幕系统、雨淋系统、气体消防系统、灭火器系统。项目分南北设有两个消防水泵房：南面消防水池有效容积 3636m^3，北面消防水池有效容积 6552m^3。本项目展厅内设有自动消防炮，单台流量 20λ/s，保护半径 50m，带有自动柱状 / 雾状喷嘴，入口工作压力 0.8MPa，喷射时后坐力 850N。每个水炮配套一个电动阀，由水炮图像探测组件自动控制，自动探测 - 自动定位 - 自动喷水灭火，也可由消防控制室和现场强制控制。展厅防火隔离带上方设置防火冷却水幕喷水强度为 2.5(ρ/s · m)（由国家消防工程技术研究中心消防模拟提供），非标展厅防火分隔水幕长度为 198m，其他展厅防火分隔水幕长度为 99m；设计用水量为 540λ/s，火灾延续时间 3h。喷头采用下垂型开式喷头，流量系数 K=115。

10 万科东海岸社区

项目类型：变频给水技术的运用
设计单位：深圳大学建筑设计研究院
设计时间：2001~2002 年
竣工时间：2003 年
所获奖项：2005 年度广东省第十二次优秀工程设计一等奖等

工程简介

该项目位于深圳市盐田区的大梅沙片区，占地 268484m^2，总建筑面积 214800m^2，是一个集别墅、公寓、会所、商业在内的高尚住宅小区。小区最高处绝对标高 80.0m，小区最低处绝对标高 13.0m。

技术特点

本工程采用小区集中泵房，泵房内按绝对标高分二组变频给水设备。工程设计做到了安全可靠、经济适用、技术先进，建成以来，给水系统运行稳定。

11 深圳市市民中心

项目类型：虹吸排水系统技术应用
设计单位：深圳市建筑设计研究总院有限公司
设计时间：1998 年
竣工时间：2003 年

工程简介

该项目位于福田中心区的中轴线上，分西、中、东三个组团采用鹰式网架联接成一个组成，是集市政办公、招待、宴会、观众大厅、工业展览厅、档案馆、博物馆多种功能为一体的综合性建筑，象征大鹏展翅的巨型屋盖是其重要的组成部分和点睛之笔，已形成深圳市最为重要的标志性建筑。该项目总建筑面积：210000m^2，建筑高度 85m。

技术特点

该项目巨型屋盖的汇水面积达 6.0 万 m^2，按 10 年暴雨强度重现期设计，50 年重现期校，仅采用了 28 根雨水立管共约 400 个虹吸雨水斗就将雨水排至地面管道系统，该工程竣工至今经历了大大小小的风雨洗礼，系统运转正常，排水畅通，取得了良好的效果。

12 南方科技大学——体育馆

项目类型：虹吸排水系统技术应用
设计单位：深圳市建筑科学研究院股份有限公司
设计时间：2015 年
竣工时间：2018 年

工程简介

项目建设地点位于广东省深圳市南方科技大学校园内，项目建设用地面积为 7074.99m，总建筑面积 9314.5m，建筑为 1 栋体育馆，其建筑高度为 25.4m，单层建筑。

技术特点

通过虹吸排水系统和重力排水系统结合的方法解决特殊屋面排水。项目采用金属屋面，屋面面积约 4300m^2，因建筑造型需要，屋面为菱形，4 个角的高度均不同。满足建筑空间要求，屋面排水大部分区域采用虹吸排水系统，为保证虹吸系统的有效性，通过分析屋面的标高找出屋面等高线，虹吸雨水斗和排水沟沿屋面等高线设置。屋面最低点受排水点集中的限制，排水量较小，设置重力流排水系统，通过两个系统的结合解决了特殊屋面的排水。

13 深圳信息职业技术学院迁址新建工程、学生宿舍等（赛时大运村）

项目类型：太阳能及空气源热泵热水技术应用
设计单位：深圳大学建筑设计研究院
设计时间：2010 年
竣工时间：2011 年
所获奖项：2012 年中国建筑学会建筑设备（给水排水）优秀设计三等奖

工程简介

深圳信息职业技术学院迁址新建工程、学生宿舍等（赛时大运村）位于深圳市龙岗龙城西区，水官高速公路龙岗出口南侧，即龙翔大道以东，龙兴路以南。宿舍主体为 5 栋高层（其中 1 栋 15 层、其余为 17 层），房间数约为 5000 间。原设计学生宿舍每居室住学生 3~4 人，最终学生人数达20000 人；大运会期间计划每居室住运动员 2~3 人，最多为 13000 人。学生宿舍每居室设有冷热水淋浴间 1 间，学生宿舍合计约有冷热水淋浴器 5000 个。

技术特点

单块集热器集热面积不小于 5.40m^2，真空管罩玻璃面积总和不小于 10.76m^2，共有 1045 块集热器；太阳能年设计保证率 60%，每平方米集热器产水量 75ρ，产水温度 60℃，30 支 ϕ58×2100mm^2 长全玻璃真空管，真空管集热器效率最高可达 51%；全部太阳能集热板放在运动员宿舍的屋面，加热贮热水箱、空气源热泵放在电梯楼梯核心筒屋面，部分空气源热泵放在宿舍的屋面；辅助加热采用空气源热泵；热水贮存采用不锈钢保温水箱。

14 西丽医院住院大楼

项目类型：太阳能及空气源热泵热水技术应用
完成单位：深圳华森建筑与工程设计顾问有限公司
设计时间：2009~2015 年
竣工时间：2016 年
所获奖项：建筑师协会创作奖
深圳市优秀工程勘察设计综合工程二等奖
深圳市优秀工程勘察设计给排水专项一等奖

工程简介

深圳市西丽医院位于南山区留仙大道以南，石鼓路以东，现医院占地面积 24000.5m^2。本项目新建包括 19 层新住院大楼，改造原 7 层门诊楼外立面，迁建原设备用房，并整合新旧楼交通连接以及配套其他辅助设施。改造后医院规模为总床数为住院 500 床，日门诊量 3000 人次。

技术特点

西丽医院病房的生活热水集中供应，其热源为太阳能，蒸汽锅炉为辅助热源。太阳能集热板集中设于屋面，设计选用平板太阳能集热器面积 800m^2，储热水箱 50m^3，太阳能保证率 42%，热水储热水箱采用不锈钢保温水箱。洗衣房热水采用空调余热预热，再由锅炉房蒸汽锅炉换热制备洗衣热水。

15 深圳宝安华侨城酒店（海颐广场）

项目类型：太阳能及空气源热泵热水技术应用
设计单位：深圳华森建筑与工程设计顾问有限公司
设计时间：2011 年
竣工时间：2015 年

工程简介：

项目位于深圳市宝安新区，建筑总占地面积 21174.67m^2，总建筑面积 11.15 万 m^2。本工程地下 2 层，主要是设备机房、停车库等；地上有两栋建筑，一栋为酒店，有 4 层裙房，5~23 层为酒店客房，总建筑高度 99.90m；另一栋为公寓，有 2 层裙房，2 层以上为公寓住户。

技术特点

项目热水系统为全天供应支管机械循环，冷热水管道采用同程式布置。为了达到节能要求，热煤主要采用太阳能换热制备热水，辅助热源为空气源热泵；为了保证水质，设计中配有 2 组板换及循环泵。在过渡季连续使用热泵时，每隔 10~15 天启动蒸汽锅炉，连续循环加热热水半天，当热水箱温度达到 60℃时停循环泵。热水系统加压采用变频泵组加压供水，为了保证洁具冷热水出水压力一致，设计要求在每个卫生间的接出管上设“压力式自动温度控制阀”或采用“justright”配件，以保证洁具冷、热水出水压力。

16 万科总部办公大楼

项目类型：再生水资源利用（中水及雨水回用）
设计单位：中建国际（深圳）设计公司
设计时间：2007 年
竣工时间：2009 年
所获奖项：目前已经通过 LEED 铂金奖设计部分的认证

工程简介

该项目位于广东省深圳市大梅沙海滨旅游度假区，总建筑面积 121301.9m^2，万科中心地下 1 层地上 6 层，总高度为 35m，为集会议展览、酒店、办公、休闲娱乐、商业为一体的地标性建筑。建筑的体量较为轻盈，整个建筑单体漂浮于地块之上，在整个三维空间内提供最大限度的景观角度，构成了基地周围景观、基地本身景观和建筑景观的三重景观。

技术特点

该项目采用了中水处理及雨水回用处理技术。

17 深圳市建筑科学研究院科研办公楼

项目类型：再生水资源利用（中水及雨水回用）
设计单位：深圳市建筑科学研究院有限公司
设计时间：2006 年
竣工时间：2008 年
所获奖项：第三届百年建筑优秀作品公建类绿色生态建筑设计大奖等

工程简介

该项目位于深圳市福田区梅林地区，周边道路、水、电等市政配套设施完善，地上部分裙房 12 层，主要功能为办公及科研用房，地下 2 层，平时为车库、设备用房等；战时为 6 级人防地下室，总建筑面积 1.9 万 m^2。

技术特点

该工程污废水再生利用：收集建科大楼的所有污废水，经人工湿地处理达标后用于冲厕、二楼以上绿化浇洒及地下车库冲洗等，从而实现节约用水改善生态环境，减少污染，达到节水减排目的，本工程中水处理规模为 5Sm^3/d。

该工程雨水回收与利用利用：收集场地内所有雨水，经人工湿地处理达标后用于一层道路冲洗、绿化浇洒、景观补水等，有效减少开发后场地外排雨量，实现雨量错峰排放，从而有效缓解市政雨水管网的雨水排放负荷，本工程雨水收集池总调储容量为 354m^3。

18 深圳市第十一高级中学

项目类型：再生水资源利用（中水及雨水回用）
设计单位：奥意建筑工程设计有限公司
设计时间：2015 年
竣工时间：2019 年

工程简介

本项目位于深圳市大鹏新区葵涌办事处溪涌社区洞背片区溪坪路东侧，总建筑面积约 9.5 万 m^2，为一所 60 班、3000 学位全寄宿制普通高级中学。主要包括教学及辅助用房、办公用房、学生宿舍、教工单身宿舍、风雨操场等，均为多层建筑，整体校园位于山坡上。

技术特点

该工程雨水回收与利用系统：收集山体防洪沟隔开的学校场地范围内雨水，收集总面积约 100097.68m^2，径流系数 0.6，按深圳地区设计日降雨量取 51.8mm、弃流量为 3mm，雨水日径流可收集总量约为 2808m^3，结合本项目回用水实际使用量设计 2 个装配式 PP 雨水模块收集池（容积各为 150m^3），设置室外绿化带内，总蓄水容积 300m^3。雨水经处理达标后用于校园道路冲洗、绿化浇洒、景观补水等，有效减少开发后场地外排雨量，实现雨量错峰排放，从而有效缓解山体雨水对防洪设施的冲击。

19 深圳市能源大厦

项目类型：再生水资源利用（中水及雨水回用）
设计单位：深圳市建筑设计研究总院有限公司
设计时间：2012 年
竣工时间：2018 年
所获奖项：CTBUH2019 全球奖 200~299m 最高建筑奖等

工程简介

该项目位于深圳市福田区，周边道路、水、电等市政配套设施完善，地上部分裙房 8 层，主要功能为办公、商业、地上车库用房，塔楼分北塔（42 层）、南塔（20 层），建筑高度 209m，地下 4 层，平时为车库、设备用房等；战时为六级人防地下室，总建筑面积 14.28 万 m^2。

技术特点

该工程废水再生利用设置中水系统：收集大楼空调冷凝水、废水的优质水源，经中水处理达标后用于冲厕、车库冲洗等，从而实现节约用水改善生态环境、减少污染，达到节水减排目的，本工程中水处理规模为 150m^3/d。

该工程设置雨水回收与利用系统：收集南塔楼屋面雨水，经处理达标后进入与中水合并的清水池，用于冲厕、绿化、车库冲洗等，有效减少开发后场地外排雨量，实现雨量错峰排放，从而有效缓解市政雨水管网的雨水排放负荷，达到低影响开发 (LID) 的目标。本工程雨水收集池总调储容量为 130m^3。

20 深圳国际会议展览中心

项目类型：消防水炮技术应用
设计单位：中国建筑东北设计研究院有限公司
设计时间：2002 年
竣工时间：2004 年
所获奖项：2009 年获中国勘察设计协会优秀工程设计行业奖；
建筑工程设计一等奖等

工程简介

该项目于深圳市民中心广场北端，南临滨河大道，北临福华三路。总占地面积 128000m^2，总建筑面积 255615m^2。深圳国际会议展览中心以展览会议为主，兼顾与展览会议有关的展示、演示、表演、集会等功能，为一座具有国际标准的超大型展览建筑，展览厅总容量为具备 6000 个国际标准展位，建筑面积为 115686m^2。

技术特点

会展中心在各展厅以及展厅顶端平台内共安装有消防水炮 100 门。消防水炮安装有双波段探测器和光截面探测器，能根据温度自动探测到火源，并自动启动，迅速将信息反馈给控制中心。操控人员可根据相关信息调动消防水炮，对火点进行灭火。同时消防水炮也可以实现就地控制。

21 深圳市欢乐海岸（北区）

项目类型：海绵城市技术应用
设计单位：深圳市建筑设计研究总院有限公司
设计时间：2009 年
竣工时间：2011 年
所获奖项：中国建筑设计奖——给排水专业三等奖等

工程简介

该项目位于深圳市南山区，周边道路、水、电等市政配套设施完善。地上 7 层、其中裙房 2 层、主楼 4 层、架空层（避难层）1 层。主要功能为办公、商业（餐饮），地下 2 层，平时为车库、设备用房等；战时为 6 级人防地下室，总建筑面积 19.36 万 m^2。

技术特点

该工程设置太阳能、热泵等作为热水系统热源，节能环保。其中 1 号楼热水给水系统采用太阳能辅助加热泵供热系统。该工程设置雨水回收与利用系统：收集主楼屋面、裙房屋面雨水，经处理达标后进入清水池，用于绿化、车库冲洗等，有效减少开发后场地外排雨量，实现雨量错峰排放，从而有效缓解市政雨水管网的雨水排放负荷，达到低影响开发 (LID) 的目标。本工程雨水收集池总调储容量为 $3504m^3$。

---

22 华为电气生产园 B1 改扩建工程（须深圳市项目）

项目类型：直饮水技术应用
设计单位：奥意建筑工程设计有限公司
设计时间：2014 年
竣工时间：2017 年
所获奖项：2018 年深圳市优秀工程设计勘察行业（公共建筑）一等奖

工程简介

华为电气生产园由 B1、B2、B3 三栋建筑组成，位于深圳市华为坂田基地西侧梅观高速公路与五和大道之间，紧邻南北贯通坂田基地的区域主干道五和大道，其中 B1 建筑毗邻华为高层办公会议区域。B1 大楼为二类高层民用建筑，高 41.79m，防火等级为二级。建筑原有地上面积为 $57529.77m^2$，本次改造后面积为 $58622.94m^2$。

技术特点

（1）给水系统由原来的屋顶水箱供水方式改为变频供水方式；排水采用污、废分流制；室外增设雨水回用系统。

（2）新增生活泵房位于地下二层，供整个 B 区使用，原生活、消防合用水池改为消防、冷却水补水合用水池，实现生活与消防水分开设置要求。更换新的消防泵，满足新规要求。

（3）直饮水系统：按照甲方分栋布置直饮水机房原则，地下二层新增直饮水机房仅供 B1 栋建筑使用，直饮水深度净化处理工艺采用 RO 反渗透膜处理技术，直饮水设备设计产水量为 $1m^3/h$。管道直饮水系统设置循环管道，供回水管网设计为同程式。本项目采用时间控制器控制循环水泵在系统用水量少时运行，每天至少循环管 2 次。

---

23 万科金域领峰花园

项目类型：整体卫浴技术应用
设计单位：筑博设计股份有限公司
设计时间：2016 年
竣工时间：2018 年

工程简介

该项目位于深圳市龙岗区布吉街道水径地区，用地南侧为待建设的松联路。总建筑面积为 $153716m^2$。本项目有半地下室一层、半地下室二层、地下室层、地上 2 层裙房，8 座高层塔楼，除 1 栋 F 座外都属于一类高层建筑，半地下一层、半地下二层为小汽车停车库及设备用房，地下室层为人防地下室，平时做为小汽车停车库及设备用房。

技术特点

整体浴室无卫生死角；墙面、地面、天花材质致密光洁，肤感亲切；不积水吸潮、干爽、不生异味；整个浴室采用环保材料，无污染，无辐射，确保了人体健康；地面采用特殊防水材质确保滴水不漏，而且地板下的防水底盘更杜绝了渗漏现象，彻底消除了传统浴室渗漏隐患。

---

24 宝能太古城 All city 购物中心

项目类型：油水分离器技术应用
设计单位：筑博设计股份有限公司
设计时间：2011 年
竣工时间：2012 年

工程简介

该项目位于深圳市南山区深圳湾片区工业八路和中心路交汇处。商业总建筑面积约为 10 万 m^2。本项目分为南区和北区两部分，各为地下 2 层、地上 3 层。

技术特点

油脂分离器是一种新型的全封闭油污分离设备，设备可连续运行，自动分离出油脂和污泥，并分别排至油脂和污泥收集桶。油污去除率高，减少人工清污量和环境污染。项目内餐饮店较多，且分布较广，餐饮废水分区域设置油脂分离收集处理。

第 12 章

市政工程篇

陈宜言　徐　波　万　众　谢勇利　刘小生
袁兴无　陈少华　刘子健　丁志荣　赵　宏
何柏雷　李　星　冯　芳

今昔与未来

——深圳土木 40 年市政交通篇

1980 年 8 月 26 日，全国人大正式批准在深圳设置经济特区，这一天，被称为“深圳生日”。40 年来，为了不负众望，深圳一直在不断努力追赶，创下了世界城市发展的奇迹。

任时光流转，历史的烟云不会散去，它们被装裱在时间的橱窗里，映射出时代的伟大进程。 40 年，在中华文明史中只是短暂一瞬，但在深圳这 40 年举世惊叹的能量中必然蕴含着某种永恒。

市政交通，如同骨骼和血脉，承载着城市的发展，体现了城市的品位、活力、风格和潜能。深圳特区自 1980 年成立以来，坚持“高标准规划、高质量建设、高效能管理、高水平经营”的原则，宏观着眼，微观着手，不断优化城市环境，40 年栉风沐雨，砥砺前行，不断发展壮大，让昔日边陲小镇一跃成为举世瞩目的国际化大都市。市政交通建设从无到有、从量变到质变，经历了发展初期、中间高速发展阶段、规范化发展阶段和高效、创新阶段四大阶段，创造出许多具有深圳特色的市政工程，留下了众多载入史册的精彩瞬间，极大地推动了深圳的现代化建设和改革开放进程。

如今的深圳，正以经济特区 40 周年为新起点，坚持“世界眼光、国际标准、中国特色、深圳定位”，围绕经济特区、粤港澳大湾区、“一带一路”交通枢纽和全球科技产业创新中心等建设，率先建设全面体现新发展理念的现代化经济体系，深入推进深圳质量、深圳标准、深圳品牌建设，高标准优化城市规划，高品质加强环境建设，推动城市净化、绿化、美化、亮化，大力治理“大城市病”，努力打造美丽中国的深圳样本，实现更高质量、更有效率、更加公平、更可持续发展。

一、发展初期（1980~1991 年）

1980 年深圳特区成立，市政管理机构逐步完善，由最初的 1980 年撤销宝安县建设局、成立深圳市基本建设委员会、增设规划管理局，到 1989 年撤销基本建设委员会城市规划局，成立规划局、市国土局，并设立市建筑工务局，下属单位有市基础工作组和口岸建设指挥部。从 1983 年开始，为了支援深圳特区建设，全国各地一批有实力的设计院陆续进驻深圳，相继成立了深圳分院，与当地设计院形成了地方与驻深多家设计单位共存、和谐发展的良好局面，成为创造深圳奇迹的设计开拓者。

这一阶段，深圳基础设施从无到有，经历了一个翻天覆地的变化。在道路方面，从 1980~1991 年，历经 11 年，在原有 9m 宽、25.9km 长的深圳至南头公路基础上，经过了 6 次较大的改造，修建了全长 24.8km 的深南大道，成为特区市政道路的标志性工程，1989 年被评为“全国市政样板工程”；1986 年 8 月，特区东西方向的第二条交通干线北环大道竣工；在建市前仅有布吉河上“解放路桥”的基础上，修建了笋岗桥、广深铁路高架桥、笋岗立交桥、皇岗立交桥（后更名为福田立交桥）、华强北立交桥等大中型标志性桥梁建筑。

城市基础设施的快速发展，在给城市带来深刻变化的同时，也必然由于急剧发展而缺乏更多的精雕细琢。总体来说，这一阶段的特点是来自全国各地的建设者和设计师们勇于开拓，高瞻远瞩，充分发挥“俯首甘为孺子牛”的“工匠精神”，充分考虑了今后的发展空间，设计作品朴实、大气、浑厚，体现了起步阶段的历史特征和精神风貌。

二、中间高速发展阶段（1992~1999年）

此阶段为1992年春到1999年下半年。在这7年多的时间里，深圳市政基础设施在起步建设阶段的基础上，逐步深化完善。从道路工程上来看，此阶段引进了先进的城市快速干道系统，典型代表工程有：北环大道拓宽，全长20.84km，全线共有大小立交桥15座，主车道为双向8车道，投资26亿人民币；春风路高架桥的动工新建，有效解决了火车站、罗湖口岸、罗湖商业区的过往车辆交叉引起的矛盾，缓解了交通压力；滨河快速路动工，全长5.8km，修建了彩田、金田、益田、新洲、车公庙5座立交桥；1999年10月滨海大道建成通车，全长9.6km。至此，北环、滨海城市快速干道、深南大道三条城市主干道结合，从根本上解决了具有东西狭长城市特征的特区的交通问题。1999年3月，东环快速路全线竣工，标志着特区东侧滨河大道、深南大道、北环大道相互连通，形成环城快速路系统，东接罗沙公路，直接与盐田港东部滨海地区衔接。

总体来说，这一阶段为深圳特区发展的黄金阶段，市政交通设计高速发展，涌现了许多优秀工程，并为特区培养了继创业者之后第一代年轻的设计队伍，使他们能够在这一环境中迅速成长。

三、规范化发展阶段（1999~2006年）

此阶段为1999年下半年至2006年。从1999年开始，随着特区建设的深入、设计市场的规范化、对设计工程前期投入的加大，大型市政工程均要求先作可行性研究，再经过方案设计、初步设计、施工图设计，从而保证了设计的质量和特色。本阶段的设计产品，从“经济美观、兼顾景观和谐、重视生态环境”的设计理念出发，经过细心雕琢、反复推敲而完成作品设计。工程项目也从满足功能需要的一般性，走向多样性、丰富性和前瞻性。例如，西部通道、宝安大道、深圳市彩虹大桥等项目，就充分证明了这一点。

从2002年开始，市政工程设计全面走上招投标的规范化轨道。在多项大型市政工程项目招标过程中，各家知名设计单位都拿出自己的看家本领，与同行在一个平台上进行激烈的竞争，对深圳的市政基础设施设计的档次和理念有了较大的升华。

四、高效、创新阶段（2007至今）

进入2007年，深圳加快推进基础设施提升改造工作，以国际一流城市基础设施标准为标杆，打造更加完备的城市基础设施体系，创新运营管理模式，以完善的城市功能提升国际化辐射带动能力，拓展城市发展空间。这个时期，深圳贯彻绿水青山就是金山银山的发展理念，建设美丽、宜居深圳，更加注重以人为本、绿色低碳。在市政项目中融入众多先进实用的技术和理念，打造精品工程。

在机动车快速发展、自行车需求急速减弱的前提下，2004年，深圳逐渐取消了自行车道空间。而在这一高效、创新阶段，伴随着交通拥挤问题不断加剧，促使普通市民交通意识和生活方式发生改变，越来越多的市民开始采取轨道公交等公共交通出行。步行和自行车逐步成为接驳公共交通的必要方式，同时市民也逐渐接受将步行和自行车骑行纳入短距离出行、休闲、健身、娱乐的一种方式，慢行重回城市道路空间分配要点。

2007 年深南大道再次改造、北环大道交通改善工程启动，标志着市政交通建设向高效创新的转变。例如在深南大道改造中，更加注重行人的体验及环境景观的协调，因地制宜地设置自行车专用道，结合地铁站口和公交车站布设人行连廊等，细化分类修缮方案并采取快速施工方案等多种技术措施，保障建设期间交通正常安全运行。北环大道项目中成功研发并应用新材料和新技术，开展多项课题研究，成果获得国家实用新型专利、广东省科学技术成果鉴定证书及多项各级科学技术奖。在此阶段还涌现出诸多针对项目难题开展的课题研究，获得国家发明专利、实用新型专利、各级科学技术奖，并推广应用至同类项目中，获得巨大的经济、社会效益。

2014 年深圳加快推进绿色交通和智慧交通的建设。截至 2017 年底，已建成全长超过 2400km 的绿道网络，吸引越来越多的市民加入到绿色出行的行列中，并成为周末市民漫步骑行、休闲游憩、徒步健身的好去处。公交车纯电动化率达 90%，2020 年，还将实现出租车 100% 电动化。2000 年深圳建成了智能交通指挥中心，目前，第四代指挥中心以“大数据、互联网 + 可视化”引领智能交通大发展，有效保障了深圳交通的安全、快捷。

2007 年开始进行波形钢腹板组合梁桥技术的研发与应用。东宝河新安大桥是世界首座波形钢腹板混合梁桥，马峦山公园一号桥则是世界首座波形钢腹板钢管组合桥，高抗震的伊朗德黑兰北部高速公路特大桥充分体现了深圳设计、深圳质量，是国家“一带一路”战略实施中先进核心技术输出的典范工程。针对每一座桥梁都深耕细作，匠心独运，充分展示了组合结构桥梁节材、轻型、易装配化、美观的优点。

从 2009 年开始，深圳市就已高度重视低影响开发雨水综合利用工作，持续推动以光明新区为示范区的各种类型低冲击开发雨水综合利用项目实施，为全国制定海绵设计标准及图集积累了经验，为全国海绵城市建设提供了参考、复制的经典案例，2016 年 4 月，深圳以光明凤凰城为试点区域，成功入选第二批“国家海绵城市建设试点城市”。2017 年，建成人才公园、香蜜公园和深圳湾滨海西段休闲带等一批精品公园，“深圳蓝”“深圳绿”成为城市最亮色。

从 2012 年起，在主编、参编国家、行业、省级地方标准方面也取得了不菲的成绩。

通过 40 年的深圳特区市政交通建设实践，我们深刻体会到“规划优先、理念先行、协调发展”的重要性，避免了市政工程重复建设和相互矛盾，节约了时间，节约了资金，保证了城市发展理念的适度超前和城市功能的逐步完善。

经过 40 年的发展，深圳特区从人口不足 2 万、市政设施寥寥无几，到如今人口超千万，道路四通八达，轨道纵横千里，城市充满无穷魅力。累累硕果的背后，无不映衬着深圳市政建设者敢闯敢试、勇于创新、奋力拼搏、精益求精、鞠躬尽瘁的精神。

从深圳放眼粤港澳大湾区，更加包容、开放的姿态正不断出现。广深科技创新走廊规划正式印发、落马洲河套地区

“港深创新及科技园”正快速建成，深汕特别合作区建设正不断推进。

潮平两岸阔，风正一帆悬。40 年前特区成立，40 年后，深圳特区完成从边陲农业县到世界一线城市的华丽蝶变。而今，深圳正朝着建设中国特色社会主义先行示范区的方向前行，努力创建社会主义现代化强国的城市范例。站在 40 年深圳特区发展新起点上，大力发展工程总承包、项目管理的全过程服务；借助“一带一路”加大国际业务开拓力度，提升国际竞争力；持续打造深圳质量、深圳标准，助力率先建设社会主义现代化先行区、现代化国际化创新型城市、可持续发展的全球创新之都，让深圳这座年轻的城市更有活力、更具魅力，为实现中华民族伟大复兴的中国梦贡献出新的智慧和力量！

01 深圳市铁路高架桥

项目地点：罗湖区
项目规模：全长 860.52m
设计单位：铁道部专业设计院深圳分院
设计时间：1986 年
竣工时间：1987 年

深圳市铁路高架桥，是我国首次提出应用部分预应力混凝土梁的新构想并付诸实践的桥梁。这在我国铁路桥梁中尚无先例，该桥在设计中解决了预应力体系的选择、施工方法的确定、开裂后截面压应力计算等一系列难题，如此大规模运用以新的设计理论为基础的部分预应力混凝土梁，不仅在国内是创举，在国际上也不多见。该桥全长 860.52m，每线由各自独立的梁、墩组成。全桥（两条正线和一条长 137.19m 机务整备线）计用部分预应力混凝土简支梁 158 孔。本工程曾获铁道部优秀设计二等奖、广东省科技进步二等奖、深圳市科技进步一等奖、国家优秀工程银质奖和国家优秀标准设计金奖。

02 广深高速公路（深圳段）

项目地点：深圳市
项目规模：高速公路，全长 18.9km，按双向 6 车道建设，留后期发展为 8 车道
项目投资：约 18 亿元
设计单位：深圳市市政设计研究院有限公司、香港奥雅纳工程顾问公司
设计时间：1985~1987 年
竣工时间：1993 年

广深高速公路工程早在 1981 年 6 月，由广东省公路建设公司与香港合和中国发展有限公司签署了意向书，并于 1982 年 4 月双方组成广深高速公路联合委员会负责建设。

广深高速公路（深圳段），设计速度 120km/h，一般最小平曲线半径 1000m，最大纵坡 5%，净空高度 5.6m 和 5.1m，路面横坡 2.5%，最大超高 7%，基面总宽 33.1m。广深高速公路建成通车后，从深圳到广州全程只需 1 小时，大大缩短了深圳至广州的行车时间，从而带来了显著的经济效益和社会效益。

03　滨海大道

项目地点：南山区
项目规模：长约 9.6km，城市快速路
项目投资：约 28 亿元
设计单位：上海市市政工程设计研究院
设计时间：1994~1997 年
竣工时间：1997 年

滨河大道为深圳特区快速路网南环快速路的一部分，东自广深高速公路西侧，西至南油大道，途经红树林保护区，穿越深圳湾滩涂，长约 9.6km。滨海大道按城市快速路标准设计，设计行车速度为 80km/h，双向 8 车道，两侧设有宽 8m 的辅道。道路红线宽 97~163m。滨海大道大部分路段位于后海海滨，其绿地率高达 56%，绿树成荫，风景宜人，是深圳市一条重要的景观大道。为了保护红树林保护区，线位北移并设置隔音屏保护候鸟，沿线设置的滨海景观带，成为深圳市著名的海滨休闲景观带。

滨海大道所有交叉口均按立体交叉设计，设有南海大道立交、后海大道立交、后海滨路立交、沙河西立交、沙河东立交、侨城东等 6 座立体交叉工程，并设有多处下穿人行地道。

滨河大道东接滨河路，西接桂庙路，是深圳特区东西向的交通干线之一。

04　深南路与宝安路交叉路口地下通道工程

项目地点：罗湖区
项目规模：为互通式结构，设 8 个地面出入口
项目投资：约 0.25 亿元
设计单位：深圳市市政设计研究院有限公司
设计时间：1997 年
竣工时间：1997 年

深南路与宝安路交叉路口地下通道工程，主通道呈 X 形交叉布置。该工程位于繁忙的交叉路口，地面交通量大，地下管线密集，呈纵横交错布置，为确保施工期间地面交通的正常进行，尽可能不拆迁管线，采用浅埋暗挖法施工。该工程荣获 1999 年深圳市科技进步奖三等奖（浅埋暗挖法修建大跨、超浅埋地下通道综合配套技术）。

深南路与宝安路交叉路口地下通道工程

05　深圳市东环快速路市政工程

项目地点：罗湖区

项目规模：全长 12.35km，红线宽 90m，主线设双向 6~8 车道，两侧辅道各为 2 车道

项目投资：约 10.2 亿元

设计单位：深圳市市政设计研究院有限公司

设计时间：1993~1996 年

竣工时间：1999 年

深圳市东环快速路是特区内快速干道系统的重要组成部分，与滨河路、滨海大道、北环路共同形成特区快速环线。该快速路位于市区东部罗湖旧城区，南接南环快速路春风高架桥，经南湖路、文锦渡口岸、沿河路、爱国路、布心路、泥岗路，终至北环快速路泥岗立交，是文锦渡口岸与北环路相连的唯一快速干道。该路段由 1 座新秀立交、2 座高架桥、1 座跨线桥及全封闭快速路组成。

该工程设计中的“刚性路面修复—柔性罩面技术开发研究”为深圳市建筑业 1999 年科技成果推广项目；该项目中的布心路段改造工程获深圳市优秀设计二等奖、广东省优秀设计三等奖。

06 机荷高速公路工程

项目规模：高速公路，全长 44.31km，设计时速 100km/h
项目投资：21.3 亿元
设计单位：中交第一公路勘察设计研究院有限公司
设计时间：1992~1995 年
竣工时间：1999 年

机荷高速公路是国道主干线——同江至三亚沿海高速公路的组成部分，是深圳市公路网中一条重要的东西向快速干道，起于深圳宝安国际机场，途经深圳市龙岗、宝安两区的 7 个镇，终点在深圳市横岗镇荷坳村。

机荷高速公路东连深汕高速公路、惠盐高速公路和 205 国道，中部与梅观高速公路互通，西端与广深珠高速公路和 107 国道相接，将广佛高速公路、佛开高速公路、广深珠高速公路、107 国道、深汕高速公路、惠盐高速和 205 国道连成一体，形成一条汕头、惠州地区与广州、深圳、东莞和香港地区之间的交通大动脉。

机荷高速公路是我国第一条建在重丘区的双向 6 车道高速公路，全线装有从西班牙进口的先进的监控系统、紧急电话系统和计算机收费系统，并配有完善的交通设施。机荷高速公路分东、西两段建设。

机荷高速公路设有石岩、水朗、福民、清湖和白泥坑 5 个互通立交桥，分别与深圳市松白公路、石观公路、观澜大道、梅观高速公路和平沙公路连通。机荷高速公路的建成，对深圳市公路网的形成，减轻市内交通压力和迅速疏通香港过境车辆都起到十分重要的作用。

07 深圳市彩虹大桥

项目地点：罗湖区
项目规模：桥梁全长 386.37m，其中主跨 150m，桥宽 23.5~28m，双向 4 车道
项目投资：0.7 亿元
设计单位：深圳市市政设计研究院有限公司
设计时间：1997 年
竣工时间：2000 年

深圳市彩虹（北站）大桥位于深圳市罗湖区八卦三路 - 田贝四路中段，上跨深圳火车北站 29 股轨道。彩虹（北站）大桥主桥为单跨 150m 下承式钢管混凝土系杆拱桥，引桥为预应力混凝土连续梁桥。该桥为世界首座钢 - 混凝土全组合结构大型桥梁，进行了多项技术创新。该项目设计获得 2001 年广东省优秀工程勘察设计一等奖、2002 年建设部优秀工程勘察设计三等奖；“深圳彩虹（北站）大桥钢 - 混凝土组合桥梁设计与研究”科研成果，获 2001 年深圳市科技进步一等奖、2002 年广东省科技进步二等奖；与其相关的组合结构关键技术研究与应用，获 2003 年教育部科技进步二等奖、2004 年度国家科技进步二等奖。

08 梅观高速公路

建设时间：1995 年竣工
项目规模：高速公路，全长 19.3km，设计时速 100km/h
项目投资：7.9 亿元
设计单位：中交第一公路勘察设计研究院有限公司
设计时间：1992~1993 年

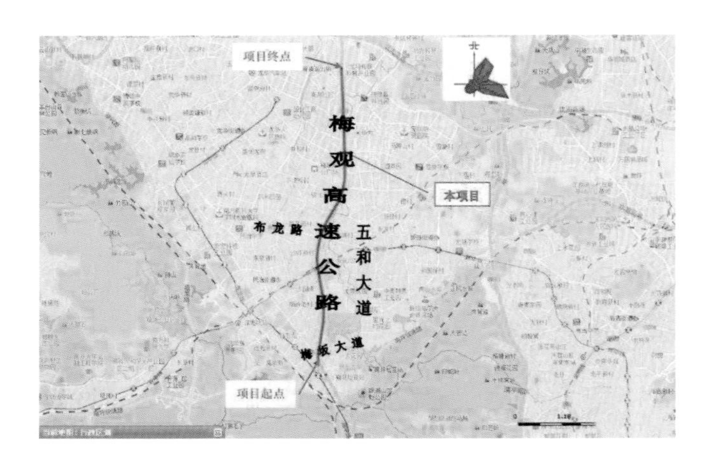

梅观高速公路南讫深圳梅林检查站，北至深圳市与东莞市交界的黎光村，途经龙华区、龙岗区，设有 8 座互通式立交，全线采用封闭式收费系统，并配有完善的交通设施。梅观高速公路南接梅林海关，经皇岗路延伸到皇岗口岸，北与莞深高速公路相通，并通过中部清湖立交桥与机荷高速公路十字交叉相连，向东可以前往惠州、汕头，向西可直达深圳宝安机场，是深圳市干线路网中一条重要的南北向高速公路。2016 年该路全线取消收费，2019 年中清湖立交以南段 8.5km 开始市政化改造工程，工程总投资约 84.6 亿元。

09 深圳市干线道路网规划

项目地点：深圳市
项目规模：全市域
规划编制单位：深圳市城市交通规划设计研究中心有限公司
编制时间：2002~2003 年

随着社会经济的持续发展，深圳市小汽车拥有量以年均近 20% 的速度迅速增长，港口疏港交通、深港跨界交通也持续增长，深圳市道路交通系统面临巨大压力。同时，深圳市的城市化进程由特区内迅速扩展到全市，为支撑特区外快速的城市化进程，促进特区内外的一体化发展，迫切需要构筑高效、快捷、全市一体化的干线道路网络。

《深圳市干线道路网规划》按照特区内外一体化发展的要求，系统整合了城市道路网和公路网，确定了城市化地区一体化的道路功能分级体系，制定了干线道路网的总体规划方案和近期建设计划，为全市干线道路的有序建设提供依据。

根据干线道路的功能定位，紧密结合区域和城市空间布局结构以及未来的交通需求，规划方案制定的全市高速公路、快速路网规划呈“七横十三纵”的总体布局形态，其中，新增高速公路 130km，新增快速路 368km，规划道路建设完成后，将形成覆盖全市的一体化干线道路网络。

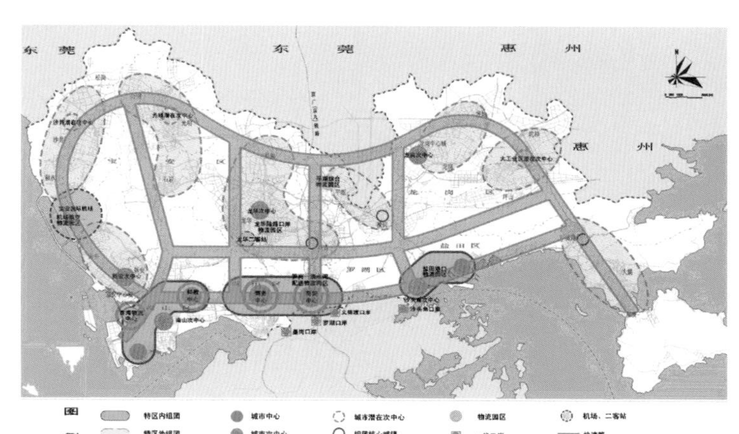

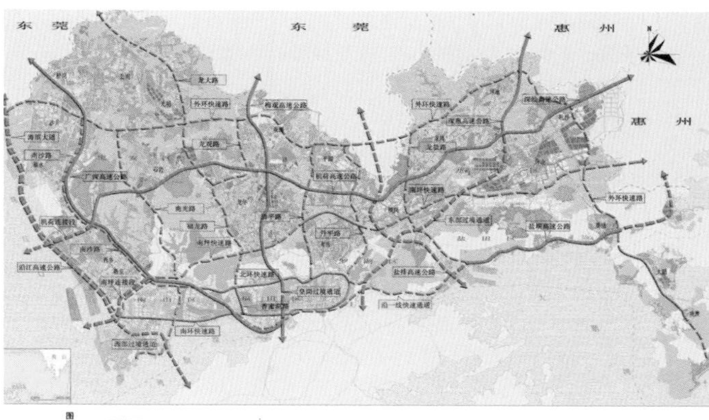

10 香蜜湖路 - 红荔路节点改造工程

工程名称：香蜜湖路 - 红荔路节点改造工程
建设时间：2015 年竣工
项目地点：深圳市福田区
项目规模：香蜜湖路改造的长度为 860m，主线设置 160m 下穿通道，310mU 形槽。红荔路主线跨线桥保留，对 650m 的辅路进行拓宽改造
项目投资：2.97 亿元
设计单位：中国华西工程设计建设有限公司
设计时间：2012~2014 年

按照深圳市政府办公会议（2012 第 85 号）精神，为协调道路改造与车公庙枢纽建设关系，市交通运输委组织开展香蜜湖路交通综合改善规划研究。现状香蜜湖路转向功能不完善、局部路段交通拥堵严重；车公庙枢纽建设为香蜜湖路改造提供了契机。

香蜜湖路 - 红荔路节点现状是分离式立交，红荔路主线上跨香蜜湖路，红荔西路跨线桥的 4 个右转匝道与香蜜湖路辅路的外侧路缘线相接，左转车辆需绕行。本次设计拟采用香蜜湖路主线下沉方式穿越该节点，现状的地面层进行灯控平交，这样有效解决了香蜜湖路 - 红荔路节点各方向左转的问题，从而减少了该节点绕行对其他路段的干扰，大大提高了周边路网的通行效率。

设计方案是香蜜湖路主线采用下沉方式通过香蜜湖路 - 红荔路节点，设计主要包含新建下穿通道与 U 形槽的范围。在满足规范的前提下，结合现状，同时考虑起终点与现状的香蜜湖路接顺，香蜜湖路主线改造的长度为 860m，起点位于红荔路跨线桥中线以南 344.8m 位置，终点位于桥中线以北 515.2m 位置。红荔路主线跨线桥保留，只对 650m 的辅路进行拓宽改造，且与现状接顺。

11　深圳市盐田区大梅沙 – 盐田坳共同沟（隧道）工程

项目地点： 盐田区
项目规模： 隧道全长 2666m
项目投资： 约 7000 万元
设计单位： 深圳市市政设计研究院有限公司
设计时间： 2002 年
竣工时间： 2004 年

深圳市盐田区大梅沙 – 盐田坳共同沟（隧道）工程，位于盐坝高速公路大梅沙隧道的北侧，将大梅沙片区的生活污水经泵房提升，用压力管送至盐田污水泵站，纳入盐田污水处理厂处理后排放。该工程主要包括东、西两座泵房和一条共同沟（隧道），是深圳市第一条共同沟。隧道内设污水管、给水管、通信管、高压天然气管等市政管线。该工程曾获 2009 年度全国优秀工程勘察设计行业奖三等奖、2009 年度广东省优秀工程设计二等奖。

12　罗湖口岸 / 火车站地区综合改造工程

项目地点： 罗湖区
项目规模： 占地面积 $37.5hm^2$
项目投资： 约 1.69 亿元
设计单位： 深圳市市政设计研究院有限公司
设计时间： 2001~2003 年
竣工时间： 2005 年

本工程场地呈口袋形，是深圳市最大的人流和车流集散地，也是重要的区域性城市综合交通枢纽，它集口岸、火车站、长途客运站及公交枢纽总站的职能为一体，日均旅客量达 20 万人次，高峰日达 50 万人次。交通解决主要原则为：机动车管道化原则、功能分区原则、公交优先原则、人车分流原则。为实现上述原则，在 $37.5hm^2$ 的场地上布置了长途汽车站、公交巴士站、的士上落客站、社会停车场、社会车辆上落客站、12 条联络道，3 条汽车隧道、2 条人行地道。

本工程曾获国家优秀工程设计铜奖、全国优秀工程勘察设计行业奖一等奖、广东省优秀工程设计一等奖。

13 福华路地下商业街

项目地点：福田中心区

项目规模：总建筑面积为 29794m^2，人防工程建筑面积为 13717m^2。

项目投资：2.5 亿元

设计单位：深圳市市政设计研究院有限公司

设计时间：2001 年

竣工时间：2005 年

福华路地下商业街位于福华路地面下，其地面上西端为邮电信息枢纽大厦，东端为大中华国际交易广场大厦，为地下 1 层框架结构建筑物。地下西连接地铁益田站，东接地铁金田站，总长度约 660m，南北宽 13~63.3m 不等，结构总高度（地下室底板底至顶板顶面的距离）为 6.8~7.7m，底板顶面标高为 -2.6~-1.0m（局部为 -4.00m），基底埋深 6~11m。

本工程采用明挖法施工，咬合搅拌桩支护。基本结构为单层钢筋混凝土框架结构，结构位于地铁箱涵之上、市政管线之下，结构设计有一定难度，故采用人工挖孔桩和宽扁梁跨越的形式，局部采用型钢混凝土梁。为了有效地防水抗渗，结构最长连续段为 450m，设计中采用加强施工养护、加强配筋和纤维混凝土等措施。

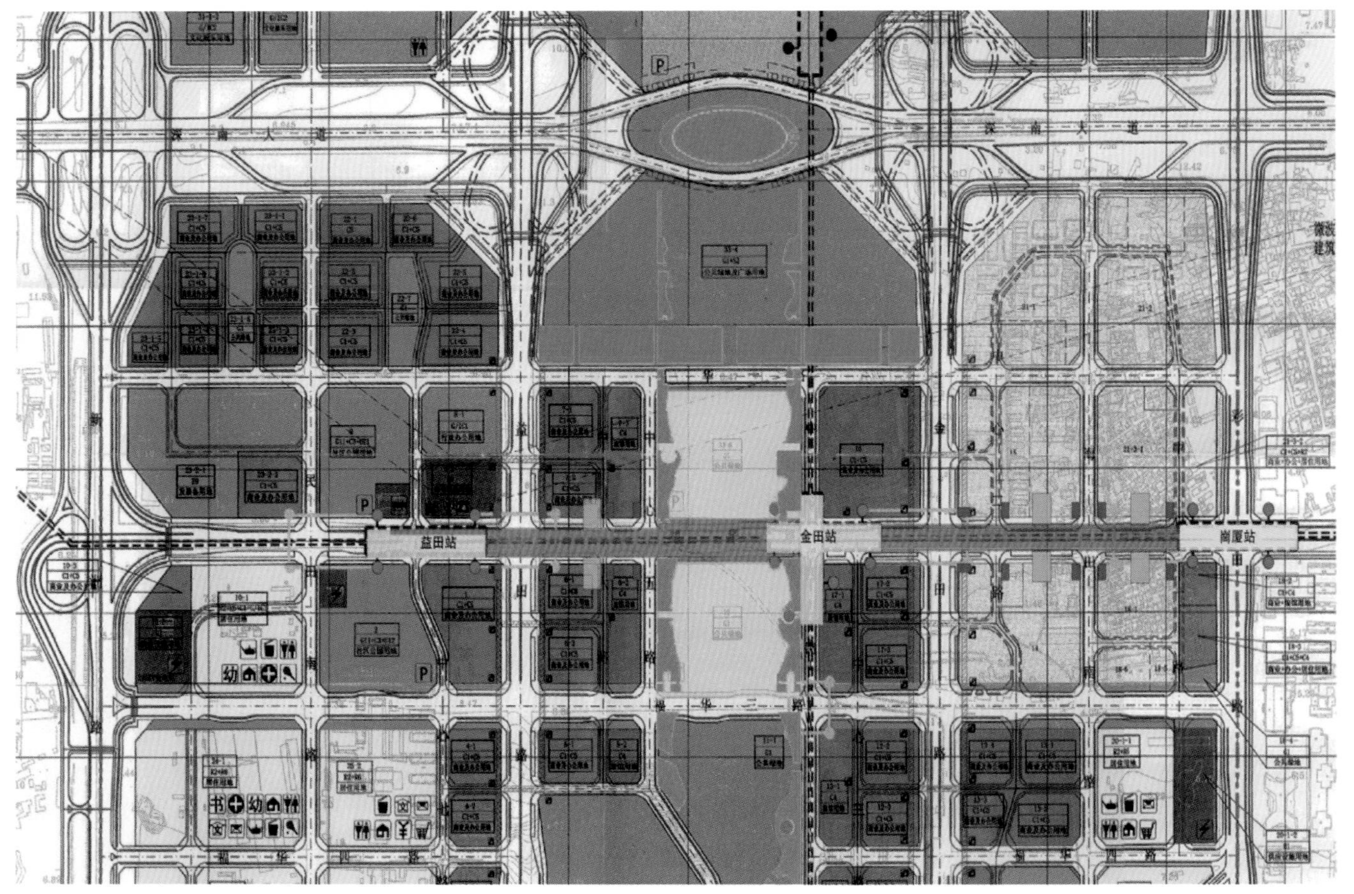

福华路地下商业街区域位置图

14 深圳福田－香港落马洲口岸通道桥

项目地点：深圳、香港
项目规模：桥梁全长 240m，双层，建筑面积 8976.0m^2
项目投资：约 1.9 亿元（不含香港侧机电设备）
设计单位：中铁工程设计咨询集团有限公司
设计时间：2001~2003 年
竣工时间：2006 年

深圳福田－香港落马洲口岸通道桥，是一座双层、全封闭的异形独塔双索面斜拉桥。桥梁跨越深圳河，北接深圳地铁 4 号线福田口岸站联检楼，南接香港东铁支线落马洲站联检楼，跨径为 32m+133.65m+69.65m，香港、深圳侧各有 2.2m、2.5m 悬臂，全长 240.0m。设计基准期为 120 年。

主梁为不设斜杆的三层钢框架，建筑高度 15.47m，底层采用高 1.7m 封闭式全焊正交异形板桥面钢箱梁，中层采用高 1.5m 全焊正交异形板桥面钢板梁，顶层采用整体节点式 K 形桁架结构。柱与梁采用高强度螺栓连接。主塔采用两个 12m×20m、深 8m 的扩大基础，主塔在梁底以上高 72.0m，梁底以下 18.0m，下塔柱向主跨方倾斜 9.7717°。

桥梁两层均为单方向通行，桥面横向柱距 17.5m，净宽 16.5m。桥面围护结构采用白色 Low-E 中空玻璃加铝单板幕墙，顶层屋面采用蜂窝铝板。桥面铺花岗石，设净宽 1.4m 自动人行道。

15 深圳市福龙快速路市政工程

项目地点：福田区、南山区、宝安区
项目规模：全长 14.25km，红线宽 78m，设计车速 80km/h，城市快速路。设互通立交 4 座，跨线大桥 34 座，总长 6.5km；隧道 6 座（单洞），总长 6.05km
项目投资：约 21.1 亿元
设计单位：中国市政工程中南设计研究总院有限公司、深圳市市政设计研究院有限公司
设计时间：2004 年
竣工时间：2007 年

福龙路对进一步缓解深圳中心区－宝安龙华－深圳西部发展轴带上日益增长的交通压力，优化深圳中西部路网布局，改善深圳中西部地区的交通状况和投资环境，实现宝安、光明新区与特区内路网顺畅衔接，促进香港、深圳及珠三角地区经济共同发展具有重要意义。福龙路南起北环大道香环立交，穿越横龙山、白石岭，横跨南坪快速路、留仙大道，经长岭陂、红木山水库及龙华二线拓展区，北接龙大高速公路，沿线沟壑纵横，地形、地质条件复杂，桥、隧较多。

由中南院设计的福龙路南段获 2009 年度全国优秀工程勘察设计行业奖三等奖，湖北省优秀市政工程设计二等奖，并获 2008 年度广东省优良样板工程奖；由深圳市政院设计的福龙路北段获 2011 年度全国优秀工程勘察设计行业奖二等奖。

16 深圳市福田交通综合枢纽换乘中心

项目地点：福田区
项目规模：主体建筑面积约 13 万 m^2
项目投资：约 7 亿元
设计单位：深圳市市政设计研究院有限公司
设计时间：2003 年
竣工时间：2007 年

深圳市福田交通综合枢纽换乘中心，毗邻南山区，东侧紧邻福田汽车站和竹子林立交，南至白石洲路，西至规划道路，北至深南路，紧邻地铁竹子林站出入口。换乘中心项目总用地面积约 7.8hm^2，建设用地面积约 6.8hm^2。建筑物由主楼换乘中心与附属建筑两部分组成，地上 4 层（从深南大道看）主楼坐南朝北。换乘中心地面 4 层（从深南路侧算），地下 2 层。其中地下一层北面与竹子林地铁站平接，其余三面临空，与南面市政路白石洲路同一标高。地下二层为全埋式地下车库，作为人防地下室，采用平战结合的方式设计。该工程建成后将成为特区重要的对外长途客运中心，实现与地铁一期竹子林站的接驳，完成深圳市常规公交内部的区间换乘，为本市及外来社会车辆提供停泊场地。

本工程曾获 2011 年度全国勘察设计行业奖二等奖、2011 年度广东省优秀工程设计二等奖。

17 深港西部通道深圳湾口岸（场地工程）

项目地点：南山区
项目规模：国家重点工程，占地 117.9hm^2
项目投资：约 49 亿元
设计单位：深圳市城市规划设计研究院、
中国铁道科学研究院深圳研究设计院
设计时间：1997~2005 年
竣工时间：2007 年

深港西部通道是国家重点建设项目，是内地和香港特别行政区政府合建的大型跨界工程，包括深圳湾跨海大桥、深港“一地两检”口岸、深圳侧接线和香港侧接线，总投资约 160 亿元。1997 年国务院批准立项，2007 年竣工。

深港西部通道深圳湾口岸在国内首次采用“一地两检”模式，香港口岸设在内地，是目前世界上最大的现代化智能型公路口岸。口岸填海造地而成，占地 117.9hm^2（包括香港和内地口岸查验区），设计通关能力车辆 5.86 万辆次 / 日、旅客 12 万人次 / 日。香港口岸查验区按 B.S. 技术标准（英国技术体系）设计、建设。

从 1997 年至 2006 年，深圳市城市规划设计研究院承担了项目的工程可行性研究、深港口岸的总体设计和工程设计，以及“一地两检”涉及的相关技术标准、政策、法律体系的研究，从技术层面的创新推动了制度的突破。项目获 2011 年度广东省科学技术奖特等奖、“深圳市 30 年 30 个特色建设项目”等奖项。

18 深圳湾公路大桥

项目地点： 南山区

项目规模： 全长 5545m，其中深圳侧桥长 2040m，香港段 3505m，桥面宽 38.6m，全桥的桩柱共 457 支，共 12 对斜拉索，呈不对称布置，独塔单索面钢箱梁斜拉桥

设计单位： 中交公路规划设计院

竣工时间： 2007 年

深圳湾公路大桥是一座连接深圳蛇口东角头和香港元朗鳌堪石的公路大桥，是西部通道两大主体工程之一，是当时国内桥面最宽、标准最高的公路大桥。大桥设南、北两个通航口，采用主跨为 $210m^2$ 和 $180m^2$ 独塔钢梁斜拉桥方案。非通航孔采用 75m 跨等截面箱梁。为改善行车条件，增加大桥景观效果，桥轴线平面采用 S 形。若从高处鸟瞰，只见略显 S 形的大桥蜿蜒跨过海面，如同一条巨龙跨越天海相接。西部通道的走线有直也有弯，为流线型。通道的走线有少许弯度，设计上不仅可让司机沿途欣赏斜拉桥的美态，还有助于大桥本身和司机行车的安全。深圳湾公路大桥虽然由深港两地政府共同投资，但在桥面宽度、行车道宽度、路面横坡等方面，深港双方均有严格统一的技术标准，因此大桥实际上就是一个整体，连接部分没有任何痕迹，外部造型和桥梁结构完全一致。

深圳湾公路大桥也是目前国内施工难度最大的桥之一，施工中通过科学管理和目标控制，改善了钢箱梁整体焊接吊装技术，攻克了国内最厚钢板的焊接技术，解决了高性能混凝土的施工技术，并解决了浅海滩深厚淤泥区高支架桥梁施工的技术难题。同时，攻克了长线短制法的箱梁生产安装技术及短线法预制箱梁的施工安装技术。该大桥的建设在我国桥梁建设史上具有里程碑意义，该桥顺利竣工标志着深圳市桥梁建设水平又上了一个新台阶。

19 深港西部通道深圳侧接线工程

项目地点： 南山区

项目规模： 接线工程是通过一线口岸深港过境车辆的专用通道，设计行车速度 80km/h，按双向 6 车道高速公路标准建设。主线（未含匝道）全长约 4.5km（其中地下结构长 3.08km，高架结构长 0.735km）

项目投资： 约 21 亿元

设计单位： 上海市政工程设计院、
重庆交通科研设计院、
合乐中国有限公司、
中国铁道科学研究院深圳研究设计院

设计时间： 2004 年

竣工时间： 2007 年

深港西部通道深圳侧接线工程（以下简称接线工程），是深港西部通道的重要组成部分，接线工程是通过一线口岸深港过境车辆的专用通道，设计行车速度 80km/h，按双向 6 车道高速公路标准建设。接线工程起于月亮湾大道（设置路堑式匝道与西部通道联系），沿线经过大南山北麓、东滨路和后海湾，与南海大道、后海大道、规划后海滨路、科苑大道等相交，终点位于西部通道一线口岸出口，主线（未含匝道）全长约 4.5km（其中地下结构长 3.08km、高架结构长 0.735km）。接线工程沿线地块可分为三类，一是大南山风景区，二是城市建成区，三是规划区。

接线工程主线总体布置（全暗埋下沉式道路组合方案）：在大南山北麓以东地段荔枝林和东滨路的建成区、建设规划的生活区、填海区路段采用下沉式道路。其中大南山北麓处（K1+396~K1+730）、兴工路以西（K1+830~K2+278）、南海大道交叉口（包括交叉口）至后海滨路以东（K2+440~K4+165）和规划科苑大道至一线口岸以东（K4+365）采用浅埋式下沉式道路；大南山北麓以东（K1+730~K1+830）采用全敞开结构形式下沉式道路；兴工路交叉口以东至南海大道（K2+278~K2+440）和科苑大道以西（K4+165~K4+365）采用半敞开结构形式，敞开的天窗宽度为 2.5m，前者采用轻质半透明材料进行封闭，后者采用轻型瓦片式材料进行加盖。另外，大南山北麓以西地段根据地形状况及荔枝林布设情况采用高架和路堑（半）式道路。

20　宝安大道

项目地点：深圳市西乡
项目规模：城市主干路，全长 32.8km
项目投资：近 23 亿元
设计单位：深圳市市政设计研究院有限公司、
中国市政工程中南设计院总院有限公司、
深圳市宝安规划设计院
竣工时间：2007 年

宝安大道，南起新城联检站，北接松岗塘下涌立交桥，与 107 国道相连，依次穿越新安、西乡、福永、沙井、松岗 5 个街道，主车道为双向 8 车道，两侧设有辅道，是当时宝安区单项投资规模最大的政府投资项目。宝安大道已经成为宝安区最重要及最靓丽的大道，同时也是进出深圳的迎宾大道之一。

宝安大道在设计之初就被定义为“别具特色的景观大道”，中央十余米宽的绿化带和两旁的树阵、花台等均参照深南大道、滨海大道的标准建设，道路绿化总面积约 99 万 m^2，俨然一个个社区小公园，具有都市田园风光。

21 107 国道深圳段改造工程

项目地点：宝安区
项目规模：32km，路幅宽约 50~80m，双向 10 车道
项目投资：约 20 亿元
设计单位：深圳市市政设计研究院有限公司
设计时间：1998~2006 年
竣工时间：2008 年

107 国道深圳段改造工程，东南端通过南头联检站接特区内北环快速路和深南大道，西北端连接东莞长安镇，是北京 - 深圳的国家一级主干线公路。该工程具有特大交通流（约 12 万 pcu/ 日）、过境交通为主（约占 70%）、货运交通为主（约占 60%）三大交通特征，全线共设简、立交节点 19 个，沿线穿越宝安区西部最发达的新安、西乡、航空城、福永、沙井、松岗 6 个中心镇区，征地、拆迁、不中断交通等设计影响因素复杂，使其成为深圳市大型、复杂、交通型道路改造工程的典型范例。该工程曾获 2011 年度全国优秀勘察设计行业奖一等奖。

22 深圳市东部沿海高速公路莲塘至盐田段工程

项目地点：罗湖区、盐田区
项目规模：路线全长：11.38km；
道路等级：高速公路；
设计速度：主线 80km/h，匝道 30~40km/h
基本车道数：主线双向 6 车道
项目投资：26.4 亿元
设计单位：中铁大桥勘测设计院有限公司、
中铁二院工程集团有限责任公司
设计时间：2004~2005 年
竣工时间：2008 年

深圳市东部沿海高速公路莲塘至盐田段工程起点位于罗沙公路罗芳立交以东 4km 处，终点与盐坝高速公路连接。设有 6 座隧道，累计总长 12072.5m/ 单线，大桥 3 座，互通立交 2 处，累计主线桥梁总长 7658m/ 单线，主线加匝道桥累计面积约 200000m^2，桥隧占总里程数的 87%。

路线经过广东省省级自然风景区——梧桐山风景，勘测设计必须要把对风景区保护放在首位，路线设计时布设了 3 个比较段，共 6 个比较方案，最终确定桥隧直接相连的工程方案，桥隧长度占总里程的 87%，把对自然生态破坏较重的路基段缩到最短。

本项目中盐田港区立交群是深圳市快速干道网中重要的交通枢纽，同时又是疏港交通的主要通道，此外还是城市生活交通的转换点，是深圳市已建或在建立交工程最为复杂的立交之一。

桥隧工程是本项目设计的重点，结合自然条件及交通疏解条件进行桥梁选型结构设计，分别采用了现浇预应力混凝土箱梁、钢箱梁、预应力混凝土悬臂浇注连续钢构以及预应力混凝土预制吊装先简支后连续小箱梁。隧道内轮廓设计时，充分考虑建筑标准、断面经济性、结构受力特点、隧道装饰、防排水等因素，结合洞口工程地质及地形条件，尽量使洞口简洁、美观、自然，与环境浑然一体。

23 龙岗区龙翔大道改造工程

项目地点：龙岗区

项目规模：道路全长 6.64km，城市 I 级主干道，道路红线 80m，双向 8 车道，设计车速 60km/h

项目投资：项目总概算约 2.4 亿元

设计单位：深圳市新城市规划建筑设计有限公司

设计时间：2009 年

竣工时间：2009 年

龙翔大道位于龙岗中心城中部，西起水官高速公路收费站，东至龙城大道，是龙岗中心城区最重要的东西向主干道，也是龙岗区政治、经济、文化中心对外辐射的轴线。

龙翔大道始建于 1995 年，通行十几年来，路面破损严重、交通设施配套不全、景观效果较差，为迎接第 29 届深圳大运会，龙岗区政府于 2009 年 4 月启动了龙翔大道升级改造工程。

设计中重点从道路交通功能提升及城市景观空间塑造两方面入手开展设计。

道路交通功能提升主要包括：

（1）根据设计车速、全线路口分布情况及路段交通量的分布特征，通过灯控路口科学配时，减少车辆的停车延误时间，打造“龙翔大道绿波带”，提高道路通行效率约 50%。

（2）车道由“双六”拓宽为“双八”，满足交通增长需求；路面“白加黑”加铺沥青面层，改善行车条件。

（3）对主要交通节点渠化改造，优化交通组织；完善行人过街设施及市政管线迁改等。

城市景观塑造主要包括：拓宽中央分隔带至 4~6m，为景观塑造创造空间；结合不同区段的城市风貌特征，确定道路绿化方案，使道路景观效果与周边建筑的融合；并针对标志性路段及节点进行专项设计等。

24　盐坝高速

项目地点： 盐田区、大鹏新区
项目规模： 路线全长 29.1km，设计时速 80km/h，路基宽 27.0m；
项目沿线设置桥梁 7094.85m/34 座，涵洞 37 道，通道 7 座；
沿线共设置天桥 8 座，隧道 1280m/2 座
项目投资： 深圳高速公路股份有限公司
设计单位： 中交第一公路勘察设计研究院有限公司
设计时间： 2001 年
竣工时间： 2010 年

盐坝高速公路是广东省高速公路 S30（惠深沿海高速公路）中的一段，横跨深圳市盐田组团和东部生态组团，西起于盐田港，终点位于深圳市与惠州交界处，与惠深沿海高速公路惠州段相接，并与深汕高速相连。项目基本沿海岸线、山脚布线，山体陡峭，地形复杂。

全线采用一次规划、分期建设方案，分三段三期建设，其中 A、B 段为双向 6 车道，C 段为双向 4 车道。沿线设置大梅沙、小梅沙、溪涌、土洋、葵涌、坝光 6 个收费站。2010 年 3 月全线建成通车。

25 深南大道

项目地点：罗湖区、福田区、南山区

项目规模：全长 24.8km，路幅宽约 50~135m，双向 8~10 车道，城市 Ⅰ级主干路

设计单位：深圳市市政设计研究院有限公司、
北京市市政工程设计研究总院深圳分院、
中国市政工程中南设计研究院深圳分院、
武汉钢铁设计研究院深圳分院、
深圳市城市交通规划设计研究中心有限公司

设计时间：1982~2011 年

竣工时间：1983 年东段竣工；
1992 年中段竣工；
1993 年西段竣工；
2007 年竣工；
2011 年全线改造竣工

深南大道是东西走向横贯深圳特区最繁华的城市客运主干路，是深圳特区的形象，被市民誉为深圳第一大道。深南大道东起罗湖的沿河路口，西至南头联检站，历经 8 次修建、改造。该路设有公交专用道，路口采用渠化岛加绿化装饰，道路两旁雕塑、小品点缀其中，人行道与自行车道共用一个平面，并与沿街建筑相连，拓展了行人空间，人行道首次采用大理石铺装加无障碍设计。新颖漂亮的路灯、绚丽多姿的绿化、齐全的交通标志、先进的交通监控系统，使深南大道将人、车、环境有机地组合起来，使动态美与环境美相互交融。道路中央绿化带绵延 20km，是中国最长的花园式道路。深南大道沿线集中了深圳建筑的精华，是国内少有的具有高度现代化特征的景观街道。该道路是深圳市的迎宾大道，已成为深圳市的一道靓丽风景线，堪称城区老路改造的样板工程。该工程曾获全国优秀工程勘察设计行业奖二等奖、广东省优秀工程勘察设计二等奖。

26 北环大道

项目地点： 南山区、福田区、罗湖区
项目规模： 长 20.84km，城市快速路
项目投资： 全线改造投资约 26.3 亿元
设计单位： 深圳市市政设计研究院有限公司、
中国瑞林工程技术有限公司、
中国市政西南设计研究院深圳分院、
武汉钢铁设计研究院深圳分院
设计时间： 1984~2010 年
竣工时间： 1994 年竣工、2011 年全线改造竣工

北环大道位于深圳特区北部，是深圳特区快速路网系统的一部分，西接港湾大道，东至洪湖立交。

北环货运干道始建于 1984 年 11 月，1986 年 8 月竣工通车，原设计路宽为 18m，公路型横断面双向 4 车道。深圳特区为东西向长条形城市，东西向交通量较大。原北环大道为深圳特区东西向的主要交通干道，为深圳特区初期的建设发挥了重要作用。

1988 年开始按城市快速路标准进行拓宽改造设计，经裁弯取直及反复论证，精心设计，于 1993 年完成施工图设计，并于 1993 年开始进行施工，1994 年分段陆续竣工验收。拓宽后的北环大道快车道为双向 8 车道，两侧另加 3m 宽的停车带，大部分路段两侧设有宽为 9m 的辅道。全线共建有立交 15 座，设计行车速度为 80km/h。

2007 年开始对北环大道银湖立交 - 港湾大道段进行路面修缮及交通改善工程设计，经过对北环大道路面检测及评估、交通量预测、现状立交及主辅出入口运行情况调查、现状及规划管网调查等，于 2010 年 1 月完成施工图设计，2010 年 5 月开工建设，2011 年 4 月完工。改造过程中增设 3m 中央分隔带，种植市花簕杜鹃，对沿线的节点立交、主辅出入口进行优化，同时完善公交系统，新建公交站 23 对，人行天桥 9 座，完善交通设施、交通监控及相关市政管线等。北环大道改造后效果明显：提升了道路环境水平，落实了节能减排，改造后噪声减少 5~10 分贝；全路段采用半夜式高压节能钠灯，局部路段采用 LED 灯；通过完善公交体系，实现了公交与轨道交通的无缝接驳；在深圳市道路设计中首次采用沥青同步碎石封层新工艺；《经济型高性能抗裂粘结层在旧水泥混凝土路面沥青混合料罩面工程中的应用》专项研究通过了广东省住房和城乡建设厅科技成果鉴定，项目成果总体达到国际先进水平，为今后的道路设计施工提供了技术参数和技术指引。

该工程获 2015 年度全国优秀工程勘察设计行业奖一等奖，获国优秀工程咨询成果三等奖。

27 深圳市丹平快速路一期工程

项目地点： 罗湖区、龙岗区

项目规模： 项目以快速路标准建设，深惠路以南双向 6 车道，以北双向 6 车道加双向 4 车道辅路，主线设计车速 80km/h，辅路设计车速 40km/h，道路红线 28~65m

项目投资： 约 24.3 亿

设计单位： 北京市市政工程设计研究总院

设计时间： 2008 年

竣工时间： 2011 年

项目南起于东环快速路爱国路高架桥，向北经东湖、沙湾、樟树布、丹竹头、白泥坑，终点接机荷高速公路白泥坑立交，道路主线长 9.7km。主线设桥梁共 3975m/6 座，其中特大桥 1 座，大桥 4 座，中桥 1 座；立交桥梁 7 座；人行天桥 5 座；隧道单洞 5571m/3 座，其中长隧道 1 座，中隧 2 座；隧道监控中心 1 处；丹平特检站 1 处；同时设置完善的市政管线工程、交通工程、绿化景观工程等。

丹平快速路是《深圳市干线道路网规划》中“七横十三纵”的一纵，主要服务于深圳市东部发展轴，功能定位为组团间的城市快速通道，并承担部分过境及疏港交通。该项目的建设对于加快罗湖区、龙岗区城市化进程，缓解深圳市南北向的交通压力，促进深圳中部物流组团的开发，推动东部地区社会经济发展，实现城市发展空间战略拓展，加强深圳、东莞、香港地区之间的联系，推动区域合作，提高深圳在“珠三角”城市群的中心地位具有重要意义。

丹平快速路一期工程设计起点为东环快速路爱国路高架桥，向北经东湖、沙湾、樟树布、丹竹头、白泥坑，终点接机荷高速公路白泥坑立交。

工程设计中，为避免二次事故对深圳水库环境造成污染，在水库范围段路基、桥梁外侧设置双层防撞墙，挖方路基设置双层边沟，填方路基增设边沟。樟树布立交及跨布沙路的丹平高架桥东深河段采用钢 - 混凝土组合梁桥，其在国内相关的跨径、半径组合的钢混叠合梁处于领先地位。九尾岭下沉段与山岭段相接处下沉段隧道为单孔矩形断面，山岭段隧道为分离式单洞单向三车道三心圆曲墙拱形断面，两种截面的衔接问题是本工程需要解决的重点问题之一，设计中把紧急停车带设在两者相交处，利用闭合框架的端墙完成二者的完美衔接。

28 红桂路景观桥（红桂路 - 晒布路拓宽改造工程）

项目地点：罗湖区
项目规模：双向 4 车道，桥长 0.8km
项目投资：约 2.8 亿元
设计单位：深圳市市政设计研究院有限公司
设计时间：2007~2008 年
竣工时间：2011 年

红桂路景观桥（红桂路 - 晒布路拓宽改造工程）位于罗湖区，起点是红桂路与宝安路口，终点至人民北路与晒布路口，高架桥跨越广深铁路、布吉河、人民公园路，这是深圳市目前唯一一座景观桥，采用流畅的 S 形曲线，墩柱及帽梁采用罗马柱造型，同时箱形主梁边角采用圆角钝化处理，采用专门设计的防撞墙，上、下部结构呼应，整个桥梁结构圆润又不失立体感，又因桥梁位于 S 形曲线上，因而取得了较好的景观效果。桥面铺装为急弯陡坡钢桥面铺装，是世界性难题，技术难度大，成功案例较少，设计单位结合国内外现有钢桥面铺装的情况和调研结果，对该桥桥面铺装进行了多个方案比选。经过多次技术比选和专家论证，最终选择“剪力件、钢筋网 + 70mm 厚钢纤维混凝土 + 防水粘结层 + 40mm 厚高黏度改性沥青玛蹄脂混合料 SMA-13”的钢箱梁桥桥面铺装层材料梯度设计方法。桥面通车至今无任何病害，有效解决了钢箱梁桥桥面铺装层材料普遍存在的推移、拥包、开裂等技术难题。

29 布龙路（S360核龙线）龙景立交至龙华段城市化公路改造（大发埔立交至龙华段）

项目地点： 龙华区、龙岗区

项目规模： 本项目为城市Ⅰ级主干路，道路全长6.0km，设计速度为60km/h，沿线相交道路较多，沿线设置立交1座，桥梁4座，全线设置完善的市政管线设施

项目投资： 8.38亿元

设计单位： 北京市市政工程设计研究总院有限公司

设计时间： 2007~2008年

竣工时间： 2012年

本项目起于核龙线与梅观高速交叉的大发埔立交，沿线穿过坂田、龙华、民治、大浪4个街道，终点与龙大高速公路相接，全长6.0km。项目的定位为深圳市公路城市化改造核心示范工程，设计体现了“安全、人性、和谐、环保”的理念。

本项目的交通设计理念是在保证道路通行能力的同时，兼顾城市生活服务功能，尽量减少土地分割，增强道路两侧的联系。

本项目为一级公路城市化改造，为解决公路与城市道路规范两者之间的差异，通过研究合理选用技术指标，处理好现状利用与改造的界限，保证了设计达到经济合理、安全适用的目的。

设计充分考虑沿线居民出行方便问题，完善了沿线人行系统，设置人性化的交通标志，构建和谐交通，体现以人为本的人性化设计。

设计桥梁注重与城市景观的协调，梅龙立交跨线桥墩柱采用H形墩，在防撞栏外侧加挂扣板，增加桥梁的力度感、挺拔感；民治中桥桥下断面考虑了打造宜人的休闲滨水空间的条件；天桥造型采用了先进的设计理念，结合城市景观选定了四种，展现出现代艺术之美。

设计重视构建和谐的生态环境，提高道路品质，对道路边坡尽量采用生态防护，采取施工临时措施防止水源污染和水土流失，上芬水明渠护岸材料采用格宾挡墙，提高环境亲和性。

30 深圳市机场南路新建工程

项目地点：宝安区

项目规模：机场南路采用城市快速路设计标准，全长 4.440km，主路设计车速为 80km/h，辅路设计车速为 40km/h，主路双向 6 车道，辅路双向 4 车道，全线共设 4 座互通立交（近期实施 3 座，远期预留 1 座），并设置完善的市政管线设施

项目投资：12.41 亿元

设计单位：北京市市政工程设计研究总院有限公司

设计时间：2010~2011 年

竣工时间：2013 年

深圳市机场南路起点接机场码头，经机场进出场路、机场南干道、宝安大道、107 国道，道路终点至广深高速公路鹤洲立交，路线呈东西走向，本项目作为深圳机场 T3 航站楼主要进出场道路，是深圳的门户大道。

本项目沿线与海滨大道（规划）、机场进出场路、宝安大道、107 国道交叉均采用立体交叉形式，在路线长度短、立交节点间距小的条件下，采用合理的立交选型、出入口布置和交通标识系统。跨越宝安大道时，由于受宝安大道的市政管线、地铁罗宝线、排海箱涵等影响，设计采用了（50+82+50）m 钢 - 混凝土组合箱梁桥，是当时深圳最大跨径的钢 - 混凝土组合箱梁桥。线路穿越多个地貌单元，场地工程地质条件复杂，软土区分布路段约长 3km，采用多种软基处理工艺。

本项目作为深圳机场 T3 航站楼进出场道路，定位为景观大道，本次景观设计充分考虑了上述因素，结合周边自然环境，充分利用“点、线、面”，做好重点防护地段的绿化及美化。局部地段做过渡处理，整体上既有变化又协调统一，充分考虑滨海及航空城特色，合理布局，建设出一条绿色环保的景观大道。

全景

桥下绿化

夜景

31　深圳市松白路光明新区段改造工程

项目地点：光明区

项目规模：城市 I 级主干路，全长 11.995km，改造后道路断面为双向 8 车道，主车道设计行车速度 50km/h，辅道 3550km/h，沿线新建立交桥 1 座，人行天桥 10 座，并设置完善的市政管线设施

项目投资：9.69 亿元

设计单位：北京市市政工程设计研究总院有限公司

设计时间：2007~2008 年

竣工时间：2013 年

深圳市松白路光明新区段改造工程起于石岩水库，终于马田收费站。松白路原为一级公路，设计速度为 100km/h，现按设计速度 50km/h 的城市道路进行设计。为了体现光明新区高起点规划、高标准建设的原则，本次设计标准在原设计基础上全面提升。对于原设计，本次设计改变主要体现在人性化设计、生态环保、公交系统、道路景观等方面。

本项目道路改造的设计理念是在保证道路通行能力的同时，兼顾城市生活服务功能，尽量减少土地分割，增强道路两侧的联系。通过研究合理选用技术指标，处理好现状利用与改造的界限，以保证设计达到的经济合理、安全适用的目的。

设计充分考虑沿线市政生活的需求，设置全线贯通的非机动车和人行系统。由单一的机动车交通方式升级为综合交通方式，实现机动车、非机动车、人行三种交通方式分离，方便沿线居民的安全出行。人行过街采用人行天桥与灯控平交相结合的原则，全线设置了 10 座人行天桥和 12 处灯控平交路口，保证了人行过街的安全便捷。

绿化景观设计遵循“生态多样性原则、适地适树的原则、尊重历史的原则、保持整体性原则、连续性原则、安全性原则、协调性原则、服务性原则”八大原则，景观设计的主题为：春的明媚、夏的奔放、秋的绚丽、冬的畅想。

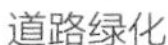

道路绿化

光侨立交桥

人行天桥

32 彩田路北延段工程

项目地点： 福田区、龙华区

项目规模： 本项目为城市干线性主干道，路线全长 3.25km，设计速度 60km/h，双向 6 车道。主要设特长隧道 1 座（单洞 3340m），皇岗彩田立交 1 座（桥梁总面积 12258m^2），人行天桥 4 座。包括皇岗彩田立交范围皇岗路长 850m，皇岗路采用城市快速路标准建设，双向 8 车道，设计车速 60km/h

项目投资： 9.25 亿元

设计单位： 北京市市政工程设计研究总院有限公司

设计时间： 2009~2011 年

竣工时间： 2014 年

本项目南起彩田路，北至新区大道，是深圳市中部干线路网一体化改善规划五大措施之一，是城市中心与中部组团龙华片区南北向重要通道，有利于完善中部区域路网结构，缓解中部区域特别是梅林关交通压力，对促进特区一体化有着十分重要的意义。

设置了深圳首条路中式 24 小时公交专用道，并用彩色沥青予以区分；梅林关公交站与地铁 4 号线之间设置人行天桥，使公交与地铁无缝接驳，方便市民换乘，提高市民出行意愿。

为结合集约用地的理念和节约土地资源的原则，一是对道路中央分隔带宽度、护坡道进行比选论证，选用合理宽度；二是隧道监控房布置在立交西北象限，节约土地资源；三是立交匝道远引定向布设，充分利用道路空间。

通过设置声屏障，种植高大乔木减少车辆噪声对市民生活、学习的影响，尽量降低立交高度，控制噪声的影响范围。采用温拌沥青技术、高效能 LED 节能灯具、隔音屏等一系列环保措施将对沿线的环境影响降至最低，体现以人为本的人性化设计。

绿化景观与自然景观相融合，通过色彩热烈的红色、黄色花，构建热情、奔放的景观氛围。运用“复合式植物群落景观”，营造出一个轻松简洁、区域特色突出、绿化景观与自然融合的道路景观。

33 深圳市光明新区公明玉律至光明碧眼道路工程

项目地点：光明新区
项目规模：城市Ⅰ级主干路，双向 8 车道，道路红线宽度 70m，线路长约 9.44km，全线共下穿隧道 1 座、跨河桥 3 座、人行天桥 6 座，市政管线共同沟 1 座
项目投资：11.2 亿元
设计单位：深圳市市政设计研究院有限公司
设计时间：2009~2013 年
竣工时间：2014 年

光明新区公明玉律至光明碧眼道路工程，是一个含有集各种管线于一体的共同沟的新型道路优质工程。起于根玉路，沿玉律工业区北侧及田寮工业区南侧，与松白路、东长路、龙大高速公路及观光路相交，沿旧凤楼线向北延伸穿越光明街道办城区，止于光明街道办碧眼市场西侧并接碧眼至圳美公路，由东西走向的光侨大道（K0+000~K6+340）与南北走向的光侨路（K6+340~ 终点）组成，是光明新区连接沙井、公明、光明街道办最便捷的交通纽带，设计车速 50~60km/h。本项目是光明新区第一条市政道路充分利用地下空间资源，建设共同沟集中铺设市政管线的工程。综合管沟科技含量高，配备先进完善的综合监控系统。综合管沟全长约 5500m，断面宽度（2+4.5）X2.8m~（2+5.6）X 2.8m，采用矩形箱涵的结构形式，分为双仓，其中给水、通信设为一仓，电力管线设为一仓。既解决了该片区的管线问题，又增加了一处城市景点，是深圳一道亮丽的风景线。下穿通道采用管棚超前支护，结合小导管注浆加固地层的“浅埋暗挖法”施工，不中断龙大高速交通，具有良好的社会效应。全线设计 6 座人行天桥，一桥一景，结构造型式样丰富，与周围环境融为一体。项目获得 2015 年度广东省优秀工程设计二等奖。

34　深圳市前海深港合作区振海路（铲湾路双界河路）市政工程

项目地点： 深圳市前海中心
项目规模： 城市主干路，总长约 4.12km
项目投资： 6.9 亿元
设计单位： 深圳市城市规划设计研究院有限公司、深圳市西伦土木结构有限公司
设计时间： 2013 年
竣工时间： 2017 年

振海路（梦海大道）南起点为铲湾路路口，北至双界河路路口（不含铲湾路路口、五号路路口、东滨路路口、跨桂庙渠水廊道桥梁工程），是前海南北向贯通的重要通道。双向 6 车道，路幅宽度 60m、南段局部 51.5m。从道路使用者的体验和感受出发进行精细化设计的理念贯穿整个设计，理念先进、远近结合、科学合理，具有一定前瞻性，并采用多项“四新”技术；设计从使用者角度出发，车行、慢行空间构思巧妙；景观塑造的微地形效果与周边绿带、建筑浑然一体，行人体验感强烈；并采用弹性理念，预留远期建设中运量交通条件。

项目竣工通车近两年，被誉为前海中轴线上的景观大道、前海的“深南大道”。项目获第十八届深圳市优秀工程勘察设计一等奖。

35 二线关口执勤检查通道设施改造及相应交通改善工程

项目地点： 深圳市

项目规模： 83.5km 二线上所有 16 个二线关口和 24 个耕作口的交通综合改善和景观提升，包括联检大楼、车检通道拆除，交通改造和绿化景观

项目投资： 7.16 亿元

设计单位： 深圳市市政设计研究院有限公司

设计时间： 2015~2016 年

竣工时间： 2017 年

1979 年中央批准成立深圳经济特区，并在特区与非特区之间 83.5km 的二线上布置 16 个陆路关口和 24 个耕作口，为了加快深圳市一体化建设进程，缓解关口交通拥堵，对关口进行改造已迫在眉睫。2015 年 6 月市委市政府全面启动实施二线关口交通改善工程。

设计采取“一关一策”的原则进行设施挖潜和环境提升，主要措施有拆除联检大楼、优化道路线形、规范行车秩序；优化交通组织、减少车流交织；调整公交布局、完善慢行系统、突出以人为本；因地制宜、提升景观、保留历史文脉和遗迹，积极采用节能、环保和“四新”技术，设计方案在市政府六届十一次常委会审议通过。本工程研究范围广，全民、媒体关注度高，技术复杂多样，交通疏解困难，协调难度大，涉及多个国家部门。市领导高度重视，被列为市里的“一号工程”，是一项政治任务，并多次对工程方案进行审议。工程改造后，市民反映良好，取得了很好的社会效益和经济效益，关口通行能力和通行效果得到极大提升。

本项目已获得第十八届深圳市优秀工程勘察设计综合工程一等奖和专项工程（景观）一等奖、2018 年度广东省市政优良样板工程奖及 2018 年度深圳市优质工程奖。

梅林关改造后

南头关改造后

白芒关改造后

36 滨河大道

项目地点： 福田区、罗湖区
项目规模： 长约 10km，快速路
设计单位： 武汉钢铁设计研究院深圳分院、
中国瑞林工程技术股份有限公司、
北京市市政工程设计研究院深圳分院
设计时间： 1989~1998 年，2008~2018 年
建设时间： 1993 年建成，1999 年全线改造竣工，2008 年启动全线路面修缮工作，2018 年全线完成路面修缮

滨河大道是深圳特区南环快速路的一部分。滨河大道东起嘉宾路，西至广深高速公路西侧，长约 10.65km，宽约 45~105m。始建于 20 世纪 90 年代初，1989 年按城市主干路完成了施工图设计，并于 1990~1993 年分段先后建成通车。滨河大道 1993 年开始按城市快速路标准进行拓宽改造设计。1993 年 11 月完成了福田中心区一段道路及其立交的施工图设计，1994 年 12 月完成了华强路至金唐街一段道路及其立交的施工图设计。滨河大道计算行车速度为 80km/h，所有交叉口均按立体交叉设计，设有广深高速公路立交，车公庙立交、新洲立交、益田立交、金田立交、彩田立交、皇岗立交、华强立交、上步立交及红岭立交等 10 座大型立体交叉工程。1996 年完成了与红岭立交相接的东环快速路设计。2008 年深圳市交通公用设施管理处（原深圳市道桥管理处）主持滨河大道（广深高速立交 - 宝安南路段）路面修缮及交通改善工程工作，主要包括路面修缮、交通改善、景观提升三方面内容。2011 年完成施工图设计，2016 年启动实施，2018 年 12 月完工。滨河大道为深圳特区东西向三大交通干线之一，属于深圳特区快速路网系统的一部分。

37 深圳市坪西公路坪山至葵涌段扩建工程

项目地点： 坪山区、大鹏新区

项目规模： 项目设计标准为快速路和主干路标准的双向 6 车道，设计车速为 50~80km/h，路线全长 8.05km。全线设置互通式立交 3 座、桥梁 4 座、天桥 4 座、隧道 1 座（单洞长 780m），建成区路段道路两侧设置完善的市政配套设施

项目投资： 8.60 亿元

设计单位： 北京市市政工程设计研究总院有限公司

设计时间： 2010~2014 年

竣工时间： 2018 年

坪西公路坪山至葵涌段扩建工程项目位于深圳东部，是连接坪山新区和大鹏新区的主要通道，主要承担深圳市东部地区南北向的中长距离交通联系、沿线区域内部短距离交通及区域对外交通联系，以及旅游交通集散功能。项目与绿梓快速路和环城西路组成快速路网体系，它的建设有利于完善大龙岗片区快速路网，对促进区域经济发展和城市化进程有着十分重要的意义。

项目沿线经过居民区、工业区、山地等不同性质用地，经对规划路网进行分析论证，确定本项目为生活性服务交通和通过性交通功能的定位，分段采取不同的技术标准。

项目控制点较多，工程复杂，为贯彻安全最大化的理念，创造性地提出了采用左右幅分离、路基与隧道叠置、设置油罐车大货车专用道等方式，优化了现状连续长陡坡路段的纵坡，解决了交通安全问题。

项目经过二级水源保护区路段，设置封闭的路面雨水收集系统，将路面径流排出水源保护区，另外通过设置混凝土防撞墙、加强型 SA 级防撞波形梁护栏，防止车辆发生事故翻越对水源造成污染。

项目现状有两座处于蠕动变形的高边坡，存在较大的安全隐患，通过对边坡的分析计算，采用锚索框架梁的支护方式重新对边坡进行了加固，保证了安全。

38 深汕特别合作区 G324 国道市政化改造工程（示范段）

项目地点：深汕特别合作区
项目规模：道路长约 4.53km，按城市主干道、双向 6 车道标准建设，道路红线宽 40~60m，设计车速 60km/h
项目投资：3.0 亿元
设计单位：深圳市西伦土木结构有限公司
设计时间：2016 年
竣工时间：2018 年

深汕特别合作区 G324 国道市政化改造工程（示范段），是贯穿深汕合作区东西向的干线性主干道，是片区路网骨架中重要的一环。

本工程起点位于深汕高速白云仔出入口附近，自西向西东基本沿旧路走向，终点位于鹅埠加油站。

项目主要特点：（1）设计弘扬“绿色、环保、节能”理念，采用 LED 路灯、透水人行道和透水自行车道，前瞻性地贯彻海绵城市设计理念，有效解决雨天积水问题，为行人提供更优质的出行条件；（2）项目沿线地势起伏大，上跨深汕高速，又有多处现状桥梁涵洞等，设计采用 BIM 技术，通过三维建模有效地展现出设计人员的设计方案，让各项目参与方快速准确地理解设计方案，做出合理的优化，极大提高工作效率，并为后期施工提供有效的指导；（3）项目建设条件较复杂，通过动态设计有效解决了上跨深汕高速公路桥梁设计施工、高边坡保护、管线过河、新旧路基防沉降等重点问题；（4）本项目设计前期因片区规划暂不完善，交通设计着眼于整个片区路网，综合考虑各因素，合理进行交叉口设计，设计成果对完善片区路网规划起到了积极推进的作用，为新区交通建设提供大量参考价值。

项目建成通车后，使用状况良好，为片区道路交通建设提供示范性作用。

39 深圳市宝安区田贝至大水坑道路工程（龙观快速路北段）

项目地点：深圳市龙岗区

项目规模：总体规划长度约 7.2km，本项目通车段全长为 4.98km。按城市快速路标准建设，控制红线宽 80m，道路路幅宽度 70m，主线为双向 6 车道，设计速度 80km/h，辅道为双向 4 车道，设计速度 40km/h。全线共设立交 5 座

项目投资：7.62 亿元

设计单位：深圳市市政设计研究院有限公司

设计时间：2005~2008 年

竣工时间：2018 年

龙观快速路北段是深圳“七横十三纵”高快速路网“深华路—侨城东路快速路”的重要组成部分。本项目地处深圳市中部组团，龙华中心区北部，线路为南北走向，其前、后衔接项目分别为龙观快速路北延段（接外环高速）、深华快速路（接福龙快速），建成后将与其一同组成龙澜大道，提供深圳中部发展轴线上又一条重要的快速交通廊道，打造龙华与市区的交通快速连接纽带，助力龙华城区快速发展。

全线共设立交 5 座，主要相交道路由南至北依次为：观天路、悦兴路、福花路、新丹路、观光路等。项目桥梁采用预制装配式箱梁，跨越敏感管群区则采用大跨度变梁高连续箱梁，总体工艺先进可靠；软基处理采用碎石桩来替代传统换填，防止水土流失，减少对水源保护区的影响；路灯采用 LED 灯替代高压钠灯，环保节能；人行道采用透水材料，适应海绵城市新要求。

龙观快速路北段设计遵行低碳环保的理念，突出以人为本的生态自然景观，务求功能齐全、美观实用，从地面到空中立体全方位地将自然景观和道路设施有效串联，构建“主路快畅、辅路通达；功能差异，主次有别；分层组织，先后有序”的新型城市快速路体系。

本项目获第十八届深圳市优秀工程勘察设计一等奖。

40 南坪快速路（一期、二期、三期）

项目地点：南山区、宝安区、龙岗区
项目规模：城市快速路，双向 8 车道，总长 52.61km
项目投资：一期约 35 亿元，二期约 40.75 亿元，三期约 42.74 亿元
设计单位：中国瑞林工程技术有限公司、
深圳市市政设计研究院有限公司
设计时间：一期：2003~2005 年；
二期：2007~2009 年；
三期 2011~2015 年
竣工时间：一期 2006 年竣工，二期 2012 年竣工，三期 2019 年竣工

南坪快速路工程建设分三期实施：

一期工程为南坪快速路中段，主线起于南山区塘朗立交节点，经福龙快速路、梅观高速公路，止于龙岗区布吉龙景立交，一期主线全长 14.88km；支线从广深—深云立交至塘朗立交，支线一期线路全长 4.0km。

二期工程为南坪快速路西段与塘朗支线二期，主线起于广深沿江高速前海立交，终点接南坪一期塘朗立交，二期主线线路全长 15.53km。全线共设 6 座大型互通立交（塘朗立交、沙河西立交、麒麟立交、南头立交、新城立交、沿江高速前海立交），1 座双孔长隧道（新屋隧道，单孔长 670m）。主线桥总长达 13.5km，其中含 5 座跨线桥共约 3km。部分路段为复合型走廊，高架为城市快速路系统，地面为城市主干路系统，改造地面道路长 4.1km。

南坪快速路三期工程道路西起水官高速公路横坪立交，东至聚龙路（规划外环高速公路田头立交），全长约 22.2km。全线共设置 15 座互通立交，其中新建 6 座（4 座大型互通立交、2 座菱形立交），改造 4 座，预留 2 座，3 座近期没改造或不建；新建桥梁总长约 8.6km，其中主线桥梁长 3.7km，占路线总长 16.8%，桥梁总面积约为 18 万 m^2；设置 3 座分离式隧道，左线隧道（1 号、2 号、3 号）全长 1.82km，右线隧道（1 号、2 号、3 号长）1.73km，占路线总长 8%。

南坪快速路是贯穿深圳市第二圈层东西的一条重要快速通道，属于“一横八纵”干线路网核心工程，其主要功能有：（1）深圳市东西向快速客货运输通道；（2）承担南北干线道路之间的交通转换；（3）分流特区内东西向交通，疏解皇岗口岸过境交通。

南坪快速路工程设计中引入了新的道路设计理念，运用了国内的先进技术，在隧道、桥梁、路面上、交安设施、监控系统等多领域都采用的新的技术手段，保证了大交通流的通行安全，同时，路面结构也采用了新的技术，增大了路面的摩擦系数，减少了路面的噪声。隧道也是国内最大的双向 8 车道双洞宽体隧道，单洞宽度达到 18.0m，由于工程所在地为特区的外围，部分为建成区，为减少对建成区的影响，线位条件比较复杂，沿线受到高速公路、铁路、水库、山体、二线关等各种因素影响。

该项目的二期工程获 2017 年度全国优秀工程勘察设计行业奖一等奖。

中山立交段鸟瞰图

锦龙立交段鸟瞰图

山海农场路段实景图

马峦山公园路段实景图

锦龙立交 1 号桩板墙实景图

锦龙立交 2 号桩板墙实景图

41 光明高新技术产业园区门户区市政基础设施工程

项目地点： 光明区

项目规模： 本项目共包含 22 条市政道路，其中主干路 1 条，次干路 7 条，支路 14 条，总长约 16km

项目投资： 11.88 亿元

设计单位： 深圳市新城市规划建筑设计股份有限公司

设计时间： 2009 年至今

建设时间： 2010 年至今

本项目是全国首批采用低冲击开发利用技术进行设计与建设的市政项目之一，对透水沥青路面及相关排水设施设计、雨水综合利用系统设计、地表径流系数等相关参数的目标控制等，开展了一系列开拓性的工作，为低冲击开发技术在全国的推广奠定了良好的基础，被评为住房和城乡建设部低碳、生态示范项目。

本项目的主要设计特点如下：

（1）全面采用低冲击开发技术，整体考虑雨水综合利用设计，所有市政道路绿化带均设计成下凹式绿地，并设置多种雨水综合利用设施；

（2）机动车道均采用透水沥青路面设计；

（3）结合景观设计、自然排水系统及竖向标高，在地块内修建生态排水渠、植被草沟、小型雨水湿地等；

（4）推广使用节能环保型新技术、新材料。

2011 年 10 月，光明新区被住房和城乡建设部确定为全国首个低冲击开发（同低影响开发）雨水综合利用示范区。2018 年 4 月，经住房和城乡建设部等三部委审核，以光明新区凤凰城为试点区域的深圳市海绵城市建设试点工作在 14 个试点城市考核中位列第一。本项目即为其中的重要组成部分。

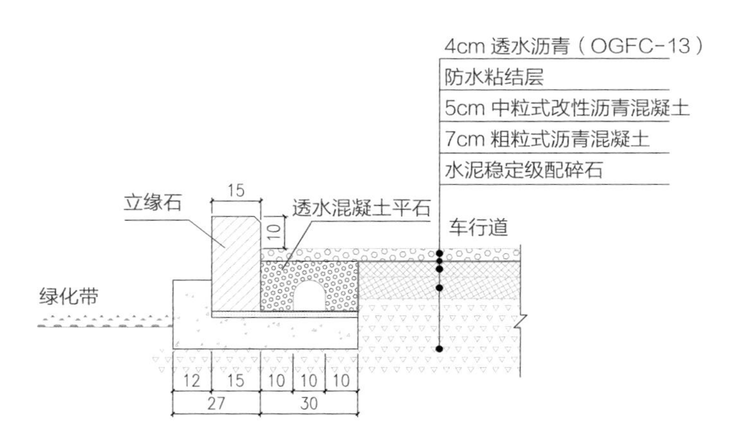

道路横断面效果图

在门户区全部 22 条市政道路中采用低冲击雨水综合利用技术，将绿化带做成下凹式生态绿地，从源头开始对雨水进行分散处置，发挥“洪峰流量控制”、“雨水径流污染减污”和“水文循环修复”等方面的作用。

整个园区可实现低冲击开发目标：（1）原设计排水系统排水标准由 2 年一遇提高到 4 年一遇；（2）雨水综合径流系数降低到 0.5；（3）节约 15% 的市政杂用水；（4）雨水面源污染中悬浮物和 COD 可减少一半，总磷消减 40% 以上。

路面雨水排放系统

LID 道路横剖面图

机动车道采用排水沥青路面（开级配抗滑磨耗层 OGFC），具有排水、抗滑、降低噪声等方面的显著作用，极大地提高了驾驶的舒适性和安全性。

利用下凹式绿化带高程下降、透水性好的特点，在人行道透水砖基层下部设置砂砾透水带，将透水砖下部雨水迅速排至绿化带内渗透，增加了人行道透水砖的实际透水效果。

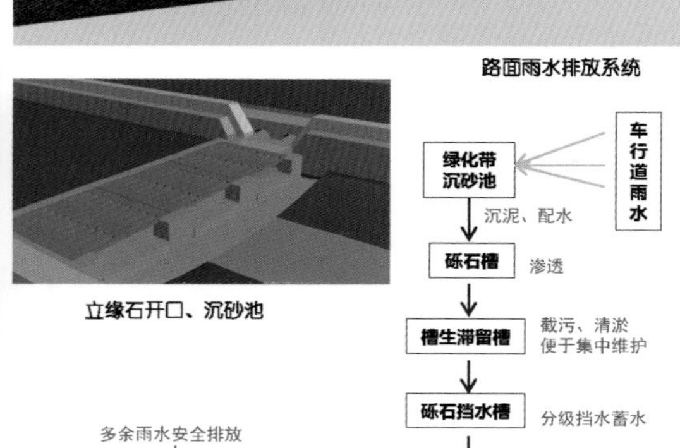

立缘石开口、沉砂池

立缘石开口实景图

路段现状

下凹式绿化带及配套排水设施

42 坪盐通道工程

项目地点：深圳市

项目规模：城市快速路，长约 11.25km，双向 6 车道。全线设有 2 座大型互通立交（锦龙立交、盐港东立交）、1 座特长隧道（马峦山隧道）

项目投资：45.2 亿元

设计单位：深圳市市政设计研究院有限公司

设计时间：2013~2015 年

建设时间：2013 年至今

坪盐通道工程位于深圳市东部地区，基本呈南北走向，连接坪山、盐田两区。道路北起坪山区中山大道，经锦龙立交与南坪快速三期相连，南至盐港东立交与盐田区盐坝高速相接，中间采用隧道形式下穿马峦山自然山体。

其中，马峦山隧道穿越马峦山自然山体，为分离式独立双洞隧道，基本线间距 37m，双向 6 车道。隧道右线长 7904m，左线长 7899m，属城市道路特长隧道。全线最大埋深 33m，设有 1 座通风竖井（深 194m）、31 处车行及人行横通道、7 处横洞式变电所（与人行横通道合建）。

锦龙立交为三层半枢纽立交，方案首创仅利用节点西北象限山体布置全互通匝道，立交平纵技术指标好，匝道通行能力强，克服了常规枢纽互通立交占地大且匝道出入口距坪盐通道、南坪三期隧道口过近，需在隧道内设置加减速车道的弊端，改善了行车条件，最大限度地减少对自然环境的干扰，是与自然和谐共处的典型工程。

项目建成后将承担坪山区与市中心区、盐田区之间的快速客运交通及盐田港区的疏港货运交通。

马峦山隧道总体效果图

锦龙立交效果图

盐港东立交效果图

第13章

施工篇

吴碧桥　王世明　陈志龙　刘　培
张　锐　于　芳　邓　凯　周起太
黄　勇　曹志刚

深圳土木 40 年 · 施工篇

短短 40 年间，深圳从一个只有几万人口、镇区面积仅 3km^2、房屋建筑面积 109 万 m^2、住宅建筑面积 29 万 m^2 的贫穷落后的边陲小镇，发展成为一座拥有超千万人口、充满生机和活力的现代化花园式城市。深圳以其整洁优美的城市环境、丰富多彩的城市建筑、壮观发达的立体交通、错落有致的人文景观、迅猛腾飞的发展速度征服了世人，获得了国家园林城市、全国优秀旅游城市、国际花园城市和最具可持续发展潜力的城市等一系列美誉。

一、回顾

40 年间，深圳土木人在这片热土上洒下了他们辛勤的汗水，同时，深圳的建筑施工行业也不孚重望地走过了三个发展阶段。

（一）初创期（1983 ~1992 年）

深圳经济特区初创时期，施工技术薄弱，技术人员、施工机械设备非常缺乏。为了建设好特区，按照国务院、中央军委的命令，两万基建工程兵集体转业来到深圳，组建成为深圳市属施工企业——深圳建设集团，和来自中央、各省市的施工企业一起投入深圳经济特区建设的大潮中。深圳建设集团克服了种种困难，承建了深圳市委办公大楼和深圳第一座高楼——20 层高的电子大厦，并逐步进行施工技术积累。20 世纪 80 年代，以江苏华建、中建三局、中建二局和中国华西为代表的全国各省市建筑施工企业建造了一批以深圳中国人民银行大厦、深圳会展中心、深圳国贸中心大厦、深圳体育馆、广东大亚湾核电站为代表的杰出工程，也奠定了深圳建筑施工技术的基础。

由中建三局一公司承建的深圳国贸中心大厦，建筑面积约 10 万 m^2，53 层，高 160.5m，是当时国内最高建筑，对我国建筑行业来说是一个前所未有的挑战。该工程主体结构施工采用滑模工艺，创造了三天一层的“深圳速度”。1987 年该工程荣获首届鲁班奖、国家科技进步三等奖，次年又荣获国家银质奖。深圳国贸中心大厦的落成，标志着中国建筑业完成了从高层到超高层的历史性跨越。

（二）发展期（1993 ~2002 年）

20 世纪 90 年代，得益于良好的市场经济体制和 20 世纪 80 年代的雄厚积累，深圳市施工企业飞速发展。施工企业积极引进高校毕业生和各类技术人才，不断增强技术实力，深圳市市政工程总公司等企业多年名列全国百强施工企业的前茅。同时，根据建设部下发的《关于建筑业 1994 年、1995 年和“九五”期间重点推广应用 10 项新技术的通知》的要求，深圳施工企业积极应用“建设部 10 项新技术”，促进了建筑施工技术的发展。深圳市施工企业施工实力不断加强，华明楼工程、邮政高层住宅等工程获得鲁班奖。这一时期涌现出一批以深圳地王商业大厦、赛格广场等为代表的工程。

由中建二局和中建三局承建的深圳地王商业大厦高 69 层，总高度 383.95m，结构形式为钢框架—钢骨核心筒结构，建成时为亚洲第一高楼，也是全国第一个钢结构超高层建筑，位居目前世界十大建筑之列。

深圳地王商业大厦的建造，把中国建筑业的水平推向了建造摩天大楼的时代。同时结构施工创造了两天半一层的“新深圳速度”，成为改革开放的代名词。该工程的关键技术点有：超大型、大厚度 A 形斜柱和 V 形斜支撑的焊接；超高层钢结构的吊装；超高空及悬空施工平台的设置和拆除；大型

M440D 内爬式塔吊的爬升与拆除。该工程采用了大量新技术、新工艺，如地下室工程大面积采用半逆作法施工技术；大吨位、大行程液压千斤顶整体爬升模板施工技术；超高层混凝土泵送技术（一次泵送高度 310m）等。

（三）成熟期（2003 ~2012 年）

进入 21 世纪以来，国家对施工技术创新的要求越来越高，深圳施工企业也逐渐加大了对施工技术创新的投入，施工技术专利的数量逐年增加，部分企业还主编或参编了国家、行业及省市标准，并组建了企业技术中心。深圳市建筑施工能力得到了迅速发展，超高层房屋建筑施工技术、大跨度预应力技术、高性能混凝土技术等，都已达到或接近国际先进水平，出现了一些技术含量高的代表性工程，如深圳市民中心、深圳湾大桥、京基 100 等。

由江苏省华建建设股份有限公司深圳分公司承建的玛丝菲尔总部中心工程，位于深圳市龙华大浪时尚创意园，项目总建筑面积约 11 万 m^2，由厂房、酒店、宿舍楼等组成，最高点标高 39.5m。该工程主体为钢与钢筋混凝土组合的异型结构，外部及屋顶由对称布置的 56 个双曲面混凝土叶片结构围护。该工程建筑外形采用现代仿生学设计理念，构件造型都按抛物线、螺旋线等几何规律设计，所有建筑元素都源自于自然，完美地将原生态和艺术融为一体，为目前国内面积最大的仿生艺术建筑。该工程先后获得 9 项发明专利，24 项实用新型专利；1 项国家级工法，6 项省级工法；2018 年度广东省“建设工程优质结构奖”；2019 年度“中国钢结构金奖”。

由中铁建工集团有限公司深圳分公司、深圳市第一建筑工程有限公司、深圳市建工集团股份有限公司承建的深圳市民中心工程位于深圳市中心区，北倚莲花山，南邻市民广场绿地，是深圳市行政文化中心及市民休憩的场所。该工程总占地面积 108054m^2，建筑面积 20.954 万 m^2，东西长 486m，南北宽 154m，最大高度 84.7m，是深圳新世纪的标志性建筑。大屋顶网架结构的东、中、西三部分连为一体。整个建筑外形如同大鹏展翅、气魄宏大，象征深圳市在建设现代化国际城市中的腾飞和发展。

该工程主要采用的技术有：狭小空间 260 吨钢桁架整体自动同步提升技术，21m 高抛免振捣自密实混凝土施工技术，长 486m、宽 154m 的钢结构大屋顶超大牛腿焊接技术，超大屋面虹吸式排水施工技术，钢结构薄型防火涂料施工技术，圆塔楼的测量放线及外螺旋楼梯施工技术，MMS 智能变频变零剂量空调系统应用技术，恒温恒湿洁净空调系统综合调试技术，柔性不锈钢卡箍式铸铁管材安装技术，承插式不燃型保温复合无机玻璃钢风管安装技术，空调隔震施工技术，综合化布线施工技术，点支撑玻璃幕墙施工技术等。施工中的难点是长 486m、宽 154m 的钢结构大屋盖。

该工程先后获 2001、2005 年度建设部新技术示范工程；2004 年度深圳市建筑业新技术应用示范工程；“整体提升爬升技术”获北京市、中建总公司科技进步奖；“综合施工技术研究”获中国铁路工程总公司科技进步奖。

由中铁四局等施工单位承建的深圳湾大桥是一座连接深圳蛇口东角头和香港元朗鳌堪石的公路大桥，亦称“深港西部通道”，是香港回归十周年的献礼工程。该桥全长 5545m，其中深圳段桥长 2040m，香港段 3505m，桥面宽 38.6m，全桥的桩柱共 457 支，共 12 对斜拉索，呈不对称布置，独塔单索面钢箱梁斜拉桥，为目前国内最宽、标准最高的公路大桥。

由中建四局承建的京基 100 高 441.8m，地下 4 层，地上 100 层，项目总用地面积 42353.96m^2，总建筑面积 602401.75m^2，是集办公、酒店、餐饮为一体的超豪华标志性建筑，为框架—核心筒结构，是目前深圳第一高楼、中国内地第三高楼、全球第八高楼。

京基 100 使用的主要施工技术，包括超大超深基坑支护技术，基坑最深 23.3m，基坑面积 32000m^2，支护过程中采取可靠措施取消内支撑，实现桩墙合一，具有极好的社会效益和经济效益；超厚大体积底板高强混凝土施工技术，底板尺寸 57.3m×67.5m×4.5m，混凝土强度等级为 C50，属于高强度大体积混凝土；超大截面箱形钢管混凝土柱施工技术，最大截面 2.7m×3.9m；超高层复杂钢结构施工技术，超厚钢板最大厚度达到了 130mm，钢结构总量约 6 万吨，这在深圳甚至全国来说都是首例，将所有的焊缝连接起来，累积长度可以绕地球赤道 4 周；C120 超高性能混凝土及其应用技术研究，已达到可以采用常规材料配置的程度，且可进行 417m 的超高泵送；以及核心筒施工应用的超高层顶模系统应用技术等施工技术。

二、发展展望

深圳建筑业未来的发展，在于行业政策、企业自身的与时俱进，两者相得益彰，就是深圳建筑业的未来，本文呈现的不是深圳建筑业发展方向的正确答案，而是通过抛砖引玉的方式，引导建筑企业思考，推动整个深圳建筑业的思考，希望以此推动行业的行动、推动行业的进步；通过行业的进步，推动深圳城市的发展，推动经济的发展；同时，也推动建筑企业自身的进步。

（1）深圳建筑业未来最大的发展机遇仍然在于粤港澳大湾区的建设推进，在于公平的市场环境和完善的市场机制，在于深圳政府的规范化管理。

（2）在竞争力塑造方面，深圳建筑企业从起步就要学习国际规则、遵守国际规则。

（3）从发展的创新点方面，作为外资进入中国的桥头堡，深圳可借助外资工程承包商的力量，实现跨越式发展。

（4）在行业发展环境的塑造方面，政府相关部门和深圳建筑企业都需要思考：我们的企业需要什么样的行业环境？如何用华为的思维、腾讯的思维、平安的思维做建筑？

创新是深圳发展的灵魂，建设科技创新是深圳发展的基础。相信只要不断加大建设科技研发力度，完善推广应用制度，建立起具有深圳特色的建设科技创新体系，不断提高企业自主研发能力，深圳的土木建筑会有一个光明的未来。

获奖工程与科技成果

一、获奖工程（省级以上）

获奖工程（省级及以上）一览表

序号	工程名称	完成单位	获奖情况	完成时间
1	深圳体育馆	中国华西企业有限公司	中国建筑工程鲁班奖	1985 年
2	深圳国贸中心大厦	中建三局第一建设工程有限责任公司深圳分公司	中国建筑工程鲁班奖、国家科技进步三等奖	1987 年
3	深圳中国人民银行大厦	江苏省华建建设股份有限公司深圳分公司	中国建筑工程鲁班奖	1992 年
4	深圳世贸中心大厦（招商银行大厦）	江苏省华建建设股份有限公司深圳分公司	中国建筑工程鲁班奖 全国建筑业新技术应用金牌示范工程	2000 年
5	深圳国际商会中心	江苏省华建建设股份有限公司深圳分公司	中国建筑工程鲁班奖	2006 年
6	华为科研中心	江苏省华建建设股份有限公司深圳分公司	中国建筑工程鲁班奖（机电）	2004 年
7	深圳湾海景花园 B4 楼	江苏省华建建设股份有限公司深圳分公司	中国建筑工程鲁班奖	1994 年
8	红树西岸	江苏省华建建设股份有限公司深圳分公司	中国建筑工程鲁班奖	2008 年
9	荣超经贸中心	江苏省华建建设股份有限公司深圳分公司	中国建筑工程鲁班奖	2010 年
10	深圳华民大厦	江苏省华建建设股份有限公司深圳分公司	中国建筑工程鲁班奖	1995 年
11	深圳市湖滨花园 C 栋	江苏省华建建设股份有限公司深圳分公司	中国建筑工程鲁班奖	1996 年
12	深圳荔景大厦	江苏省华建建设股份有限公司深圳分公司	中国建筑工程鲁班奖	1996 年
13	深圳市中山花园大厦	江苏省华建建设股份有限公司深圳分公司	中国建筑工程鲁班奖	1997 年
14	深圳无线大厦	江苏省华建建设股份有限公司深圳分公司	中国建筑工程鲁班奖	1999 年
15	深圳俊园	江苏省华建建设股份有限公司深圳分公司	中国建筑工程鲁班奖	2000 年
16	卓越皇岗世纪中心 2 号楼及裙楼配套	江苏省华建建设股份有限公司深圳分公司	中国建筑工程鲁班奖	2012 年
17	中洲华府	江苏省华建建设股份有限公司深圳分公司	中国建筑工程鲁班奖	2015 年
18	和平里花园二期	江苏省华建建设股份有限公司深圳分公司	中国建筑工程鲁班奖	2017 年
19	特美思广场	深圳市第一建筑工程公司	中国建筑工程鲁班奖	
20	深圳百汇大厦	深圳市第一建筑工程公司	中国建筑工程鲁班奖	

续表

序号	工程名称	完成单位	获奖情况	完成时间
21	邮政高层住宅	深圳市第一建筑工程公司	中国建筑工程鲁班奖	1995 年
22	长泰花园 A 座、B 座	深圳市第一建筑工程公司深圳市越众（集团）股份有限公司	中国建筑工程鲁班奖	
23	深圳市中心医院门诊楼	深圳市建业建筑工程有限公司	中国建筑工程鲁班奖	
24	深圳市市民中心	中铁建工集团有限公司深圳分公司 深圳市第一建筑工程有限公司 深圳市建工集团股份有限公司	中国建筑工程鲁班奖 建设部新技术示范工程	2005 年
25	深圳妈湾电厂	中建二局有限公司深圳分公司	中国建筑工程鲁班奖	
26	深圳体育场	中国华西企业有限公司	中国建筑工程鲁班奖	
27	宝安体育馆	中铁建工集团有限公司	中国建筑工程鲁班奖	
28	铁路新客站（罗湖火车站）	国家级	中国建筑工程鲁班奖	1994 年
29	国企大厦	中铁建工集团有限公司	中国建筑工程鲁班奖	1997 年
30	华明楼工程	深圳市建工集团股份有限公司	中国建筑工程鲁班奖	1994 年
31	深圳愉康大厦	中国华西企业有限公司	中国建筑工程鲁班奖	1993 年
32	深圳金田大厦	中国华西企业有限公司	中国建筑工程鲁班奖	1994 年
33	深圳发展银行大厦	中国华西企业有限公司	中国建筑工程鲁班奖	1996 年
34	新时代广场	中国华西企业有限公司	中国建筑工程鲁班奖	1997 年
35	深圳市国税局税务征收综合大楼	中国华西企业有限公司	中国建筑工程鲁班奖	2000 年
36	华为科研中心	中国华西企业有限公司 中国建筑第二工程局	中国建筑工程鲁班奖	2003 年
37	深圳公路主枢纽管理控制中心	深圳市市政工程总公司	中国建筑工程鲁班奖	2001 年
38	五洲宾馆	中铁建工集团有限公司	中国建筑工程鲁班奖	1998 年
39	中国石化开元大厦	深圳市鹏城建筑集团	中国建筑工程鲁班奖	2002 年
40	福岸新洲名苑	深圳市鹏城建筑集团	中国建筑工程鲁班奖	2008 年
41	大运会国际广播电视新闻中心（MMC）	深圳市鹏城建筑集团	中国建筑工程鲁班奖	2011 年
42	中南大学湘雅医院新医疗区医疗大楼	深圳市鹏城建筑集团	中国建筑工程鲁班奖	2010 年

续表

序号	工程名称	完成单位	获奖情况	完成时间
43	深圳市市民中心	中建二局有限公司深圳分公司	中国建筑工程鲁班奖	2007年
44	幸福里雅居工程（华润中心二期）	中建二局有限公司深圳分公司	中国建筑工程鲁班奖	2011年
45	卓越皇岗世纪中心项目2号楼及裙楼配套钢结构工程	中建二局有限公司深圳分公司	中国建筑工程鲁班奖	2013年
46	深圳市滨海医院工程	中建二局有限公司深圳分公司	中国建筑工程鲁班奖	2015年
47	深圳世贸中心大厦（钢结构制作与安装）	中建二局有限公司深圳分公司	中国建筑工程鲁班奖	2003年
48	深圳市滨海医院工程	中铁建工集团有限公司	中国建筑工程鲁班奖	2015年
49	福建兴业银行	中国华西企业有限公司	詹天佑奖	
50	深圳航天大厦工程	深圳市建工集团股份有限公司	国家优质工程银质奖	
51	东方玫瑰花园	中铁建工集团有限公司	国家优质工程银质奖	2001年
52	群星广场	中铁建工集团有限公司	国家优质工程银质奖	2003年
53	香榭里花园	中铁建工集团有限公司	国家优质工程银质奖	2003年
54	诺德金融中心	中铁建工集团有限公司	国家优质工程银质奖	2007年
55	深圳皇岗地铁口岸联检楼工程	中铁建工集团有限公司	国家优质工程奖	2008年
56	香港中旅大厦	中铁建工集团有限公司	国家优质工程奖	2010年
57	电影大厦	深圳市建工集团股份有限公司	国家优质工程奖	1998年
58	创维数字研究中心	中建三局第二建设工程有限责任公司深圳分公司	国家优质工程奖	2004年
59	深圳国际技术创新研究院研发大楼	深圳市第一建筑工程公司 深圳市越众（集团）股份有限公司	国家优质工程奖	2003年
60	深圳蛇口邮轮中心	中铁建工集团有限公司	国家优质工程奖	2019年
61	百仕达花园小区	江苏省华建建设股份有限公司深圳分公司	国家优质工程奖	1999年
62	深圳侨城花园一期	江苏省华建建设股份有限公司深圳分公司	国家优质工程奖	2005年
63	百仕达·东郡	江苏省华建建设股份有限公司深圳分公司	国家优质工程奖	2008年
64	星河世纪	江苏省华建建设股份有限公司深圳分公司	国家优质工程奖	2009年
65	香蜜湖第一生态苑	江苏省华建建设股份有限公司深圳分公司	国家优质工程奖	2010年

续表

序号	工程名称	完成单位	获奖情况	完成时间
66	荣超滨海大厦	江苏省华建建设股份有限公司深圳分公司	国家优质工程奖	2012 年
67	香山里花园一期	江苏省华建建设股份有限公司深圳分公司	国家优质工程奖	2013 年
68	迈科龙大厦	江苏省华建建设股份有限公司深圳分公司	国家优质工程奖	2014 年
69	香山里花园二期	江苏省华建建设股份有限公司深圳分公司	国家优质工程奖	2015 年
70	北大医院	江苏省华建建设股份有限公司深圳分公司	国家优质工程奖	2016 年
71	兰江三第花园一期	江苏省华建建设股份有限公司深圳分公司	国家优质工程奖	2017 年
72	中洲华府二期	江苏省华建建设股份有限公司深圳分公司	国家优质工程奖	2018 年
73	星河世纪大厦	江苏省华建建设股份有限公司深圳分公司	国家优质工程奖	2009 年
74	香蜜湖生态苑 1 号	江苏省华建建设股份有限公司深圳分公司	国家优质工程奖	2010 年
75	深圳市第二人民医院内科综合大楼工程	中建二局有限公司深圳分公司	国家优质工程奖	2015 年
76	赛格广场	中建二局有限公司深圳分公司	国家优质工程奖	2001 年
77	深圳电视中心	中建二局有限公司深圳分公司	建设部科技示范工程 国家优质工程银奖	2004 年
78	深圳海王大厦	中铁建工集团有限公司	铁道部火车头奖（优质工程）	1997 年
79	深圳金丰城大厦	中铁建工集团有限公司	铁道部火车头奖（优质工程）	1997 年
80	深圳锦蜂大厦	中铁建工集团有限公司	铁道部火车头奖（优质工程）	1998 年
81	深圳锦蜂大厦	中铁建工集团有限公司	铁道部火车头奖（优质工程）	1998 年
82	明华国际海事中心	中铁建工集团有限公司	铁道部火车头奖（优质工程）	1998 年
83	深圳太平洋中心大厦	中铁建工集团有限公司	铁道部火车头奖（优质工程）	1998 年
84	观澜豪园 3A 工程	中铁建工集团有限公司	铁道部火车头奖	2004 年
85	海洋星苑	中铁建工集团有限公司	铁道部火车头奖	2004 年
86	安柏丽晶园工程	中铁建工集团有限公司	铁道部火车头奖	2005 年
87	深圳公安局指挥中心	中铁建工集团有限公司	铁道部火车头奖	2006 年
88	雍翠豪园二期	中铁建工集团有限公司	铁道部火车头奖	2007 年
89	新华保险大厦	中铁建工集团有限公司	铁道部火车头奖	2007 年

续表

序号	工程名称	完成单位	获奖情况	完成时间
90	深圳金港华庭	中铁建工集团有限公司	铁道部火车头奖	2009 年
91	滨海大道Ⅶ标段工程	深圳市建工集团股份有限公司	中国市政金杯示范工程	2007 年
92	深圳市福荣路（西段）	深圳市市政工程总公司	中国市政工程金杯奖	2000 年
93	深圳市滨海大道	深圳市市政工程总公司	中国市政金杯示范奖	2001 年
94	深港西部通道深圳侧接线工程（土建Ⅶ标段）	深圳市市政工程总公司	中国市政工程金杯奖	2009 年
95	深圳市大工业区水厂	深圳市市政工程总公司	中国市政金杯示范工程	2011 年
96	京基 100	中建三局建设工程股份有限公司中建钢构有限公司	中国钢结构金奖	2011 年
97	深圳大运会主体育馆	中建钢构有限公司	中国钢结构金奖	2010 年
98	深圳湾体育中心	中建三局建设工程股份有限公司中建钢构有限公司	中国钢结构金奖	2010 年
99	深长城金融中心（原南山商业文化中心）	中建二局有限公司深圳分公司	中国钢结构金奖	2014 年
100	腾讯滨海大厦	中建二局有限公司深圳分公司	中国钢结构金奖	2016 年
101	汉国城市商业中心钢结构工程	中建二局有限公司深圳分公司	中国钢结构金奖	2017 年
102	能源大厦	中建二局有限公司深圳分公司	中国钢结构金奖	2017 年
103	东海国际中心（公寓综合体）	中建二局有限公司深圳分公司	中国钢结构金奖	2012 年
104	南山中心区 T106-0028 地块超高层工程	中铁建工集团有限公司	中国钢结构金奖	2014 年
105	宝安中心区图书馆	中铁建工集团有限公司	中国中铁杯	2015 年
106	中铁南方总部大厦	中铁建工集团有限公司	中国中铁杯	2016 年
107	深圳地王商业中心	中建二局有限公司深圳分公司 中建三局第一建设工程有限责任公司深圳分公司	国家科技进步三等奖	1996 年
108	深圳市文化中心	中国建筑第三工程局钢结构建筑安装工程公司深圳建升和钢结构建筑安装工程公司	国家科技进步二等奖 华夏建设科学技术三等奖	1999 年
109	深圳发展中心大厦	中建三局第一建设工程有限责任公司深圳分公司	建设部优质工程 国家科技进步三等奖	1989 年
110	沙角电厂 B 厂	中国建筑第二工程局第一建筑工程公司	英联邦土木工程大奖	1988 年
111	深圳机场二期航站楼	中国建筑第三工程局钢结构建筑安装工程公司深圳建升和钢结构建筑安装工程公司	华夏建设科学技术三等奖	1998 年

续表

序号	工程名称	完成单位	获奖情况	完成时间
112	深圳会议展览中心	江苏省华建建设股份有限公司深圳分公司 中建钢构有限公司 广东省工业设备安装公司深圳分公司	建设部科技示范工程	2004 年
113	深圳市滨海医院	深圳市建工集团股份有限公司	广东省双优样板工地	2012 年
114	深圳海关海馨苑工程 Ⅱ 标段	深圳市建工集团股份有限公司	广东省优良样板工程 广东省建设工程金匠奖	2009 年
115	华联城市全景花园	江苏省华建建设股份有限公司深圳分公司	广东省建设工程优质奖	2018 年
116	荣超新成大厦	江苏省华建建设股份有限公司深圳分公司	广东省建设工程优质奖	2018 年
117	深圳北站综合交通枢纽工程	中铁建工集团有限公司	广东省建设工程优质奖	2012 年
118	深圳市国资大厦	深圳市市政工程总公司	广东省优良样板工程	1999 年
119	深圳市深南大道	深圳市市政工程总公司	广东省优质市政工程 建设部优质市政工程	1993 年
120	深圳市莲花路	深圳市市政工程总公司	广东省优质市政工程	1994 年
121	深圳市新洲路	深圳市市政工程总公司	广东省优质市政工程	1995 年
122	深圳市北环路香环立交桥	深圳市市政工程总公司	广东省优质市政工程	1996 年
123	深圳市北环泥岗银湖立交给水工程	深圳市市政工程总公司	广东省优良市政工程	1995 年
124	深圳市梅林水厂二期清水池	深圳市市政工程总公司	广东省优良市政工程	1997 年
125	布吉污水处理厂主题及附属工程（草铺污水处理厂）	深圳市市政工程总公司	广东省市政优良样板工程	2011 年
126	深圳市公安交通指挥中心	深圳市鹏城建筑集团	广东省优良样板工程	2001 年
127	深业花园 B、C 型住宅	深圳市鹏城建筑集团	广东省优良样板工程	2002 年
128	鹏兴花园六期（52~57 栋）	深圳市鹏城建筑集团	广东省优良样板工程	2004 年
129	星湖花园三期 8 号楼	深圳市鹏城建筑集团	广东省优良样板工程	2006 年
130	香山美树苑	深圳市鹏城建筑集团	广东省优良样板工程	2007 年
131	集信名城南区	深圳市鹏城建筑集团	广东省优良样板工程	2008 年
132	英郡年华（二期）	深圳市鹏城建筑集团	广东省优良样板工程	2009 年
133	深港西部通道深圳侧接线 V 标	深圳市鹏城建筑集团	广东省市政优良样板工程	2009 年

续表

序号	工程名称	完成单位	获奖情况	完成时间
134	邮电信息枢纽大厦	深圳市第一建筑工程有限公司	广东省优良样板工程	
135	深港西部通道深圳侧接线工程Ⅶ标段	深圳市建工集团股份有限公司	广东省市政优良样板工程	
136	深港西部通道	中铁四局、中铁十三局等单位	广东省科学技术奖特等奖	2007 年
137	特发信息科技大厦	深圳市鹏城建筑集团	广东省建设工程优质奖	2017 年
138	深圳市京广中心	中建二局深圳分公司	广东省市政优良样板工程	1997 年
139	锦绣花园四期	江苏省华建建设股份有限公司深圳分公司	广东省优质工程奖	2016 年
140	兰江三第一期	江苏省华建建设股份有限公司深圳分公司	广东省优质工程奖	2016 年
141	深圳南山建工村保障性住房一期	江苏省华建建设股份有限公司深圳分公司	广东省优质工程奖	2015 年
142	阅山公馆	江苏省华建建设股份有限公司深圳分公司	广东省优质工程奖	2015 年
143	花样年花郡家园	江苏省华建建设股份有限公司深圳分公司	广东省优质工程奖	2012 年
144	中央西谷大厦	江苏省华建建设股份有限公司深圳分公司	广东省优质工程奖	2011 年
145	鸿翠苑	江苏省华建建设股份有限公司深圳分公司	广东省优质工程奖	2010 年
146	侨城花园二期二号、三号地块	江苏省华建建设股份有限公司深圳分公司	广东省优质工程奖	2009 年
147	泰华俊庭	江苏省华建建设股份有限公司深圳分公司	广东省优质工程奖	2007 年
148	百仕达 8 号	江苏省华建建设股份有限公司深圳分公司	广东省优质工程奖	2005 年
149	星河华居	江苏省华建建设股份有限公司深圳分公司	广东省优质工程奖	2004 年
150	皇达东方雅苑	江苏省华建建设股份有限公司深圳分公司	广东省优质工程奖	2004 年
151	茗萃花园三期	江苏省华建建设股份有限公司深圳分公司	广东省优质工程奖	2012 年
152	宝翠园	江苏省华建建设股份有限公司深圳分公司	广东省建设工程优质奖	2016 年

二、科技成果

1. 主编、参编的国家、行业、地方技术标准

主编、参编技术标准一览表

序号	名称	技术标准编号	完成单位	发布时间	所起作用
1	《建筑地面工程施工质量验收规范》	GB 50209-2010	江苏省华建建设股份有限公司深圳分公司	2010 年 5 月 31 日	主编
2	广东省《建筑防水工程技术规程》	DBJ 15-19-2006	江苏省华建建设股份有限公司深圳分公司	2006 年 10 月 24 日	参编
3	深圳市《非承重砌体及饰面工程施工与验收规范》	SJG 14-2004	中建二局有限公司深圳分公司 中建保华建筑有限责任公司深圳分公司 中国华西企业有限公司 江苏省华建建设股份有限公司深圳分公司 深圳市第一建筑工程有限公司	2004 年 11 月 18 日	主、参编
4	深圳市《非承重混凝土小型空心砌块墙体技术规程》	SJG 06-1997	江苏省华建建设股份有限公司深圳分公司	1997 年	参编
5	深圳市《屋面及外墙隔热构造图集》	SZJT-01	江苏省华建建设股份有限公司深圳分公司	2001 年	参编
6	《建设工程防水质量通病防治指南》		江苏省华建建设股份有限公司深圳分公司	2014 年	参编
7	《深圳市非承重墙体与饰面工程施工及验收标准》	SJG 14-2018	江苏省华建建设股份有限公司	2018 年	参编
8	《建筑施工土石方工程安全技术规范》	JGJ 180-2009	江苏省华建建设股份有限公司	2009 年	主编
9	《绿色施工技术与工程应用》		江苏省华建建设股份有限公司深圳分公司	2018 年	参编
10	《深圳市建设工程安全文明施工标准》	SJG 46-2018	江苏省华建建设股份有限公司	2018 年	参编
11	深圳市《建筑节能工程施工验收规范》	SZJG 31-2010	江苏省华建建设股份有限公司	2010 年	参编
12	《既有混凝土结构钻切技术规程》	T/CECS 472-2017	江苏省华建建设股份有限公司	2017 年	参编
13	《新版建筑设备安装工程质量通病防治手册》				
14	深圳市《深圳建筑防水构造图集》	A 册 SJ-A、 B 册 SJ-B			参编
15	《预制装配式钢筋混凝土结构技术规程》	SJG 18-2009	中建三局第一建设工程有限责任公司深圳分公司	2009 年 11 月	参编
16	《建筑施工竹脚手架安全技术规程》	JGJ 254-2011	深圳市建设（集团）有限公司 深圳市鹏城建筑集团有限公司	2011 年 12 月 6 日	主编 参编

续表

序号	名称	技术标准编号	完成单位	发布时间	所起作用
17	《非承重砌体及饰面工程施工与验收规范》	SJG 14-2004	中建二局有限公司深圳分公司	2004 年 11 月	参编
18	深圳市《建筑节能工程施工验收规范》		深圳市建筑科学研究院有限公司 江苏省华建建设股份有限公司 深圳市建设工程质量检测中心 深圳市宝安区建设局 深圳市龙岗区工程质量监督检验站 深圳市科源建设集团有限公司 深圳越众（集团）股份有限公司 深圳市九州建设监理有限公司 招商局地产控股股份有限公司 深圳市乐天品特环保科技有限公司	2010 年 4 月 1 日	参编
19	《建筑结构加固工程施工质量验收规范》	GB 50550-2010	中国华西企业有限公司	2010 年 7 月 15 日	参编
20	《砌体结构加固设计规范》	GB 50702-2011	中国华西企业有限公司	2011 年 7 月 26 日	主编
21	《建筑屋面排水系统技术规程》		深圳市建工集团股份有限公司		主编
22	《建筑涂饰工程施工及验收规程》	JGJ/T 29-2003	深圳市建工集团股份有限公司		参编
23	《深圳市绿色再生骨料混凝土制品技术规范》		深圳市建工集团股份有限公司		参编
24	《混凝土施工操作技术规程》		深圳市建工集团股份有限公司		参编
25	《钢结构工程施工质量验收规范》	GB 50205-2001	中建三局深圳建升和钢结构建筑安装工程有限公司（中建钢构有限公司）	2002 年 1 月 10 日	参编
26	《建筑钢结构焊接技术规程》	JGJ 81-2002	深圳建升和钢结构建筑安装工程有限公司（中建钢构有限公司）	2002 年 9 月 27 日	参编
27	《栓钉焊接技术规程》	CECS 226：2007	中建三局股份钢结构公司（中建钢构有限公司）	2007 年 11 月 27 日	参编
28	《建筑工程检测试验技术管理规范》	JGJ 190-2010	中建钢构江苏有限公司	2010 年 1 月 8 日	参编
29	《钢结构工程施工规范》	GB 50755-2012	中建钢构有限公司	2012 年 1 月 21 日	主编
30	《预制混凝土衬砌管片生产工艺技术规程》	JC/T 2030-2010	深圳市市政工程总公司	2011 年 7 月 18 日	主编
31	《路面稀浆罩面技术规程》	CJJ/T 66-2011	深圳市市政工程总公司	2011 年 7 月 13 日	主编
32	《气泡混合轻质土填筑工程技术规程》	CJJ/T 177-2012	深圳市市政工程总公司	2012 年 1 月 11 日	主编
33	《城市桥梁工程施工与质量验收规范》	CJJ 2-2008	深圳市市政工程总公司	2008 年 11 月 4 日	参编
34	《城市道路施工及验收规范》	CJJ 1-2008	深圳市市政工程总公司	2008 年	参编

续表

序号	名称	技术标准编号	完成单位	发布时间	所起作用
35	《广东省城市桥梁工程质量验收评定标准》	广东省标准	深圳市市政工程总公司	2010 年	参编
36	《深圳地区建筑深基坑技术规范》	深圳市标准	深圳市市政工程总公司	2010 年	参编
37	《灌浆套筒剪力墙应用技术标准》	SZTT/BIAS0002-2018	深圳市鹏城建筑集团有限公司	2018 年	参编
38	《预制混凝土构件生产企业星级评价标准》	SZTT/BIAS0001-2017		2017 年	参编
39	《工业化建筑评价标准》	GBT 51129-2015		2015 年	参编
40	《建筑工程项目管理规范》	GBT 50326-2017		2017 年	参编
41	《预制装配钢筋混凝土外墙技术规程》	SJG24-2012		2012 年	参编
42	《深圳市非承重墙体与饰面工程施工及验收标准》	SJG 14-2018	深圳市泛华工程集团有限公司 万科企业股份有限公司 深圳市建设工程质量监督总站 深圳市华阳国际工程设计有限公司 深圳市清华苑建筑设计有限公司 深圳市鹏城建筑集团有限公司	2018 年	参编
43	《塔式起重机设计规范》	B/ T 13752-2017	中建二局有限公司深圳分公司	2017 年	参编
44	《钢筋陶粒混凝土轻质墙板》	JC/T 2214-2014	中建二局有限公司深圳分公司	2014 年	参编
45	《组合铝合金模板》	CFSA/T 04：2016	中建二局有限公司深圳分公司	2016 年	参编
46	《深圳地区地基处理技术规范》	深圳市标准	深圳市市政工程总公司	2010 年	参编
47	《预制装配钢筋混凝土外墙技术规程》	SJG 24-2012	深圳泛华工程集团有限公司 万科企业股份有限公司 深圳市建设工程质量监督总站 深圳市华阳国际工程设计有限公司 深圳市清华苑建筑设计有限公司 深圳市鹏城建筑集团有限公司 惠州荣康顺建筑材料有限公司 深圳市土木建筑协会门窗幕墙专业委员会 深圳金粤幕墙装饰工程有限公司	2012 年	主、参编

2. 科技进步奖

科技进步奖、科技示范工程及绿色施工示范工程（国家级）一览表

序号	工程名称	所获奖项	证书编号	完成单位
1	深圳红树西岸	全国建筑业新技术应用示范工程（第五批）	住房和城乡建设部 2008.08	江苏省华建建设股份有限公司深圳分公司
2	深圳市江胜大厦	全国建筑业新技术应用示范工程（第六批）	住房和城乡建设部 2010.11	江苏省华建建设股份有限公司深圳分公司
3	深圳市会议展览中心	建设部专项技术科技示范工程	建设部 05017-2	江苏省华建建设股份有限公司深圳分公司 深圳建升和钢结构建筑安装工程有限公司
4	锦绣花园四期	全国绿色施工示范工程	中国建筑业协会认定	江苏省华建建设股份有限公司深圳分公司
5	和平里花园二期	全国绿色施工示范工程	中国建筑业协会认定	江苏省华建建设股份有限公司深圳分公司
6	中洲大厦	全国绿色施工示范工程	中国建筑业协会认定	江苏省华建建设股份有限公司深圳分公司
7	中洲华府商业大厦	全国绿色施工示范工程	中国建筑业协会认定	江苏省华建建设股份有限公司深圳分公司
8	深圳国贸中心大厦	国家科技进步三等奖		中建三局第一建设工程有限责任公司深圳分公司
9	深圳发展中心大厦	国家科技进步三等奖	施-3-002-03	中建三局第一建设工程有限责任公司深圳分公司
10	深圳地王商业中心	国家科技进步三等奖	12-3-002-01	中建三局第一建设工程有限责任公司深圳分公司
11	深圳市市民中心工程	建设部专项技术科技示范工程	建设部 05020	深圳市建工集团股份有限公司 中铁建工集团有限公司 深圳市第一建筑工程有限公司
12	深云村经济适用房	绿色施工示范工程	住房和城乡建设部、中国城市科学研究会绿色建筑和节能委员会认定	深圳市越众（集团）股份有限公司
13	妈湾电厂新技术推广综合试点工程	95 年度部科技成果推广应用三等奖		中建二局有限公司深圳分公司
14	时代财富大厦	第五批全国建筑业新技术应用示范工程	建办质〔2008〕43 号	中国华西企业有限公司
15	广州新客站	21m 高架候车层结构施工技术研究科技进步一等奖	中国施工企业管理协会	中铁建工集团有限公司深圳分公司

续表

序号	工程名称	所获奖项	证书编号	完成单位
16	松坪村三期经济适用房（Ⅱ标段）工程	国家级绿色施工示范工程		深圳市建工集团股份有限公司
17	深圳市宝荷医院工程	国家级绿色施工示范工程		深圳市建工集团股份有限公司
18	深圳会议展览中心	国家科技进步二等奖	2004-J-221-2-03-D02	深圳建升和钢结构建筑安装工程有限公司（中建钢构有限公司）
19	复杂填海地层中长距离玻璃钢夹砂管顶管施工关键技术	广东省科学技术二等奖	粤府证【2012】160 号	深圳市市政工程总公司
20	广州新客站	广州新客站 21m 高架候车层结构施工技术研究技术创新成果一等奖	中国施工企业管理协会	中铁建工集团有限公司深圳分公司
21	长沙南站	长沙南站工程综合施工技术研究技术创新成果一等奖	中国施工企业管理协会	中铁建工集团有限公司深圳分公司
22	郑州东站	郑州东站复杂结构施工技术研究技术创新成果二等奖	中国施工企业管理协会	中铁建工集团有限公司深圳分公司
23	岗厦河园片区城中村改造项目中区 4 号地块	复杂环境下正逆作混合法施工技术研究技术创新成果二等奖	中国施工企业管理协会	中铁建工集团有限公司深圳分公司
24	中铁建工集团有限公司深圳分公司	工程建设科技创新示范单位	ZS（2006）5119 号中国工程建设协会	中铁建工集团有限公司深圳分公司
25	妈湾电厂循环水泵房下部结构半潜驳浮箱法施工	九三年度广东省建设系统科学技术进步三等奖		中建二局有限公司
26	妈湾电厂循环水泵房下部结构半潜驳浮箱法施工	九三年度广东省建设系统科学技术进步二等奖		中建二局有限公司
27	高抛免振自密实混凝土技术	九九年度广东省建设系统科学技术进步二等奖		中建二局有限公司
28	329.4m 高空屋盖大跨度重型钢桁架施工技术	中国施工企业管理协会科学技术奖二等奖	2017-C-E-083	中建二局有限公司
29	7500 吨超高层三道控制连廊同步整体提升及安装技术	广东省土木建筑学会科学技术奖二等奖	2018-2-X40-D01	中建二局有限公司
30	7500 吨超高层三道空中钢连廊同步整体提升及安装技术	2018 年华夏建设科学技术奖	2018-3-8101	中建二局有限公司

续表

序号	工程名称	所获奖项	证书编号	完成单位
31	180m 超高空中钢连廊液压同步整体提升施工技术	2012 年度中国施工企业管理协会科学技术奖一等奖		中建二局有限公司
32	中国储能大厦	广东省新技术应用示范工程		中建二局有限公司
33	艺展天地中心	广东省建筑业绿色施工示范工程	GDLS2017-017A1	中建二局有限公司
34	中国储能大厦	全国建筑业绿色施工示范工程		中建二局有限公司
35	岗厦皇庭大厦	全国建筑业绿色施工示范工程		中建二局有限公司
36	东海国际中心（公寓综合体）工程	2014 年广东省建筑业新技术应用示范工程	GDSF2014-019	中建二局有限公司
37	壹海城一区工程	2014 年广东省建筑业新技术应用示范工程	GDSF2014-020	中建二局有限公司
38	深圳湾科技生态园三、四区总承包工程	2016 年广东省建筑业绿色施工示范工程	GDLS2016-011A1	中建二局有限公司
39	宝利来花园酒店	2017 年广东省建筑业绿色施工示范工程	GDLS2016-013A1	中建二局有限公司

第14章

混凝土篇

陈少波　高芳胜　苏　军
寇世聪　陈爱芝

深圳混凝土技术 40 年发展

深圳土木建筑学会成立的 40 年，是与深圳特区改革开放同步的 40 年。40 年来，在深圳城市建设发生翻天覆地变化的过程中，混凝土作为深圳土木建筑工程中最主要的工程结构材料，其生产方式、工艺技术、管理水平、产品质量及性能都发生了可喜的巨大变化，深圳混凝土行业的规模及其科技队伍、研发能力也取得快速发展。

首先，深圳混凝土生产方式发生了根本转变。混凝土由最初施工现场的分散式拌制，转变为全面预拌混凝土生产。预拌商品混凝土的规模化、绿色清洁工厂化生产方式，不仅保证了混凝土质量、提高了混凝土性能，同时也减少了城市环境污染、降低了对城市生活的干扰。预拌混凝土产能和质量的提高，也为深圳城市的大规模高速度建设发展，提供了有力保障。混凝土集约式的生产方式，更进一步推动了深圳混凝土行业的科技进步。

其次，深圳混凝土的性能有了质的飞跃。20 世纪 80 年代初，深圳混凝土一般多为 C25 以下的低塑性低强度混凝土，经过了 40 年的发展，C60~C80 高强混凝土现在已普遍应用于各超高层建筑等结构中。不仅如此，深圳市还成功进行了 C100~C120 高强、超高强混凝土在工程实际中的应用实践。2014 年成功在深圳平安金融中心工程中进行模拟了 1000m 高度 C100 高强高性能混凝土施工泵送，填补了国内模拟了 1000m 高层建筑混凝土泵送技术的空白，也标志着深圳市具备了建造千米高楼所需的混凝土技术储备。

一、深圳混凝土生产方式的转变

深圳混凝土由分散搅拌到集中搅拌，是建筑工程施工管理方面一项意义重大的改革。预拌混凝土应用量所占比重的大小，标志着一个城市的混凝土生产工业化程度的高低。国外实践表明，采用预拌混凝土之后，一般可提高劳动率 200%~250%，节约水泥 10%~15%，降低生产成本 5% 左右，同时还具有保证混凝土质量、节约施工用地、实现文明施工等方面的优越性。世界上第一座预拌混凝土工厂出现在德国，建造于 1903 年，以后受到世界各国的重视，得到迅速发展。统计结果表明，在经济发达的国家里，预拌混凝土的供应量已达到全部混凝土生产量的 90% 以上。

40 年来，随着深圳城市建设的高速发展，深圳建设行政主管部门采取了一系列政策和措施，使得深圳的预拌混凝土产量每年以超过 15% 的幅度递增。目前应用预拌混凝土量已达到混凝土总用量的 90% 以上，达到世界经济发达国家的水平。概括而言，深圳预拌混凝土的发展大体可分为 4 个阶段。

1. 起步阶段

混凝土由工地现场分散搅拌，开始起步转向搅拌站集中预拌。1980 年，深圳市第一个预拌混凝土搅拌站开始建立，1981 年建成投产。在预拌混凝土搅拌站进行混凝土计量配料，由混凝土搅拌车在运输途中搅拌并送至工地。1981 年建成的预拌混凝土搅拌站，主要是由进口混凝土搅拌设备组成的半自动化生产线，当时是为了满足深圳个别工期紧、施工难度较大的工程项目的需要。在起步阶段，直至 1980 年代末，全市也只有为数不多的几个预拌混凝土搅拌站点。

2. 加速转变阶段

1990 年代，预拌混凝土的优越性逐步显现，特别是在深圳政府主管部门的大力推动下，深圳特区内预拌混凝土企业由当初 1980 年代末的几个发展到 1990 年代末的十多个，预拌混凝土企业的装备水平和生产能力也都大为提高。如深圳市安托山混凝土有限公司 1999 年建成了东南亚单站规模最大、环保意识最强的意大利原装进口 4 条全自动控制加冰屑混凝土生产线，原装进口 30 辆瑞典沃尔沃 $9m^3$ 装载量的大型搅拌车，曾为深圳会展中心工程项目创造了深圳 3 个第一：①单体建筑工程混凝土供应量达 53 万 m^3；②单个构件大体积混凝土的体积达 8 万 m^3；③单站单日混凝土供应量 1.38 万 m^3；④加冰屑温控防裂混凝土。

3. 发展与提高阶段

2000 年后，预拌混凝土的应用迅速向全市范围扩展。目前，深圳已有混凝土搅拌站点 80 多个，预拌混凝土生产线 220 多条，混凝土搅拌运输车近 3350 台，混凝土汽车泵 300 多台，全市预拌混凝土年生产能力已超过 8000 万 m^3，预拌混凝土普及率超过 90%，规模在全国处领先地位。

4. 绿色环保清洁生产改造升级阶段

2016~2018 年，深圳预拌混凝土企业按照响应国家和地方相关技术规范要求，混凝土搅拌站逐步改造为绿色环保型，全市所有站点均积极开展绿色生产企业改造，并参与广东省搅拌站绿色生产及管理等级评价工作，截至 2018 年 12 月，深圳混凝土搅拌站获得绿色生产三星级的企业 25 家、二星级的企业 30 家，参与并获得星级企业的比例排名全省第一。深圳混凝土行业普遍采用高效除尘器（除尘效率大于 99%）、自动喷淋、雾炮机、车辆进出自动冲洗装置等降尘设施，通过配置砂石分离机、低噪声装载设备、废水废浆收纳搅拌池、粉尘和噪声监测仪器、对材料堆场乃至整个厂区进行整体封装。在废水、废气、固体废弃物、噪声等污染物控制等方面取得了显著的成果。目前，深圳混凝土生产行业基本做到了废料回收利用率 100%、废水实现了零排放、粉尘和噪声都在可控范围内。

二、深圳混凝土技术的全面发展

40 年来，深圳的改革开放政策和科技兴市方针，极大地促进了深圳混凝土行业的发展和科技进步。从 1997 年深圳市政府发布的 62 号市长令，以法规的形式强力推行预拌混凝土，到 2009 年深圳市人民政府第 212 号令出台的《深圳市预拌混凝土和预拌砂浆管理规定》，从散装水泥的应用到推广粉煤灰等活性掺合料及高效外加剂在预拌混凝土中的双掺技术，再到 2017 年《深圳市高性能混凝土推广应用试点和预拌混凝土绿色生产评价试点工作方案》等，深圳市在建设科技领域的政策导向，始终是积极强势推进，力度有增无减。随着深圳混凝土行业的科技进步，一系列有特殊结构要求的高强、高性能混凝土，不断地应用在实际工程中。如：赛格广场等超高层钢管混凝土结构的高抛免振高性能混凝土、盐田港码头工程和西部通道跨海大桥的抵抗海水侵蚀高耐久性（120 年）混凝土、深圳地铁工程中的抗裂防渗混凝土、京基金融中心 C120 超高泵送混凝土、平安金融中心 C100 千米超高泵送混凝土等。

在深圳，多种混凝土技术的应用如下：

1. 高性能混凝土（包括高强、普通等级高性能混凝土；自密实混凝土等）

40 年来，高性能混凝（简称 HPC) 在深圳发展迅速，

HPC的先进性使混凝土的工程应用范围得到扩大，使混凝土的社会经济效益不断增长。深圳混凝土行业对HPC采用原材料的现状和发展高度重视。采用了进一步提高HPC性能的复合化方法，取得了多方面效益。如深圳利建混凝土公司于1998年开始，研发C80高性能混凝土成功，其成果用于大中华国际交易广场混凝土结构。2004年起，安托山混凝土公司研发的不掺硅灰C80泵送混凝土，分别成功应用于金润大厦、京基金融中心、安托山综合楼、福田科技大夏、京基滨河时代、汉京金融中心等工程的墙柱结构，取得很好的经济和社会效益。深圳大学等国内高校与多个深圳预拌混凝土企业进行了高性能混凝土的联合研发工作，其成果全部在工程实践中得到应用，效果良好，多数成果通过了省市科技成果鉴定。

根据2015年行业标准《高性能混凝土评价标准》JGJ/T 385-2015，高性能混凝土定义为：以建设工程设计、施工和使用对混凝土性能特定要求为总体目标，选用优质常规原材料，合理掺外加剂和矿物掺合料，采用较低水胶比并优化配合比，通过预拌和绿色预拌生产方式及严格的施工措施，制成具有优异的拌合物性能、力学性能、耐久性能和长期性能的混凝土。由此看出，目前国内对于高性能混凝土的技术特点已经淡化了高强这一指标要求，摆脱了“高强即高性能，高性能必高强”的这一简单认识，重点关注工作性、长期和耐久性以及混凝土的绿色生产方式等。

2. 超高泵送高强混凝土

1990年，由中建三局一公司与中国建研院深圳分院共同研发的C60泵送混凝土，成功用于深圳贤成大厦，该工程项目主体高218m，地上59层，是深圳首先使用C60高强混凝土的工程。此后，原市建五公司等多家企业也在高层建筑中使用C60高强混凝土。目前，深圳全部预拌混凝土生产企业普遍可以生产C60高强混凝土，高强泵送混凝土在深圳工程中的应用日益广泛。2003年，深圳新丽鑫混凝土公司在西方国际广场采用的C100免振混凝土，是深圳首次将C100免振混凝土用于工程实践中，取得了宝贵的经验。目前，深圳已有多个高层建筑使用了C80高强泵送混凝土，C110、C120高强混凝土不但成功在试验室完成配制，并且成功应用于深圳京基金融中心和平安金融中心超高强泵送混凝土中。高强、高性能混凝土的泵送高度，在深圳被不断创出新高，如京基金融中心工程C120混凝土泵送高度达到417m，是全国首创；平安金融中心工程C100混凝土垂直泵送高度达到550.5m（模拟1000m），是世界首创。

3. 自密实混凝土

1998年，深圳赛格广场超高层钢管柱结构首次使用内恒山混凝土公司研发的高抛免振混凝土获得成功，并逐步推广应用。深圳京基金融中心大厦、证券中心大厦、汉京金融中心等工程使用的均属免振自密实混凝土。

4. 补偿收缩混凝土

2001年，为解决华为科研中心大厦结构长度为276m超长混凝底板收缩开裂问题，采用了中国建材院研究的补偿收缩混凝土技术，达到了未出现有害裂缝的效果，这在当时是深圳最长的混凝土底板。此后，在深圳欢乐海岸、深圳湾体育中心500m超长底板、深圳机场等其他各项工程超长结构施工中，应用此项技术均获得成功。

5. 绿色混凝土

随着人们对绿色建筑认知度的提高，绿色混凝土在建筑中的应用越来越广泛。绿色混凝土是指可节约资源、能源，不破坏环境，更有利于环境，符合建筑可持续发展，保证人类能健康、幸福地生存的新型结构工程材料。具体可细分为绿色高性能混凝土、再生骨料混凝土、环保型混凝土（低碱混凝土、透水混凝土、吸收分解、光催化混凝土）和机敏型混凝土（自诊断智能混凝土、自调节机敏混凝土、自修复机敏混凝土）。

深圳发展绿色混凝土，有着较好的政策环境和充足的后劲，经业内学者专家讨论，目前以下几点作为主要工作的重点方向：

1）加强混凝土科研开发、地方标准制定、提高工程设计和施工企业的环保意识，加大绿色概念的宣传力度，引起混凝土工程领域各个环节的高度重视。

2）大力提高高标号熟料水泥的使用，达到节能、节约资源的目的。

3）积极利用城市固体垃圾，特别是拆除的旧建筑物和构筑物的废弃物混凝土、砖、瓦及废物，以其代替天然砂石料，减少砂石料的消耗。

4）更新传统的混凝土设计方法，提高施工质量意识，以保证混凝土的施工质量。

5）制定深圳绿色高性能混凝土的地方标准，以及质量控制方法、施工工艺、验收标准等。

6）加强对绿色高性能混凝土配套技术的研究开发，使其适合于各种应用场合，扩大其应用范围。着重解决高性能混凝土和绿色高性能混凝土由于低水胶比引起的自收缩问题、进一步水化造成的裂纹问题、由于高强度带来的脆性问题等。

7）制定有关政策，保护和鼓励深圳工程积极使用绿色高性能混凝土。

8）加强部门的协调，减少推广应用高性能混凝土和绿色高性能混凝土的阻力。

6. 矿物添加剂及掺合料双掺技术混凝土

1983 年，中铁建厂局在蛇口工业区多个厂房工程中开始使用粉煤灰和减水剂双掺技术。此后，这项技术在预拌混凝土中普遍采用，并得以发展。1998 年，经过专家论证认可，建厂局搅拌站首次使用矿渣复合掺合料。随着磨细矿渣的技术标准出台，磨细矿渣在预拌混凝土中的应用亦得到了推广。2001 年，建厂局搅拌站在深圳有色中金大厦底板中，采用 30% 大掺量粉煤灰混凝土，并利用其 60 天后期强度通过验收合格。2009 年，安托山混凝土公司在京基金融中心 4.5m 厚底板中，利用 90 天后期强度，采用 50% 大掺量矿渣粉和粉煤灰 C50P10 混凝土，取得较好的裂缝控制效果和社会效益。

7. 预制混凝土构件

2003 年深圳安托山公司在全国首家成功生产出 1.2m 的大直径高强混凝土预应力管桩。2008 年深圳港创建材公司在国内建成首家地铁管片全自动流水生产线。

近年来，我国积极探索发展装配式建筑，由于建造方式大多仍以现场混凝土浇筑为主，装配式建筑比例和规模化程度仍然较低，与国家发展绿色建筑的有关要求以及国际先进建造方式相比还有较大差距。目前，我国不断出台相关政策，推动着国内的建筑工业化生产，装配式建筑混凝土 (PC) 预制构件正逐渐应用到实际工程项目中。

发展装配式建筑是建造方式的重大变革，是推进供给侧结构性改革和新型城镇化发展的重要举措，有利于节约资源能源、减少施工污染、提升劳动生产效率和质量安全水平，有利于促进建筑业与信息化、工业化深度融合、培育新产业新动能、推动化解过剩产能。新型建筑工业化是对传统建筑生产方式的变革，可实现建设的高效率、高品质、低资源消耗和低环境影响，具有显著的经济效益和社会效益，是未来我国建筑业的发展方向。推动建筑工业化生产，可有效地降低资源、能源消耗，实现节能减排，是我国发展低碳经济的必然要求。装配式预制构配件是节能建筑发展的方向，也是普及绿色建筑的捷径，有着巨大的节能减排作用，提升了建筑品质和效能，大大提高施工效率，缩短施工周期，并充分体现了绿色建筑四节一环保的特点。在这样的发展趋势下，深圳的混凝土预制构件生产企业必将跃上新的发展台阶。

8. 再生骨料混凝土

随着深圳市城市建设的高速发展，每年建筑废弃物的排放量已达到1亿m^3。将建筑废弃物再生骨料用于混凝土中不仅可以解决处置建筑废弃物占领土地和环境污染问题，而且可解决混凝土原材料短缺的问题。从2017年开始，深圳市混凝土搅拌站可制备再生骨料混凝土。深圳大学研发的提升再生骨料品质的技术使再生骨料在结构混凝土中取代天然骨料的比率达50%以上。

9. 混凝土外加剂

深圳混凝土外加剂的应用，随着混凝土技术的发展。也在不断的提升，已由原来的第二代奈系外加剂发展到目前的第三代聚羧酸高效减水剂，高效减水剂是高性能混凝土HPC的必需组分，目的是大幅度减水以提高混凝土强度与耐久性，使HPC有足够的流动性、和易性、可泵性和填充性，减少混凝土的泌水。掺加活性掺合料时也必须掺加适量的减水剂或高效减水剂；为了减少坍落度损失，掺加缓凝剂与引气剂；为了混凝土早强，掺加早强减水剂；为了预防混凝土早期收缩，提高混凝土早期强度。混凝土外加剂的复合作用，对HPC满足各种功能要求是十分重要的。

40年来，深圳混凝土外加剂用得愈来愈普遍，从最初的引气剂与减水剂，到如今的20多类上百个品种的外加剂。主要有减水剂系列、泵送剂、速凝剂、早强剂、缓凝剂、膨胀剂、防水剂、阻锈剂、引气剂等。

深圳土木工程在混凝土外加剂的应用中，优先采用了减水率高（可减水18%~20%）、坍落度损失少、对钢筋无锈蚀作用、节约水泥10%以上的高效减水剂。并且探索了外加剂复合的使用，取得了良好效果，不仅有两种以上混凝土外加剂复合，还有外加剂与活性细掺料的复合，以及细掺料之间的复合，为提高混凝土性能，创造深圳社会经济效益开阔了新途径。

近年来，由于砂石资源短缺，中国乃至全世界混凝土主要基础材料砂、石的供应日见紧张，目前许多市场上提供的砂石与传统的材料相比，材质状况发生了很大变化，颗粒粗细级配和含粉含泥量等指标不稳定，使高品质混凝土的生产控制难度加大，掌控混凝土泌水、坍落度损失等和易性问题成了世界难题，而一般的外加剂难以有效解决这些问题。成立于1993年的深圳第一家混凝土外加剂企业金冠建材（深圳）有限公司，针对上述难题从2015年就开始进行了大量实验研究，主要是从外加剂合成入手，调整分子结构，引入抗泥、保坍的功能性基团，研制了“智慧型聚羧酸高效减水剂”，解决了机制砂、石粉砂和砂石含泥含粉量不稳造成的新拌混凝土敏感以及泌水、坍损等和易性问题。金冠建材（深圳）有限公司的商标“KFDN”混凝土外加剂，不仅在国内被广泛使用，还出口到越南、新加坡、马来西亚、柬埔寨、文莱等国家，是深圳混凝土行业走出国门并获得良好口碑的混凝土外加剂产品企业。

三、深圳混凝土科研创新队伍的建设

40 年来，在改革开放政策的影响下，深圳混凝土领域的生产队伍和科研能力有了本质的提升，如深圳安托山混凝土公司在全省预拌混凝土行业内率先荣获高新技术企业称号，充分体现了深圳混凝土产业的高新技术发展方向。深圳混凝土生产企业不仅具备了预应力高强混凝土管桩、地铁盾构管片的生产能力，还能生产建筑工业化相配套的高层建筑预制构件等高端混凝土制品；不仅能够生产第三代聚羧酸类混凝土外加剂，而且已将产品打入海外市场。配合泵送施工工艺的应用，深圳混凝土企业广泛生产符合泵送工艺要求的泵送混凝土。深圳已经形成了以混凝土生产企业为主要社会力量的混凝土生产技术研发队伍，培育出一批有自主研发能力的混凝土生产企业。

作为一门传统学科，土木工程理论在与工程实践的交互承辅中经历了步进式发展，成为现代经济的主要支撑和引擎；土木工程既直接关系着人民生命和财产的安全，也是人类文明发展的重要标志。随着建设工程规模的急剧扩大及其向海洋、地下纵深区域等恶劣建造环境中的强力拓展，对传统土木工程理论和相关技术体系提出了诸多新的严峻课题。其中耐久性问题，尤其是沿海城市的混凝土耐久性问题尤为突出，腐蚀环境下土木工程结构的设计理论与寿命评估方法也严重滞后。深圳是一座年轻的滨海城市，土木工程建设日新月异，取得了巨大成就。与此同时，日益显现的全球性土木工程耐久性问题及其严重性，受到了深圳市政府主管部门的高度关注。基于资源节约、环境保护、以人为本和可持续发展的科学理念，经过充分论证和严格审查，2003 年深圳市科技和信息局适时批准组建了依托于深圳大学土木工程学院的“深圳市土木工程耐久性重点实验室”，旨在构建一个先进的科研平台，对海洋及周边环境中土木工程耐久性科学与技术的关键命题进行系统攻关。

“深圳市土木工程耐久性重点实验室”组建至今，深入探讨了颇具科学意义和现实背景的腐蚀环境中土木工程使用寿命保障理论与技术的前沿课题，在此领域取得了具有国际影响的学术成果、基于科学论证的技术专利及符合可持续发展战略的重大工程应用范例，锤炼出了一支创新思维活跃的学术队伍，进一步提升了深圳实验室的科研环境条件和管理水平，为深圳市土木工程建设培养了许多科学研究与工程实践的专门人才。“深圳市土木工程耐久性重点实验室”的建立，对深圳混凝土科研创新队伍的建设产生了以下积极意义：

首先，成为适应深圳高科技产业发展形势和实现可持续发展需求的高水平公共研发平台以及公共技术服务平台。

其次，结合深圳市建设规模、环境特点进行土木工程耐久性基础和应用研究，为深圳市整个建筑业的发展提供技术服务。以试验室为载体，为建筑行业培养大量优秀科技研究、工程实践人才。

再有，采用适应市场经济规律、符合国际惯例、加速科研成果产业化的新型实验室的运作机制，通过和国内外科研机构的合作，通过和企业的密切合作，实现产学研良性互动。不断提高研究开发能力，促进应用基础研究和应用研究，改善科院环境和实验条件，使重点实验室成为具有国际水平科学实验研究基地和科技交流平台。

同时，深圳混凝土生产企业安托山混凝土有限公司、港创建材有限公司、金众混凝土公司、为海混凝土公司、天地混凝土公司等，依托“深圳市土木工程耐久性重点实验室”逐渐成为深圳混凝土行业的龙头科研型企业。特区特色的校企合作，提高了深圳混凝土行业生产技术以及混凝土耐久性基础理论研究水平，在华南地区及沿海城市中处于领先地位。

总而言之，深圳土木建筑学会混凝土与预应力混凝土专业委员会在市住房建设局与土木建筑学会的领导下，与全市混凝土相关单位和从业科技人员共同努力，在深圳改革开放 40 年取得丰硕成果的鼓舞下，以行业已有的生产科研体系为依托，积极与国内高校、科研机构协作，以更开阔的视野对混凝土技术应用新课题开展研究探索，例如生态混凝土、建筑废弃物的再生综合利用等，这对深圳将具有非常深远的意义，不仅可以进一步改善混凝土的性能，还可以进行废物利用保护城市环境，实现可持续发展战略，促进深圳经济特区循环经济发展。

01 不掺硅灰 C80 高强高性能混凝土技术

所属子项：高强高性能混凝土技术

完成单位：深圳市安托山混凝土有限公司

所获奖项：成果鉴定、

鲁班奖工程（金润大厦、京基金融中心）

技术简介

2004 年安托山混凝土公司“高强高性能技术研发中心”成功开发了“不掺硅灰 C80 高强混凝土”，不用硅灰，仅用矿渣粉、粉煤灰等掺合料作为普通原材料制作，实现高强混凝土可泵性、28 天抗压强度达 96MPa 以上等优越性能，即确保了高强混凝土的抗裂剂和外露结构使用可行性，减少肥梁胖柱，提高结构利用空间和舒适感。该技术 2006 年成功应用于深圳金润大厦墙柱结构中，创全国首次应用 C80 混凝土于外露结构而非钢管混凝土结构中。2007 年起，该技术得到了安托山综合楼、京基金融中心、福田科技广场、京基滨河时代、汉京金融中心等超高层建筑的大量推广使用，促进了深圳高层建筑建造的快速发展。该技术 2007 年 1 月被授予“深圳市首批循环经济示范项目”，具有显著的经济和社会效益。

02 C100 高强高性能混凝土千米泵送技术

所属子项：高强高性能混凝土技术

完成单位：深圳市安托山混凝土有限公司、清华大学、中建一局

所获奖项：“国际领先水平”的成果鉴定、

深圳市科技进步二等奖

技术简介

2012 年安托山混凝土公司“高强高性能技术研发中心”成功开发了“千米级摩天大楼高强高性能泵送混凝土”，采用关键材料组成与配合比优化等一系列技术措施，实现混凝土 4h 保坍性、28 天抗压强度达 116MPa 以上等优越性能。2014 年该技术在 600m 高深圳平安金融中心工程中成功进行 1000m 高度模拟施工泵送，即选取了在平安金融中心 99 层安装水平面泵管，按照水平面 2m 折算垂直高度 1m，还有弯管折算，最后成功得出混凝土性能及设备匹配恰当的换算比，提出了使用水平直管及弯头转换竖向高度的方式，试验中共使用直管总长度达到 2300m，解决了 600m 高楼实现千米泵送的根本难题。此次千米泵送试验的成功，标志着中国已经完全掌握铸造千米高楼的核心技术和关键的数据材料，填补了 1000m 高层建筑泵送技术的空白，也标志着深圳市具备了建造千米高楼所需的混凝土技术。

03 C120 超高强高性能混凝土技术

所属子项： 高强高性能混凝土技术
完成单位： 清华大学劳科技工作者协会、
深圳市正强混凝土有限公司、
中建四局等
完成时间： 2011 年 4 月
所获奖项： 成果鉴定

技术简介

2011 年 4 月 10 日 C120 超强高性能超高泵送混凝土成功应用到京基金融中心第 97 层 417m 超高建筑上，主要采用硅灰、纤维、超级微珠、特种高效减水剂等关键材料组成技术，使其具有更优越的力学性能、耐火性能、断裂韧性、微收缩性和耐久性能，28d 抗压强度达 120Mpa 以上。另外，它不怕火，600°C 的高温情况下不会发生爆裂现象。抗腐蚀性好，由于内部结构更加密实，特别适合超高层建筑、大跨度建筑等工程中推广应用，是该领域科技创新重要的研究成果。

04 普通强度等级高性能混凝土技术

完成单位： 深圳市安托山混凝土有限公司

香蜜湖立交与车公庙地铁站

技术简介

选用优质原材料，水泥比表面积≤ 360m^2/kg、矿渣粉达 S95 级、粉煤灰达 Ⅰ 级、粗骨料含泥量≤ 0.5%、细骨料细度模数 2.6~2.9 范围、通过加冰屑控制混凝土入模温度≤ 26℃等技术措施，采用大掺量矿物掺合料配合比技术，提高混凝土抗氯离子渗透性、抗碳化、抗腐蚀等耐久性，实现混凝土高性能化，提高结构工程耐久性，促进建筑绿色化发展。该技术分别应用于京基金融中心、平安金融中心、广深港高铁、深圳地铁 11 号线、安托山总部大厦等项目中。

技术应用

（1）广深港高铁

完成时间： 2014 年
设计指标： C35/C40，56d ＞ P12，电通量 56d ＜ 1000C，胶材抗腐蚀系数＞ 0.8，氯离子含量小于总胶重的 0.1%，且扩散系数＜ 4×10-12m^2/s，混凝土中碱含量≤ 2.5kg/m^3，且不超过水泥重的 0.6%。

（2）深圳地铁 11 号线车公庙站

完成时间： 2016 年
设计指标： C35P8，总胶 415kg/m^3，水胶比 0.38，抗渗 56d ＞ P12，氯离子 28d 迁移系数＜ 5×10-12m^2/s，28d 抗硫酸盐等级≥ KS90，28d 试件快速碳化速度＜ 20mm。

（3）安托山总部大厦

完成时间： 2018 年开始建设
设计指标： 最高 198m，39 层，地下 4 层，C30~C70，地下结构抗渗等级＞ P12、28d 电通量＜ 1500C、地上结构 28d 碳化深度＜ 15mm、28d 电通量＜ 1500C。

05 自密实混凝土技术

完成单位：深圳市安托山混凝土有限公司

技术简介

选用 52.5 硅酸盐水泥、特殊性能聚羧酸减水剂、多种规格骨料联合使用等关键技术措施，提高混凝土密实性、流动性和保坍性等，实现混凝土具有良好的强度、自密实性：如满足扩展度≥ 660mm、扩展时间 S-T500 ≥ 2s、坍落扩展度与 J 环扩展度差值 25mm ＜ PA1 ≤ 50mm、抗离析率≤ 15%、压力泌水率≤ 40% 等主要自密实性能控制指标的要求。其中 C60~C80 自密实混凝土分别应用于京基金融中心、证券交易中心、平安金融中心、汉京金融中心的巨型外框柱、核心筒、钢骨结构等特殊结构中，C120 自密实混凝土于 2015 年研发成功。

技术应用

（1）平安金融中心

中建一局施工总承包，项目总建筑高度 600m，C70 自密实混凝土用于 86 层即 400m 高度以下外框巨柱结构，B5~L118 层巨柱截面由 6525mm × 3200mm 逐步减小为 3118mm × 1400mm；C60 自密实混凝土用于 118 层即 550m 高度以下核心筒及外墙四角部的矩形钢骨结构，核心筒宽 30m、外墙厚 1.5m、内墙厚 0.8m，B5~L11 层为钢板剪力墙外包钢筋混凝土，L12~L118 层为钢筋混凝土剪力墙，外墙四角部设置矩形钢骨。混凝土均采用一次性泵送到结构部位，其中 C60 自密实混凝土泵送高度达 514.25m 时，入泵扩展度 780mm，出泵扩展度 690mm，说明混凝土经过超高泵送后仍然具有良好的自密实性能。

（2）汉京金融中心

中建四局施工总承包，项目总建筑高度 350m，是全球最高全钢结构建筑，主塔楼为巨型框架支撑结构，由 30 根方管混凝土柱（尺寸 1.2m × 3.2m）竖向主体支撑，框架柱之间采用斜向撑杆作为塔楼结构抗侧力体系，钢结构部分为方钢管混凝土柱、方钢管斜支撑、钢桁架以及楼层框架梁组成。钢管柱结构均采用高强自密实混凝土，其中地下 5~36 层为 C80 自密实混凝土、37~51 层为 C70 自密实混凝土，52~61 层 C60 自密实混凝土。

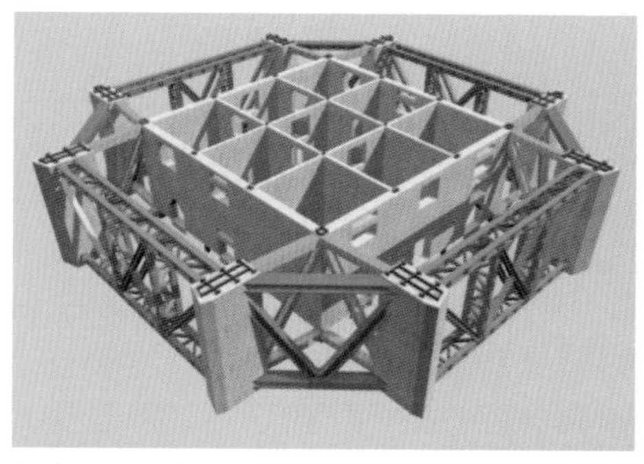

06 大掺量矿物掺合料混凝土技术

技术简介

该技术利用矿渣粉、粉煤灰大掺量替代水泥，充分利用混凝土 60d、90d 龄期后期强度，严格控制混凝土的均质性，减少砂石骨料的含泥量，提高粗骨料的含量和粒径，提高混凝土的抗拉和抗折强度，延长混凝土缓凝时间，必要时采用加冰屑降低混凝土入模温度等技术措施，同时通过合适的施工养护方法，优化保湿养护措施，严格控制混凝土坍落度，加强温度监控措施，有效控制超厚体积混凝土的内外温差，特别是降温速率。实现超厚大体积底板混凝土连续浇筑，既确保质量、缩短工期，又能节约经济投资。该技术分别应用于京基金融中心、平安金融中心等项目的底板结构中。

技术应用

（1）京基金融中心

完成单位：深圳市安托山混凝土有限公司

完成时间：2008 年 12 月

中建四局施工总承包，项目总建筑高度 441.8m，底板中间核心筒部位厚度为 4.5m、外框筒部位厚度为 4m、再向外厚度变成 2m，东西方向长 67.5m，南北方向长 57.3m，面积约 3868m^2，总混凝土方量超过 1.3 万 m^3，混凝土等级为 C50P10（采用 90 天强度作为验收依据），属于超长、超宽的高强大体积混凝土结构，控制裂缝难度大。在不掺膨胀剂和冰屑、不掺纤维、不设冷却管、不施加预应力的情况下优化配合比，总胶 400kg/m^3，矿渣粉与粉煤灰矿物掺合料取代水泥量共 200kg/m^3，占总胶的 50%；8 台地泵 + 2 个溜槽 56h 连续浇灌完毕混凝土，覆盖 1 层塑料薄膜 + 2 层麻袋保湿保温养护；第 5 天混凝土中心达最高温度 76℃（如时间与温度关系图），随后温度降低缓和，小于 2℃ /d，在第 26 天后基本稳定。抗压强度：28d57.6MPa，60d63.9MPa，90d66.9MPa，满足设计要求；28d 后建设、施工、监理等各方共同检查整体情况，未发现任何有害裂缝，取得良好的质量效果。

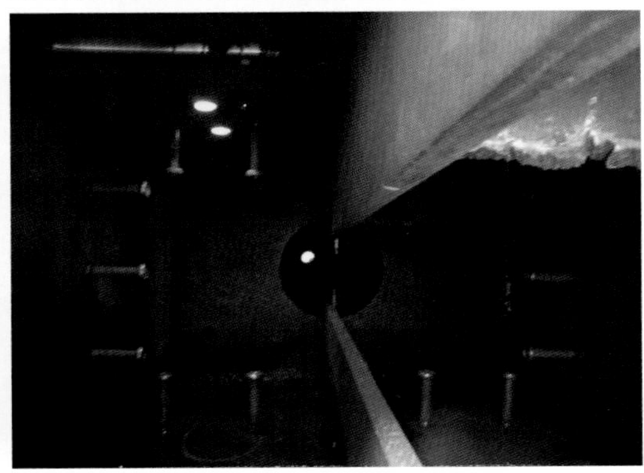

（2）平安金融中心

完成时间：2011 年 12 月

完成单位：深圳市安托山混凝土有限公司、
深圳市东大洋混凝土有限公司、
清华大学

中建一局施工总承包，项目总建筑高度 600m，地下室 5 层，主塔楼底板近似正八边型，87.3m × 85m，面积约 6285m^2，厚 4.5m，混凝土等级为 C40P12（采用 60 天强度作为验收依据）。清华大学联合安托山与东大洋公司共同对原材料、混凝土、实体结构模拟等开展了一系列的研究工作，包括通过正交法进行混凝土配合比设计，研究混凝土的抗压与劈裂抗拉强度、抗渗性、抗氯离子渗透性、绝热温升、自生及干燥收缩、弹性模量等性能，进行足尺模型试验和混凝土内部温度梯度分布的有限元分析等。确认了性能优良的先进混凝土配合比，总胶 380kg/m^3，单掺粉煤灰矿物掺合料掺量 180kg/m^3，占总胶的 47%。采用溜槽 72h 连续浇筑 3.2 万 m^3 混凝土，覆盖塑料薄膜 + 土工布保湿保温养护。

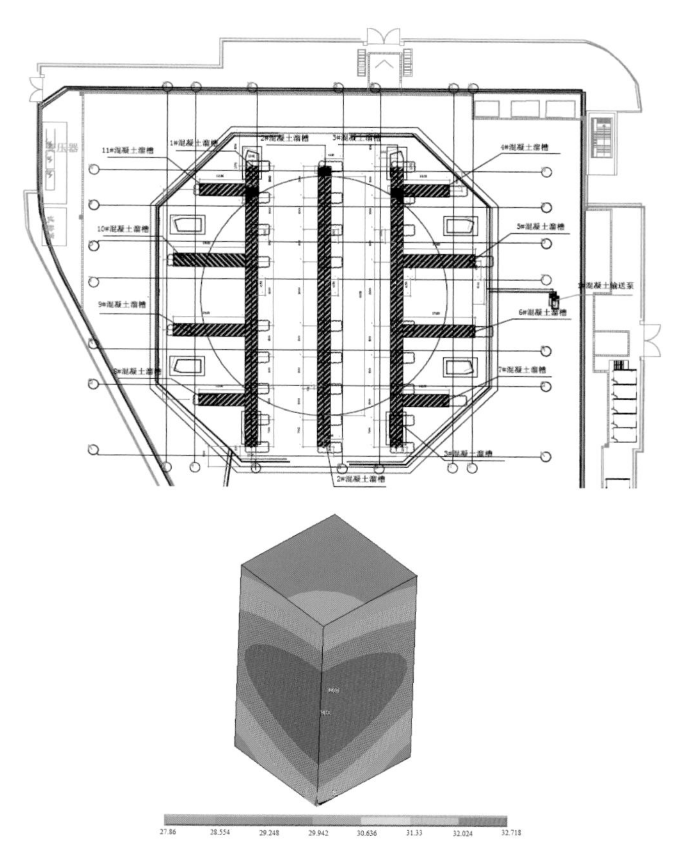

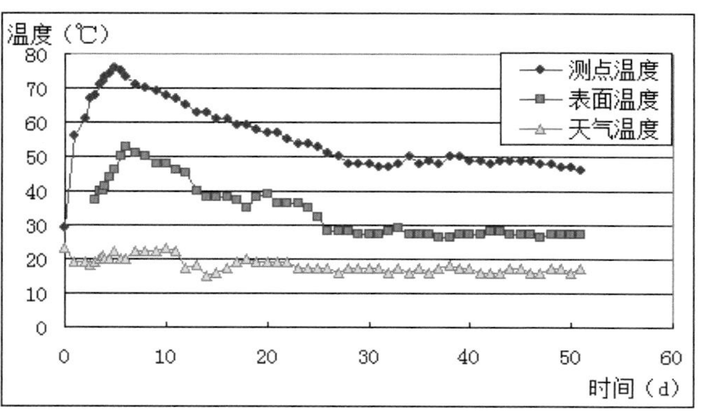

第 15 章

岩土工程篇

刘小敏　刘　琦　贾海鹏　李根强
康巨人　杨峻青　龚旭亚　耿光旭
江辉煌　文建鹏　张　莹　庞小朝

工程勘察与岩土工程 40 年发展

四十年峥嵘岁月稠

难忘的 1979 年，深圳特区建设的大幕徐徐拉开，作为奠基特区辉煌明天的工程勘察与岩土工程行业，也由此迈上了 40 年的成长发展之路，其中的酸甜苦辣与喜悦幸福深深地铸在了今日美丽鹏程的天际与每一位岩土人的心底。

20 世纪 80 年代，随着特区建设首先在罗湖区中心地带展开，“三天一层”为代表的特区建设速度震惊了全国。此时高层超、高层建筑工程勘察与岩土工程设计施工与检验在特区首开先河，如罗湖大厦、国贸大厦、电子大厦、金城大厦、振华大厦等一批高层超高层建筑。针对深圳地区以花岗岩风化层为代表的地基岩土层特性，以及高层建筑对地基承载力与变形的工程要求，原深圳市建设局组织中国建筑科学研究院和中航勘察院等单位的专家学者开展了试验研究与攻关，取得了具有国际先进水平的成果。经深圳市人民政府批准，颁布了由原深圳市建设局黎克强总工程师主编的《深圳地区建筑地基基础设计试行规程》SJG 1-88，该规程既是深圳首部工程建设地方标准，也是全国第一部建筑地基基础行业的地方标准。该规程在对花岗岩风化带的划分、花岗岩残积土的定名及野外鉴别方法、花岗岩残积土地基承载力及变形研究、桩侧阻力和端承力的确定等方面提供了具有很强指导作用的创新成果，国家、行业和地方规范标准一直引用至今。

这一时期的勘察与岩土单位主要包括由基建工程兵 912 团集体转业组成的深圳市勘察研究院和深圳市勘察测绘院、中国有色冶金长沙勘察设计研究院深圳院、深圳地质局、深

圳地质建设工程公司、原冶金部建筑研究总院深圳分院、原建设部综合勘察研究设计院深圳研究设计院、原中国铁道科学研究院深圳分院、中国建筑科学研究院深圳分院、中建西南勘察设计院深圳分院、中南勘察设计院深圳分院以及深圳市大升高科技工程有限公司、深圳市协鹏工程勘察有限公司、深圳市岩土综合勘察设计有限公司、蛇口华力工程公司、南华建材勘探公司等，初步形成了工程勘察和岩土工程行业框架与基本技术实力。

各勘察和岩土单位在艰苦条件下，积极开展科研创新，取得了丰富成果，填补了特区建设的大量空白。如《深圳地区工程地质系列图》《南头半岛规划地质图》《华侨城旅游区规划地质图》等，其中《深圳地区工程地质系列图》获广东省和深圳市科技成果三等奖。深圳地质局开展对罗湖区晚更新世以来断裂活动的研究，以地应力场的研究为重点，配合介质稳定性和地面稳定性研究，对深圳市区域地壳稳定性进行了综合评价，消除了认为深圳产生破坏性地震可能的疑虑，提振了国内外对深圳投资的信心。为修建深圳宝安机场，深圳市勘察研究院等单位克服了种种困难，创新淤泥软土勘察方法，分析研究淤泥软土的工程特性与变形特征，高质量勘察报告与切实可行的软基处理建议，为宝安机场的建设提供了详实的基础资料。

邓小平同志南方谈话之后，深圳经济特区改革与建设春风劲吹、春潮涌动，进入了新的历史发展机遇。大规模建设热潮此起彼伏，建成了当时全国最高的地王大厦、赛格广场、联合广场、招商大厦等一大批代表性高层超高层建筑；深南大道、北环大道、滨海大道、广深高速、梅观高速、机荷高速、水官高速、清平高速等宽阔大道，构建了深圳现代化城市的脉络骨架。座座拔地而起的现代化建筑，凝固了深圳美丽动人的心声，欣欣向荣的科研创新基地，昭示着世界一流的科技发展水准。而这一切无不倾注了广大岩土工作者的无数智慧和心血，有目共睹的成就与贡献，也铸就了无数的无名英雄。

进入 21 世纪的头十年，深圳市各勘察和岩土单位积极推行工程勘察和岩土工程技术进步，走科技兴业之路。引进了先进的勘察、测试、测量仪器设备和新技术、新方法，包括金刚石自动油压高速钻机、电子水准仪、全站仪、GPS、地质雷达、声波测试、地层 CT 扫描、航空遥感、数字测绘与制图、多头静（动）力触探仪、高压三轴仪、各类载荷试

验设备仪器、旁压仪、管线探测仪、计算机信息处理技术等，极大地提高了工程勘察和岩土工程技术水平和生产能力。深圳市勘察研究院和深圳市勘察测绘院研发的工程勘察制图软件，在住房与城乡建设部召开的“全国城市勘察计算机应用经验交流评比会”上，分别被评为住建部优秀科技成果二等奖；深圳市勘察研究院刘小敏等研发的具有自主知识产权的数字化勘察软件“勘察 e”通过了原建设部科技司主持的鉴定，该软件在国内处于领先水平，其中在复杂地层连线、地层标识、图文编辑等方面达到国际先进水平，在工程勘察和岩土工程领域获得深圳市、广东省、国家有关部委、国家行业协会国家级的各类奖项 1000 余项。如深圳市勘察研究院和深圳市工勘岩土工程公司的赛格广场岩土工程勘察和深基坑支护设

计获得国家勘察设计金奖；深圳市勘察研究院和深圳市工勘岩土工程有限公司的深港西部通道一线口岸区岩土工程勘察、填海及地基处理工程设计获得国家勘察设计银奖和广东省科技进步特等奖；深圳市勘察测绘院的深圳会展中心场地详细阶段岩土工程勘察获得国家勘察设计银奖；以及深圳长勘勘察设计有限公司完成的深圳第一高楼——深圳平安国际金融中心工程勘察；中国铁道科学研究院深圳研究设计院完成的深圳机场南北站坪扩建工程桩网复合地基设计；深圳市勘察研究院有限公司完成的深圳航天国际大厦深基坑工程设计；深圳地质建设工程公司完成的深圳平安国际金融中心深基坑工程设计；铁道科学研究院深圳研究设计院完成的广深港高铁福田地下高铁枢纽深基坑工程设计等一批具有广泛影响力的岩土工程勘察设计项目。

党的十八大以来，深圳市改革开放进入新时代，率先实现现代化的强劲动力，推动深圳城市建设以更高质量与更快速度发展提升。借此东风，新时代深圳工程勘察和岩土工程取得令人瞩目的成就，受到全国的关注与重视，也吸引了国外同行的热切目光，涌现了以陈相生院士为代表的一批在国内外有影响的高端岩土工程专业人才，为一大批具有鲜明时代特色标志的项目建成提供了高水平、创新性的工程勘察与岩土工程成果。大规模的岩土工程科研创新成果与新技术、新方法、新设备、新材料的推广应用，推进工程勘察与岩土工程技术大踏步地向前迈进，大幅度提升在工程勘察与岩土工程行业的地位，达到国际先进水平。目前深圳市的工程勘察与岩土工程行业发展到拥有超过 15000 人的专业队伍，拥有甲级或一级地基基础资质的勘察与岩土单位 200 余家，各类高、中级专业技术人才达 7000 余人，拥有包括留学归国在内的硕士和博士等高层次人才 600 余人，注册土木（岩土）工程师 100 余人，院士 1 人，全国和广东省勘察大师 4 人。

工程勘察与岩土工程不仅服务于深圳城市的规划、建设和发展，对城市管理和环境保护也发挥了重要的指导与服务作用，如深圳市地质局和深圳市勘察研究院等单位联合研究编制的《深圳市海域地质矿产资源开发利用与地质环境保护规划》、深圳市勘察测绘院与市地质学会联合申报并获得国家批准的“大鹏国家地质公园”等项目，已成为深圳城市发展的基础性规则与重要的研究平台，打造出了一张靓丽的城市名片。

新时期深圳工程勘察与岩土工程的领域不断得到延伸和发展，包括深圳市轨道交通（城市地铁）的多种技术方法综合勘探、城市开发与土地整备的地理信息系统、卫星定位结合无人机测量和倾斜测量摄影、数字化城市与智慧社区综合信息系统、地理信息大数据与云计算、超深基坑设计与施工、勘察 BIM 开发应用、岩土工程 BIM、勘察作业信息化、装配式基坑支护体系、环境岩土工程、海洋岩土工程、地质灾害防治、超大超深桩基础、滨海地区大面积抗浮结构、自动化远程实时边坡监测系统、基坑自动化监测、桩网复合地

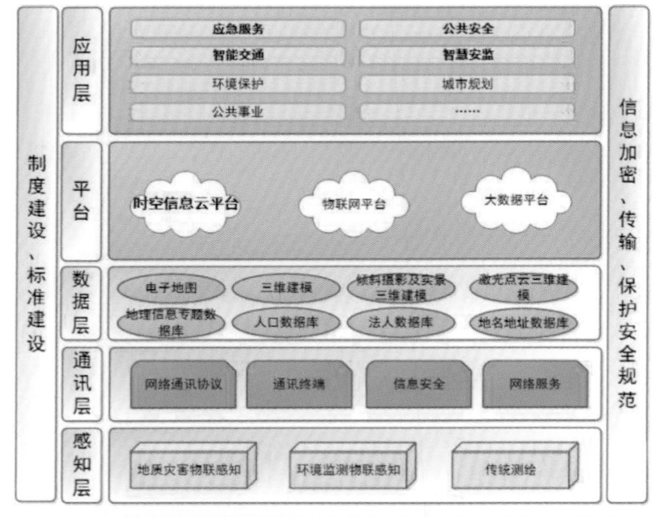

基、污染土地基处理等。其中深圳轨道交通 4 号线（香港地铁 BOT 项目）岩土工程详勘、深圳机场 T3 航站楼岩土工程详勘、宝安中心区海堤工程设计、深圳市后海湾填海及软基处理工程设计等获全国优秀勘察设计一等奖，深圳市龙岗数字化城市与数据库、深圳市光明区土地整备综合管理与中国地理信息产业协金奖和银奖；深圳中国储能大厦基坑支护工程设计获广东省优秀勘察设计二等奖等。

2018 年 11 月，中国工程院与深圳市人民政府联合在深圳举办的“全国岩土工程师论坛”大会盛况空前，出席大会的老中青三代学者和技术专家近 700 人，两院院士达 20 余人，发表了“21 世纪岩土工程宣言”，在国内外反响强烈，影响深远。深圳岩土工程界参与主办、承办及协办的各层次学术会议百余次，在国内已然形成了工程勘察与岩土工程学术高地。深圳岩土工程界以多种方式积极参与粤港澳大湾区的学术交流活动，与香港地质学会联合组织地学考察、讨论与交流；与香港大学等大学、科研机构的专家学者就岩土工程前沿热点举行专题学术研讨、讨论与交流；与香港大学等大学、科研机构的专家学者就岩土工程前沿热点举行专题学术研讨会议；参与举办首届粤港澳台闽两岸五地岩土工程学术大会；组织业内专家学者赴台港澳进行学术及专题考察交流等。

40 年成长发展镌刻下光辉的历程，40 年风雨兼程绘出了激情的岁月。动情地记下这些为深圳建设和发展作出贡献而默默无闻的岩土工作者付出的艰辛劳动与无私奉献，不断激励广大岩土工作者不忘初心，珍惜当今，放眼未来，为深圳更美好的明天再作新贡献！

01　深圳轨道交通 4 号线二期工程

项目类型：工程勘察与水文地质勘察
勘察单位：深圳市勘察研究院有限公司
完成时间：2005 年
获奖情况：2013 年度全国优秀工程勘察设计一等奖

项目概况

本工程起点为少年宫车站，终点站为清湖车站，全长 15.8km，其中地下段长约 5km，地面及高架段长约 10.8km，设 10 个车站及一个专用车辆段。

技术特点

本项目属深圳市重点项目，执行深港两地规范，工程沿线地貌单元多，工程地质条件复杂，勘察要求高。本项目采用了先进的勘察技术和手段，在钻探、取样、测试、室内试验及岩芯保护、勘察资料及室内试验资料可追溯性管理等方面均按香港规范标准操作，勘察工作与勘察界惯例相比有显著的不同，具有独一无二的鲜明特点，居国内领先水平，并在项目建设全过程积极配合建设单位、设计单位、施工单位的工作，提供优质、完善的技术服务，赢得了各方的赞誉。

深圳地铁 4 号线（二期工程）站名示意图

02　深圳地铁 2 号线首期工程勘察

项目类型：工程勘察与水文地质勘察
勘察单位：深圳市勘察测绘院（集团）有限公司
勘察时间：2008 年
获奖情况：2013 年度全国优秀工程勘察设计行业奖工程勘察一等奖

工程概况

深圳地铁 2 号线首期工程从蛇口西站至世界之窗站，首期工程线路全长 15.52km，均为地下线，共设车站 12 座（世界之窗站为 1、2 号线换乘站，不在本项目勘察范围），区间段均为双线隧道，单线隧道洞径约 7m，车站为明挖法施工。设蛇口西车辆段一座，通过车辆段出入线区间与蛇口西站相连。工程总投资 64.85 亿元。

技术特点

地铁 2 号线首期工程线路地质条件复杂、地面环境复杂。线路穿越多个地貌单元，基岩起伏大，多见风化孤石及石英脉，且多次通过建筑群，如世界之窗景区、沙河高尔夫别墅、奥城花园、海上世界别墅群等。为此，勘察期间搜集了大量相关资料，包括线路范围的建筑基础形式、基坑支护形式和道路软基处理办法，分析其对地铁建设的影响。针对螺旋板载荷试验的深度超深问题，勘察过程中将现行螺旋板载荷试验设备加以改进，使其测试深度大大增加，实现了同一钻孔不同深度的多次试验和螺旋板板头的重复使用，有效地扩大了试验深度、节约了野外试验成本，提高了试验效益。在后期施工过程中未发生因地质原因引起的设计变更，第三方监测数据总体与设计预计情况接近，验证了勘察成果和各项参数建议的正确性，得到了建设单位、设计单位以及各参建单位的好评。

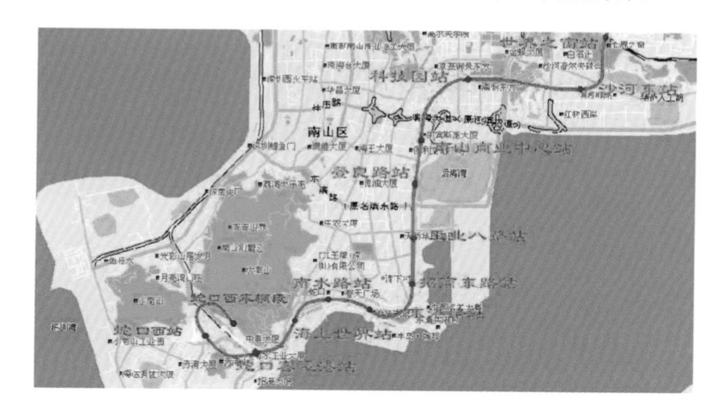

03 深圳机场 T3 航站楼工程

项目类型：工程勘察与水文地质勘察
勘察单位：深圳市勘察研究院有限公司
完成时间：2009 年
获奖情况：2015 年度全国优秀工程勘察设计一等奖

项目概况

深圳机场 T3 航站楼位于深圳国际机场内，T3 航站楼中央指廊南北长约 1100m，东西宽约 600m，外观展现为“飞鱼”造型，主体结构为钢筋混凝土框架结构，屋顶为钢结构。

技术特点

本工程是深圳市重大交通设施项目，是深圳大空港地区规划发展的重要组成部分，勘察技术要求高。勘察工作采用了多种勘察技术手段，通过完善的管理，细致、科学的分析对工程场地的重要技术节点论述到位，对本工程场地填海形成的特殊工程地质背景条件及其与工程的关系分析、评价到位。针对本工程跨度大、单柱荷重大，且单柱荷重大差异大的特点，勘察报告对地基处理方案和桩基方案都进行了详细分析论证，从桩型及桩端持力层的选择、桩基设计参数的选用，到单桩承载力与桩基沉降估算，都进行了详细的论述。勘察成果报告达到国内先进水平，具有较高的经济、环境和社会效益，用户满意。

04 深圳机场扩建工程 T4 航站区软基处理工程岩土工程详细勘察

项目类型：工程勘察与水文地质勘察
勘察单位：中国有色金属长沙勘察设计研究院有限公司
完成时间：2015 年

工程概况

该项目拟建场地位于深圳市宝安区，深圳机场一跑道西侧、二跑道东侧、T3 航站区北侧，占地面积约 4.2km^2。根据规划在本工程场地范围将建设 T4 航站楼及配套设施、停机坪、飞行联络道、货站区和发展用地。

技术特点

T4 航站区场地均为填海区，填土、软土等特殊性岩土普遍存在、地质条件较复杂。拟建场地现状为陆域，局部为鱼塘和河涌。其中陆域主要有 T3 航站区北侧的弃土区和原福永河北侧的福永污泥处置填埋区。在场地中部由南至北，有在建的地铁 11 号线穿过，包括有地下车站、区间隧道和停车场。本次地基处理的航站区总面积为 420.2 万 m^2。本次勘察场地涉及区域面积广，钻探难度极大。勘察采用收集资料、工程地质测绘、钻探施工、原位测试（标准贯入试验、重型圆锥动力触探试验、静力触探试验、十字板剪切试验及土层剪切波速测试）和室内试验等综合勘察方法，对各岩土层的物理力学性质进行定性和定量分析。地基处理根据岩土特点分别建议采用砂井排水固结堆载预压法、插板（砂井）排水堆载预压法、污染土采用生物处理工法，11 号线盾构保护区建议采用桩基 + 盖板或水泥搅拌桩处理、通航区不停航采用湿贫混凝土小换填方案和袖阀注浆加固处理方案、跑道滑行区采用桩网地基进行处理。在岩土工程勘察中贯彻执行国家有关的技术经济政策，勘察资料真实准确，为本工程的建设提供了十分有利的地质依据。

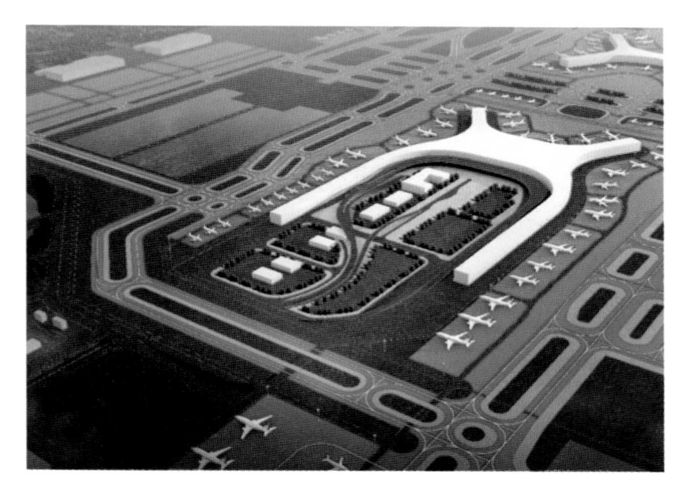

05 深圳市坂银通道工程

项目类型：工程勘察与水文地质勘察
勘察单位：深圳市勘察研究院有限公司
完成时间：2014 年

项目概况

深圳市坂银通道工程位于深圳中部发展轴上皇岗路及清平快速之间，项目南起泥岗上步立交南端，北至坂雪岗大道环城南路交叉口北侧，全长约 7.6km。工程采用城市主干道标准建设，双向六车道，设计车速 50km/h。

技术特点

本工程属城市山岭特长隧道，单洞总长 9.3km，两端连接大型互通式立交，沿线地貌单元多，工程地质条件复杂，勘察工作难度大、要求高。采用地质测绘、物探、钻探、原位测试、水文地质实验、测斜及室内土工试验等多种综合勘察方法，并在深圳地区首家采用地应力测试、孔内电视新技术，综合评定隧道岩土体工程地质特征、主要工程地质问题及隧洞围岩分级，对隧道进出洞口边坡稳定性评价及支护方案提出了建议，为设计及施工提供了翔实可靠的地质依据。勘察成果报告达到国内先进水平。

06 深圳市彩田路北延段工程详勘

项目类型：工程勘察与水文地质勘察
勘察单位：深圳市勘察测绘院（集团）有限公司
勘察时间：2010 年
获奖情况：2015 年度全国优秀工程勘察设计行业奖工程勘察二等奖

工程概况

深圳市彩田路北延段工程位于深圳中部发展轴线上，南起彩田路，北至新区大道，简称新彩通道，是《深圳市中部干线路网一体化改善规划》五大措施之一，是城市中心与中部组团龙华片区间南北向的重要通道，主要承担城市中心片区与龙华片区间中长距离交通联系功能。本项目的建设有利于完善我市中部区域路网结构，缓解中部区域特别是梅林关交通压力，对促进特区一体化有着十分重要的意义。该项目 2010 年被列为深圳经济特区成立 30 周年献礼的十大基础设施项目之首。

技术特点

该项目所提勘察资料与实际地质状况吻合，对基岩持力层界面及风化球的调查准确性高，很好地指导了设计、施工工作，避免了人工、建材、机械的浪费，保证了工期，场地桩基础经现场验桩，严把质量关，所有桩基工程经检测均为合格，一次性通过基础竣工验收；通过钻探、物探等勘探方法，隧道围岩分级准确无误，为隧道顺利竣工节省了工期和经费。

07 深圳市东部过境高速公路勘察

项目类型：工程勘察与水文地质勘察
勘察单位：深圳地质建设工程公司
勘察时间：2008~2019 年

工程概况

东部过境高速公路位于深圳市罗湖区、龙岗区及坪山区内，路线基本为西南－东北走向。本项目起点为罗沙路跨线桥，通过口岸与香港公路网衔接。在罗沙公路北侧处，莲塘隧道与市政连接线相接，路线途经莲塘工业区、梧桐山风景区、大望片区、西坑村、安良大康片区、东海工业园、简龙工业园、宝龙工业区、坪山镇、同乐工业区等，终点接入现况深汕、惠盐高速公路的金钱坳立交，路线全长 32.5km。形成以香港为起点、向粤东地区以及华南东部沿海地区发散的重要交通通道。本项目被列入广东省重点项目之一。

技术特点

由于线路长，勘察时间跨度大，构筑物类型多样，跨越多种地质地貌单元，且线路与深圳断裂走向基本一致，野外勘察实施总体难度大。为了正确评价道路沿线各种地层的工程性质，勘察时采用了多种勘察手段，对道路沿线各岩土层进行测试分析，为设计及施工提供了翔实可靠的地质依据，并提出了合理的建议。

08 深圳北站综合交通枢纽配套工程详勘

项目类型：工程勘察与水文地质勘察
勘察单位：深圳市勘察测绘院（集团）有限公司
勘察时间：2010 年
获奖情况：2013 年度广东省优秀城乡规划设计项目二等奖

工程概况

深圳北站是深圳地区铁路中心客运站，也是深圳铁路“两主三辅”的客运格局最为核心的车站。该站衔接京广深港客运专线、厦深铁路，并与地铁 4 号线、5 号线、6 号线、长途汽车站、公交场站、出租车场站以及社会车辆停车场接驳，形成具有口岸功能的大型综合交通枢纽，是全国重要的区域性铁路客运枢纽，也是当前建设占地最大、建筑面积最多、接驳功能最为齐全的一个具有口岸功能的特大型综合交通枢纽。

技术特点

该项目西广场下设特大型地下室，抗浮设防水位的确定关系到本工程的造价、工期和今后的安全使用。根据初勘和详勘所测水位变化情况，结合场地的现状环境和今后的环境改变，确定了场地地下水位的年变化幅度。根据规划后的设计标高情况详情，考虑到场地原始地貌及水文地质条件的变化，结合场地地下水位变幅情况，我们对西广场场地给出了《抗浮水位剖面图》。同时，勘察报告在综合分析的基础上对基础选型，软基处理及可能遇到的岩土工程问题提出了分析和建议，结论明确、建议合理，为场地的合理使用、基础设计和施工及工程的顺利开展提供了可靠的工程地质依据。

09 恒大中心基岩透水性及破碎带试验勘察与碎裂岩带建模及稳定性评估

项目类型：工程勘察与水文地质勘察

试验勘察单位：中国有色金属长沙勘察设计研究院有限公司（深圳市长勘勘察设计有限公司）

咨询评估单位：深圳市勘察研究院有限公司（刘小敏工作室）

完成时间：2019 年

工程概况

拟建的恒大中心工程项目场地位于深圳市南山区白石洲深圳湾超级总部基地中南部，西邻深湾三路、北临白石四道、东临深湾支一街（规划路），南邻白石支四街（规划路），占地面积约 8760m^2，拟建约 500m 的高层建筑，设 6 层地下室，基坑开挖深度 39.0~42.3m，开挖面积约 8400m^2（73m × 113m），支护总长约 370m。项目北侧周边环境复杂，紧邻地铁 11 号线和 9 号线四条区间盾构隧道，基坑围护结构外边距隧道外边线最小值约 3.0m，其余三侧为市政道路。

技术特点

本次专项勘察为坑底止水设计和塔楼基础服务，查明深层基岩破碎带分布状态和水文地质状况。查明基坑底地层（尤其构造破碎带）渗透性。本次勘察主要采用钻探、分层测量地下水水位、钻孔压水试验、钻孔声波测试、钻孔孔电视、室内岩石试验、水质分析和岩矿鉴定，并进行三维地质建模。本次勘察钻孔深度较深（钻孔深度 90m）且对岩芯采取率要求极高，勘察时采用单动双管钻进或绳索取芯钻探技术工艺，确保了岩芯采取率。

本项目运用众多先进勘察技术手段查明了场地内破碎带的分布范围、深度、产状及影响范围，场地地下水类型、埋藏深度、场地基岩透水性以及物理力学性质，为后期基础设计以及基坑开挖止水设计提供了依据。为后期深圳特区类似项目科研专项勘察奠定了基础，对岩土技术发展和综合运用具有深远意义影响。

10 深圳市大运中心岩土工程勘察

项目类型： 工程勘察与水文地质勘察
勘察单位： 深圳市工勘岩土集团有限公司
完成时间： 2009 年
获奖情况： 全国优秀工程勘察设计行业二等奖；
中国土木工程詹天佑奖

项目概况

深圳大运中心位于深圳市龙岗区龙翔大道，是深圳举办 2011 年第 26 届世界大学生夏季运动会的主场馆区，也是深圳实施文化立市战略、发展体育产业、推广全民健身的未来中心区。深圳大运中心整个项目占地约 87.4hm^2，建筑面积超过 30 万 m^2，总投资约 35 亿元人民币，建成后将成为深圳的地标性建筑。项目包括主体育场、体育馆、游泳馆以及全民健身广场、体育综合服务区、新闻指挥中心等体育设施。同时，在主场馆区附近还将建成环境优美、设施齐全的运动员村，为运动员提供便利舒适的生活。

技术特点

工程场地属于龙岗区典型岩溶及断裂构造发育区，场地岩溶规模大、分布极不均匀、无规律可循，且受构造断裂影响，岩性成分极为复杂，采用了钻探、物探（地质雷达、高密度电法、钻孔跨孔 CT）、抽水试验、载荷试验、地震安评、岩矿鉴定等多种综合勘察方法，详细查明了场地岩溶分布特征及断裂发育区成因、影响带，为后期设计施工提供了准确的勘察成果资料。

2011 年 3 月，深圳大运中心场馆"一场两馆"——体育场、体育馆、游泳馆工程正式通过竣工验收。深圳市质监部门和验收专家称，大运中心是建设领域打造"深圳质量"的典范，本项目勘察荣获"全国优秀工程勘察设计行业二等奖""中国土木工程詹天佑奖"。

11 广东大鹏 LNG 接收站勘察

项目类型： 工程勘察与水文地质勘察
勘察单位： 深圳市工勘岩土集团有限公司
完成时间： 2005 年
获奖情况： 全国优秀工程勘察设计三等奖

工程概况

广东大鹏 LNG 接收站是中国第一个液化天然气接收站，是国家级重点建设项目。项目场址位于广东深圳大鹏湾秤头角，占地约 40hm^2，依山傍水并与香港隔海相望。接收站主要设备包括 LNG 储罐、BOG 回收压缩机、增压泵、LNG 气化装置、天然气计量撬、火炬、放空塔以及海水输送、安全消防、中央控制室、变配电室和公用工程等设施。

技术特点

场地一面靠山，一面临海。靠山侧需开挖山体，临海侧则要回填碎石土。项目的核心在于接收液化气的罐体，但罐体多数位于近海区，因罐体荷载较大，对承载力要求较高，需穿过碎石土层到达稳定岩层。本项目勘察的重点就在于查明临海区的碎石土分布规模及稳定持力层的埋深情况，但碎石土多以开挖的大块山石进行回填，块径大且杂乱无章，局部埋深可达 25m，钻探难度极大，为此引进了德国最先进的钻探设备用于场地勘察，克服了填石、碎石土的难题，准确查明了持力层的分布情况。

自 2006 年 6 月 28 日投产至今，该接收站累计接卸液化天然气突破 6000 万吨大关，创下了中国引进国外 LNG 以来接收站接卸量的最高纪录。本项目勘察也于 2009 年荣获全国建设行业优秀工程勘察设计三等奖。

12 深圳莲塘口岸项目勘察

项目类型：工程勘察与水文地质勘察
完成单位：深圳市工勘岩土集团有限公司
完成时间：2013 年

工程概况

已开通的皇岗口岸、福田口岸等人流量过大，已不能满足人民的需求，有关莲塘口岸建设的呼声已久。2008 年 9 月，深圳市人民政府联合香港特别行政区政府公布将在位于香港新界东北及深圳罗湖的莲塘 / 香园围兴建新口岸，以服务来往香港及深圳东部的跨界货运和客运交通。本项目市级重点工程，总用地面积 17.2hm^2，项目总投资 15.45 亿元。

技术特点

罗湖断裂带影响范围场地，构造发育强烈，岩性极为复杂，且岩石多被绿泥石化，导致岩体取芯困难，进而导致室内土工试验难以获得准确的数据，项目组发挥自身优势，集合勘察专业专家、材料专家等详细研究，采取新型钻头和新的钻进工艺克服了取芯难、取芯差的问题。目前，该项目已进入主体竣工验收阶段，将会为两地市民提供更为便捷的出行生活条件。

13 深圳大学西丽校区勘察

项目类型：工程勘察与水文地质勘察
勘察单位：深圳地质建设工程公司
完成时间：2014 年

工程概况

深圳大学西丽校区占地面积 1.38km^2，分两期建设，其中一期已建设完成，建筑面积约 28.6 万 m^2；二期正在建设，建筑面积约 74 万 m^2。校区规划以人文校园为理念，充分考虑原有自然地形地貌，强调校园人文育人功能，着力塑造“以人为本”的校园多重空间。

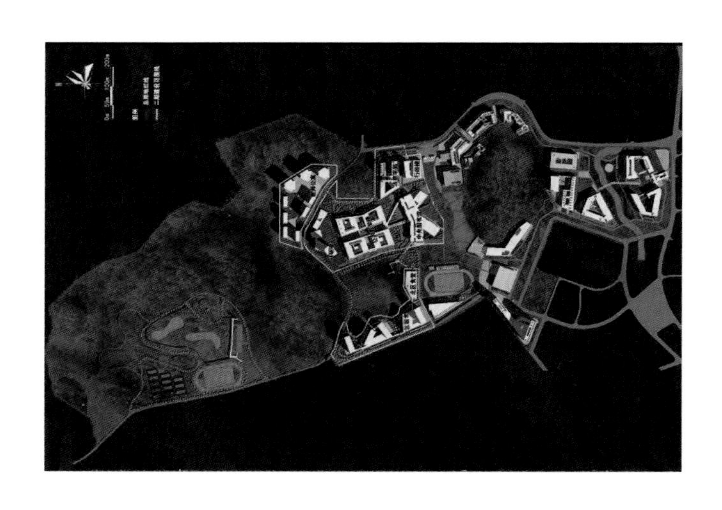

14 招商银行全球总部大厦项目工程勘察

项目类型：工程勘察与水文地质勘察
勘察单位：深圳市长勘勘察设计有限公司
完成时间：2018 年

工程概况

总用地面积 35576.01m^2，其中建设用地面积 33826.13m^2，本项目为超高层公共建筑，由 2 座超高层建筑（其中主塔约 72 层，建筑高度约 350m；副塔约 46 层，建筑高度约 184m）、四座 30m 高裙楼组成，裙楼约 5 层。全部建筑为集办公、商业、酒店、文化设施等多种业态综合体。地下室 4 层，层高均为 6m，其功能为地下商业、车库与设备用房。项目地下一层与地铁 9 号线、11 号线红树湾南站 A 出口站厅层直接连通。

技术特点

勘察在收集了区域气象、水文、区域地质、地质构造、水文地质及区域地震资料的基础上，采用钻探施工、原位测试、水文地质测试、室内岩、土、水试验分析等勘察方法和手段，整理并综合分析评价各方法获取的信息，按照规范规定要求编写完成岩土工程勘察报告。

15 深圳市北环线电缆隧道工程岩土工程详细勘察

项目类型：工程勘察与水文地质勘察
勘察单位：深圳市长勘勘察设计有限公司
完成时间：2010 年

工程概况

“北环线电缆隧道工程”根据《深圳电网 2009-2010 年新增项目 110 千伏及以上架空线改造入地配套电缆隧道专项规划》中确定的北部通道以及上中福通道支线（不包括 110kV 专用通道），建设 220kV 专用电缆隧道，总长 23.5km，此次勘察范围为整个北环线电缆隧道工程，线路经过的范围均属于勘察范围，土建施工采用多种工法，包括明挖法、盾构法、矿山法等，采用多种施工工艺复杂作业。本项目电缆隧道由两大部分组成，分别是北部通道（包括西线和东线）和上中福通道支线（南线）。整个电缆隧道沿途与地铁 1 号线、2 号线、3 号线、4 号线、7 号线、9 号线、深云立交、侨城东立交、香密湖立交、新洲立交以及新洲河、广深港客运专线、北环彩田立交、深南彩田立交、深南皇岗立交以及福田河、银湖立交、广深铁路以及布吉河相交，地形地貌极其复杂；且横穿企岭吓－九尾岭断裂，地层情况复杂，勘察难度极大。

技术特点

本项目先后进行了可行性研究勘察、初步勘察、详细勘察及基础调查等勘察工作。勘察主要采用野外工程地质测绘、原位测试（标准贯入试验、重型圆锥动力触探试验、超声波速试验、波速测试、旁压试验、视电阻率测试）、钻孔抽水试验、室内岩、土试验，在隧道开挖过程中，积极配合施工单位进行掌子面围岩等级判定。

电缆隧道工程勘察缺乏相应的规范，在岩土工程勘察中参照现行公路、城市轨道交通、市政工程等相关规程规范进行勘察，在勘察中研究，在研究中创新。从隧道开挖和基础施工的围岩判定、验槽以及监测、检测结果证明，勘察资料真实准确，为本工程的建设节约工程投资、缩短施工工期提供了十分有利的地质依据。本项目工程勘察水平达到同期、同类型工程国内领先水平，为类似工程的勘察提供了宝贵的经验。

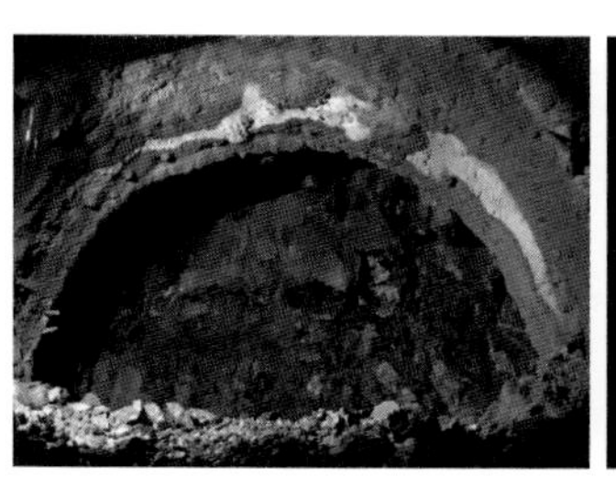
现场围岩等级判定

部分完工段隧道验收

16 深圳市坪山区碧岭街道水文地质勘察

项目类型：工程勘察与水文地质勘察
勘察地点：深圳市坪山区碧岭街道
钻井深度：420.73m
完成单位：深圳地质建设工程公司
完成时间：2018 年

工程概况及特点

截至目前是深圳市最深的文地质钻井。钻井位于深圳市坪山区碧岭街道，2018 年 1~3 月完成野外水文地质调查和物探工作，2018 年 4~7 月施工钻孔，终孔孔深 420.73m。

采用最先进钻井设备钻进，为正确评价水文地质参数，钻井过程中对钻孔含水层进行了分层抽水试验。抽水实验符合有关规程规范要求，为地区水文地质调查评价提供了准确可靠的各项水文地质参数，为区域水文地质提出了合理的调查评价建议。

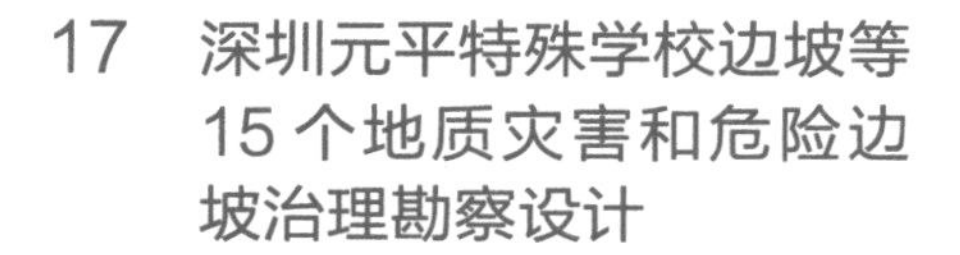

17 深圳元平特殊学校边坡等 15 个地质灾害和危险边坡治理勘察设计

项目类型：环境岩土工程与地质灾害防治
承担单位：深圳市勘察研究院有限公司
完成时间：2010~2012 年
获奖情况：深圳市第十八届优秀工程勘察设计专项工程（岩土）二等奖

工程概况与特点

龙岗区原始地貌类型以低山丘陵为主，占工作区面积的 70% 以上。本区地质灾害和危险边坡的密度较大，地质环境复杂、管线密集，危险边坡大多紧邻已有建筑，施工作业面十分狭窄。

项目组开展现场详细的野外踏勘，掌握了该标段所有隐患点的详细情况后，根据隐患点的地理位置、规模、难度、紧迫性等进行梳理，制定了勘察方案，提前布置了地形图测绘、管线探测等外业工作。在充分考虑项目紧迫性、天气不确定性及外业干扰不可预见性等多种因素，投入了大量外业工作人员及设备，以最饱满的热情、最负责的态度、最艰苦的作风，争分夺秒，争取保质保量保安全地完成工作。受到了建设单位及相关单位的履约表扬，为打造公司“深圳工勘”品牌及“工勘环境所地灾平台”添砖加瓦，取得了良好的社会效益。

18 布李路伟业铁网厂北侧边坡治理工程设计

项目类型：环境岩土工程与地质灾害防治
承担单位：深圳市工勘岩土集团有限公司
完成时间：2009 年
获奖情况：深圳市第十四届优秀工程勘察设计二等奖

工程概况与特点

项目位于布吉街道办布李路伟业铁网厂北侧，布李路禽鸟批发市场西 500m。边坡为人工岩土质边坡，呈“Z”字形，局部坡面发生崩塌。局部坡面水蚀冲槽较深，西侧坡面顶部山丘高陡。边坡高度 40m，坡度 25°~65°，局部大于 65°。坡顶为高压线塔，距离坡顶边缘仅有 10m。针对边坡支护及治理的特点和主要难点，项目组有针对性地对现场进行了多次踏勘，并对岩土工程勘察报告和景观要求进行了仔细分析，结合多年工作经验，对边坡的稳定性进行了分析和评价，提出了采用“削坡 + 锚杆（索）+ 格构梁 + 边坡绿化”支护方案，在边坡马道、坡顶和坡脚均设置排水沟、坡面土绿化。

19 小南山边坡治理二期工程勘察设计

项目类型：环境岩土工程与地质灾害防治
承担单位：深圳市勘察测绘院（集团）有限公司
完成时间：2017 年

工程概况与特点

小南山边坡治理二期工程位于月亮湾大道与妈湾大道交汇处，该边坡为采石场开挖形成的裸露岩质山体边坡，边坡呈折线形分布，坡长约 1395m，最大坡高约 170m，分多级放坡，坡度多在 45°~85°之间。坡体主要由强、中、微风化混合花岗岩组成。勘查采用平面工程地质测绘和调查、钻探取样、原位测试及室内岩土试验相结合的综合勘查方法，查明了工程治理范围内的岩土体结构、构造特征、岩石和土的物理力学性质、水文地质特征、地质灾害发育情况。结合边坡的特点及工程地质条件，设计采用了锚杆 +SNS 主动柔性防护、格构梁 + 锚杆（锚索）、锚杆挡墙及格宾石笼挡土墙等多种支护结构相结构的方式进行加固治理，并重新梳理和优化了项目的截排水系统。生态修复遵循“生态优先”和“可持续发展”的原则，体现了生物多样性，加速自然生态系统的恢复进程，整治按照因地制宜、安全有效、适地适树、灌木优先的思路，根据项目区地形特性，分析现场土壤条件，采取了挂网客土喷播、种植槽、飘台、栽植乔木等多种绿化方式，并设置了绿化滴管系统，便于后期绿化的养护。项目的实施对山体生态修复及周边环境景观提升具有重要意义。

20 珠江三角洲城市群（深圳）城市地质调查（2010 年度）

项目类型： 环境岩土工程与地质灾害防治
承担单位： 深圳市地质局
完成时间： 2011 年
获奖情况： 广东地质科学技术奖二等奖

工程概况与特点

该项目首次开展了深圳市南山区三维地质结构调查，为全面开展深圳市城市地质调查提供了方法技术示范。系统查明了基础地质、工程地质与水文地质结构，构建了浅覆盖区三维地质结构模型。项目以前人工作为基础，以“先行重点发展区 - 重要片区 - 一般工作区”的工作模式，系统收集和整合了近 20 年来深圳市南山区的地质调查成果，充分利用了 2.6 万个钻孔资料，结合遥感、物探、勘察试验等成果，首次构建了深圳市南山区三维基岩地质、第四纪地质、工程地质和水文地质结构模型，为全面开展深圳市城市地质调查提供了方法技术示范。调查项目基本查明了调查区的主要工程地质问题，并提出了相应的处理方法及施工建议。南山区填海区近 30 年来发生了巨大变化，滨海软土及填土的不利的工程地质条件极大地制约了城市建设的发展，通过对软土及填土工程地质特性的研究，为工程规划、建设和管理提供了基础的地质依据。

其次，对深圳地区北西向断裂有了新的认识。确定了北西向断裂在深圳市南山区极其发育，并控制着基岩的风化程度和第四系埋藏深度。通过实测构造剖面，首次提出小南山断裂很可能是珠江口大断裂的重要组成部分，根据断层泥热释光年龄值，该断层可能具有现代活动性。

第三，首次建立了深圳市南山区融合基岩地质、第四纪地质、工程地质和水文地质的高精度三维地质结构，提升和完善了深圳市南山区城市地质结构的认知度。第一次建立了基于 Mapgis 平台的深圳市南山区城市地质数据库。

21 深圳市罗湖断裂带活动性评价和主要建筑物与地面变形监测及其变化趋势预测

项目类型： 环境岩土工程与地质灾害防治
承担单位： 深圳市勘察研究院有限公司
完成时间： 2012 年
获奖情况： 测绘科技进步奖三等奖

工程概况与特点

评价罗湖断裂带的活动性及其重要设施与高层建筑的安全性；评价大规模建设工程活动对断裂带的影响；评价罗湖断裂带主要建筑物、地面的变形与地震对应关系及其变化趋势预测。通过对罗湖断裂带上罗湖区约 32km^2 的重要建筑物及地面形变进行长期监测，从掌握其变形程度、变形速度、变形机理等不同角度，研究断裂的活动性和被监测的高层建筑安全性，对其今后的变化发展趋势进行预测，为深圳城市发展规划、城市的减灾防灾工作提供科学决策的依据。

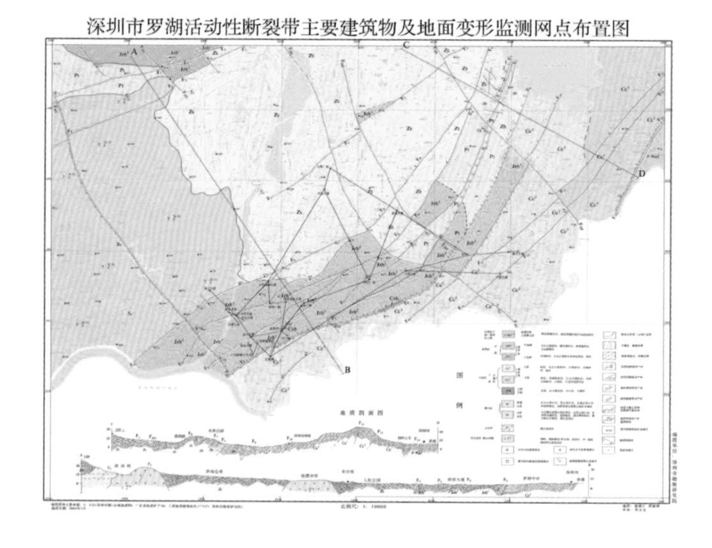

22 深圳市南山断裂活动性与地壳稳定性研究

项目类型：环境岩土工程与地质灾害防治
承担单位：中国地质科学院地质力学研究所、深圳市地质局
完成时间：2018 年

工程概况与特点

紧密结合深圳市南山区及前海自贸区重大工程规划和新城镇化建设需求，通过遥感、地质、地球物理、联合钻孔剖面、地应力测量与监测、热年代学测试等多种方法技术，基本查明了南山区主要活动断裂位置、断层产状、活动方式、活动速率等要素，完成了深圳市南山区断裂活动性与区域地壳稳定性研究工作，初步探索了城市覆盖区活动断裂调查与地壳稳定性评价技术方法，为未来城市覆盖区活动断裂及地壳稳定性调查与研究引领示范。完成的地应力观测孔孔深 300.7m，为狮子洋断裂深圳段监测提供数据和技术支撑。

23 深圳市活断层探测与地震危险性评价

项目类型：环境岩土工程与地质灾害防治
承担单位：深圳市勘察研究院有限公司
完成时间：2015~2018 年

工程概况与特点

本项目通过卫星遥感解译、野外地震地质调查、排钻与探槽探测，结合其他各种地球物理探测所得到的数据，其中断层沿线野外调查点密度之大、物探测线密度之大在深圳市以往的工作中都是没有的，本项目还在尝试使用了大地电磁测深和地下电磁波测试手段，在断层探测中都获得了非常理想的效果。

项目的顺利完成，查明了目标区的横岗－罗湖断裂、莲塘断裂和温塘－观澜断裂南段的准确位置，对目标断裂的活动性作出了判断，对主要目标断裂的地震危险性与危害性进行了评价，为深圳市城市发展的规划设计、为大型建（构）筑物、生命线工程建设以及指导全市城乡建房设计及施工等方面发挥了积极作用。有助于政府采取切实有效的措施，从而有效减轻地震灾害以及其造成的不良影响，保障人民生命财产安全，维护社会稳定，为深圳市国民经济可持续发展及社会的和谐稳定提供坚实的保障。

24 深圳市地质环境及地质灾害调查

项目类型：环境岩土工程与地质灾害防治
承担单位：深圳地质建设工程公司、
深圳市勘察测绘院有限公司、
深圳市勘察研究院有限公司
完成时间：2012~2016 年

工程概况与特点

深圳市地质环境及地质灾害调查项目分为两个子专题。专题一：深圳市环境地质填图。主要工作内容包括区域地质、水文地质、工程地质、环境地质调查四个方面。其中环境地质重点对放射性生态环境、垃圾场生态环境、地下水污染、海岸带环境地质等进行调查。专题二：深圳市地质灾害调查。要求调查深圳市主要地质灾害，如斜坡类地质灾害（崩塌、滑坡、泥石流）、地面塌陷（岩溶塌陷）地质灾害、海岸带地质灾害、水土流失地质灾害、河流及水库地质灾害、断裂活动性地质灾害等。

通过开展多学科、多手段的综合调查，该项目查明了深圳市城市地质结构模型、国土资源与地质环境条件等，评价城市发展的国土资源潜力和地质环境质量，对有关地质信息进行了有机管理和集成，为建立开放、动态、综合的地学数据库和三维可视化的管理服务系统提供地质资料，为深圳市的城市规划、建设与管理和可持续发展提供基础地学信息平台和科学决策依据。通过对深圳市地质灾害系统的调查，为深圳市城市建设总体规划、地质灾害防治区划和建立地质灾害信息系统，提供基础地质资料。

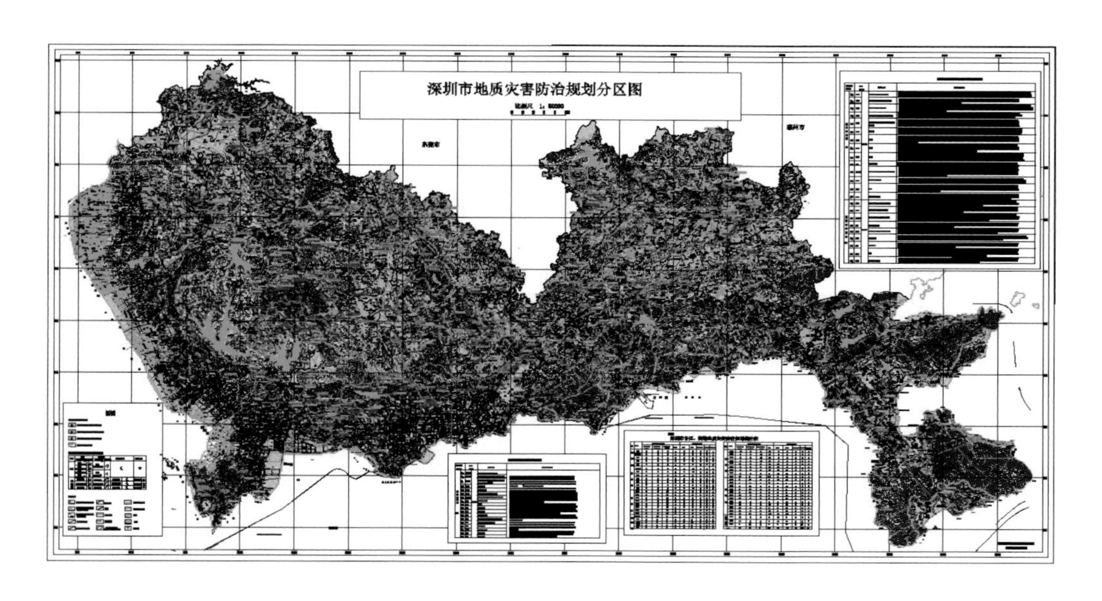

25 光明新区 1 ：50000 地质灾害详细调查

项目类型：环境岩土工程与地质灾害防治
委托单位：深圳市规划和国土资源委员会
完成单位：深圳市勘察测绘院（集团）有限公司

工程概况与特点

光明区面积 156.1km^2，以遥感解译、地面调查、测绘及工程勘查为主要手段，开展光明区 1：50000 地质灾害详细调查。查明了光明区存在的崩塌、滑坡、泥石流及斜坡（不稳定斜坡、人工边坡）等地质灾害点及地质灾害隐患点等的发育特征、分布规律以及形成的地质环境条件，并对其危害程度进行评价，划分地质灾害易发区和危险区，建立统一标准的地质灾害数据库，为防灾减灾和制定区域防灾规划提供了基础地质依据。

野外调查采用地质灾害调查野外数据采集系统根据地质灾害调查工作流程和技术要求，使用基于 Android 系统和移动 3S 技术的地质灾害调查野外数据采集系统。该系统以手机为终端，集成地形图、地质图、高精度遥感影像等矢量与栅格图为一体，结合 GPS 定位等技术，实现了地质灾害调查野外观测定点、调查表填写、实体勾绘、平剖面图绘制、拍照记录、调查路线采集等功能，实现野外调查数据库“一键式”导出对接与应用，显著提高了地质灾害调查工作的效率和精度。

26 珠江三角洲及周边地区地面沉降地质灾害监测项目（宝安中心区）

项目类型：环境岩土工程与地质灾害防治
承担单位：深圳市地质局
完成时间：2012 年
获奖情况：广东地质科学技术奖一等奖

工程概况与特点

项目综合收集了宝安中心区的地质环境、工程地质、水文地质、填海工程和道路、管线、建筑工程及测绘等资料，采用地面调查访问、钻探、岩土工程测试、水准测量、InSAR 技术、长期监测等技术手段进行综合研究，查明了填海区填土和软土的三维分布特征及其物理力学特性，建立了地面沉降监测网，初步查明了区域和典型小区地面沉降状况，并利用 InSAR 技术分析了地面沉降的时空变化和发展；对不同功能用地的地面沉降进行了分析对比，用多种算法对典型地区的地面沉降进行预测；研究了地面沉降形成机理，提出了防治措施。

27 深圳市光明滑坡坑体抢险治理工程

项目类型：环境岩土工程与地质灾害防治
设计单位：铁科院（深圳）研究设计院有限公司
完成时间：2016 年

工程概况与特点

2015 年 12 月 20 日，深圳光明新区红坳渣土受纳场发生重大堆填土滑坡事故，倾泻土体近 300 万方，覆盖场地面积约 38 万 m^2。事故发生后，深圳市政府迅速成立救灾指挥部，组织社会各方进行抢险工作。经过场地清挖处理，滑坡体堆积区清运土方约 270 万方，滑坡口及原受纳场内仍留有松散的滑坡堆积体和回填的城市弃土约 300 万方。为了保证滑坡残留体的稳定性、预防泥石流，需对滑坡残留体进行综合整治。

结合地质钻探、现场调查与试验等结果分析，认为地层岩性和水是该滑坡形成的主要原因。在科研分析的基础上，根据对病害现象及形成原因的分析，决定采取抗滑桩和挡土坝支挡、碎石桩加固滑体土和设置立体排水系统等综合治理方案。2016 年整治工程顺利通过竣工验收，该工程整治效果优良，得到了业主和社会各界的广泛认可。

28 基于 GIS 的深圳市宝安区地下空间资源评价研究

项目类型：环境岩土工程与地质灾害防治
承担单位：深圳地质建设工程公司
完成时间：2010 年
获奖情况：地理信息科技进步奖三等奖

工程概况与特点

深圳市是全国土地资源最紧缺的特大城市之一，有效拓展地下空间是《深圳 2030 城市发展策略》中提出的重要手段之一。项目在充分收集宝安区总体规划、地质环境条件、水文地质、工程地质、环境地质、土地利用、已有地下空间分布及利用现状等资料的基础上，针对城市面临的问题，结合宝安区总体规划，建立了地下空间资源开发多因素综合评估模型，分析地下空间资源开发影响因素对地下空间质量的影响，综合评估宝安区浅层（≤ 15m）、次浅层（15~30m）地下空间的资源量和可开发量，对地下空间资源的分布和质量进行分区、分级评估，提出可行性建议，为合理开发利用宝安区地下空间资源提供基础资料，为进一步开展全市地下空间资源评价提供工程示范。

29 坪山河流域（六联－竹坑片区）地下空间地质环境专项调查

项目类型：环境岩土工程与地质灾害防治
承担单位：深圳市勘察测绘院（集团）有限公司
完成时间：2013 年
获奖情况：广东省优秀城乡规划设计奖城市勘测工程一等奖

工程概况与特点

专项调查范围为坪山区六联－竹坑片区，面积约 15.08km^2，通过对六联－竹坑片区地质环境开展全面的调查和评价，初步查明六联－竹坑片区与绿色生态环境、人居环境等密切相关的区域地质、工程地质、水文地质等背景。重点开展岩溶调查与评价、地下水环境调查与评价、地下空间调查、适宜性评价与开发保护等专项课题，整体评估坪山河流域（六联－竹坑片区）地下空间地质环境，为坪山河流域城市规划、建设等工作提供地下空间开发依据，指导城市规划和城市布局，合理有效的布局城市空间。有利于减少工程建设过程中产生的地质环境问题和减少工程建设的成本，本项目体现了良好的经济效益和社会效益。

30 深圳海上运动基地暨航海运动学校 E 地块滑坡勘察

项目类型：环境岩土工程与地质灾害防治
承担单位：深圳市勘察测绘院（集团）有限公司
完成时间：2014 年
获奖情况：广东省城乡规划设计优秀项目三等奖

工程概况与特点

深圳海上运动基地暨航海运动学校是深圳市“十一五”规划中体育类重点建设项目，受降雨影响，项目 E 地块高边坡变形加剧，坡顶出现裂缝的范围扩大形成滑坡，对深圳海上运动基地暨航海运动学校 E 地块滑坡进行应急抢险勘查。滑坡体后缘宽约 60m，前缘宽约 120m，纵长约 120m，平均厚约 12.0m，体积约 12.7 万 m^3，滑坡体主滑方向为 55° ，地块滑坡属中型中层土质滑坡，该滑坡要素齐全、特征明显，形成条件和诱发因素明确。勘查采用工程地质测绘、物探、钻探、井探、槽探及监测（含地表变形和深部位移两项）相结合的手段。工程地质测绘主要对滑坡周界与形态、滑坡裂缝、台坎等滑坡要素进行定位测量；主滑断面采取井探与钻探，并辅以深部位移监测揭露滑面，提高滑动面定位的准确性，为应急抢险设计和施工提供了科学的依据。

31 已封场渣土场（龙华区田心石场边坡）自动化检测系统建设项目

项目类型：环境岩土工程与地质灾害防治
承担单位：深圳市勘察测绘院（集团）有限公司
完成时间：2017 年

工程概况与特点

龙华区田心石场位于龙华区观澜街道石皮山隧道西侧，场区占地面积约 18.5 万 m^2，受纳场顶底最大高差约 50m。项目共布设了 GNSS 地表位移监测站 16 个、深浅部位移监测站 27 个、水位监测站 7 个、渗压监测站 7 个，地表裂缝监测站 4 个、雨量监测站 1 个，6 个声光报警点。开发了基于物联网技术和无线传感器监测网络的自动化监测预警系统平台，包含基础数据管理、GIS 展示、监测数据管理、监测预警等功能模块。通过对边坡地表位移、深部位移、地下水位、渗压、降雨信息等物理量进行全方位动态实时监测，将采集的各项数据实时传输到控制中心数据服务器，基于多源数据融合技术、预测预报模型，及时捕捉灾害发生的前兆信息。实现对已封渣土场的精细化和智能化监测管理，可对灾害风险长期有效的实时监测和及时预警。

32 深圳地铁 9 号线 BT 项目全线路地下空洞探测

项目类型：工程物探及测试与检测
完成单位：深圳市工勘岩土集团有限公司
完成时间：2013 年

工程概况与特点

深圳市地铁 9 号线起于南山区深圳湾，经福田区，止于罗湖区文锦南路路口，设本线终点文锦站，呈“几”字形。线路全长约为 25.32km，共设 22 座车站，全部为地下线路。车辆段位于侨城东站东南侧，停车场位于梅林东站东南侧。该工程是深圳市实现“南北贯通、东拓西联”、“中心强化、两翼伸展”空间发展策略、形成“三轴两带多中心”城市空间布局结构、缓解交通拥堵、实现城市综合交通和公共交通发展战略的骨干线路，是深圳市中心城区内主要居住与就业片区之间的局域线，是轨道交通三期工程中的重点工程。

本工程于 2013 年进行详勘工作，2015 年盾构区间及车站全线贯通。为查明全线路左右线隧洞至地面地层中是否存在空洞及其他地质缺陷，采用地质雷达探测技术对全线路进行地毯式雷达扫描，共完成地质雷达测线 28km，雷达检测发现土层一般疏松区近 50 处、脱空区 25 处、严重疏松区 15 处、空洞区 10 处。检测成果指导工程的顺利安全进行，降低地质灾害发生的概率和危害程度，为优化工程设计提供必要的依据。

地质雷达数据采集

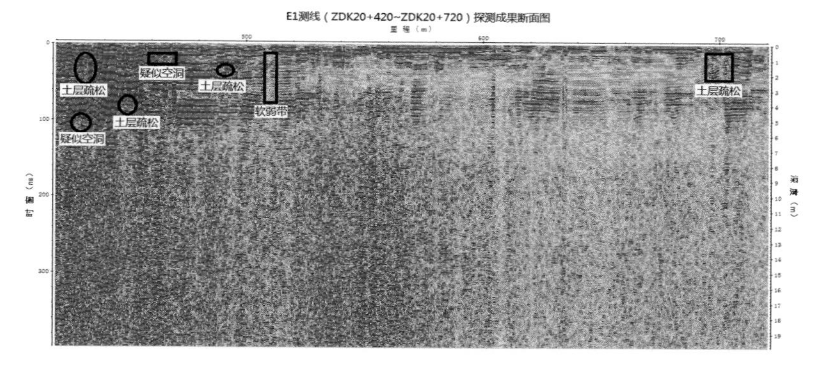

盾构区间上方道路病害体雷达剖面图

33 深圳市东部环保电厂项目主厂区岩溶物探勘察

项目类型：工程物探及测试与检测
完成单位：深圳市工勘岩土集团有限公司
完成时间：2016 年

工程概况与特点

深圳市东部环保电厂位于深圳市龙岗区坪地街道的东南部、龙岗河以南，深惠路与沈海高速交汇处附近，场地东侧距长深高速 (G25) 约 0.45km，南侧距深海高速路 (G15) 约 2.4km。场地原始地貌为低丘、台地及冲沟，东西两侧为低丘台地，地势较高，山包顶高程多在 50m~90m 之间，山坡自然坡度 10° ~ 40°，地表植被发育。本项目物探区域为主厂区，占地面积约 267002m^2。规划垃圾焚烧处理规模为 5000 吨 / 日，焚烧厂全年 365 天连续运行，主设备年运行时间不少于 8000 小时，年处理市政生活垃圾 166.5 万吨，建成后将会成为单厂规模全球最大、标准最高的垃圾焚烧发电厂。

结合本项目的初勘成果，同时根据场地地质情况分析及各种物探方法工作特点，采用高密度电法进行岩溶区探测，共布置高密度电法测线 25 条、测线总长 6.66km。详查了厂区岩溶地貌特征、数量、规模，岩溶发育的地层层位、分布范围、高程等。物探成果发现溶洞 14 处、土洞 8 处、破碎带 1 处。岩溶物探成果经详勘阶段的验证，为厂区范围提供了精确的岩溶异常分布范围，为该项目的基础设计和施工提供了重要的地质参考信息。该项目目前处于主体施工阶段，预计 2020 年竣工。

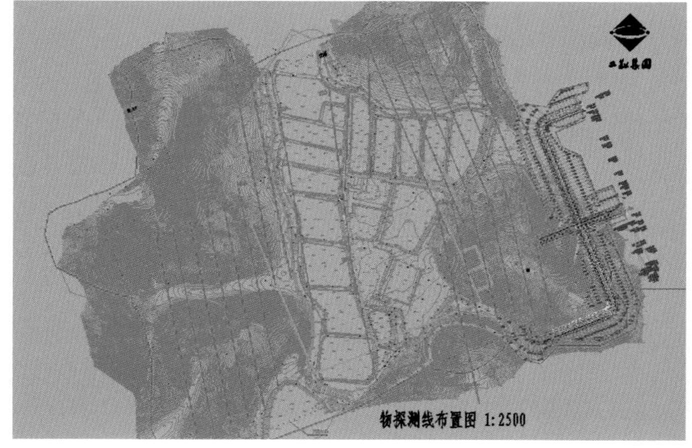

物探测线布置图

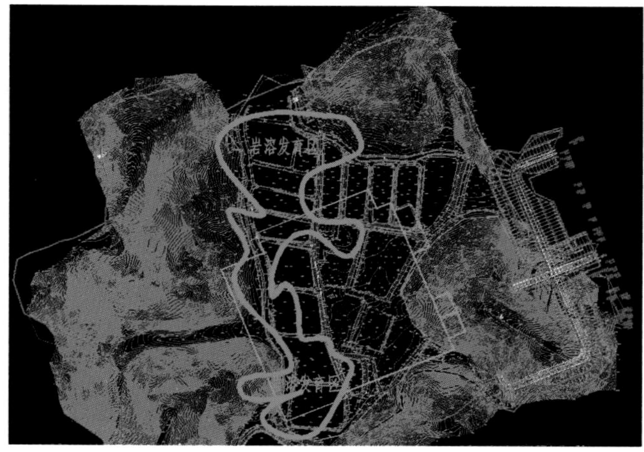

物探圈定的岩溶发育区平面分布图

34 深圳市大康社区原深茂水泥厂采石场区域工程物探

项目类型：工程物探及测试与检测

完成单位：深圳市勘察研究院有限公司

完成时间：2018 年

工程概况与特点

深圳市大康社区原深茂水泥厂采石场区域是深圳市重点应急抢险治理项目，位于深圳市龙岗区园山街道大康社区，由露天开采区和地下洞室采空区组成：露天开采区开挖面积约 8.75 万 m^2；硐采区由巷道和采空洞室组成，由浅至深分为三层，第一层采空区开采面积约 4100m^2，第二层采空区开采面积约 17100m^2，第三层采空区巷道开采面积约 4700m^2，采空洞室与巷道相连。原深茂水泥厂采石场矿区总面积约 11.7 万 m^2，于 1983 年开始采石，1996 年底停止开采。为防止人员进入地下硐室，各采空硐室硐口均使用钢板封闭，深达 43m 的矿坑废弃后不再抽水，因地下水水位逐步回升及降雨积水，最终形成大而深的水塘。近年来，该区域接连发生地面沉降、塌陷，多处房屋开裂严重等情况，存在重大安全隐患，严重危及社区群众生产生活和财产安全。

工程物探方法选取了等值反磁通瞬变电磁法、高密度电法、地震映像法、地质雷达、电磁波 CT 法、地震波 CT 法、钻孔（单孔）声波测试法、钻孔二维声呐扫描技术、孔内电视及孔内水体电阻率测试法等。查明第一、第二和第三层采空区的平面分布及空间展布情况、各层采空区入口封堵是否完好、地下水渗流流向；测试场区内基岩（尤其是采空区上覆基岩）的完整性、部分地段的覆盖层厚度分布情况等。共完成等值反磁通瞬变电磁法测线 43 条，测点 1520 个，检查点 116 个。推测采空区异常和岩溶异常位置及距已知采空区较远的低阻异常推测为岩溶异常。现场高密度电法主要沿社区道路以及大康文体广场布设，布置测线 8 条，测线长度 1580m。高密度电法现场试验选定的第一条测线为 DF4 测线，该测线位于大康文体广场附近，近东西向，长度为 195m。

电磁波层析成像 CT 适用于本工程复杂的场地条件以及工程地质条件，受地面、地下干扰少，适用于采空区一带大范围展开。本次电磁波 CT 共完成 213 对孔，644833 射线对。

地震波 CT 地震波层析成像 CT 用于作为电磁波层析成像 CT 的补充手段，共完成 17 对孔、38533 射线对。

钻孔二维声呐扫描是在单个钻孔内进行，本次钻孔二维声呐扫描共计 37 个孔，探测工作量共计 1796.95m。

钻孔孔壁岩体声波（单孔）测试共 35 个，探测工作量共计 1719.4m。

孔内电视摄像主要用于测量岩体完整性，分析结构面类型、产状、发育程度等，本次完成钻孔电视成像测试有 9 个孔，共探测 700.06m。

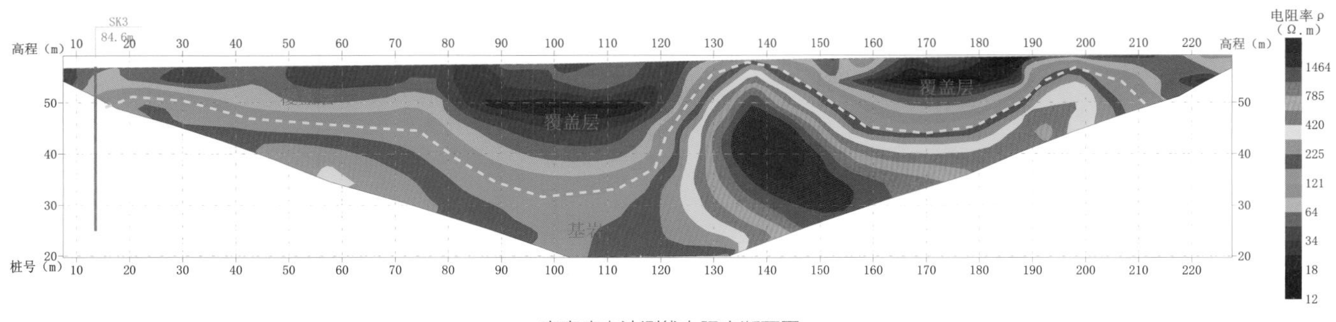

高密度电法测线电阻率断面图

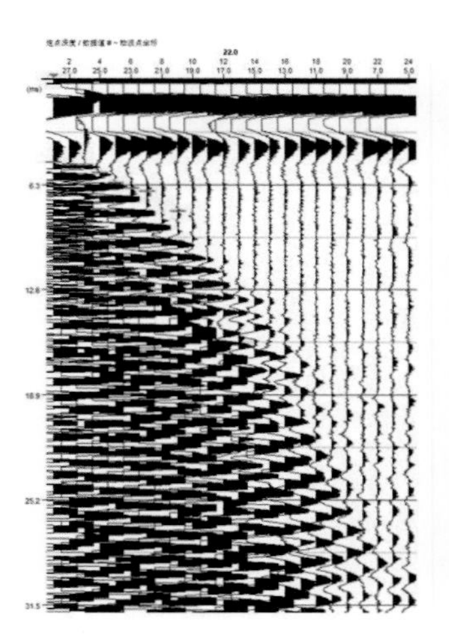

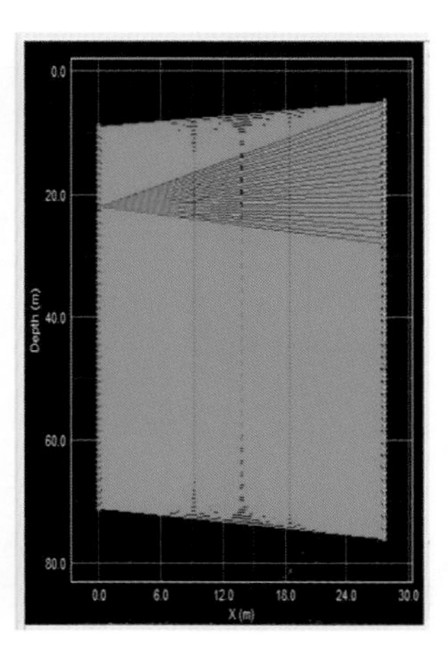

覆盖层内的地震波形

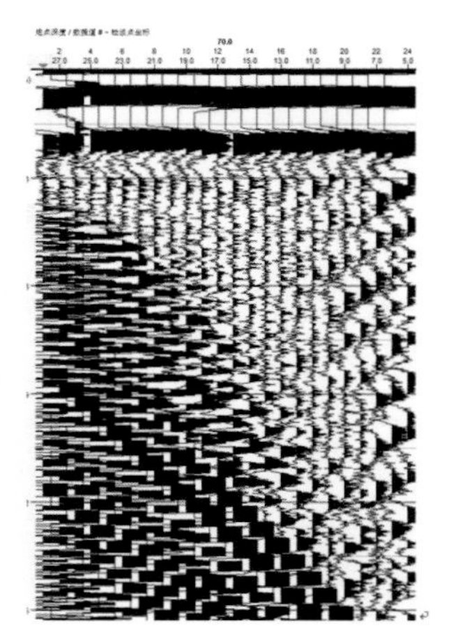

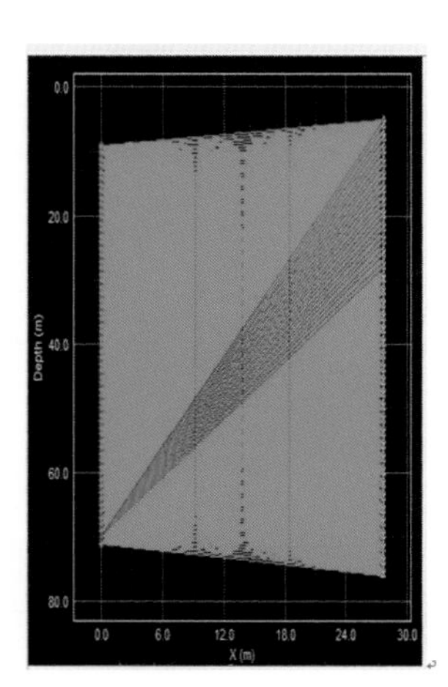

长射线的地震波形

35 深圳市城市轨道交通 16 号线岩溶跨孔声波 CT

项目类型：工程物探及测试与检测
完成单位：深圳地质建设工程公司
完成时间：2014 年

工程概况与特点

深圳市城市轨道交通 16 号线正线全长约 30.0km，全部采用地下敷设方式，全线设车站 24 座。起始站为大运站，终止站为田心站。线路穿越的龙岗区黄阁路、龙平路及深汕路沿线岩性主要为灰岩、大理岩。因地层岩性不均一，岩石的可溶性及岩溶化程度各异，岩溶水文地质条件十分复杂，岩溶发育对深圳地铁 16 号线地下车站和区间结构影响较大。通过 16 号线岩溶专项勘察跨孔声波 CT 探测，了解场地工程影响范围内岩溶的空间分布与规模特征，为地铁设计与施工提供基础性地质资料和技术支持，包括：查明拟建工程范围及影响地段的各种岩溶洞穴的位置、在垂直方向和水平方向分布、埋深、岩溶充填物性状等，对工程设计和岩溶处理提出建议，为施工（包括施工方法）提供详实的岩土资料；查明拟建工程范围及影响地段基岩面埋深及形态，结合钻探成果，评价探测深度范围内岩性的纵横向分布特征；评价本区段溶洞发育的性质特征，并预测对设计、施工、运营的影响和对策。

本工程主要采用钻孔间声波层析成像（即跨孔声波 CT）新技术，充分发挥高分辨力地震仪、井下高能高频电火花震源和高分辨力井下声波传感器串的综合作用，充分发挥跨孔声波层析成像软件的电算能力。采用的新设备主要有：井下高能高频电火花震源、井下高频高灵敏声波传感器串多功能高分辨力地震仪、64 位高性能计算机。本工程采用的软件主要有地震勘探专用跨孔声波采集软件，集解编、迭代反演计算、成图等功能于一身的跨孔声波 CT 分析计算软件系统。

跨孔声波 CT 探测成果，为地铁的设计和施工提供了更为详实的基础性地质资料；对岩溶发育的认识和治理减少了更多的不确定性；为地铁的施工和运营安全提供了详实的科学数据依据和图像依据，创造了良好的经济效益和社会效益。

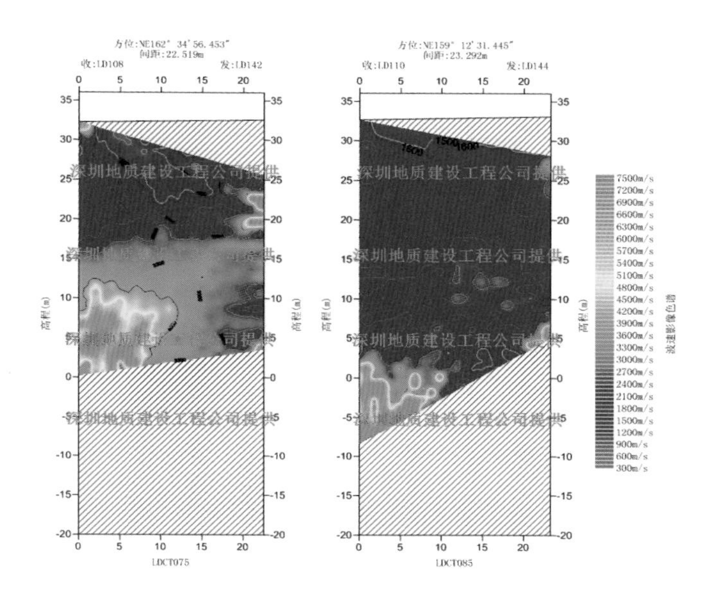

36 福田区环境保护和水务局地面坍塌专项整治工程隐患检测

项目类型：工程物探及测试与检测
完成单位：深圳市勘察研究院有限公司
完成时间：2016 年
获奖情况：广东省勘察设计协会科技进步奖二等奖；
广东省勘察设计协会优秀工程奖二等奖；
第十七届深圳市优秀工程勘察设计奖一等奖

工程概况与特点

该项目是对福田区市政排水系统、暗渠化河道、箱涵，“三旧”（城中村 [旧村]、旧工业区、旧住宅区）自建排水设施，以及轨道施工影响范围的地下空洞、深基坑影响范围的地下空洞等，采用管线探测、QV、CCTV 检测、暗渠化河道检测、地质雷达空洞隐患探测等技术手段对上述地下管网及设施进行梳理、地面塌陷隐患排查，并对发现的问题进行有针对性的整治建议，及早消除地陷灾害隐患，为后期针对地面塌陷隐患整治工作提供基础，指明道路。项目将管线探测、管道检测、暗渠化河道检测、地质雷达探测等多项先进行技术同时运用，主要技术亮点有：采用 PDA 掌上电脑对外业管线数据进行采集，可以做到当天采集当天成表，部分简单管线可以直接外业图；采用自主研发的管线处理系统 CHE-GX 进行管线数据处理和编辑，在确保数据成果与深圳市管线数据入库标准统一的前提下，做到了质量高、速度快的内业数据处理，同时采用一体化成图系统，做到了管线数据的图表统一；自制了重型井盖开井设备，有效解决了箱涵暗渠水泥盖板、重型金属井盖等难以打开的问题；针对大截面暗渠化河道排查工作，采取了人工手持高清摄影机下井摄影的方法进行隐患排查，解决了 QV 和 CCTV 检测技术在大管径暗涵中采光不足、爬行困难的工作难题；自主研发了自动化程序 Pipe Check 进行质量检查，做到表格、视频、图件三样统一性，查漏补缺的效果非常好，减轻了质检人员的工作量，同时为作业人员的内业质量提供了保障。

37 深圳市城市轨道交通9号线第三方监测

完成单位：深圳市勘察测绘院（集团）有限公司
完成时间：2014年
获奖情况：获地理信息产业协会银奖

工程概况与特点

深圳市城市轨道交通9号线工程起于深湾站，止于文锦站及站后折返线，线路全长约为25.39km，全部为地下线，共设置有22座车站。为确保9号线工程沿线周边建构筑物以及施工隧道基坑的安全而进行的监测。项目对施工沿线周围重要的地下与地面建构筑物、管线、地面及道路的位移沉降实施了监测，为业主、施工单位、设计单位及监理单位提供了及时可靠的监测信息，用以评定地铁施工对周围环境的影响，对可能发生危及环境安全的隐患或事故提供了及时、准确的预报，从而有效避免事故发生。

38 平安国际金融中心基坑支护监测

项目类型：工程物探及测试与检测
完成单位：深圳市勘察测绘院（集团）有限公司
完成时间：2010年
获奖情况：获中国测绘地理信息学会优秀测绘工程奖银奖

工程概况与特点

华南第一高楼平安金融中心位于深圳市福田区福华三路与益田路交汇处西北角，大厦地上115层，楼高588m，地下5层，基坑深度达35m，北侧紧邻已运营的地铁1号线，其姊妹楼平安金融中心南塔地上49层，高度289m，地下5层，工程基坑最深处为37m。为保证基坑开挖工作顺利进行以及地铁线路的正常运营，受业主委托，项目组分别实施了平安国际金融中心基坑支护监测项目和平安金融中心南塔基坑支护第三方监测项目，开展了地铁1号线自动化动态实时监测、基坑桩顶沉降位移监测、环撑水平位移、坑内外土压力、孔隙水压力监测、坑外地下水位监测以及周边地下管线变形监测等相关工作。通过监测及时了解了基坑支护结构本身工作状态，密切关注了基坑周围建筑物及周边地下管线的变位情况，实现了基坑开挖过程的动态监测，从而可在预知可能出现危险的情况下及时报警并采取相应的应急措施，最大可能地保障了基坑施工在安全经济的状况下运行。

39 龙岗河干流综合治理一期工程第三方监测

项目类型：工程物探及测试与检测
完成单位：深圳地质建设工程公司
完成时间：2010~2012年
获奖情况：2015年获深圳市第十七届优秀工程勘察设计二等奖

工程概况与特点

龙岗河位于深圳市东北部，是东江二级支流淡水河的上游段，流经龙岗区的横岗、龙岗、坪地和坑梓4个街道办事处后进入惠阳市境内，汇入淡水。为进一步治理河流污染，美化优化龙岗中心区环境，迎接大运会的召开，深圳市政府决定对龙岗河进行综合治理。一期治理工程实施范围为干流大康河和梧桐山河汇合口至南约河口10.9km河段，主要工程内容包括沿河截污涵（管）、河道及岸坡生态修复。一期工程河段共有5条支流汇入，分别为梧桐山河、大康河、爱联河、龙西河和南约河。河道中心线长10.9km，沿河跨河建筑物较多，现状有已建桥梁12座，在建桥梁3座，蒲芦陂水闸1座，跨河管线4处，沿线有排水口较多（250个）且高程多变，此外沿岸大部分河段埋设有截污干管。在施工期间要确保以上建（构）筑物的安全，还对龙岗河综合治理一期工程进行了第三方监测。

具体包括以下内容：（1）河堤（道路）监测；（2）相邻建筑物监测；（3）桥梁监测；（4）管线监测；（5）河道断面流量监测；（6）裂缝监测。对以上监测内容按工程建设情况及设计要求对变形监测点进行平面位移或竖向位移监测，或平面位移、竖向位移同时监测。对河道断面流量按设计要求进行监测。利用自主设计的监测数据编制软件，进行数据信息化检查、信息上传、信息反馈，保证数据质量为圆满完成该任务提供了坚实的技术保障。

龙岗河测区位置分布图及施工现场图

40 深圳市轨道交通 7、11 号线工程自动化监测

项目类型：工程物探及测试与检测
完成单位：深圳市市政设计研究院有限公司
完成时间：2014 年
获奖情况：中国测绘地理信息学会 2016 年全国优秀测绘工程奖金奖

工程概况与特点

深圳地铁 7 号线全长 30.2km，设 28 座车站，全部为地下车站，其中 13 座为换乘站。地铁 7 号线连接西丽、龙珠、车公庙、福田南、华强北、笋岗、田贝、布心等片区，是联系原特区内主要居住区与就业区的局域线。深圳地铁 11 号线全长 51.936km，地下线 34.99km，高架线 15.37km，过渡段 1.37km；共设置 18 座车站，14 个地下车站，4 个高架车站，其中换乘站 11 座，可以和已开通的地铁 1 号线、2 号线、5 号线换乘，可以和在建的地铁 7、9 号线换乘，预留未来和地铁 12 号线（南宝线）、13 号线（沙井线）接驳换乘条件。地铁 11 号线功能定位为西部组团快线兼顾机场快线，最高运行速度达到每小时 120km，而普通地铁线路的最高运行时速为 80km。

地铁 7、11 号线自动化监测系统由徕卡 0.5 秒 TS30/TS50 测量机器人与市政院自主研发的 monitor 模块式自动化数据采集系统组成。徕卡自动化全站仪是整个自动化监测系统中最主要的部分。而它本身的自动整平、自动调焦、自动正倒镜观测、自动进行误差改正、自动记录观测数据，及其独有的 ATR（Automatic Target Recognition，自动目标识别）模式，使全站仪能进行自动目标识别，操作人员一旦粗略瞄准棱镜后，全站仪就可搜寻到目标，并自动瞄准的这些功能在整个监测系统发挥着重大的作用。本监测项目的实施，在确保既有地铁 1、2、3、4、5 号线安全运营的前提下，保障了地铁 7、11 号线的顺利施工，确保了地铁 7、11 号线的如期开通运营。

41 听海大道及地下空间单项工程地铁隧道自动化监测和基坑第三方监测

项目类型：工程物探及测试与检测
完成单位：深圳市市政设计研究院有限公司
完成时间：2015 年
获奖情况：中国测绘学会 2018 年全国优秀测绘工程奖银奖

工程概况与特点

本项目基坑位于广东自由贸易区深圳前海片区内，地铁 1、5 号线前海湾站及前海湾—新安、鲤鱼门—前海湾区间隧道东侧，基坑分为两部分：地下空间基坑和共同沟基坑，地下空间基坑深度 4.95~11.0m，共同沟基坑深度 4.44~16.97m。共同沟基坑西侧为正在运营的地铁 1、5 号线区间隧道及车站。北段地下空间基坑位于 1、5 号线隧道上方，南段地下空间基坑位于 1 号线盾构隧道上方、5 号线车站东侧。

隧道自动化监测：监测范围全长 1200m，在地铁 1 号线鲤鱼门站－前海湾站盾构区间、1 号线前海湾车站及明挖段内，左线布置了 59 个监测断面，右线布置了 55 个监测断面；盾构区间内每个断面布置 5 个监测点，车站内每个监测断面内布置 3 个监测点，明挖段内每个断面布置 4 个监测点；在 5 号线前海湾车站及明挖段、5 号线前海湾站－临海站盾构区间内，左线和右线各布置了 41 个监测断面，车站及明挖段内，每个断面布置 3 个监测点，盾构区间内每个断面布置 5 个监测点，总共布设监测点 794 个，同时投入徕卡测量机器人 21 台套。

基坑第三方监测：监测内容包括沉降、水平位移、桩身测斜、水位、支护桩应力、支撑轴力、地铁出入口水平位移监测、地铁出入口垂直位移监测、分槽段开挖水平位移监测、分槽段开挖垂直位移监测、分槽段开挖钢架应力监测、分槽段开挖钢架支撑轴力监测等。

首次采用了三维激光扫描技术对隧道进行扫描，结合计算机视觉与图像处理技术，将其扫描结果直接显示为点云（pointcloud：无数的点以测量的规则在计算机里呈现物体的结果），可快速复建出被测目标的三维模型及线、面、体等各种图件数据。本监测项目的实施，既确保了地铁隧道的安全运营，也保障了听海大道及地下空间单项工程的顺利实施，为促进前海自贸区的建设作出了积极的贡献。

42 白石龙音乐公园检测项目

项目类型：工程物探及测试与检测
完成单位：深圳市工勘岩土集团有限公司
完成时间：2018 年 1 月

工程概况与特点

白石龙音乐公园位于龙华新区民治街道西部，新区大道西侧，金龙路东北侧，总用地面积 115643m^2，建筑面积 4666m^2，是深圳市首个音乐主题公园，建成后惠及白石龙、民乐、北站等多个片区的居民，与规划中的北站中心公园、玉龙公园、大脑壳山生态公园等形成生态长廊。检测项目包括边坡支护检测及基础检测，使用包括低应变法、超声法、锚杆及锚索的抗拔验收试验、静载试验等多种试验方法，依靠先进的检测设备，对工程安全质量进行了准确检测，同时在发现问题时及时汇报甲方并给出建议，对工程在保证质量的同时顺利完成起到了重要作用。

43 深圳市前海市政工程Ⅲ标 – 前海深港合作区双界河水廊道工程第三方监测

项目类型：工程物探及测试与检测
完成单位：深圳市工勘岩土集团有限公司
完成时间：2018 年

工程概况与特点

本项目双界河水廊道工程位于双界河宝安大道桥—出海口段，在前海合作区的最北端，是前海合作区和宝安区的界河。双界河水廊道总长约 1.69km，主槽宽度 30~35m。工程任务主要为形成河道主槽，保证河道行洪及防风暴潮安全，为后期景观设计预留空间，结合施工导流进行围堰、土石分类临时场等设计。工程主要建设内容包括河道防洪工程、水质改善工程、景观绿化工程等。双界河水廊道主槽基坑开挖总深度 5~8cm，1.3 倍基坑深度范围内淤泥土层中上游段厚底 5m 以内、河口段 6.5m 以内，基坑周边 16m 范围内已建构筑物为交叉地铁线路。监测内容有道路沉降监测 12 点，灌注桩、格栅墙墙顶水平位移 / 沉降监测 72 点，桩身应力监测 18 点，强夯抛石堤水平位移监测 26 点，坡顶水平位移 / 沉降监测 26 点。堆载预压表面沉降监测 14 点，堆载预压分层沉降监测 7 点，堆载预压孔隙水压力监测 7 点，堆载预压边桩位移监测 8 点。

项目采用先进的自动化全站仪对在运行的地铁线 1 号线、5 号线的左出入线、右出入线进行了全面精密的监测，监测项目全面、监测范围广泛、监测频率密集，在同类工程中较为突出。由于使用先进的水准仪及全站仪，并针对第三方监测的特点自行研发了“监测信息管理系统”，使测量数据从记录、传输、计算、入库、E-mail 通讯完成向甲方及用户的监测成果传递，使甲方及施工单位能实时掌握地面设施的影响程度并能在第一时间作出正确的判断和采取相应的措施。开发使用“监测信息管理系统”，大大地提高了监测资料的快速处理和分析能力，实现了信息资料实时快速的传递，监测管理人员可随时掌握现场。

44 华润城华润置地大厦竣工测绘

项目类型：测绘地理信息
完成单位：深圳市勘察研究院有限公司、深圳市地籍测绘大队
完成时间：2016 年

工程概况与特点

华润城华润置地大厦位于大冲旧改项目中最南端，紧邻深南大道，项目占地面积约 6.7 万 m^2，总建筑面积约 80 万 m^2，是大冲旧改项目中重要的综合体项目。项目主要分 3 部分：依据委托单位提供经相关部门核准的建筑施工图与实地建筑楼层、形状、功能、高度、尺寸进行详细比对，并提交复核成果，指导委托单位进行实地整改；采用深圳市网络 RTK CORS 系统进行作业，作业仪器采用 SOUTH 银河 1 型——测地型 GPS 型接收机，碎部施测使用 SOKKIA CX-52 型全站仪，采用极坐标法施测建筑物拐角点坐标和其他重要特征点坐标；对外业采集的数据进行分摊计算、汇总、检查、编制报告，并提交给深圳市地籍测绘大队检查，成果符合要求后由深圳市地籍测绘大队出具《深圳市房屋建筑面积测绘报告（竣工测绘）》《建设工程竣工测量报告》《建筑技术经济指标测算报告（竣工测绘）》。

45 深圳市第二次土地调查

项目类型：测绘地理信息
完成单位：深圳市勘察研究院有限公司
完成时间：2015 年
获奖情况：获中国测绘学会优秀测绘工程金奖

工程概况与特点

项目以 2005 年土地利用更新调查成果为基础，按照统一的技术标准，采取“缺什么，补什么”的原则进行补充调查，全面查清深圳市 1991.64km^2 的土地利用状况和土地权属状况，准确掌握我市的土地利用基础数据，完善土地调查、统计制度，实现成果信息化管理与共享，满足我市经济社会发展及国土资源管理的需要。主要任务包括：农村土地调查、城镇土地调查、基本农田状况调查、建设土地利用数据库及相应的土地信息管理系统，实现调查成果信息的互联共享；在调查的基础上，建立土地资源变化信息的调查统计、及时监测与快速更新机制。

调查按照国土资源部和广东省的相关要求，结合深圳市的实际需求率先提出采用“基于大比尺的一体化调查技术”，同步完成农村土地调查和城镇土地调查，建立以细化地类和地籍数据为基础的多用途数据库，使调查成果既能满足国家的需要，又能满足深圳土地管理的特殊需求。“基于大比尺的一体化调查技术”的核心是以国家统一的技术规程及要求为依据，以 1：1000 数字地形图、数字地籍数据、行政界线勘界成果、土地利用更新调查成果以及正射影像图数据等数字化成果为基础，以 3S（GPS、RS、GIS）技术及计算机技术等测绘新技术为支撑，将图斑线、图斑号、地类代码以及各种属性数据等调查要素直接形成数字化成果，实现内外业调查的一体化；充分利用地籍数据及数字地形图等数字测绘成果的优势，以宗地为基本单元进行全覆盖的细化地类调查，实现农村土地调查和城镇土地调查一体化；建立以细化地类和地籍数据为基础的多数据源、多用途的初始数据库，通过土地调查数据生产系统自动生成汇总数据以及国家标准上报数据库和城镇地籍数据库，实现数据调查与数据建库的一体化。

46　深圳前海蛇口自贸区智慧赤湾建设项目

项目类型：测绘地理信息
完成单位：深圳市勘察研究院有限公司
完成时间：2014 年
获奖情况：2015 年中国地理信息产业优秀工程金奖

工程概况与特点

项目以智慧示范园区的建设为指导思想，以赤湾地区的土地房产管理、规划建设等相关管理需求为导向，综合运用空间数据管理技术、三维虚拟技术、地下管线自动建模技术等，严格按照测绘地理信息相关规范及软件开发标准，实施“智慧赤湾”项目平台的建设开发。项目范围覆盖整个蛇口赤湾片区，通过数据采集处理、数据中心建设、服务器等基础设施建设、系统平台开发等逐步开展，项目的建设遵循“总体规划、分步实施”的原则，分 3 个阶段进行：以土地房产管理和规划建设的实际需求为导向，收集清理土地、房产资料，构建完善的空间数据库，基于 GIS 技术建立土地房产综合管理系统，提高管理水平和工作效率，并为集团各级领导宏观决策提供土地房产信息服务；

通过影像、地形、建筑立面等信息的采集处理，构建三维虚拟城市场景，并建设了三维规划辅助决策系统，辅助城市规划与管理工作三维空间分析，为规划审批提供决策服务。

开展城市地下管线探测及数据库建设工作，并建立三维地下管线专题管理系统，满足地下管线信息化、网络化和可视化管理的应用需求，为市政管理和规划建设提供基础服务，为社会提供多元化的服务，为可持续发展及减灾防灾提供数据支持。

项目集地下管线、地表景观、地上建筑等信息于一体建立了完善的二、三维空间数据库，实现了时空数据的融合管理和版本管理，以及强大的三维空间规划分析、土石方计算、管线自动化建模等，为建设用地报批、土地租赁、房产管理、三维规划辅助决策等提供了多方位的实用功能，实现了数字化、精细化、科学化管理，具备显著的经济效益和社会效益。

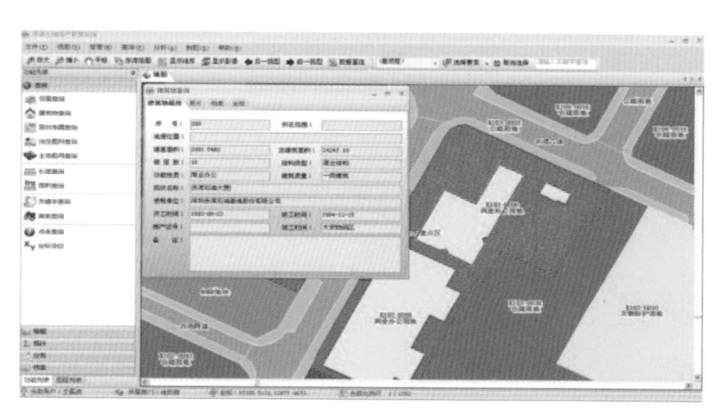

土地及建筑信息管理

建筑控高分析

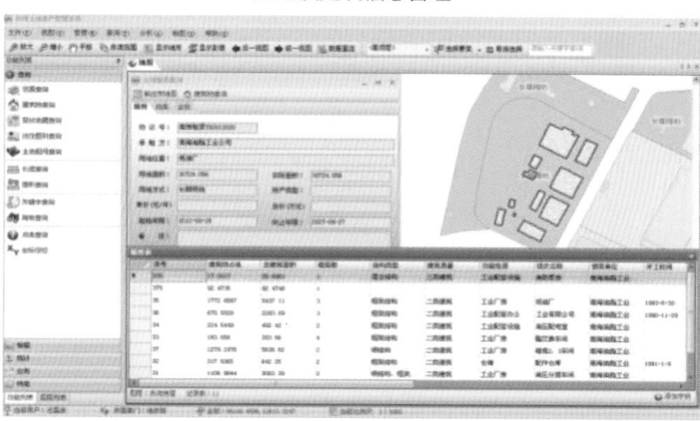

土地租用分析

管线埋深分析

建筑方案比选

建筑控高分析

47 数字深圳空间基础信息平台二维数据库建设与更新

项目类型： 测绘地理信息

完成单位： 深圳市勘察研究院有限公司（2013~2015 年）
深圳市勘察测绘院（集团）有限公司（2011~2012 年）

完成时间： 2011~2015 年

工程概况与特点

为保证数字深圳空间基础信息平台的唯一性、权威性，保证平台二维数据的实效性和准确性，使二维地理信息与现状相符，满足平台用户的需要，实现数据库与城市建设同步，根据基础测绘成果、政府部门共享交换数据、规划国土委内部项目成果资料、规划国土委内部日常审批数据以及政府官网公开信息目录、报纸等媒介，参考公开出版的地图、网络地图等信息、对平台二维地理信息数据库进行了更新。更新范围为深圳市辖区范围，数据库内容包括地理单元、居民地及设施、交通及附属设施、水系、植被绿地、境界、公共服务及其设施、地标和注记、基础网格和地址编码等。包括建筑物及公共服务专题日常动态更新；重点片区范围内的二维地理信息数据库更新，并结合日常动态更新对电子地图进行符号化加工处理；除重点片区之外的区域范围内的二维地理信息数据库进行更新，并结合日常动态更新和重点片区更新对电子地图进行符号化处理。

本项目通过数字深圳空间基础信息平台二维地理信息数据库更新项目的建设，更新和完善空间基础数据框架体系，建设适时的多尺度、多时相、多分辨率的空间基础数据体系，提供适时的空间基础数据多层次服务需求以及满足网络发布要求的电子地图数据库。构建开放式空间基础信息平台，实现传统空间基础信息共享方式的根本改变，满足政府部门、企业、社区和公众在线应用需求，大幅提高基础地理数据的共享能力。

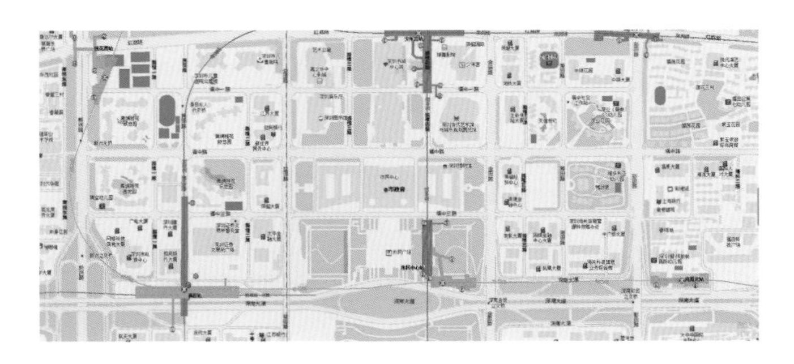

48 龙岗区倾斜摄影测量及电子地图编制

项目类型： 测绘地理信息

完成单位： 广州城市信息研究所有限公司、深圳市勘察研究院有限公司

完成时间： 2018 年

工程概况与特点

智慧龙岗时空信息云平台为全面达到“智慧龙岗”建设目标而设计，通过物联网、云计算等技术创新与各行业的智慧应用，使龙岗的运行具备感知和自适应能力，促进信息资源（硬件、软件和数据）的集约化和基础设施化，带动信息资源的整合与共享，推动“服务型政府”的建设，实现龙岗城市信息化资源大共享、深共享与泛共享，作为整个“智慧龙岗”上层应用的坚实基础。龙岗区倾斜摄影测量及电子地图编制项目是龙岗时空信息云平台重要的组成部分，为整个平台提供丰富的二、三维基础地理信息数据，作为支持整个平台建设的底图数据，并为全龙岗区提供基础地理信息服务，以满足龙岗区社会经济发展和城市管理的需要。

工作内容

龙岗全区 387.5km^2 地面分辨率 5~8cm“倾斜摄影”数据采集和龙岗重点区域 22.5km^2 地面分辨率 2cm“倾斜摄影”数据采集；全区 387.5km^2 影像地面分辨率 5~8cm 的实景三维模型制作和龙岗重点区域 22.5km^2 影像地面分辨率 2cm 的实景三维模型制作；采集龙岗区建筑物、道路、植被、水域等基础数据进行建库，并配置电子地图和影像地图，成果以瓦片形式展示。该项目组织严密、科学管理、作业规范、成果丰富，充分采用“倾斜摄影”测绘新技术，高效高质量地完成龙岗区实景模型制作，同时基于模型成果编制了电子地图和影像地图，为龙岗区提供了二、三维基础地理信息，解决了底图的问题，成果已在龙岗区多个行业多个事业单位开展了应用，取得了良好的社会效益和经济效益。

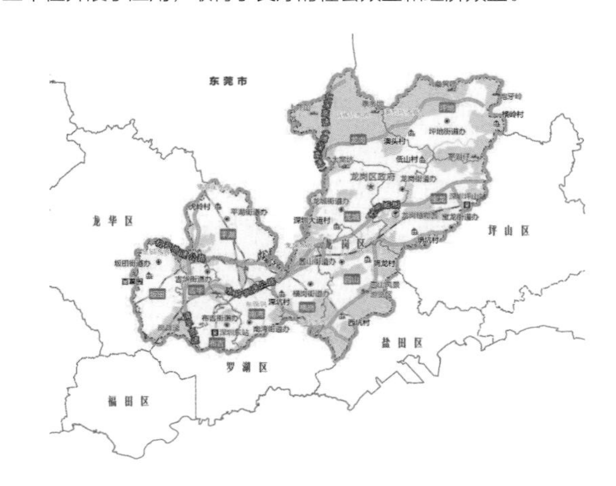

49 深圳市数字航空摄影测量

项目类型： 测绘地理信息
完成单位： 深圳市勘察研究院有限公司
完成时间： 2018 年

工程概况与特点

航空摄影测量数据是深圳市空间基础数据的重要组成部分，为深圳市规划和国土资源委员会等部门的日常办公提供了基础底图，并且为各类基础调查提供基础图件或影像证据，广泛应用于土地利用现状调查、建设用地遥感监测、建筑现状调查、土地监察执法等业务中。为建立完整综合的遥感影像基础数据库，弥补卫星影像数据由于天气、时段、分辨率等方面的缺陷，组织对深圳市辖区高分辨率航空摄影测量数据的获取任务显得尤为重要。该项目获取的数据和成果可以与多种分辨率的卫星影像数据互为补充，形成系统性的历史影像记录。

项目主要内容

开展测区数字航空摄影，2000km^2；开展测区像控点测量；测区内深圳独立坐标系和 2000 国家大地坐标系，0.2m、0.5m 分辨率正射影像制作。其中，0.2m 分辨率 2000 国家大地坐标系按 1 ： 10000 分幅裁切，0.2m 分辨率深圳独立坐标系按 1 ： 5000 分幅裁切，0.5m 分辨率 2000 国家大地坐标系按 1 ： 10000 分幅裁切，0.5m 分辨率深圳独立坐标系按 1 ： 10000 分幅裁切。并制作各图幅对应的元数据和图幅内控制点影像数据文件。测区内深圳独立坐标系和 2000 国家大地坐标系格网尺寸为 2m 的 DEM 数据及对应的元数据制作。

该项目组织严密、管理措施科学、作业方法先进、质量保证有力，采用国内外知名的控制测量、空三加密、立体测图、地形图编辑、GIS 数据处理等软件，保障了内业数据处理的正确性和可靠性，形成了影像清晰、质量良好的数字正射影像成果，为全市提供基础底图数据支撑。

50 深汕特别合作区潮惠高速公路赤石互通连接线新建工程工程测量

项目类型： 测绘地理信息
完成单位： 深圳市工勘岩土集团有限公司
完成时间： 2015 年
获奖情况： 广东省地质科学技术二等奖
深圳市第十七届优秀工程勘察设计奖工程测量测绘三等奖

工程概况与特点

深汕特别合作区潮惠高速公路赤石互通连接线新建工程位于深汕特别合作区赤石镇境内，路线起点位于国道 G324 线赤石路口，途经新寨、旱塘、洋坑、大水口、下田心及大安，终点连接潮惠高速公路赤石互通出入口。路线呈南北走向，长度 13.3km，线外道路 0.27km。连接线新建工程按交通性主干路标准设计，城镇段路基宽度 50m，非城镇段路基宽度为 30m。路面采用沥青混凝土路面，项目按城市交通性主干路标准设计，设计车速 60km/h。

本工程地处偏僻，测量范围内地物、地貌复杂，大部分区域为原始山区。测区内地物主要有自然村庄、县道（X131）、河流、沟渠、鱼塘等；地貌有大片原始山区，山上基本被树木及高草覆盖，通行和通视困难，测量期间又正值雨季到来降雨量大，天气炎热，对测量工作造成了很大的困难。

本项目探测过程中充分汲取了我公司在深圳市地形图测绘和管线探测工程中的丰富经验，采用的地形图测图技术方法（全站仪和 GPS-RTK 相结合的方法）和管线探测方法（如从易到难，从已知到未知，从外围到局部，从单线到多线，采用多种方法综合探测等）、经验数据（如管线探测仪及探地雷达的频率、功率、信噪比等），探测、钎探、开挖结合等作业手段，顺利查清了大量管线密集、种类多样的地下管线。本项目采用的技术先进，项目的组织管理严密，取得了甲方满意的测绘成果。为深汕特别合作区潮惠高速公路赤石互通连接线新建工程及时开展争取了时间，为类似道路新建工程 1 ： 500 数字化地形图测绘和管线探测提供了一个很好的成功案例，对其他城市的同类项目也有一定的参考价值。

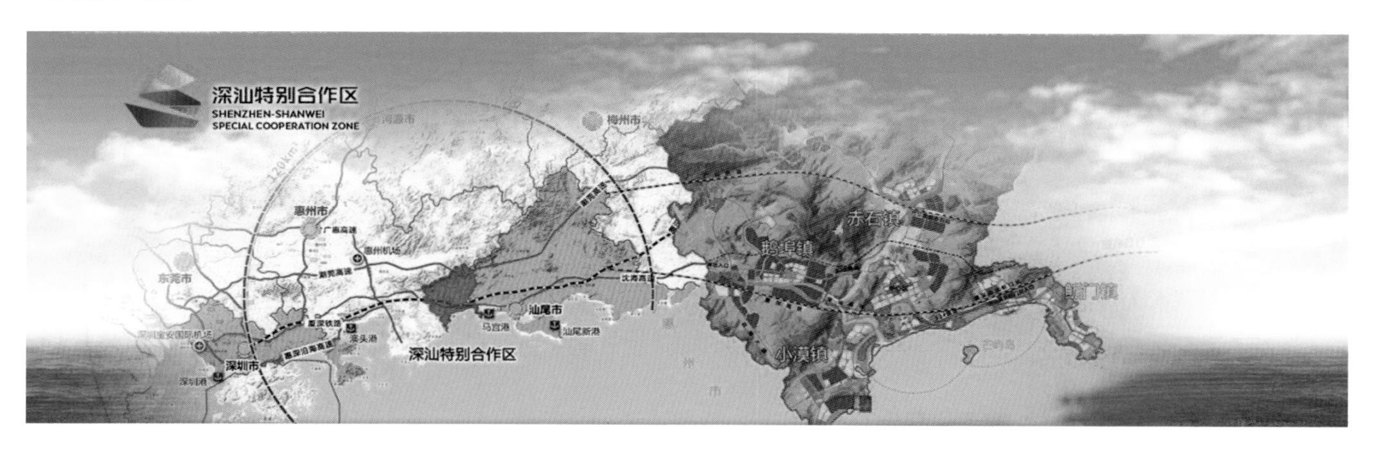

51 万科平海双月湾项目海底地形测量

项目类型：测绘地理信息
完成单位：深圳市工勘岩土集团有限公司
完成时间：2010 年 6 月
获奖情况：2013 年中国测绘学会优秀测绘工程铜奖

工程概况与特点

本项目位于平海双月湾南门，地块坐落于狭长的半岛之上，西为南海、东为平海港，最窄处仅 320m，项目主要对双月湾内、外海的水下地形测量及内海淤泥厚度的测量。采用全球定位系统（GPS）RTK 测量，GPRS 无线通信方式建立基准站和流动站通信，进行实时差分处理，获得待求点的坐标和高程，其测量精度分布均匀、精度较高，测量起始点为惠东县国土部门提供的四等控制点。水深测量采用 GPS RTK + 回声测深仪开展测绘，结合 GPS 定位技术和水深测绘技术来测量和获取海底坐标和高程。用 GPS RTK 的流动站测定船台的位置和高程，以中海达 HD370 测深仪定测船台到水底的深度，水下测量采用了 HD380 测深仪，同时测量了内海淤泥顶部和淤泥底部的海底高程，对于内海部分岸线采用 GPS RTK 方法测量包括防波堤、斜坡、加固坎等，在选定的地点，设置自记验潮仪或水尺，记录水位升降变化，进而研究潮汐性质和掌握被验潮海区的潮汛变化规律的观测站，为水深测量提供平均海面和深度基准面参考依据，最后将测得的数据（坐标文件）调入专业软件中，根据测量得到的水底高程和坐标，建立不规则三角网（TIN），通过高幂次内插方法计算出所测海域的海底数字高程模型（DEM）和按设计要求的规则格网点高程，最终绘制出等深线，在实施本项目过程中，按 ISO9001 贯标要求，将实行“两级检查、一级验收”的方式保证该工程的质量和数字化成图的数学精度。

本项目采用公司自己开发的计算机内插软件，根据按航线采集海底高程离散点生成海底 10m × 10m 数字高程模型（DEM），并生成美国 USGS DEM 数据格式，在 Arc/Info 或 ArcGIS 上进行三维分析，也可以与国家标准《地球空间数据交换格式》（GB/T 17798-1999）进行数据交换，具有良好的经济效益和社会效益。

52 深圳市基础地理信息数据 1 ： 1000 地形图及地下管线动态修补测

项目类型：测绘地理信息
完成单位：深圳地质建设工程公司等
完成时间：2013~2014 年
获奖情况：2016 年中国测绘地理信息学会优秀工程金奖

工程概况与特点

深圳市基础地理信息数据更新与维护（1 ： 1000 地形图及地下管线动态修补测项目）是深圳市基础测绘工作的主要内容之一，也是“数字深圳”的基础数据之一。本项目工作地点在坪山区、大鹏新区，工期为两年（2013 年度及 2014 年度），3 个月为一个周期，共 8 期。地形图及地下管线动态修补测是在原 2012 年度已修测的 1 ： 1000 地形图的基础上对新增的地物及改变的地形地貌及地下管线进行全面动态修补测，并按 3 个月一个周期的要求进行地形图数据入库更新。本项目共完成地形修测面积 32km^2，地下管线探测 780km，及相关数据更新维护和入库。

本项目利用现代测绘及管线探测技术（包括无人机技术、航测遥感技术、GPS RTK 技术、各种先进管线探测仪器如地质雷达、CCTV、QV 等的使用）及富有地方特色的基础测绘管理办法（单元工程流程管理办法），将基础测绘实施管理推进到了精细化、实时化、标准化的新高度，创造了良好的经济社会效益。项目主要人员根据此项目的修测经验，修编了《深圳市基础测绘技术规程》（试用）（2015 版），为深圳市地方经济发展提供了较好的信息化服务。

53 中国平安 IFC 南塔及福华三路地下工程基坑支护工程

项目类型：岩土工程设计与施工
完成单位：深圳市勘察研究院有限公司
完成时间：2016 年
获奖情况：广东省优秀勘察设计二等奖
十七届深圳市优秀勘察设计一等奖

工程概况与特点

本工程由平安金融中心南塔和福华三路地下空间组成，具有五层地下室 + 两层夹层，场地位于福田中心区福华三路南侧、益田路西侧、中心二路东侧。北侧隔福华三路为平安金融中心北塔，南塔基坑施工时北塔地下室回填基坑肥槽，福华三路基坑施工时，北塔已完成肥槽回填。南塔基坑周长 604.6m，用地面积为 11507.30m^2（含福华三路），基坑开挖深度 30.08m（核心筒处超过 35m）；基坑东侧燃气管线距离基坑边 6.74m，电力管线距离基坑边 9.2m，基坑西侧电信管线距离基坑边 0.81m，电力管线距离基坑边 2.3m；福华三路范围内管线将施工前迁移至共同沟内。

本项目场地周边环境极为复杂：场地北侧为平安金融中心北塔，北塔基坑支护桩与本项目北侧外墙重合，基坑支护时需要利用北塔的基坑支护桩；场地北半部分的福华三路下方存在 22 条 220kV 的高压电缆，其中一条专供深圳会展中心，另外 21 条专供福田核心片区各大写字楼群；福华三路下方存在一条直径 2.0m 的雨水管、一条直径 0.7m 的污水管道和一条直径 0.4m 的给水管；福华三路地下空间开挖时需要对雨水管、污水管和给水管进行原地保护；通信线路方面的重要线路有通往香港的国际通讯光缆、保密通信光缆及市政光缆；东侧为益田路和深圳会展中心，益田路下方有广深港高速铁路、燃气管线、电力管线，其中广深港高铁隧道与本项目交叉施工，高铁隧道保护要求高于城市地铁隧道；西侧为中心二路和星河花园，中心二路下方有电力管线和电信管线，其中电力管线为 7 条 220kV 的高压电缆；基坑南侧为深圳平安金融中心建设发展有限公司和中建一局工地办公设施。

考虑到福华三路下方管线的复杂性，为加快建设进度，本工程将南塔同福华三路分作两个独立基坑开挖，在南塔和福华三路之间增设中隔墙。基坑支护采用地下连续墙 + 四道内支撑结构，其中南塔基坑采用环撑，首道撑上设置钢筋混凝土板，作为土方挖掘、材料运输的场地；福华三路考虑到交通需求，采取盖板暗挖正作法施工，设置对撑支档，首道撑上设置钢筋混凝土板（盖板），满足道路通行要求，同时在对撑下方原地保护不能改迁的雨水管线、污水管和给水管。开挖地层主要为填土、粉质黏土、含少量黏土的砂层、残积土、全风化 ~ 强风化花岗岩层、中风化花岗岩等，地下水较丰富，水位埋深平均约 1.2m。先完成南塔基坑及地下室施工（至负二层），然后进行福华三路基坑及盖板施工。由于基坑设计科学，施工安排合理，节奏衔接有序，成功完成如此复杂的地下空间建造，取得了较好的经济和社会效益。

54 光启未来中心基坑支护工程

项目类型：岩土工程设计与施工
完成单位：深圳市勘察研究院有限公司（刘小敏工作室）
完成时间：2019 年

工程概况与特点

项目场地位于深圳市南山区科技园南区，科技南八路西侧，高新南三道南侧，高新南四道北侧，科技南路东侧。该项目设计为超高层建筑，设有 4 层地下室，深度约 20m，基坑周长 554m，面积约 17171m^2；基坑北侧距离国微大厦地下室 24.0m，距离赋安科技大厦用地红线 17.3m（一层地下室），依次分布有电力管线、给水管线、雨水管线、污水管线，其中电力管线最近约 0.5m；东侧距离创维大厦地下室 23.5m（3 层地下室深 18.8m）依次分布有电信管线、雨水管线、污水管线，其中电信管线最近约 0.8m；南侧距离高新南四道约 10.0m，依次分布有电信管线、燃气管线、电力管线、给水管线、污水管线、雨水管线，其中电信管线最近约 4.0m；西侧距离科技南路约 10m，依次分布有电力管线、给水管线、污水管线，其中电信管线最近约 8m。开挖地层主要为人工填土、粉质粘土层、中砂、含砂粘土、砾质粘性土（残积土）、全风化 ~ 强风化花岗岩层。根据地层条件、周边环境及控制要求以及满足坑内地基基础施工空间需要，经多方比选，基坑支护结构采用旋挖支护桩（咬合桩）+ 扩体锚索支护（部分普通锚索），部分区段三轴旋喷止水，在四角设置控制变形钢支撑，利用负三层楼板设置临时支撑，扩体锚索采用囊袋式扩体锚索。本项目针对繁华城区深基坑变形控制要求，采用冗余度设计法，对基坑位移控制起到了很好的作用；在西区塔楼施工后在第五道锚索位置增加了钢支撑，利用中心岛顺作法，对本项目的变形控制及安全控制起到关键性作用，本项目技术属国内领先。

55 坂田新利边坡工程

项目类型： 岩土工程设计与施工

完成单位： 深圳市勘察研究院有限公司（刘小敏工作室）

完成时间： 2016 年

2016年1月3日坂田街道新利厂后侧山体冲沟原貌

2016年4月26日坂田街道新利厂后侧山体施工进展情况

2016年6月24日坂田街道新利厂后侧山体施工进展情况

工程概况与特点

坂田新利边坡原始地貌类型为低丘陵。山体冲沟于 2010 年 9 月开始发生小规模的水土流失。2011 年以来，由于山体后方的布吉水径渣土场大量堆土，导致原山体径流发生改变；同时因山体左侧渣土场排水系统不完善，大量雨水汇集冲刷山体，加剧了水土流失与山体崩塌，形成落差很大的冲沟切割。冲沟水平长度约 80m，顶部距离左侧渣土场（弃土约 50m^3）最近距离不足 2m，与坡底新利厂高差约 60 余米。边坡顶部发育数条深大裂缝，宽度约 5~15cm，裂缝深度未探触到底；同时在边坡顶部存在一处花岗岩危岩，约 60m^3~100m^3，且深度风化，裂隙高度发育，随时会发生崩塌滚落。根据边坡实际情况并需要充分考虑边坡出现的险情，边坡设计分为两部分同时开展。

现场应急措施包括立即修筑坡顶截水沟，防止山体汇水对冲沟进行进一步冲刷；对冲沟左侧靠近渣土场较近部位先行进行抢险加固处理，该段加固采用微型桩（优点：速度快，采用小型机械可施工）；对危岩进行清理，清理出来的岩石部分回填至冲沟，多余岩石应清理外运；对冲沟进行回填。险情控制住后再进行永久加固施工。

边坡加固措施包括采用静态爆破对危岩进行破碎清除，分级放坡卸载，每级坡高 8~10m，坡率 1 ：1.1~1 ：1.2，平台宽度 2~5m；坡面采用锚拉格构进行加固；在边坡中部平台设置抗滑桩，回填土位置采用锚杆格构梁加固；下部边坡若存在坡面裸露情况，采用锚杆格构梁支护处理；坡脚设置两级挡墙，采用衡重式片石混凝土挡墙，墙高 6m。

冲沟治理措施包括冲沟东侧边坡，按现状坡率进行修整；坡顶以上边坡保持现状绿化，施工期间注意保护和减少对原状坡体自然植被的破坏；冲沟底部采用块石回填，回填厚度 5.0m，采用粘土回填夯实；冲沟西侧为保证施工过程中渣土场稳定，对右侧采用微型桩加固。

边坡排水设计考虑到周边汇水面积较大，雨季会形成大量地面径流，如排水不顺畅，对边坡的稳定有较大的影响。因此需要充分考虑边坡排水要求，合理设置截排水系统，避免地表水对坡体的直接冲刷。经对排水能力的初步估算，排水系统设置在冲沟后坡顶设置混凝土截水沟，对整个冲沟后方坡体汇水进行拦截；沿整段坡顶设置混凝土截水沟，与坡顶线水平距离 1~2m，局部根据实际地形予以调整；坡面设置纵向混凝土跌水沟，坡脚设置混凝土排水沟（1.0m × 1.0m），边坡汇水接场地排水系统，马道设置马道排水沟。

边坡生态绿化应体现生态环保理念，既绿化景色宜人、赏心悦目，与周围环境、自然山坡上的原始自然生态相协调，又要保证边坡安全稳定。因此从建立绿化立体层落的考虑，采用草 + 灌木相结合，既照顾到观赏性，种植一定的花草植物，又满足灌木植被根系对边坡的稳固作用，并据此选择本土耐旱灌木及蕨类植物。

本边坡完成治理后消除了之前的险情，排除了潜在的滑坡隐患，经历多次台风暴雨未出现任何预警，受到区和市两级政府的领导和主管部门的嘉奖。

56 前海 T201-0077 地块基坑支护工程

项目类型：岩土工程设计与施工
完成单位：深圳市工勘岩土集团有限公司
完成时间：2018 年
获奖情况：2018 年“第十八届深圳市优秀工程勘察设计奖”一等奖

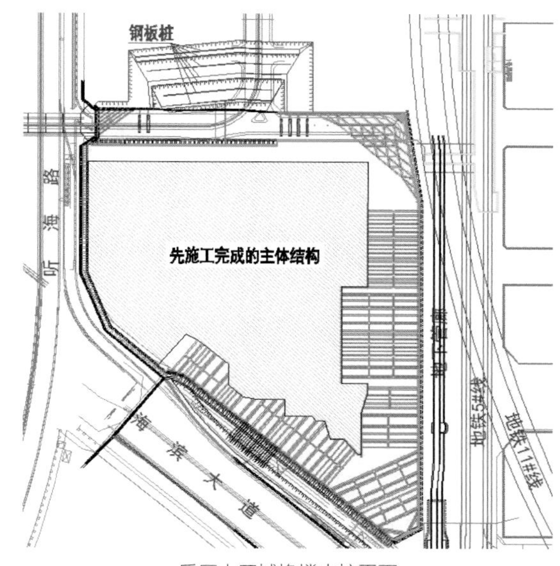

反压土区域换撑支护平面

工程概况与特点

前海 T201-0077 地块基坑位于深圳市南山区前海片区，拟建的滨海大道以北、航海路以西、听海路以东，东侧临近地铁 5 号线与 11 号线。场地为海漫摊，原为水塘及养殖场。场地标高在 5.60~6.80m 之间。基坑开挖底标高约为 15.4m，基坑开挖深度 21.00~22.20m，基坑支护总长约为 900m，支护面积 46274m^2。

基坑支护的选型原则是确保支护结构安全和基坑周围道路和地下管线安全，结合基坑平面形状、安全等级、深度、地质水文条件、周边环境等因素，做到经济、合理、施工便利，满足国家有关法规和规范的要求。本项目基坑支护方案为中心岛水平换撑法支护，即先在外围布置适当的竖向围护结构，使基坑形成一个完整的封闭体系；在东侧与南侧竖向围护结构内边预留反压土条，反压土条的平面范围参照地下室结构后浇带的划分情况进行布置；反压土条覆盖范围以外的土方开挖完成后，开始施工已开挖区域的地下室结构；先施工的地下室结构完成后，在地下室结构与外围竖向围护结构间逐层换撑开挖反压土条，换撑结构通过在结构板上设置发力牛腿和反力梁与地下室结构连接。场地土层复杂且考虑结构后浇带的设置情况，反压土体的自身稳定及有限体量反压土体能提供的反压能力也是设计过程中需要考虑的一大问题，为了能充分利用这一定范围反压土体的作用，在基坑局南侧区域对反压土体淤泥层与淤泥质沙层进行了土体加固。基坑外围采用双排桩支护，利用双排桩悬臂能力强的特点，开挖掉基坑上部填土与填石层（悬臂 10m），再施工加固土体的搅拌桩；土体加固完成后，分级放坡开挖至坑底标高，其坡脚需退让出地下室最外侧的后浇带；在已开挖到底区域的主体结构施工完地下室顶板后，通过钢管支撑换撑的方式开挖掉反压土体。

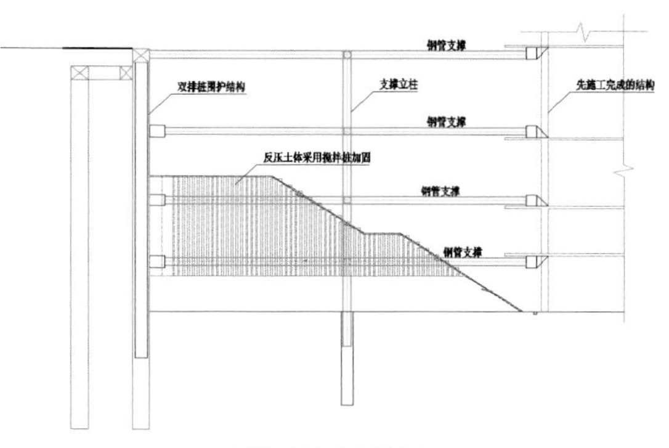

基坑支护典型断面

57 宝安中心区海堤工程

项目类型：岩土工程设计与施工
完成单位：深圳市勘察测绘院（集团）有限公司
获奖情况：获 2015 年度全国优秀工程勘察设计行业一等奖

工程概况与特点

宝安中心区海堤工程位于深圳市宝安区新安城区的南部，东侧与特区南头关和前海相接，西南侧、南侧为珠江口前海湾，占地总面积 7.2km^2，是深圳市乃至整个珠三角最重要的海堤，总投资 2.5 亿。设计岸线海堤总长 3270m，东侧及南侧为永久性海堤，总长 2889m，西侧为临时海堤，长度 381m。

设计根据不同的地形地质情况以及不同的景观功能要求，分别采用了抛石挤淤强夯斜坡堤、挖淤抛石基床加直立沉箱海堤方案，采用了干法施工沉箱方案。先利用海水进行基槽挖淤，然后再填筑围堰，抽排海水填筑基床，再干法施工沉箱。直立堤设计很好地利用了潮水位，采用了水上、水下结合的方案，既能保证基槽的稳定，又能快速地形成堤身，且确保沉箱直立堤更加美观。方案无论从景观效果还是堤身稳定性均取得了良好的工程效果，为后期整个中心区滨海公园的规划及工程建设奠定了基础。

58 地铁前海时代广场 4 号地块基坑支护工程

项目类型：岩土工程设计与施工

完成单位：深圳市工勘岩土集团有限公司

完成时间：2018 年

获奖情况：2018 年“第十八届深圳市优秀工程勘察设计奖”二等奖

工程概况与特点

本项目场地位于深圳市西南部前海合作区，紧邻前海车辆段二期项目，场地呈“刀把形”，用地面积约为 3.1 万 m^2。场地内拟建办公楼、住宅、酒店及商务公寓等建筑，场地内设有 3 层地下室。基坑支护长度约为 825m，支护深度约为 15.43~15.93m。场地北侧为地铁 1 号线鲤鱼门站，该侧用地红线距离地铁 1 号线约为 36m，基坑开挖边线距离用地红线 3.0m；场地东侧、东南侧为前海车辆二期（目前正在使用），该侧基坑开挖边线距离用地红线约为 10m；现场每侧都埋设了各专业管线。管线埋深约介于 0.5~3.0m，管线距离用地红线最近约为 2.5m。

基坑支护面积约 3.1 万 m^2，基坑开挖侧壁揭露的软土层最厚约为 10.5m 大面积开挖项目；基坑周边环境复杂，基坑开挖对地铁的影响及保护是本项目控制的重点； 基坑平面呈“刀把形”，属于不规则形状，基坑支护结构的平面布置需结合场地形状来确定； 基坑、土石方挖运程与东侧和西侧的管线改迁、周边市政道路修建等工作存在交叉作业情况，对于项目中交叉施工情况的预评估和实施方案对于项目的工期控制为关键因素；基坑支护方案采用 1.0m 厚地连墙 + 环撑 + 角撑 + 对撑的支护结构形式。大直径环形支撑 + 多环支撑 + 角撑对撑等组合体系，充分利用混凝土的受压优势来平衡基坑支护系统所受的水土压力，且能提供较大的刚度；大直径环撑体系可提供较大施工空间，有利于出土和主体结构施工，并且节省立柱的数量，在减少造价、缩短工期方面具有较好的经济效益；采用钢栈桥坡道 + 土坡道相结合的方式，达到空间利用和经济效益最优的结果；实行动态设计与信息化施工管理，当出现险情预兆时，及时做出预警并及时采取相应的措施，保证施工人员和周边环境的安全。

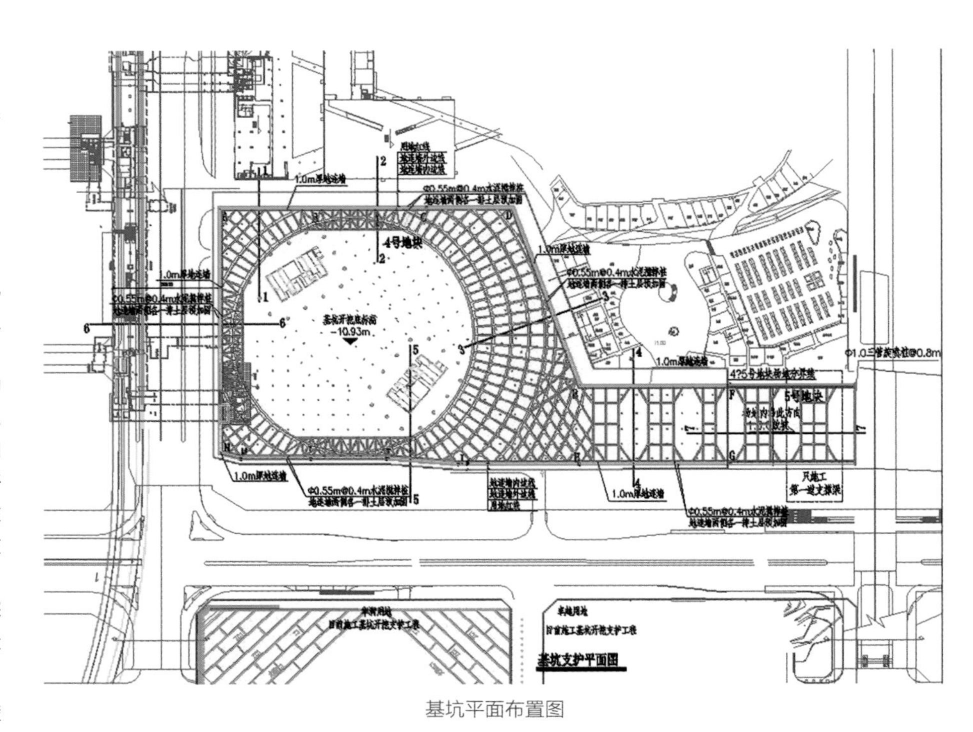

基坑平面布置图

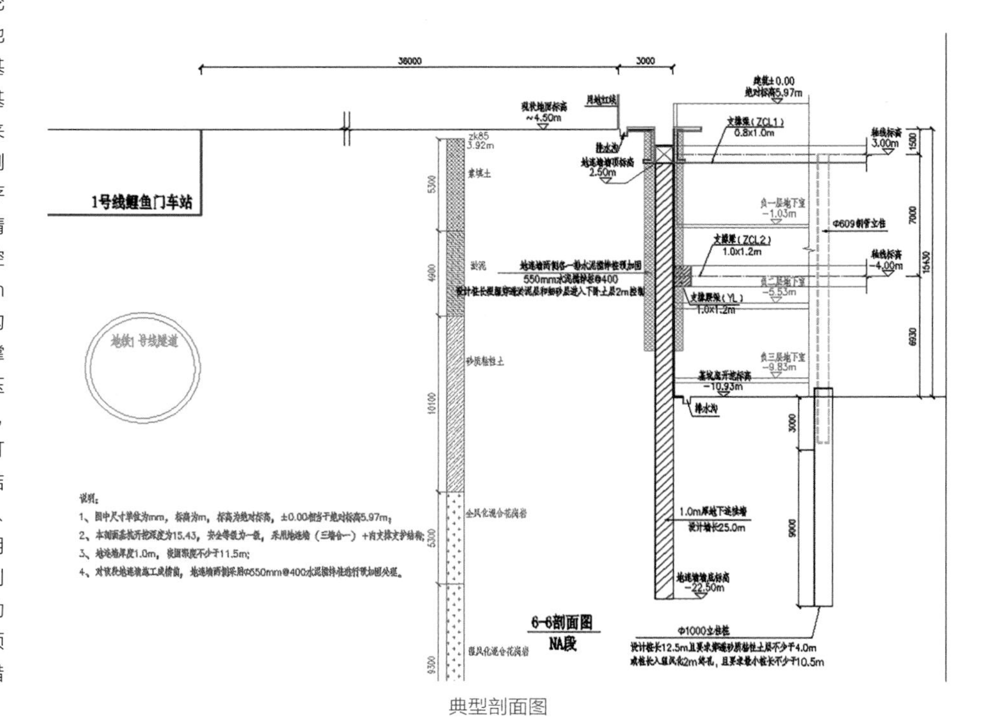

典型剖面图

59 深圳市后海湾填海及软基处理工程

项目类型：岩土工程设计与施工
完成单位：深圳市勘察测绘院（集团）有限公司
完成时间：2009 年
获奖情况：获 2011 年度全国优秀工程勘察设计行业一等奖

工程概况与特点

深圳市后海湾填海区位于深圳市后海湾，是深圳市西部地区未来主要的滨海商务、居住、休闲片区，总规划面积约 4.2km^2。后海湾填海区当时为滨海滩涂地和海域，淤泥较深厚，地质条件很差。本工程设计根据不同的功能分区、不同的地形、地质情况进行了合理分区，采用了合理的处理工法：外海堤、隔堤、内水湖岸堤采用了抛石挤淤强夯处理；场坪区采用堆载预压排水固结处理；在道路处理中采用了复合地基处理，填土区域采用的是砂石桩复合地基，局部还与换填强夯结合处理，淤泥区域采用了搅拌桩复合地基，在填土和淤泥交接过渡区采用了管桩复合地基；各方案均取得了良好的工程效果，为后期填海区规划及工程建设奠定了基础。从近年来从后海填海区主要市政道路的运行情况以及各工程建设情况来看，填海及软基处理设计非常成功，效果良好。针对不同规划区域采取的各种工法进行软基处理均能达到加固深厚滨海软土地基的目标，具有很大的推广价值。

60 腾讯前海基坑支护工程

项目类型：岩土工程设计与施工
完成单位：深圳市长勘勘察设计有限公司
完成时间：2015 年
获奖情况：深圳第十八届优秀工程勘察设计一等奖

工程概况与特点

项目位于深圳市南山区前海深港合作区的桂湾片区，由高约 160m、230m 两栋塔楼组成，设 4 层地下室，基坑长约 245m，宽约 106m，开挖深度 21.0~24.0m。场地为人工填海改造的平整场地有深厚填石及淤泥层。其北侧为规划桂湾二路；南侧为规划桂湾三路；西侧为营运中的深圳地铁 1 号及 5 号线前海湾站、区间隧道以及在建的地铁 11 号线，东侧为规划枢纽六路。西侧与隧道最近距离约 20.35m，与车站出入口最近约 6.0m。基坑的北侧、东侧分布较多管线，环境条件复杂。设计单位结合场地地质环境条件，基坑整体采用四道内支撑，基坑围护结构西侧为 1.2m 地下连续墙、其他则为 1.5m 排桩，采用桩间旋喷桩及外侧整体双排旋喷桩形成止水帷幕。本基坑工程顺利施工完成，自身变形极小，对周边地铁隧道及附属设施变形影响小。

61 招商银行全球总部大厦基坑支护工程

项目类型：岩土工程设计与施工
完成单位：深圳市长勘勘察设计有限公司
完成时间：2018 年

工程概况与特点

项目位于深圳市南山区深圳湾超级总部基地，滨海大道与深湾二路交汇处西北侧。场地北侧为白石四路，基坑开挖边线距离地铁 9 号线、11 号线红树湾南站 A 出入口边线约 5.0m，距离最近的轨道线约 32.0m；东侧为深湾二路，南侧为滨海大道约 12.0m；总用地面积 35576.01m^2，其中建设用地面积 33826.13m^2。本项目为超高层公共建筑，由两座超高层建筑（其中主塔约 72 层，建筑高度约 350m；副塔约 46 层，建筑高度约 184m），4 座裙楼 30m 高组成，裙楼约 5 层。全部建筑为集办公、商业、酒店、文化设施等多种业态综合体。地下室为 4 层，层高均为 6m，其功能为地下商业、车库与设备用房。项目地下一层与地铁 9 号线、11 号线红树湾南站 A 出口站厅层直接连通。

本基坑北侧邻近地铁红树湾南 A 出入口，采用地下连续墙 + 角撑支护方案，并在地连墙外侧设置双排旋喷桩加强止水；同时对 A 出入口与支护结构间土体进行旋喷桩加固处理；东侧采用上部土钉墙、下部双排桩（前排桩为咬合桩、后排桩为旋挖桩）+ 锚索支护方案；南侧为滨海大道辅道，临深圳湾，该侧采用咬合桩 + 角撑支护方案；西侧考虑到两项目基坑相互影响，该侧采用双排桩 + 对撑的支护方案，并设置 300mm 厚钢筋混凝土板对撑及混凝土板与中信金融中心项目该段支护桩进行连接，预留土体采用土钉墙的支护，并对两端土体进行注浆加固。

62 广深港高铁福田站深基坑项目

项目类型：岩土工程设计与施工
完成单位：中国铁道科学研究院深圳研究设计院
完成时间：2008 年
获奖情况：2018 年深圳市第十八届优秀工程勘察设计二等奖

工程概况与特点

广深港客运专线深圳福田站位于深圳市福田中心区，市民中心南侧，福中三路至福华三路之间，平行布置于益田路地下，南北展布。车站由北至南于地下分别穿越深南大道、福华一路、福华路。车站外包总长为 923m，标准段宽 78.86m，起至里程为 DK111+499.050~DK111+746.950，其余基坑宽度为 78.86m 到 16.9m 不等。

本项目场地位于工程场地原属丘陵和山前台地区，后经人工填平，发展建设成为高档的办公、商务区。根据勘察，场地的主要地层条件自上而下，主要包括 1. 第四系全新统人工堆积层（Q4ml）；2. 第四系全新统冲洪积层（Q4al+pl）；3. 坡残积层（Qel）；4. 燕山期花岗岩（γ53），岩石呈肉红色、灰白色，中粗粒斑状结构，块状构造，主要矿物成分为石英、长石等，按风化程度分为全风化带（W4）、强风化带、弱风化带（W2）。由于项目周边环境复杂，基坑为当时深圳最深的超大基坑，为充分进行方案论证，我院联合铁四院、清华大学、同济大学等单位专门进行设立专项研究课题间论证，采用清华大学离心机对中心岛法、逆作法的安全、结构变形等进行离心模拟验证。经采用大量仿真计算和物理模型试验对比、论证，最终选用逆作法，围护结构选用地下连续墙，因局部地段入岩较深，首次深圳地区引入双轮铣槽机进行地下连续墙施工。广深港福田站在 2011 年投入运营。

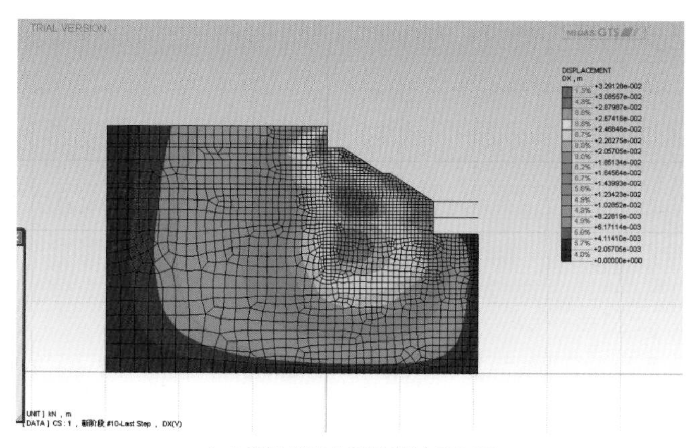

中心岛法横向位移仿真计算云图

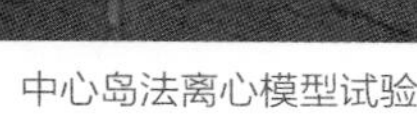
中心岛法离心模型试验

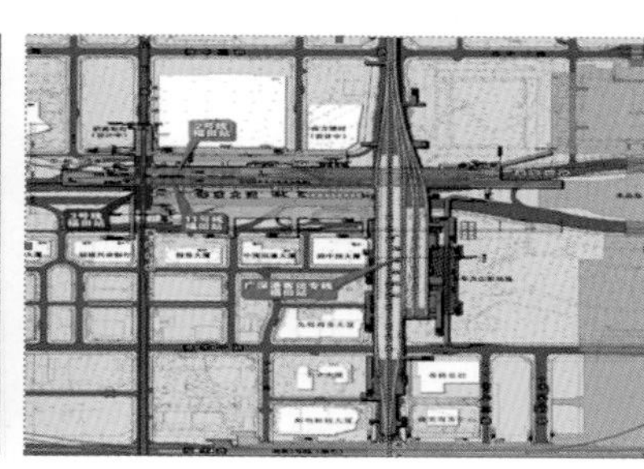
车站平面图

基坑周边关系图

63 卓越前海项目（T201-0075 地块）

项目类型：岩土工程设计与施工
完成单位：中国铁道科学研究院深圳研究设计院
完成时间：2014 年
获奖情况：2018 年深圳市第十八届优秀工程勘察设计三等奖

工程概况与特点

卓越前海项目（T201-0075 地块）建设场地位于深圳市前海深港现代服务业合作区桂湾片区二单元 04 街坊，桂湾五路以北，地铁前海车辆段以西，华润置地有限公司（T201-0078 地块）以南，场地占地面积 57481m^2，建设开发分为东西两个地块。东侧地下室三层区域基坑（以下简称东基坑）开挖面积约 17000m^2，开挖周长约 530m，开挖深度 15~16m。本项目场地位于深圳市前海湾填海区，所在位置填海前原始地貌为滨海滩涂（以蚝田为主），后经人工填高整平，总体地势平缓，地形东高西低。场地内地层自上而下依次为人工填土层（Qml）、第四系全新统海相沉积层（Q4m）、第四系上更新统冲洪积层（Q3al+pl）、第四系残积土层（Qel），下伏基岩为蓟县系 - 青白口系（Jx-QbY）。基坑开挖范围内主要以人工填土层为主，淤泥质土（经过排水固结处理）。项目周边环境较为简单，北侧为华润待建用地，其他侧在建设开发阶段为空地。

由于项目周边环境较为简单，建设单位提出了工期优先同时兼顾安全的设计指导方针。根据业主需求和场地条件，项目组创新性的提出了衡重式双排桩结构作为基坑围护结构。衡重式双排桩是一种新型支护结构，在该项目应用前尚无依据和规范参考分析计算。因此，为在该项目中安全可靠，项目组开展专项研究，认为该结构由上部 L 形衡重台和下部双排桩组合而成。衡重台具有一定的卸荷作用，使得支护结构受力减小，同时提供与土压力作用效应相反的弯矩，使得下部排桩正截面弯矩减小，结构整体抗倾覆能力显著提高；下部的双排桩与衡重台刚性连接形成门架式结构，具有较高的抗变形和协调前后排桩弯矩的能力。项目组对该结构的受力机理进行了较深入地研究，提出了一种较为合理的分析计算方法，应用于该项目的设计分析计算。此外采用了多种有限元软件进行了复核分析，为项目安全可靠，提供了完备技术保障。同时申请了发明专利。由于提出的新型基坑支护合理，基坑在深度 15m 以内无支撑，大部分区段土方可以一次性开挖到底，显著提高土方开挖效率，同时不干扰地下室结构施工，从而实现了 11 个月内从基坑支护开工到建筑主体塔楼部分出 ±0.00 的前海壮举，为建设单位节约总工期 6 个月，节约财务成本上亿元，得到了业主单位极大的好评。

64 深圳机场二跑道及 T3、T4 航站区软基处理工程

项目类型：岩土工程设计与施工
完成单位：中国铁道科学研究院深圳研究设计院
完成时间：2016 年

工程概况与特点

深圳机场扩建项目拟建场地位于的深圳宝安国际机场的西侧，珠江口伶仃洋东侧。拟建的二跑道、站坪和 T3 航站区等主要场地现状为海域和鱼塘，还包括一跑道飞行西区（围界内）修建一条平行于第一跑道的滑行道和多条与第一跑道连接的联络道，软基处理面积 5.8km^2。二跑道采用水下清淤换填处理，填砂层采用振冲密实处理；T3 航站区、滑行道等采用排水固结堆载预压，预压土厚 4.5m，插板间距 1.0m，满载预压不少 6 个月；一跑道外侧联络道受不停航施工限制，采用注浆、管桩复合地基处理。深圳机场二跑道、T3 航站区于 2011 年投入使用，场地沉降控制在较小的范围。

T4 航区占地面积约 4.4km^2，场地内有海积淤泥、吹填淤泥层、污泥层、杂填土层（余泥渣土）等，同时有地铁 11 号线、穗莞深等轨道交通从场地中穿过，工程条件复杂，牵涉到海积淤泥、吹填淤泥、污泥及淤泥渣土的处理，同时要对地铁保护带、不停航施工区等特殊地段的地基处理，技术难度大。T4 航站区地铁 11 号线、穗莞深等轨道交通安保区，软基处理采用桩基盖板结合搅拌桩复合地基处理的方案；污泥区软基处理采用砂桩预加固后，搅拌桩复合地基处理；一般区域，采用排水固结堆载预压处理，预压土厚 4.5m，插板间距 1.0m，满载预压不少 6 个月。同时，依托该项目开展了连续碾压智能监控检测技术研究。

深圳机场卫星影像图

65 深圳国际会展中心（一期）基坑支护和桩基础工程（三标段）

项目类型：岩土工程设计与施工
完成单位：深圳市工勘岩土集团有限公司
完成时间：2019 年

工程概况与特点

深圳国际会展中心（一期）基坑支护和桩基础工程（三标段）位于深圳市宝安区宝安机场以北，空港新城南部，工程占地面积约 8.4 万 m^2，基坑周长约 1420m，采用“双排桩 + 内支撑”的支护方案，前排桩为旋挖、搓管成孔的咬合桩形式，桩径 1200mm，共计 1552 根，后排为间隔布置的旋挖灌注桩，桩径 1200mm，共计 381 根，前后排桩之间采用混凝土板连接，侧面设置悬臂挡土板。基坑开挖设置一道内支撑，含 121 根立柱桩，内支撑与双排桩顶部以连接板相接。桩基础为旋挖灌注桩，桩径 1400~2500mm 不等，共计 1308 根。基坑底淤泥局部采用三轴水泥搅拌桩加固，水泥搅拌桩桩径 650mm，共计 11636 幅，采用“二喷二搅”工艺施工。投入宝峨系列、三一系列旋挖机、振中机械系列三轴搅拌桩机等进行施工，顺利完成了本工程的全部施工工作。

施工现场全貌 钢筋笼吊装

66 深圳机场飞行区扩建工程 T4 航站区（含卫星厅及站坪设施）软基处理工程

项目类型：岩土工程设计与施工
完成单位：深圳市工勘岩土集团有限公司
完成时间：2019 年

工程概况与特点

深圳机场 T4 航站区位于已有的 T3 航站楼北侧，由 T4 航站楼主体、卫星厅及配套设施组成，总占地面积约 430 万 m^2。由于机场场址位于填海区，卫星厅、配套机坪和 T4 航站楼建设工程都需要提前开展土地整备及软基处理工程。本项目软基处理总面积达 36.57 万 m^2，施工内容包括水泥搅拌桩复合地基、砂井复合地基、袖阀注浆、土石方挖运等。

现场原始地貌属于海积冲积平原，后经人工堆填，填海造陆形成陆域，地表堆积厚度较大的人工填土（砂）层，地势开阔平坦。根据详勘阶段的钻探揭露，场地内分布的地层主要有人工填土层、第四系全新统海积层、第四系上更新统冲洪积层及第四系残积层，下伏基岩为长城系混合花岗岩。

本工程施工根据内容众多、数量庞大、工期紧张的特点，对现场实施施工区段划分、合理调配资源、分阶段组织施工、保证各层流水段保持同节奏推进，形成单个施工区域内的循环流水作业。针对施工中的重难点工程，始终放在突出位置，进行全过程跟踪监测，及时反馈施工中的各类信息。项目全过程严格控制住总工期和节点工期，使项目如期推进。

67 平湖街道芙蓉采石场边坡工程

项目类型：岩土工程设计与施工
完成单位：深圳市工勘岩土集团有限公司
完成时间：2019 年

工程概况与特点

平湖街道芙蓉采石场边坡整治工程位于龙岗区平湖街道凤凰社区钰湖电力有限公司东南侧。本工程边坡工程量大、支护内容多，主要包括边坡土方开挖 26.2 万 m^3、石方爆破 2326.0m^3、人工挖孔桩 65 根、锚杆（索）35336m、格构梁 2167.7m^3、喷混植生 18472.9m^2 等内容，部分边坡脚下紧邻建筑物、道路，边坡按永久性工程设计，边坡施工质量直接关系到坡脚道路、建筑物等安全，是本工程施工过程控制的重点。

为了加强本工程的现场施工管理，并能与业主、监理及相关单位形成有效协调关系，我司组建了一支经验丰富的施工管理班子对工程质量、进度、安全进行严格管理，由项目经理全面履行职责，负责施工全过程的组织与策划，总体将现场划为 2 个施工标段，同时独立开工作业。本着优化配置、便于决策、更好地为业主服务的原则，为确保按期、优质、安全地完成本工程项目目标，各专业在组织上形成了求真务实、协调作战为一体化的管理网络体系，使工程顺利推进。

68 平安金融中心桩基础工程

项目类型：岩土工程设计与施工
完成单位：深圳市勘察测绘院有限公司
完成时间：2011 年
获奖情况：深圳市第十七届优秀工程勘察设计岩土工程治理一等奖
第十六届中国土木工程詹天佑奖

工程概况与特点

平安金融中心桩基础工程位于深圳市福田区，北侧紧邻正在运营的地铁 1 号线，东侧为在建的广深港客运专线，西侧为大型购物广场 COCO PARK，周边环境复杂。项目总占地面积 18931.0m^2，其塔楼高度约 600m，地上共 118 层，5 层地下室。桩基采用人工挖孔桩，设计总桩数 167 根，设计桩端持力层为中风化或微风化花岗岩，塔楼共计超大直径桩 24 根，其中桩径 5.7m 为 16 根，桩径 8.0m 为 8 根，其余各桩桩径为 1.4~2.0m。

超大直径桩施工过程中，通过坑底双管高压旋喷 + 基岩裂隙灌浆法形成组合止水帷幕、两圈微型桩超前支护、加大挖孔桩锁口及护壁刚度、优化工序及加强基坑支护体系的保护等措施，挖孔桩施工引起的变形及相关的变形增量量级均处于毫米级范围，有效控制地铁结构及周边环境的变形，确保了地铁 1 号线正常运营；对超大直径挖孔桩的成孔技术、施工操作平台、3 圈钢筋笼制作技术、超大直径桩爆破技术均进行了有益探索和创新，保证了施工质量及安全；通过优选严控原材料质量，合理设计混凝土配合比、混凝土加冰屑、采用一系列的科学施工控制措施（如严控混凝土塌落度及入模温度，混凝土罐车及泵管遮阳覆盖、洒水，桩顶蓄水养护，孔口这样覆盖）、并对超大直径桩桩身混凝土进行实时温度监测，桩身混凝土最高温度 71~74℃，里表温差均小于 25℃，桩身混凝土未产生任何有害裂缝。检测结果表明，塔楼下 24 根超大直径桩均为 I 类桩，取得了良好的施工效果，对类似工程项目也具有一定的借鉴作用。

69 深圳市海滨大道一期 A 段工程勘察 BIM 应用

项目类型：岩土工程信息化
完成单位：深圳市勘察研究院有限公司
完成时间：2018 年
获奖情况：2018 首届“优路杯”全国 BIM 技术大赛铜奖
第十八届深圳市优秀工程勘察设计奖 BIM 专项一等奖

工程概况与特点

海滨大道一期 A 段（听海路 - 西乡大道）工程位于中国粤港澳大湾区核心区域，是深圳市规划建设的前海湾市政快速路。项目南起桂庙路二期终点听海路地下道路（现名为临海大道），北至西乡大道，全长约 5.5km；隧道占比 77%，其中 38% 为海底隧道，是深圳市首条开展详细勘察工作的海底隧道项目，在深圳及广东省均首屈一指。

本项目勘察的特点是下穿前海湾海域和滨海软土区，受潮汐影响大，工程地质、水文地质条件极其复杂；地处城市成熟区，地下管线复杂；临近沿江高速，周边地貌及建筑物、构筑物环境复杂；勘察数据信息量大，信息传递、对接难度大。本项目勘察 BIM 技术的实施主要以北京理正岩土勘察 P-BIM 系列软件为主，深圳市勘察研究院有限公司是全国第二家应用北京理正岩土软件制作勘察 BIM 的单位、是深圳市首家应用该软件的单位，同时也是《岩土工程勘察 P-BIM 软件功能与信息交换标准》参编单位。

勘察 BIM 技术应用创新点

（1）便捷直观，可视化特点，能清楚直观反映拟建工程与周边建（构）筑物的相对关系；

（2）可以导入现状地下管网系统以及地表 GIS 数据模型，真正实现地表与地下三维空间模型的无缝衔接，并可以提前可视拟建工程现状重点位置需改迁的地下管线，为项目施工提前做好检视；

（3）具有前卫、时效性高特点，可以把传统勘察成果资料厚重的文本实现无纸化，并可以现场采用 IPad 进行无纸化办公，节约大量时间和人力成本。

（4）地质体三维信息模型可以任意三维剖切地质体、生成任意位置剖面图、模拟隧道土方开挖。

（5）三维工程地质信息模型直观反映场地地形地貌、地下管线、地层分布情况及基坑支护、隧道施工三维设计，优化项目整体布局可以更好地保证下阶段施工工期。

地质体三维信息模型

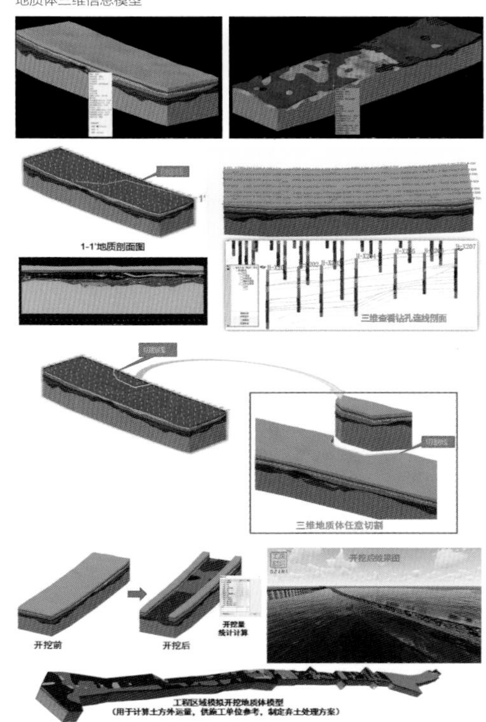

70 深圳市前海 T201-0077 地块基坑支护工程 BIM 技术应用

项目类型：岩土工程信息化

完成单位：深圳市工勘岩土集团有限公司

完成时间：2018 年

获奖情况：深圳建设工程建筑信息模型（BIM）应用大赛优秀奖

工程概况与特点

前海 T201-0077 地块基坑位于深圳市南山区前海片区，拟建的滨海大道以北、航海路以西、听海路以东，东侧临近地铁 5 号线与 11 号线。场地为海漫滩，原为水塘及养殖场。场地标高在 5.60~6.80m 之间。基坑开挖底标高约为 15.4m，基坑开挖深度 21.00~22.20m，基坑支护总长约为 900m，支护面积 46274m^2。由于该项目体量大、支护结构复杂，传统的 CAD 二维图纸难以很好地表达出复杂的地下支护结构信息。通过对基坑项目 BIM 模型的建立，在三维模型中展示基坑建成情况以及项目与周边地理环境的位置关系，同时还可以提前发现设计方案的不足之处，分析方案可行性，减少后期返工改图次数，提高整体工作效率。利用 BIM 技术，可以实现多人在项目模型中实时漫游，项目参与人员可以在该软件中沟通、交流意见，进一步深化 BIM 模型。设计人员也可以带领业主漫游查看 BIM 模型，更清晰地表达设计理念和意图，业主对项目的了解也更直观、全面。

将建立完成的 BIM 模型整理并导入到 Lumion 软件当中，对原本 Revit 模型赋予材质，再根据航拍图片以及 Google Earth 数据建立项目周边环境，使得整体模型更趋近于现实情况。Lumion 其强大的可视化功能、真实的日照、阴影效果以及软件中内置的渲染引擎使本身单调的 Revit 模型更加美观。通过单镜头移动的方式实现在基坑模型中漫游的效果。

BIM 模型是一个数据的集合体，BIM 模型应用的重心往往在其提供的大量信息以及参数化的族构件上。在本项目中，将 BIM 模型的信息化与可视化相结合，在丰富的模型数据信息的基础上，还将本身 Revit 模型进行渲染。BIM 模型信息化在指导施工、协同设计、便捷出图等方面出类拔萃。

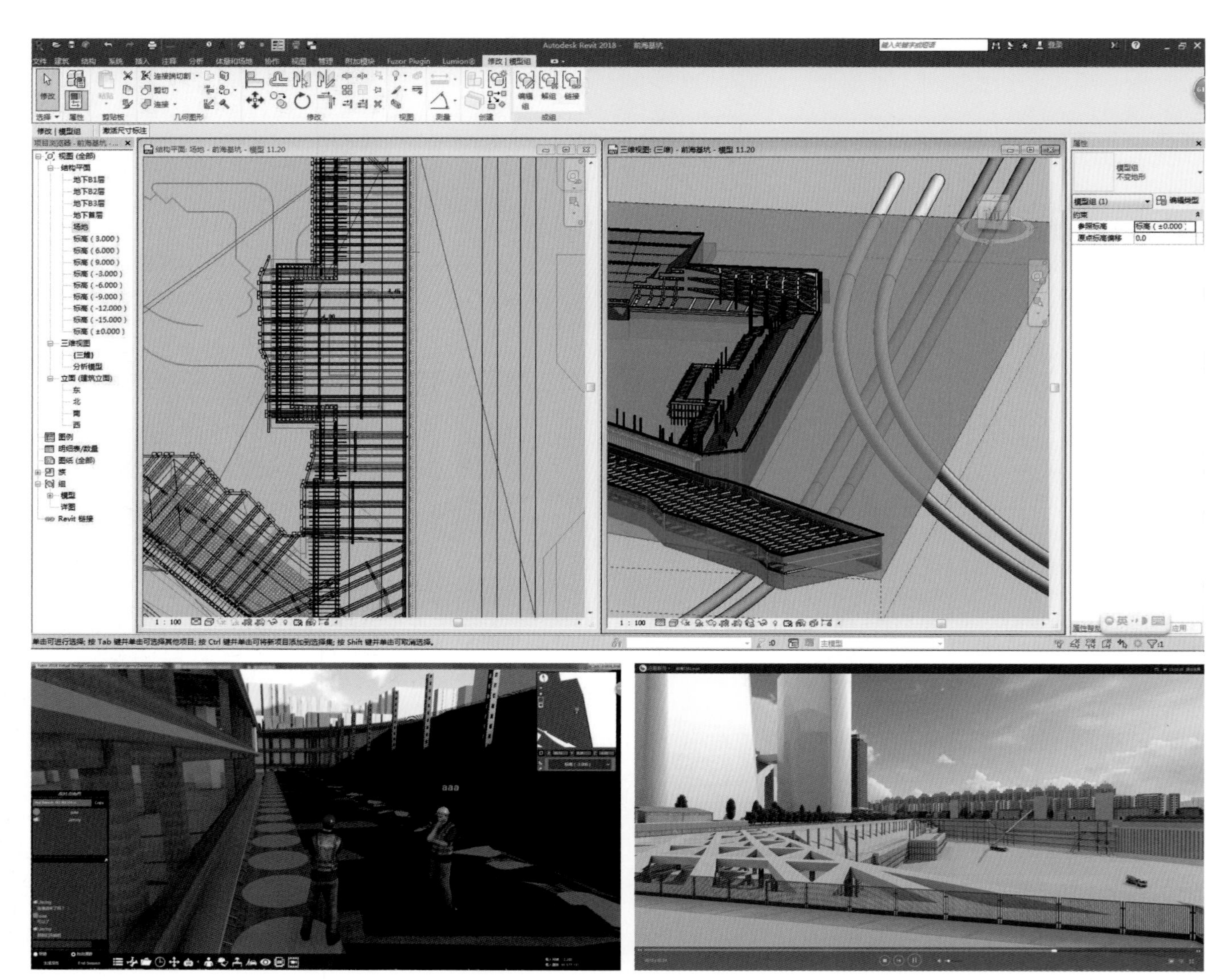

三维模型漫游效果展示

71　基于 HIM 技术的建筑与市政地基工程 BIM 系统研究与应用

项目类型：岩土工程信息化

完成单位：深圳市工勘岩土集团有限公司、黄强 BIM 工作室

完成时间：2019 年

工程概况与特点

BIM 的本质在于信息的集成与共享，它的出现为建筑业信息化提供了一条新的思路和探索途径，该技术目前已经在各大项目中得到了广泛的应用。但现阶段关于 BIM 技术的研究大多停留于基于 BIM 模型的展示，如三维可视化、施工模拟、优化设计等。这些应用都只是 BIM 的浅层应用，过程中的建筑信息没有流通，是一个个的信息孤岛。这也就没有真正实现 BIM 的核心——信息的集成与共享。

针对以上问题，深圳市工勘岩土集团有限公司与国家建筑信息模型（BIM）产业创新战略联盟共同开展《基于区块链概念 HIM 技术的建筑与市政地基工程 BIM 系统研究与应用》课题研究，现阶段已形成初步成果。课题重新定义了 BIM 实施规则，不依靠特定的软件进行 BIM 技术的互操作应用，换而言之现阶段需要解决的不是软件的操作与应用的问题，而是重新制定 BIM 软件的底层编码，开发软件接口、完成软件数据交互标准协议、最后打通 P-BIM 数据生态链。

本课题的主要研究成果有：

（1）在公司建设一个研究、应用 BIM 技术及展示成果的试验室：“国家建筑信息模型（BIM）产业创新战略联盟”——基于区块链概念 HIM 技术的地基工程建筑业互联网试验室。

（2）搭建“基于区块链概念 HIM 技术的建筑与市政地基工程 BIM 系统平台”，为各软件之间的数据交互及信息传递提供公共基础服务平台。

（3）在地基工程领域对接入平台的软件进行数据编码、制定通信协议，即制定交换规则。

（4）在地基工程领域建立中间数据格式标准以及信息协同交换规则，进而实现工程信息的云共享与协同，即制定协同规则。

（5）完成 2~3 个地基工程实际项目的全过程试运行，使 BIM 中的“I”即信息的交互与共享进行落地。

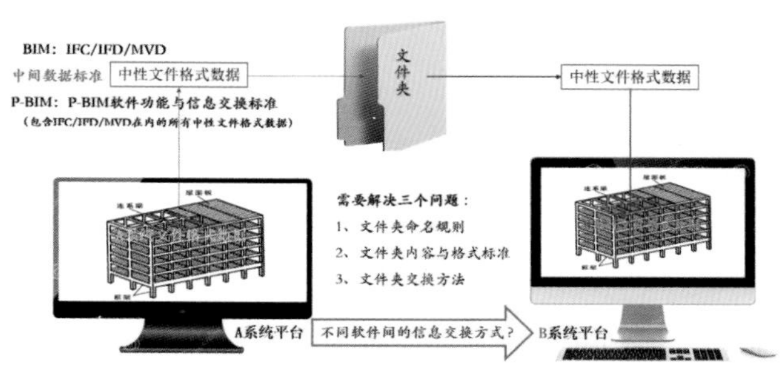

中间数据标准技术路线图

72　深圳机场 T4 航站区（含卫星厅及站坪设施）软基处理工程 BIM 应用

项目类型：岩土工程信息化

完成单位：深圳市工勘岩土集团有限公司

完成时间：2019 年

工程概况与特点

深圳机场 T4 航站区位于已有的 T3 航站楼北侧，由 T4 航站楼主体、卫星厅及配套设施组成，总占地面积约 430 万 m^2。本项目是深圳机场扩建工程 T4 航站区软基处理工程 5 标段，软基处理总面积 36.57 万 m^2，主要施工内容为水泥搅拌桩复合地基、砂井复合地基、袖阀注浆、土石方工程等。整个项目工程体量大、工艺繁杂，在施工过程中采用 BIM 技术对项目进行综合管理，提升传统项目管理过程中的信息化水平，优化项目管理模式，降低工程成本。

项目施工过程中，利用 BIM 技术对项目的质量、安全、进度等方面进行管理。在质量方面，对于各类桩的施工要点如水灰比、钻机提升速度、水泥用量等提前设定管控点，由施工员根据现场施工情况进行实时录入，以便后期管理人员查看，对工程质量进行整体把控；安全方面，由安全员现场巡查，对于施工现场存在的安全问题，拍照上传到相应的手机管理软件，并通知到相关责任人进行问题整改，问题整改完成再次反馈到安全员处进行二次检查，该流程形成了闭合回路，使得对于安全问题的处理更加合理；在进度方面则将前期建立的工程模型进行任务派分，由现场实际施工人员进行进度录入，将现场实际进度与虚拟模型相关联，以便管理人员能够掌握现场的实时进度，对人力、财力和物资做出更适宜的分配，使得工期的保证率更高。

本项目建立了构件工艺库，将项目所涉及的各类施工工艺添加到手机软件中，方便现场人员的随时查看。同时通过各类软件做了相应的工艺模拟图片、视频，以更加生动形象的方式向施工人员传达所需要的信息，使得工人能够对施工流程有更准确的把控。

整个项目施工过程中，所有参与方都基于同一平台进行管理，产生的信息都记录在了前期建立的三维模型上。这些信息一方面为项目施工阶段提供有力支撑，另一方面也为后续类似工程提供了宝贵的经验。现阶段，对于工程资料的管理并没有很完善，一个项目完工多年之后信息很可能就丢失了，但基于 BIM 技术的施工管理，从前期策划到项目施工再到项目后期的运营管理，项目全生命周期的信息都可以记录在虚拟的三维模型上面，信息之间的关联度和复用率都得到了很大的提升，该种方式大大推进了建筑业信息化进程。

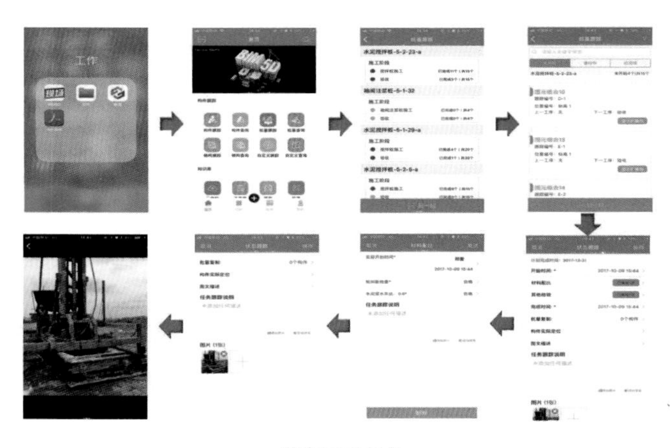

进度记录方式

73 基于 BIM 的深圳前海微众银行大厦项目基坑支护设计

项目类型：岩土工程信息化
完成单位：深圳市工勘岩土集团有限公司
完成时间：2018 年

工程概况与特点

基坑位于南山区前海合作区，桂湾二路与桂湾三路之间，面积约为 10221m^2，开挖深度约为 11.7~21.7m，基坑支护周长为 359m。场地地质条件复杂，原始地貌单元为滨海滩涂，后经填海造地成为待建用地。周边环境对工程设计和施工要求格外严格。

项目场地西侧、北侧高，东侧、南侧低，现状地面最大高差为 10m。场地主要以两种不同直径的咬合桩和两道或三道水平钢筋混凝土支撑（一道斜抛撑）进行基坑支护的。采用不同直径大小的灌注桩目的是机械化作业，施工操作简单，操作速度快，施工工艺成熟，操作过程中安全可靠。采用两道或三道水平钢筋混凝土支撑与一道斜抛撑结合的方式，目的是为了加快土方挖运的速度，有利于基坑挡土结构变形的时效控制和缩短基坑内降水的时间，保证临近建筑物的安全。

同时也降低了造价成本，采用机械化挖土，提高了工作效率。

该项目同时采用了钢管混凝土立柱的设计，其重量轻、承载力好、塑性好，还耐冲击、抗震性也好，可以采用高强混凝土，避免了核心高强混凝土的脆性破坏。与钢柱相比，节约了混凝土的用量，减少了自重，节约了成本，同时还减少了施工工期，直接插进土里即可，与传统钢筋混凝土柱相比，免去了支模板、绑扎钢筋和拆模等工作。还因自身重量较轻，简化了吊装和运输等工作。

本项目采用 BIM 软件，在前期设计出图阶段，建立 BIM 模型，实时地全方位展示施工现场的模拟情况，三维渲染动画，给人以真实感和视觉的直接冲突；同时通过虚拟施工、三维可视化功能，通过 BIM 技术结合施工方案、施工模拟，大大减少了建筑质量问题、安全问题，减少返工和整改。

该项目采用了广联达 BIM 5D 实时跟踪，从以下几点进行了完善：

（1）图纸的管理。大大提升了找图、查图的效率，二维与三维图纸的对比，调高了识图的准确性。

（2）质量的跟踪。现场人员用手机 APP 记录现场所发生的问题，上传到 BIM 5D 平台，在质量例会上跟踪完成情况。

（3）工期进度的管理。用手机 APP 记录现场实际施工进度情况，与进度计划工期进行对比，及时调整施工进度，以免耽误工期。

（4）现场劳动力和资源精细化管理。清晰地展示出劳动力需求及资源管理需求，在配比不足的地方及时增加人手。

（5）碰撞检查。可以将地下梁与柱等进行碰撞检测，显示出碰撞点，降低了返工率，节约了时间和成本。

（6）安全的管理。现场人员是否有戴安全帽，是否按规操作施工机械，发现不正当的操作及时拍照反馈，进行安全生产的教育。

（7）构件跟踪。对每一个构件拆分后的模型，导入 5D 平台生成二维码，设定跟踪和监督计划，通过 BIM 云平台实现三端一云信息协同管理。

相对于传统的施工模式来说，使用了 BIM 技术可以大大减少施工工期和材料的使用，节约了成本，提高了效率，为施工带来了更多的便利。

BIM 模型渲染效果图

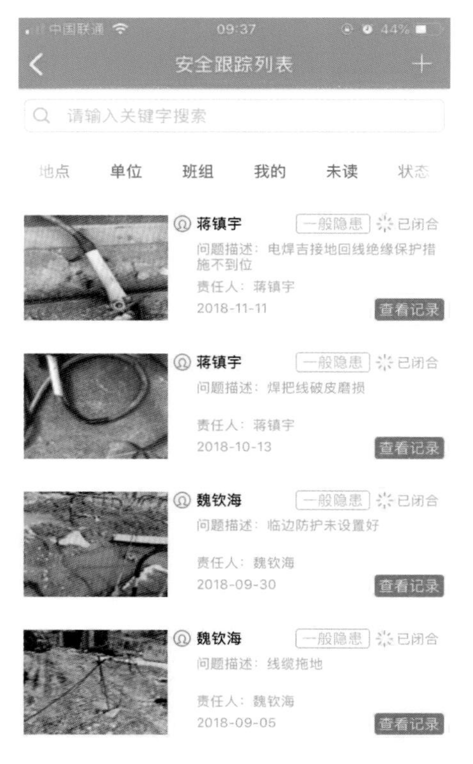

实时安全跟踪

74 香山道公馆基坑支护工程勘察 BIM 应用

项目类型：岩土工程信息化
完成单位：深圳市工勘岩土集团有限公司
完成时间：2019 年

工程概况与特点

拟建场地位于深圳市南山区侨北一街以东，北环大道以南，香山西街以北。本项目现状场地为停车场，东侧为堆填边坡，整个场地基本为矩形，地势平缓。基坑北侧、南侧均为业主用地，基坑开挖之前北侧的建筑物仍需使用（未来该建筑拆除后的新建地下室将与本项目地下室全面接通），基坑南侧的简易房屋均在动工之前拆除。临近基坑东南角的红线外既有建筑物在本项目施工过程中需进行保护。±0.000 标高为绝对标高的 21.150m，三层地下室开挖深度 13.4~13.7m，基坑周长为 236.2m，基坑开挖深度考虑的底板厚度包含 600mm 结构底板厚度，100mm 垫层。

本项目通过理正勘查 BIM 软件对传统勘查作业数据进行三维地质建模，以三维模型的方式展示勘察钻孔数据，更直观地分析项目地质情况，计算所需开挖岩土量。还可将地质模型导入到 Revit 中与结构模型相结合，分析工程桩基入岩情况。

项目通过导入理正勘察数据库 MDB 文件到理正勘察三维地质软件生成钻孔数据以及剖面线。对生成错误或是逆序的剖面线进行分组编号、丢失属性的水位线重新赋值，直至软件整体数据检查正确。再导入项目等高线数据，建立地表地形面，划分项目模型界定范围，超出勘察钻孔范围的部分软件将会自动差值计算生成模型。按照地层分组顺序依次显示地层出露点，再将各个钻孔在各地质层出露点进行连线，划分出各个地质层的范围，利用剥层法对个地层进行逐一剥层，建立各个地层的地层体。

利用导入生成的透镜体剖面线建立透镜体模型，把建立好的地质模型体与透镜体同步开挖，建立完整的项目地质模型。

建立地质模型沿任意方向剖切计算岩土工程量，任意选点钻孔查看其岩土工程量。

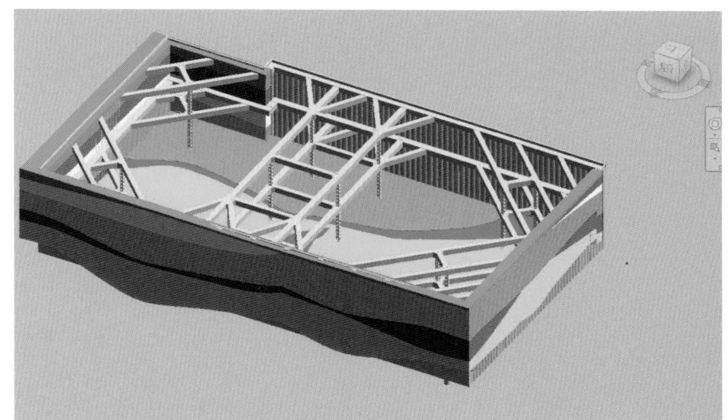

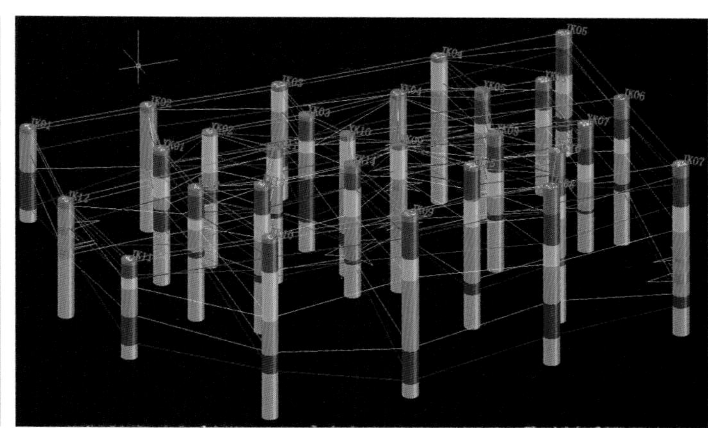

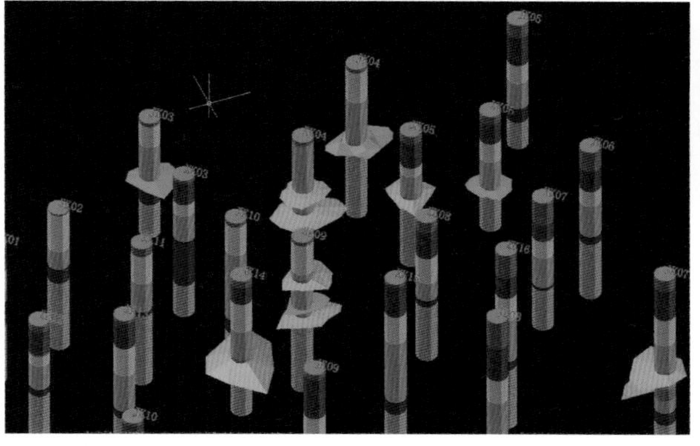

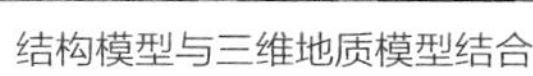

结构模型与三维地质模型结合

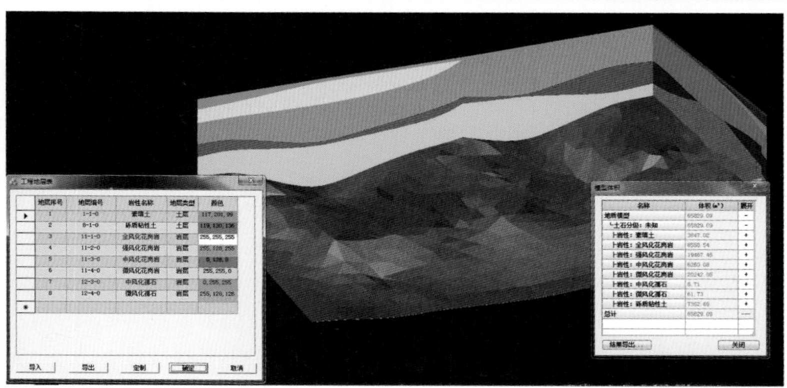

整体三维地质模型及其岩土工程量

第16章

门窗幕墙篇

姜成爱　杜继予　闭思廉
花定兴　林泽民

深圳门窗幕墙科技发展 40 年

40 年前，小平同志启动了中国式改革春天的故事。那时，“恰如一夜春风来，千树万树梨花开”。深圳从数千年田园诗般的梦境中醒来，开始了如火如荼的经济特区建设。奇迹仿佛在一夜间发生——不起眼的边陲小城迅速地蜕变成了一座现代化的国际大都市。在这一时期，深圳不仅开创了中国改革开放的新纪元，也开创了打开国门、引领中国快步追赶建筑科技国际潮流的新局面。

那时走进春天的还有深圳建筑门窗幕墙行业。今天，它也走过了 40 年的历程。回头望，往事历历——作为建设者，我们沉浸于对激情奉献青春岁月的怀想，沉醉于如数家珍般地盘点那些个亲手创造的“第一”……

一、成就回顾

（一）20 世纪 80 年代，它山之石可攻玉

深圳经济特区建设的第一个十年——20 世纪 80 年代，深圳建筑门窗幕墙行业在全国领先起步发展。这个阶段以引进消化、借鉴模仿国外门窗幕墙行业的先进技术为主。

建于 1981 年的深圳电子大厦，是国内首次采用铝合金门窗的高层建筑，预示着建筑装饰新材料应用的开始。数年后，随着深圳早期门窗幕墙企业将更多性能优良、设计人性化的国外先进门窗系统引进并本土化，铝合金门窗作为一种时尚的主流产品渐渐走入“寻常百姓家”；曾经以国内首创平均每三天一层楼的建设速度而闻名的深圳国贸大厦于 1985 年建成时，以 160m 的高度被冠以“中华第一高楼”，在它的外表首次出现了玻璃幕墙这一装饰形式；1984 年，深圳企业首次在国内使用明框玻璃幕墙，1985 年建成的深圳早期标志性建筑之一 ——上海宾馆就采用了这种幕墙，它成为国内最早应用的具有自主知识产权的幕墙项目之一；1985 年，深圳企业从奥地利引进国内第一条中空玻璃生产线和先进加工工艺，使中空玻璃在门窗幕墙建筑中逐渐得以应用，为门窗幕墙的技术发展和性能提升作出突出贡献；建成于 1990 年的深圳特区发展大厦，是我国第一个引进消化国外隐框玻璃幕墙技术并加以应用的高层建筑，国人第一次看到连续、光滑的玻璃幕墙如镜面般折射出流光溢彩的影像，同时还见识了一种全新的技术——用硅酮结构胶粘结铝材和玻璃来制造结构装配性玻璃组件。这次引进直接导致了几年后隐框玻璃幕墙在全国大中城市遍地开花的结果，还间接地导致了以硅酮胶和镀膜玻璃为主的一系列建材行业在中国诞生并迅速发展壮大。

（二）20 世纪 90 年代，探索创新求发展

进入 20 世纪 90 年代，引进吸收的技术领域在扩宽，自主创新的意识渐次萌发。这一时期，隐框、半隐框玻璃幕墙技术得到长足发展，金属板、石材幕墙也逐步进入市场，随着建筑造型的多样化，点式玻璃幕墙也从深圳发展起来。

20 世纪 90 年代初，深南路旁先后矗立起当时亚洲第一高楼——383.95m 高的地王大厦和当时世界上最高的钢管混凝土结构大厦——355.8m 高的赛格广场，这些外表全部用半隐框玻璃幕墙装饰的高楼成了深圳特区形象的标志，也成为中国隐框幕墙技术成功地推广应用的标志。新产品需要有新的标准支持，国内第一个有关隐框玻璃幕墙的企业标准在深圳诞生，它体现了深圳企业的质量管理意识，也在一定程度上推动了国家行业相关标准的出台。深圳电子科技大厦于 1993 年建成，在这座大厦外墙第一次采用了深圳企业

自主开发的半单元式幕墙，其中两项技术——“滑移沟块式玻璃幕墙”、“上挂内扣式玻璃幕墙上悬窗”获得了国家实用新型专利。这说明深圳幕墙企业已经具有很强的技术创新意识和知识产权保护意识。到 20 世纪 90 年代末，深圳企业又一次成为国内点式玻璃幕墙的举旗人——建成于 1999 年 8 月的深圳高交会馆，是深圳最早大面积采用点式玻璃幕墙的建筑。

（三）21 世纪 00 年代，提升实力结硕果

2000 年代，深圳的门窗幕墙行业继续创新，快速发展，这一时期，点支承幕墙技术不断提高，单元式幕墙技术、光电玻璃幕墙、双层通风幕墙得到开发和应用，超白玻璃和低辐射镀膜玻璃等先进技术也得到开发和应用。

在这一时期，点式幕墙技术发展迅速，支撑系统从刚性桁架结构到索（杆）桁架结构最终发展到柔性的索结构，成为幕墙界一道独特的风景。2000 年，深圳幕墙企业在上海科技城首次使用大面积点支承玻璃幕墙，由鱼腹钢桁架、竖向钢拉杆及水平拉压杆组成支承结构系统，垂直方向最大跨度达 43m，为当时国内点式幕墙之最； 2003 年，深圳幕墙企业在广州新机场航站楼设计、施工了世界单体面积最大的预应力索结构玻璃幕墙；同年，又在深圳市民中心首次使用了预应力拉索网架结构玻璃采光顶技术。以上技术都填补了该时期内国内空白，达到国际领先水平。

在这一时期，单元幕墙技术开始普遍应用。2000 年，在深圳华为科研中心使用了源自日本技术的单元式幕墙系统，该幕墙立柱多腔复合式迷宫结构，具有良好的抗侧弯稳定性；2001 年完工的深圳招商银行大厦是国内最早使用单元式幕墙超高层建筑（高度达 273m）。这一时期，城市标志性建筑在高度上的竞争有增无减，2007 年世界第一高塔——600m 高的广州塔由深圳幕墙企业设计施工，采用异形板块拟合双曲面的单元式幕墙，该技术获得两项中国发明专利；2008 年，时年广州第一高楼——437m 高的广州珠江新城西塔也由深圳幕墙企业设计施工，采用单元式幕墙完成了双曲面建筑外形。这些项目的成功实施，标志着深圳幕墙企业在超高层建筑单元式幕墙技术水平方面达到新的高度。

在新型节能型幕墙方面，2001 年，方大大厦首次采用了光电玻璃幕墙和双层外通风幕墙；2003 年，深圳 TCL 工业研究院成为深圳首次大面积使用双层外通风幕墙的项目，以悬臂钢板结构点接驳支撑体系获得专利授权；2004 年，深圳国际会议展览中心以其大气的风格出现在城市中轴线上，采用了钢铝结合且带有超大型钢结构抗风柱的幕墙支撑体系、室外超大型铝合金通风百叶和室内电动遮光吸声百叶；2006 年，深圳西部通道旅检大楼采用了节能型幕墙，它综合了当时先进的幕墙材料和节能技术，幕墙传热系数仅为 1.39W/（$m^2 \cdot k$），达到国际先进水平。

随着玻璃幕墙在建筑上的大量应用，普通钢化玻璃固有的自爆现象对安全的危害引起了社会的广泛关注。为最大限度地消除安全隐患，采用超白钢化玻璃，解决了安全性之忧。先进的双银和三银低辐射镀膜技术的使用大大地提高建筑节能指标，为绿色建筑的发展提供全新的选择。

（四）2010 年后，创新再上新台阶

进入 2010 年代，深圳的门窗幕墙行业仍然保持着敏锐的嗅觉和不懈的创新精神，继续走自主创新之路，保持着国内同行业中的领先地位。

这一时期的建筑设计变得更加自由、开放。随着建筑师对新颖奇特建筑造型的追求，幕墙外形也由规则平面向复杂曲面变化，大大促进了计算机绘图技术、辅助设计程序的二次开发以及先进的测量、定位等施工技术的应用。BIM 技术在建筑行业中刚开始推广，就在幕墙行业中找到了大放异彩的机会：为 2011 年世界大学生运动会投入使用的深圳湾体育中心、2012 年建成的凤凰传媒大厦、2013 年建成的深圳宝安国际机场 T3 航站楼、2016 年建成的深圳当代艺术馆与城市规划展览馆、2019 年新竣工的北京大兴国际机场等建筑造型非常复杂，以传统的设计手段很难解决幕墙的设计、工艺和下料问题，深圳幕墙企业发挥创新精神，将 BIM 技术与自有技术底蕴相结合，开发出一系列满足幕墙工艺设计、自动化生产、施工方案的仿真及优化、施工现场放线辅助等应用软件，使深圳幕墙行业的设计施工能力大幅提升。

与此同时，深圳的幕墙行业也开始加强标准化工作的推进。前瞻性强的深圳幕墙企业不仅建立了完善的内部技术标准，还着手建立具有企业特色的标准化产品系列、标准化的施工工法、标准化的专用作业设备，大幅降低成本，提升企业的竞争力。

在这一时期，深圳幕墙界开始在幕墙技术理论研究及学术方面展现出丰盛的成果：在对深圳市达到及接近设计使用寿命的幕墙项目进行调研后，配合住建局编写了《深圳市既有建筑幕墙安全检查技术标准》，联合深圳主要幕墙企业和设计单位组织编写《深圳市建筑幕墙设计规范》。这些成果有效地促进了深圳幕墙行业的规范发展，也使深圳幕墙行业进入了更高的发展层次。

二、实力积淀

从建筑门窗幕墙从业人的角度，我们也不会忘记，深圳门窗幕墙行业对于深圳建筑业乃至中国幕墙行业发展所做出的贡献。40 年前，几乎与特区同时起步的深圳第一家门窗幕墙企业——中航幕墙诞生了，此后多年，它与陆续在这片土地上诞生门窗幕墙企业一道，代表着中国门窗幕墙技术的先进水平，引领风骚数十年。让我们记住那些上世纪末创办于深圳的元老型企业，它们中有中航（1980 年）、华辉（1984 年）、光华（1984 年）、金粤（1985 年）、华加日（1986 年）、方大（1992 年）、科源（1992 年）、三鑫（1995 年）等等。40 多年来深圳门窗幕墙企业的发展和成就生动地诠释了“勇立潮头、敢为人先”的深圳精神。随着这些企业人才流动和生产模式的复制，深圳门窗幕墙队伍日渐庞大，深圳精神代代相传，形成了国内建筑幕墙行业中具有代表性的一个组群，有着“深圳制造”标记的门窗幕墙在整体上被视为可信赖的品牌，在国内市场有着强大的竞争力。1997 年 8 月建设部首次公布的一级资质的建筑幕墙施工企业 48 家中，深圳的企业就有 7 家，占 14.6%。现在，同时拥有门窗幕墙一级施工、甲级设计资质的深圳企业超过 30 家，其中进入全国幕墙企业排名前 50 的企业有 18 家，前 20 的企业有 8 家之多。

同样，行业的发展壮大也成了推动人才辈出，中国建筑金属结构协会门窗幕墙委员会第一批专家组成员共 13 人，其中出自深圳知名企业的就有 2 人，而到 2019 年，该专家组 60 位专家中已有 9 人出自深圳，占 15%。从提供城市建设发展规划咨询，到国家及行业相关标准规范的编制、审核，从重大建设项目技术评审，到建设工程有关专题方案论证，到处有这些资深专家们活跃的身影和智慧的闪烁。这些企业、专家和深圳全体从业员工一起，经了门窗幕墙行业发展，经历了企业兴衰起伏的考验，享受过成功带来的荣誉和回报，见证了中国门窗幕墙行业从无到有、从自在到自为的发展过程。

三、未来展望

改革开放 40 年了，“春天的故事”还将延续，深圳门窗幕墙行业的发展也将持续。展望未来，我们坚信深圳门窗幕墙行业会再创辉煌。

我们认为，持续发展的切入点主要有以下几个方面：

一是利用深圳门窗幕墙行业厚重的技术积淀，以技术创新为引导，将以“深圳制造”为主变为以“深圳创造”为主，加强理论研究、完善技术标准和相关法律法规，持续推进新技术落地，让“深圳制造”的幕墙门窗产品达到国际一流的水平，让“深圳标准”统领行业标准。

二是大力推广高性能门窗幕墙产品，大力研发并推广应用具有低碳、绿色的材料和技术，为门窗幕墙产品赋予新的附加价值，为企业搭建更为广阔的经营舞台，为城市建设低碳化社会提供有价值的产品，让更多人享受绿色低碳生活。

三是抓住建筑工业化的机遇，大力推广装配式幕墙产品。同时加强信息技术与幕墙建设全过程的融合，在幕墙的制造生产环节引入智能制造，提高幕墙产品的柔性生产能力，将工业化生产与建筑幕墙外观造型的多样化选择结合起来，提升幕墙产品的整体质量水准。

我们预计，未来深圳的一定会取得更大的发展，也必将为深圳的发展做出更大的贡献。更好的城市让生活更美好！让我们做更好的门窗幕墙使建筑更适应未来城市的发展！

01 深圳宝安国际机场 T3 航站楼

幕墙设计与施工单位：深圳市方大建科集团有限公司
完成时间：2012 年

深圳宝安国际机场 T3 航站楼由航站主楼、十字指廊候机厅、远期卫星指廊三个部分组成，南、北长约 1128m，东、西宽约 640m，占地面积约 19.5 万 m^2，总建筑面积 45.1 万 m^2，是深圳城市标志性建筑之一。

幕墙特点

（1）本工程包含主楼立面框架幕墙，4.4m 以下地坪层开孔铝板、玻璃幕墙及架空层吊顶，登机廊桥固定端幕墙，幕墙总面积约 16.7 万 m^2。正立面幕墙为框架外倾玻璃幕墙，竖向为倾向钢行架支撑，最大跨度达到 35m，重量 1.5 吨，设计、施工难度较大。

（2）登机桥幕墙系统由立面铝板、立面玻璃、上下顶底面铝板三大部分组成。其中立面铝板与立面玻璃为新型单元幕墙系统，幕墙采用单元板块的做法。

（3）地坪层幕墙系统由开放式立面铝板、全玻幕墙两大部分组成，其中开放式立面铝板同样采用新型单元板块的做法，开放式无需打胶密封；全玻幕墙采用不锈钢板肋做法，玻璃面板上下边采用入槽形式固定。

应用与效益

（1）应用 BIM 技术，详细构建各交界位置的模型，解决收边收口难题。

（2）对钢结构进行整体建模验算，从而优化钢龙骨设计。

（3）在立面与屋面交界处设置风琴胶条，解决不同结构间的变形适应性问题。

02 深圳当代艺术与城市规划馆

幕墙设计与施工单位：深圳市方大建科集团有限公司
完成时间：2016 年
所获奖项：鲁班奖、广东省建设工程优质奖、广东省建设工程金匠奖

深圳当代艺术与城市规划馆位于市民中心北侧，是深圳“十二五”期间 60 个标志性重大建设项目之一，总建筑面积约 8 万 m^2。该项目分为当代艺术馆和城市规划馆两部分，采取“两馆一体”的模式运营管理，别具一格的展馆成为深圳市福田区文化艺术的新地标，先后举办了“雕塑四十年”、深圳时装周 、深圳设计周等展览与活动。2018 年 10 月 24 日，习近平总书记亲临深圳当代艺术与城市规划馆，参观“大潮起珠江”广东改革开放 40 周年展览。

幕墙特点

（1）这两座博物馆是两个独立但又共享一个建筑体的结构，结构体系复杂，外形不规则，由大量倾斜、扭曲旋转曲面构成，建设施工极具探索性和挑战性。幕墙的总面积为 48559m^2，幕墙的主要类型有不锈钢板和玻璃双层幕墙，大理石石材和直立锁边系统双层幕墙以及曲面玻璃幕墙等。

（2）项目采用大量的三角形玻璃幕墙及三角形穿孔不锈钢 + 玻璃的双层幕墙实现外立面倾斜、扭曲和旋转的曲面变化，确保最佳的采光效果，并兼顾遮阳、亮化等的需要，富有想象力和生命力，但也对幕墙平整度、施工精细度等带来极大的挑战。

应用与效益

（1）应用 BIM 等技术进行设计，及时检查并发现碰撞部位，解决设计难题。

（2）自主设计工装夹具解决材料加工生产等问题。

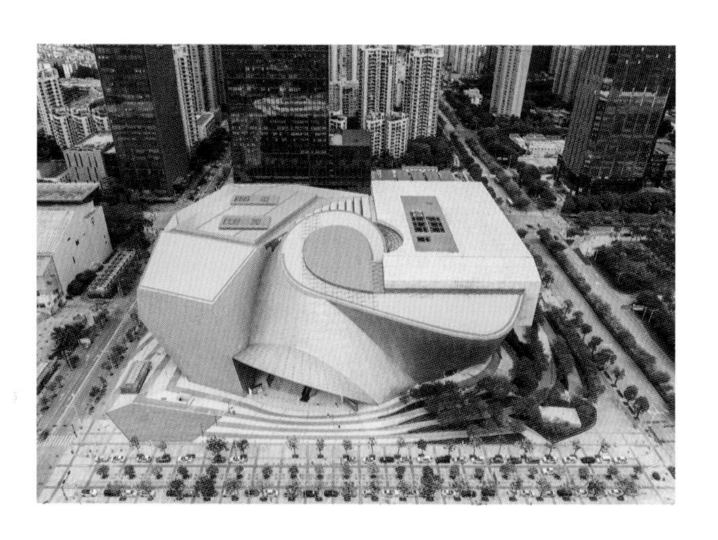

03 深圳国际会展中心

幕墙设计与施工单位：深圳市方大建科集团有限公司
完成时间：2019 年

深圳国际会展中心位于粤港澳大湾区湾顶，其南邻深圳宝安国际机场、北邻空港新城，是集展览、会议、旅游、购物、服务于一体的综合会展类建筑群。深圳国际会展中心南北向长为 1800m，东西向宽为 540m，总建筑面积达 160.5 万 m^2，面积相当于 6 座“鸟巢”，是全球最大的会展中心。

幕墙特点

（1）本工程中央廊道及南入口为拱形双曲屋面，蜿蜒起伏，屋面幕墙采用壳体结构体系，底部设计圆管吊顶格栅，幕墙分格呈菱形分布，与主体钢结构菱形相互呼应，菱形分格的玻璃和铝板按规律布置，远看犹如巨龙的鳞片，美轮美奂。

（2）整个屋面大菱形格约 2500 个，异形面板约 7 万件，每个菱形格大小不一，每榀钢网架和吊顶单元尺寸大小各不相同，角度也各有差异，节点复杂多变，空间定位难度极高，在同类项目中实属罕见。

（3）本项目最大特点是屋面幕墙和吊顶采用装配式安装，菱形单元均在工厂组装，现场直接吊装，单个菱形单元最大尺寸为 6.5m × 10m，重量达 2.5 吨，现场安装速度快，效率高，有效保障了施工工期。

（4）本项目全过程采用 BIM 技术进行设计和下料，有效控制设计质量和施工精度。

应用与效益

（1）应用 BIM 技术进行设计，及时检查并发现碰撞部位，解决设计难题。

（2）装配式设计解决现场材料组织和安装难题，提高安装效率，节约施工工期。

（3）犀牛软件辅助设计，三维空间定位，解决现场测量放线的难题。

04 深圳汉京中心

幕墙设计与施工单位：深圳市方大建科集团有限公司
完成时间：2019 年
所获奖项：我最喜爱幕墙工程

深圳汉京中心位于深圳市南山区高新技术园区深南大道北侧，毗邻腾讯大厦，是集商业、办公于一体的超甲级地标写字楼。汉京中心是一栋将核心筒外置并且全钢结构的 350m 超高层建筑，已获全球最高分离式核心筒建筑认证。这是该楼继获得亚洲最高钢结构建筑、世界第三高钢结构建筑、深圳第五高建筑之后，又一项具有标志性意义的高度认证。

幕墙特点

（1）汉京中心幕墙面积超过 16 万 m^2，高宽比远超其他同类型建筑，核心筒外置的建筑结构和南塔整面的玻璃幕墙实现了最大化自然采光。

（2）建筑南立面玻璃幕墙呈上下折线结构，是由凹面单元幕墙、凸面单元幕墙及倾斜面单元幕墙组成；15~56F 之间整体呈向内倾斜结构，15F 以下及 56F 以上呈向外倾斜结构，两个大面交接为一条空间直线；大面的倾斜式单元板块安装以及折线部位的异型板块加工运输困难。

（3）南北塔楼间采用长 1m，宽 0.8m 的巨型钢柱连接，此钢柱每隔数层间歇布置，施工难度大。汉京金融中心多达 71 个的空中连桥幕墙和钢结构包柱幕墙，以及超过 3 万 m^2 的单元式氧化铝板幕墙都是业内乃至全球之最。

应用与效益

（1）装配式设计解决现场材料组织和安装难题，提高安装效率，节约施工工期。

（2）氧化铝板的应用。

05 深圳能源大厦

幕墙设计与施工单位：深圳市方大建科集团有限公司
完成时间：2016 年
所获奖项：广东省建设工程优质奖、
广东省优秀建筑装饰工程奖、
2019 年杰出建筑奖（200~299m）、
2019 年最佳高层建筑奖（200~299m）

深圳能源大厦位于福田中心区，由高度 116m、218m 的南、北两座塔楼组成，幕墙建筑面积约 8 万 m^2。建筑丰富的曲线形墙面，与周围的高层建筑一起，共同构成了深圳市中心绵延起伏的天际线。

幕墙特点

（1）南北塔楼及裙楼结构外围一周采用玻璃幕墙、金属幕墙围护，裙楼幕墙工程由玻璃幕墙、金属（铝板）幕墙组成。裙楼连廊西面、东面 2~3 层为框架式幕墙，裙楼东面一层采用型钢框架式幕墙，金属幕墙面板为波纹板，厚度为 70mm。

（2）建筑幕墙造型是将几种经典体块进行有机结合，采用 L 型单元式幕墙，幕墙整体呈“锯齿”状分布，太阳直射面为金属波纹板幕墙，非直射面为玻璃幕墙，有效地避免了阳光直射而过热的问题，降低了能耗。

（3）外立面采用大量幕墙曲线多变构造，不规则弧形拼接而成，将建筑美学、建筑功能、建筑结构等因素有机地结合起来。

应用与效益

（1）面板采用铝合金波纹板，4mm × 4mm 小锯齿形成漫反射效应，降低反射率避免光污染。

（2）变形体板块的数据采用公式化下料，提高设计效率，减少出错率。

（3）三维软件辅助设计放线，解决定位难的问题。

06 深圳中国储能大厦

幕墙设计与施工单位：深圳市方大建科集团有限公司
完成时间：2016 年
所获奖项：中国建筑工程装饰奖、
广东省优秀建筑装饰工程奖、
金鹏奖

中国储能大厦位于深圳市南山区科技园南区，建筑高度 300m，是一座功能齐全、技术领先、风格独特、绿色低碳的“智慧大厦”。该工程简洁、明快及绿色的建筑风格，体现了现代生活快节奏、简约实用、富有朝气的生活气息。

幕墙特点

（1）裙楼为大跨度框架式幕墙，玻璃扣盖为铝合金衬不锈钢扣盖，幕墙分格宽度及高度均超比较大，施工安装复杂。

（2）塔楼为单元式幕墙，四面均为对称面；四角圆弧幕墙为对称渐变单元式幕墙，幕墙形态为圆台面，弧形幕墙半径由底层往高层逐渐变大的造型使圆弧渐变单元玻璃板块加工及安装带来了很大的困难。

（3）屋顶为开放式对称斜坡屋顶框架幕墙，与主楼平滑交接，造型流畅、有对称美。

应用与效益

犀牛软件辅助设计，三维空间定位，解决现场测量放线的难题。

07 广州 · 宝地广场

幕墙设计与施工单位：深圳市方大建科集团有限公司
完成时间：2015 年
所获奖项：金匠奖

宝钢大厦（广东）位于广东省广州市海珠区，包含一幢 29 层高的商务办公楼，3 层高的商业裙楼，屋顶标高 148.50m。项目结构形式：地上塔楼为钢管混凝土框架 - 钢筋混凝土核心筒，地上裙楼为钢结构。该项目由世界级建筑大师西萨 · 佩里（Cesar Pelli）先生亲自设计。

幕墙特点

（1）项目采用了大面积的压纹不锈钢板，达 3.2 万多 m^2，通过压纹不锈钢独特的质感和建筑师独特的艺术构思，营造出凹凸有致的精美造型；

（2）本项目不锈钢板造型复杂多样，采用单元式设计，横向单元板块采用盲挂技术；不锈钢单元由多块板拼接而成，面板类型多达几十种，拼接处采用凹槽和密拼设计，防水处理要求高；

（3）不锈钢板块最大尺寸 1.5m × 6m，内部采用柔性 + 刚性相结合的连接方式，刚柔并济，在保证平整度的同时，也保证结构的安全性。

（4）塔楼首层 10m 高的大堂外立面采用框架式玻璃幕墙，立柱采用了超大跨度的铝合金型材，营造了较好的室内效果。

应用与效益

造型凹凸有致，立体感十足，发明专利解决了异形不锈钢板幕墙设计、加工组装和现场安装复杂的技术难题。

08 深圳湾生态科技园

幕墙设计与施工单位：深圳金粤幕墙装饰工程有限公司
建设单位：深圳市投资控股有限公司
完成时间：2018 年

深圳湾科技生态园四区位于深圳市南山区高新技术产业园区南区，北侧为白石路，西侧为科技南路，东侧为沙河西路，南侧为高新南十道。本项目分为 A 座塔楼、B 座塔楼、裙房三部分，建筑高度为 273m（A 座塔楼）、245m（B 座塔楼）。幕墙面积 15 万 m^2，幕墙总造价 2.6 亿元。

塔楼采用错动的形体，构成了两栋超高层建筑间微妙的互动关系。双子塔宛若踏歌而来的探戈舞者。为实现“百褶裙”的立面效果，单元式幕墙采用折线型板块，且每层平面进出呈线性变化。高度还原建筑师“绿步舞者”的设计理念。

裙楼屋面、塔楼转角、塔楼屋面设置联通的飞翼幕墙系统，使整个建筑形成连续有机的拓扑关系。

09 深圳招商银行大厦

幕墙设计与施工单位：深圳市光华中空玻璃工程有限公司
幕墙类型：单元式幕墙
竣工时间：2001 年
所获奖项：鲁班奖

深圳招商银行大厦，位于深圳市福田区深南大道 7088 号，建筑高度 237.2m，建筑面积 11.9 万 m^2，是深圳市首座全单元式幕墙建筑。

幕墙特点

（1）单元板块全部在工厂车间组装完成，组装精度高。

（2）安装速度快，施工周期短，现场占用场地少，便于成品保护。

（3）可与土建主体结构同步施工，有利于缩短整体建筑施工周期。

（4）结构采用逐级减压原理，内设排水系统，防雨水渗漏和防空气渗透性能良好。

（5）板块之间采用插接方式连接，抗震能力强。

10 深圳宝安国际机场 T3 航站楼

幕墙设计与施工单位：深圳市三鑫科技发展有限公司
完成时间：2012 年
所获奖项：金鹏奖、广东省优质奖

深圳宝安国际机场 T3 航站楼总建筑面积 45.1 万 m^2，南北长约 1128m，东西宽约 640m，最高约为 36m。T3 航站楼建筑设计融合了国际先进的设计理念，大胆新颖，外形独特。巨大的流线型建筑物设计、平滑波动的建筑表皮，从空中俯视犹如一架正在起飞的大型客机，又像“海中跃起的飞鱼”。航站楼由主楼和呈十字交叉的指廊组成。

T3 航站楼指廊屋顶大部分为不规则筒壳，在筒壳的局部区域存在凹陷区，形成具有自由曲面的筒壳外形。屋顶展开面积约 23 万 m^2，其中大厅部分东西长约 640m，南北宽约 324m，主指廊部分长 747m，宽 36m，次指廊部分长 342m，宽 36m。最大跨度为主楼与指廊交接处，为 108m。

幕墙特点

（1）本工程屋面系统主要分为大面空间异型自由曲面蜂巢、主指廊空间异型曲面凹陷区和主次指廊过渡区三大部分所组成。其造型和构造的技术复杂性被行业专家称为世界难题。包括空间测量放线、空间支座定位、空间骨架安装放样、屋面防水施工、空间面板放样等难度都是同类项目中罕见。

（2）多而复杂的钢结构杆件数量多达 26 万件，构件长短不一，壁厚各不相同，节点复杂多变，构件弯曲曲率不同，全体自由曲面，空间异形复杂多变。

（3）中国体量最大的建筑幕墙与屋面一体化项目。

应用与效益

造型新颖，错落有致，发明专利解决了各种异形曲面设计、加工和安装复杂技术难题。

11 深圳湾体育中心

幕墙设计与施工单位：深圳市三鑫科技发展有限公司
完成时间：2011 年
所获奖项：广东省建设工程金匠奖，广东省建设工程优质奖、
全国建筑工程装饰奖、
国家优质工程奖、
优秀建筑装饰工程奖

深圳湾体育中心位于深圳市南山区后海填海区。2011 年第 26 届世界大学生夏季运动会主会场。建筑高度 49.7m，总建筑面积 335298m^2。包括体育场、体育馆、游泳中心、运动员接待服务中心、体育主体公园及商业运营设施，总用地面积约 30.77hm^2，总建筑面积 256520m^2。

幕墙特点

深圳湾体育中心屋面整体为不规则的双曲面，由双曲的网格单元组成，根据屋面层的开洞模式，将屋面分为不透光部分屋面、半透光部分屋面两部分：

（1）不透光部分屋面即装饰层不开洞部分屋面，不开洞部分屋面顶面为氟碳喷涂铝板装饰层，中间层为铝镁锰板屋面防水层，底层为氟碳喷涂铝板吊顶层。

（2）半透光部分屋面即开动屋面对应装饰层开大、中、小洞部分屋面及体育场内侧挑檐的玻璃部分屋面。按单元的开洞模式，大、中、小洞玻璃屋面以不锈钢拉索结构玻璃屋面作为中间防水层，氟碳喷涂铝板作为外层装饰和吊顶层。

本工程对整体屋面的光滑连续性、金属装饰板完成面的外形尺寸、开洞屋面玻璃的通透性、屋面的防水等级、屋面的抗风压性能指标等都提出了很高的要求。

应用与效益

设计上采用三鑫自主研发并获得深圳市科学技术研究成果的《参数化设计在幕墙工程上的应用——RHINO API 接口二次开发和应用》进行幕墙深化设计，通过在三维软件建立实体模型，在三维空间上给出施工定位和材料定位，给出精确的材料尺寸并自动生成材料加工图，从而保证施工进度和项目品质。

12 深圳市民中心

幕墙设计与施工单位：深圳市三鑫科技发展有限公司
完成时间：2003 年
所获奖项：鲁班奖、2003 年首届全国建筑装饰行业科技奖

深圳市民中心是深圳市标志性建筑之一，位于深南大道北侧，西邻高交会馆，背靠风景秀丽的莲花山，整体工程建筑面积 209540m^2，其外形如大鹏展翅，形象独特，新颖，气魄宏大，低缓、舒展的屋顶设计体现出向公众开放的亲切气氛。其中四个玻璃盒子和采光顶均采用点支式索结构玻璃结构。

幕墙特点

市民中心中区幕墙主要采用点式玻璃幕墙，结构形式有钢桁架和索杆桁架。东区博物馆采光顶采用双层索网点支式彩釉夹层玻璃采光顶，跨度 30m × 50m，是世界上跨度最大的索结构玻璃采光顶。结构新颖，亲民通透。

13　深圳证券交易所营运中心

幕墙设计与施工单位：深圳市三鑫科技发展有限公司
完成时间：2013 年
所获奖项：鲁班奖、
广东省优秀建筑装饰工程奖、
广东省安全生产、
文明施工优良样板工地

深圳证券交易所营运中心（简称：深交所营运中心）、深圳证券交易所营运中心、位于福田中心区紧邻市民中心广场、会展中心、地铁福田站及广深港综合交通枢纽，建筑高度约 245.8m，总建筑面积约 26.4 万 m^2，幕墙及外立面装饰工程总面积约 16 万 m^2。抬升裙楼（7~9 层）采用巨型悬钢桁架结构，东西向悬挑 36m，南北向悬挑 22m，距地 36m，总高度约 24m。

幕墙特点

单元式的凹式嵌型窗、小单元式压花玻璃包梁包柱，大面积的压花玻璃幕墙工程。

应用与效益

大规模采用压花玻璃材料具有立体感，在阳光照射下增添斑斓绚丽色彩。

14　大涌商务中心 1C 部分 5 号楼

幕墙设计与施工单位：深圳中航幕墙工程有限公司
完成时间：2015 年
所获奖项：金鹏奖、
广东省优秀装饰奖、
中国建筑工程装饰奖

大涌商务中心 5 号楼（含连廊）工程位于深圳市南山区，总建筑面积约 10 万 m^2。包括地下 3 层，地上 42 层，裙楼及连廊 2 层，总建筑高度 191.7m。幕墙总面积约 3.75 万 m^2，幕墙总造价 4557.17 万元。包括塔楼单元幕墙、裙楼铝穿钢框架幕墙、连廊铝包钢框架幕墙、连廊穿孔铝板幕墙、连廊吊顶格栅、石材包柱、雨篷、地弹门等外装饰工程。

幕墙特点

（1）塔楼及屋顶架空层为单元幕墙系统，包括直面单元、弧形单元，面材为玻璃、铝板及百叶；

（2）裙楼采用铝穿钢框架幕墙系统，东面、南面入口有弧形雨篷，北面入口点接驳玻璃雨篷；

（3）连廊采用铝包钢框架幕墙，穿孔铝板幕墙及穿孔铝板造型；连廊底部为石材圆弧包柱、铝合金吊顶格栅。

15 微软科通大厦

幕墙设计与施工单位：深圳中航幕墙工程有限公司
完成时间：2016 年
所获奖项：金鹏奖、
广东省优秀装饰奖、
中国建筑工程装饰奖、
建筑幕墙精品工程奖

微软科通大厦幕墙工程位于深圳市南山区科园路与学府路交会处，建筑面积 56040m^2，幕墙工程面积 30000m^2，建筑高度 99.6m，地下 3 层，地上 25 层，结构类型为框架—核心筒结构。建筑为一类建筑，耐火等级为一级，属于第二类防雷建筑。幕墙总造价 4405.34 万元。包括塔楼单元式玻璃幕墙、塔楼 1~2 层及独立裙楼玻璃与铝板幕墙，地弹门，铝板雨篷，铝板吊顶等。

幕墙特点

（1）本工程塔楼单元幕墙外有横向的遮阳装饰构件，由上下两块铝板及前后两个铝型材组合而成，立面上遮阳装饰构件在一定范围内与竖直玻璃面成不同的夹角。整个遮阳构件凸出玻璃面 506mm，在板块水平运输、垂直运输、吊装时易磕碰损坏。

（2）本工程塔楼平面形状相对阴阳转角较多，每层塔楼平面相对有 1.5° 扭曲，扭转角位置为单元幕墙安装起点及定位点，若转角位安装不好，将影响整个幕墙的外观形象，转角位安装是本工程的安装重点。

16 飞亚达钟表大厦幕墙及铝合金门窗工程

幕墙设计与施工单位：深圳中航幕墙工程有限公司
完成时间：2015 年
所获奖项：金鹏奖、
广东省优秀装饰奖、
中国建筑工程装饰奖、
建筑幕墙精品工程奖

飞亚达钟表大厦幕墙及铝合金门窗工程位于深圳市光明新区公明南环大道与金安路交会处，建筑面积约 69830m^2，地面层为框架—核心筒结构体系，包括地下 2 层，地上 16 层，裙楼及连廊 3 层，最高建筑高度 67.5m。玻璃及石材幕墙面积约 28000m^2，幕墙总造价 3377.76 万元。包括 A 栋、B 栋及 2 栋塔楼、裙楼玻璃与石材幕墙，地弹门，玻璃雨篷，消防通道吊顶。

幕墙特点

（1）框架幕墙的材料在加工厂进行数控加工，现场进行装配，确保安装质量。

（2）石材幕墙处于墙体外侧，无法从室内进行施工，采用吊篮施工，减少交叉作业。

17 深圳北站

幕墙设计与施工单位：广东坚朗五金制品股份有限公司
用地面积：240 万 m^2（截至 2011 年 12 月）
建筑面积：18.2 万 m^2（截至 2011 年 12 月）
设计时间：2007 年
竣工时间：2011 年

项目位于中国广东省深圳市龙华区东南部，由中国铁路广州局集团有限公司管辖，是深圳铁路“四主四辅”客运格局的核心车站，也是广深港高速铁路中间枢纽站和杭深铁路的始发站，距离深圳市中心区 9.3km。

深圳北站是中国铁路新型房站的标志性工程，以其为核心的深圳北站综合交通枢纽工程于2013年7月9日获得第十一届中国土木工程詹天佑奖，并先后获得中国建筑业最高奖鲁班奖、广东省建设工程优质奖和新技术应用示范工程、铁路优质工程奖等诸多荣誉。

注：幕墙配件采用了坚朗五金非标 B05E、非标 D06 碳钢耳板，拉索非标夹具，焊接式非标夹具，Φ16、Φ20、Φ22、Φ24、Φ28、Φ30、Φ34、Φ36 拉索。

18 平安金融大厦（深圳）

幕墙设计与施工单位：广东坚朗五金制品股份有限公司
用地面积：1.9 万 m^2
建筑面积：46 万 m^2
设计时间：2009 年
竣工时间：2016 年

项目位于深圳市 CBD 金融区，项目高达 118 层，总建筑面积逾 46 万 m^2，是包含甲级写字楼、高端商业、豪华精品五星级酒店及顶层 360 度观光厅的大型城市综合体项目。项目按照国际顶尖标准规划建设，作为深圳市新的地标建筑，受到海内外的广泛赞誉。

大厦自 2009 年开工建设，至今已历时 5 年，创下国内房建类最大的 8m 超大直径工程桩等多个国际国内纪录。

注：配件采用了坚朗子公司坚宜佳的钢拉杆产品。

19 深圳汉京半山公馆

幕墙设计与施工单位：广东坚朗五金制品股份有限公司
用地面积：2.8 万 m^2
建筑面积：约 6 万 m^2
设计时间：2015 年
竣工时间：2016 年

项目位于南山区前海路以南，欣月路以西，月亮湾山庄旁，小南山东北侧山麓，地处小南山山脚高地，三面环山，一面瞰海，与山体直接衔接，在建筑规划设计时将充分考虑人与自然的和谐统一。

汉京半山公馆的建筑物均为依山而建，总体上呈南高北低，疏密有致，路网简捷通畅，交通组织灵活，充分利用原有路网及地形，保持原有的自然景观。建筑高低韵律变化得宜；与室外整体的生态艺术园形成一体化的设计，营造出怡人的健康、环保生活居住环境，尽显高贵、自然、生态的品位。

注：使用坚朗产品为定制单板护栏立柱、防火门锁。

20 豪方天际花园写字楼

幕墙设计与施工单位：深圳华加日幕墙科技有限公司
建筑面积：7.8 万 m^2
设计时间：2015 年
竣工时间：2017 年
获奖情况：2018 年广东省优秀建筑装饰工程奖

项目位于深圳市南山区北环大道北侧、南山大道西侧，总建筑面积 77852m^2，主体结构形式：剪力墙、框一筒式结构，共 51 层，高度 207.9m，耐火等级一级，属于超高层办公综合楼。

幕墙面积约 38000m^2，工程总造价：6577 万元。本工程基本设计理念简约、时尚，幕墙系统始终贯彻着节能的目标，玻璃全部采用超白中空半钢化夹胶 LOW-E 玻璃，有效提高隔声及保温性能。所有室外外露型材表面氟碳喷涂处理，拼缝处采用三元乙丙胶条取代密封胶，同时铝型材玻璃清洁及打胶清洁工作中，未使用对人体有害性及致癌的二甲苯，而是采用无害的丙酮和工业酒精。单元式板块都是在工厂生产，制品精度得到保障，大大提高建筑外立面效果。

21 华为电气生产园

幕墙设计与施工单位：深圳华加日幕墙科技有限公司
设计时间：2015 年
竣工时间：2017 年
获奖情况：2018 年度中国建筑幕墙精品工程

工程量包含：27000m² 石材幕墙，8000m² 玻璃幕墙及幕墙窗，3000m² GRC 幕墙，625m² 弧形采光顶，800m² 铜板吊顶，3000m² 铜板雨篷。项目属改造项目，土建、幕墙、精装几乎同时批量施工，具有工期紧、交叉作业量大、配合协调艰难等特点。

主要亮点：（1）九层中庭弧形玻璃采光顶，采用的是 3D 数码打印彩釉三银中空夹胶超白玻璃，采光顶由 3 个颜色共 388 片不同图案的玻璃拼出建筑师所需要的整体建筑效果图案；（2）东、西面主入口铜板雨篷及东面三层铜板雨篷，采用了近百吨的纯红铜面板，使入口更加庄严大气；（3）本项目东、西面的玻璃幕墙采用了 864 套电动开窗器控制排烟窗的开启关闭，同时设有消防联动、风雨传感控制、BMS 信号控制、手动控制等。

22 华为南方工厂二期项目 E1 区

幕墙设计与施工单位：深圳华加日幕墙科技有限公司
设计时间：2013 年
竣工时间：2015 年
获奖情况：2015~2016 年度中国建筑工程装饰奖

华为南方工厂二期项目 E1 区幕墙分包工程位于东莞市松山湖北部工业城，建筑面积为 311254.67m²。

主要玻璃幕墙系统为横隐竖显框架式幕墙。根据业主高于国标的要求，采用基本风压 0.75kN/m² 进行设计，其中 A1、A2 研发楼首层入口幕墙大层高度达 8.3m，为保证建筑师的要求的型材外观尺寸，采用了钢铝组合立柱以达到受力要求，顺利通过幕墙四性测试，抗风压性能达到国标 3 级，水密性能国标 4 级，气密性能国标 4 级。

本项目有大量的大跨度钢结构雨篷。悬挑跨度 6m，横向最大跨度达 14m，雨篷上下两层外包铝板，中间布置透明玻璃视窗及照明灯槽，并且端头做成弧形飞翼效果，有很大的设计和施工难度。最终采用双层钢结构形式，在满足雨篷受力安全的情况下，尽量减小雨篷的厚度，使雨篷外观线条更流动美观。

第 17 章

防水篇

瞿培华　欧　磊　王荣柱
方　勇　杜卫国　林旭涛

深圳建筑防水 40 年

建筑，是一座城市发展的标志，是一座城市形象的代表，也是一座城市的亮丽名片。深圳特区成立 40 年来，深圳建筑日新月异，精品辈出，这些建筑或现代或古典，或传统或个性，他们成为这座城市静默的语言，承载着这座城市的精神和气质，滋养着生活在其中的人们。

建筑防水，作为现代建筑的基本功能，不仅保证了人们正常、舒适的生产、生活环境，而且成为节能、环保、生态及智能化设计坚实、可靠的平台。防水就像一把巨伞，保护深圳建筑走过风雨，保持着这座城市的形象和魅力。

深圳城市的快速发展，建、构筑物层出不穷，为深圳建筑防水提供了巨大的市场空间；建筑类型丰富多彩、新颖多样，为建筑防水提出了新的挑战，深圳建筑防水呈现多元化、系列化特征；深圳毗邻港澳的地理优势和开放心态，给深圳防水增加了国际化的视野；深圳创新的城市特质，也注入防水领域，深圳在防水新材料的开发和应用方面走在全国前列，在建筑防水理论探讨和行业规范方面，深圳也领先于全国。

回顾过去的 40 年，深圳建筑防水，也与深圳经济特区一样，走过了从无到有、从小到大、从落后到领先的辉煌历程。

一、深圳建筑防水 40 年的辉煌历程

（一）第一阶段 1980~1989 年：创业起步的十年

1980 年，深圳经济特区成立，举世瞩目的经济奇迹就此拉开了大幕。在南国边陲的热土上，在深圳这张白纸上，人们绘制着心中的理想和最美的图画。作为现代化的标志，电子科技大厦、国贸大厦、市政府办公楼、深圳大剧院、深圳体育馆，一座座建筑拔地而起。

特区成立初期，深圳的建筑防水与全国一样，还处在油毡、沥青和“两布三涂”的阶段。但建筑业的急速兴起，各种形式建筑尤其是高层、深埋地下的大型建筑的建造，无疑对防水技术和材料性能提出了新的要求。现代防水事业在深圳应运而生，悄然起步。

1986 年，湖北永佳防水公司与深圳建筑科学技术中心新技术推广部合作，在深圳推广和应用“PVC 改性沥青柔性防水卷材及其粘结剂”。东方别墅、市政府办公大楼等建筑均应用了这种新型防水材料，现代工程防水开始成为深圳市建筑业不可或缺的项目。

1989 年，赵岩和周文新等共同创立了三松防水材料厂，率先将国内外先进的单组分聚氨酯防水涂料技术引入深圳。随后，三松公司又引进了高聚物改性沥青涂料生产技术，并在深圳实现产业化，此项目曾荣获“深圳市科技进步三等奖”。同年，上海汇丽公司看准了深圳市场，大力推广“双组分聚氨酯防水涂料”，对深圳的建筑防水起到了积极的推动作用。

这十年间，各种新型防水材料的开发，尤其是国外先进的防水材料生产技术与设备引进，大大推动了深圳防水技术的进步。先进的防水技术不但适应了新型建筑的功能需要，也促进了防水材料性能的提高，打破了以往单一材料一统天下的局面。

与国外和国内其他城市和地区相比，此时的深圳建筑防水行业整体上还显得相对落后和弱小。

（二）第二阶段 1990~1999 年：成长壮大的十年

20 世纪 90 年代，是深圳经济特区不平凡的年代。从邓小平南方谈话，到十六大的召开，深圳经历了一个快速发展的过程。

伴随着改革开放步伐加快，深圳机场、车站、地王大厦、

华夏艺术中心等大量新型建筑也纷纷涌现。更多个性化、多形式建筑的出现，以其醒目的形象再造深圳人的理想城市空间，同时，也对防水材料和技术提出了更高的挑战。

十年间，国外建筑防水的新理念、新技术不断被引进；本土防水企业经历了引进、模仿、吸收、消化后积极创新的过程，迅速崛起，深圳涌现出一大批优秀的建筑防水企业。

20 世纪 90 年代初，王晓敏创办了深圳市东方建材公司，将当时国内外先进水平的刚性防水材料“确保时”引入深圳，并成功应用于晶都大酒店和深业华民大厦等工程；台湾宝力必思路公司将当时世界先进的纯聚氨酯防水涂料带到了深圳，不但适应了新型建筑的功能需要，也促进了防水材料性能的提高。

1993 年，中澳合资企业深圳弘深精细化工有限公司成立。公司在瞿培华的带领下，在深圳率先生产新一代高分子防水材料“非焦油双组分聚氨酯防水涂料”，并广泛应用于市府二办、卷烟厂大楼、红岭大厦等工程。

1994 年，深圳市新黑豹建材有限公司成立，该公司与高校共同开发研制出国内领先的“聚合物改性水泥”防水材料，黑豹成为我国最早生产聚合物水泥防水涂科的企业。该涂料被广泛应用于地王大厦、世贸中心大厦、华侨城威尼斯酒店、市民中心广场等深圳地标性项目，新黑豹也成为广东省聚合物水泥防水涂料产量第一的企业。

1998 年，经过八年打拼的童祖元对原深圳越众集团防水工程处进行改制，成立了深圳市蓝盾防水工程有限公司，在建筑防水施工技术等方面率先垂范。

这期间，易举的新兴防水公司，将 603 高分子防水材料和 901 瓷釉涂料引入深圳。傅淑娟率广州鲁班建筑防水补强公司进驻深圳，将国内先进防水补强技术带到深圳，并着力于防水材料性能和防水技术研究。

尤其值得一提的是，20 世纪 90 年代末，深圳大学张道真教授主编了《深圳建筑防水构造图集 A/B》。该图集的出版与推行，对规范防水设计，尤其是对防水概念设计和防水节点处理起到了重要的指导作用。此图集至今仍被视为中国建筑防水设计的主要参考图书。

由于防水企业数量增长迅速，此时行业内也出现了良莠不齐、鱼龙混杂的现象。为了确保建筑防水工程质量，规范建筑市场行为，1996 年，深圳市建设局开展了建筑防水材料准用证制度和防水施工企业资质评定工作，这为专业、大型、品牌防水公司发展营造了良好的市场环境。

这十年，不论是从企业的创新，还是从行业规范，深圳防水界都在积极探索，并为行业的未来发展打下良好的基础。

（三）第三阶段 2000~2009 年：蓬勃发展的十年

进入 21 世纪以来，深圳建筑防水发展跨入产品品种和应用领域多元化的时期。在产品方面，新型防水材料发展迅速，形成多类别、多品种、多样化、系列化的格局。与此同时，防水工程领域不断扩大，防水已从建筑工程扩大到市政工程；从单一的分项工程扩大到分部工程。地铁、桥隧工程、垃圾填埋、污水处理场和桥梁面等防水工程，要求防水技术向专业化和系统化发展。这些工程的建设都为建筑防水行业注入了生机和活力，深圳防水事业迅速发展壮大。

这十年间，深圳建筑防水领域呈现出百花齐放、百家争鸣的繁荣景象，防水材料品种之多、材料之新、发展之快，前所未有。

21 世纪初，邹先华创建了深圳市卓宝科技股份有限公司，卓宝公司自主研发生产的自粘卷材系列和屋面虹吸雨水排放系统，填补了国内技术空白。卓宝公司自粘卷材的市场占有率和销量持续十余年稳居全国第一。

2000 年 6 月，由童祖元先生牵头，对原深圳越众集团防水工程处进行改制，深圳市蓝盾防水工程有限公司宣告成立。

深圳市科荣兴防水实业有限公司在朱光皓的带领下，与美国 HT 研究所建立了长期的技术合作关系，成为该研究所防水材料技术在中国的唯一推广机构。

深圳市耐克防水实业有限公司开发出多项化学注浆防水的技术，解决了地铁、军用洞库等特殊场所渗水的顽疾；深圳市鸿三松实业公司研发的“单组分聚氨酯建筑密封胶”，填补了深圳密封胶生产的空白，被广泛应用于各类建构筑物的防水密封中；王新占创立了深圳成松实业发展有限公司，在深圳率先生产聚乙烯涤纶复合防水材料。

陈伟忠创立的广东科顺化工，看到了深圳巨大的防水市场，注册了深圳市科顺防水工程有限公司，大力推广应用聚氨酯防水涂料、自粘防水卷材和 SBS/APP 高聚物改性沥青防水卷材。

深圳盛誉（中美合资）的吴兆圣推出变形缝系列防水构造技术，对沿用了半个世纪以上的内置式止水带，进行了彻底革新，有望颠覆“十缝九漏”之说。

2008 年，国内唯一上市公司东方雨虹挺进深圳，并采用环保型高弹厚质丙烯酸酯，成功治理了桃源村三期厨卫间的渗漏。

发展壮大起来的“深圳防水”，除了服务深圳市政及建筑外，还积极“走出去”服务全国。奥运场馆、首都机场、武广高铁、世博场馆及全国大多数地铁等项目都有深圳防水企业的身影。

与现代防水材料和防水施工技术同步发展起来的，还有深圳的防水研究工作。

2001 年，国内著名防水专家、浙江工业大学项桦太教授退休后长住深圳。在他的带领和扶持下，深圳多家防水企业迅速成长，深圳防水专家不断进行防水理论探索和防水工程研究，截至目前，深圳市防水行业协会专家委员会专家库已达 32 人，为深圳防水行业发展贡献出巨大力量。

2004 年，深圳市土木建筑学会防水专业委员会成立，这在深圳建筑防水领域更具有里程碑的意义，专业委员会以促进科技进步，推动新工艺、新技术、新材料应用为目标，在服务于行业、服务于社会、服务于政府方面做了大量工作，为深圳建筑防水走上健康、快速发展道路，起到积极的推动作用。

2005 年，由瞿培华、项桦太、张道真等防水专家会同湖北工业大学，策划并参与了我国第一个防水本科专业——“湖北工业大学防水材料与工程”的筹建、学科建设、实验室建设、教材编审工作，并组织了十余家企业与湖工大及该专业进行校企联合办学。

2009 年底，由项桦太、瞿培华、张道真等专家主要担纲主编的国内第一套高等学校防水专业教材——防水工程技术丛书（防水工程概论、防水工程设计、防水工程材料、防水工程施工），由中国建筑工业出版社出版。对我国建筑防水学科和防水工程领域，具有重大意义和指导作用。

2009 年，中国建筑防水界的高端学术盛会“中国首届建筑防水（南方）专家论坛”在深圳举行，全国防水领域的国家级专家近半数到场。专家们围绕着“科学防水、专业防水”之主题，结合南方地区建筑防水之特点，从中国防水现状和发展、防水设计、防水材料、防水施工技术、防水标准、防水教育等方面作了深入探讨和专题论述。专家论坛在深圳的成功举行，不仅开拓了深圳防水企业的视野，也确立了深圳防水在国内的重要地位。

（四）第四阶段 2010~2019 年：求真务实的十年

经过上个十年的蓬勃发展，深圳建筑防水格局基本形成，但同时也暴露出行业产能过剩、恶性竞争导致防水工程造价过低、防水设计不过关源头上导致渗漏水严重、防水就业人员专业素质参差不齐等等问题。相比“更快”，此时深圳乃至全国的防水市场都更需要“更健康”。为此，深圳防水进入了稳扎稳打、求真务实的可持续发展十年。在人才培养、标准制定、质量提升、组织建设、合作交流等领域重拳出击，在行业内树立了标杆。

1. 人才是第一资源

人才，是企业和社会发展最核心的要素，是现代社会竞争和发展的重要生产力。任重而道远的中国防水行业，更加需要科学的人才储备和培养选拔机制。为此，深圳创新培养防水专业人才、大力选拔防水精英、助力防水知识普及，深圳防水逐步进入正规军时代。

这十年间，深圳市防水行业协会继续推进与湖北工业大学“防水材料与工程”专业的合作，开展了工程硕士，本、专科及在职继续教育培训。2010 年，深圳市防水专业委员会与湖北工业大学土建学院合作，在国内开办了第一个防水专业工程硕士班，采取理论联系实际和校内外联合培养的方式进行教学；2019 年 6 月 29 日，由中国建筑防水协会、深圳市防水行业协会、湖北工业大学主办的防水材料与工程本科毕业十周年人才培养研讨会在湖北工业大学图书馆会议中心召开，总结和展望了校企联合的成绩与未来。目前该专业已培养出本科毕业生 470 人、专科 150 人，研究生 11 人，工程硕士 35 人；获得了湖北省技术发明一等奖、湖北省教学成果一等奖等省部级奖励 4 项；聘任兼职或客座教授 20 余人。湖北工业大学防水专业为中国建筑防水领域输送了许多急需人才。

2014 年，深圳市防水行业协会在广东高明举办了“防水工”职业技能培训班，对华南地区 20 家防水公司 30 位学员进行了系统培训。通过考核的学员获得中华人民共和国人力资源和社会保障部统一核发的“防水工”国家职业资格证书。随后，深圳市防水行业协会及防水企业持续安排员工参加相关“防水工”培训，为企业打造更多专业防水工人。

2015~2019 年，深圳市防水行业协会联合相关会员单位举办了 5 届全国建筑防水行业职业技能大赛华南赛区比赛，选送了数以百计的优秀选手与全国各地防水精英巅峰对决。2013 年，科顺防水叶吉改性沥青防水卷材组季军；2015 年，科顺防水湛克明获得改性沥青防水卷材组季军，深圳卓宝郑云、科顺防水丁贵奇分获喷涂防水涂料组亚、季军；2016 年，深圳卓宝公为利获得高分子防水卷材组季军，科顺防水田俊获得喷涂防水涂料组季军；2018 年，广东东方雨虹文孝广获得机械喷涂防水涂料组冠军；深圳卓宝郑林华获得自粘防水卷材项目亚军，公为利、喻长云、周阳阳分获大赛高分子防水卷材、机械喷涂防水涂料、自粘防水卷材项目季军。2019 年，广东东方雨虹周炎桥、科顺防水黄崇建分别获得改性沥青防水卷材组季军；科顺防水杨琛彪获得高分子防水卷材组季军。深圳防水人以优异成绩彰显了深圳防水的人才培养能力。

2014 年起，深圳市防水行业协会会长瞿培华等建筑防水专家为深圳住建局质监系统、深圳市坪山区建筑工务局、深圳光明新区城市建设局质安总站、中山市质监站、北京 K2

地产、凯德智汇、广汇置业集团、坤略互联等 30 多个单位进行了防水技术专题讲座，为防水相关企事业普及了更多防水专业知识。

2. 制定标准规范引领行业健康发展

标准规范是衡量防水材料和工程质量的有效依据，是引领行业健康发展的指路明灯。这十年间，深圳市防水行业协会积极组织各项标准、规范、图集、指南等修编工作，让深圳防水行业的发展更规范严谨、有章可循。

2010 年，由郑晓生、李子新、项桦太、张道真、瞿培华等主编，历经 4 年完成的深圳市第一部强制性地方标准《深圳市建筑防水工程技术规范》SJG19-2010 于 2010 年正式颁布实施；2013 年 9 月 1 日，由深圳市防水行业协会组织修编的《深圳市建筑防水工程技术规范》SJG19-2013 版正式施行。与之配套的《深圳市建筑防水构造图集》也同时编制完成，发布施行；2018~2019 年，协会组织对 SJG19 进行修编，目前已更名为《深圳市建设工程防水技术标准》SJG19，进入报批阶段。《深圳建筑防水构造图集》也正在修编中。

2012 年，深圳市防水行业协会与深圳住建局建设工程造价管理站合作，全面启动“深圳建筑防水价格体系编制和修订”以及《深圳市建筑工程消耗量标准》2003 版定额修编工作。2012 年 12 月，在《深圳建设工程价格信息》上发布 SBS 改性沥青防水卷材等产品价格；2013 年 12 月，完成聚氨酯防水涂膜等防水定额子目的编制；2014 年 9 月，先后走访深圳十家防水企业，协助完成以《优化深圳市建筑防水材料价格信息参编发布》为课题的市场调研工作。

2013 年 5 月，协会编撰完成《南方防水材料采购指南》，并于同年 6 月起公开发放。随后，每两年出版一次，对相关信息进行更新。为建设单位、设计单位、总承包单位和监理单位等提供了实用的防水材料生产和销售信息，一定程度上有效规范了南方建筑防水材料市场。

2014 年 12 月，由深圳市建设工程质量监督总站及深圳市防水专业（专家）委员会联合主编的《建设工程防水质量通病防治指南》正式出版发行。该指南内容包括屋面工程、外墙工程、室内工程、地下工程、轨道交通工程、市政工程、注浆堵漏工程的质量通病防治，对提高工程质量水平具有指导和借鉴作用。

2014 年 8 月 15 日起，逢双月 15 日编辑印发《深圳防水行业简报》，通报防水行业发生的质量大事，宣传行业相关政策法规，报道深圳及中国防水行业资讯。截至 2019 年，《深圳防水行业简报》已印发 30 余期，持续为深圳及全国防水人记录了 6 年行业动态，已成为深圳乃至全国防水从业者的一道行业风向标。

2016 年，由瞿培华教授主编，胡骏教授和陈少波总工副主编，部分专家参与编撰的《建筑外墙防水与渗漏治理技术》出版发行。

2017 年 12 月 1 日，由深圳市防水行业协会组织相关单位编撰的深圳防水行业第一个团体标准《高分子益胶泥》T44/SZWA1-2017 正式发布实施。

2019 年 1 月 1 日起，由深圳市建筑工程质量安全监督总站和深圳市防水行业协会主编，深圳市建设工程质量检测中心等 15 家单位参编的《深圳市非承重填充墙体与饰面工程施工及验收标准》SJG14-2018 正式实施。

此外，深圳相关防水专家、防水企业代表也积极参加了多部防水国标和行标的参编和参审，助力以标准规范引领行业健康发展。

3. 坚决唱响质量提升主旋律

近年来，在国家质检总局狠抓建筑防水卷材产品质量、推动防水质量提升的工作要求下，在中国建筑防水协会的指导下，深圳防水紧跟深圳从“深圳速度”迈向“深圳质量”转变的步伐，开拓创新、强化自律，为提升防水工程质量，做了一些有益有效的工作。

自 2011 年以来，深圳市防水行业协会组织建筑防水专家对深圳市建筑防水设计进行评审。截至 2019，已评审 1500 余项，共涉及 2.2 亿 m^2 总建筑面积工程，涵盖每年在建项目的 92%。深圳的防水设计评审工作，指导建设单位和设计单位在防水设计和防水材料选择等方面，从源头把关，对总承包企业和防水施工企业进行技术把关，确保施工质量，起到了重要的技术保障作用，受到了广大建设单位、设计单位、施工单位和质监质检单位的普遍好评。

2012 年至今，协会组织防水专家定期参与深圳市建设工程质量监督总站组织的建设工程防水质量执法大检查，有效提升各建设责任主体对防水质量的重视。

2012 年起，参照上海、天津、河北等地经验，依据“科学性、自愿性、可操作性”原则实施防水质量保证制度。截至目前，共有 100 余家企业签署《深圳市防水行业自律公约》，50 家企业购买《防水材料产品质量保证书》，收到 20 家防水企业的《防水材料产品质量保证书》回执。

2014 年 6 月 8 日，深圳市防水专业委员会成立十周年纪念大会上，正式成立了深圳防水行业合作组织，成员单位宣读了《深圳防水行业质量自律宣言》，向社会承诺以身作则、严于律己，为深圳防水行业健康发展做出表率。

2014 年起，协会组织防水专家及深合组织成员单位对深圳防水企业的产品进行抽检，并将抽检结果通过相关部门网站、行业主流媒体向社会公布。

十年间，深圳各防水企业也响应质量提升号召，积极履行企业的社会责任，在产品质量、工程质量保障上不断完善提升。

2014 年 9 月，卓宝科技向社会推出了“零缺陷超级帖必定防水系统”，该系统涵盖防水工程设计、材料生产、施工质量管理、工程维护、风险保障等各个环节，在防水行业内率先引入了防水工程质量保险。卓宝与太平财产保险公司共同开发了防水工程险种，由卓宝科技投保，当工程出现渗漏，保险公司除按照渗漏点所在的风险单元进行双倍赔偿外，卓宝科技还对渗漏进行维修，直至不渗漏。这种工程保险保证期制度的引入，对提高工程质量、规范建筑防水市场都有着积极的作用，在我国防水工程质量管理上也是一个飞跃。

2016 年，武汉大学有机硅新材料股份有限公司与深圳永佳纬易防水科技有限公司产学研结合的最新成果——纳米改性有机硅橡胶防水涂料面世。

2018 年，深圳市新黑豹建材有限公司引进日本 Bestone 混凝土内掺型自修复防水材料，致力于更低成本、更有效、更深层次地改革刚性防水结构。

2018 年，广州敏益贸易有限公司推出疏水化和栓 HPI 系统，进一步完善混凝土耐久及地下深基坑机构自防水体系。

4. 加强组织建设

十年里，在中国建筑防水协会的指导下，深圳防水协会按照深圳市住房和建设局的统一部署，依托深圳市建筑工程质量安全监督总站和深圳市土木建筑学会，不断加强组织建设，团结深圳防水业界的企业及其防水从业者，开拓创新、强化自律，为深圳防水行业发展贡献着强大力量。

2016 年 9 月 9 日，深圳市防水行业协会第一次会员大会在深圳市设计大厦 22 楼召开，101 家创会会员的 94 家企业负责人参会。大会审议通过了《深圳市防水行业协会章程》，选出了理事会成员，并在当天的第一届理事会上选举产生了会长、副会长、监事长、监事，同时聘任了秘书长和副秘书长。11 月 2 日，深圳市民政局及其社会组织管理局正式批复并颁发《社会团体法人登记证书》："深圳市防水行业协会"作为省级一级行业协会正式成立。原深圳建筑防水专家委员会更名为深圳市防水行业协会专家委员会，2004 年成立的"深圳市土木建筑学会防水专业委员会"依托深圳市建筑工程质量安全监督总站，继续运作。深圳市防水行业协会进一步团结了全体深圳防水人，创新、自律，力争为深圳、华南地区和中国的防水事业做出新的更大贡献。

2017 年 6 月 16 日，中共深圳市防水行业协会支部委员会正式成立。党支部在书记瞿培华教授的带领下，认真学习党的十九大精神和习近平新时代中国特色社会主义思想，发挥政治核心作用。

2017 年 3 月 16 日，深圳市防水行业协会经批准加入国家标准化管理委员会的全国团体标准信息平台，负责深圳防水行业团体标准制定、修订工作，引导企业积极参与和采用，推动深圳乃至全国建筑防水行业持续健康发展。瞿培华任深圳市防水行业协会团体标准管理委员会主任委员，张道真、刘福义、祖黎虹、秦绍元、王莹、易举、朱国梁、陈少波等 8 位专家任委员。

2017 年 11 月 29 日，广东省工程勘察设计行业协会防水与防护专业委员会揭牌成立。当日的成立大会上，选出瞿培华任主任委员，周子鹄、方勇、李明扬、金仲文、童未峰、邓思荣、王录吉当选副主任委员，王启文任秘书长，张慧敏任副秘书长，刘凤莲为专委会秘书。专委会致力于进一步规范行业发展，制定防水与防护设计、材料、施工技术、标准规范、解决防水防护设计难题达到资源共享，为打造建筑精品贡献力量。

2018 年 11 月 23 日，深圳市土木建筑学会第五届防水专业委员会召开了换届选举会议。瞿培华当选为深圳市土木建筑学会第六届防水专业委员会主任委员，刘凤莲当选为秘书长。大会还选举出 16 名副主任委员、5 名副秘书长，规模不断扩大的专委会将进一步发挥专委会在建设行业相关政策制定、课题（标准）评审、技术论证等工作中的作用。

2019 年 7 月，深圳市教授协会防水专家委员会成立，瞿培华任主任委员，李冬青、罗斯任副主任委员，黄佳萍任秘书长。深圳市教授协会是成立于 1993 年，经市教育局批准建立、市民政局批准注册的高智力密集型社会团体。深圳市教授协会防水专家委员会的成立，将进一步充实深圳市老教授、老专家团队，通过高智力人才资源的整合，在科研成果转化、企业管理诊断、教育合作等等方面做出更多积极贡献。

5. 合作交流促发展

深圳防水行业的迅速发展，是全体深圳防水人团结合作、共同努力的结果。在深圳这块开放交流、文化融合的热土上，深圳防水人抓住一切机会，学习交流、共同进步。

2019 年 6 月 29 日，第六届中国建筑防水（南方）专家论坛（以下简称"南方专家论坛"）在湖北武汉召开，这是南方专家论坛的十周年庆典。同时，举办 2019 年第六届中国建筑防水（南方）专家论坛、中国建筑防水协会专家委员会 2019 年会、“防水材料与工程”本科毕业十周年人才培养研讨会、湖北省建筑防水工程技术研究中心专家委员会成立、坝道医院湖北工业大学分院成立等学术活动，特邀王复明院士、陈湘生院士，以及国内外嘉宾及参会人员共 400 余人出席。

自 2009 年起，每两年一届的南方专家论坛，召开五届、历经十年，立足南方、影响全国。2009 年，首届南方专家论坛在深圳举行，全国防水领域的国家级专家近半数到场，畅谈“科学防水、专业防水”；2011 年 7 月 2 日，第二届南方专家论坛上，10 位专家演讲了建筑防水新材料、新科技、新工艺，并与参会人员积极探讨建筑防水工程质量问题及其解决方案；2013 年 6 月 29 日，第三届南方专家论坛在深圳召开，首开防水行业论坛对话交流模式，针对性好、专业性强、参与度高，极大地推动了整个建筑防水行业的发展。论坛影响力已从南方发展到全国，成为建筑防水行业两大品牌技术交流活动之一；2015 年 6 月 27 日，以“新常态下的防水转变”为主题的第六届南方专家论坛在深圳召开。叶林标、吴明、张道真等近 40 位行业专家，全国 22 个防水社团组织的负责人，中国建筑防水协会青年企业家分会代表及深圳市建设单位、设计单位、总包与装饰单位、监理单位和全国各地的建筑防水企业代表共 580 余人出席会议，创下历届规模之最；2017 年 5 月 22 日，由国际屋面联盟主办，中国建筑防水协会、深圳市防水行业协会承办的第五届南方专家论坛在深圳开讲。孟建民、王复明两位中国工程院院士亲临助阵，14 位来自欧洲、北美及国内的屋面和建筑防水领域顶尖专家带来了最新研究成果。本届论坛为建筑防水事业的发展带来新的启发、理念和思路，打造了一场国际防水界顶级技术盛会。

十年间，深圳市防水行业协会积极开展“新产品、新技术、新工艺、新装备”推广应用工作，为会员单位搭建交流平台。先后组织举办了 XYPEX 赛珀斯水泥基渗透结晶技术研讨会、OMG 无穿孔单层屋面系统技术研讨会、Grace（格雷斯）预铺反粘技术应用研讨会、东方雨虹防水新材料技术恳谈会、圣洁 GZF 高分子增强复合防水卷材技术研讨会、华鸿高分子易胶泥在建筑工程上的应用研讨会、卓宝新屋面系统研讨会、蓝盾之星 CPC 反应粘系列产品研讨会、凯伦新材料研讨会、潍坊宏源新材料研讨会、辽宁大禹新材料研讨会、卓宝科技零缺陷防水系统研讨会、东方雨虹新材料研讨会、深圳巍特防水新材料技术恳谈会、山东汇源新材料研讨会、巴斯夫新材料研讨会、成都赛特新材料研讨会、固瑞克新材料研讨会、德生“双百万”承诺研讨会、OTAi 防水系统及其建筑应用研讨会、蓝盾绿色建筑防水应用技术研讨会、天衣防水新材料及其工程应用专家座谈会、永佳纬易纳米改性有机硅橡胶防水涂料推介会、混凝土内掺型防水材料及其应用研讨会、丽天防水体系研讨会、辽宁大禹防水新材料新系统应用研讨会、澳洲敏益 HPI 混凝土防水防护技术、费米子环保新助剂防水新工艺恳谈会等近 30 场“新产品、新技术、新工艺、新装备”推广会议。

十年里，持续交流学习是深圳防水人不变的课题。深圳市防水行业协会每年都会组织专家对协会会员单位进行走访。走访过程中，深入了解会员单位发展现况，对企业产品、技术、管理等各个方面建言献策，促进企业更健康快速发展；每年也会组织会员单位对国内外先进防水企业进行考察调研，学习最新产品技术、企业发展经验。平均每年二十余次专家走访、每年2~3次组团考察调研，深圳防水人用脚步丈量着前进的速度，用求知的双眼审慎着行业的风云变幻。

二、深圳建筑防水工作重点和发展方向

（一）现阶段深圳建筑防水工作重点

1. 持续推进深圳防水行业质量提升工作

按照深圳市住房和建设局的统一部署，依托深圳市建设工程质量监督总站，团结深圳防水业界的企业及其防水从业者，继续有效开展深圳防水合作组织各项工作，强化深圳防水行业自律工作。实施“深圳防水行业实施质量保证制度”，开展深圳防水行业材料自律抽检工作、防水质量专项执法大检查、2019年防水施工样板工程活动等工作，进一步提升防水行业质量。

2. 持续开展防水设计专家评审，倡优抑劣

深圳防水设计专家评审，对深圳市的建筑防水设计进行评审，指导建设单位和设计单位在防水设计和防水材料选择等方面，从源头把关；对总承包企业和防水施工企业进行技术把关，确保施工质量，起到了重要的技术保障作用，受到了广大建设单位、设计单位、施工单位和质监质检单位的普遍好评。其专业影响力已波及珠三角地区乃至全国，受到国内防水业界一致好评。现在及未来，防水设计专家评审工作将持续大力展开，继续保障深圳防水工程施工质量。

3. 稳步推进标准规范修编工作

继续加强推进深圳市防水行业协会团体标准管理委员会的相关工作。组织编制《混凝土内掺型防水材料及其施工技术规程》、《预铺反粘法施工技术规程》、《高分子益胶泥应用技术规程》等标准规范；与深圳市建筑工程质量安全监督总站共同组织宣贯《深圳市建筑防水工程技术标准》SJG19、《深圳市非承重墙体与饰面工程施工及验收标准》SJG14和SJ《建筑防水构造图集》；编辑出版《南方防水材料采购指南（2019-2020）》；与深圳市住房和建设局深圳市建设工程造价管理站开展防水工程定额标准的研究、编制和实施。

4. 大力开展“新产品、新技术、新工艺、新装备”推广应用

继续为防水企业与下游的房地产开发、设计院、总承包等单位搭建信息交流平台，促进各项防水“新产品、新技术、新工艺、新装备”得到充分的展示推广与应用。

5. 办好全国建筑防水行业职业技能大赛华南赛区比赛

在中国建筑防水协会的指导下，与国家建材行业特有工种职业技能（040）鉴定站合作，开展华南大区防水工国家职业资格培训和职业技能大赛工作，选拔华南地区优秀防水施工人员，与全国防水施工精英同台竞技。在培训和竞赛中不断促进防水施工人员的整体业务水平的提升。

6. 推进合作交流促行业整体发展

配合中国建筑防水协会开展2020年IFD第28届世界青年屋面工冠军赛前期相关工作尤其是港澳台协作组的协调工作。与港澳台防水协会继续保持紧密联系，互通有无，促

进防水行业的共同发展。

继续增进与全国各省市自治区防水社团组织、业内优秀企业和会员单位间的互通交流，合作共赢。

（二）深圳建筑防水发展方向

近年来，建筑防水领域已由房屋建筑防水为主，向房屋建筑防水和工程建设防水并存的方面发展，防水材料也由单一化、中低端化，向系列化和高端化发展。改革开放的深圳，更需要开阔国际视野，加快科技创新的力度和步伐，使深圳建筑防水再上新台阶。

1. 行业结构调整与整合优化并举

调整产业结构，优化存量市场，引导大型企业做大做强，探索中小企业发展战略，走提质增效、精专新特的差异化发展道路，提升企业市场竞争综合能力。引入社会资本，推动行业整合优化，鼓励兼并重组，培育大型防水企业集团、大型制造企业，提高市场集中度。

2. 挖掘增长新动能

淘汰落后产品、落后工艺、落后技术和落后装备，不断开发海绵城市、海洋工程、地下综合管廊、装配式建筑、绿色建筑和既有屋面翻新等领域的防水市场，促进行业持续增长。

3. 坚持以创新驱动推动行业转型升级

鼓励企业加大研发投入，提高自主创新能力，探索设立行业科技发展基金，加大基础研究；强化技术装备创新，提升行业知识产权意识；推动企业由材料供应商向系统服务商转型；推动建立防水工程质量保证保险制度；探索实施屋面工程专业总承包制度，研究与推广屋面系统工程技术；培育具有法人地位和施工资质的屋面工程承包商或防水工程承包商，使之成为工程市场终端的主体；鼓励组建防水专业劳务派遣公司。

4. 走全要素绿色发展道路

制定和实施绿色生产、绿色产品、绿色应用等方面的标准、评价办法和认证；淘汰高污染、高能耗的生产工艺及生产装备；限制废胶粉、废机油等有害物质在改性沥青防水卷材中使用；大力发展功能可靠、经久耐用、节能环保的防水密封材料，鼓励开发具有复合功能的防水系统，研发种植屋面、热反射屋面、通风屋面等具有绿色功能的材料和系统，满足绿色建筑的需要。

5. 构建原材料供应、产品制造、设计、施工应用的全产业链平台

促进行业信息化、工业化融合，应用互联网技术，积极探索实施智能化生产、智能化物流、机械化施工和电子商务，提升行业劳动生产率；鼓励企业与大型原料供应商战略合作，稳定生产原料的品质和渠道，改善生产工艺，提升产品质量；鼓励企业与建筑设计机构合作，提高防水工程设计水平；鼓励企业与大型房地产商和建筑工程总承包商战略合作，促进防水工程质量明显提高；重视配套材料研制及生产，推动产品应用系统化。

6. 构建“政府主导、企业主体、行业自律、社会监督”的社会共治机制

坚持建筑防水卷材生产许可证制度，坚持政府加严关于

获证企业的监管，继续配合政府市场准入、证后监管、比对试验和质检利剑行动等工作，配合政府加大防水工程质量监督检查力度；推动行业标准化体系建设，初步建立适应行业发展的标准体系，积极开展团体标准制定工作，鼓励企业实行企业标准自我声明公开；完善行业自律机制，主动接受社会监督，自觉规范企业商业行为；鼓励企业积极参与行业建设，提高企业的质量安全主体意识，践行企业社会责任；规范和发展行业社会组织和中介机构，加强各类社会组织的引领、服务、协调、沟通职能，发挥联盟的示范作用和媒体的监督作用。

7. 建立多层次人才培养体系，探索防水工人职业化制度

推动学历教育、职业教育的发展，完善注册培训师制度，开展注册建筑师培训工作，建立多层次人才培养体系；加强行业专家队伍建设；逐步开展防水工人职业化基础建设；扩大防水工人职业技能大赛领域和规模，提升从业者的职业技能水平。

8. 加速行业国际化步伐

积极参加各类国际组织的活动，开展国际技术交流和合作，组织和参加国际技术论坛和展会；践行“一带一路”战略，大力开拓国际市场，提高企业的国际竞争力，塑造国际知名品牌，鼓励向海外输出产能，拓展国际贸易渠道；抓住机遇，集行业之力，助推国家级重大战略——粤港澳大湾区建设，打造核心引擎。

深圳建筑防水 40 年，走出了积极引进、自主创新、快速发展的轨迹，期间有成绩、有经验，也有反思、有遗憾。但无论功与过，对与错，这些都已成为历史。展望未来，深圳建筑防水又站在新起点上，深圳建筑防水将继续以“创新、奋进”为主题，书写行业发展的新篇章。

第18章

BIM篇

郭文波 肖 瀚 颜 里

深圳土木 40 年 · BIM 篇

一、行业背景

1. BIM 概述

BIM 的全称是 Building Information Modeling，即：建筑信息模型。BIM 是一种应用于工程设计、建造、管理的数据化工具，通过对建筑的数据化、信息化模型整合，在项目策划、运行和维护的全生命周期过程中进行共享和传递，使工程技术人员对各种建筑信息作出正确理解和高效应对，以三维数字技术为基础，集成建筑工程项目各种相关信息的工程数据模型，在提高生产效率、节约成本和缩短工期方面发挥重要作用。

BIM 是对工程项目设施实体与功能特性的数字化表达，一个完善的信息模型，能够连接建筑项目生命期不同阶段的数据、过程和资源，是对工程对象的完整描述，可被建设项目各参与方普遍使用。BIM 具有单一工程数据源，可解决分布式、异构工程数据之间的一致性和全局共享问题，支持建设项目生命期中动态的工程信息创建、管理和共享。建筑信息模型同时又是一种应用于设计、建造、管理的数字化方法，这种方法支持建筑工程的集成管理环境，可以使建筑工程在其整个进程中显著提高效率和大量减少风险。

2. 国内 BIM 发展状况

我国自 20 世纪 60 年代起，开始研究 CAD 基础理论、软件环境和实用 CAD 系统的研制，之后进入技术推广阶段，90 年代后国内纷纷提出利用计算机辅助设计进行设计制图，也由此在建筑工程行业开始甩图板运动，到 2000 年后，随着计算机技术发展及互联网普及，建筑行业迎来了 BIM 技术的发展，进入全新的“模型时代”，2008 年北京奥运会鸟巢项目运用 BIM 技术对项目进行辅助设计与施工，从此我国建筑行业走上 BIM 之路。

我国从“十一五”开始，就大力支持建筑信息化发展，2015 年 7 月住建部《关于推进建筑信息模型应用的指导意见（建质函〔2015〕159 号）》提出：BIM 应用的目标包括：2020 末，建筑行业甲级勘察、设计单位以及特级、一级房屋建筑工程施工企业应掌握并实现 BIM 与企业管理系统和其他信息技术的一体化集成应用。到 2020 年末，新立项项目勘察设计、施工、运营维护中，集成应用 BIM 的项目比率达到 90%。

此外，各一线地方政府于 2014~2015 陆续发布 BIM 地方标准；如北京市政府（2014）发布《北京市民用建筑信息模型设计标准》；上海市人民政府办公厅（2014）转发市《建设管理委关于在本市推进建筑信息模型技术应用指导意见的通知》；上海市建筑信息模型技术应用推广联席会议办公室（2015）发布《上海市建筑信息模型技术应用咨询服务合同示范文本》、《上海市推进建筑信息模型技术应用三年行动计划（2015-2017）》；上海市城乡建设和管理委员会（2015）发布《上海市建筑信息模型技术应用指南》；深圳市建筑工务署政府（2015）发布《深圳市建筑工务署政府公共工程 BIM 应用实施纲要》；深圳市建筑工务署政府（2015）发布《公共工程 BIM 实施管理标准，深圳市建筑工务署标准（2015 版）》，包括《公共工程 BIM 实施管理标准——附录：BIM 实施导则》。

近些年，随着 BIM 技术的普及应用，国家及地方各项技术标准的指导和支撑，建筑行业更是向着科技型道路迈步，结合大数据、物联网等信息化技术，全面走向建筑科技道路，并由此衍生出智慧建筑、智慧社区、智慧园区、智慧城市等发展方向，未来，作为行业从业者也将继续坚持，为我国建筑发展贡献一份力。

3. 深圳 BIM 发展状况

深圳是一个有独特魅力的城市，其具有前沿性、开创性、敢为先的精神魄力，而这种精神与建筑行业 BIM 发展的开创性有很强的匹配关系，中国 BIM 快速发展这十年，从国家大型设计、施工企业的 BIM 试点应用到现在全国 BIM 的广泛推广，从计算机辅助设计的单点应用到现在的系统战略的延伸，其打破了传统建筑行业的技术路径，给传统建筑行业带入新的活力，更好地迎接现代信息化、科技化社会。深圳的 BIM 之路也像深圳这个城市充满活力和生命力。

深圳 BIM 发展在国内都具有首创性，敢于尝试敢于创新，在政策标准层面深圳市工务署先后颁布多项相关标准及技术导则，2018 年深圳市住建局发布《关于加快推进建筑信息模型技术（BIM）应用的实施意见（征求意见稿）》，从政府层面进一步加强和加快 BIM 技术的推进和研发，并且对实施范围及重点任务进行了明确描述。在项目实施层面，对新建项目及项目类型分别做了要求，并要求 BIM 技术的指导和参与，在项目设计、施工及运维方面全面参与。在技术创新层面，深圳市勇于尝试构建智慧城市，并以前海为试点进行多个城市级 BIM 模型整合，中间涉及单体项目、市政、城市倾斜摄影、地形及海底模型信息扫描，为智慧城市发展打造夯实基础，并且积极推动 BIM 在项目电子招标及政府审批监管的应用。在组织层面，未来将积极推动市有关单位加强沟通，协调推进 BIM 应用工作。在行业发展层面，也将进一步鼓励行业协会整合行业资源，组建市级 BIM 联合推广应用委员会，充分发挥委员会的统筹、整合和协调作用，开展企业和个人 BIM 应用能力评价、项目评估、标准制定、课题研究、学术交流、培训宣传等工作，规范 BIM 发展的市场行为；促进企业间合作，实现 BIM 技术软件、构件库数据等资源共享，保障 BIM 应用健康发展；积极开展建筑行业专业技术人员实施 BIM 应用技能考评，组织 BIM 设计、建模、应用竞赛等；引导行业协会、学会在建筑行业专业技术人员职业资格、执业注册资格、职称评定等培训教育必修课中增加有关 BIM 的内容。

二、发展思路

BIM 发展建设工程中自有其独特性，其意义在于项目全生命周期建设运营，从规模层面小到各子项工程，大到智慧城市的生态链，始终贯穿整个生命链。而纵观 BIM 的发展可将其分成四个阶段，每个阶段的需求点都不相同，但是每个阶段间都有着承上启下的发展关系。

1. BIM1.0——建模 · 空间 · 功能

建筑的本质就是处理建筑内部及外部的空间关系，在设计及建设过程中，存在着大量空间不合理，以及建设资源的浪费，在建筑设计中空间把控就显得尤为重要，深圳是个活力四射的城市，其前端性也造就了其对建筑物高标准、高质量的要求，因为也对建筑设计及建造过程提出更高的挑战。传统的二维设计方式的局限在于维度上，二维的设计维度是难以表达出建筑物的空间维度，在这样的环境下也给了 BIM 技术催生的土壤，运用 BIM 技术进行建筑模型、空间及功能的模拟，从而提升业主及设计对项目的敏感度及判断。

BIM1.0 揭示着 BIM 序幕的拉开，一股基于 BIM 的三维可视化风潮席卷建筑业，这一阶段主要集中在 BIM 模型层面，通过运用 BIM 三维 BIM 可视化特点，对复杂项目及项目的复杂区域进行可视化复查，在设计阶段进行辅助设计工作，以模型为主，应用为辅，关注设计形式是否美观，空间运用是否合理，一般通过渲染等技术实现建筑设计的效果图制作，以炫丽的形式语言供甲方赏阅。

2. BIM2.0——点式应用

BIM2.0 在 BIM1.0 层面进一步将技术推进，将关注点由模型提升到应用，而 BIM 的市场普率及应用面在业内也进一步扩大，BIM2.0 不再停留在视觉呈现上，而将应用重点转向建筑设计建造阶段，以模型为基础，应用为主，重点关注使用者对数据信息的应用。使用者可以通过虚拟建造过程实现对设计优化、进度安排、专业深化、施工流程等方面信息的提前了解。

对于模块化应用，在不同的项目进行阶段，其模块化应用亮点也各不相同。在设计阶段，主要针对可视化及模拟化进行应用，优化设计工作，协调各专业配合。在施工阶段，主要针对运用 BIM 技术进行施工深化、构件装配、施工模拟、物料采购、工程量统计、成本控制及验收交底等，通过 BIM 技术的介入，建造过程的技术力量及信息化水平，向着高效型、科技型、技术型迈进。

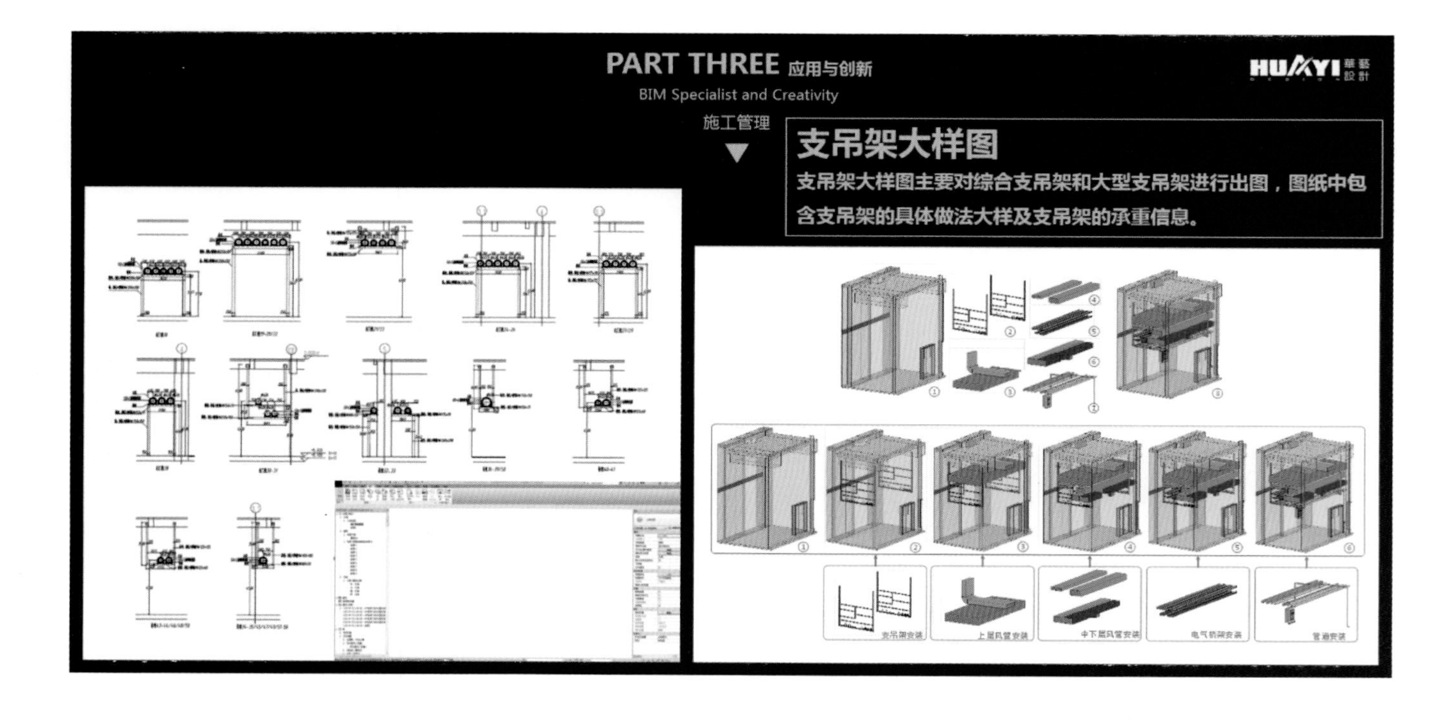

3. BIM3.0 系统体系化

BIM3.0 的发展将模块化应用提升至信息整合平台管理，通过平台整合将项目进行过程中的碎片化信息进行搜集，方便项目管理人员快速掌握项目设计、施工及运营信息，其中最重要的一点在于系统化管理，打造完善的技术链条，而不是单一的技术亮点，其中包括正向设计、智慧工地、施工管理等，例如在设计阶段进行 BIM 正向设计，其不再是单一的模块应用亮点，其串接着整个设计阶段系统链条，从组织、技术、管控等几个层面进行系统化打造。

系统体系化有助于资源整合，建立规范及专业化的业务闭环，正向设计主要针对利用 BIM 技术直接进行设计工作，建立完善的正向设计管理机制，在设计过程中优化设计空间关系，做好各专业协同设计，通过 BIM 模范完成各项经济数据指标的计算。针对正向设计可从五大块进行考虑，技术研发、标准体系、底层资源库、设计管理、管控机制。

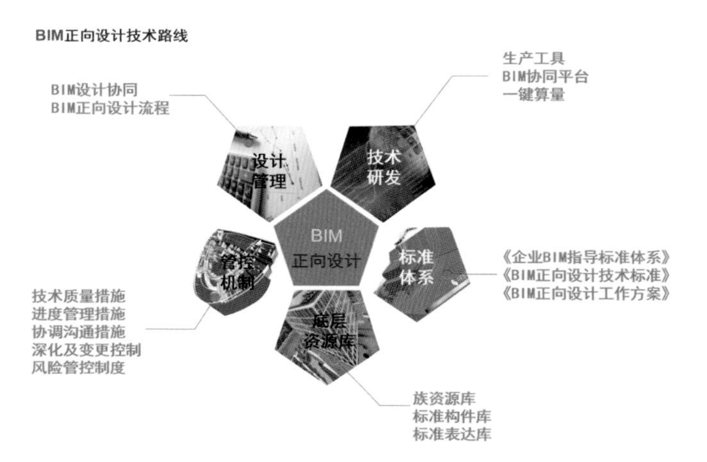

（1）技术研发

BIM 技术在软件层面分别有国内和国外软件技术，国外主要有 Autodesk、Bently、Dassault、Graphisoft 等这几大软件厂商，国内主要有鸿业、天正、理正、广联达、鲁班等软件，其中专注与正向设计的软件厂商有鸿业、理正、天正等，其主要是依托于 Autodesk Revit 软件上进行本土化软件设计。Autodesk 在国内市场占有率最高，并且在民用建筑使用最广，应用程度最高，可进一步避免软件格式问题，并且满足设计使用要求。

除了软件平台的选型，还应考虑针对软件研发层面，结合正向设计软件平台进行定制化开发，完善设计全过程应用。搭建设计协同平台，解决各专业配合及设计管理流程问题，通过平台贯穿整个正向设计管理流线，进行基于平台化的审图校图工作，做到一键上传、一键审批、一键通过。

在设计阶段的技术研发层面除了针对设计流程的管理，还应考虑概算及报批，基于 BIM 技术，完善设计阶段的工程量统计，进行配套的技术研发，做到简单方便，一键算量。

（2）标准体系

正向设计工作开展需要有多方标准来规范设计工作，从模型、拆分、制图、文件存放、文件命名等等，以此来统一设计习惯，包括对协同设计的要求都应落地实施，并且针对不同的使用需要进行专项的标准制定来满足设计、算量、指标计算所需要的数据。

正向设计标准体系的建立需建立国家及深圳市相关标准的基础之上，建立企业层面的标准体系向公司各部门进行辐射，在此基础上建立项目层面方案标准，来进一步指导项目的实施。

（3）底层资源库

资源库的建立为工作的开展奠定基础，保障各项工作顺利进行，结合标准化体系，搭建出设计类、硬件类、标准类等几大块的资源体系，从这几个方面来推进工作的开展。

（4）设计管理

正向设计的进行不只是满足出图及设计要求，三维设计模式不同于传统二维设计思路，而与之对应的设计管理也会有所区别，传统的二维设计更多的是通过图纸、纸质文件相关表格等进行有效管理，传递和存储方式是断裂式的，不连贯，并且每个人的习惯不同，项目管理的方式也不一样，工作方式的差异会导致大量信息丢失及文件信息不容易查找的问题，而在此基础上就更强调设计的协同、平台化管理及流程化管控。

BIM 设计协同强调的是各专业之间的协同设计配合，甩开之前的各专业的信息对接不清晰的问题，从而优化整个设计项目的配合和质量，在设计协作的过程中强化设计管理流的制定和衔接，明确各阶段的设计配合方式，成果输出方式等，是管理清晰化，责任化。在针对 BIM 协同设计的同时，其于平台之间的关系密不可分，此部分归为两部分协同设计及协同管理，前者运用 BIM 设计相关软件进行设计工作，成产出工作成果，后者基于成果之上进行平台化管理，协调各参与方之间的技术沟通和管理沟通，做到系统化、流程化的控制。

（5）管控机制

正向设计的实施需有较为完善的管理机制保障项目设计的顺利进行，除了管控机制外还有相应的技术标准来把控整个项目的质量。在管控层面需要严格执行企业的质量管理制度，完善贯标体系，从技术质量、进度质量、组织协调、风险管控等等几个方面去考虑，做到真正落实 BIM 正向设计系统。

4. BIM4.0——集成化数据生态系统

BIM4.0 是不同于 3.0，如果说 BIM3.0 是系统化流程，那 BIM4.0 就是集成化流程，集成各个阶段及各个使用方的产品线，其发展目标位实现建筑全生命周期管理，达到数据互联。如今互联网飞速发展，随着 5G 技术的诞生，利用智能终端，结合大数据、物联网，为智慧城市发展提供强大的底层技术，在此基础上，将社会建造、运营覆盖的各项技术进行信息及数据集成，真正做到智慧建造、智慧社区、智慧城市。

目前深圳市各大企业基本在按照这思路在进行 BIM 的发展和整合，集成各项业务板块（BIM、设计、精装、EPC、装配式等）的小闭环，做到整个大环境大体系闭环，其中有香港华艺设计顾问（深圳）有限公司等数家设计企业在进行这方面技术探讨和研发。

三、未来 BIM 展望

1. 政策层面

政府在 BIM 应用和推动发展中起着至关重要的作用，我国政府从“十一五”开始，一直在大力支持建筑信息化发展，从各项标准的制定到研发项目的推进再到各地地方标准的制定，指导 BIM 的实施、交付及收费，对于政府来说，BIM 技术的发展将推动建筑电子政务的使用，从而将建筑信息模型与政务信息紧密关联，而今虽然各地出台相关 BIM 技术标准，但还需进一步完善各项标准及法则体系，正确引导市场需求，使其具备落地性，可从以下几个方面进行描述。

（1）法则层面

组织制定相关法律法规，规范化 BIM 市场发展机制，将 BIM 成果纳入建设工程项目报批报建竣工验收体系，制定相应的技术标准进行约束和管理，积极推动 BIM 正向设计的进行，整合基于 BIM 的施工信息建设管理模式，从而实现建筑信息化转变。

（2）规划层面

组织编制 BIM 应用详细的智慧城市规划发展体系，统一城市级 BIM 模型信息整合，做到建筑、市政、地形及海底等全方面的一体化资源整合，构建城市级信息生态圈。

（3）标准层面

进一步完善现有 BIM 技术标准体系，完成从基于模型到应用的标准化制定，进一步将 BIM 和现有建设体系的融合，完善正向设计的标准体系及成果交付，使其与政务报批报建等进行信息搭接。

（4）科研层面

鼓励企业进行 BIM 课题立项，对技术进行研究和探讨，以课题委托、评比、职称考核等不同方式，激励各参与方的积极投入。

2. 技术层面

BIM 技术经过国内多年发展，已经发展出一批软件技术公司，并且在技术层面已经有了一定基础，但是仍处于起步阶段，存在着本土落地性不强的问题，具体从以下两个方面进行描述。

（1）科技公司

鼓励科技公司大力进行技术研发，完善现有技术漏洞，建立健全具有自主知识产权的 BIM 应用技术体系，打造我国自有的技术壁垒，来支撑各方对 BIM 发展的需求，推动行业的进步。

（2）科研院校

建立 BIM 技术基础理论研究体系，承担理论研究任务，并将 BIM 技术的普及及推动纳入教育课程体系，建立人才梯队，进一步促进 BIM 技术在行业内的推广和建立深厚的基石基础。

3. 业主层面

业主在 BIM 发展中是一大特色，其主要为深入挖掘 BIM 技术优势，为企业创造更大的价值，在实施过程中，其角色的独特性，可对项目从前期设计的技术应用直到后续的运营、维护、管理和整合，形成具有自我特色的管理体系，其需求及工作面也进一步推动了 BIM 技术的发展，完善 BIM 软件配套、作业流程、标准制定等，而在此基础上，也希望业主能更深入挖掘自我需求，做到企业管理信息、政务信息、项目管控信息的融合与搭接。

四、小结

未来，在深圳 BIM 之路的发展上，我们将携手业内各领域人士迎难而上，整合业内资源，从不同层面不同方向进行业务梳理，为深圳 BIM 发展贡献一份力，共同创造智能化、科技化、信息化的美好生活。

01 深圳市医疗器械检测和生物医药安全评价中心

用地面积：3577m^2
建筑面积：48259m^2
设计时间：2016 年
竣工时间：2019 年
BIM 设计单位：香港华艺设计顾问（深圳）有限公司
获得奖项：2018 年中国勘察设计协会“创新杯”建筑信息模型（BIM）应用设计大赛医疗类 BIM 应用二等奖；
2018 年深圳市第十八届优秀工程勘察设计评选 BIM 专项一等奖

本项目着重于将深圳市医疗器械检测和生物医药安全评价中心设计成国际领先的综合性复合实验楼。不同于其他科研型园区规划，华艺在本案规划层面首先摒弃了国内同类建筑（如中检院）分栋多层的风格，创造性地在前端利用 BIM 技术，通过对竖向流线及洁污分区的空间规划将各类功能用房垒叠至一栋高层建筑中，尝试最大化利用园区用地，将产业园模式的实验楼成功集成到一栋高层建筑中。

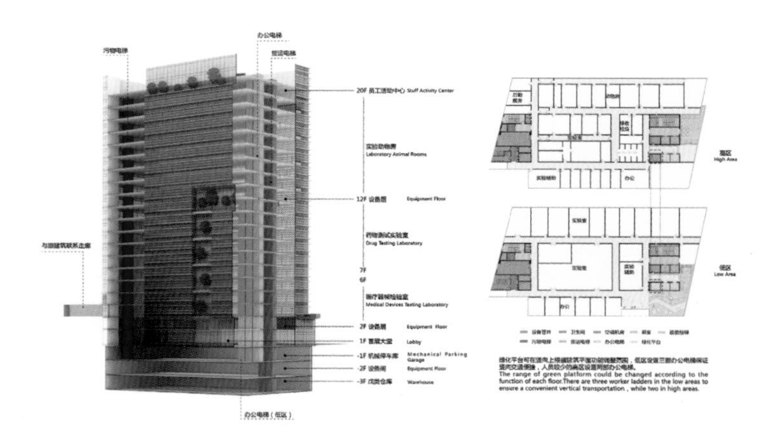

02 平安国际金融中心

建筑高度：600m
建筑面积：460000m^2
设计时间：2008 年
竣工时间：2017 年
BIM 设计单位：悉地国际建筑设计顾问有限公司

项目位于深圳市福田区 CBD 中心区，是平安集团总部大厦，深圳市最高楼。在这个项目中，CCDI 作为 BIM 顾问负责从施工图阶段至竣工模型阶段的 BIM 顾问工作。该项目为深圳市应用 BIM 技术的第一个大型超高层项目，第一个项目全参与方进行 BIM 实施的项目。

03 星河雅宝高科创新园三、四 A 地块

用地面积：35314.86m²
建筑面积：201294.7m²
设计时间：2016 年
BIM 设计单位：艾奕康设计与咨询（深圳）有限公司

星河雅宝高科创新园是一个集研发办公、配套公寓、配套商业、配套住宅、配套酒店、会议中心于一体的高科技综合发展项目。项目含有龙岗第一高的写字楼及高档住宅区，也是深圳首个按 LEED-ND 标准设计的低碳建筑群。该项目将被打造成为深圳的国际化软件产业、创意产业及创新金融产业的区域总部基地，吸引大批国内国外软件研发企业、创意设计企业及国际金融企业总部落户，为深圳的二次创业、二次腾飞作出积极贡献。

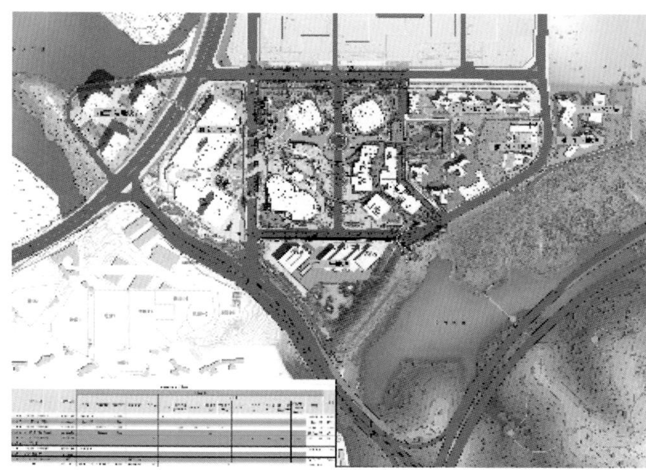

04 深圳能源大厦

用地面积：6427.7m²
建筑面积：9.6 万 m²
设计时间：2010 年
竣工时间：2018 年
BIM 设计单位：深圳市建筑设计研究总院有限公司

深圳市能源大厦位于福田中心区中轴线东侧，处于中心区南区的门户位置，地块呈北宽南窄的梯形，南北纵距 152.3m，东西横距最窄处为 36.85m；深圳能源大厦将被建造为首个新型可持续性办公楼，充分利用建筑表面与日光、空气、湿度以及风速等外部因素，以此为源头，创造无比舒适及高品质的内部空间。

能源大厦的体量与高度完全按照城市中心区总体规划的要求进行设计。该项目由两座塔楼组成，其中北侧塔楼高 220m，南侧塔楼高 120m，并在底部由一座高 34m 的裙楼相连，裙楼中设有主要大厅、会议中心、自助餐厅和展览空间。能源大厦与周边的塔楼相协调，共同为深圳市中心形成了延绵起伏的天际线。

05 深圳湾创新科技中心

用地面积：4 万 m^2
建筑面积：50 万 m^2
设计时间：2015 年
竣工时间：2019 年
BIM 设计单位：深圳市建筑设计研究总院有限公司

深圳湾创新科技中心项目作为市政府投融资项目，以稳定可持续、较低成本的产业空间资源供给，服务深圳高新技术产业和企业发展大局，并通过不断建构完善的园区产业创新生态系统打通园区产业和企业发展的“任督二脉”，形成企业裂变成长效应和高端产业集群聚变效应，助力深圳建设世界级创新型产业集群。

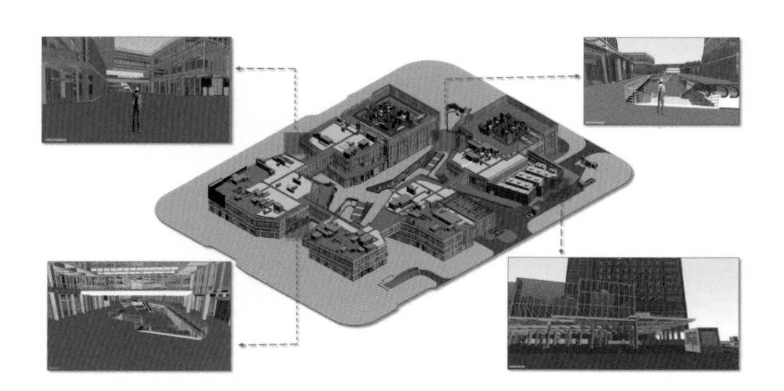

本项目引入 BIM 技术用于工程设计建造的数据化管理，通过参数模型整合各项目的相关信息，在项目策划、运行和维护的全生命周期过程中进行共享和传递，使工程技术人员对各种建筑信息做出正确理解和高效应对，为设计团队以及包括建筑运营单位在内的各方建设主体提供协同工作的基础，在提高生产效率、节约成本和缩短工期方面发挥重要作用。

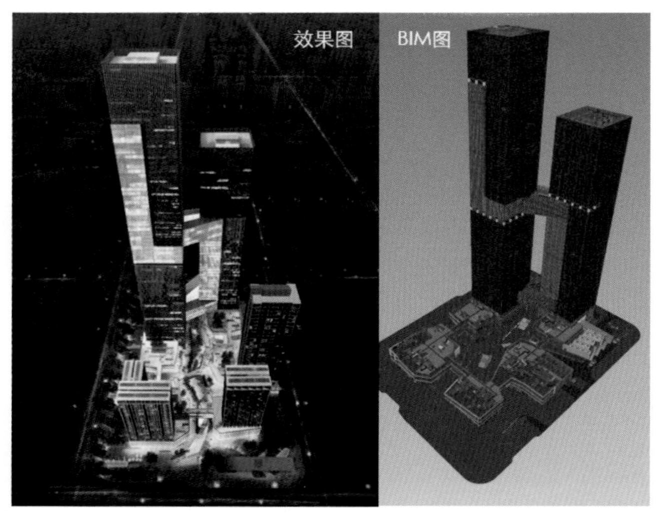

06 南方科技大学二期工学院

用地面积：4.4 万 m^2
建筑面积：11.5 万 m^2
设计时间：2016 年
竣工时间：2019 年
BIM 设计单位：奥意建筑工程设计有限公司
获得奖项：2018 年深圳市第十八届优秀工程勘察设计（BIM）二等奖

本项目位于南方科技大学校园内，建筑整体呈现有机、延续观感；立面简洁优雅，符合大学工科建筑特征；功能灵活划分，呈现出有机的、延续的观感。其中南楼为 9 层共 5 个系，北楼为 10 层共 4 个系，地下室为汽车库、部分实验室、设备用房及人防工程。工学院的各系均匀地布置在两个 U 形体量中。

07　莲塘口岸（深圳）

用地面积：17.4 万 m^2
建筑面积：12.6 万 m^2
设计时间：2014 年
竣工时间：2019 年
BIM 设计单位：深圳市华阳国际工程设计股份有限公司
获得奖项：深圳市优 BIM 专项一等奖；
“SMART”最佳 BIM 应用奖；
广东省优 BIM 专项一等奖

莲塘口岸位于罗湖区莲塘街道西南角，北邻罗沙路，南至深圳河，口岸区内部占地面积 17.4hm^2。莲塘口岸是深圳市规划建设的第七座跨境陆路综合口岸，主要以服务香港地区与深圳东部、惠州、粤东、赣南、闽南等地区之间的跨界货运兼客运交通，加强港深和粤东地区的联系，其建设有利于深圳市内陆口岸功能的优化调整，对带动莲塘片区的发展具有重要意义。

08　清华大学深圳研究生院创新基地（二期）

用地面积：3552m^2
建筑面积：5.1 万 m^2
设计时间：2015 年
竣工时间：2019 年
BIM 设计单位：深圳市华阳国际工程设计股份有限公司
获得奖项：深圳市优 BIM 专项一等奖；
广东省优 BIM 专项三等奖；
“创新杯”科研办公类 BIM 应用第三名；
智建杯文化类 BIM 应用三等奖；
广东省首届 BIM 应用大赛二等奖

本项目位于深圳南山区西丽大学城校园主轴线的西侧，毗邻清华大学学生生活区及 K 楼，基地南侧为发展用地。上部塔楼为 1 栋 22 层高创新基地大楼，结构屋面高度为 93m，含二层地下室。占地面积为 3552m^2，总建筑面积约 5.14 万 m^2，其中实验楼 4.5 万 m^2，地下车库及设备房约 6000m^2。

09 达实大厦

用地面积： 1.1 万 m^2
建筑面积： 10.8 万 m^2
设计时间： 2015 年
竣工时间： 2018 年
BIM 设计单位： 筑博设计股份有限公司
获得奖项： 2017 年广东省工程勘察设计行业协会优秀工程设计 BIM 专项设计二等奖；
2016 年深圳市勘察设计行业协会优秀工程勘察设计 BIM 专项设计一等奖；
2016 年第十五届中国国际住博会最佳 BIM 设计应用奖优秀奖

项目位于深圳市南山区高新技术产业园达实大厦地块，西侧紧邻科技南一道。项目包括既有建筑原达实智能大厦改造及新建达实大厦，其中地上 44 层，地下 4 层，建筑总高度 200m；是集办公、研发、商务、会议中心为一体的甲级写字楼。

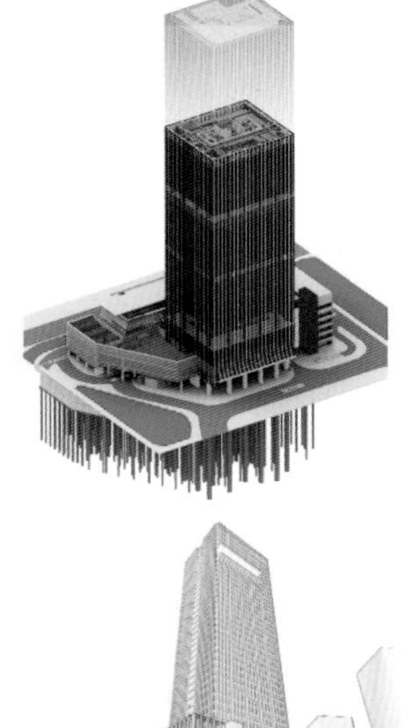

10 龙华金茂府

用地面积： 3.6 万 m^2
建筑面积： 19.8 万 m^2
设计时间： 2016 年
竣工时间： 2019 年
BIM 设计单位： 筑博设计股份有限公司
获得奖项： 2018 年深圳市勘察设计行业协会优秀工程勘察设计 BIM 专项设计二等奖

项目位于深圳龙华区，北面为建设路，南面为洁玉街，东面为民塘路，西面为腾龙路，紧挨地铁 4 号线上塘站。规划设计为 5 栋超高层单体建筑，地上最高高度 148.9m，最大层数：地上 46 层，地下 2 层。

本项目从设计阶段就开始应用 BIM，将可能存在的设计、施工问题提前暴露解决，实现了设计与施工的无缝衔接，提升了设计质量，减少了设计变更；在设计阶段进行装配式建筑施工安装模拟，对装配式建筑设计及施工的可行性进行了验证，也为后期施工安装提供指导。

11 深圳当代艺术馆与城市规划展览馆

用地面积：2.97 万 m^2
建筑面积：9.11 万 m^2
设计时间：2007~2014 年
竣工时间：2016 年
BIM 设计单位：深圳华森建筑与工程设计顾问有限公司

本项目是深圳市重要的标志性建设项目，也是福田中心区最后一个重大公共建筑项目。其南临市民中心，北靠市少年宫，西向深圳书城。在 2007 年两馆建筑设计方案国际竞赛中，奥地利先锋设计事务所蓝天组的方案夺得第一，并与深圳华森建筑与工程设计顾问有限公司合作完成设计。建筑地上 5 层，地下 2 层（负二层为局部），功能主要包括当代艺术馆、城市规划展览馆、公共服务区、地下展品中转区、设备用房、地下车库及其他配套设施。高度为 40m。

该建筑用一个整合的城市巨石完善了城市东侧一翼的整体规划概念，同旁边的青少年宫一起形成了与对面歌剧院及图书馆的对位关系。遵循区域内提升主要平面至 10m 的高度这一规则将加强福田文化中心之内所有建筑之间的关系。该项目看上去犹如一个融合了两个博物馆的巨石整体，该巨石的外表皮为一个动态面，根据福田文化区中心的具体情况来扭动其表皮以取得与城市环境文脉的相互呼应。

12 地铁科技大厦

用地面积：0.9 万 m^2
建筑面积：9 万 m^2
设计时间：2012 年
竣工时间：2018 年
BIM 设计单位：深圳华森建筑与工程设计顾问有限公司

本项目用地面积 9772.1m^2，容积率为 10，总建筑面积 97760m^2，其中办公面积 42690m^2，酒店面积 38000m^2，商业面积 8260m^2，交通换乘及其公共配套面积 8810m^2。建筑 248.9m 高，共计 53 层，地下有 4 层地下室，深圳地铁一号线在基地内地下穿过，裙房部分共 7 层，其中首层为公交车站、配套设施、办公大堂，二层为停车库，三至五层商业，六层为酒店宴会会议配套设施，七层及八层屋顶为公共活动花园。

塔楼部分为 9~53 层，其中 9~17 层为低区办公，19~31 层为高区办公。33~40 层为酒店标准层，41~45 层为行政套房层，47 层为空中餐厅，48 层为空中大堂，49~51 层为酒店娱乐设施，52 层为空中吧。

第19章

建筑工业化篇

黄 海 张成亮 李世钟
陈志龙 朱 丹

深圳装配式建筑发展概况

发展装配式建筑是建造方式的重大变革，是推进供给侧结构性改革和新型城镇化发展的重要举措。作为全国装配式建筑的排头兵，深圳市在住房和城乡建设部与广东省住房和城乡建设厅的领导下，在市委、市政府的高度重视下，2006年，获批成为全国首个住宅产业化综合试点城市，经过十余年孜孜不倦的项目实践与创新探索，形成了装配式建筑发展的“深圳模式”，2017 年再次获批成为全国首批装配式建筑示范城市，并在珠三角及粤港澳湾区建设中不断释放辐射引领效应。

一是政策引导全面有力。近年来，深圳市陆续发布多项政策文件，全面推动装配式建筑发展。2014 发布的《关于推进深圳住宅产业化的指导意见（试行）》等系列文件明确了实施应用的政策与技术要求；

2017 年，《关于加快推进装配式建筑的通知》《深圳市装配式建筑住宅项目建筑面积奖励实施细则》《关于装配式建筑项目设计阶段技术认定工作的通知》系列文件先后出台，从项目实施范围、管理模式、面积奖励、资金扶持、认定程序等多方面大力促进项目快速落地。与此同时，造价定额工作不断完善，《深圳市装配式建筑工程消耗量定额（2016）》发布实施；标准规范不断编制出台，数十项技术标准、图集、课题，形成了以本地适宜为原则的标准规范体系，不断强化技术支撑。

随着深圳正式获批为全国装配式建筑示范城市，《深圳市装配式建筑专项规划（2017-2020 年）》也完成编制并通过市政府审议，全面对标国内外先进城市，对装配式建筑的主要任务、工作计划和保障措施进行全面部署，装配式建筑发展进入全新局面。

二是项目实施规模化增长。按照有关政策要求，新出让住宅用地项目及纳入“十三五”开工计划独立成栋的人才住房和保障性住房项目 100% 要求实施装配式建筑，并要求在装配式建筑项目中优先推行设计 - 采购 - 施工（EPC）总承包、设计 - 施工（D-B）总承包等项目管理模式；同时，对于在自有土地自愿实施装配式建筑的项目，实行 3% 建筑面积奖励、主体结构 1/3 提前预售等措施，极大激发了企业与市场的积极性，越来越多的企业积极参与装配式建筑，致力于项目落地与实施。

截至 2017 年末，全市新开工装配式建筑项目 20 个，建筑面积 254 万 m^2，在建项目 31 个，总建筑面积 364 万 m^2，纳入全市装配式建筑项目库统计的项目达 90 个，总建筑规模已超过 1000 万 m^2，项目覆盖住宅、公寓、宿舍、学校、公共建筑等全部建筑类型，装配式混凝土建筑与装配式钢结构建筑同步发展，EPC 管理模式项目逐步增长。

三是市场培育与示范建设局面良好。为进一步推进深圳装配式建筑发展，主管部门积极培育试点示范，近年来孵化了 40 余个市级示范基地与示范项目，2017 年，万科集团、中建钢构、中建国际、华阳国际、嘉达高科、华森设计、筑博设计、鹏城建筑等 8 家代表企业正式获批成为国家首批装配式建筑产业基地，不仅数量名列前茅，企业类型更是覆盖了开发、设计、施工、生产等全产业链条。

在政策引导和激励扶持下、在龙头企业先行先试带动下，越来越多的开发建设单位、设计单位、施工单位、部品部件生产及相关配套单位纷纷加入装配式建筑的队伍，依托粤港澳湾区日益健全成熟的产业配套优势，进一步形成了规模效应、带动效应，并向珠三角城市群、粤港澳湾区建设乃至全国装配式建筑发展释放出强大的溢出效应。

与此同时，大力发挥行业协会在行业自律管理中的作用，营造良好行业氛围与合作契机。首部装配式建筑团体标准《预制混凝土构件生产企业星级评价标准》，对深圳及周边地区的预制混凝土生产企业进行综合评价及技术引导，对整体行业的自律管理具有重要示范及借鉴意义，在全国范围内具有一定的首创价值。

四是能力建设与人才队伍建设持续提升。近年来，主管部门持续加大投入，组织行业协会及相关单位积极开展装配式建筑系列培训与大型现场观摩活动，培训对象范围涵盖了市区相关主管部门，各建设、设计、施工、审图机构等单位，培训超过 1 万人次，有效提升从业人员认知度，提高专业知识水平；率先在国内创设装配式建筑专业技术职称，为装配式建筑发展提供不同梯级人才队伍的需求；依托立得屋、有利华等装配式建筑骨干企业和产业基地，建立全市装配式建筑实训基地，通过“课堂教学、操作培训、技能鉴定”三位一体的综合性实训，推动建筑劳务工向职业化、产业化、现代化工人转型。

政策引领、市场主体、项目落地、能力提升，深圳装配式建筑正呈现出持续健康发展的良好态势。作为全国首个试点城市与首批示范城市，深圳切实发挥了先行先试、引领示范的积极作用，持续探索提升城市建设水平、促进建造方式变革之路。

01 万科第五园第五寓项目

项目现场图

项目概况

深圳万科第五园五期 12 号楼位于深圳市龙岗区梅观高速公路与布龙路交汇处，是一栋针对青年人群的“单身公寓”，规模为 12 层的工业化试点住宅楼。第五寓的设计是基于 VSI 工业化住宅技术体系，通过采用工业化技术，首先实现了建筑设计、内装设计、部品设计的流程一体化控制，是首个使用产品开发流程进行设计的工业化住宅产品，也是华南地区工业化住宅项目投入市场的第一案例。

本项目工业化采用了现浇框架主体，外墙外挂装配的工法类型。项目已于 2009 年完工并投入使用。

项目曾荣获深圳市第十四届优秀工程“住宅建筑一等奖”；全国勘察设计行业第四届华彩奖金奖；广东省十一届优秀勘察设计行业住宅二等奖；“第七届全国优秀建筑结构设计奖”三等奖；深圳市第一个“住宅工业化试点项目”。

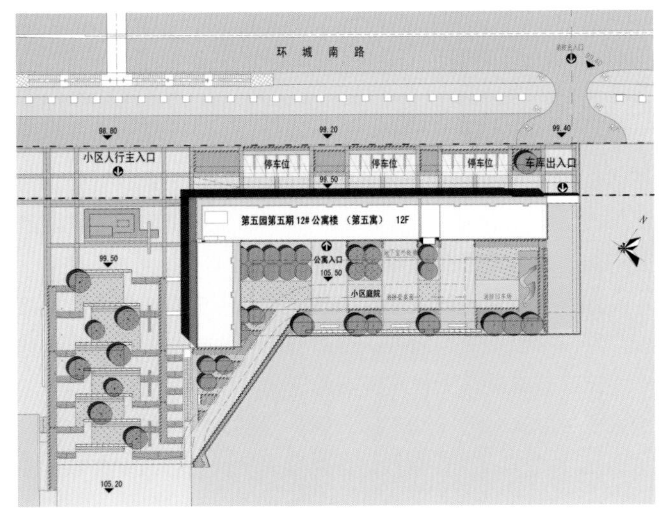

项目总平面图

装配式建筑技术应用情况

项目采用的预制构件有：预制外挂墙板、预制楼梯、预制走道、预制叠合楼板、预制梁、柱模板。用工业化的设计理念，选择建筑适合的部位进行工厂的预制，提高整体工程效率和工程成本。该项目采用竖向结构现浇，水平结构预制叠合构件，外墙预制悬挂连接的工法体系预制的部位包含外墙、楼梯、走道、楼板、梁和柱模板。预制外挂墙板在生产时就已经将窗预先镶嵌在墙内，这种一体化预制墙体，使得渗水率等质量通病远远低于传统工艺建造的建筑。

小结

万科第五园第五寓项目为探索标准化设计与多样化实现方式做了深入研究与应用，最终采用完全标准化的清水混凝土预制外挂墙板，通过横向竖向的排列组合，实现了外墙立面的设计感与丰富性，这种“少规格、多组合”的标准化设计手法成为装配式建筑的重要发展方向。作为华南地区工业化住宅项目投入市场的第一案例和深圳市第一个“住宅工业化试点项目”，承担了诸多探索性任务。通过该项目的实践，也坚定了各参建单位对建筑工业化的信心，参与本项目的有关单位也成为此后深圳装配式建筑的重要力量。

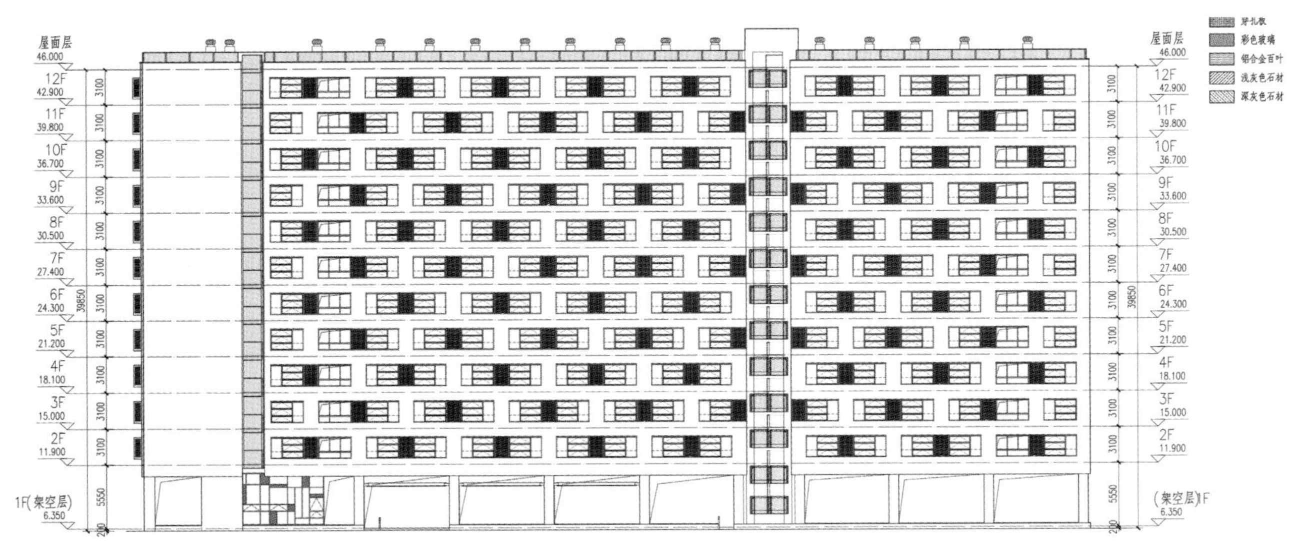

项目立面图

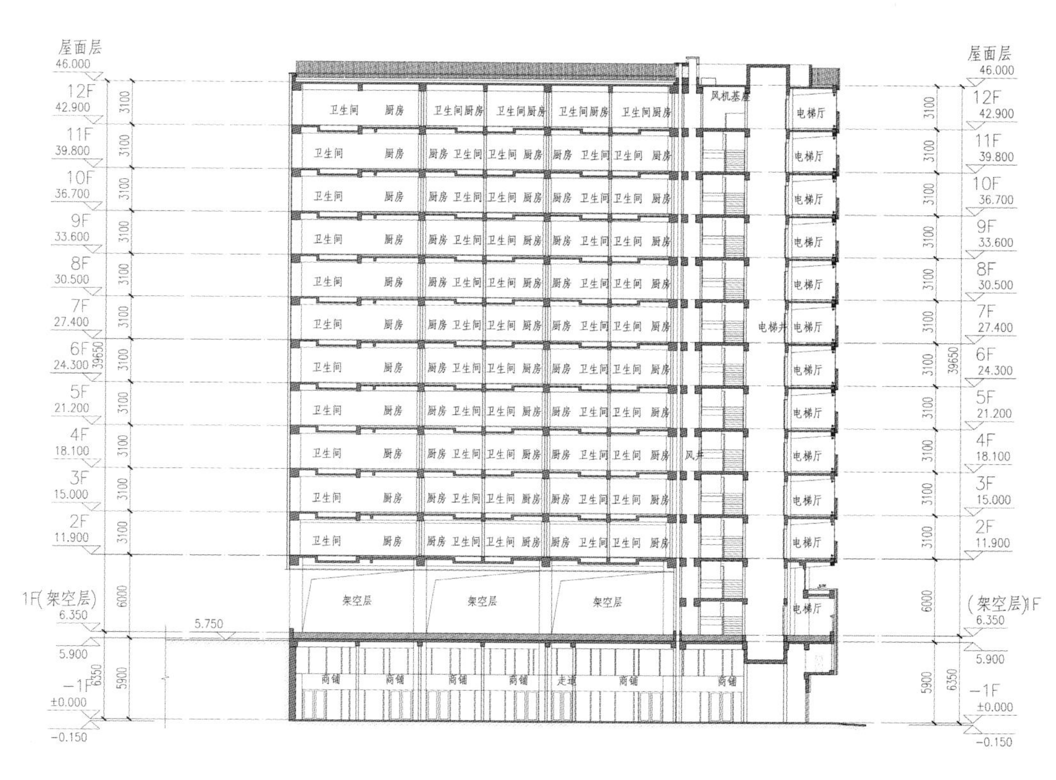

项目剖面图

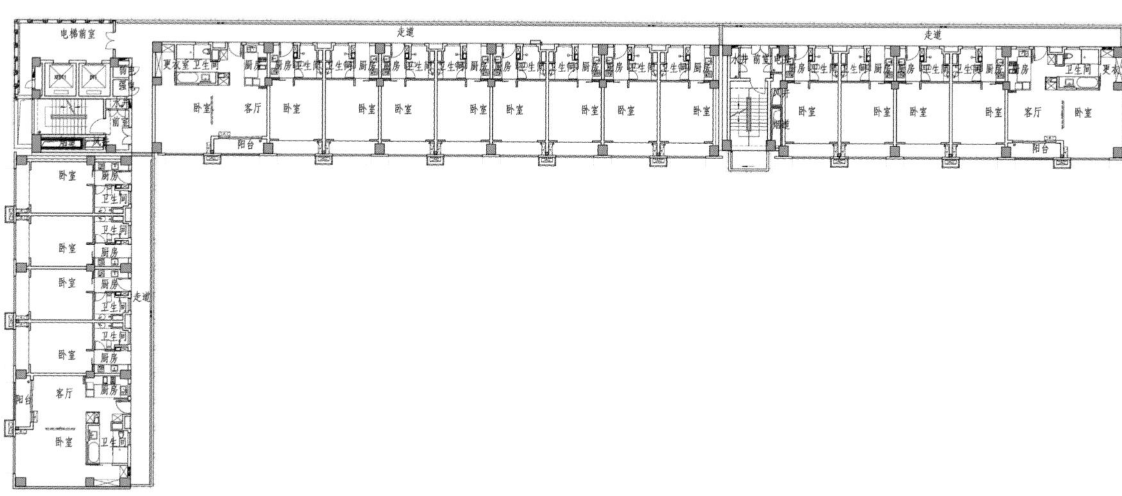

标准层平面图

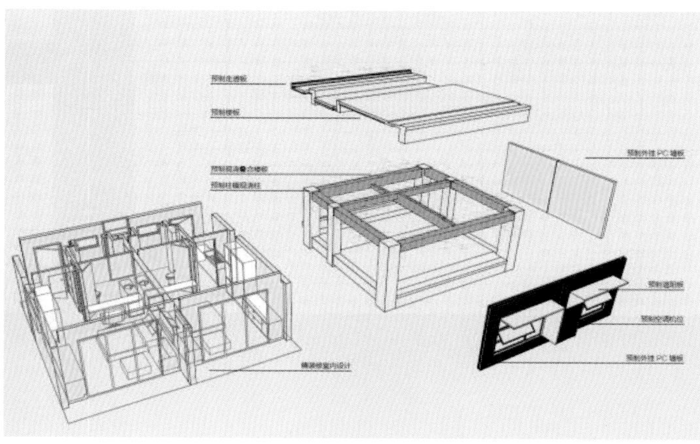

项目立面效果（左）
构件布置图（右）

02 龙悦居三期项目

项目概况

龙悦居三期项目位于深圳市宝安区龙华街道玉龙路与白龙路交汇处，是采用工业化生产方式建设的政府公共租赁住房，也是华南地区的第一个工业化保障性住房项目。项目总用地面积 5.01 万 m^2，总建筑面积 21.6 万 m^2，整个小区共由 6 栋 26~28 层高层住宅（约 16.8 万 m^2）、半地下商业及公共配套设施（约 0.68 万 m^2）及二层停车库组成，住宅总户数 4002 套，由三种套型组成（以 35、50m^2 套型为主（约占 95% 以上），少量 70m^2 套型）。

本项目为框架剪力墙结构，抗震设防烈度为七度。住宅主体结构采用现浇剪力墙结构预制外挂墙板体系，预制外挂墙板、楼梯、走廊采用预制构件，由工厂生产后在现场装配式建造施工。设计采用“模数化”、“标准化”、“模块化”工业化设计理念，以实用、经济、美观为基本原则，发挥工业化优势，控制造价，让工业化的推广价值得到体现。

本工程获得“2011 中国首届保障性住房设计竞赛”一等奖、最佳产业化实施方案奖、国家康居示范工程、全国保障房优秀设计一等奖、深圳市第一个住宅工业化示范项目、2011 年中国首届保障性住房设计竞赛金奖、第二批全国建筑业绿色施工示范工程、住宅工业化建造方式被列为“深圳市住房和建设领域重点科研课题”、“深圳市建设科技示范项目”、

项目鸟瞰图

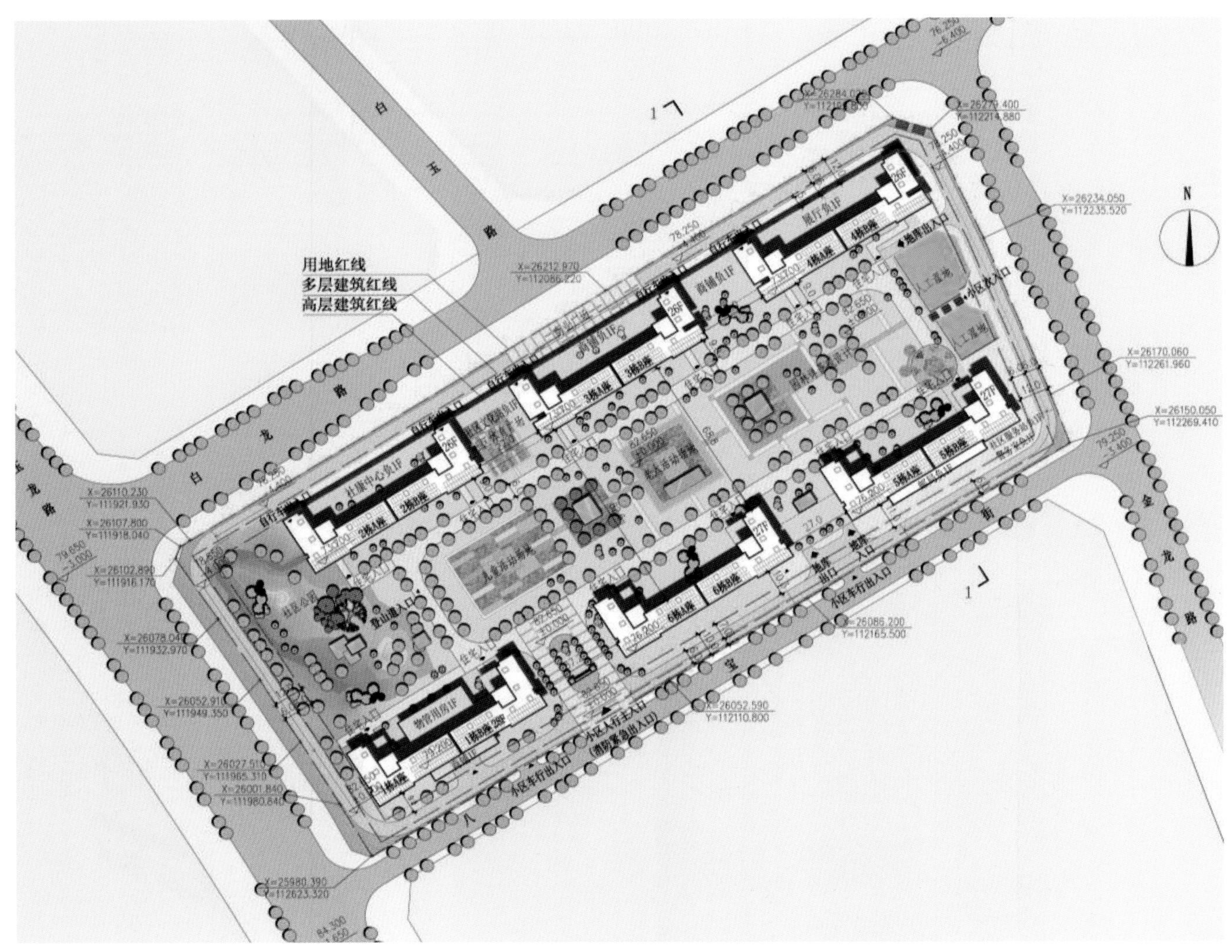

项目规划总平面效果图

广东省“双优工地”、深圳市“双优工地”、深圳市 2011 年“工程建设标准化试点项目”等。

项目在建现场图

装配式建筑技术应用情况

本工程采用预制外挂墙板、预制楼梯、预制叠合阳台、预制混凝土内隔墙板工业化技术，并辅以大钢模的施工工艺建造，同时项目全部精装修交房。

小结

本项目无论从户型模块的标准化设计，还是对节点构造的细部处理，都是在以工业化设计理念为指导的原则下充分结合项目自身特点进行设计施工。工业化设计不等同于机械重复设计，而是需要在设计过程中与部品部件设计、室内精装设计、构件生产、施工组织同步进行，形成一体化设计。希望通过本项目的示范，推动工业化技术在保障型住房的实际应用，促进住宅产业向集约型、节约型、生态型转变，引导和带动新建住宅项目全面提高建设水平，带动更多建筑采用新技术，进而推进我市装配式建筑发展进程，实现可持续发展的社会意义和价值。

项目建成图

项目建成夜景图

项目在建现场图

装配式建筑技术应用

03 万科翡悦郡园项目

项目概况

万科翡悦郡园位于深圳市宝安区沙井街道环镇路与新沙路交界处，属于 2010 年宝安区沙井新沙路城市更新住宅项目，采用建筑工业化方式建造。翡悦郡园项目用地面积为 9657.93m^2，用地呈三角形，东西最长距离约 120m，南北约 155m，属低山丘陵地貌，地形呈南、西北高、东北低的特点。

项目总建筑面积 45158.09m^2，其中住宅建筑面积 26930m^2，容积率为 3.57。项目由 A、B、C 三栋高层住宅塔楼、裙楼商铺及两层地下室组成，其中 A、B 座塔楼 28 层，高度为 90.05m，分布在用地内北侧，C 座塔楼 29 层，高度为 93.70m，分布在用地中部。用地中心设置景观庭院，在设计中随坡就势，让中心庭院随地形排布，在底部三层放置商业，南部为返还市政绿化用地。塔楼工业化体系采用：预制外挂墙板、预制花槽、预制混凝土内隔墙板、铝合金模板、自升式爬架。

项目鸟瞰图

项目建成图

项目建成图

塔楼效果图

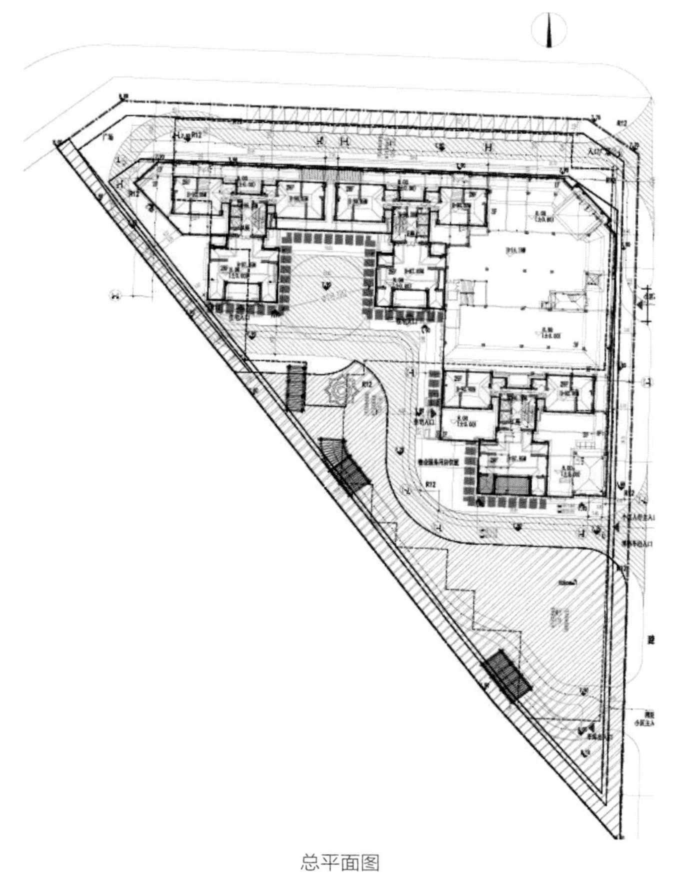

总平面图

标准层平面布置图

项目立面图

预制凸窗吊装图

装配式建筑技术应用情况

本项目在正负零以上楼层采用预制构件，预制构件主要用在部分凸窗位置的外墙及花池；项目除采用预制外挂墙板部位外其余现浇部位均采用铝模、大钢模装配式模板技术替代传统的模板施工技术进行施工。

小结

通过本项目的示范，推动工业化技术在保障型住房的实际应用，促进住宅产业向集约型、节约型、生态型转变，引导和带动新建住宅项目全面提高建设水平，带动更多建筑采用“四节一环保”新技术，进而推进住宅产业现代化进程，实现可持续发展的社会意义和价值。

构件类型	施工方法		构件位置	构件设计说明	最大重量（或体积）
	预制	现浇			
预制外挂墙板	√		东、西、南、北外墙	采用现浇外挂模式，与现浇边梁整浇连接	5.74 吨
预制花槽	√		北侧走廊	采用现浇外挂模式，与现浇边梁整浇连接	2.28
预制混凝土内隔墙板	√		内隔墙	标准预制构件	0.14 吨
其他技术	1. 精装修穿插施工； 2. 自升式爬架； 3. 门窗框先装法施工技术； 4. 铝合金模板施工技术； 5. 预制混凝土内隔墙板施工技术； 6. 外立面穿插施工技术； 7. 预制构件生产与安装技术				

04 朗侨峰居项目

项目概况

深圳市龙珠八路西保障性住房 BOT 项目位于深圳市南山区，北环大道以南，东侧紧邻北环—龙珠立交，由深圳中铁郎侨峰居有限责任公司建设。项目总用地 7113.68m^2，总建筑面积约为 48889.35m^2，容积率 5.0，计规定容积率建筑面积为 36746.62m^2。建筑基底面积为 2043.17m^2，覆盖率为 26.90%。绿地面积为 2403.79m^2，绿地率为 33%。

本工程包括 A 栋 29 层、B 栋 30 层及共两层的地下室三个子项，主要功能为住宅，住宅总户数为 570 户。A 栋为混凝土剪力墙结构体系，建筑为地上部分为 29 层，建筑高度为 89.55m，建筑规模有 18142.56m^2，住户户数为 280 户。B 栋为钢管混凝土（钢）框架 - 核心筒结构体系，建筑地上部分为 30 层，建筑高度为 92.55m，建筑规模有 19295.99m^2，住户户数为 290 户。

该项目总平面图、标准层平面图、立面图、现场图如上图所示。工程结构类型为钢结构，抗震设防烈度为 7 度。

装配式建筑技术应用情况

钢结构中外圈钢梁和钢柱包裹混凝土，核心筒为传统混凝土结构，其余钢构件为免模板；采用免抹灰 CCA 板整体灌浆墙；定型装配式抹灰只有钢筋桁架楼承板。预制整体卫生间为非混凝土构件，采用华南建材公司提供的成品卫生间吊装，因场地及交接作业影响，现场只能倒运半成品到各个房间进行拼装，每层 10 户，每户一套预制整体卫生间，共 290 套。

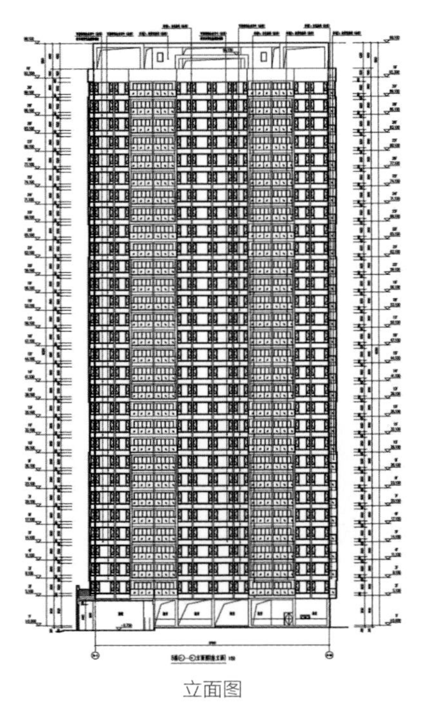

立面图

项目鸟瞰图

项目建成图

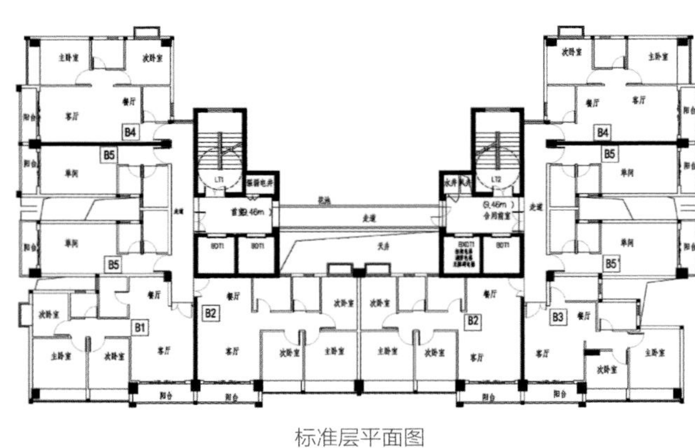

标准层平面图

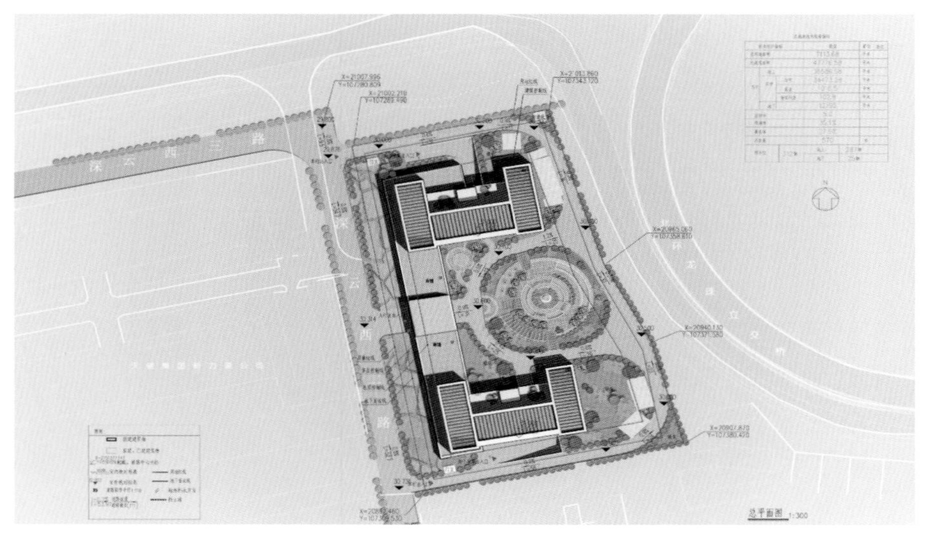

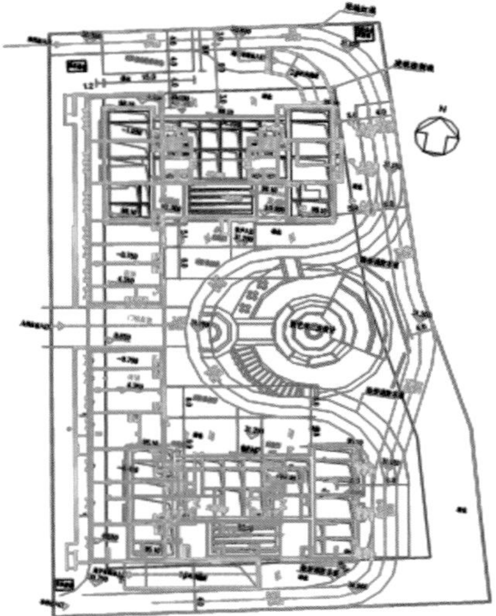

总平面布置图

效果图

小结

本项目是全国首个以 BOT 模式建设的保障性住房项目，在结构布局和装修效果上两栋塔楼保持一致，其中 B 栋为深圳市首个钢结构高层住宅，被列为深圳市产业化试点工程。为体现工业化建造，提高装配率，B 栋框架采用钢结构，楼板采用钢筋桁架楼承板、内墙采用预制泡沫混凝土 CCA 条板，卫生间采用整体卫浴安装。

在项目建设过程中，参建单位多方考察类似项目，发现外墙 CCA 板维护体系出现大量开裂渗水现象。为避免此类现象发生造成居住影响，不惜增加成本将

CCA 板外墙进行改造，外围钢柱钢梁外包钢筋混凝土，外围护墙改为加气混凝土砌块。事实证明，入住以后 B 栋外墙避免了大量开裂，只有顶端几层出现轻微裂纹。内墙 CCA 板与钢结构的连接处，在塔楼的中上部楼层出现连续应力开裂现象较多。

结合本项目在设计、施工和后期运营阶段的经验总结，类似高层钢结构装配式住宅在以后的开发建设时，要优化设计各项节点，严格控制施工质量，认真总结分析问题，在不就的将来尽快形成一套完成的高层钢结构装配式建筑体系。

构件类型	施工方法		构件位置	构件设计说明	总重量（或体积）
	预制	现浇			
钢筋桁架楼承板	—	√	楼板及屋面板	120mm 厚现浇板	—
预制整体卫生间	√	—	卫生间	半成品现场拼装	—
CCA 板	√	—	户内隔墙	90mm 厚工厂预制条形泡沫预制混凝土内隔墙板	—

钢筋桁架楼承板

内墙 CCA 板

05 金域揽峰花园项目

项目概况

本工程位于深圳市龙岗区，东面为规划小学，南临松石路，西面是自然山体公园，北面为 G06101-0227 号宗地，项目总用地面积 38997.16m^2，建筑面积 124750.74m^2。容积率 2.5，地块呈长方形，南北最长约为 231m，东西最宽约为 189m，属低山丘陵地貌，地块内部高差明显，南高北低，高差约 15m。

项目 6 栋高层住宅（1~6 栋）均实施工业化，附设一层架空层或商业，地下设一层地下室；其中 6 栋塔楼部分为住宅，下设商业、社区健康服务中心、管理用房、社区居委会、社区服务站、社区警务室、文化活动室、公厕。

1 栋、2 栋、3 栋、6 栋层数均为 32 层，建筑高度 95.25m；4 栋、5 栋层数均为 30 层，建筑高度 89.45m；7 栋层数为 1 层，建筑高度 5m。结构类型采用钢筋混凝土剪力墙结构，局部设框支梁转换。

装配式建筑技术应用情况

该项目六栋高层住宅除首层架空层外全部为标准的 5A 楼型。

根据《深圳市住宅产业化试点项目技术要求》文件，本项目的预制率为 15.86%。

小结

通过本项目的示范，推动工业化技术在保障型住房的实际应用，促进住宅产业向集约型、节约型、生态型转变，引导和带动新建住宅项目全面提高建设水平，带动更多建筑采用“四节一环保”新技术，进而推进住宅产业现代化进程，实现可持续发展的社会意义和价值。

项目鸟瞰图

项目在建图

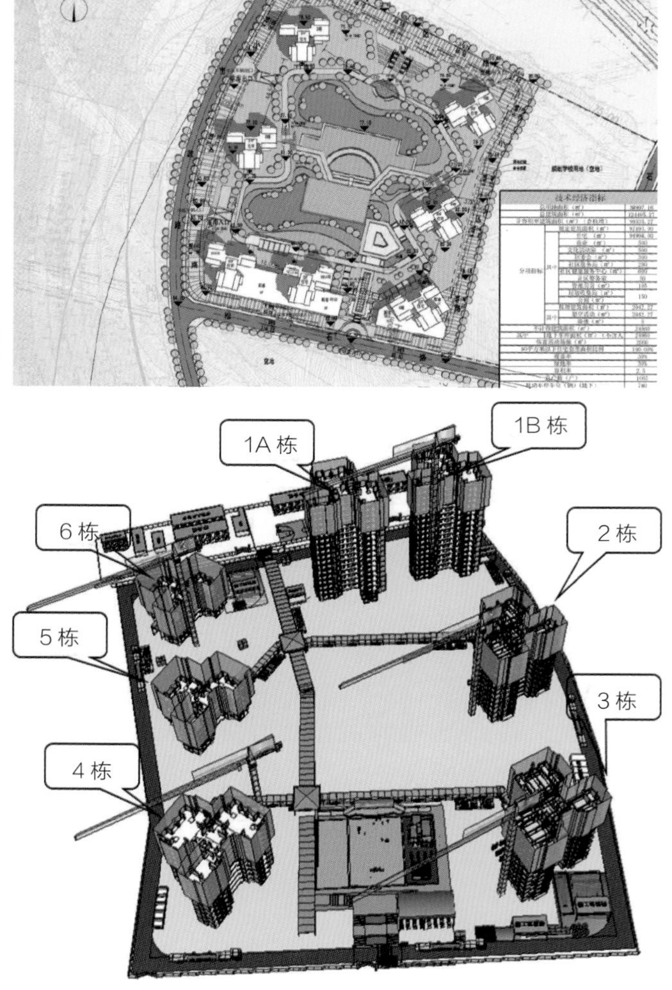

项目总平面布置图

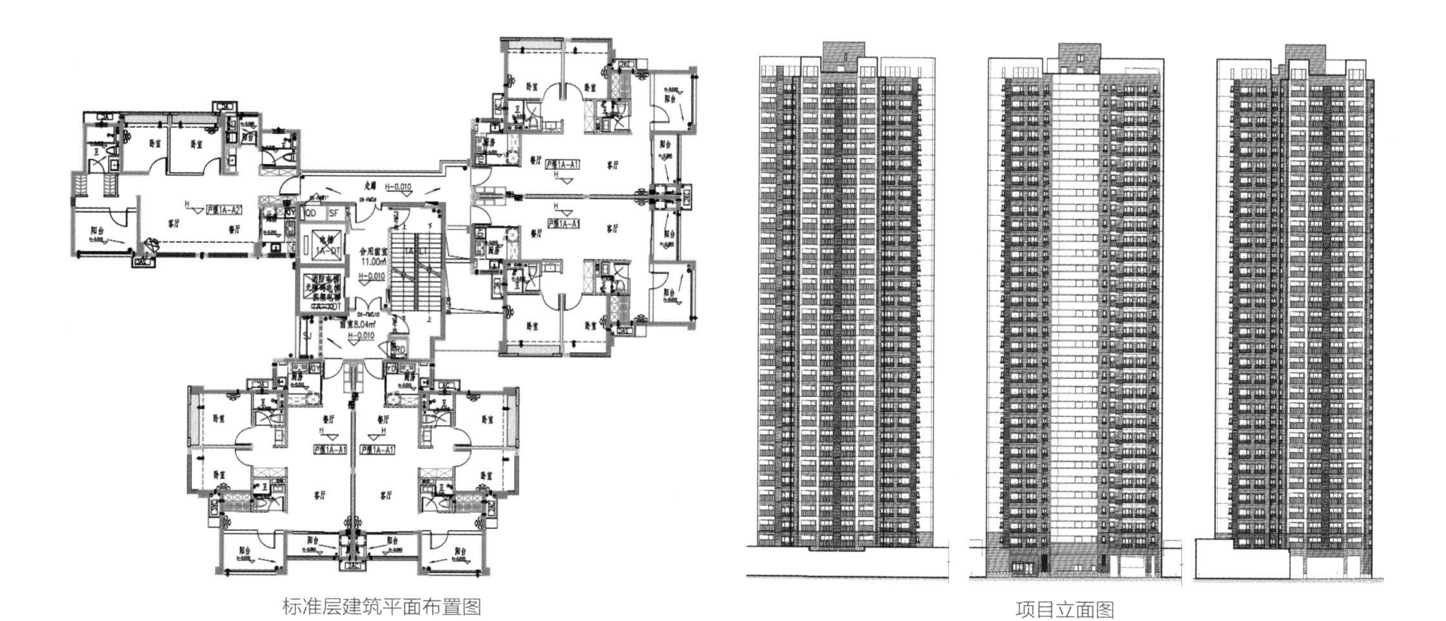

标准层建筑平面布置图　　　　项目立面图

项目效果图

项目建成图

构件类型	施工方法		构件位置	构件设计说明	最大重量（或体积）
	预制	现浇			
预制外挂墙板	√		东、西、南、北外墙	采用现浇外挂模式，与现浇边梁整浇连接	3.66 吨
预制混凝土内隔墙板	√		预制混凝土内隔墙板	标准预制构件	0.14 吨
其他技术	1. 精装修穿插施工； 2. 自升式爬架； 3. 门窗框先装法施工技术； 4. 铝合金模板施工技术； 5. 预制混凝土内隔墙板施工技术； 6. 外立面穿插施工技术				

06 中海天钻项目

项目概况

本项目位于深圳市罗湖区滨海大道与红岭路交汇处东南侧，紧邻深圳河，与香港一河之隔，是两城交汇之处。本项目为罗湖区更新改造项目，用地面积 47166.23m^2，容积率为 4.1，总建筑面积 260380.87m^2，地下室建筑面积 63201.35m^2，计容建筑面积 193481.49m^2，其中高层住宅面积 183951.49m^2，商业面积 3300m^2，其他配套面积 3530m^2，幼儿园建筑面积约 2700m^2，地上核增建筑面积 3698.03m^2。

产品类型主要为住宅，工程结构类型为抗震墙结构，抗震设防烈度为 7 度。

总体规划包括 8 栋、9 栋超高层工业化住宅；本项目于 2015 年 3 月开工，2016 年 8 月主体封顶。

项目取得英国 BREEAM 二星级绿色建筑认证，在兼顾了绿色新理念的基础上，还实行了私人定制的装修：色系定制、功能定制、品牌定制、衣柜定制、入户门定制。2016 年中建总公司科技推广示范工程。

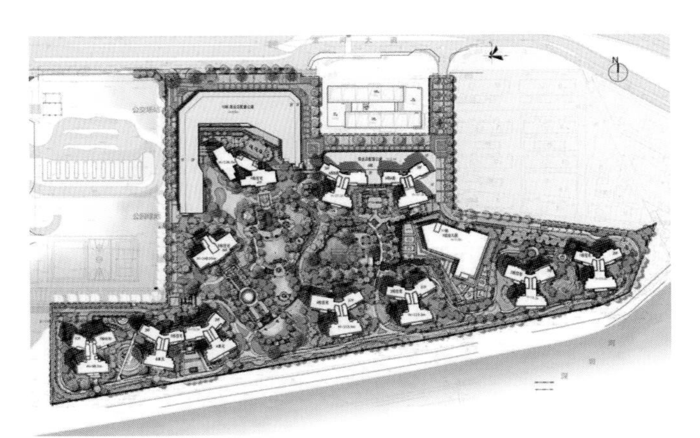

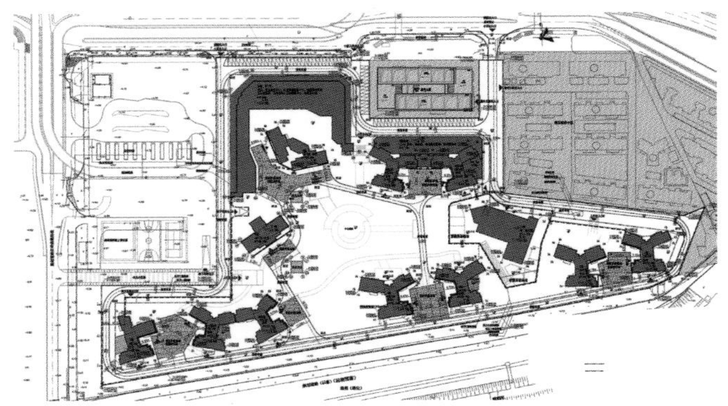

项目总平图

项目鸟瞰图

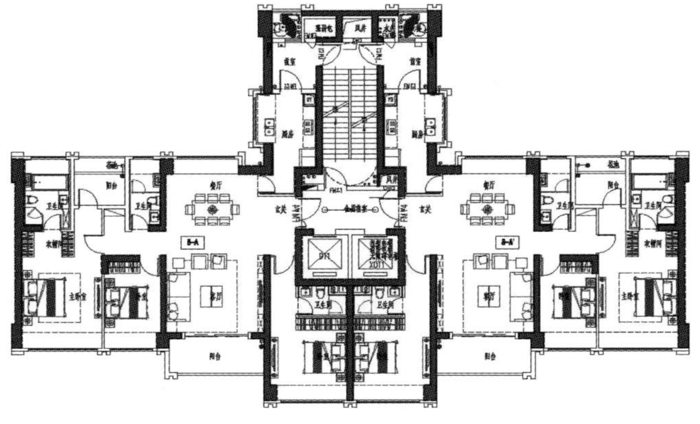

标准层平面图 1

项目在建图

项目立面效果图

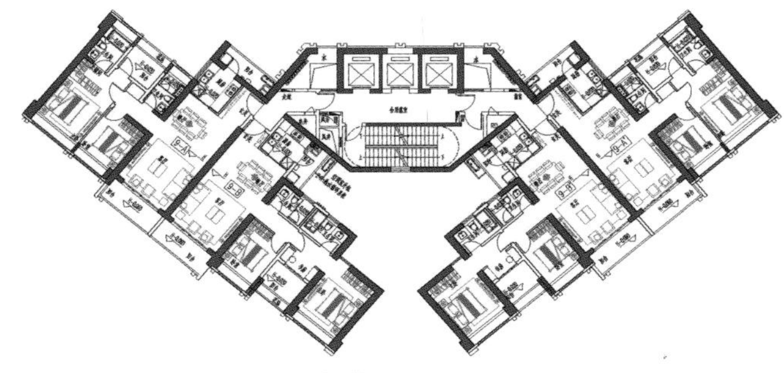

标准层平面图 2

装配式建筑技术应用情况

（一）预制率指标

8栋（3~46层）

楼层	预制混凝土体积	预制非承重预制混凝土内隔墙板		现浇混凝土体积	标准层预制率	楼栋总预制率
		体积	是否大于7.5%			
3~11	35.174	无	无	231.26	15.2%	15.2%
12~36	35.218	无	无	219.66	16%	
37~46	35.304	无	无	212.76	16.6%	

9栋（3~41层）

楼层	预制混凝土体积	预制非承重预制混凝土内隔墙板		现浇混凝土体积	标准层预制率	楼栋总预制率
		体积	是否大于7.5%			
3~21	41.194	无	无	259.53	15.87%	15.01%
22~41	41.246	无	无	259.53	16.89%	

（二）装配率指标

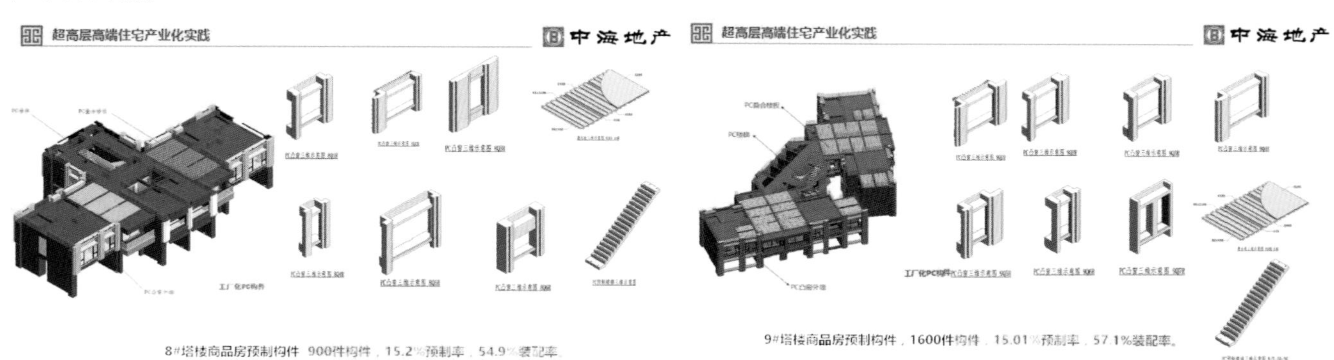

8#塔楼商品房预制构件 900件构件，15.2%预制率，54.9%装配率。

9#塔楼商品房预制构件，1600件构件，15.01%预制率，57.1%装配率。

（三）技术应用措施

构件类型	施工方法		构件位置	构件设计说明	总体积
	预制	现浇			
预制外挂墙板	√		东西向外墙	内保温，保温材料为无机保温砂浆；采用内浇外挂技术，实现窗框与预制构件一体化连接，解决了常规的窗边渗漏的问题	2284.72m^3
预制叠合楼板	√	√	局部楼层板	采用 5cm 的桁架式预制叠合楼板	659.484m^3
预制楼梯	√				328.1m^3
其他技术	1. 住宅科技成果的产业化，将最新的科学工业产品整合到住宅中，如多种节能材料的应用、光导管技术、海绵社区技术、新风置换系统、除霾系统、小区夜光跑道、智能家居、地库充电桩等； 2. 通过自主模拟实验及技术分析，突破性地使用了 5cm 的桁架式预制叠合楼板（国内其他项目都是 6cm 的板），有效提升室内的净高； 3. 成品预制楼梯采用的是先进的滑动支座节点技术，而不是需要钢筋锚固的固定支座技术，在施工便利性上有很大的优势				

小结

作为中海地产全国范围内实施的首个装配式建筑项目，同时也是深圳首个通过土地招拍挂方式出让实施的装配式建筑项目，要求高、标准高，项目通过采用预制凸窗、叠合楼板、预制楼梯等产品构件，并采用装配式铝合金模板技术、BIM 建筑信息模型技术等，成功探索了在近 150m 建筑高度上的装配式建筑技术应用，与此同时，项目还采用了一系列绿色建筑技术，并荣获华南地区首个 BREEAM 绿色建筑二星级认证。也是因为该项目的成功探索，开启了中海地产在集团层面的装配式建筑整体推进。

07 招商中环项目

项目概况

招商中环项目处于罗湖笋岗 - 清水河片区，是对原中外运物流仓库的城市更新项目。项目总用地面积 58550.3m^2，共有 1、2、3、4 号地块，规划容积率≤ 8.5，总建筑面积约 50 万 m^2。其中 1 号地块用地面积 12453.7m^2，计容面积 91060m^2，共有三栋超高层商务公寓塔楼(1-101、1-102、1-103)。为提高项目品质及施工质量，其中 1-102 座、1-103 座公寓 4 层及以上由深圳市德瀚投资发展有限公司自愿采用装配式方式建造。项目在 2016、2017 连续两年被深圳市发展和改革委员会评为深圳市重大项目，并荣获 2016 年度深圳市装配式建筑示范工程。

装配式建筑技术应用情况

小结

本项目通过前期策划、过程管理、协同设计、严格质量管理，使项目能够做到设计高标准、施工高要求，为招商蛇口的第一个装配式建筑项目的顺利进行提供了坚实基础。通过本项目的顺利实施，为招商蛇口培养了一批产业化专家，并梳理总结了一套装配式建筑的管理文件及流程，为以后的装配式建筑的实施提供了管理标准、树立了项目标杆。

项目使用预制外挂墙板实现了超高层建筑的装配化施工，实现了全预制混凝土建筑外立面，通过设计和施工的严格把关，对于建筑的整体效果有很大提升； 通过预埋窗框彻底解决了外窗渗漏的顽疾，这也是实施装配式的优点之一；预制混凝土内隔墙条板减少了大量现场湿作业，对项目质量及现场形象均有较大幅度提升。

构件类型	施工方法		构件位置	构件设计说明
	预制	现浇		
外墙	√		四层及以上东、西面外墙	保温设计采用 10mm 厚保温砂浆内保温做法；防水设计采用材料防水、构造防水以及结构防水相结合做法
内墙	√	√	公共区域	采用预制混凝土内隔墙板
楼梯	√		四层及以上	预制混凝土楼梯
阳台	√	√	四层及以上	140mm 厚叠合阳台板，预制板厚 60mm，现浇厚 80mm
其他技术	1. 铝模板施工； 2. 自升式爬架； 3. 组装式成品栏杆； 4. BIM 技术； 5. 精细化管理			

项目实景图 1

在成本方面，采用预制构件总体上主体单方成本会有所增加，但由于工地湿作业的减少也节省了安全文明措施费，提升了工程的展示面形象，同时能够结合精装修穿插施工，缩短项目精装修交付的总工期，从项目整盘的收益来看，采用产业化建造在合理的设计和施工组织下有利于项目整体的成本集约。

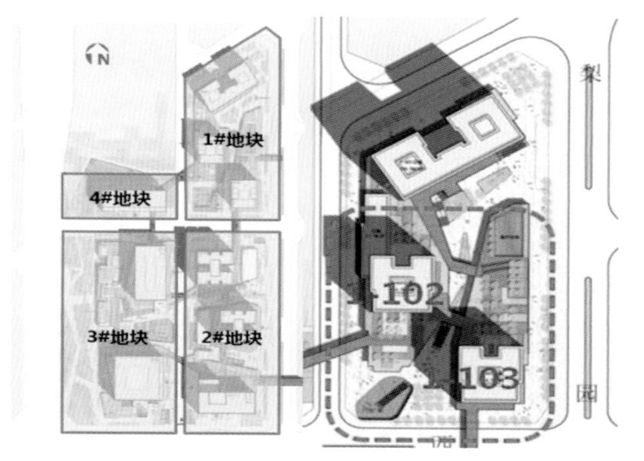

招商中环总平面图

招商中环立面图

项目实景图 2

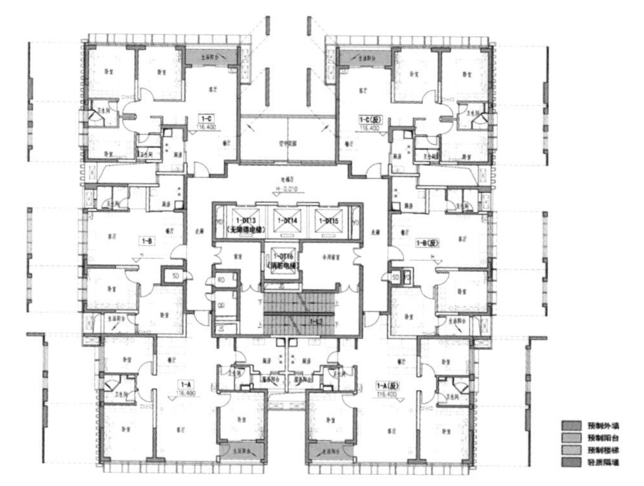
招商中环标准层构件布置图

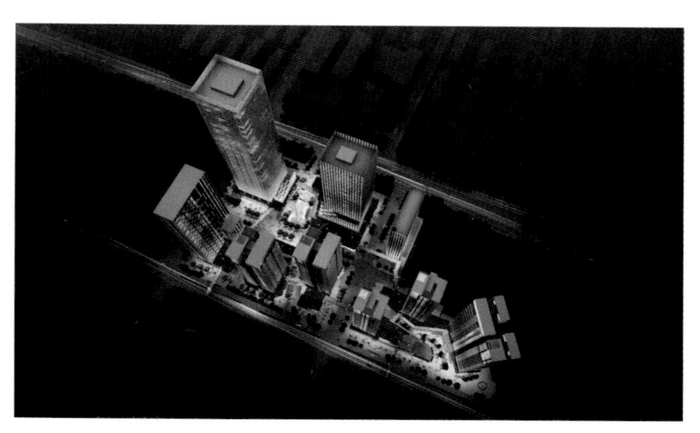
项目鸟瞰图

招商中环现场图

08 裕璟幸福家园项目

项目概况

裕璟幸福家园项目位于深圳市坪山区田头社区，为深圳市保障性住房，总用地面积 11164.76m^2，总建筑面积 64050m^2，用地容积率 4.49，共 3 栋塔楼（1 号、2 号、3 号），建筑高度分别为 92.8m（1 号楼、2 号楼）、95.9m（3 号楼），整体结构形式为装配整体式剪力墙结构，其预制构件包括预制剪力墙、预制叠合梁、预制叠合楼板、预制阳台、预制楼梯、预制混凝土内隔墙板等，现浇节点及核心筒采用铝模现浇施工，1 号、2 号楼预制率达 49.3%，装配率达 71.5%，3 号楼预制率达 47.2%，装配率达 68.2%，项目概算 3.165 亿元。本项目于 2016 年 8 月 19 日开工，目前主体结构已施工至 28 层，预制混凝土内隔墙板、机电管线、精装修的工作均已提前穿插结构施工。

裕璟幸福家园项目为深圳市建筑工务署建筑工业化试点项目，本项目于 2017 年 5 月获得“深圳市安全生产文明施工优良工地”，同时，本项目申报的“深圳市优质结构示范工程”“深圳市绿色施工示范工程”“深圳市建筑业事项新技术应用示范工程”“广东省房屋市政工程安全生产文明施工示范工地”“广东省优质结构示范工地广东深绿色施工示范工程”“广东省建筑业新技术应用示范工程”等奖项，目前均已立项及初审通过。2017 年 11 月 1 日，作为国家建设部“装配式建筑工程质量提升经验交流会”实地考察示范工程。

项目鸟瞰图

项目现场图

项目现场图

项目效果图

装配式建筑技术应用情况

（一）预制率指标

3 栋（31~33 层）

楼栋	预制混凝土体积	预制非承重预制混凝土内隔墙板		现浇混凝土体积	标准层预制率
		体积	是否大于 7.5%		
1 号、2 号	71.450m^3	31.568m^3	是	61.575m^3	50.9%
3 号	152.121m^3	94.859m^3	是	113.737m^3	49.7%

（二）装配率指标

3栋（31~33层）

楼栋	预制构件免除传统模板表面积		非承重预制混凝土内隔墙板预制混凝土构件免除传统墙面抹灰的表面积		定型装配式模板与混凝土接触面的表面积		传统模板与混凝土接触面的表面积（m^2）	非混凝土构件（集成式厨房、集成式卫生间）装配率	标准层装配率
	表面积（m^2）	系数a	表面积（m^2）	系数b	表面积（m^2）	系数c			
1 号、2 号	765.355	1	455.024	0.5	409.414	0.5	0	0	73.5%
3 号	1076.183	1	1207.724	0.5	750.140	0.5	0	0	67.7%

（三）技术应用措施

	施工方法		构件位置	构件设计说明	最大重量（或体积）
	预制	现浇			
预制外挂墙板	√		标准层四周预制承重剪力墙	200m 厚承重剪力墙，含防水节点	3.75 吨
预制叠合楼板	√	√	标准层楼板	130 厚预制叠合楼板，预制板厚 60mm，现浇厚 70mm	1.3 吨
预制叠合梁	√	√	标准层结构梁	400mm 高叠合梁，预制叠合梁高 270mm，现浇厚 130mm	1.1 吨
预制阳台板	√	√	标准层阳台	阳台板厚 130mm，预制阳台板厚 60mm，现浇厚 70mm	1.75 吨
预制楼梯	√		标准层楼梯	预制楼梯上端固定，下端滑移面	3.2 吨
其他技术	1. 精装修穿插施工：预制混凝土内隔墙板、机电、精装等分部分项工程提前穿插，做到 N-15； 2. 自升式爬架：外防护采用新型自爬升架体； 3. 灌浆套筒技术：预制剪力墙水平节点采用全灌浆套筒连接； 4. 铝模技术：预制剪力墙竖向节点采用铝模现浇施工； 5. 预制混凝土内隔墙板技术：楼层内分户隔墙及户内隔墙板采用预制混凝土内隔墙板				

小结

本工程采用装配式施工过程中主要体会为“好、省、快”，具体表现如下：

（一）综合效益分析——局部成本“省”（整体成本略高）

采购成本省。在 EPC 管理模式下，设计、采购、制造、装配几个环节合理交叉、深度融合，在设计阶段明确建造全过程中物料、部品件、分供商，精准确定不同阶段的采购内容、数量等等，将传统分批、分次、临时性、无序性的采购转变为精准化，规模化的集中采购，减少应急性集中生产成本、物料库存成本以及相关的间接成本，从而降低工程项目整体物料资源的采购成本。

材料及运输费省。在 EPC 管理模式下，在设计阶段，材料选择时考虑因地制宜，优先使用当地材料，可进一步节省材料费用及运输费用。

劳动力成本省。本项目产业化工人偏中年化，平均年龄约 35 岁，与传统项目农民工相比，产业化工人技能全面提升，工人数量减少，节省劳动力，降低劳务成本；

资源投入省。在 EPC 管理模式下，通过协调、管控，将各参建方的目标统一到项目整体目标中，以整体成本最低为目标，优化各方配置资源，突破以往传统管理模式下，设计方、制造方、装配方各自利益诉求，实现设计、制造、装配资源的有效整合和节省，从而降低成本。

（二）建筑结构——质量“好”

高精度。预制构件在加工、制作过程采用专业产业工人，在构件质量方面严格管控，有效的较少误差，将常规厘米级误差控制到毫米级误差，能够实现精益求精。

免抹灰。预制构件在工厂内采用标准化定型钢模板进行生产，其预制构件平整度能够控制在 3mm 以内，配合预制构件现浇部分定型铝模工艺，内、外墙体能够实现免抹灰，杜绝常规剪力墙抹灰空鼓开裂问题。

防渗漏。门窗提前预埋在预制构件内，有效的解决窗框渗露问题。

免剔凿。给排水、电气、暖通等各专业机电管线在工厂内进行精准预留预埋，避免常规机电管线安装开凿墙体的现象，同时所有生产、施工措施需要的洞口、埋件都提前在工厂预留预埋，有效保证了主体结构的质量。

高质量。所有预制构件在工厂浇筑制作，恒温恒湿养护，混凝土成型质量得到提高，避免蜂窝麻面等质量通病。

（三）整体工程建设——工期“快”

工作融合交叉，工期快。在 EPC 管理模式下，设计阶段就开始制定采购方案、生产方案、装配方案，使得后续工作前置交融，将由传统设计确定后才开始启动采购方案、制造方案、装配方案的线性工作顺序转变为叠加型、融合性工作，大幅节约工期；

EPC 集中管控，工期快。在 EPC 管理模式下，设计、制造、装配、采购各方工作均在统一的管控体系内开展，资源共享，信息共享，规避了沟通不流畅、推诿扯皮等问题，减少了沟通协调工作量和时间，从而节约工期；

现场湿作业少，工期快。本项目结构主体达免抹灰标准，工程质量提高，减少现场湿作业施工，从而节约工期。

结构精装一体化，工期快。本工程结构工期不快，但在 EPC 管理模式下，结构、机电、装饰装修等各道工序提前介入、合理穿插，使项目整体工期加快；

装配式精装施工，工期快。本工程采用装配式精装，使装配式装修与装配式结构深度融合，加快装饰装修施工进度，从而加快整体施工进度。

09 哈尔滨工业大学深圳校区扩建项目（学生宿舍）

项目概况

本工程位于深圳市南山区西丽哈尔滨工业大学研究生院（现址）南侧地块，为高层学生宿舍楼和食堂，采用框架剪力墙结构，总占地面积约 2.4428 万 m^2，总建筑面积约 10.1 万 m^2，由 5 栋高层建筑和 1 栋三层食堂组成，地下 1 层，地上 29/28/3 层，层高 3.3m，建筑高度最高为 103.4m，项目总造价 38050.70 万元，2016 年 10 月 1 日开工。

哈尔滨工业大学深圳校区扩将工程项目施工总承包 Ⅱ 标段项目为深圳市工业化试点项目，本项目于 2017 年 5 月获得“深圳市安全生产文明施工优良工地”，广东省房屋市政工程安全生产文明施工示范工地、全国建筑业绿色施工示范工程、全国装配式示范工程均已通过初审。

该工程建筑总平面图、标准层平面图、立面图、现场图如下所示。工程结构类型为剪力墙结构，抗震设防烈度为 7 度。

总平面图

项目实景图

项目现场图

装配式建筑技术应用情况

（一）预制率指标

哈尔滨工业大学深圳校区扩建工程项目
1~4 栋（3~29 层）

楼层	预制混凝土体积	预制非承重预制混凝土内隔墙板		现浇混凝土体积	标准层预制率	楼栋总预制率
		体积	是否大于7.5%			
3~7	58.93	30.14	否	167.93	28.8%	32.34%
8~29	63.31	30.14	否	143.02	33.15%	

（二）装配率指标

哈尔滨工业大学深圳校区扩建工程项目
1~4 栋（3~29 层）

楼层	预制构件免除传统模板表面积		非承重预制混凝土内隔墙板预制混凝土构件免除传统墙面抹灰的表面积		定型装配式模板与混凝土接触面的表面积		标准层装配率	平均装配率
	表面积（m^2）	系数a	表面积（m^2）	系数b	表面积（m^2）	系数c		
3~7	608.468	1	379.04	0.5	1607.77	0.5	61.7%	62.78%
8~29	667.4	1	379.04	0.5	1516.36	0.5	63.02%	

（三）技术应用措施

构件类型	施工方法		构件位置	构件设计说明	最大重量（或体积）
	预制	现浇			
预制外挂墙板	√		建筑外墙	本项目采用上部带叠合梁的预制复合外墙，施工图设计时已经考虑其荷载及其对现浇梁刚度的影响，并在结构主体计算中考虑	5.9 吨
预制混凝土内隔墙板	√		建筑户内隔墙板	本项目采用上部带叠合梁的预制复合内墙	4.1 吨
预制楼梯	√		楼梯间	本项目采用预制楼梯上端支座固定，下端支座铰接	2.63 吨
				预制楼梯吊装就位后，用预埋螺栓固定，预留孔灌浆，即完成整个安装过程	
预制栏板	√		阳台	本项目阳台栏板采用全预构件，通过灌浆套筒连接，构件小，安装简单	0.75 吨
预制混凝土内隔墙板	√		建筑户内隔墙板	本项目部分非承重预制混凝土内隔墙板采用工厂加工、现场拼装、干式工法的装配式预制混凝土内隔墙板体系，免除传统现场砌筑、抹灰等湿作业工序	
其他技术	1. 精装修穿插施工； 2. 自升式爬架； 3. 灌浆套筒技术； 4. 门窗框先装法施工技术； 5. 铝合金模板施工技术； 6. 预制混凝土内隔墙板施工技术； 7. 外立面穿插施工技术； 8. BIM 全专业深化设计技术； 9. 预制构件生产与安装技术； 10. BIM 与施工一体化管理技术； 11. 二次构件一体化施工技术				

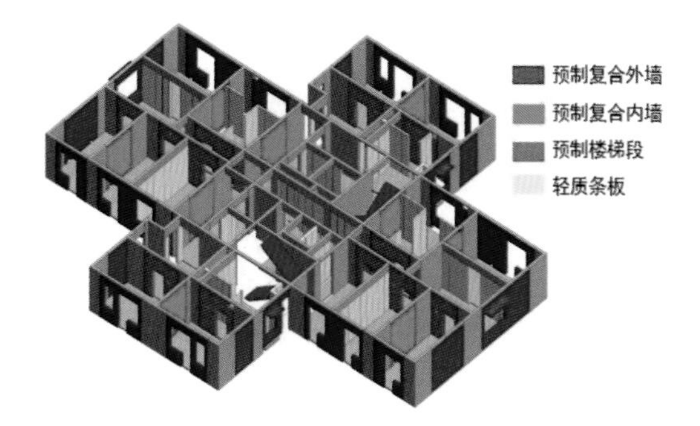

楼标准层预制构件平面布置图

小结

整体施工过程中，要求精度高，施工难度较大，重点在于前期的深化设计、方案的优化以及现场工人的技术交底，装配式建筑的整体优势在于减少砌体抹灰，取消湿作业，前期工作任务繁重，但精装修可提前穿插，缩短整体工期，另外现场安全文明施工得以保证，在绿色施工指标上有显著提升，相应国家节能减排的号召。

10　万科云城项目一期 8 栋项目

项目概况

项目位于深圳市南山区西丽镇留仙洞片区留新一街以东，总用地面积 8667.87m^2，总建筑面积 63449.65m^2，用地容积率 6.47，一期 8 栋共 3 栋塔楼（8 栋 A 座、8 栋 B 座、8 栋 C 座），建筑高度分别为 33.95m（8 栋 A 座）、98.10m（8 栋 B 座）、22.10m（8 栋 C 座），其中本项目 8 栋 B 座为装配式建筑，结构层数为 24 层，3 层及以上外墙采用预制外挂墙板，建筑面积为 1760.49m^2/ 层，标准层预制构件数量 44 件 / 层，标准层预制构件总数量 928 件，现浇部分采用工具式铝模板施工，工程结构类型为框架剪力墙结构，抗震设防烈度为 7 度。项目于 2015 年 7 月 13 日开工，2016 年 12 月竣工验收。

万科云城一期项目为深圳市装配式建筑试点项目，本项目于 2016 年 5 月获得“深圳市安全生产文明施工优良工地”。

项目鸟瞰图

项目实景图

建筑总平面图

项目现场图

装配式建筑技术应用情况

8 栋 B 座 3 层及以上为标准层，外墙采用预制外挂墙板，现浇部分的梁、板、柱、墙的模板均采用铝合金模板，模板配备为一套模板、三套支系统，内隔墙采用轻质预制混凝土墙条板。通过 PC+ 铝模 + 内隔墙条板系统，从而取消墙体抹灰。

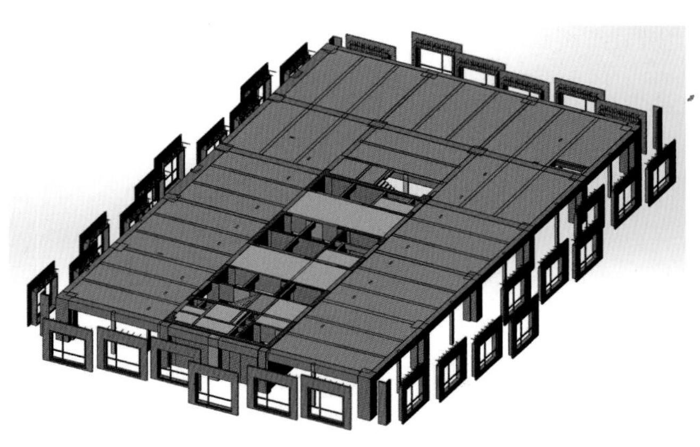

标准层预制构件平面布置图

<table>
<tr><th rowspan="2">构件类型</th><th colspan="2">施工方法</th><th rowspan="2">构件位置</th><th rowspan="2">说明</th><th rowspan="2">最大重量
（或体积）</th></tr>
<tr><th>预制</th><th>现浇</th></tr>
<tr><td>预制外墙板</td><td>√</td><td></td><td>外墙</td><td>窗框预埋</td><td>4.63 吨</td></tr>
<tr><td>预制混凝土内隔墙板</td><td colspan="5">√
内墙</td></tr>
<tr><td>其他技术</td><td colspan="5">精装修穿插施工
自升式爬架
铝合金模板施工技术</td></tr>
</table>

小结

本项目是全国第一个高层装配式混凝土建筑办公群，也是万科首次在办公建筑中大面积推广外墙整体预制结构的应用的开端，以及清水混凝土外饰面的大面积应用技术探索。管理前置、技术前移、协同工作是本项目顺利实施的前提条件，通过各单位协同工作、精细化设计、前置施工管理以及引进日式施工管理，为项目的顺利实施及质量控制提供了有力保证。

（1）本项目在设计过程中技术前移，充分考虑构件的生产、运输、安装等因素，对构件设计、节点的连接均进行了施工操作模拟，为后期施工的顺利实施提供了坚实基础。

（2）在施工前期的施工方案策划阶段，针对设计图纸，召集设计、安装、土建等相关单位技术负责人，多次召开联合会议，针对所有节点逐一重点讨论施工顺序、构件安装、防漏浆等相关内容，为后期的实际安装操作提供了坚实理论基础和多措施预案。

（3）采用铝合金模板取代传统木模板，在现场建筑垃圾大幅减少的同时可以保证施工精度到毫米级，再结合预制内隔墙条板、预制外墙等，施工现场可以完全取消抹灰工作，即有效避免开裂、空鼓、裂缝等施工质量通病，又提升了建筑品质，真正做到装配式建筑提倡的提高质量、提高效率、节约人工、节能环保的初衷。

11 汉京金融中心项目

项目概况

汉京金融中心项目位于南山区科技园高新中区西片区，南邻深圳大学、深南大道北，西邻深圳大族激光中心科技大厦、腾讯大厦，东邻深圳丹琪时装有限公司，北至麻岭社区居委会。汉京金融中心项目总用地面积约 11016.94m²、总建筑面积约 165014.38m²；建筑高度约 350m，主塔楼地上 67 层，附设 4 层商业裙房；地下 5 层，地下室底板大面标高为 -22.1m，局部底板面标高为 -24.6m。汉京项目设计获得金块奖，被誉为全球建筑界的“奥斯卡”。

本工程于 2015 年 5 月 22 日开工，目前已经完成主体结构施工。在项目施工过程中，获得省、市的建筑安全文明示范工地。

本工程为全钢结构工程，屋顶高度 350m。主塔楼为巨型框架支撑结构。结构采用 30 根方管巨柱竖向主体支撑，框架柱之间采用斜向撑杆和钢梁连接作为塔楼抗侧力体系，形成带支撑的钢框架结构，30 根巨柱为巨型方钢管内灌注 C80、C70 高强度混凝土形式，其避难层在标准层基础上

项目效果图

项目效果图

项目现场图

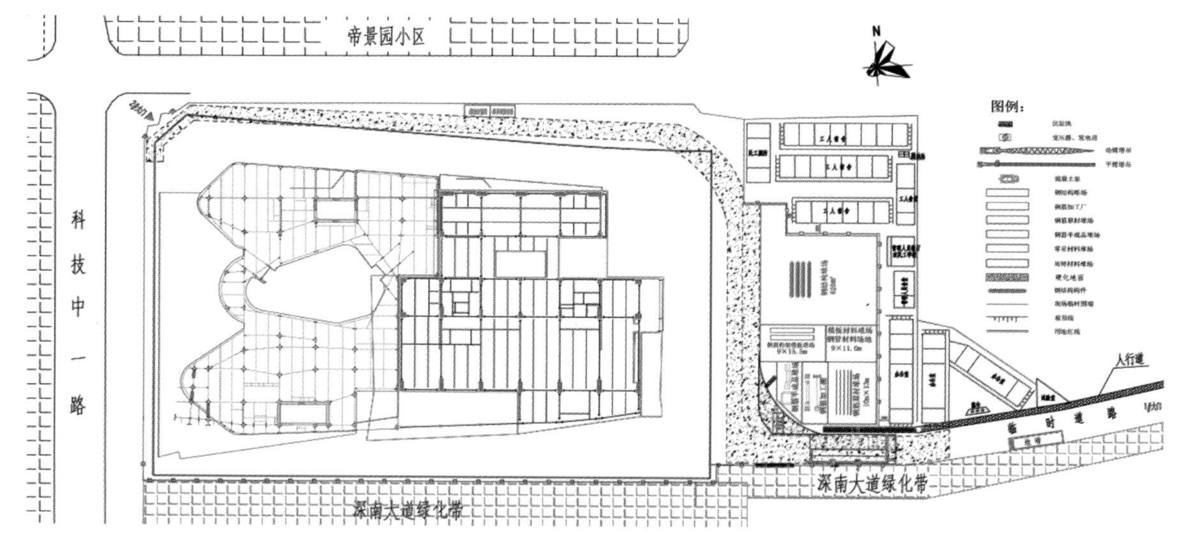

现场总平面布置图

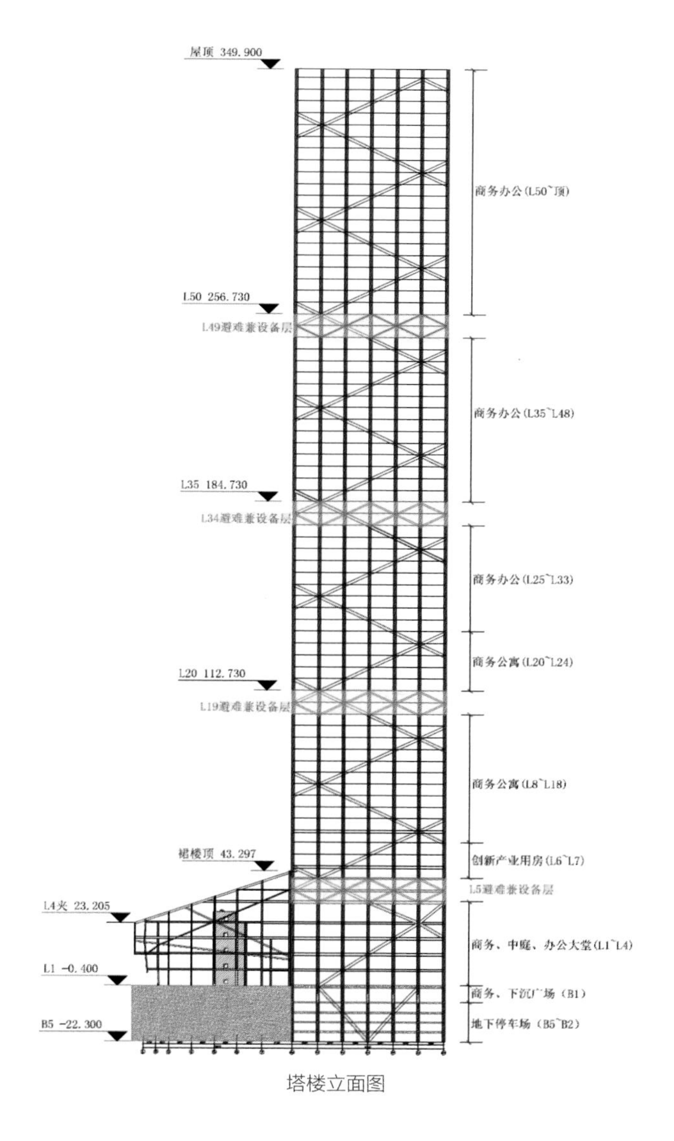

塔楼立面图

于框架柱和楼层面增强斜支撑；裙房地上结构 4 层，为钢框架 - 剪力墙体系：两座核心筒为劲性钢骨柱，裙房西侧为悬挑结构，其外框为复杂桁架结构。

装配式建筑技术应用情况

构件类型	施工方法		构件位置	构件设计说明	总重量（或体积）
	预制	现浇			
钢梁	√		主体结构	钢梁为工字型，最大截面为 H900 × 900 × 30 × 32	
箱型钢柱	√		主体结构	最大板厚为 65mm，多采用高建钢 Q460GJ、Q420GJ、Q390GJ、Q345	钢结构总量约 5 万吨
箱型斜撑	√		主体结构	箱型斜撑最大截面为口 1200 × 1000 × 60 × 60	
钢筋桁架楼承板	√		主体结构	1. 钢筋桁架楼承板上、下弦采用热轧带肋钢筋 HRB400 级，腹杆钢筋采用冷轧光圆钢筋 550 级； 2. 底模钢板采用镀锌板，板厚度为 0.5mm，屈服强度不低于 260N/mm，镀锌层两面总计不小于 120g/m	共计 12 万 m^2
其他技术	1. 钢结构深化技术； 2. 钢结构关键制造技术； 3. 全钢结构超高层动臂塔吊支撑设计与爬升技术； 4. 安全防护施工技术				

小结

汉京项目为全钢结构超高层建筑结构形式，对于全钢结构超高层建筑结构的施工，业界尚无成熟的施工技术作为参考，根据其独特结构形式和受力特点，对钢结构的施工提出了更高的要求。在项目主体施工阶段，为实现快速施工、控制安装精度、提高工程质量，全员致力于创新施工技术，在过程中探索、创新、总结，项目实施成果如下：

（1）采用 CAD 绘制复杂节点立面图，再倒入建模软件，利用兼容软件的功能调整关系，可实现复杂节点的方便、快速深化。

（2）针对不同类型的复杂构件，确定具有针对性的专项加工工艺，制定合理的构件组焊顺序、焊接方法和过程控制方法，可透彻解决复杂构件的制作难题，保证构件的制作精度。

（3）逐步分解全钢结构超高层建筑的施工过程，从吊装、测量、焊接、施工措施等方面分析重难点事项，研究、创新施工技术，并整合成一套完整全钢结构超高层安装综合技术，从而提高施工效率、工程质量和控制精度。

（4）通过对建筑结构和塔吊支撑体系的分析，合理改进支撑构件的设计形式，可以实现塔吊在复杂结构超高层建筑中的应用，并保证塔吊的安全稳定性。

（5）大跨度伸臂悬挑的异形桁架安装，需着重于桁架分段、胎架站位和支撑设计。合理运用有限空间，设定汽车吊的倒退式站点和吊装点。不仅解决地形复杂和安装空间狭小的难点，亦可提高安装效率，获得良好的经济效益。

目前汉京金融中心项目主体施工已经完成，成为全球唯一一座 300m 以上全钢结构超高层建筑，全钢结构超高层建筑结构体系是当前最先进流行的结构体系，类似结构将不断涌现。可以预测，在今后相当长时间内，超高层钢结构建设将是我国基本建设的重点，通过研究、创新全钢结构超高层建筑结构体系的关键施工技术进行，有效的节约施工成本，提高施工效率，保证工程质量，具有明显经济优势和产业化应用前景。

12 龙华中心变电站工程项目

项目概况

110kV 龙华中心变电站位于深圳市龙华新区龙华街道梅龙大道和东环二路交汇处，批复用地红线面积 1519m^2。

主体建构筑采用混凝土组件工厂化，现场装配建设，总平面按全户内变电站形式布置，主体四层，全地上布置，占地面积 670.89m^2、总建筑面积 2597.74m^2。110kV 龙华中心变电于 2015 年 12 月开工建设，目前已投产运营。

本项目工业化体系采用：预制柱、预制叠合梁、预制叠合楼板、预制外挂墙板、预制楼梯全清水混凝土构件，非承重预制混凝土内隔墙板及轻钢龙骨墙板。预制率达 66%。

配电装置楼主体四层，一层（±0.00m 层）为主变室、110kVGIS 室、水泵房等；二层（8.00m 层）为电缆夹层；三层（11.00m 层）为 10kV 配电装置室和站用变、继保通信室；四层（16.90m 层）为电容器室、接地变室、蓄电池室、工具间等，总建筑面积 2597.74m^2、折线型布置的四层配电楼方案。

装配式建筑技术应用情况

110kV 龙华中心变电站总预制构件 722 件，预制混凝土 823m^3，预制件总重量 2056t。龙华中心变电站地面以上梁板柱、外墙、楼梯均采用工厂预制，柱与柱采用灌浆套筒连接，梁柱、梁板叠合部分采用混凝土现浇。

构件类型	施工方法		构件位置	构件设计说明	最大重量（或体积）
	预制	现浇			
预制柱	√		0.00m 以上柱	采用灌浆套筒技术连接	3.47 吨
叠合梁	√	√	0.00m 以上梁	预留板厚叠合现浇	7.77 吨
预制叠合楼板	√	√	楼板及屋面板	250mm 厚预制叠合楼板，预制板厚 60mm，现浇板厚 190mm；部分楼层楼板在板中增加了聚苯乙烯板形成空心楼盖结构	2.35 吨
预制外挂墙板	√		全部外墙	160mm 厚钢筋混凝土板	7.81 吨
预制楼梯	√		1 号、3 号楼梯	120mm 厚梯段	2.35 吨
其他技术	1. 灌浆套筒技术； 2. 外挂墙板均为清水混凝土墙板； 3. 预制构件生产与安装技术； 4. 预制混凝土内隔墙板施工技术				

小结

设计过程综合考虑预制构件的生产工艺、运输条件、安装方法、现场条件等因素确定设计方案，将整体的建筑合理地拆解为单个的构件，优化构件的形状和尺寸，预制构件尺寸要遵循少规格、多组合的原则，提高预制构件模具的重复使用率。考虑现场脱模 / 堆放 / 运输 / 吊装的影响，要求单构件重量尽量接近，一般不超过 9 吨，高度不宜跨越层高，长度不宜超过 10m。

通过现阶段的实施体会，我们认为在预制装配式领域要想推广应用，需要在技术经济方面找到一个平衡，规划预制总量规模，培育配套产业，优化设计、制定作业及验评标准。在标准建设的总体框架下实现标准设计模块化、构件生产工厂化、施工安装机械化、项目管理精细化的目标，随着后续项目建设人工成本的增加，预制构件产业配套日趋完善，预制工程批量建设，其社会及经济效益非常明显。

建成效果图

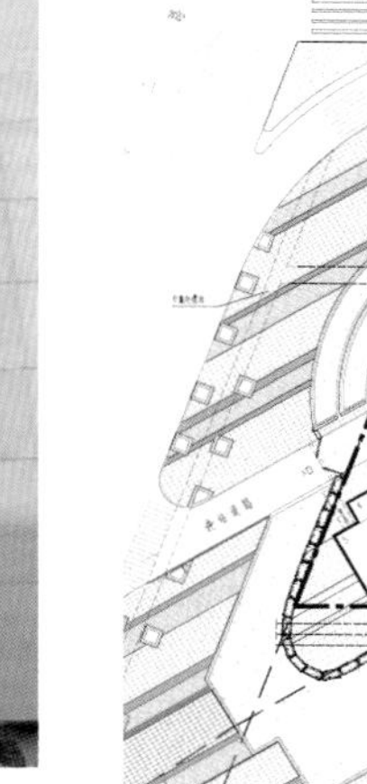

项目建成图

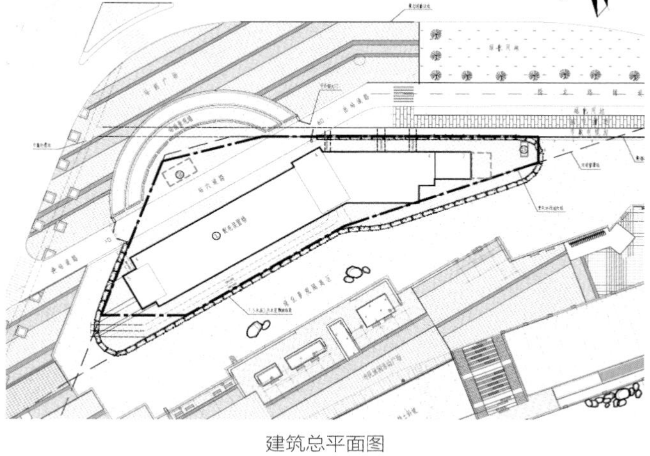

建筑总平面图

项目效果图

项目鸟瞰图

第 20 章

检测加固篇

仇新刚　何春凯　李　平　吴天俊

深圳检测加固行业发展概况

深圳自1980年8月正式成立经济特区至今已走过40年，经过40年的风雨历程，深圳已从一个边陲小镇发展成为一个国际化大都市。伴随深圳的飞速发展，深圳地区的检测加固行业也逐步发展壮大，从最初的几家单位发展到如今的60多家单位，目前在深圳从事检测加固行业的人数已达数千人。

一、发展历程

以国贸大厦（高160m）创造了“三天一层楼”的深圳速度及蛇口工业区在1980年提出的“时间就是金钱，效率就是生命”为代表的深圳速度和深圳效率，成就了如今深圳的发展神话。作为建筑业的一个重要组成部分，工程质量检测随着深圳的发展及人们质量意识的提高而不断被人重视，深圳的检测加固行业也经历了形成－发展－规模化的发展历程。初期在深圳地区从事检测行业的机构主要由以下几部分组成：

1. 各级质量监督管理部门设立的带有政府色彩的监督检测中心；
2. 检测行业社会服务机构；
3. 科研院校内部的教学科研性质的试验室；
4. 建筑施工企业的内部试验室。

以上几种形式的检测单位按照各自的工作领域开展检测工作，并且一直按照附属于母体的部门形式进行运作。随着改革开放及国外检测机构的冲击，检测机构根据国际通用要求也必须成为具有独立法人资格的机构，应该是第三方独立的服务机构。由于定位逐步明确，各类检测单位都开始着手进行转变，其中典型的是各级质量监督管理部门设立的带有政府色彩的监督检测中心逐步与各级质量监督站脱离，转变为第三方独立的社会服务机构。

深圳的检测行业从形成至今经历了约40年的发展历史，检测行业规模由小变大，工作类型由单一到综合，检测市场化概念从无到有，从暗到明。数量众多的企业试验室属于第一方试验室，即企业为了保证自身产品质量而设立的试验室，由于其自身性质很大程度上限制了他们走向检测市场的步伐，作为企业内部附属机构的地位使其在经济实力、检测能力、规模和技术力量等各环节处于劣势。各级监督机构设立的检测中心依附于各级监督机构，一直作为监督机构对监管工程施工质量监管的手段之一，主要承接新建工程的材料送检试验及现场工程质量实体抽检。科研院校随着事业单位机构改革，不断加大检测业务投入，使其变成主业发展，并相继将其转型为第三方独立法人检测企业。它们依靠原来国家科研投入的优势，在技术力量、硬件设备和办公场地等方面有着不可比拟的优势。由于他们最早走向市场，在市场竞争中已经总结了许多经验。科研院所成立的第三方检测服务机构在技术能力、服务意思、检测效率等方面均处于检测行业的主导地位，成为深圳地区承接复杂检测鉴定项目的主要力量。

为了引领深圳地区检测加固行业健康发展，加强各检测加固单位之间的技术交流，在深圳市土木建筑学会的领导下，深圳市土木建筑学会检测加固专业委员会于2012年11月8日在深圳市景园酒店3楼召开成立大会，检测加固专业技术人员和学会领导、嘉宾共80余人出席大会。会议选举了检测加固专业委员会委员33人，中国建筑科学研究院深圳分院何春凯副院长任主任委员，张道修、陈泽广、常正非任副主任委员，杨建中任秘书长。2018年11月29日深圳市土木建筑学会检测加固专业委员会顺利进行了换届选举工作，依托单位为中国建筑科学研究院有限公司深圳分公司，何春凯任主任委员，张道修、陈泽广、常正非、仇新刚任副主任委员，新一届检测加固专业委员会的秘书长由仇新刚兼任。经过近 7 年的发展，检测加固专业委员会委员由最初的 33 人，发展到目前委员人数已达 47 人。在此期间分别于 2015 年 10 月在苏州成功举办了“第十二届全国建设工程无损检测技术学术交流会”、2017 年 11 月在深圳成功举办了“第十三届全国建设工程无损检测技术学术交流会”、2019 年 4 月在歙县成功举办了“全国装配式建筑无损检测技术交流会”等一系列的学术交流活动，受到同行各界的好评。深圳市土木建筑学会检测加固专业委员会已成为深圳检测加固行业的一面旗帜、在全国检测加固行业树立了一张靓丽的名片（实例 01、实例 02）。

1.“两规”项目房屋安全检测鉴定

为处理历史遗留生产经营性违法建筑问题，制止违法建筑行为，保障城市规划的实施，根据有关法律、行政法规的基本原则和政策规定，结合深圳经济特区实际情况，2002 年 3 月 1 日深圳市政府出台《深圳经济特区处理历史遗留生产经营性违法建筑若干规定》及《深圳经济特区处理历史遗留违法私房若干规定》两个规定，简称“两规”，2002 年 2 月 25 日，出台了《两个规定》的实施细则。按照“两规”文件的规定，1999 年 3 月 5 日以前违反规划、土地等有关法律、法规的规定，未经规划国土资源部门批准，未领取建设工程规划许可证，非法占用土地兴建的工业、交通、能源等项目的建筑物及生活配套设施，通过规划保留后在确权前，需对房屋结构安全性进行检测鉴定（实例 03）。

2.“三规”项目房屋安全检测鉴定

为了保障城市规划实施，拓展产业发展空间，完善城市公共配套，根据《深圳市人民代表大会常务委员会关于农村城市化历史遗留违法建筑的处理决定》，2018 年 6 月 13 日深圳市人民政府六届一百二十六次常务会议审议通过了《深圳市人民政府关于农村城市化历史遗留产业类和公共配套类违法建筑的处理办法》，自 2018 年 10 月 10 日起施行。按照办法的规定，纳入“三规”范围处理的产业类历史违建，包括生产经营性和商业、办公类历史违建。生产经营性历史违建，是指厂房、仓库等实际用于工业生产或者货物储藏等用途的建筑物及生活配套设施。商业、办公类历史违建，是指实际用于商业批发与零售、商业性办公、服务（含餐饮、娱乐）、旅馆、商业性文教体卫等营利性用途的建筑物及生活配套设施。公配类历史违建，是指实际用于非商业性文教体卫、行政办公及社区服务等非营利性用途的建筑物及生活配套设施。对于符合以上条件的违法建筑，通过规划保留后在确权前，需对房屋结构安全性进行检测鉴定（实例 04）。

3. 房屋补报建项目结构安全性检测鉴定

某些工程项目因为种种原因，在未取得规划许可证及施工许可证的情况下，先行施工。后期规划许可证及施工许可证等手续办理完成后，在质量监督部门介入监督前，需要对前期未经监督的施工项目进行工程质量检测（实例 05、实例 06）。

4. 建筑幕墙安全隐患排查

为加强深圳市既有房屋安全管理，保障公民、法人和其他组织的人身、财产安全，深圳市住房建设局牵头制定了《深圳市房屋安全管理办法》(以下简称《办法》)，经市政府常务会议审议通过，该《办法》于 2019 年 5 月 1 日起正式施行。该《办法》对建筑幕墙安全管理设立专章，要求房屋安全责任人按照规定，正常使用的建筑幕墙至少每 6 个月进行一次例行安全检查，每 5 年进行定期安全检查，以及在极端恶劣天气前后和各种灾害情形下开展幕墙的专项安全检查，并详细规定了应当进行安全性鉴定的几类情形，由房屋安全责任人委托专业机构开展鉴定工作(实例 07)。

5. 高层、大跨结构施工、运营阶段应力及变形健康监测

高层及大跨结构体系多采用空间结构体系，结构杆件受力状态复杂，发生损伤和破坏的潜在危险较大，另外结构设计阶段的模型假定情况与实际结构受力状态往往存在较大的差异，因此对高层及大跨等空间结构体系在施工期间的应力、变形健康监测、诊断以及运营期间各种灾害影响下的损伤预测和识别监测意义重大。钢结构施工多采用直接高空散装的方法完成搭设临时支撑结构，其拆除即“卸载”过程是主体结构和临时支撑相互作用的过程，也是结构受力逐渐转移和内力重分布的过程，情况较为复杂。为确保卸载过程的安全有序，对大跨钢结构关键构件在整个卸载过程中的应力以及这个结构的变形进行实时监测，把握卸载过程中的实际受力状态与原设计的符合情况，结合数据分析给出结构状态的实时信息，为结构施工过程安全保障提供参考依据。高层建筑在运营期间，当遭受台风、地震等突发事件时，有效监测结构的变形状态、关键部位和构件的受力状态变化，实现对应力、变形超限的多级报警，另外监测结构的动力特性、及时发现响应异常、结构损伤或退化，进行基于模型的结构损伤识别分析，对确保结构安全运营具有重大意思(实例 08)。

二、加固工程成果

随着深圳市的快速膨胀发展，早起建成的房屋逐步出现开裂、钢筋锈蚀、混凝土起鼓剥落或较大变形等影响房屋正常使用及结构安全的损伤缺陷，为了保证房屋的正常安全使用，需要根据房屋的检测鉴定结果及房屋的使用功能，对房屋主体结构进行加固处理。根据房屋的结构形式、主体结构的损伤情况及结构承载力的具体情况，深圳地区常见的需要加固处理的情况主要有以下几种：

1. 混凝土氯离子含量超标，钢筋严重锈蚀，引起结构构件承载力不满足使用要求，从而对结构构件进行加固处理。

2. 中小学校、幼儿园等学生用房因抗震承载力、构造措施等不满足使用功能要求，对结构构件进行抗震加固处理。

3. 改变房屋使用功能，增加使用荷载后，原结构承载力不满足使用功能要求，需对结构构件进行加固处理。

4. 临近建筑施工，引起房屋地基出现不均匀沉降，造成房屋主体结构较大位移或变形，需对房屋地基及结构进行加固处理。

(一)钢筋锈蚀引起承载力不足加固处理

深圳地处沿海地区，改革开放初期，因建筑量较大，河砂供应量严重不足，使部分建筑物采用海砂拌制混凝土，造成混凝土中氯离子含量超标，引起混凝土中钢筋过快锈蚀，降低构件的承载力。对于钢筋锈蚀引起的承载力不足的问题一般采用增加截面加固法。增大截面加固法是指建

筑加固改造中通过增大原构件截面面积或增配钢筋，以提高其承载力和刚度，或改变其自振频率的一种直接加固法，主要用于：建筑基础、梁、柱及墙体等构件的加固中。增大截面加固法可以根据原构件的受力性质、尺寸面积和施工条件的实际情况，加固设计可以为单面、双面、三面和四面增大构件截面。例如轴心受压混凝土柱常采用四面加大截面法，偏心受压混凝土柱如果受压边较为薄弱时，可以仅对受压边进行加固，即单面加大截面法，受拉边薄弱时可以只对受拉边加固。而梁等受弯混凝土构件，如果是以增大截面为主的加固施工，可以对受压区域加固，也可以以增加配筋为主加固受拉区，或者二者同时进行。另外为了保证补加钢筋混凝土和原混凝土的正常和协同工作，配置构造钢筋按照要求设置。如果是以增大钢筋面积为主的加固，为了保证新加钢筋的正常工作和协同工作，需采取一定的构造措施，设置钢筋保护层保护钢筋的密实性，并需要适当的增加截面（实例 09）。

（二）房屋抗震构造加固处理

深圳市中学小学及幼儿园早期建造的学生教学楼、学生宿舍等房屋，部分采用单跨框架。按照《建筑抗震鉴定标准》GB 50023-2009 的规定，中学小学及幼儿园的学生用房属于乙类建筑，不应采用单跨框架结构体系，需对既有建筑中用于学生用房的单跨框架房屋进行结构抗震体系加固处理（实例 10）。

01 大鹏中心小学教学楼

工程地址：深圳市大鹏新区大鹏街道中山路 49 号
检测单位：深圳中建院建筑科技有限公司
建设单位：深圳市大鹏中心小学
设计单位：深圳市建筑设计研究总院有限公司
施工单位：上海明鹏建设集团有限公司
结构形式：框架结构
建筑面积：10693m²
设计日期：2009 年 7 月
检测日期：2015 年 3 月

大鹏中心小学教学楼位于深圳市大鹏新区大鹏街道中山路 49 号，该建筑为钢筋混凝土框架结构，共 4 层，建筑面积 10693m²。设计单位为深圳市建筑设计研究总院有限公司，设计时间为 2009 年 07 月，设计图纸完整。施工单位为上海明鹏建设集团有限公司，监理单位为深圳市建明达建设监理有限公司，竣工验收资料完整。

02 石岩小学立德楼

工程地址：深圳市宝安区石岩街道
检测单位：国家建筑工程质量监督检验中心
建设单位：深圳市大鹏中心小学
施工单位：深圳市石建兴建筑工程有限公司
结构形式：框架结构
建筑面积：3201m²
竣工日期：1995 年
检测日期：2015 年 7 月

石岩小学立德楼位于深圳市宝安区石岩街道。该建筑结构形式为钢筋混凝土框架结构，共 4 层，建筑面积为 3201m²，于 1995 年竣工并投入使用，作为办公及教学楼使用。该工程抗震设防烈度为 7 度，按照《建筑工程抗震设防分类标准》(GB 50223-2008)的规定，抗震设防分类为乙类，抗震等级为二级，场地土类别为 Ⅱ 类，地面粗糙度为 B 类，场地基本风压为 0.75kN/m²。该工程建设单位是深圳市宝安区石岩小学，施工单位是深圳市石建兴建筑工程有限公司。

03 石岩高科电子有限公司厂房、宿舍及配套设施

工程地址：宝安区石岩街道塘坑路 8 号
检测单位：国家建筑工程质量监督检验中心
建设单位：深圳市宝安高科电子有限公司
设计单位：深圳市联合创艺建筑设计有限公司
施工单位：增城市第四建筑公司
结构形式：框架结构
建筑面积：14471m²
建造日期：1995 年 8 月
检测日期：2006 年 6 月

深圳市宝安高科电子有限公司厂房、宿舍位于宝安区石岩镇塘坑路 8 号，宗地编号为 A719-0191，包括 2 栋厂房、2 栋宿舍，建筑面积共计 14471m²。建设单位是深圳市宝安高科电子有限公司，勘察单位是深圳市龙岗地质技术开发公司，设计单位是深圳市联合创艺建筑设计有限公司，宿舍、职员宿舍及二厂的施工单位是深圳市石岩石建兴建筑工程公司，一厂的施工单位是增城市第四建筑公司。

04 山形朝日宿舍厂房、宿舍

工程地址：深圳市宝安区福永街道凤凰社区第三工业区腾丰三路 1 号
检测单位：深圳中建院建筑科技有限公司
建设单位：深圳市凤凰股份合作公司
结构形式：框架结构
检测日期：2019 年 2 月

该工程位于深圳市宝安区福永街道凤凰社区第三工业区腾丰三路 1 号，房屋编码：4403060020023200020，该建筑为 5 层框架结构，建筑面积 2764.11m²，建筑总高度 16.5m，作为宿舍使用。该项目属于深圳市“三规”处理的范围，建设单位在办理房屋确权的过程中，委托深圳中建院建筑科技有限公司该项目主体结构安全性进行检测鉴定。

05　中兴酒店

工程地址：深圳市宝安区宝安中心区 N12 区
检测单位：深圳中建院建筑科技有限公司
建设单位：深圳市中兴投资有限公司
设计单位：北京森磊源建筑规划设计有限公司
勘察单位：深圳市南华岩土工程有限公司
结构形式：塔楼为框筒结构、裙楼为框架结构
建筑面积：168235.5m^2
设计日期：2012 年 5 月
检测日期：2017 年 12 月

中兴酒店位于深圳市宝安区宝安中心区 N12 区，该建筑平面布置主要分三段，其中 A、B 座结构形式均为框筒结构体系，裙楼为框架结构体系，建筑总面积为 168235.5m^2，建筑整个地下 3 层，裙楼地上 3 层，塔楼 A 座现已施工至地上 5 层梁板，B 座现已施工至地上 22 层梁板。根据设计图纸资料，该建筑抗震设防烈度为 7 度，设计基本地震加速度为 0.10g，设计地震分组为第一组，建筑场地类别为Ⅱ类，场地基本风压为 0.75kN/m^2，地面粗糙度为 C 类，主体结构设计使用年限为 50 年。该工程开工时间为 2013 年 1 月，完工部分施工截止时间为 2016 年 4 月。

06　宝运达物流中心 A 栋、B 栋

工程地址：深圳市宝安区 115 区
检测单位：深圳中建院建筑科技有限公司
建设单位：深圳市宝运达物流有限公司
设计单位：深圳市华纳国际建筑设计有限公司
施工单位：普宁市建筑工程总公司深圳分公司
结构形式：框架结构
建筑面积：29044.84m^2
竣工日期：2007 年 10 月
检测日期：2017 年 11 月

宝运达物流中心 A 栋位于深圳市宝安区 115 区，建筑面积为 29044.84m^2（含 B 栋），该建筑为五层框架结构，一层层高为 5.8m，二至五层层高均为 4.2m。该建筑抗震设防烈度为 7 度，框架抗震等级为三级，场地基本风压为 0.75kN/m^2，楼面设计活荷载限值为 5.0kN/m^2。框架柱混凝土设计强度等级为 C35，框架梁及楼板混凝土设计强度等级均为 C25。基础形式为预应力混凝土管桩，基础承台混凝土设计强度等级为 C25。该建筑开工时间为 2003 年 11 月，竣工时间 2007 年 10 月。该工程建设单位是深圳市宝运达物流有限公司，设计单位是深圳市华纳国际建筑设计有限公司，勘察单位是建设部综合勘察研究设计院深圳分院，监理单位是深圳市福日升建设监理公司，施工单位是普宁市建筑工程总公司深圳分公司。

07　平安金融中心幕墙安全检查

工程地址：深圳市福田区福华四路 16 号
检查单位：中国建筑科学研究院有限公司深圳分公司
建设单位：深圳平安金融中心建设发展有限公司
设计单位：悉地国际设计顾问（深圳）有限公司
结构形式：巨型斜撑框架—伸臂桁架—型钢混凝土筒体结构
建筑面积：459187m^2
建造日期：2009 年
检测日期：2019 年 6 月

平安金融中心大厦位于益田路与福华路交汇处西南角，地处深圳福田 CBD 中心金融生态圈核心地带，紧邻地铁 1 号线、3 号线及广深港城际高铁广深港高铁福田站。该大厦建筑高度为 660m，地下 5 层，地上 118 层，裙房 10 层，总建筑面积 459187m^2，地上 377232m^2，地下 81955m^2。该大厦的外墙采用单元式玻璃幕墙、单元式不锈钢幕墙、单元式石材幕墙、半单元式玻璃幕墙、半单元式不锈钢幕墙等，幕墙总面积约 174300m^2。

08 深圳国际会展中心（一期）钢结构施工运营健康监测

工程地址： 位于深圳宝安机场以北、空港新城南部，西至海滨大道，北至塘尾涌，东南侧为海云路，东侧为海汇路

监测单位： 深圳中建院建筑科技有限公司

设计单位： AUBE 欧博设计

施工单位： 中国建筑股份有限公司

结构形式： 钢框架结构

建筑面积： 158 万 m^2

建造日期： 2016 年 9 月至 2019 年 6 月

监测日期： 施工阶段及运营阶段

深圳国际会展中心（一期）于 2016 年 9 月底开工的，该项目位于深圳宝安机场以北、空港新城南部，西至海滨大道，北至塘尾涌，东南侧为海云路，东侧为海汇路。会展一期建设用地面积为 121.42 万 m^2，一期工程总建筑面积约 158 万 m^2，南北长约 1.8km，相当于 6 个“鸟巢”。整体地块由 11 栋多层建筑组成，主要包括展厅（约 40 万 m^2）、登录大厅、配套用房（约 54.7 万 m^2，包括展览服务、会议、餐饮、交通、地下厨房、安保用房等）、地下停车场和设备用房等（约 55.3 万 m^2）。一期共包含 19 个展厅，其中 16 个 2 万 m^2 标准展厅、2 个 2 万 m^2 多功能展厅以及 1 个 5 万 m^2 多功能展厅。全部展厅采用单层、无柱（5 万 m^2 展厅除外）、大跨度空间设计；全部展厅可灵活组合，既满足各类大型展会的需求，也能为小型展会提供个性化服务。

项目特点：本项目下部主体结构为钢框架结构，上部钢结构罩棚分别采用：空间管桁架（展厅）、单层网壳（中央廊道）、单层网壳（登陆大厅）。整体结构形式简单整齐，但体量巨大。该结构所用钢材量丰富，同时其中管桁架跨度较大，结构整体体量巨大。

施工安装过程中，结构边界条件、荷载及周边环境时时都在变化，结构形态与受力特性也不断改变，结构主要受力构件与一些关键部位构件的内力、位移等参数的变化情况是否与初始设计相符，是否仍处于容许范围以内，成为不可忽视的问题。此外，结构在运营期间，长期承受各类复杂环境条件的影响，如日夜温差、风雨等等，随着服役期的增长，许多关键部位及构件会不可避免的产生一些损伤与退化，对结构的正常运营带来不利的影响。因此，这就要求本工程在施工阶段和运营阶段对结构关键构件的应力应变、结构位移以及结构风压特性、振动特性等进行监测。

监测目的：结构健康监测系统要建立科学、合理、经济的监测平台，通过测量反映会展中心环境激励和结构响应状态的某些信息，实时监测会展中心运营期的工作性能和评价深圳国际会展中心的工作条件，以保证深圳国际会展中心的安全运营：

（1）随时掌握关键构件的内力状态及损伤情况，尽早发现关键构件面临的危险状况，对深圳国际会展中心运营期的结构健康和安全使用状态进行有效监控和评估；

（2）为关键构件的养护维修提供依据，辅助深圳国际会展中心管理者制定高效、经济、及时的管养措施，最大限度延长国际会展中心的使用年限；

（3）提高运营期深圳国际会展中心的数字化和信息化管养水平，为深圳国际会展中心的养护维修提供科学依据。

监测系统组成：为了达到本项目监测目的，设计了一套深圳国际会展中心（一期）钢结构健康监测系统，该系统主要包括以下几个子系统：①传感器系统，②数据传输系统，③数据采集与控制系统，④结构性态评估系统，⑤多用户端可视化实时系统。

（1）传感器子系统：由布置在建筑物结构上的各类传感器和专用设备等组成，主要传感器采用后安装方式，安装在结构表面或在结构表面钻孔埋设。

（2）数据采集、传输、存储子系统：包括所有感知结构环境、结构荷载、结构特性和结构响应的传感器元件及网络，传感器系统是结构健康监测系统最前端的部分。由布置在建筑物合理位置的调理设备、采集设备、采集计算机和传感器电缆网络等组成。

（3）数据处理与控制子系统：直接对测量信息进行处理和分析，并在此基础上对结构运营状态进行动态显示，必要时进行结构控制，发布灾害预警信息。数据处理与控制系统由高性能计算机和数据处理及分析软件构成。由布置在监控中心的小型机系统、服务器系统，以及工作站组成，两座塔楼共用一套数据处理和控制子系统。

（4）结构性态评估系统：结合设计单位提供的结构设计信息、分析模型和监测系统获得的实测监测信息，系统应能够进行综合的精细化结构分析、参数灵敏度分析、结构特性分析、结构响应预测、结构参数与损伤识别、结构性态评估等。

（5）多用户端可视化实时系统：可以授权业主、设计等多方访问网络可视化界面，及时获取监测信息。

为达到以上监测内容的目的，同时需要结合环境的变化情况进行分析数据。传感器子系统由对环境参数（风、温度）、应力应变、结构温度、变形、结构动力特性等参数进行监测的传感器组成的模块。各种传感器完成监测参数的直接采集任务，根据监测参数的不同形成不同的光或电信号供数据采集模块分析处理。

09 杨梅岗市场

工程地址：深圳市龙岗区龙岗街道龙岗社区福宁路 153 号
检测单位：国家建筑工程质量监督检验中心
建设单位：深圳市龙岗区龙岗股份合作公司
结构形式：框架结构
建筑面积：6700m^2
加固日期：2017 年 8 月

杨梅岗市场位于深圳市龙岗区龙岗街道龙岗社区福宁路 153 号。该建筑结构形式为钢筋混凝土框架结构，共 6 层，建筑面积为 6700m^2。该建筑位于深圳市 7 度抗震设防区，抗震等级为三级，建筑场地土类别为 Ⅱ 类，场地基本风压为 0.7kN/m^2，地面粗糙类别为 B 类。该建筑在使用过程中发现首层框架柱出现严重钢筋锈蚀、框架柱混凝土出现竖向顺筋裂缝。国家建筑工程质量监督检验中心对该房屋进行结构质量状况及承载能力检测鉴定，根据检测鉴定结果该房屋于 2017 年 8 月采用增大截面加固法对框架柱进行加固处理。

10 深圳市宝安区冠群实验学校教学楼、多功能楼

工程地址：深圳市宝安区沙井街道蚝乡路北段
加固设计单位：深圳市中泰华翰建筑设计有限公司
加固施工单位：深圳市固特建筑加固技术有限公司
结构形式：框架结构
建筑面积：10832m^2
加固日期：2012 年 8 月

深圳市宝安区冠群实验学校教学楼、多功能楼位于深圳市宝安区沙井街道蚝乡路北段，该房屋为钢筋混凝土框架结构，主体结构共 4 层，建筑面积为 10832m^2。该建筑抗震设防烈度为 7 度，抗震等级为二级，场地土类别为 Ⅱ 类，场地基本风压为 0.75kN/m^2，地面粗糙度为 C 类。经房屋检测鉴定，该建筑主体结构承载力满足使用要求，但该建筑为单跨框架体系不满足《建筑抗震鉴定标准》GB 50023-2009 的要求。深圳市宝安区冠群实验学校委托深圳市中泰华翰建筑设计有限公司对结构体系进行加固设计，根据加固设计图纸，对单跨框架体系采用增设抗震墙的方法进行加固。由深圳市固特建筑加固技术有限公司进行施工，加固施工于 2012 年 8 月中旬完成。

第 21 章

轨道交通篇

雷江松　刘树亚　宋天田　黄际政

深圳土木 40 年 · 轨道交通篇

深圳轨道交通坚持“经营地铁，服务城市”理念，紧紧围绕城市空间结构布局，自 1999 年国家批准深圳地铁开工建设的 20 年以来，已先后建成并开通运营 8 条线，共计 285km。其中，港铁（深圳）运营地铁 4 号线，约 20km；深圳市地铁集团运营地铁 1、2、3、5、7、9、11 号线，约 265km。

开通运营的 8 条线共分三期工程建设：

一期工程（总投资 116 亿元）：包括 1 号线东段和 4 号线南段 2 条线路，共计 22km，于 2004 年 12 月 28 日开通。一期工程共设 20 个车站。有效覆盖了深圳交通主干道，并在罗湖和福田口岸实现深圳与香港的地铁直接接驳。

二期工程（总投资 777 亿元）：二期工程包括 1、4 号线续建，2、3、5 号线 5 条线路，总计 156km，111 座车站。基本覆盖福田、罗湖、南山、宝安、前海等城市主中心和龙华、龙岗 2 个城市副中心。二期工程于 2011 年 6 月陆续开通，使深圳迈入地铁网络化运营城市，拥有共计 178km 线网。

三期工程（总投资 845 亿元）：三期工程一阶段 7、9、11 号线，总计 107km，68 座车站。其中 7、9 号线是联系市中心主要居住区与商业区的城市干线，11 号线的功能定位为组团快线兼顾机场快线。三期工程一阶段于 2016 年 10 月全部开通，使深圳地铁的轨道交通总里程达到 285km。

目前在建的三期二阶段及四期工程，共 16 条线路（含延长线）同步在建，总里程 284km，共 184 座车站，总投资近 2800 亿元；在建工点近 400 个。分别为：2 号线三期、8 号线一期及二期、3 号线三期、5 号线二期及西延、6 号线一期及二期、9 号线二期、10 号线；12 号线、13 号线、14 号线、16 号线、6 号线支线。

近期建设规划：四期建设规划调整包括 3 号线东延、6 号线支线南延、7 号线东延、8 号线东延、10 号线东延、10 号线南延、11 号线东延、12 号线北延、13 号线北延、13 号线南延、14 号线南延、16 号线南延、20 号线北段等 13 个项目，合计 87.1km，投资约 900 亿元。

远期建设规划：至 2035 年，规划形成“七放射、二半环”的市域快线布局，9 条快线总长约 495km；规划 24 条普速服务线路，总长约 840km；全网共 33 条线，总长约 1335km（含弹性发展线路 112km），线网密度 1.2km/km^2 建设用地。

深圳轨道交通建设 20 年以来，90 多项重大关键项目获取了国家级、省级和市级的相应奖项，其中获得国家科技进步奖 2 项，鲁班奖 2 项、国家优质工程奖 2 项，中国土木工程詹天佑奖 7 项，国际隧道协会奖项 2 项，广东省科学技术奖 7 项、深圳市科技进步奖 13 项，部委、全国行业协会等创新奖项 60 多项。展望未来，深圳轨道交通将继续坚持“经营地铁，服务城市”理念，为深圳城市的发展添砖加瓦。

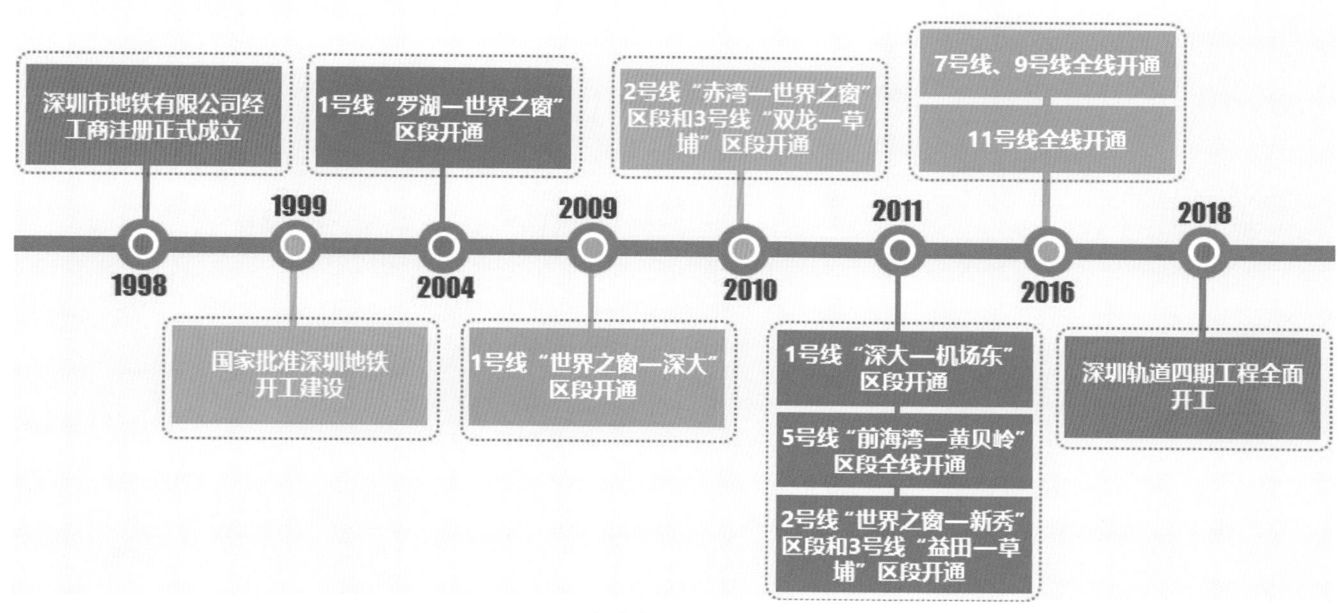

深圳轨道交通建设历程

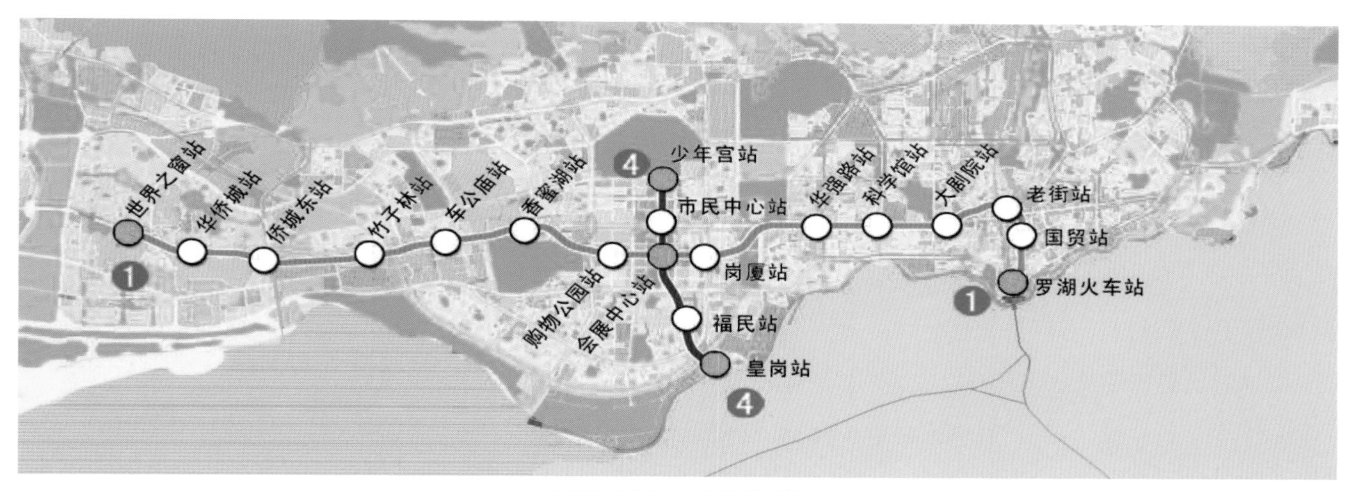

深圳轨道交通一期工程线路图

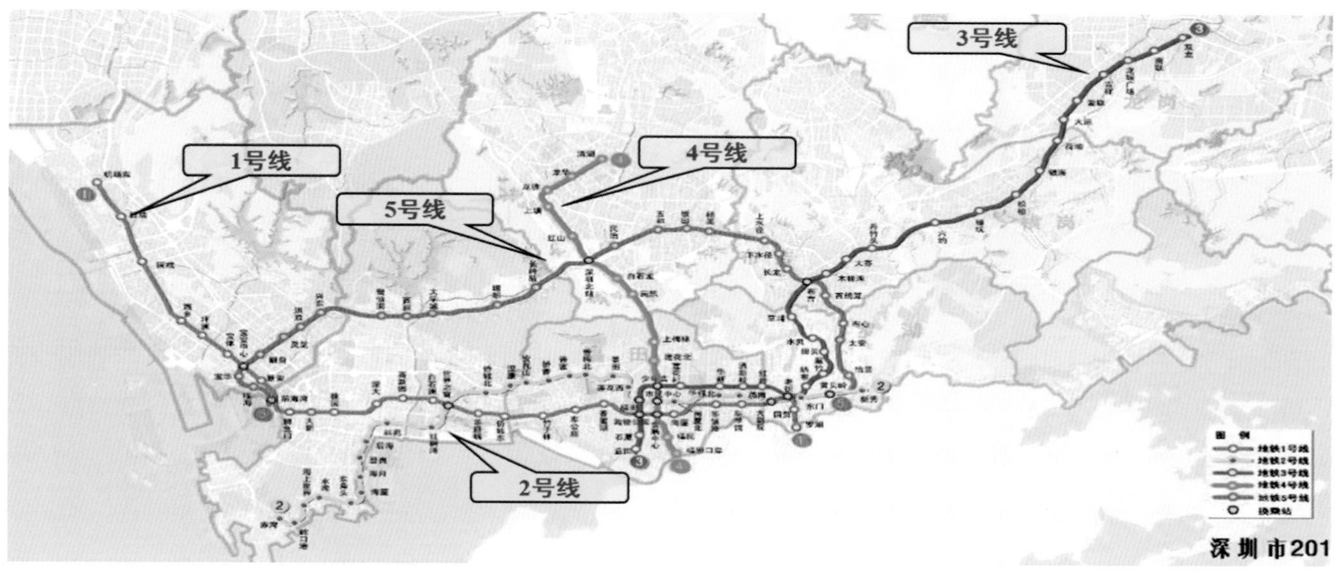

深圳轨道交通二期工程线路图

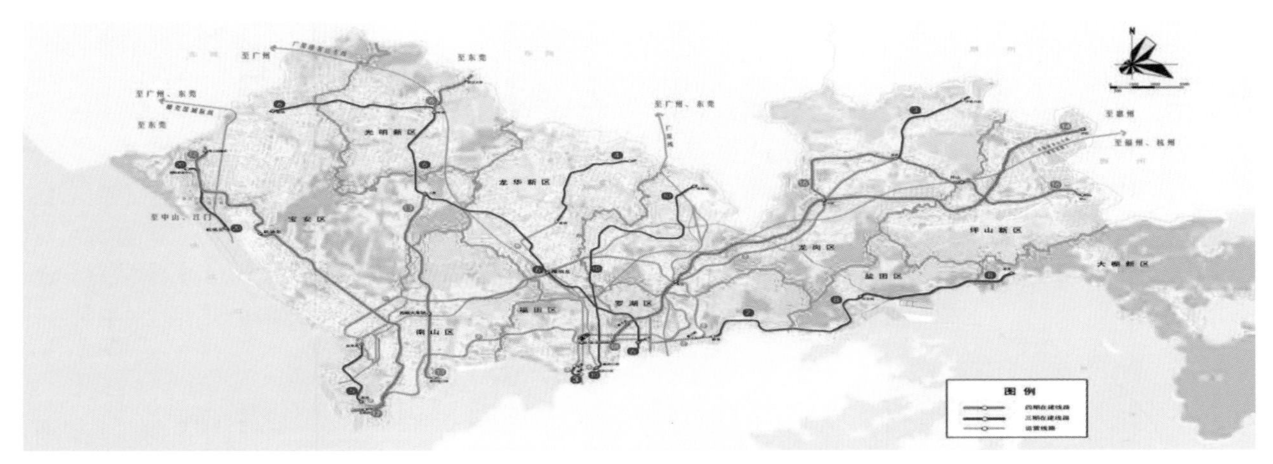

深圳轨道交通三期工程线路图

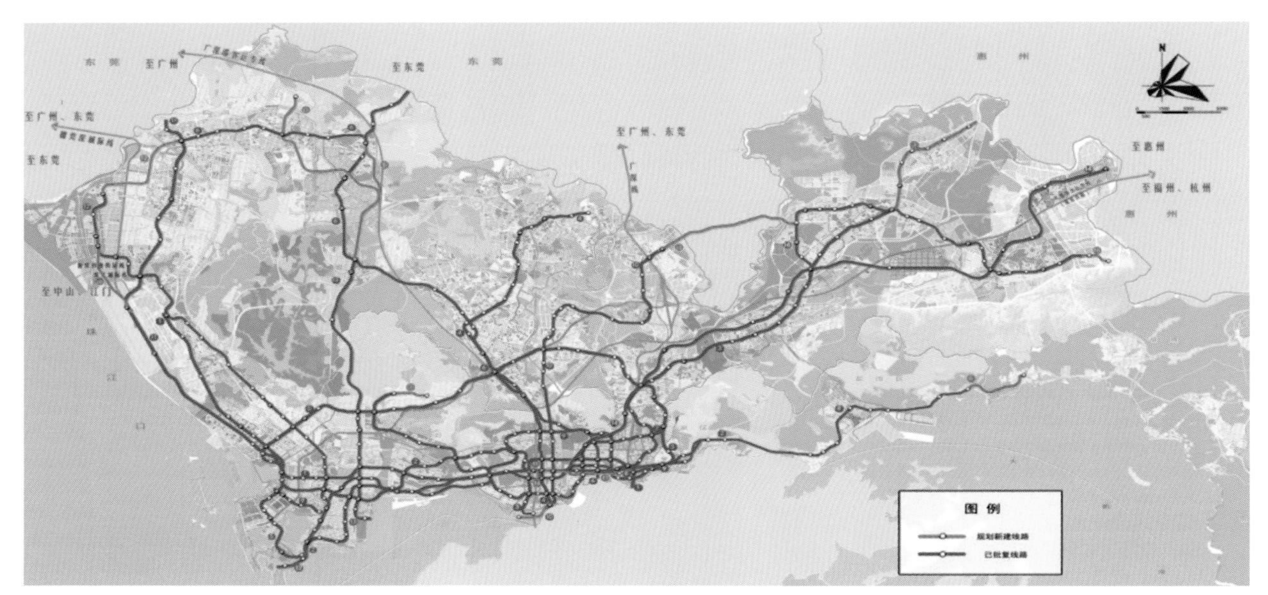

深圳轨道交通四期规划调整线路图

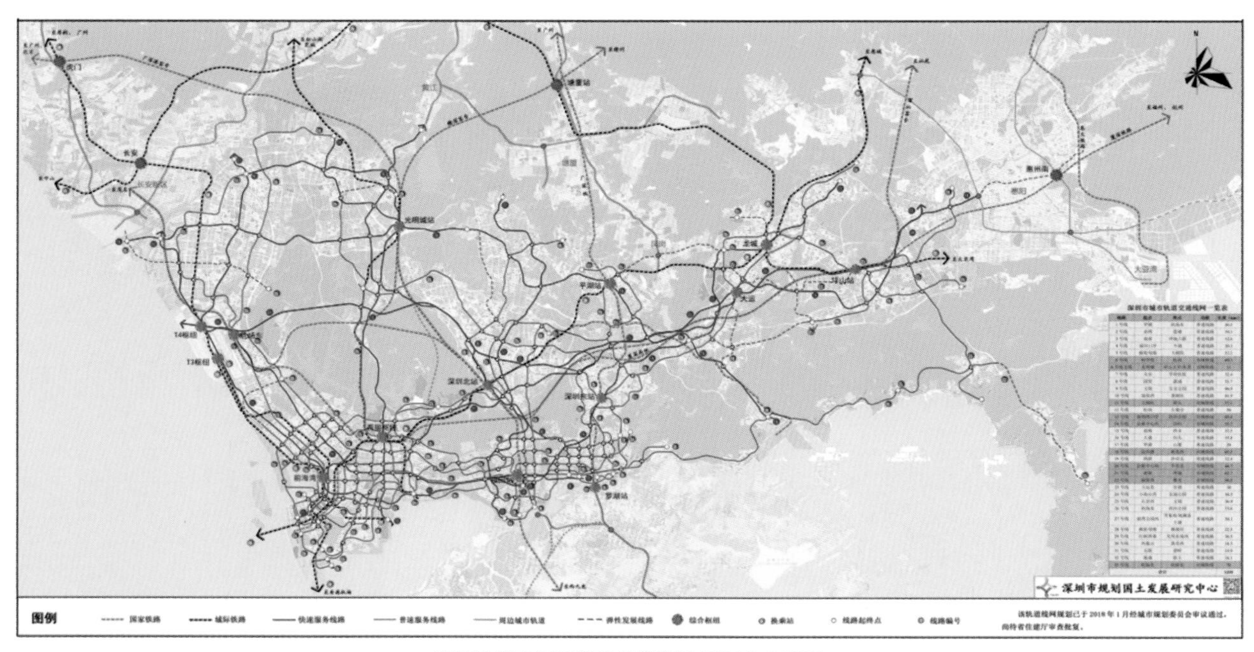

深圳轨道交通远期规划线路图 (2016-2035)

01 国贸至老街区间隧道及坡基托换工程

获奖情况

2003 年度深圳市科学技术进步奖一等奖；

第七届中国土木工程詹天佑奖；

国家科学技术进步奖二等奖。

工程概况

深圳地铁一期工程国贸至老街段及桩基托换工程处于深圳市罗湖区人民南路至东门老街，由国贸站、老街站和区间隧道组成。国贸站建筑面积 $11412m^2$（含风道），车站总长 164.4m。车站主体结构设计为地下三层两跨现浇混凝土框架结构，采用复合结构形式，顶、中、底板与内衬墙及围护结构形成一闭合框架结构，围护结构采用 800mm 厚地下连续墙。老街站建筑面积 $11890m^2$。国贸—老街区间南段隧道全长 191.29m，总宽 7.1m。采用复合结构形式，顶、中、底板与内衬墙及围护结构形成一闭合框架结构；国贸—老街区间北段及桩基托换，分别为华中国际酒店桩基托换工程、百货广场大轴力桩基托换工程、国老区间北段明挖及暗挖隧道工程。

新技术应用与科技创新

（1）暗挖区间隧道采用浅埋单洞双层重叠隧道技术，国内首例，该重叠隧道具有大断面、超浅埋、结构复杂、工程地质条件极为恶劣的特点，施工中必须确保周边建筑安全。尤其通过断层时，通过从地表对断层带实施深孔注浆加固及“长短结合”的小导管超前预支护等各类优化技术措施，安全穿越百货广场桩基托换区，地面百货广场建筑物沉降控制在 7mm，确保了暗挖隧道在该区段施工全过程百货广场等建筑物处于安全受控状态。

（2）“大轴力桩基托换”创国内地铁行业桩基托换工程最大轴力新纪录，最大轴力达 18900kN。采用计算分析、试验研究和示范桩托换全过程监测分析的综合研究方法，攻克了一系列的技术难题。

（3）地铁 1 号线在该区间的最小半径由原方案的 250m 提高到 300m，还将线路缩减了 210m，降低投资。运营速度由 35km/h 可提高到 60km/h，改善了线路条件及运营条件，满足了深圳市地铁整体规划的要求，达到了协调和促进沿线区域发展的目的，同时也丰富了地下工程的设计及施工技术，为地铁或其他地下工程的选线、选址提供了更广阔的空间。

02 深圳罗湖地铁枢纽工程

获奖情况

第七届中国土木工程詹天佑奖。

工程概况

深圳罗湖地铁枢纽工程位于深圳罗湖口岸 / 火车站广场，周边场地狭窄，紧靠火车站和罗湖商业城，总建筑面积为 53000m^2。车站主体为双层钢筋混凝土框架结构；交通层主体为单层钢筋混凝土框架结构。枢纽工程由地铁罗湖站工程、地铁罗湖站上部的地下人行交通层工程、交通场站和市政道桥改造及管线迁改工程、环境景观工程四个建设内容构成。地下三层、地面二层，基坑开挖深度 21m。其中车站层总长度 385m，总高度 13.24m，标准段宽度 33.95m；交通层总长度为 412m，高度为 8.0m，最大宽度为 112m。该地铁枢纽工程是一个以地铁站为核心，集口岸、火车站、的士站、大巴站、社会停车场站、休闲广场为一体的国际水准的交通枢纽中心，是当时国内已建成的最大最复杂的地铁枢纽工程。

新技术应用与科技创新

（1）先进的综合规划设计。本工程由地铁罗湖站工程、地下人行交通层及平台层、地面广场、交通场站及市政道桥隧道工程、环境景观工程等部分构成，地下三层、地面二层，自下而上分层科学，建筑功能协调，建筑布局美观，景观自然，具有明显地方特色。工程结构庞大复杂，建成为 5 层立体交通体系。

（2）深基坑施工综合优化技术。该枢纽工程基坑深 21m，周长超过 1000m，地质条件复杂，地下水丰富，预埋管线多，场地狭小，周边环境复杂，施工难度大，施工单位因地制宜地采取了综合优化技术，把原招标的地下连续墙围护结构方案改为其他多种支护形式，包括可回收锚杆、喷锚支护，人工挖孔咬合桩等形式，节省投资 2000 多万元。

（3）长超深地下混凝土结构抗裂和防水技术。采取了分缝、分块，构造钢筋布置，混凝土配合比，混凝土浇筑及养护，柔性防水等技术，保证了质量。

（4）建筑防水新技术。本枢纽工程采用以提高结构自防水性能为主，附加柔性防水层为辅，多道防线，层层设防的整体防水方案。柔性防水层采用全包防水结构。车站层结构底板和侧墙外侧采用 PVC 防水卷材，顶板采用聚氨酯防水涂料，PVC 防水板与聚氨酯防水涂料的过渡连接处采用聚硫密封膏；交通层结构底板也采用 PVC 防水卷材外包防水，侧墙采用聚氨酯防水涂料防水，顶板采用聚酯复合片材 + 聚氨酯涂料防水。

03 深圳地铁 3 号线

建设时间：工程于 2007 年开工建设，2011 年 6 月竣工
总 投 资：171.05 亿元

获奖情况

（1）“大型地铁换乘站紧邻既有建（构）筑物安全施工关键技术研究与应用”获得 2011 年度河南省科技进步奖二等奖；

（2）2010~2011 年度国家工程建设质量奖审定委员会（中国施工企业管理协会）“国家优质工程银质奖”；

（3）2010 年度、2011 年度、2012 年度深圳建筑业协会“深圳市优质结构工程奖”；

（4）第十一届中国土木工程詹天佑奖。

工程概况

深圳地铁 3 号线（又称龙岗线）分为一期工程和西延段工程两部分，线路全长约 41.7km，采取高架、地面、地下三种不同方式敷设，其中地下线 17.364km，高架线 21.809km，地面线（含过渡段）2.493km。全线车站 30 座，主变电所 2 座，车辆段和停车场各 1 座。该工程克服了敷设方式多样、地质条件复杂，工期紧等重重困难，突破了传统管理模式，大胆创新，在轨道交通建设中首次应用多项管理理念和技术创新成果，节省直接投资上亿元。在生态环保、节能减排、节约土地、降低运营成本等方面具有示范效应。

新技术应用与科技创新

（1）建成了全国首座双层车辆段，节省土地高达 60%，把节约土地用于保障性住房建设和物业开发，综合开发总建筑面积达 70 万 m^2。

（2）地下车站结构采用“混凝土自防水叠合结构”，简化了工艺，提高了结构安全度和耐久性，节约投资。

（3）首次全线采用 DC1500V 接触轨牵引供电系统，提高了运营安全性，降低了运营维护成本，改善了城市景观。

（4）首次采用弱电系统后备电源集中供电系统，安全可靠，减少用房面积，每年节约运营维护成本高达 85%。

（5）地铁老街站为当时国内地铁最大的同台换乘站，攻克了盖挖逆筑法、重叠隧道、桩基托换、下穿铁路桥、古河床等重大技术难题，节省了大量的拆迁费用。

（6）益田村地下双层停车场集无撑、无锚、环板逆筑、泄水减压、叠合结构混凝土自防水于一体的成功案例，减少了建材用量，节约投资 4500 万元，缩短工期 10 个月。

（7）首次在深圳采用单活塞风井作为地下站技术标准，节约投资 3692 万元。

（8）高架车站采用统一造型标准装修，合理规划绿化及车站公共艺术，为高架线路的应用树立了标杆。

深圳地铁 3 号线及综合开发照片

04 深圳北站综合交通枢纽

建设时间： 2008 年 3 月 1 日开工建设，2011 年 6 月 15 日竣工
总 投 资： 65.45 亿元

获奖情况

（1）“深圳北站工程关键施工技术”获得 2011 年度四川省科技进步奖三等奖；
（2）2012 年度广东省建筑业协会“广东省建设工程优质奖”；
（3）2012 年度深圳建筑业协会“深圳市优质工程金牛奖”；
（4）2011 年度深圳建筑业协会“深圳市优质结构工程奖”；
（5）第十一届中国土木工程詹天佑奖；
（6）2013 年获得中国建筑工程鲁班奖（国家优质工程）。

工程概况

该工程是深圳铁路“两主三辅”客运格局最为核心的车站，是接驳功能最为齐全的特大型综合交通枢纽。该站衔接广深港客运专线、厦深铁路，并与 3 条地铁线、长途汽车站、公交场站、出租车场站等接驳，设施完备，功能齐全，采用国内首创的“上进上出”的进出站模式和“公共交通优先”模式，换乘便捷，充分体现了以人为本的设计理念。

该工程包括站台层、设备夹层、高架候车层、商业夹层，总建筑面积 59.4 万 m^2，钢结构最大跨度 86m，最大悬挑 63m，总用钢量 6.3 万 t，拉索幕墙 2 万 m^2，候车大厅 5.6 万 m^2，共 64 部步行楼梯、181 部电扶梯。站房下部主体结构采用钢管混凝土柱与钢筋混凝土组合梁框架结构体系，上部屋盖采用“上平下曲”形态的纵横双向桁架体系。站房结构关键节点传力部位采用铸钢节点 + 焊接球，雨棚屋面结构采用新型的环向索弦支网格梁结构体系。屋盖 63m 大悬挑被誉为“亚洲第一悬挑”，锯齿形屋面系统为阳光板 + 直立锁边铝镁锰合金板 + 光伏发电系统 + 虹吸排水系统，屋盖波浪形吊顶采用铝合金管帘，外墙为双向拉索的玻璃幕墙。

新技术应用与科技创新

（1）深圳城市轨道高架穿越深圳北站站房，支承于站房下部结构 Y 型空心钢管混凝土柱上，同时，Y 型柱也作为深圳北站站厅层结构、站房屋盖钢结构的支撑体系，在国内火车站结构设计中尚属首次。
（2）按照列车—桥梁系统动力相互作用分析模型，计算列车作用下桥梁各节点的力时程，然后将该时程施加于车站结构上，计算各工况下结构响应，为结构设计的安全、经济、合理提供了保证。
（3）研究列车振动对结构的舒适度影响，采用结构关键点的加速度指标控制。对大型客站旅客人行楼盖舒适度进行了计算分析。
（4）采用通过整体结构屈曲稳定分析确定受压构件计算长度方法和超长结构施工至使用阶段全过程的温差收缩计算仿真分析方法。
（5）取得了多连跨（10 × 12 跨）四边形环索弦支体系施工技术；国内外工程中首次采用了一种建筑钢结构拉索预应力施加的仿真技术，解决现有的建筑钢结构拉索初始预应力精确解的问题。
（6）解决了高度 24m、跨径 27m 异形拉索幕墙施工技术，形成了异形拉索幕墙结构张拉及预应力控制的专项技术，填补了对索网幕墙张拉及预应力控制方法的空白。

深圳北站综合交通枢纽工程照片

05　深圳地铁 5 号线

建设时间：2007 年 12 月开工建设，2011 年 5 月竣工

总 投 资：200.6 亿元

获奖情况

（1）“深圳地铁 5 号线盾构法隧道关键技术研究”获得 2015 年度中国建筑学会科技进步奖二等奖；

（2）2011 年度广东省土木建筑学会广东省土木工程詹天佑故乡杯；

（3）2011 年度深圳建筑业协会深圳市优质结构工程；

（4）2012 年度深圳建筑业协会深圳市优质工程；

（5）第十三届中国土木工程詹天佑奖。

工程概况

深圳地铁 5 号线西起前海湾，东止黄贝岭，穿越宝安、南山、龙岗、罗湖四区，全长 40.001km，其中地下线路 35.942km，高架线路 3.283km，过渡段 0.776km；设车站 27 座，其中高架站 2 座，地下站 25 座。设塘朗车辆段、上水径停车场各一处，西丽主变电所 1 座；采用“投融资—设计施工总承包—回报”的 BT 模式，是当时国内城市轨道交通建设中一次建成单条线路最长的地铁工程。

车站工程：高架站结构采用“站桥合一”的形式，基础采用钻孔灌注桩基础，主体结构采用钢筋混凝土框架结构，顶层屋面结构采用轻型钢网架结构或门式刚架结构体系；地下站采用了明挖法、半盖挖法、盖挖法和暗挖法，围护结构主要采用钻孔灌注桩 + 旋喷桩和地下连续墙，采用结构自防水 + 全外包防水。

区间隧道：盾构隧道采用直径 6250mm 的复合式土压平衡盾构机掘进，盾构管片设计外径 6m，采用 C50 防水混凝土，抗渗等级 ≥ P10，管片迎土面设防水、防腐涂层，接缝设密封垫。矿山法隧道采用全断面法、台阶法、CD 工法、CRD 工法、偏洞法、中洞法和双侧壁导坑法，辅助工法采用超前小导管注浆、全断面帷幕注浆加固、地表深孔注浆加固、大管棚等；矿山法隧道二衬采用 300mm 厚钢筋混凝土结构，在初支和二衬之间设全包防水层。

新技术应用与科技创新

（1）全国首次全线成功实施地铁建设 BT 模式。

（2）地铁建设与周边用地、地下空间综合开发效果显著，新提供（节约）城市建设用地超过 32hm^2，实现了地铁功能、物业开发、环境友好的“三位统一”。

（3）形成了深基坑在深厚填石、淤泥的海积地层施工中对淤泥锁定、基坑稳定、变形控制等成套技术。

（4）首次全面开展了深圳地区特有地层条件下盾构施工技术研究，形成了盾构在海积淤泥（填石）地层、上软下硬、孤石、硬岩等复杂地层中的成套施工技术。

（5）首次在深圳地铁采用综合支吊架系统，不设吊顶。

（6）首次提出了列车动载偏压荷载作用下基坑围护结构荷载和位移模式，提出了针对性的基坑支护设计和施工技术，确保了基坑和运营铁路安全。

（7）自主创新地铁建设工程系统化管理技术及信息化技术，实现施工全过程数字化管理。

（8）首次提出适合深圳地区的岩石分类理论和富水复合地层浅埋暗挖地铁隧道施工沉降规律，研究应用了小净距上下重叠隧道、区间风道洞室群等施工沉降控制技术。

深圳地铁 5 号线工程照片

06 深圳地铁 2 号线

建设时间：初期工程 2007 年 6 月 13 日开工建设，东延线工程 2008 年 6 月开工建设，2011 年 6 月 28 日竣工全线开通运营

总 投 资：193.5 亿元

获奖情况

（1）2012 年度广东省土木建筑学会第四届广东省土木工程詹天佑故乡杯奖；

（2）“盾构穿越矿山法隧道长距离空推施工新技术应用与研究”获得 2013 年度上海市科技进步三等奖；

（3）“高强度硬岩段间杂软弱岩地层盾构施工技术”获得 2014 年度天津市科技进步三等奖；

（4）“复杂地质条件下土压平衡盾构综合施工技术”获得 2014 年度广东省土木建筑学会科学技术一等奖；

（5）2015 年度四川省住房和城乡建设厅四川省工程勘察设计“四优”一等奖；

（6）2017 年度广东省科学技术二等奖；

（7）第十四届中国土木工程詹天佑奖。

工程概况

深圳地铁 2 号线工程是深圳举办 2011 年世界大学生运动会开闭幕式和重要赛事的后海春茧体育场的交通保障设施，起自赤湾站，终至新秀站，设 29 座地下车站，线路全长 35.787km，分初期和东延段两期建设。

初期工程起自蛇口赤湾站，终至世界之窗站，共设 12 座地下车站，线路全长 15.131km；东延线工程，起自初期工程终点世界之窗站北端，终至新秀站，设 17 座地下车站，全长 20.65km。

线路穿越南山、福田、罗湖中心区，工程环境条件复杂，沿线工程地质岩层起伏较大、地层软硬不均（既穿越了淤泥软弱地层，也穿越了微风化花岗岩层），穿越填海区长度达 7km 以上，8 次下穿既有运营地铁的线路，是国内目前在填海区下穿最长、实施难度最大的地铁线路。

新技术应用与科技创新

（1）采用项目负责制的模式，实现全过程项目管理创新；推行内地首个实现上盖物业销售；在商业中心设置车站引入 TOD 设计，与地面物业合建风亭、冷却塔；车站设置艺术墙，创地铁车站文化和人文氛围之先河。

（2）创新了软弱地层深基坑支撑、盾构井环框梁、多联体桩挡土墙设计施工新技术；盾构机选型综合新技术及高强度硬岩预爆及盾构空推技术，形成了上软下硬复合地层条件下盾构施工成套技术与工艺；在软弱淤泥地层填海区盾构机选型、盾构始发及联络通道土体加固新技术及换刀加固技术，形成了抛石挤淤地层条件下一套长距离穿越填海区安全施工的成套技术。

（3）通过盾构隧道掘进测量和参数控制与运营线路检测联动，实现了小角度、近距离下穿既有运营线路隧道的盾构机选型以及施工安全进度检测的全套设计施工技术；建立了深圳地区复杂环境下盾构下穿运营线路隧道微扰动掘进技术、地层加固技术、掘进控制技术、安全控制技术体系的安全控制关键技术及指标体系、安全生产管理制度体系、施工安全技术保障预控体系、安全应急预防体系等盾构隧道下穿既有线施工和运营安全控制成套技术体系。

（4）首次系统的采用全线车站照明和列车智能照明控制的 LED 绿色节能照明；实现空调系统的综合节能控制；实现隧道机械通风按隧道温度节能模式控制；列车首次采用铝基板陶瓷喷涂侧墙墙板新技术；研发国内首台双能源电动轨道车。

（5）首次在国内地铁设计综合安防系统；首次在国内地铁采用了车场智能化的管理模式；首次提出集成气体灭火系统探测报警部分及电气火灾预警系统，并与隧道感温光纤进行有机结合，组成一个完善的地铁防灾报警系统。首次采用由综合监控系统整合 MCC 系统（智能低压）。

深圳地铁 2 号线工程照片

07 深圳地铁 7 号线

建设时间： 2012 年 10 月 23 日开工建设，2016 年 7 月 6 日竣工验收
总 投 资： 257.2 亿元

获奖情况

（1）第十七届深圳市优秀工程勘察设计评选（轨道交通工程设计）一等奖；
（2）2016~2017 年度中国施工企业管理协会国家优质工程金质奖；
（3）2015 年度广东省建筑业协会广东省优质结构工程；
（4）2018 年度深圳建筑业协会深圳市优质工程奖；
（5）第十六届中国土木工程詹天佑奖；
（6）中国施工企业管理协会 2017 年度科学技术进步奖特等奖。

工程概况

深圳市城市轨道交通 7 号线工程是深圳市轨道交通三期工程的重大项目之一，线路横跨南山、福田、罗湖三大中心区的主要居住区与就业区，对完善深圳市轨道交通网络、带动沿线经济发展、方便市民出行具有重要意义。

深圳市城市轨道交通 7 号线起于南山区西丽湖站，终于罗湖区太安站，采用地下敷设方式，线路全长 30.2km，共设车站 28 座（其中换乘站 12 座，三层站 14 座），新建深云车辆段、安托山停车场各一处，全线设西丽、侨城东、体育北三座主变电所，同步实施深圳市轨道交通网络运营控制中心（NOCC）。7 号线车辆采用 A 型车 6 列编组，最高运行速度为 80km/h。

新技术应用与科技创新

（1）创建了繁华商业区超大规模地下空间与地铁车站合建及既有车站扩建施工技术，攻克了超宽管线群下大倾角基岩、入岩深度大的地连墙施工技术难题，攻克了运营车站扩建条件下桩基的受力转换及新旧车站结构共同受力体系，确保了运营安全。

（2）首次建立了极小净距重叠盾构隧道同步下穿既有高速铁路多重近接控制技术，研制了上下盾构隧道可同步施工的移动式支撑台车，形成了重叠盾构隧道“先下后上准同步”工法，实现了高铁不减速运营条件下 2m 净距重叠盾构隧道下穿高铁轨道群的成功案例。

（3）提出了矿山法隧道下穿、侧穿建构筑物及盾构先导洞冷冻法扩挖施工新技术，确保了盾构先导洞冷冻法扩挖的施工安全。

（4）研发形成了地铁快速铺轨成套技术，可缩短月铺轨时间 5d，铺轨速度提高 60%。工程从 2016 年通车运营以来，运行良好，成功实现通过地铁建设带动城市整体功能升级与改造，取得了显著的社会、经济效益。工程获国家优质工程金质奖及多项科学技术奖、专利授权 64 项（发明专利 5 项）、省部级工法 55 项、发表论文 150 篇、出版专著 4 部。

深圳地铁 7 号线工程照片

08 深圳福田站综合交通枢纽

建设时间：2008 年 8 月开工建设，2015 年 12 月竣工
总 投 资：57.79 亿元

获奖情况

（1）2011 年度深圳建筑业协会深圳市优质结构工程奖；
（2）“城市中心区大型多层地下结构施工综合技术研究”获得 2013 年度河南省科学技术进步奖二等奖、洛阳市科学技术进步奖一等奖；
（3）2015 年度国际隧道协会首届工程大奖提名奖；
（4）“城市中心区大型多层地下结构施工综合技术研究”“高速铁路站台门关键技术研究及工程应用”分别获得 2012 年度、2016 年度中国铁道学会铁道科技奖二等奖；
（5）2015~2016 年度国家铁路局铁路优质工程一等奖；
（6）2016 年度深圳市勘察设计行业协会第十七届深圳市优秀工程勘察设计建筑工程设计一等奖；
（7）2017 年度国际咨询工程师联合会菲迪克（FIDIC）优秀工程项目奖；
（8）2017 年度“香港建筑师学会两岸四地建筑设计论坛及大奖”卓越奖；
（9）2019 年获得中国建筑工程鲁班奖（国家优质工程）。

工程概况

深圳福田站综合交通枢纽工程位于深圳市福田中心区，深南大道与益田路交叉口，是世界第二、亚洲最大、全世界列车通过速度最快、国内首座位于城市中心区，以高铁车站为核心，集高铁、地铁、公交和出租车等多种交通方式为一体的全地下现代化综合交通枢纽。由广深港高铁福田站、地铁 2 号线、3 号线、11 号线福田站、地下人行“城市客厅”、公交场站、出租车场站及配套商业设施组成，是深圳市重要的轨道交通换乘中心，是深（圳）（香）港一体化的最重要的交通基础设施，总建筑面积 299432m^2。

工程枢纽南北长 1023m，东西长 712m，建筑结构类别 Ⅰ 类，建筑合理使用年限 100 年，建筑防水等级 Ⅰ 级，防火等级 Ⅰ 级，列车通过速度 200km/h。客流通道上，国内首次采用横向 21.46m+18.2m+18.2m 连续柱跨，纵向 12m（最大 13m）连续柱跨的地下柱网结构，柱轴力最大为 82600kN，采用钢管混凝土柱与型钢混凝土梁组合的框架结构及独特的节点设计，柱直径 1.6m，梁高 2.5m。枢纽内地铁 2 号线、11 号线车站为平行布置的两个 13m 宽岛式站台，首次运用单柱形式，站厅层只有 4 跨 3 排柱，柱距均匀。纵向柱跨为 9m，板跨为 8.95m、10.55m，跨度均匀合理。工程广深港福田站主体为地下三层结构，紧邻十多栋超高层大楼布置（离建筑物最近距离仅 12m）。基坑全长 1023m，最宽处 78.86m，平均深度 32.0m，为大跨度、超长、超深、长高比大的深基坑工程。盖挖逆作法立柱施工采用干作业法吊装直径 1.6m，长 30m 钢管柱，施工中柱位偏差小于 ± 2mm，远小于规范要求的 5mm，钢管柱身垂直度小于 1/1500，远小于规范要求的 1/600。

新技术应用与科技创新

（1）首创在城市中心建成区，以地下高铁车站为核心，以城市轨道交通、城市公交和出租车换乘为翼面，面向大客流快速疏散的规划理念，建立多维度多层次立体交通格局，构建了人行、机动车、非机动车全面分流的互联互通全地下城市交通系统。

（2）国内首次突破超长混凝土结构和超大跨劲性结构施工技术瓶颈，建造全地下超长（1023m）不设缝一体化混凝土结构，创新超大跨度地下空间劲性结构体系，构建人性化大体量城市地下公共空间。

（3）首次攻克上软下硬复合地层超高层建筑群近接保护和变形控制技术，开发超大超长钢管柱逆作精准定位等关键技术，形成以信息化施工为核心指导，多工法综合相机利用与复杂外部环境相适应的超大超深基坑施工成套技术。

（4）原创性地研发了满足 1700Pa（15 级台风）风压冲击和多达 56 种列车运营工况需求的站台门及其控制系统，形成了严苛运营工况条件下高速列车运营环境安全保障关键技术。

（5）于地面绿化带中主动利用自然采光天窗，将大量自然光线引入地下；于枢纽的南侧和东侧设置地下采光庭院，将自然景观引入地下，构建绿色、开放的地下空间环境。

福田站综合交通枢纽工程照片

理事单位名单

深圳市土木建筑学会理事单位名单

理事长单位：深圳市建筑设计研究总院有限公司

副理事长单位：深圳市建筑科学研究院股份有限公司
中国建筑科学研究院有限公司深圳分公司
深圳华森建筑与工程设计顾问有限公司
香港华艺设计顾问（深圳）有限公司
筑博设计股份有限公司
深圳市土木建筑学会
深圳市市政设计研究有限公司
深圳市华阳国际工程设计股份有限公司
深圳市勘察研究院有限公司
深圳市勘察测绘院（集团）有限公司
深圳市路桥建设集团有限公司
深圳市鹏城建筑集团有限公司
中建钢构有限公司
中国华西企业有限公司
江苏省华建建设股份有限公司深圳分公司
深圳市京圳工程咨询有限公司
中建三局第一建设工程有限责任公司
深圳市工勘岩土集团有限公司
铁科院（深圳）研究设计院有限公司
中冶建筑研究总院（深圳）有限公司
奥意建筑工程设计有限公司
北京中外建建筑设计有限公司深圳分公司
深圳市城市规划设计研究院有限公司

深圳大地创想建筑景观规划设计有限公司
深圳市市政工程质量安全监督总站
深圳市建筑工程质量安全监督总站
深圳市建设工程质量检测中心
深圳市建设工程造价管理站
深圳市建设工程交易服务中心
中国城市规划设计研究院深圳分院
深圳市柏涛蓝森国际建筑设计有限公司
深圳宏业基岩土科技股份有限公司

常务理事单位：深圳市建筑设计研究总院有限公司第一分公司
深圳市建筑设计研究总院有限公司第二分公司
深圳市建筑设计研究总院有限公司第三分公司
深圳市水务（集团）有限公司
深圳大学建筑设计研究院有限公司
深圳市市政工程总公司
深圳机械院建筑设计有限公司
深圳市新城市规划建筑设计股份有限公司
深圳市欧博工程设计顾问有限公司
深圳建业工程集团股份有限公司
深圳市建安（集团）股份有限公司
深圳地质建设工程公司
悉地国际设计顾问（深圳）有限公司
哈尔滨工业大学建筑设计研究院深圳分院
中铁建工集团有限公司深圳分公司

哈尔滨工业大学（深圳）
中国建筑第八工程局有限公司
广州市高士实业有限公司
深圳华新国际建筑工程设计顾问有限公司
中建三局集团有限公司深圳分公司
中建科技有限公司深圳分公司
深圳市北林苑景观及建筑规划设计院有限公司
深圳建筑业协会
深圳市建筑设计研究总院有限公司
城市建筑与环境设计研究院

理事单位：深圳市地铁集团有限公司
深圳万科企业有限公司
深圳市建设科技促进中心
北建院建筑设计（深圳）有限公司
深圳市同济人建筑设计有限公司
深圳市筑道建筑工程设计有限公司前海分公司
深圳市方佳建筑设计有限公司
深圳市力鹏建筑结构设计事务所（普通合伙）
深圳市天华建筑设计有限公司
深圳中冶管廊建设投资有限公司
深圳园林股份有限公司
深圳华侨城房地产有限公司
深圳市湛联基础建筑工程有限公司
郑州中原思蓝德高科股份有限公司

广州集泰化工股份有限公司
上海鲁班软件股份有限公司
深圳市天其佳建筑科技有限公司
深圳市精鼎建筑工程咨询有限公司
深圳中海世纪建筑设计有限公司
深圳市铁汉生态环境股份有限公司
深圳金鑫绿建股份有限公司
深圳中航幕墙工程有限公司
深圳市清华苑建筑与规划设计研究有限公司
中建三局第二建设工程有限责任公司华南公司
深圳市中腾建业建设投资有限公司
深圳市第一建筑工程有限公司
中国建筑东北设计研究院有限公司深圳分公司
广东现代建筑与顾问有限公司
深圳天衣新材料有限公司
深圳壹创国际设计股份有限公司
深圳市迈地砼外加剂有限公司
中国建筑第二工程局有限公司深圳分公司
深圳市工勘建设集团有限公司
中铁南方投资集团有限公司
深圳媚道风景园林与城市规划设计院有限公司
深圳市岩土工程有限公司
中国建筑第五工程局有限公司深圳分公司
深圳东方雨虹防水工程有限公司
深圳市新黑豹建材有限公司

科顺防水科技股份有限公司
深圳维拓环境科技股份有限公司
深圳市现代营造科技有限公司
中冶南方工程技术有限公司深圳分公司
深圳市人才安居集团有限公司
深圳中技绿建科技有限公司
成都基准方中建筑设计有限公司
深圳市嘉捷和建材有限公司
深圳市方大建科集团有限公司
深圳市中汇建筑设计事务所
深圳合大国际工程设计有限公司
深圳市建工集团股份有限公司
深圳市鲁班建筑工程有限公司
中建八局第一建设有限公司华南分公司
深圳艺洲建筑工程设计有限公司
深圳市先泰实业有限公司
深圳市朗迈新材料有限公司

团体会员单位：中国建筑二局第三建筑工程公司（华南）
深圳市西部城建工程有限公司
深圳市安托山混凝土有限公司
深圳弘深精细化工有限公司
北京圣洁防水材料有限公司
广东宏源防水科技发展有限公司
山东鑫达鲁鑫防水材料有限公司深圳分公司

广东迈诺工业技术有限公司
深圳市大地幕墙科技有限公司
深圳奥雅景观与建筑规划设计有限公司
深圳市大正建设工程咨询有限公司
深圳市东大景观设计有限公司
有利华建筑产业化科技（深圳）有限公司
深圳市正玺绿色建筑科技工程有限公司
深圳市朗程师地域规划设计有限公司
深圳市宝安区工程质量检测中心
深圳市新山幕墙技术咨询有限公司
广东科浩幕墙工程有限公司
深圳市科源建设集团股份有限公司
深圳市三鑫科技发展有限公司
深圳市金众混凝土有限公司
艾奕康设计与咨询（深圳）有限公司
深圳市卓宝科技股份有限公司
广东鼎新高新科技股份有限公司
广西金雨伞防水装饰有限公司深圳分公司
广州市台实防水补强有限公司
深圳市耐克防水实业有限公司
深圳市水泥及制品协会
深圳市富斯特建材有限公司
深圳市翰博景观及建筑规划设计有限公司

深圳市土木建筑学会

深圳市土木建筑学会是经深圳市民政局批准，由深圳市土木建筑科学技术专家学者自愿组成的具有法人资格的学术性、非营利性社会团体，是深圳市科学技术协会及深圳市创新体系的重要组成部分，是深圳市发展科学技术事业的重要社会力量，是深圳市委、市府联系土木建筑科技工作者的桥梁和纽带。至今学会已发展有5000多名个人会员，100多家单位会员，并设置了20个专业委员会，基本上涵盖了城市建设的所有专业，得到了各专业专家的支持与加盟。

学会每年组织各种学术交流会、技术研讨会、新产品发布会、学术论坛等学术活动；承办政府有关部门和有关单位委托开展多项技术咨询业务。得到相关单位的好评，对深圳建设科技进步发挥了推动作用。为促进土木建筑科学技术的发展和普及，促进土木建筑科学技术与经济建设的结合，促进建设科技人才的成长和提高，把深圳建设成现代化国际城市做出应有的贡献。学会从2004年起编辑出版学术期刊《深圳土木与建筑》（季刊），至今已出版60多期，刊登学术论文数百篇。

孟建民院士、陈湘生院士、王复明院士是学会的名誉理事长，有九位设计大师是学会的中坚力量，有近百名专家在国家级学会担任理事和常务理事。

学会同时是中国建筑学会常务理事单位，中国土木工程学会理事单位，深圳市社会组织总会副会长单位，深圳市企业联合会、深圳市企业家协会副会长单位，深圳市专家人才联合会副会长单位，广东省土木建筑学会副理事长单位。

专业委员会简介

深圳市土木建筑学会专业委员会名单

城市设计专业委员会
建筑专业委员会
生态园林景观专业委员会
室内设计专业委员会
绿色建筑专业委员会
结构专业委员会
钢结构专业委员会
建筑电气专业委员会
暖通空调专业委员会
给排水专业委员会
市政工程专业委员会
施工专业委员会
混凝土与预应力混凝土专业委员会
岩土工程专业委员会
门窗幕墙专业委员会
防水专业委员会
BIM 专业委员会
建筑工业化专业委员会
检测加固专业委员会
轨道交通专业委员会

城市设计专业委员会

深圳市土木建筑学会城市设计专业委员会成立于 2018 年 12 月，由中国工程院院士、深圳市建筑设计研究总院有限公司总建筑师孟建民同志，哈尔滨工业大学（深圳）建筑学院教授金广君同志牵头创建，现任主任委员为宋聚生教授，秘书长为戴冬晖副教授，目前有委员 30 人，会员 100 多人。

作为过去四十年全国增长速度最快的城市，深圳市的城市设计工作一直都走在全国前列，并在 2017 年国家推动的城市设计试点工作中被寄予厚望，城市设计在深圳未来的城市建设中，将发挥越来越重要的作用。城市设计专业委员会成立以后，将致力于进一步发挥深圳市设计之都的作用，加强城市设计领域的交流，提升深圳市城市设计水平，进而推动全国城市设计学科的发展，委员会将突出城市设计“融贯学科”的特点开展活动，立足城市规划、建筑学和风景园林学科，陆续吸纳政府城市规划管理、法律、交通以及城市基础设施等领域专业人员，突出体现城市设计的交叉特色与实践需求。

城市设计委员会每年均召开学术交流会，通过“深圳市城市设计论坛”和各种形式的研讨会，组织深圳市建设行业及高校专家学者，探索深圳特色的城市设计理论及方法，总结深圳城市设计的模式，推广深圳经验。另外，委员会还将在城市设计专业展览，城市设计数字化平台建设、城市设计职业后教育等多个方面积极推进，为深圳市城市设计领域的发展、城市设计人才队伍建设和城市环境质量的全面提升发挥积极的作用，为全国的城市设计创新实践积累经验、树立典型。

建筑专业委员会

深圳市土木建筑学会建筑专业委员会成立于 1982 年，成立以来已历经五届，2018 年 12 月举办了第六届换届会议，现有主任及副主任委员 15 人，委员 145 人。

建筑专业委员会自成立以来，在建筑创作的道路上积极探索，每年均召开学术会议，并经常召开各种学术研讨会。通过各类学术活动，集思广益，磋商研究，形成了既传承岭南建筑特点，又融合了特区大胆创新、敢为天下先的创作精神；同时积极吸收国际上各类优秀建筑的特点，进而形成了深圳特有的建筑风格。

深圳建筑风格的核心是“实用、经济、环保、美观”。实用性符合深圳务实求真的精神，经济性符合深圳追求效益、创造深圳速度和深圳质量的要求，环保性既是深圳土地、能源、资源较缺乏的客观需要，又符合当今世界发展的潮流，美观性要求建筑师充分发挥创意，在吸收岭南建筑特点和中外建筑名作优点的基础上创新优雅大气的作品，在经济、技术和艺术之间寻找最佳的平衡。在深圳建筑风格的指导下，建筑专业委员会和广大建筑师一道，创造了一个又一个建筑精品，为深圳的繁荣和发展作出了贡献。

建筑专业委员会各委员单位积极参编省、市各类标准、规范，对规范深圳设计行为起到了重要作用。

新一届建筑专业委员会延续往届委员会的道路，以促进深圳建筑设计行业繁荣发展为己任。决心做好各设计单位之间的沟通枢纽，加强深圳市各设计单位建筑专业之间以及建筑专业与其他专业之间的互动沟通，开阔视野，更好的助力和推进深圳建筑事业发展。

生态园林景观专业委员会

深圳市土木建筑学会生态园林景观专业委员会（原名“风景园林专业委员会”）成立于2013年，由时任深圳市北林苑景观及建筑规划设计院院长、现为风景园林学科全国工程勘察设计大师、深圳媚道风景园林与城市规划设计院董事长兼主持规划设计师何昉教授牵头创建，现任主任委员为何昉教授，副主任委员11名，委员20余名。

生态园林景观专业委员会致力于整合团结风景园林大学科的深圳本土力量，以服务深圳城市发展、提高园林和景观规划设计行业整体水平为目标，团结会员、服务会员；并在推动深圳市生态园林和景观规划设计行业发展、组织专业考察、促进学术交流、活跃学术氛围、提高行业影响力等方面发挥积极作用。自成立以来，在深圳市土木建筑学会的指导和帮助下，围绕当前行业和深圳市的热点、焦点、难点问题，组织承办了相关竞赛、评优、学术讲坛、专业考察调研等活动；并通过深圳市土木建筑学会广阔的平台，调动委员会会员单位积极参与学会和相关行业活动，鼓励各分会会员单位积极参加或承办协会会议、考察，扩大学会和委员会影响力。

室内设计专业委员会

深圳市土木建筑学会室内设计专业委员会负责我市在环境艺术设计、室内设计和软装配饰等室内专业在设计、施工、科研和管理、维护等方面的学术交流、技术攻关和信息共享。现有主任委员、顾问及委员等共 30 名，集中了我市室内设计专业、行业的精英力量，能高效地解决我市在室内、装饰设计工程建设中各类重大、关键学术问题。

深圳市土木建筑学会室内设计专业委员会名誉主任为蔡强，主任委员是深圳市建筑设计研究总院有限公司装饰设计研究分院院长王永强。委员是陈维、李大戈、刘德桥、蔡胜、叶理、孙延超。

绿色建筑专业委员会

深圳市绿色建筑专业委员会是由深圳市科学、环保、节能等绿色建筑事业发展的企业、研究院、设计院及专家、学者所组成的专业性、地方性、非营利性的社会组织。致力于推动深圳市建筑行业的生态发展，贯彻落实科学发展观，引导及促进深圳市绿色建筑技术的深入发展，为深圳市建筑行业提供绿色建筑技术支撑，提升我市建设品质。并推广绿色建筑理念，加强深圳市建筑行业专业技术交流，解决在推广绿色建筑技术发展道路中所遇到的各种问题，坚持因地制宜，探索出一条适合深圳实际的绿色建筑技术发展道路，为建设宜居深圳提供支撑。

结构专业委员会

深圳市土木建筑学会结构专业委员会是深圳市土木建筑学会中最大的专业委员会之一。

经过 30 多年的发展，结构专业委员会现有委员 119 名，委员由深圳市各大建筑设计院的总工及技术专家组成，委员涵盖广东省结构大师、深圳地区绝大多数广东省超限审查专家，专业水平高，擅长解决超高层、大跨结构等复杂结构问题，是设计行业坚强的技术后盾。

结构专业委员会为服务社会，每年会组织各类结构学术交流会，邀请各专业领域专家开课，给委员、会员以及各设计院结构人员提供学习交流的机会。

伴随着深圳经济特区的快速成长，深圳涌现出大量的地标性建筑，代表性的工程有：建筑高度 597m 的平安金融中心，新会展中心、市民中心、欢乐谷中心剧场膜结构、深圳机场 T2、T3 航站楼、宝安体育馆、会展中心、大运会体育场馆群等。结构专业委员会各会员单位积极推广新技术，研发出了一系列新的空间结构体系如：超高层建筑强外框（筒）结构体系、立体桁架、树状结构、张拉和骨架式索膜和气承式膜、预应力索（杆）网、单层网壳和双层网壳、单层折板、弦支穹顶等。

深圳市土木建筑学会从 2015 年开始承担深圳市建筑结构专业初中高级工程师的职称评审工作，2018 年开始承担深圳市建筑结构专业教授级高级工程师的职称评审工作，结构委员承担了主要评审工作。

结构专业委员会各会员单位积极参编国家、省、市相关结构规范、规程、标准，专业技术能力在全省乃至全国均处于领先水平。

钢结构专业委员会

钢结构专业委员会（原空间结构委员会）成立于 2011 年 12 月，为深圳市土木建筑学会的第13个专业委员会。专业委员会的技术依托单位为中国建筑科学研究院深圳分院，由中建钢构有限公司、深圳市建筑设计研究总院有限公司、中国建筑东北设计研究院有限公司深圳分公司、哈尔滨工业大学深圳研究生院、浙江精工钢构有限公司等一大批在深圳地区及全国范围内从事钢结构设计、科研、制作、安装、专业配件、专项施工领域的企事业单位的专家组成，并邀请了一批国家和省内知名钢结构专家担任顾问。在钢结构的研究、咨询、设计、结构计算分析、优化设计、结构构造和节点设计、深化设计、复杂钢结构制造和施工分析、复杂幕墙、金属屋面围护体系和索膜结构等方面开展技术创新、技术支持、技术合作和技术推广工作。

学会成立以来，成员单位先后完成了深圳平安金融中心超高层、中建钢构大厦、深圳南方博时基金大厦、安徽广播电视新中心、深圳汉京金融中心、深圳京基金融中心、华润集团总部大厦、广州周大福金融中心、广州珠江新城西塔等钢结构超高层工程，以及深圳机场 T3 航站楼、深圳大运会体育中心、深圳湾体育中心、东莞篮球中心、深圳国际会展中心、深圳中海两馆、广州歌剧院、西藏会展中心等复杂大跨度钢结构工程的科研、设计、制作、安装工作。

专业委员会积极组织各会员单位，开展技术创新活动，深圳证券交易所营运中心抬升裙楼巨型悬挑钢桁架结构综合施工技术、深圳大运中心主体育场单层折面空间网格结构施工综合技术研究与应用、空间多管交汇异型节点制作与安装技术等成果通过了科技成果鉴定，其成果均达到了国际先进水平。钢屋架高空安装施工工法、大型吊装机械上楼板扩散轮压加固施工工法、复杂弯扭构件制作工艺、全栓连接节点异形扭曲杆件的制作工法、大跨度钢连桥地面拼装整体提升施工工法、多因素影响下的空间三维动态测量定位工法等工法通过了国家和省级工法评定。

以学会主要成员中国建研院深圳分院、广东迈诺、深圳金鑫绿建等单位发起成立了广东现代建筑工业化产业技术创新联盟，由广东省科技厅批准成立，涵盖了超大直径钢索、大跨度与超高层钢结构、装配式钢结构集成建筑体系、装配式混凝土结构集成建筑体系、现代幕墙及高性能系统门窗、建筑室内装饰工业化体系等研发与生产基地，以及建筑产业化金融中心和多个相关研究院及省级检测中心。

通过学会成员的共同努力，深圳钢结构领域在科研、设计、制作、安装等方面均处于国内领先水平。

建筑电气专业委员会

1. 电气学会发展历程

深圳市土木建筑学会建筑电气专业委员会前身是深圳市土木建筑学会电气专业学组（1984—1989）。随着深圳经济特区飞速发展，专业技术人员迅速增加和建筑电气技术的发展、交流的需要，迫切需求由专业学组上升为专业学会，经老一辈专家学者丁明往、庾润同、汪大年、凌智敏、史丹梅、林惠红等的积极筹备，在 1989 年 1 月形成学会章程（草案），并于 1990 年 5 月 12 日召开“深圳市土木建筑学会电气学术委员会”成立大会，正式成为深圳市土木建筑学会的二级学会。

随着深圳市工程建设迅猛发展，与国内外建筑技术发展一样，智能建筑及其技术也大量涌现和快速发展，我市按市建局和市土木建筑学会领导指示精神，于 1998 年筹建智能建筑学术委员会并于 8 月成立，按局领导指示精神，考虑智能建筑与建筑电气在建筑工程技术上的紧密联系，确定深圳市土木建筑学会电气学术委员会与智能建筑学术委员会采用两个学会一套班子的形式，在原电气学会委员会中增补建筑智能化、通信技术、计算机及网络技术等方面专业技术的委员，并在 1998 年度学会年会开始两学会（电气学会、智能建筑学会）联合举办学术交流活动。

历经多年的发展，建筑电气专业委员会至今已拥有在册登记会员 700 多人。本届主任委员：陈惟崧，副主任委员：李炎斌、任财龙、殷明，常委：张立军、韩红、沙卫全、刘勇，秘书长：廖昕，委员共 26 人。

2. 会员组成

深圳市土木建筑学会建筑电气专业委员会的会员，主要由我市及外省、市驻深单位人员和港澳地区驻深人员中从事电气科研、教学、工程设计、工程管理及产品生产的科技人员组成。

3. 学会的工作

开展我市电气学术交流、专题探讨及技术考察活动，增强我市工程设计、管理及施工等方面的专业水平。每年定期组织学术年会，出版会员的学术文集，促进学术交流；不定期举行专题研讨会，研讨行业工作中遇到的技术疑难问题；积极开展国内外学术交流活动，聘请全国本行业著名专家、学者来我市作学术讲座和学术交流与研讨。

发挥咨询作用，为政府相关建设部门提供技术建议和技术咨询意见，协助政府相关部门编写工程建设方面地方性电气标准，为政府相关方面专业技术培训或技术法规培训推荐专家学者；为有需要的企事业单位提供专业技术方案，为其在工程实际中遇到问题提供专业解决方案，应邀对个别工程电气事故提供专业参考意见。

积极推广建筑电气领域的新技术、新工艺、新材料及新系统，并通过学术活动，加强与科研、设计、管理、施工及产品的横向联系，每年的技术年会邀请这方面的企业参与交流和推广，同时组织会员实地参观并与厂家交流。

暖通空调专业委员会

深圳市土木建筑学会暖通空调专业委员会是深圳市土木建筑学会下的二级专业委员会。暖通空调专业委员会是为工业和民用建筑暖通空调设计、食品冷藏冷冻、制冷供暖通风空调设备制造等科技人员服务的学术性社会团体。学会目前拥有团体会员 70 余个、个人会员 1100 多名，成员来自建筑暖通空调建设、设计、咨询、施工安装、监理、制冷空调（设备）系统节能运行、维护管理的单位和专业工程技术人员。

暖通空调专业委员会为了做好个人会员和团体会员的服务，建立了暖通空调专业委员会的微信公众号，及时发布专业论文、发布行业技术进步的相关设备信息资料等，使学会真正成为工程技术人员、建设单位和设备制造商间的桥梁和纽带。

四十年来，暖通空调专业委员会全体技术人员为深圳市的城市建设和发展做出了实质性的突出贡献。在暖通空调设计、建设中率先采用国际、国内空调行业“四新技术”，起到了深圳市现代国际性城市的示范作用；特别是在绿色建筑，实现城市建设可持续发展领域跻身全国同行业先进水平。

给水排水专业委员会

深圳市土木建筑学会给水排水专业委员会是深圳市土木建筑学会创立时就设置的第一批专业委员会之一，40 年来，在深圳市住房建设局、科技局和土木建筑学会的正确领导下，给水排水从业人员不断求实创新，水击三千里，为深圳市给水排水事业获得了丰富的经验，也取得了优异的成绩！

给水排水专业委员会历届主任委员、秘书长：第一、二届：主任委员贾长麟，秘书长毛俊琪；第三、四届：主任委员郑大华，秘书长毛俊琪；第五、六届：主任委员胡同，秘书长郑文星。第六届给排水专业委员会委员 100 名，会员近 500 人，涵盖深圳市建筑设计、市政设计、规划设计、院校、工务署、房地产公司等从事给排水设计、教学、管理和产品生产、研发等相关人员。

给水排水专业委员会在历届主任委员、秘书长的带领下，专业委员会每年不定期召开多次大型学术交流会、主办多次“珠三角”地区学术交流会、牵头搭建专题研讨会等技术交流平台，承担给排水专业咨询工作，为给水排水行业的规范、规程、标准的宣贯，国家、省、市相关政策的传达，四新技术的推广应用做了大量的工作。

市政工程专业委员会

深圳市土木建筑学会市政工程专业委员会成立于 1998 年，现有会员 353 人，主要由在我市市政工程领域的科研、设计、监理、施工单位的技术人员组成，自专业委员会成立至今，专业委员会开展了大量的工作，团结和组织我市市政工程专业领域的广大会员以经济建设为中心，坚持科学技术是第一生产力的思想，积极开展技术交流活动，推广新技术、新材料、新工艺。组织国内外考察学习，推动知识更新，为我市市政工程专业领域的技术进步做出了应有的贡献。近年来工作情况如下：

一、学术交流情况

为提高广大会员的技术水平，及时了解市政专业领域的实践经验，新技术、新成果。促进我市市政工程专业领域科学技术的繁荣和发展，市政专业委员会每年都邀请国内外高校、院所的著名专家和学者来我市讲学，经统计每年约举办 3 次大型学术交流，均取得较好的效果。

二、开展科研项目情况

深圳近年来市政工程建设领域的专利申请量与授权量随着特区的基本建设规模扩大，时间延续而不断地增加。其中有技术含量较高的发明专利，如："一种大跨度预制桥梁结构"、"一种分体式城市道路用天桥"等。专利拥有量是反映创新能力和水平的重要指标，而拥有专利数量和质量的提升，足以说明深圳科技创新能力质的飞跃。2014~2018 年共 102 项目专利获批，其中国家发明专利 41 项，实用新型专利 61 项，所完成科研课题获各类科学技术奖 37 项。

为了不断增强企业的创新体系建设，进一步提高自主创新能力。深圳市自 1999 年始至今相继成立了"深圳市天健集团股份有限公司博士后工作站"、"深圳市海川实业股份有限公司博士后研究工作站"、"深圳市市政设计研究院有限公司国家博士后科研工作站"、"深圳市市政设计研究院有限公司国家院士（专家）工作站""深圳高速工程顾问有限公司（专家）工作站"等科研基地。这些科研基地分别在博士后人才培养，道路绿色与低碳排放铺装关键技术等多项产业化科研课题研究，桥梁新技术研发、推广、应用方面为深圳市的市政科技发展做出了重大的贡献。

三、推广新技术情况

市政专业委员会在推广新材料、新技术、新工艺方面也作出了很大努力，近 3 年共推广了"波形钢腹板组合梁桥"、"装配式桥梁新技术"、"道路工程建筑废弃物再生产品应用"等 16 项新材料、新技术、新工艺。

四、主编、参编标准情况

市政专业委员会还积极参与国家、行业、地方标准的编制，2014~2018 年共 37 部标准颁布实施。

施工专业委员会

深圳市土木建筑学会施工专业委员会成立于1998年6月，现挂靠于江苏省华建建设股份有限公司。委员会成立初期参加的会员单位23家，个人会员500多人，经过20年的发展壮大，目前参与活动的单位已经增加到上百家，个人会员达到2000多人，会员囊括了在深的主要施工单位。

施工专业委员会的第一届、第二届主任委员为原深圳市建设投资控股公司总工程师周春青同志，第三、四届主任委员为深圳市建设（集团）有限公司副总经理、总工程师肖营同志，第五届主任委员为深圳市建工集团股份有限公司总工程师刘杨同志，第六届主任委员为江苏省华建建设股份有限公司总工程师吴碧桥同志。

本届施工专业委员会共有36人，设主任委员1人，顾问5人，副主任委员17人，委员10人，秘书长1人，副秘书长1人，执行秘书1人。

施工专业委员会活动情况：

施工专业委员会在深圳土木建筑学会的领导下，开展了以下工作：

1. 围绕土木建筑学会2019年的工作部署，为施工专委各成员积极搭建学术交流平台。

（1）拟开设《施工学术大讲堂》，采取外请专家、行业先进内部交流等方式，对施工领域“产业化、绿色、智慧”等先进的营造理念及方法，开展专业成果展示与交流，积极推广先进经验与成果。

（2）组织专委各成员单位积极参加国家、省、市建筑施工技术研讨会。

（3）组织典型工程观摩活动；挑选深圳市投资建设的重点工程和创新含量较高的项目。组织各会员单位的工程技术人员参观交流学习。

2. 利用专委会施工技术富集、专业交叉信息畅通的优势，开展专委进企业活动。

（1）对有需要的企业开展技术支持咨询活动。继续与深圳市总工程师委员会联合开展各项技术咨询活动。

（2）发挥专家团队智囊参谋作用，针对在建的重点项目，组织业内专家权威，对危险性较大工程的施工方案进行评审。

3. 依托骨干企业及核心专家积极开展科技创新及成果评审、推广工作。

（1）积极跟踪省、市本专业创新攻关课题，组织骨干企业及专家联合攻关，推动行业创新技术的发展。

（2）积极开展先进施工技术成果的总结、评审与交流工作。

组织会员单位开展先进施工工法、先进施工工艺的总结，并协助深圳市建筑业协会开展先进施工技术成果的评审工作。利用施工专委会的交流平台，将先进成果在行业内进行广泛地交流。

4. 发挥委员会专家团队的智力优势，积极向政府建言献策，组织或参与编写深圳市相关规范及团体标准等。

混凝土与预应力混凝土专业委员会

混凝土与预应力混凝土专业委员会是深圳市土木建筑学会下设的二十个专委会中最早一批成立的专业委员会。

混凝土与预应力混凝土专业委员会的职能是：在深圳市土木建筑学会的组织和领导下，充分发挥本专业委员会在深圳土木建筑领域中混凝土与预应力混凝土的专业技术优势，按照深圳市土木建筑学会的年度工作计划及工作部署，结合深圳市土木工程行业实际情况和城市建设持续发展需要，积极开展深圳土木建筑领域所涉及的现代混凝土技术创新，参加市土木建筑学会组织的混凝土专业技术评审及成果鉴定，推广应用混凝土新技术，编制混凝土相关技术标准规范，开展混凝土专业学术交流、技术讲座和行业技术人员培训工作，配合政府主管部门，积极参与预拌混凝土行业管理工作，配合深圳市土木建筑学会，充分发挥凝土专业委员会在政府与企业之间的桥梁纽带作用，推动深圳市土木建筑行业的混凝土科技进步，提高深圳市混凝土建材企业的技术管理水平，促进深圳市土木建筑行业的健康发展。

2018 年 12 月 26 日，深圳市土木建筑学会文件（深建 [2018]24 号）批复了第六届混凝土与预应力混凝土专业委员会换届方案，新一届专委会共有委员 33 名，不仅有来自深圳市市区两级工程质量检测机构的专家、也有来自深圳高等院校和科研院所的教授，还有来自深圳商品混凝土公司、结构设计、工程施工、混凝土外加剂生产等深圳企事业单位具有丰富实践经验的技术专家。

第六届混凝土与预应力混凝土专业委员会班子成员为：

荣誉主任委员：谭志仁

名誉主任委员：陈爱芝

主任委员：高芳胜

副主任委员：陈少波、寇世聪、陈伟国、赵俊奎、朱火明、朱银洪、李建伟、谢麟、艾传彬

秘书长：苏军

副秘书长：王莹

深圳市土木建筑学会第六届混凝土与预应力混凝土专业委员会的依托单位为：深圳市安托山混凝土有限公司。

岩土工程专业委员会

深圳市土木建筑学会岩土工程专业委员会成立于 1998 年 3 月，为深圳市岩土工程界唯一的行业学术团体组织，是活跃的岩土工程学术平台。岩土工程专业委员会还承担了地基基础与岩土工程技术咨询与新技术、新设备、新材料与新工艺的评审、鉴定和推广应用，积极组织学会的知名专家参与工程建设中的重大技术问题会诊等工作。保持与国家和广东省相关学会的地基基础与岩土工程委员会的对接联系，积极承担、配合和参与上级学会组织的各项学术活动与学会工作，在全省和全国形成了较大的影响力。

自成立以来，岩土工程专业委员会积极推动诸如 CM 桩复合地基、LC 桩复合地基、高强 PHC 桩、旋挖灌注桩、挤扩灌注桩、钻孔桩后压浆技术、伞形扩孔地锚加筋水泥土墙、抗浮锚杆、土工织物在地基处理中的应用、新型基坑支护体系、大面积填海软基处理理论研究与工程技术、大型高边坡支护技术方法等新技术的推广应用；大力开展技术咨询活动，例如田园风光软基处理技术咨询、龙岗岩溶地区桩基技术咨询、深圳音乐厅外贴面材料技术咨询、锦林新村挡土墙稳定问题技术咨询、深圳地铁二期和三期工程有关的施工技术咨询、深圳会展中心地基处理技术咨询、前海深港合作区地下空间开发岩土工程问题咨询等。

岩土工程专业委员会多次组织和承办了全国、广东省和深圳的学术交流大会，包括全国地基基础学术大会、中国建筑学会全国地基基础理事会议、全国基坑工程学术大会、广东省岩土工程学术大会等；与香港岩土工程学会、香港工程师学会、香港大学、香港科技大学等进行过多次学术交流考察活动；邀请了国内著名学者和专家举行专题技术报告与论坛讲座，有中国铁道科学院周镜院士软基处理学术报告、浙江大学龚晓南院士基坑工程学术报告、冶金建筑研究总院程良宇教授锚固技术研究发展报告、同济大学朱合华教授盾构施工对地面沉降与对周围环境影响的讲座等、刘小敏教授花岗岩风化层工程特性的研究、杨志银教授复合土钉墙新技术、刘国楠研究员填海软土地基处理理论与设计方法等。协助委员们参加 2018 年 11 月由深圳市人民政府和中国工程院土木、水利与建筑工程学部主办的 2018 全国岩土工程师论坛，刘小敏教授做《岩土工程测试新技术研究与实践》专题报告，分享近 20 年来我国岩土工程测试领域的理论研究成果和工程实践经验。

岩土工程专业委员会还积极参与政府主管部门组织的制订深圳市地基基础和岩土工程方面的科技发展规划和有关管理规定的会议；接受政府主管部门委托，组织专家对地基基础与岩土工程科研开发与新技术推广项目进行立项评审，参与中国深圳（国际）建筑新技术展示会和建筑新技术科技周活动；组织专家参加地基基础与岩土工程标准规范的编制、审查工作，如深圳市《静压桩施工技术规定》《深圳市地基基础勘察设计规范》《深圳市基坑工程技术规范》《深圳市地基处理技术规范》《深圳市建筑抗浮技术规范》《深圳市桩基施工技术规范》《深圳市施工组织设计编制规范》《深圳市桩基检测技术规范》等多部技术标准规范。

岩土工程专业委员会愿与广大岩土工作者一道，为不断提升深圳市的岩土工程技术，保持国内居前的一流水平共同努力！

门窗幕墙专业委员会

1. 专业委员会成立

进入 21 世纪以来，深圳市建筑行业飞速发展，从事建筑门窗幕墙设计施工的企业不断增加，专业技术人员不断壮大。但也开始出现企业间技术水平参差不齐的不利状况，而且愈发突出。

为适应建筑门窗幕墙的技术发展与交流，迫切需要成立一个具有专业技术交流功能的学术组织。经姜成爱、区国雄等行业知名专家倡议，深圳市土木建筑学会领导机构同意，由姜成爱、区国雄、杜继予、万树春、闭思廉、花定兴、曾晓武等专家积极筹备，“深圳市土木建筑学会门窗幕墙专业委员会”于 2004 年 6 月正式成立，并成为深圳市土木建筑学会重要的专业委员会。

2. 会员组成

历经 15 年的发展，“深圳市土木建筑学会门窗幕墙专业委员会”至今已拥有会员单位 70 余家、个人会员 700 多人。

2018 年选举的第六届专业委员会领导分别是：主任委员：姜成爱，副主任委员：花定兴、杜继予、丁孟军、魏越兴、剪爱森、闵守祥、周瑞基、林波、贾映川、万树春、杜万明、曾晓武等 21 人，秘书长：闭思廉，副秘书长：林泽民。

专业委员会的会员主要由我市门窗幕墙行业相关企业及全国驻深企业中从事建筑门窗幕墙专业工程设计、工程管理、产品及原材料生产的技术及管理人员组成。单位会员有“中航”“金粤”“三鑫”“方大”“科源”“华辉”“华加日”等门窗幕墙行业知名企业，还有“坚朗”“思蓝德”“集泰”“白云”“泰诺风”“南玻”“中航特玻”等知名五金件、玻璃、密封胶等材料生产企业，以及“新山”等知名幕墙设计咨询企业。

3. 学会的工作

学会每年定期组织学术年会，出版会员的学术文集，促进学术交流；不定期举行专题研讨会，研讨行业工作中遇到的技术疑难问题；积极开展国内外学术交流活动，聘请全国本行业著名专家、学者来我市作学术讲座和学术交流与研讨。通过这一系列的学术活动，有效地提高了我市门窗幕墙工程设计、管理及施工等方面的专业水平。

同时，学会也发挥着技术咨询和服务的作用：为建设主管部门提供技术咨询和建议，协助编写建筑门窗幕墙相关的技术标准，提供专业的技术培训；为有需要的企事业单位提供专业的技术指导或技术建议，对在工程实际中遇到的问题提供专业的解决方案及参考意见。

除此之外，学会还积极推了广建筑门窗幕墙领域的新技术、新工艺、新材料的应用。通过有关学术活动、技术交流会，邀请了有关企业参与交流和推广，组织会员实地参观考察，从而加强了科研、设计、管理、施工及产品生产企业之间的横向联系，促进技术交流。

防水专业委员会

深圳市土木建筑学会防水专业委员会成立于2004年3月6日，是深圳市土木建筑学会的分支机构。现设有主任委员1名，副主任委员16名，秘书长1名，副秘书长5名。

防水专业委员会秉承“服务、创新、和谐”之宗旨，确立了“立足深圳，辐射珠三角，面向全国。集聚深圳地区建设、设计、高等院校、科研院所、质检、监理、施工等各方面的防水科技骨干和管理人员，致力于防水设计、防水材料、防水施工技术、防水标准规范、防水教育及培训等领域的开发研究及工程应用；促进深圳市和珠三角地区建筑防水工程质量的提高；扩大深圳市防水企业在全国防水界的知名度，提升防水行业在建设领域中的地位”之办会原则。

十五年来，防水专业委员会在深圳市土木建筑学会和深圳市建设工程质量安全监督总站的领导和指导下，充分发挥各委员和各会员单位及委员单位的主观能动作用，调动各方面的积极因素，秉承“创新思维、扎实推进、做强自身”的工作方针，完成了以下诸方面的工作：

1. 参与“深圳市建设科技十一五科技发展规划”的起草、咨询和评审工作；编制了2006~2010年深圳防水行业重点发展领域和重点发展项目。

2. 参与创办并资助了我国第一个“防水材料与工程”本科专业，参加编撰国内高等院校第一套防水材料与工程专业系列教材。

3. 受深圳市劳动与社会保障局委托，创建了我国第一个劳动局系统的“防水工国家职业技能鉴定考试大纲和试题库（初、中、高级工种共2550道理论试题，18套实际操作试题）”。

4. 组织召开了“深圳大学城图书馆屋面快速喷涂聚氨酯”等20余次防水新材料、新工艺及新技术研讨会及推广应用现场交流会。

5. 从源头把关依法依归率先展开建筑防水评审1445余项，确保施工质量，起到了重要的技术保障作用，受到了广大建设单位、设计单位、施工单位和质监质检单位的普遍好评。其专业影响力已波及珠三角地区乃至全国，受到国内防水业界一致好评。

6. 组织并承办与中国建筑防水协会合作的首届、第二届、第三届、第四届、第五届、第六届中国建筑防水（南方）专家论坛，获得极大成功。

7. 编制发布、修订国内第一部综合型地方防水技术规范《深圳市建筑防水工程技术规范》SJG19-2010、2013、2019，《深圳市建筑防水构造图集》2013、2019，参与编写《防水涂料中有害物质限量》JC/T066-2008，《深圳市非承重墙体与饰面工程施工及验收标准》2019等30余部国家、行业和地方标准。

8. 2014年至今，编印发放《深圳防水行业简报》弘扬防水主旋律，连续5年每两月发行一期，至今已发行28期16000册。

9. 编撰出版国内第一本《建设工程防水质量通病防治指南》，2016年编撰出版《建筑外墙防水与渗漏治理技术》。

10. 在第二届中国建设工程质量论坛，中国建筑防水（南方）专家论坛，《中国建筑防水》《湖北工业大学学报》和《深圳土木与建筑》等国内外学术会议和杂志上发表学术论文50余篇。

11. 连续每年组织会员单位参加“中国建筑防水协会年会”、展览会和“中国建筑防水协会社团联谊会”。

12. 2017年正式成为全国团体标准信息平台团体用户编制团体标准《高分子益胶泥》。

13. 组织协办第十五届中国国际屋面和建筑防水技术展览会。

BIM 专业委员会

进入 21 世纪，信息化在各行各业迅猛发展。互联网，大数据，云计算，向全社会诠释出一个又一个新的概念与理念。特别是移动终端的出现，向人们昭示了一个新的时代——移动互联的开始。面对如火如荼的时代，土木建筑行业怎样走在时代的前列？探寻设计、施工及运维管理，突破传统模式与方法。问题鲜明地摆在了面前。

作为具有较强技术专业背景的专业委员会——信息化委员会，将推动信息化在土木建筑行业的发展为己任，旨在政府主管部门，软、硬件开发和应用层面架起沟通的桥梁，搭建一个相互沟通、交流的平台。

信息化委员会关注行业信息化发展，积极开展各类社会活动和技术研究，推进全行业的信息化建设；充分考虑会员权益，考虑勘察、设计和施工等单位的实际需求，积极进行各类宣传、培训活动，积极推动各种优秀信息软、硬件的应用。积极进行信息化技术研究，推进深圳市勘察、设计和施工等单位的信息化工作。

一、BIM 委员会的工作内容

1. 宣传：发挥学会专业委员会的作用，积极开展各类宣传活动，推动深圳市土木建筑行业信息化工作的研究、发展与创新工作，为行业在新技术的发展做好带头作用；

2. 调研：对各种信息软、硬件应用情况进行调查，通过与企业的沟通交流，了解企业的实际情况，倾听企业的呼声，感受企业信息化管理氛围；

3. 培训：积极开展信息化技术培训与研讨工作，积极组织各类培训活动，结合土木建筑行业的热点、难点问题，进行技术交流，研讨三维设计、协同设计等信息化发展新趋势，并邀请软件厂商的资深工程师开展培训交流活动，促进软件在土木建筑行业的使用，提高工作效率；

4. 评优：积极组织各类评优活动，在行业形成良好的科研创新氛围；

5. 推荐：开展行业技术合作，向土木建筑行业推荐优秀的应用软件，积极推进软件正版化工作，形成多赢的局面；

6. 宣传：组织形式多样的工作宣传、经验介绍、技术支持、产品介绍等活动，做好先进单位的传、帮、带的工作；

7. 交流：加强国际、国内友好往来与合作，努力促进学术交流活动。认真组织，积极协调，从市、省拓展到面向其他兄弟省份与国际交流活动，通过这些交流拓宽各勘察设计单位的眼界，为深圳市土木行业信息化建设，提供学习更先进的技术及经验的机会，推动行业信息化的发展。

8. 合作：注重全行业，同时加大本学会和各专业委员会，以及兄弟协会的合作，相互交流学习，推进全行业信息化建设合作，进行跨专业多学科的课题研究工作。促进产学研结合。

二、活动计划

1. 积极开展学术交流活动，争取每季度开展一次信息化交流研讨会，研讨信息化发展新趋势。

2. 联合各部门、各单位进行联合调研，关注土木建筑行业的信息化热点、难点问题，协同推进行业的快速发展。

3. 举办 BIM 应用培训。

4. 进一步推广协同设计和信息化管理应用，提高设计质量和设计效率。

信息化专业委员会将继续在市土木建筑学会的领导下，持续推进行业信息化的工作，推进软件正版化，推动国产软件的应用发展、加强 BIM 及信息化管理系统在勘察设计单位的推广应用，促进生产力的发展，为推进全行业的技术发展与进步贡献力量。

建筑工业化专业委员会

深圳市土木建筑学会建筑工业化专业委员会（以下简称专业委员会）是深圳市土木建筑学会下属的一个专业委员会，于 2013 年 4 月 24 日成立，是深圳市致力于建筑工业化的设计、科研、高校、制造、施工单位和个人自愿组织的学术团体，是个非营利性行业组织。

专业委员会旨在打造一个推动建筑工业化领域协作组织与政府之间的互动、企业与资本互动、产品与市场互动的平台。其宗旨是为深圳市有关行业服务，开展本地区内外学术交流，在本地区的有关单位间起桥梁和信息交换作用，促进本地区建筑工业化的健康发展。参会单位可借助这个平台联络专家学者、企业家和设计、科研、施工、装备、大专院校、科研院所，实现协同合作、资源共享、利益共赢、循环发展。

建筑工业化专业委员会的活动内容包括组织技术研讨会，约请地区内外专家探讨最符合本地区资源和气候条件的设计方案；研究国内外装配式房屋的结构体系、制造技术和安装工艺；进行设计和制造标准化方面的交流；同时研究推进建筑工业化的机制和政策措施。

检测加固专业委员会

在既有建筑大量增加、老旧建筑日渐增多、建筑结构安全愈发得到社会各界重视的背景下，深圳市土木建筑学会于2012年11月成立了依托于中国建筑科学研究院深圳分院的检测加固专业委员会。

检测加固专业委员会主要承担如下工作：

1. 宣传普及工程建设的和建筑物检测鉴定与加固改造专业的标准化知识；组织开展建筑物鉴定与加固改造专业标准规范的宣贯、培训；

2. 组织委员和会员参与建筑物鉴定与加固改造专业的工程建设国家标准、行业标准、地方标准的制订、审查、宣贯及有关的科学研究工作；接受企业委托，协助编制企业标准；

3. 组织开展建筑物鉴定与加固改造专业标准化学术活动，通过会议宣介、参观项目等方式促进新技术、新设备、新材料、新工艺的推广应用；

4. 组织开展建筑物鉴定与加固改造专业的技术服务，如技术咨询、项目论证、验证性试验、本专业科研成果鉴定、建设工程安全可靠性鉴定、加固改造工程及其加固材料、产品安全性合格评定和优质产品推荐等；

5. 为政府主管部门提供建筑物鉴定与加固改造业的工程和市场信息或政策建议；

6. 接受学会和政府主管部门下达的任务，如根据有关政府部门要求组织专家参与重大质量事故、重要技术问题的鉴定、咨询、论证等工作。

自成立以来，在各有关部门及单位的大力支持下，检测加固专业委员会团结和组织本领域的广大工程建设工程技术人员，致力于推进深圳建设工程检测加固行业的技术交流和技术进步，加强与国内同行专家的联系，积极扩大深圳检测加固行业在国内的影响力，取得一定的成效，全力为深圳经济特区房屋安全贡献力量。

轨道交通专业委员会

2010 年 8 月 4 日，在深圳市土木建筑学会的直接指导下，轨道交通专业委员会正式成立。轨道交通专业委员会依托深圳市地铁集团，会员单位有深圳市地铁集团、港铁、市政站、各央企等单位，委员分土建、设备和综合三个专业组。专业委员会成立以来，致力于服务深圳轨道交通工程建设：深圳市土木建筑学会主任委员陈湘生院士搭建了地铁产业大会平台，通过创新技术推广、项目成果展示引领大湾区轨道交通技术发展。专业委员会与深圳地铁集团、深圳地铁大学、中铁装备等单位联合开展了盾构 /TBM 司机培训，并形成了培训体系，定期为轨道交通建设培育专业产业工人。

为解决矿山法隧道施工风险大、施工环境差、爆破噪音扰民程度高的现实难题，轨道交通专委会探索实践采用盾构 /TBM 工法全面替代矿山法，创造了 210MPa 硬岩条件下，双护盾机械法月掘进 553m 的深圳速度，通过不断的研究推广，深圳地铁四期工程矿山法施工占比已由三期工程的 42% 下降到了 9%；为研究适应深圳地质环境的混凝土自防水工艺，消除地下水渗透带来的施工、运营安全风险及质量问题，组织开展了深圳地铁结构渗漏水防治技术研究；为解决病害隧道的洞内快速加固施工技术难题，开展了复合型材新型结构加固地铁隧道的研究。轨道交通专委会指导和协助会员单位 90 多项重大关键项目获取了国家级、省级和市级的相应奖项，其中获得国家科技进步奖 2 项，鲁班奖 2 项、国家优质工程奖 2 项，中国土木工程詹天佑奖 7 项，国际隧道协会奖项 2 项，广东省科学技术奖 7 项、深圳市科技进步奖 13 项，部委、全国行业协会等创新奖项 60 多项。

未来，专业委员会将依托深圳市土木建筑学会平台，向其他专业委员会学习办会经验，本着服务工程、积累经验的原则，在规划设计、施工难重点、智慧地铁、科技地铁方面进行学术交流和技术服务，在经验总结、标准化建设方面发挥作用。

历届学会人员

深圳市土木建筑学会历届理事会及秘书长名单

第一届理事会和秘书长名单（1981 年 11 月 6 日）

理　事　长：黎克强

副理事长：李　庠　陈志广　陈佛奇　陈景坚

常务理事：叶洪辉　李广平　陈志广　陈佛奇　陈景坚　林荣章　黎克强　李　庠

理　　事：叶洪辉　任　晃　刘铮华　李　庠　邱如汉　何启瑞　陈　衵　陈志广　陈佛奇　陈淑贞　陈景坚　范奇峰　林荣章　周光汉　骆逸帆　顾张根　黄淑霞　黎克强

秘　书　长：陈景坚

第二届理事会和秘书长名单（1984 年 4 月 28 日）

理　事　长：黎克强

副理事长：刘有兆　李承祚　陈景坚　黄智明

常务理事：叶洪辉　刘有兆　李承祚　何启瑞　陈景坚　周德友　黄智明　谢连元　黎克强

理　　事：王　炬　王彦深　王淑霞　方一江　叶洪辉　朱天珍　伍迎添　朱　杰　刘有兆　孙　俊　李承祚　何启瑞　陈启渊　陈景坚　周德友　钟学明　姚汉元　顾张根　高寿荃　黄智明　彭锡粦　曾羡农　黎执长　黎克强

秘　书　长：何启瑞

副秘书长：王彦深

第三届理事会和秘书长名单（1998 年 8 月 19 日）

名誉理事长：丁明往

理　事　长：支国祯（前）　周春清（后）

副理事长：王彦深　周春清　颜松悦

理　　事：于海学　马均显　卢小获　卢跃麟　刘有兆　江　凯　李永年　李国威　李荣强　肖　营　张中权　张　庸　孟建民　贾长麟　黄英燧　庚润同　谭志仁

名誉理事：何启瑞　何家琨　黎克强

秘书长：王彦深

副秘书长：静恩渤（前）赵玉祥（中）区国雄（后）

第四届理事会和秘书长名单（2008 年 12 月 25 日）

名誉理事长：李荣强　黎克强

理事长：刘琼祥

副理事长：丘建金　刘绪普　李映厚　谭宇昂

常务理事：千　茜　马镇炎　王世明　史丹梅　丘建金　刘　俊　刘　健　刘　毅　刘小敏　刘绪普　刘琼祥　刘福义　米本周　孙占琦　李映厚　肖　营　吴大农　邱明广　张　剑　张　琳　张　辉　张良平　陈邦贤　陈泽广　陈宜言　陈湘生　林强有　金亚兵　周栋良　周洪涛　郑大华　郑晓生　胡　同　施永芒　姜成爱　徐　波　唐崇武　智勇杰　谢　东　谭宇昂　谭志仁　魏国威

理　　事：于　芳　千　茜　马国忠　马镇炎　王　琳　王玉清　王世明　王旭峰　区国雄　王彦深　邓流沙　甘文彪　史丹梅　丘建金　朱　虎　朱　岩　刘　俊　刘　健　刘　毅　刘小敏　刘尔明　刘念琴　刘南渊　刘绪普　刘琼祥　刘新玉　刘福义　江　凯　米本周　汤　智　孙占琦　李　宏　杨志银　杨定远　李映厚　肖　营　吴大农　吴志伟　吴学俊　吴潮丰　邱　坤　邱　则　邱明广　邹　涛　忻亚民　张　欣　张　剑　张　琳　张　辉

张一莉　张中增　张良平　张忠泽　张德恒　陈　岩　陈邦贤
陈泽广　陈宜言　陈湘生　林国贞　林强有　金亚兵　周栋良
周洪涛　郑大华　郑晓生　胡　同　候　郁　候庆华　施永芒
姜　峰　姜成爱　徐　波　高尔剑　高俊合　唐四联　唐崇武
黄晨光　曹志钢　常永田　智勇杰　傅淑娟　谢　东　谭宇昂
谭志仁　魏　捷　魏国威

秘　书　长：刘福义

副秘书长：区国雄

第五届理事会和秘书长名单（2013年12月12日）

名誉理事长：李荣强　黎克强

理　事　长：刘琼祥

副理事长：王　宏　王景信　叶　青　申新亚　丘建金　冯向东　刘声向
刘南渊　刘绪普　刘新玉　刘福义　李念中　吴碧桥　宋　源
张　剑　张　辉　张健康　陈宜言　周栋良　徐先林　唐崇武
盛　烨　谢　东　谭宇昂

常务理事：王　宏　王世明　王永强　王启文　王景信　叶　青　申新亚
丘建金　冯向东　朱于丛　刘　杨　刘　健　刘　毅　刘小敏
刘声向　刘南渊　刘绪普　刘琼祥　刘新玉　刘福义　孙占琦
李世钟　李念中　吴大农　吴昌伟　吴碧桥　何　昉　何春凯
宋　源　张　剑　张　辉　张健康　陈邦贤　陈宜言　陈荣城
陈爱芝　陈湘生　林强有　金亚兵　周栋良　郑大华　姜成爱
徐　波　徐先林　郭　业　唐崇武　盛　烨　智永杰　谢　东
谭宇昂　魏国威　瞿培华

理　　事：区国雄　于　芳　于学海　万　众　万树春　马镇炎　王　莹

副 秘 书 长：熊林燕 蔺炜萍 李少婉

第六届理事会和秘书长名单（2018年8月8日）

名誉理事长：孟建民 陈湘生 王复明 刘琼祥

名誉副理事长：傅学怡 何 昉 丘建金

理 事 长：廖 凯

副 理 事 长：马镇炎 王 宏 叶 青 申新亚 付文光 刘 杨 刘洪海
刘绪普 刘福义 江辉煌 李世钟 李冬青 李爱国 肖 兵
吴碧桥 邹 涛 张良平 张 琳 张 辉 张 锐 陈少波
陈日飙 陈宜言 姜树学 袁春亮 高 峰 常正非

常 务 理 事：于 芳 万 众 王世明 王永强 王兴法 王启文 王建新
王 琳 尹剑辉 龙玉峰 叶 枫 刘小敏 刘树亚 刘 健
刘 毅 许维宁 孙占琦 花定兴 杜继予 李建伟 杨定远
吴大农 吴昌伟 何 春 张旷成 张金松 张 剑 陈邦贤
陈志强 陈荣城 陈爱芝 金亚兵 胡 同 姜成爱 莫德明
徐 波 郭占宏 智勇杰 程云华 魏国威 魏 琏 瞿培华

理 事：丁瑞星 卜俊涛 万树春 王旭峰 王红朝 王怀松 王荣柱
王彦深 王 娜 王 莹 王 辉 区国雄 尤立峰 毛俊琦
方 勇 孔凡松 邓思荣 邓 腾 艾志刚 卢了君 史丹梅
过 俊 朱 虎 朱宝峰 刘卡丁 刘国楠 刘建国 刘重岳
刘俊跃 刘 培 刘维亚 刘锋钢 闭思廉 许 锐 苏 军
苏清波 杜卫国 杜光晖 李大戈 李少婉 李兴武 李 坚
李 宏 李 欣 李炎斌 李修岩 李爱东 李雪松 杨 旭
杨志银 杨 杰 杨建中 连建社 肖 营 吴延奎 吴时适
吴宏雄 吴学俊 吴 晖 岑 岩 邱 坤 何 菁 邹珍美

学会活动花絮

深圳市土木建筑学会
迎春晚会
2011

深圳市土木建筑学会迎春晚会

深圳市土木建筑学会
迎春晚会

深圳市土木建筑学会
迎春晚会

深圳市土木建筑学会
迎春晚会

深圳市土木建筑学会
迎春晚会

深圳市土木建筑学会成立
三十周年庆典
1982-2012

深圳市土木建筑学会成立30周年庆典
签到处

深圳市土木建筑学会四届理事会第五次会议
（2013年1月17日）

深圳市土木建筑学会工作座谈会

深圳市土木建筑学会
第五次会员代表大会
2013.12.18·深圳

2014中国建筑学会年会

2014 中国建筑学会年会日程表
会年会
与创新

14 中国建筑学会年会
代建筑的多学科融合与创新
2014年11月25-28日 深圳 · 五洲宾馆

2014年中国建筑学会
建筑师之夜
圳 · 五洲宾馆

歡 迎
深圳市土木建築學會一行蒞臨參訪
台灣營建防水技術協進會

深圳土木學會赴臺灣營建協進會交流考察團

深圳市土木建筑学会第六次会员代表大会
中国·深圳
2018年8月8日

深圳市土木建筑学会
第六次会员代表大会
中国·深圳
2018年8月8日

深圳市土木建筑学会第六次会员代表大会
签到处

深圳市土木建筑学会
刘福义
秘书长
深圳市土木建筑学会
第六次会员代表大会
中国·深圳
2018年8月8日
深圳市土木建筑学会
刘福义
秘书长

建筑学会第六次会员
中国·深圳

中国建筑学会建筑结构分会2018年年会暨
第二十五届全国高层建筑结构学术交流会
欢迎您
WELCOME
2018年9月11-13日 中国·深圳
主办单位：中国建筑学会建筑结构分会
中国建筑科学研究院有限公司
深圳市土木建筑学会
支持单位：深圳市福田区政府
深圳市科学技术协会
承办单位：深圳市专家人才联合会
建研科技股份有限公司
深圳市建筑设计研究总院有限公司
香港花艺设计顾问（深圳）有限公司
深圳华森建筑与工程设计顾问有限公司
深圳市华阳国际工程设计股份有限公司
中建钢构有限公司
筑博设计股份有限公司
奥意建筑工程设计有限公司
深圳市市政设计研究院有限公司
深圳大学建筑设计研究院有限公司
中国建筑科学研究院有限公司深圳分公司

中国建筑学会建筑结构分会2018年年会
第二十五届全国高层建筑结构学术交流会
2018年9月11-13日 中国·深圳

中国建筑学会建筑结构分会2018年年会暨
第二十五届全国高层建筑结构学术交流会
签到处

深圳市土木建筑学会第

中国建筑学会建筑结构分会2018年年会暨
第二十五届全国高层建筑结构学术交流会
开幕式

会员代表大会合影留念
2018.8.8 深圳·五洲宾馆

中国建筑学会建筑结构分会2018年年会暨
第二十五届全国高层建筑结构学术交流会
2018年9月11-13日 中国·深圳
主办单位：中国建筑科学研究院有限公司
中国建筑学会建筑结构分会
深圳市土木建筑学会
指导单位：深圳市科学技术协会
深圳市福田区政府
承办单位：深圳市专家人才联合会
深圳市土木建筑学会
建研科技股份有限公司
深圳华森建筑与工程设计顾问有限公司
香港华艺设计顾问（深圳）有限公司
深圳市建筑设计研究总院有限公司
中国建筑科学研究院有限公司深圳分公司
筑博设计股份有限公司
奥意建筑工程设计有限公司
深圳大学建筑设计研究院有限公司
深圳市市政设计研究院有限公司
中建钢构有限公司

翠 坤主任委员
全国高层建筑结构
学术交流会

中国建筑学会建筑结构分会2018年年会暨
第二十五届全国高层建筑结构学术交流会

编后语

岁月如流，从一个渔火薄田的边陲小镇发展成为欣欣向荣的现代化城市，深圳在 40 年的栉风沐雨中砥砺前行，借着改革开放的东风，在荒野上书写华章，已发展为我国综合经济实力、技术创新能力、国际竞争力最强的现代化大都市之一。深圳的飞速发展，是特区成立 40 年来伟大成就的一个缩影，同时深圳市建筑行业的发展也完成了从荒凉到华丽、从单一到多元化的蜕变，取得了历史性的跨越，建筑行业的快速崛起铸就了一个建筑行业的神话。

此书总结了深圳经济特区成立 40 年来建设工作的成果及经验，细述了深圳土木建筑行业 40 年来的建筑成就，汇总了深圳土木建筑行业 40 年来科技创新成果，记录了深圳土木建筑行业 40 年编写的技术标准，最后介绍了深圳市土木建筑学会各专业委员会和各理事单位的基本情况。该书将对建设工作者以及相关从业人员、科研人员、教学人员具有一定参考价值，同时也是向海内外展现深圳本土建筑学术雄厚实力，展现深圳建筑行业所取得优秀成就的一个平台。

在编写此书的过程中，有部分参编单位和编写人员不在深圳，以致资料在收集整理上存在一定难度，存在些许欠缺与不足。同时在已编入的内容中，可能会有错误，烦请专家学者和各位读者朋友批评指正。

本书在编写过程中得到了住房城乡建设部、广东省住建厅、深圳市住建局领导的殷切指导与关怀，得到了广大专家学者的大力支持与帮助，和各主编单位、副主编单位和参编单位的积极响应和参与，以及各位副主编与全体编写委员会的倾力支持，特此表示诚挚的谢意！